有 机 化 学

（第二版）

姜建辉　马小燕　赵俭波　主编

华东理工大学出版社
EAST CHINA UNIVERSITY OF SCIENCE AND TECHNOLOGY PRESS
·上海·

图书在版编目(CIP)数据

有机化学/姜建辉,马小燕,赵俭波主编. —2 版. —上海:
华东理工大学出版社,2020.12 (2021.12重印)
ISBN 978 - 7 - 5628 - 6344 - 1

Ⅰ.①有… Ⅱ.①姜… ②马… ③赵… Ⅲ.①有机化
学—高等学校—教材 Ⅳ.①O62

中国版本图书馆 CIP 数据核字(2020)第 217528 号

项目统筹 / 薛西子
责任编辑 / 胡慧勤 赵子艳
装帧设计 / 徐 蓉
出版发行 / 华东理工大学出版社有限公司
　　　　　　地址:上海市梅陇路 130 号,200237
　　　　　　电话:021 - 64250306
　　　　　　网址:www.ecustpress.cn
　　　　　　邮箱:zongbianban@ecustpress.cn
印　　刷 / 广东虎彩云印刷有限公司
开　　本 / 787 mm×1092 mm　1/16
印　　张 / 23.5
字　　数 / 556 千字
版　　次 / 2010 年 12 月第 1 版
　　　　　　2020 年 12 月第 2 版
印　　次 / 2021 年 12 月第 2 次
定　　价 / 88.00 元

第二版编写组成员

主　编　姜建辉　马小燕　赵俭波

副主编　杨金凤　夏旭东　张越锋

编　者（按姓氏笔画排序）

于海峰（洛阳理工学院）　　马小燕（塔里木大学）

李　红（石河子大学）　　　李元元（石河子大学）

杨金凤（石河子大学）　　　张　园（塔里木大学）

张越锋（百色学院）　　　　赵俭波（塔里木大学）

姜建辉（塔里木大学）　　　夏旭东（塔里木大学）

第一版编写组成员

主　编　李炳奇　杨　玲

副主编　杨金凤　李红霞　魏　忠　姜建辉

编　者（按姓氏拼音排序）

高旭红（云南师范大学）　　姜建辉（塔里木大学）

孔蜀祥（石河子大学）　　　李炳奇（石河子大学）

李　红（石河子大学）　　　李红霞（塔里木大学）

廉宜君（石河子大学）　　　马小燕（塔里木大学）

石　磊（石河子大学）　　　魏　忠（石河子大学）

杨金凤（石河子大学）　　　杨　玲（塔里木大学）

于海峰（塔里木大学）　　　周忠波（塔里木大学）

第二版前言

有机化学是高等院校一门重要的基础课程,是农业科学、生命科学、食品科学和环境科学等学科知识体系的重要组成部分。本书第一版自 2010 年面世以来,在塔里木大学等高校使用效果良好,获得塔里木大学优秀教材二等奖等荣誉。随着教学改革的不断深入,有机化学教学学时不断减少,学生需要进行大量的自主学习,为使学生更好地理解和掌握有机化学的基本理论和基础知识,提高分析问题和解决问题的能力。该版在第一版的基础上,召开了数次教材建设研讨会,并结合其他教材的特点和优点,对第一版教材进行了如下修订和完善:

（1）由于近年有机化学领域有了许多新的发现和发展,该版重新修订了"知识拓展",拓展学生的知识面,增加学生的学习兴趣,为学好有机化学做好铺垫。

（2）在教学中发现学生在学习过程中对知识的掌握相对较差,该版对课后习题和每章小结进行了修订,加强了习题的基础性、全面性、探究性和创新性,使学生能对已学知识进行系统全面的练习,巩固已学知识;对每章重要概念、理论、典型化学反应进行归纳总结,有利于学生快速把握有机化学的核心知识点。

（3）在本书最后一章增加了有机化学知识归纳总结,将有机化学的基本知识按照基本概念和理论、命名、有机化合物的物理性质、有机化合物的化学性质、有机化合物的鉴别、有机化合物的分离与提纯、有机合成分类等进行总结,有利于学生对知识点和知识点之间相互关系的理解,提升学习效率。

本书由塔里木大学、石河子大学、百色学院、洛阳理工学院合作编写,全书共分为十五章,参加本书编写的人员有:姜建辉(第一章、第三章、第十五章)、马小燕(第二章、第七章)、于海峰(第四章)、夏旭东(第五章、第十章)、李红(第六章)、杨金凤(第八章)、李元元(第九章)、赵俭波(第十一章、第十三章)、张园(第十二章)、张越锋(第十四章),最后由姜建辉、马小燕、赵俭波统编定稿。本次修订还得到了塔里木大学有机化学重点课程的资助。

由于编者能力水平有限,加之时间紧促,虽经修订,教材的特色还有待进一步完善,书中难免存在疏漏和不足,欢迎读者批评指正。

编　者

2019 年 12 月

前　言

　　有机化学是高等院校一门重要的基础课。本课程的学习,可使学生掌握有机化学的基本理论和基础知识,培养独立思考和分析问题、解决问题的能力,为后续课程的学习以及从事科技工作奠定良好的基础。

　　随着教学改革的不断深入,有机化学教材的种类逐渐增多,虽然每种教材各有特色,但适合少数民族学生使用的教材却很少。为促进少数民族地区教育事业的发展,根据母语为非汉语言学生的学习特点,结合作者多年从事少数民族学生有机化学教学积累的经验,在广泛吸收其他院校有机化学教材优点的基础上,编写了本书。在选材上,本书既考虑到学科自身的系统性,又注意教学时限和专业需求;在内容上,除了科学严谨、循序渐进的编写外,叙述时更注重深入浅出、通俗易懂、层次分明;在编排上,以重要理论为基础,以官能团系统为主线,以结构与性质的关系为重点。同时,加强习题的基础性、探究性和创新性,使学生更好地理解和掌握有机化学的基本理论和基础知识,提高分析问题和解决问题的能力。除此之外,本书根据章节特点精心挑选了知识拓展材料,附于每章习题之后。这不仅使全书的结构体系更加完整,更加拓展了学生的视野,使理论知识延伸到实际应用中。

　　全书共分为十五章,主要介绍有机化合物的命名、结构、性质、合成及相互转化规律,并探讨其反应机理,每章后均附有要点梳理、习题及知识拓展内容。本书可作为教学时数为60学时左右,母语为非汉语言的少数民族本科学生("民考汉"或"民考民"学生)的有机化学学习教材,也可作为成人教育相关专业进行有机化学教学时的参考书。

　　本书由石河子大学、塔里木大学、云南师范大学的教师合作编写,参加本书编写的人员及具体分工为:李炳奇(第一章、第九章)、周忠波(第二章)、姜建辉(第三章)、于海峰(第四章)、魏忠(第五章)、李红(第六章)、马晓燕(第七章)、廉宜君(第八章)、李红霞(第十章)、杨玲(第十一章)、高旭红(第十二章)、石磊(第十三章)、孔蜀祥(第十四章)、杨金凤(第十五章),最后由李炳奇、杨玲统编定稿。

　　本书出版得到了华东理工大学对口支援石河子大学工作的支持和华东理工大学"优秀教材出版基金"的资助,同时得到了华东理工大学在石河子大学化学化工学院挂职副院长曹贵平教授的热情帮助,在此一并表示感谢。

　　限于编者水平,加之时间紧促,教材的特色还有待进一步完善,书中难免存在疏漏和不足,敬请广大读者批评指正。

编　者

2010 年 10 月

目　录

第一章

绪　论

第一节　有机化学和有机化合物

一、有机化学的研究对象

有机化学(Organic Chemistry)是化学学科的一个分支,它的研究对象是有机化合物(简称有机物)。有机化合物(Organic Compound)中都含有碳元素,绝大多数含有氢元素,许多还含有氮、氧、硫、卤素等元素。因此,有机化合物是碳化合物或者更确切地说是碳氢化合物及其衍生物(有些简单的碳化合物,如二氧化碳、一氧化碳、碳酸盐等,由于它们具有无机物的典型性质,不属于有机化合物)。有机化学是研究有机化合物的组成、结构、性质、制备及变化规律的一门学科。

有机化合物遍布我们周围,它与我们的生活息息相关,我们吃的粮、油、糖、蛋白质等,穿的棉、麻、毛、丝、化纤织物等,用的塑料、橡胶以及很多化肥、农药、染料、香料、医药等都是有机化合物,动植物体和人类本身也是由有机化合物组成的。因此,有机化学是核心的基础学科之一,是许多学科如生命科学、药物科学、食品科学、材料科学、化学工程、环境工程、高分子科学与工程等的基础,与其他学科有着密切的联系。

二、有机化学的产生与发展

有机化学作为一门学科产生于 19 世纪初,但是人类制造和使用有机物的历史却非常悠久,我国在 4 000 多年前就已经掌握了酿酒、造醋等技术。据记载,中国古代曾制得一些较纯的有机物质,如没食子酸(982—992 年)、乌头碱(1522 年以前)、甘露醇(1037—1101 年)等。18 世纪中叶,人们发现一些从动植物体内得到的物质与从矿物中发现的物质在性质上有许多不同。由于这些物质都是直接或间接来自动植物体内,因此,1777 年瑞典化学家贝格曼(Bergman)将从动植物体内得到的物质称为有机物,以区别于来自矿物质中的无机物。1808 年瑞典化学家贝采利乌斯(Berzelius)首先使用了"有机化学"这个名词。当时有机化合物都来自动植物体内,因此人们认为有机化合物只能在有生机的生物体中制造出来。而生物是具有生命力的,所以人们认为生命力的存在是制造或合成有机物的必要条件,这就是当时盛行的"生命力"学说。

1828 年,德国科学家魏勒(F. Wöhler)用从非生物体取得的物质氰酸铵合成了尿素:

$$NH_4CNO \xrightarrow{60℃} NH_2\overset{\overset{\textstyle O}{\|}}{C}NH_2$$
$$\text{(氰酸铵)} \qquad \text{(尿素)}$$

随后,化学家们又陆续合成了不少有机化合物,从此打破了只能从有生机的生物体中制得有机化合物而不能人为制造的定论,动摇了"生命力"学说,促进了有机化学的发展,开辟了人工合成有机化合物的新时期。

随着对有机化合物研究的深入,有机化学结构理论也逐步建立起来。1857年,德国化学家凯库勒(Kekule)提出了碳四价的学说,而且他认为碳原子之间可以互相结合为碳链。1864年,德国化学家肖莱马(Schorlemmer)在此基础上发展了这个观点,他认为碳的四个价键除自相连接外,其余的价键与氢结合,形成了各种各样的烃,其他碳化物都是由别的元素取代烃中的氢衍生出来的,因此,他将有机化学定义为研究烃及其衍生物的化学。

1861年,俄国化学家布特列洛夫(Butlerov)提出了较系统的有机化学结构理论,他指出分子中各原子以一定化学力按照一定次序结合,并将其称为分子结构;一种有机化合物具有一定的结构,其结构决定了它的性质,而该化合物的结构又可以由其性质推导而来。1865年,凯库勒提出了苯的构造式。1874年,荷兰化学家范托夫(Van't Hoff)和法国化学家勒贝尔(Le Bel)建立了分子的立体概念,阐明了旋光异构和顺反异构现象。

20世纪初,在物理学一系列新发明的推动下,特别是将量子力学的原理和方法引入化学,建立了量子化学,阐明了化学键的微观本质,建立了诱导效应、共轭效应、立体效应等理论。经过众多化学家的努力,有机化学理论得到了不断的发展与完善,目前已经建立了比较完整的有机化学理论体系。

三、有机化合物的特性

与无机化合物相比,有机化合物在性质上存在着一定的差异。有机化合物一般具有如下特性。

1. 数目庞大,结构复杂

组成有机化合物的元素种类不多,只有碳、氢、氧、氮、硫、磷、卤素等少数几种,但组成有机化合物的数量庞大,据报道目前已达2 000多万种。其原因是有机化合物中的碳原子既可成链,又可成环,还可与氢、氮、氧、硫、卤素、磷等元素结合,形成各式各样的化合物。

2. 容易燃烧

除少数例外,一般有机化合物都含有碳和氢,因此容易燃烧,生成二氧化碳和水等,同时放出大量的热。有机化合物是能源的重要来源之一,如汽油、柴油、石蜡、酒精、天然气等都是有机化合物。

3. 熔点和沸点低

有机化合物分子之间靠分子间力作用,结合较弱,通常为气体、液体或低熔点的固体。大多数有机化合物的熔点一般在400℃以下。一般地说,纯净的有机化合物都有固定的熔点和沸点。因此,熔点和沸点是有机化合物的重要物理性质常数,人们常利用对熔点和沸点的测定来鉴定有机化合物。

4. 难溶于水,易溶于有机溶剂

有机化合物一般都是共价化合物,极性很小或无极性,而水是一种强极性物质,所以大多数有机化合物在水中的溶解度很小,但易溶于极性小的或非极性的有机溶剂(如乙醚、四氯化碳、苯、烃类等)中,符合"相似相溶"规律。

5. 反应速度慢,副反应多

大多数有机化合物之间的反应要历经共价键的断裂和新键的形成,所以反应速率比较慢。一般需要几小时,甚至几十小时才能完成。因此,常常采用加热、光照、搅拌或加催化剂等措施来加速有机反应的进行。

有机化合物的分子大多是由多个原子结合而成的复杂分子,所以在有机化学反应中,反应往往不局限于分子的某一固定部位,而是在不同部位同时发生反应,得到多种产物。反应生成的初级产物还可继续发生反应,得到进一步的产物。因此,在有机化学反应中,除了生成主要产物以外,还常常有副产物生成。

第二节　有机化合物的结构理论

化合物的结构决定化合物的性质。理解化合物的结构特点,对推断和掌握化合物性质具有重要意义,是学好有机化学的基础。

化合物是靠化学键结合而成的,常见的化学键有离子键和共价键两种。大多数无机物的分子都是以离子键结合而成的,而有机化合物分子中的原子主要是靠共价键结合的。下面主要介绍共价键的有关知识。

一、价键理论

价键理论认为,共价键的形成可以看作是原子轨道的重叠或电子配对的结果。原子轨道重叠后,两个原子核间的电子云密度较大,因而降低了两核之间的正电排斥,增加了两核对负电的吸引,使整个体系的能量降低,从而形成稳定的共价键。但是,只有当两个原子都有一个未成对的电子且自旋方向相反时,它们才能配对成键。例如,在氯化氢分子中,氯原子和氢原子各有一个未成对的电子且自旋方向相反,当它们相互靠近时,两个电子就配对,形成一个共价键(图 1 - 1)。

$$H_2 + Cl_2 \longrightarrow H : Cl$$

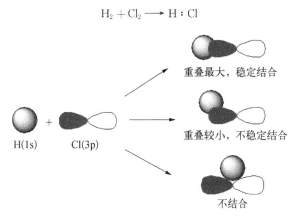

图 1 - 1　原子轨道重叠情况示意图

价键理论的要点有三个：① 两个成键原子相互接近时,只有自旋方向相反的单电子才可配对成键；② 一个原子有几个单电子,即可形成几个共价键,即共价键具有饱和性；③ 成键电子的原子轨道重叠程度越大形成的共价键越稳定,即共价键具有方向性。

二、杂化轨道理论

本部分以碳原子的杂化为例介绍杂化轨道理论。从碳原子基态的电子构型($1s^2 2s^2 2p^2$),可以发现碳原子的价电子层上只有 2 个未成对电子。按照价键理论,碳原子应该是二价的。但大量事实证实,有机化合物中的碳原子都是四价的,而且在饱和化合物中,碳的 4 个价键都是等同的。为了解决这一矛盾,1931 年鲍林(Linus Carl Pauling,1901—1994)提出了轨道杂化理论。

杂化是指在形成分子时,由于原子间的相互影响,若干不同类型但能量相近的原子轨道混合起来,重新形成一组新轨道的过程。所形成的新轨道称为杂化轨道。

杂化轨道理论认为,碳原子在成键的过程中首先要吸收一定的能量,使 2s 轨道的 1 个电子跃迁到 2p 空轨道中,形成碳原子的激发态(图 1-2)。激发态的碳原子具有 4 个单电子,因此碳原子可以是四价的。

图 1-2 碳原子的核外电子排布示意图

激发态能量高,不稳定,它一经形成,4 个原子轨道就立即进行重组,形成杂化轨道。杂化轨道的能量稍高于 2s 轨道的能量,稍低于 2p 轨道的能量。这种由不同类型的轨道混合起来重新组合成新轨道的过程,叫作轨道的杂化。杂化轨道的数目等于参加组合的原子轨道的数目。

根据参与杂化的原子轨道数目不同,碳原子的杂化分为三种形式。

1. sp^3 杂化

由 1 个 2s 轨道和 3 个 2p 轨道杂化形成 4 个能量相等的新轨道,叫作 sp^3 杂化轨道,这种杂化方式叫作 sp^3 杂化,图 1-3 为碳原子的 sp^3 杂化示意图。

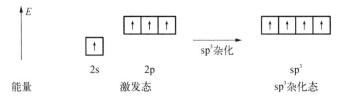

图 1-3 碳原子的 sp^3 杂化示意图

sp^3 杂化轨道的形状及能量既不同于 2s 轨道,又不同于 2p 轨道,它含有 1/4 的 s 成分和 3/4 的 p 成分。sp^3 杂化轨道具有更强的方向性,4 个 sp^3 杂化轨道呈正四面体分布,轨道对称轴之间的夹角均为 $109°28'$。杂化轨道的形状如图 1-4 所示。

2s轨道　　　2p轨道　　　sp³杂化轨道　　　甲烷分子示意图

图 1-4　轨道形状及甲烷分子示意图

2. sp² 杂化

sp² 杂化是由 1 个 2s 轨道和 2 个 2p 轨道进行的杂化。杂化后形成 3 个能量等同的 sp² 杂化轨道(图 1-5)。

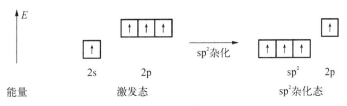

能量　　　　　激发态　　　　　　　　　sp²杂化态

图 1-5　碳原子的 sp² 杂化示意图

每个 sp² 杂化轨道含有 1/3 的 s 成分和 2/3 的 p 成分。3 个 sp² 杂化轨道在同一平面上,夹角为 120°。未参加杂化的 2p 轨道,垂直于 3 个 sp² 轨道所在的平面(图 1-6)。

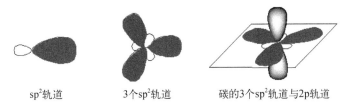

sp²轨道　　　3个sp²轨道　　　碳的3个sp²轨道与2p轨道

图 1-6　碳原子的 sp² 杂化轨道示意图

3. sp 杂化

由 1 个 2s 轨道和 1 个 2p 轨道进行的杂化称 sp 杂化。杂化后形成 2 个能量等同的 sp 杂化轨道(图 1-7)。

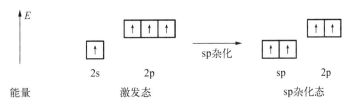

能量　　　　　激发态　　　　　　　　　sp杂化态

图 1-7　碳原子的 sp 杂化示意图

sp 杂化轨道含有 1/2 的 s 成分和 1/2 的 p 成分,2 个 sp 杂化轨道伸向碳原子核的两边,它们的对称轴在一条直线上,互呈 180°夹角。碳原子未参与杂化的 2 个 2p 轨道仍保持原来的形状,互相垂直,并且都垂直于 sp 杂化轨道对称轴所在的直线,碳原子 sp 杂化轨道形状示意图如图 1-8。

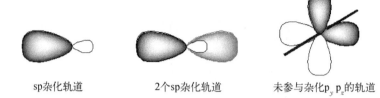

| sp杂化轨道 | 2个sp杂化轨道 | 未参与杂化p_y p_z的轨道 |

图 1-8 碳原子的 sp 杂化轨道形状示意图

三、分子轨道理论

分子轨道理论认为,原子组成分子后,电子不是只受某一个或两个核的约束,而是围绕着整个分子运动。因此,分子轨道是从分子整体出发去研究分子中每一个电子的运动状态。分子轨道与原子轨道一样,也有特定的空间大小、形状和能量。

分子轨道由原子轨道线性组合而成,有多少原子轨道就可以组成多少分子轨道。核间电子云密度增大的为成键分子轨道,核间电子云密度减小的为反键分子轨道。成键分子轨道中的电子云在核间较多,对核间斥力有抵消作用,因此成键分子轨道的能量比两个原子轨道低。成键后形成稳定的分子,能量降低越多,形成的分子越稳定。相反,反键分子轨道中核间电子云密度低,而核间的斥力较大,使两个核远离,因此反键分子轨道的能量比原子轨道的要高。

例如,两个氢原子的1s轨道可以组合成两个分子轨道。两个波函数相加得到的分子轨道,为成键分子轨道;两个波函数相减得到的分子轨道,为反键分子轨道。

成键分子轨道　　$\Psi_1 = \varphi_1 + \varphi_2$　　　　反键分子轨道　　$\Psi_1 = \varphi_1 + \varphi_2$

在基态下,氢分子的两个电子都在成键分子轨道中。

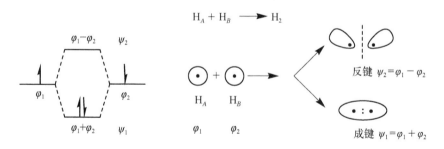

原子轨道要组合形成分子轨道,必须符合能量相近原则、电子云最大重叠原则和对称性匹配原则。

1. 能量相近原则

能量相近的原子轨道才能组成分子轨道。当两个能量相差较大的原子轨道组合成分子轨道时,成键分子轨道的能量与能量较低的那个原子轨道能量非常接近,生成的分子轨道不稳定。

2. 电子云最大重叠原则

原子轨道相互重叠的程度越大,形成的共价键越稳定。因此原子轨道要么头碰头重叠,要么肩并肩重叠,其他方向重叠则是无效或很少有效的。

3. 对称性匹配原则

位相相同的原子轨道才能相互匹配组成分子轨道。对称性不同,即位相不同的原子轨道重叠时会使核间的电子云密度变小,因而不能成键。

分子轨道理论和共价键理论都能定量处理问题,在许多问题上得出的结论也是相同的。共价键理论是将电子对从属两个原子所有来加以处理的,称为定域。分子轨道理论则认为分子中的电子运动与所有的原子都有关,称为离域。这两种理论都是行之有效的。相对而言,共价键理论描述简洁,也较形象化,故用得也更多。但在某些情况下,用分子轨道理论解释更为合理。

四、共价键的类型

共价键具有方向性。按照成键的方式不同,共价键分为 σ 键和 π 键。σ 键和 π 键是两类重要的共价键。

1. σ 键

两个原子轨道沿着对称轴的方向以"头碰头"的方式相互重叠形成的键叫作 σ 键(图 1-9)。构成 σ 键的电子称为 σ 电子,一个 σ 键包括 2 个 σ 电子。

例如,甲烷分子中存在着 σ_{C-H} 键[图 1-9(a)],乙烷分子中,除 σ_{C-H} 键外,还存在 σ_{C-C} 键($CH_3—CH_3$)[图 1-9(b)]。

(a)　　　　　　　　　　　　　　(b)

图 1-9　σ 键示意图

σ 键具有如下的特点:

(1) 轨道间以"头碰头"方式成键,电子云近似圆柱形分布;

(2) σ 键可以绕键轴旋转;

(3) σ 键较稳定,存在于一切共价键中。

因而,只含有 σ 键的化合物性质是比较稳定的。

2. π 键

两个原子轨道"肩并肩"重叠形成的键叫作 π 键。构成 π 键的电子叫作 π 电子。

在乙烯分子中,碳原子采取 sp^2 杂化,有 1 个 p 轨道未参与杂化。因而除形成 5 个 σ 键外,还可形成另一类型的共价键——π 键(图 1-10)。

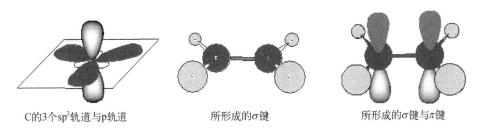

C的3个sp²轨道与p轨道　　　　　所形成的σ键　　　　　所形成的σ键与π键

图 1-10　乙烯分子中的 σ 键与 π 键

π 键具有如下的特点:

(1) 轨道间以"肩并肩"方式成键;

(2) 电子云重叠程度不及 σ 键,较活泼;

(3) π 键必须与 σ 键共存;

(4) π 键不能自由旋转。

因而,具有 π 键的化合物性质较活泼。

五、共价键的基本属性

1. 键长

分子中两个原子核间的平均距离称为键长。一般情况下,两个原子之间所形成的键越短,键越强,越牢固。常见共价键的平均键长如表 1-1 所示。

表 1-1　常见共价键的平均键长

键　型	键长/nm	键　型	键长/nm
C—C	0.154	C—F	0.142
C—H	0.110	C—Cl	0.178
C—N	0.147	C—Br	0.191
C—O	0.143	C—I	0.213
N—H	0.103	O—H	0.097

2. 键角

分子中某一原子与另外两个原子形成的两个共价键在空间形成的夹角,或键轴之间的夹角称为键角。在不同化合物中,由同样原子形成的键角不一定完全相同,这是由于分子中各原子或基团的相互影响。键长和键角决定了分子的立体结构。

3. 键能

使 1 mol 双原子分子 $A-B$(气态)离解成原子(气态)所需吸收的能量称为键能,或叫解离能。键能可表示化学键牢固的程度,相同类型的化学键中,键能越大,两个原子结合得越牢固,即键越稳定。表 1-2 为常见共价键的平均键能。

对多原子分子来说,键能是指分子中几个同类型键的解离能的平均值。

表 1-2　常见共价键的平均键能

键　型	键能/(kJ·mol^{-1})	键　型	键能/(kJ·mol^{-1})
C—C	347.3	C—F	485.3
C—H	414.2	C—Cl	338.9
C—N	305.4	C—Br	284.5
C—O	359.8	C—I	217.6
N—H	464.4	O—H	389.1

4. 键的极性

成键两原子对键合原子的吸引力不同时,就使键的一端带部分正电荷,另一端带部分负电荷,这种键称极性键,或者说它有极性。如果成键两原子对键合原子的吸引力相同,键的正、负电荷中心重合,这种键称非极性键。键的极性主要是由成键原子的电负性不同引起的。一般说来,两个原子的电负性相差越大,键的极性就越强。

键的极性以偶极矩(Dipole Moment)μ 表示,其单位为德拜 D,通常用 ┼──► 表示其方向。箭头方向从正电荷部分指向负电荷部分。

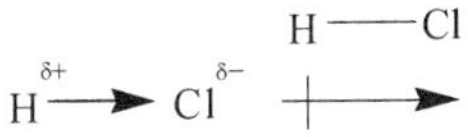

$$H \overset{\delta+}{\longrightarrow} Cl \overset{\delta-}{\quad} \quad H \overset{}{\underset{\xrightarrow{\quad}}{\text{——}}} Cl$$

偶极矩：

$$\mu = q \times d$$

式中,q 为正、负电荷中心上的电荷值;d 为正、负电荷中心之间的距离。

键的极性是决定分子的物理和化学性质的重要因素之一。

5. 分子的极性

分子极性为分子中化学键极性的矢量和。非极性键构成非极性分子;极性键可构成非极性分子(如甲烷、二氧化碳等对称性分子),也可构成极性分子(如水、硫化氢等不对称性分子)。

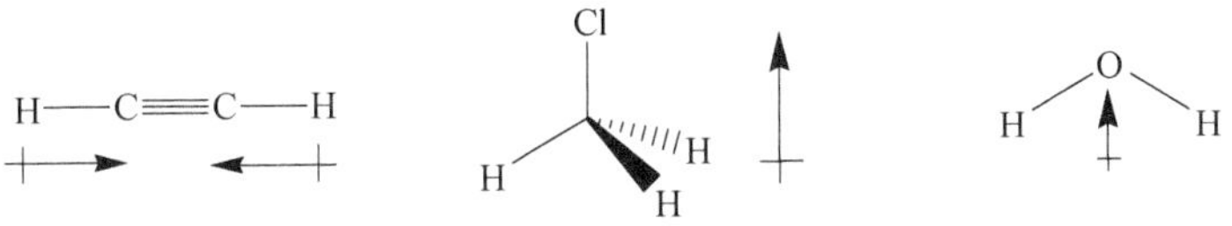

$\mu=0D$　　　　$\mu=1.87D$　　　　$\mu=1.84D$

六、共价键的断裂方式

化学反应的发生实际上就是旧键的断裂和新键的生成。有机化合物分子中的化学键主要是共价键。共价键的断裂方式有两种：均裂和异裂。

1. 共价键的均裂

共价键断裂时,组成该键的一对电子由成键的两个原子各保留一个。

$$C:Y \longrightarrow C\cdot + Y\cdot$$

均裂产生的带单电子的原子或基团叫游离基(或自由基)。由游离基引起的反应叫游离基反应。一般游离基反应多在高温或光照或过氧化物存在的条件下进行。

2. 共价键的异裂

共价键断裂时,成键的一对电子保留在一个原子上,叫作异裂。

$$C:Y \longrightarrow C^+ + :Y^- \quad 或 \quad C:Y \longrightarrow C^- + :Y^+$$

共价键异裂产生的是正、负离子。由离子引起的反应叫作离子型反应。它一般是在酸或碱的催化下,或在极性介质中,通过共价键的异裂形成一个离子型的活性中间体而完成的。

离子型反应又分为亲电反应和亲核反应。亲电反应是由"亲近"电子的试剂引起的反应;亲核反应是由能提供电子的试剂引起的反应。

七、酸碱质子理论和酸碱电子理论

有机化学中的酸碱理论是理解有机反应最基本的概念之一,目前广泛应用于有机化学的是布朗斯特(J. N. Brönsted)酸碱质子理论和路易斯(G. N. Lewis)酸碱电子理论。

1. 布朗斯特酸碱质子理论

布朗斯特认为,凡是能给出质子的分子或离子都是酸;凡是能与质子结合的分子或离子都是碱。酸失去质子,剩余的基团就是它的共轭碱;碱得到质子,生成的物质就是它的共轭酸。例如,醋酸溶于水的反应可表示如下

$$\text{酸} \quad \text{碱} \quad \text{共轭酸} \quad \text{共轭碱}$$
$$CH_3COOH + H_2O \Longrightarrow H_3O^+ + CH_3COO^-$$

在共轭酸碱中,一种酸的酸性越强,其共轭碱的碱性就越弱。因此,酸碱的概念是相对的,某一物质在一个反应中是酸,而在另一反应中可以是碱。例如,H_2O 对 CH_3COO^- 来说是酸,而对 NH_4^+ 来说则是碱。

酸的强度,通常用解离平衡常数 K_a 或 pK_a 表示,$pK_a = -\lg K_a$。pK_a 值越小,酸性越强,其共轭碱碱性越弱。

碱的强度则用 K_b 或 pK_b 表示。若 pK_b 值越小,碱性越强,则该碱是强碱,其共轭酸是弱酸。

在水溶液中,酸的 pK_a 与其共轭碱的 pK_b 之和为 14。即:$pK_b = 14 - pK_a$。

2. 路易斯酸碱电子理论

布朗斯特酸碱质子理论仅限于得失质子,而路易斯酸碱理论着眼于电子对,认为酸是能接受外来电子对的电子接受体;碱是能给出电子对的电子给予体。因此,酸和碱的反应可用下式表示

$$A + :B \Longrightarrow A:B$$

上式中,A 是路易斯酸,它至少有一个原子具有空轨道,具有接受电子对的能力,在有机反应中常称为亲电试剂;B 是路易斯碱,它至少含有一对未共用电子对,具有给予电子对的能力,在有机反应中常称为亲核试剂。

路易斯酸要比布朗斯特酸概念广泛得多。例如,在 $AlCl_3$ 分子中,Al 的外层电子只有 6 个,它可以接受另一对电子。

$$AlCl_3 + Cl^- \Longrightarrow AlCl_4^-$$

具有孤电子对的化合物,既可以是路易斯碱,也可以是布朗斯特碱,例如:$H_2\ddot{O}:$,$\ddot{N}H_3$,$R\ddot{N}H_2$,$R\ddot{O}H$,$R\ddot{O}R'$,$R\ddot{S}H$。

第三节　官能团及有机化合物的分类

有机化合物数量庞大,为了便于学习和研究,对有机化合物进行分类是十分必要的。一般分类方法有两种,一种是按碳骨架分类,另一种是按官能团分类。

一、官能团

能决定一类化合物主要化学性质的原子或原子团叫作官能团。

由定义可知,一个化合物的性质主要是通过它的官能团表现出来的,因此,我们根据物质分子中所含官能团的类别就可以预知该物质的大量信息。这对研究有机化合物有极大的帮助。

二、有机化合物的分类

1. 按碳骨架分类

（1）开链化合物（脂肪族化合物）

在这类化合物中,碳原子用单键或双键相互连接成链状。由于这类化合物最初是从脂肪中得到的,所以又称为脂肪族化合物。例如:

$CH_3CH_2CH_3$　$CH_3CH{=}CH_2$　$CH_2{=}CH{-}CH{=}CH_2$　CH_3CH_2OH
丙烷　　　　丙烯　　　　1,3-丁二烯　　　　乙醇

（2）碳环化合物

这类化合物分子中含有完全由碳原子组成的环。根据环的特点和性质又可以分为以下两类:

① 脂环化合物

这类化合物可以看作是开链化合物的碳链闭合而成的。由于它们的化学性质与脂肪族化合物相似,因此又称为脂环族化合物。例如:

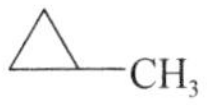

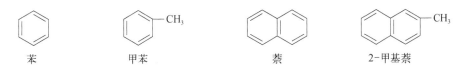

甲基环丙烷 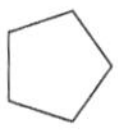　　　　环戊烷 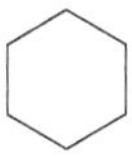　　　　环己烷 　　　　1,3-环戊二烯

② 芳香族化合物

这类化合物大多数都含有苯环,它们具有与开链化合物和脂环化合物不同的化学特性。例如:

苯　　　　甲苯　　　　萘　　　　2-甲基萘

（3）杂环化合物

在这类化合物分子中,组成环的元素除碳原子以外还含有其他元素的原子(如氧、硫、氮,称杂原子)。例如:

　　　O　　　　　　S　　　　　　N　　　　　　N
　　　　　　　　　　　　　　　　 H
呋喃 　　　　噻吩 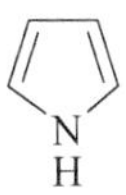　　　　吡咯 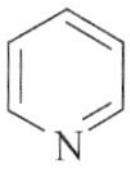　　　　吡啶

2. 按官能团分类

由于含有相同官能团的化合物化学性质相似。因此,可将含有相同官能团的化合物归为一类。这样对研究数目庞大的有机化合物更加方便,更加系统。几种重要的有机化合物官能团结构及名称参见表1-3。

表1-3　几种重要的有机化合物官能团结构及名称

化合物类型	官能团结构	官能团名称	化合物类型	官能团结构	官能团名称
烯烃	>=<	双键	羧酸	—COOH	羧基
炔烃	—C≡C—	三键	磺酸	—SO₃H	磺酸基
卤代烃	—X	卤素	硝基化合物	—NO₂	硝基
醇或酚	—OH	羟基	胺	—NH₂	氨基
醛或酮	$\overset{\text{O}}{\underset{\|}{-\text{C}-}}$	羰基	硫醇或硫酚	—SH	巯基

本章小结

1. 有机化学研究的对象是有机化合物,有机化合物是碳氢化合物及其衍生物。

2. 有机化合物具有如下特性:数目庞大,结构复杂;容易燃烧;熔点和沸点低;难溶于水,易溶于有机溶剂;反应速率慢,副反应多。

3. 有机化合物分子中的化学键主要是共价键,共价键具有饱和性和方向性。

4. 有机化合物中碳原子有3种杂化形式:sp^3 杂化、sp^2 杂化、sp 杂化。

sp^3 杂化:由1个2s轨道和3个2p轨道进行的杂化。杂化后形成4个能量等同的 sp^3 杂化轨道。每个 sp^3 杂化轨道含有1/4的s成分和3/4的p成分。呈四面体分布,轨道对称轴之间的夹角均为109°28′。

sp^2 杂化:由1个2s轨道和2个2p轨道进行的杂化。杂化后形成3个能量等同的 sp^2 杂化轨道。每个 sp^2 杂化轨道含有1/3的s成分和2/3的p成分。3个 sp^2 杂化轨道在同一平面上,夹角为120°。未参加杂化的2p轨道垂直于3个 sp^2 轨道所在平面。

sp 杂化:由1个2s轨道和1个2p轨道进行的杂化。杂化后形成2个能量等同的 sp 杂化轨道。每个 sp 杂化轨道含有1/2的s成分和1/2的p成分。2个 sp 杂化轨道伸向碳原子核的两边,它们的对称轴在一条直线上,互呈180°夹角。碳原子未参与杂化的2个2p轨道仍保持原来的形状,互相垂直,并且都垂直于 sp 杂化轨道对称轴所在的直线。

5. 按照成键的方式不同,共价键分为σ键和π键。σ键具有以下特点:轨道间以"头碰头"方式成键;可以旋转;能量低,较稳定;存在于一切共价键中。π键具有以下特点:轨道间以"肩并肩"方式成键;不能自由旋转;电子云重叠程度不及σ键,较活泼;不能单独存在,必须与σ键共存。

6. 共价键的断裂方式有两种:均裂和异裂。共价键断裂时,组成该键的一对电子由成键的两个原子各保留一个,称为均裂,均裂产生的带单电子的原子或基团叫游离基(或自由基),由游离基引起的反应叫游离基反应,一般游离基反应多在高温或光照或过氧化物存在的条件下进行。共价键断裂时,成键的一对电子保留在一个原子上叫异裂,共价键异裂时产生正、负离子,由离子引起的反应叫离子型反应。离子型反应又分为亲电反应和亲核反应。亲电反应是由"亲近"电子的试剂引起的反应,亲核反应是由能提给电子的试剂引起的反应。

7. 有机化合物数量庞大,为了便于学习和研究,需要对有机化合物进行分类。分类方法有两种,按碳骨架分类和按官能团分类。

课后习题

1. 有机化合物有哪些特性?并简述原因。

2. 指明下列各化合物中 C 原子和 N 原子的杂化方式。

   (1) NH_4^+ (2) $CH_3CH_2CH_3$ (3) CH_3NH_2

   (4) $CH_3CH{=\!=}CH_2$ (5) $HC{\equiv}CH$

3. 简述 σ 键和 π 键的成键方式和特点。

4. 何谓共价键的均裂和异裂?何谓游离基?何谓亲电反应、亲核反应?

5. 按照路易斯酸碱理论,请分别指出下列哪些物质是路易斯酸,哪些物质是路易斯碱。

   (1) NH_3 (2) H_2O (3) HF

   (4) HCO_3^- (5) CH_3CH_2OH (6) $CH_3CH_2COO^-$

6. 什么是官能团?为什么官能团在有机化合物中显得非常重要?

第二章

烷烃和环烷烃

I 烷 烃

第一节 烷烃的概述

在开链烃分子中,碳原子的四个价键除了以单键相互连接外,其余的价键完全为氢原子所饱和,这种烃称为烷烃。烷烃的通式为 C_nH_{2n+2},其中 n 为碳原子数目,以阿拉伯数字表示。

碳原子核外有 6 个电子,它们在基态时的原子轨道为 $1s^2 2s^2 2p^2$。烷烃的碳原子都是 sp^3 杂化的碳原子,分子中只有 σ 键。最简单的烷烃是甲烷,它是天然气和沼气的主要成分。在甲烷分子中,碳原子在四面体的中心,4 个 sp^3 杂化轨道伸向四面体的 4 个顶点。分子中 4 个氢原子的 s 轨道和碳原子的 4 个 sp^3 杂化轨道重叠,形成 4 个 C—H σ 键,整个分子的形状为正四面体(图 2-1)。

 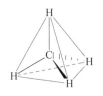

碳原子的sp^3杂化轨道　　甲烷的正四面体结构　　球棍模型　　Stuart模型

图 2-1　甲烷的分子结构

由烷烃的通式可知,任何两个烷烃的分子式之间都相差一个或几个 CH_2。这些具有同一通式、结构和性质相似、相互间相差一个或几个 CH_2 的一系列化合物称为同系列。同系列中的各个化合物互称为同系物。而 CH_2 称为同系列的同系差。同系列中各同系物具有相似的结构和化学性质,并且各同系物的物理性质随着碳原子数目的增加而有规律地变化着。

但是应该指出,由于同系物之间原子量的差异,有时还由于异构的关系,使得它们之间的性质可能出现较大的差别。所以,同系物规律只能作为研究有机化合物的一种参考。

第二节　烷烃的命名

有机化合物种类繁多,数目庞大,即使同一分子式,也有不同的异构体,若没有一个完整的命名方法来区分各个化合物,会造成极大的混乱,因此认真学习每一类化合物的命名是有机化学的一项重要内容。现在书籍、期刊中经常使用普通命名法和国际纯粹与应用化学联合会(International Union of Pure and Applied Chemistry)命名法,后者简称 IUPAC 命名法,对于有些化合物,常根据其来源用俗名命名。我国的命名法是中国化学会结合我国文字特点,在 1960 年修订了《有机化学物质的系统命名原则》,在 1980 年又加以补充,出版了《有机化学命名原则》增订本。

一、烷烃中碳原子和氢原子的类型

碳链上的饱和碳原子,可根据其结构分为若干类型。如下面化合物中含有四种不同的碳原子:

$$
\overset{1°}{CH_3}\ \overset{1°}{CH_3}\ H
$$
$$
\overset{1°}{H_3C}-\underset{4°}{\overset{|}{C}}-\underset{3°}{\overset{|}{C}}-\underset{2°}{\overset{|}{C}}-\overset{1°}{CH_3}
$$
$$
\underset{1°}{CH_3}\ H\quad H
$$

1. 与一个碳原子直接相连的碳原子,称为伯碳,用 1° 碳表示(一级碳),1° 碳上的氢称为一级氢,用 1° 氢表示。

2. 与两个碳原子直接相连的碳原子,称为仲碳,用 2° 碳表示(二级碳),2° 碳上的氢称为二级氢,用 2° 氢表示。

3. 与三个碳原子直接相连的碳原子,称为叔碳,用 3° 碳表示(三级碳),3° 碳上的氢称为三级氢,用 3° 氢表示。

4. 与四个碳原子直接相连的碳原子,称为季碳,用 4° 碳表示(四级碳),4° 碳上无氢。

二、普通命名法

普通命名法又称习惯命名法。其基本原则如下:

1. 含有 10 个或 10 个以下碳原子的烷烃,用天干表示碳原子的数目,称为"某烷",直链烷烃在"某烷"字前加"正"字,例如,将 $CH_3CH_2CH_2CH_3$ 命名为正丁烷。含有 10 个以上碳原子的烷烃,用中文数字表示碳原子数目,如 $CH_3(CH_2)_{10}CH_3$,命名为正十二烷。

碳原子数	一	二	三	四	五	六	七	八	九	十
天干	甲	乙	丙	丁	戊	己	庚	辛	壬	癸

2. 用"正、异、新"来区分异构体。无支链的直链烷烃称为正某烷。对于含有支链的烷烃,在链上第二位碳原子上连有 1 个甲基时,称为"异某烷",在链上第二位碳

原子上连有 2 个甲基时,称为"新某烷"。

例如:

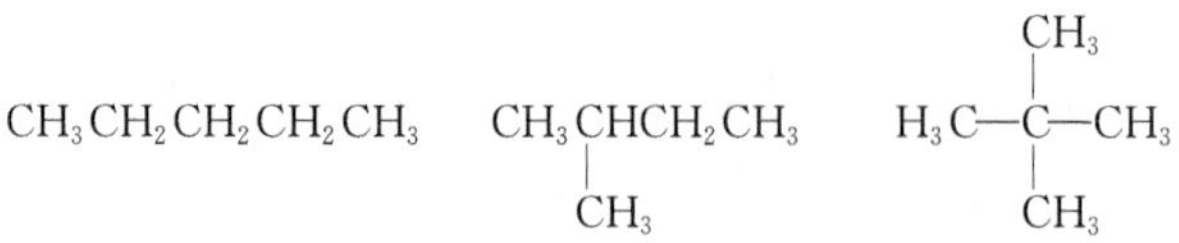

$$CH_3CH_2CH_2CH_2CH_3 \qquad CH_3\overset{\displaystyle CHCH_2CH_3}{\underset{\displaystyle CH_3}{|}} \qquad H_3C-\overset{\displaystyle CH_3}{\underset{\displaystyle CH_3}{\overset{|}{\underset{|}{C}}}}-CH_3$$

正戊烷   异戊烷   新戊烷

烷烃分子去掉一个氢原子后余下的部分称为烷基,常用 R—表示。烷基通常以烷烃名称中的烷字改成基字来命名。常见的烷基有

甲基 CH_3- 乙基 CH_3CH_2-

正丙基 $CH_3CH_2CH_2-$ 异丙基 $CH_3\overset{\displaystyle CH-}{\underset{\displaystyle CH_3}{|}}$ $(CH_3)_2CH-$

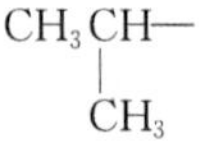

正丁基 $CH_3CH_2CH_2CH_2-$ 异丁基 $CH_3\overset{\displaystyle CHCH_2-}{\underset{\displaystyle CH_3}{|}}$ $(CH_3)_2CHCH_2-$

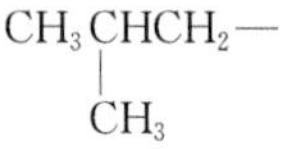

仲丁基 $CH_3CH_2\overset{\displaystyle CH-}{\underset{\displaystyle CH_3}{|}}$ 叔丁基 $CH_3-\overset{\displaystyle CH_3}{\underset{\displaystyle CH_3}{\overset{|}{\underset{|}{C}}}}$ $(CH_3)_3C-$

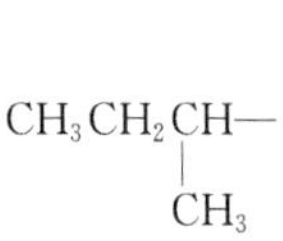

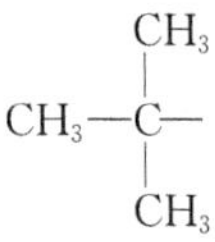

问题 2-1   用普通命名法命名下列化合物。

(1) $CH_3CH_2CH_2CH_3$ (2) $CH_3(CH_2)_5CH_3$ (3) $CH_3(CH_2)_{18}CH_3$

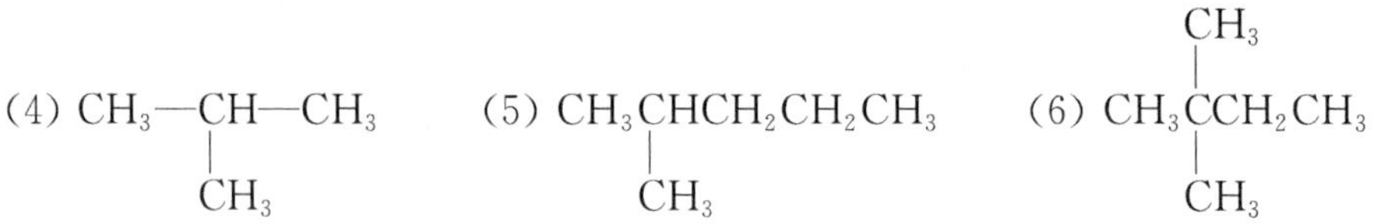

(4) $CH_3-\overset{\displaystyle CH}{\underset{\displaystyle CH_3}{|}}-CH_3$ (5) $CH_3\overset{\displaystyle CHCH_2CH_2CH_3}{\underset{\displaystyle CH_3}{|}}$ (6) $CH_3\overset{\displaystyle CH_3}{\underset{\displaystyle CH_3}{\overset{|}{\underset{|}{C}}}}CH_2CH_3$

问题 2-2   写出下列化合物的结构式。

(1) 正庚烷   (2) 异辛烷   (3) 正癸烷   (4) 新壬烷

三、系统命名法

系统命名法是一种普遍通用的命名方法。它是根据 IUPAC 命名法结合我国文字特点而制定的。其命名原则如下:

1. 决定母体化合物与选择主链

选择分子中最长的碳链作为主链,根据主链所含碳原子的数目称为"某烷"。若有几条等长碳链时,选择支链(或叫侧链)较多的一条为主链,将支链作为取代基。

2. 将主链碳原子编号

从距支链较近的一端开始,给主链上的碳原子编号。若主链上有 2 个或者 2 个以上的取代基时,则主链的编号顺序应使支链位次尽可能低。

3. 按符号写法规则写出化合物的名称

将支链的位次及名称写在主链名称之前,用阿拉伯数字表示各个支链的位次,若主链上连有多个相同的支链时,用中文数字表示支链的个数,每个位次之间用逗号隔开。阿拉伯数字与汉字之间用"-"隔开。若主链上连有不同的几个支链时,则按由小到大的顺序将每个支链写在主链名称之前。

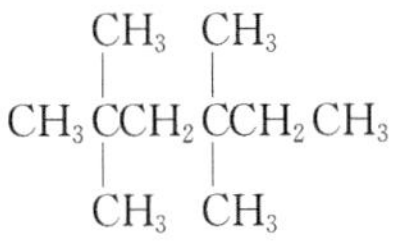

$$\begin{array}{c} CH_3 \quad CH_3 \\ | \qquad | \\ CH_3CCH_2CH_2CH_3 \\ | \qquad | \\ CH_3 \quad CH_3 \end{array}$$

2,2,4-三甲基己烷
（取代基位次最小,相同的取代基合并）

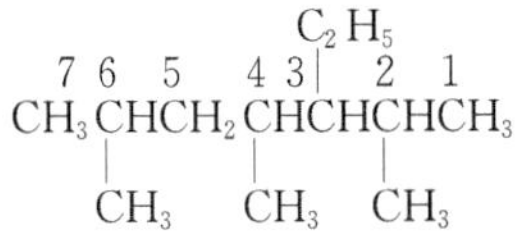

$$\begin{array}{c} C_2H_5 \\ 7\ 6\ 5\ \quad 4\ 3\ \ 2\ 1 \\ CH_3CHCH_2CHCHCHCH_3 \\ \quad | \qquad | \qquad | \\ CH_3 \quad CH_3 \quad CH_3 \end{array}$$

2,4,6-三甲基-3-乙基庚烷
（小取代基在前,大取代基在后）

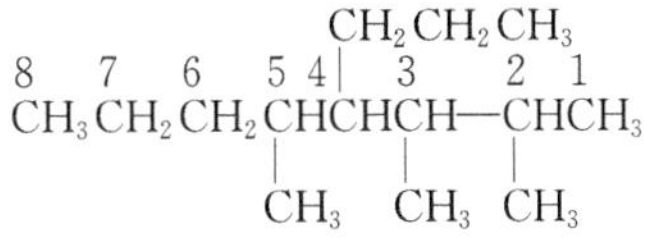

$$\begin{array}{c} CH_2CH_2CH_3 \\ 8\ 7\ 6\ \ 5\ 4\ | \ 3\ \ 2\ 1 \\ CH_3CH_2CH_2CHCHCH{-}CHCH_3 \\ \qquad | \qquad | \qquad | \\ CH_3 \quad CH_3 \quad CH_3 \end{array}$$

2,3,5-三甲基-4-丙基辛烷
（有两个等长的最长链,侧链多的为主链）

要比较支链大小时,则需要用次序规则来判断。

次序规则是用来决定有关原子或原子团次序的方法。即：

① 将各取代基与主链直接相连的第一个原子,按原子序数大小排列,大者为较优基团;同位素原子按原子量排列。

例如：—OH > —NH₂ > —CH₃

② 若取代基的第一个原子相同,则要外推比较。

例如：—CH₂OH > —CH₂CH₃

③ 若含有双键或三键基团时,将其视为两个或三个单键相同原子处理。

例如：

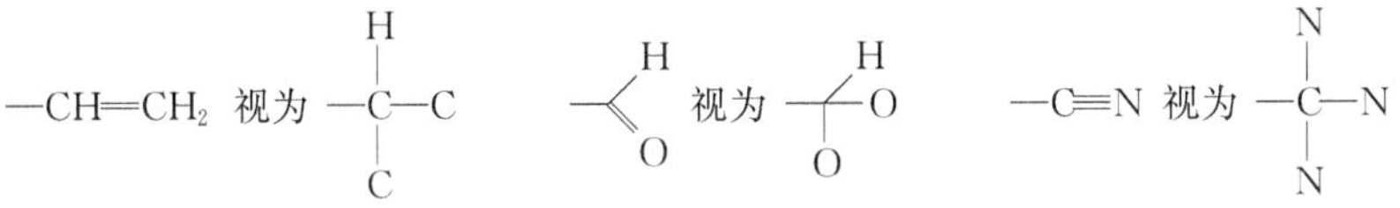

$$-CH{=}CH_2 \text{ 视为 } \begin{array}{c} H \\ | \\ -C-C \\ | \\ C \end{array} \qquad \begin{array}{c} H \\ \| \\ C \\ \| \\ O \end{array} \text{ 视为 } \begin{array}{c} H \\ | \\ C-O \\ | \\ O \end{array} \qquad -C{\equiv}N \text{ 视为 } \begin{array}{c} N \\ | \\ -C-N \\ | \\ N \end{array}$$

问题 2-3 用系统命名法命名下列化合物,并指出伯、仲、叔、季碳原子。

$$(1)\ \begin{array}{c} CH_3 \\ | \\ CH_3CH_2CH{-}CCH_2CH_3 \\ | \qquad | \\ CH_2CH_3 \quad CH_3 \end{array}$$

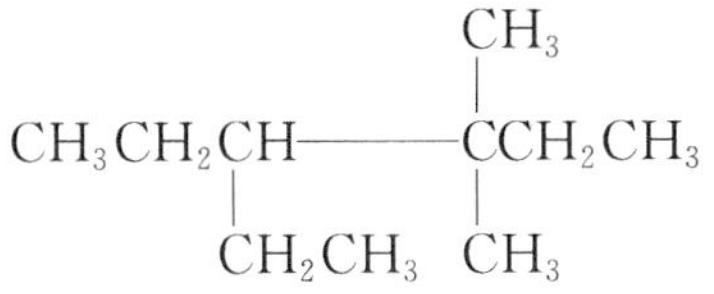

$$(2)\ \begin{array}{c} CH_3 \qquad CH_3 \\ | \qquad\quad | \\ CH_3CH_2CHCH_2CHCHCH_3 \\ \qquad\qquad\qquad | \\ CH_2CH_3 \end{array}$$

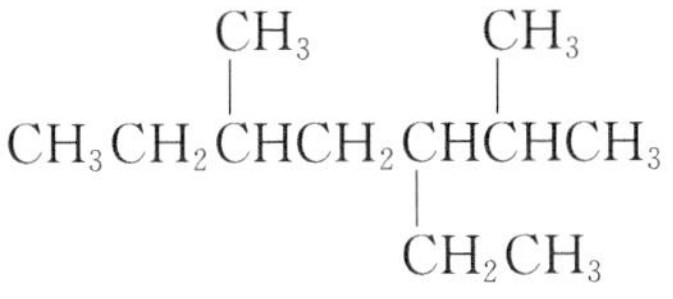

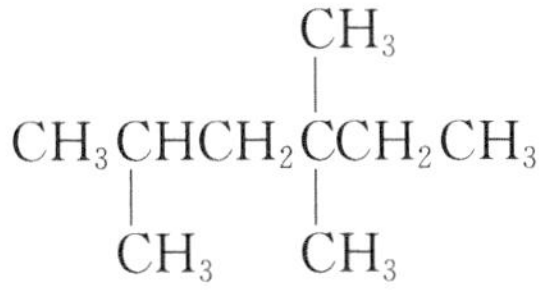

$$(3)\ \begin{array}{c} CH_3 \\ | \\ CH_3CHCH_2CCH_2CH_3 \\ | \qquad\ | \\ CH_3 \quad\ CH_3 \end{array}$$

$$(4)\ \begin{array}{c} CH_3 \quad CH_3 \\ | \qquad\ | \\ CH_3CHCHCHCHCH_2CH_3 \\ \qquad\ | \\ CH_2CH_3 \end{array}$$

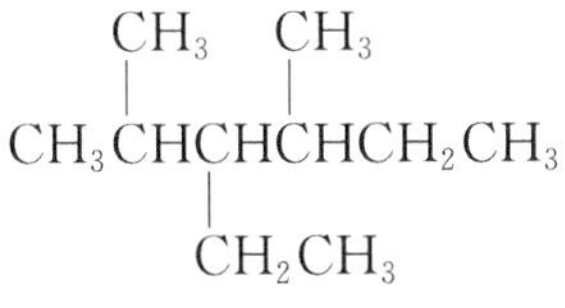

(5)

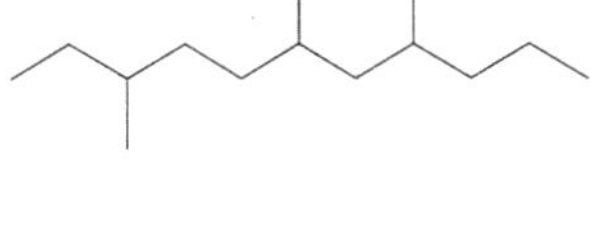

(6)

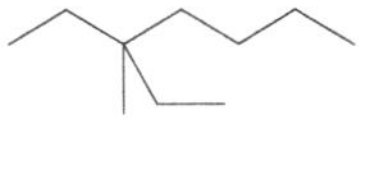

第三节 烷烃的异构

同分异构现象是指一些化合物有相同的分子式,而具有不同结构(或构造)的现象,这些化合物互称为同分异构体。

有机物中的同分异构分为构造异构和立体异构两大类。具有相同分子式,分子中原子或基团连接的顺序与方式不同的,称为构造异构。在分子中原子的结合顺序与方式相同,而原子或原子团在空间的相对位置不同的,称为立体异构。

构造异构又分为碳链异构、位置异构和官能团异构。立体异构又分为构象异构和构型异构,而构型异构还可分为顺反异构和旋光异构。

$$
\text{同分异构}
\begin{cases}
\text{构造异构}
\begin{cases}
\text{碳链异构}\\
\text{位置异构}\\
\text{官能团异构}
\end{cases}\\
\text{立体异构}
\begin{cases}
\text{构象异构}\\
\text{构型异构}
\begin{cases}
\text{顺反异构}\\
\text{旋光异构}
\end{cases}
\end{cases}
\end{cases}
$$

一、同分异构现象

在同系列中,由丁烷开始,它们分子中的碳原子可以有不同的连接方式。例如,丁烷就有正丁烷和异丁烷两种连接方式:

$$CH_3-CH_2-CH_2-CH_3 \qquad\qquad CH_3-\underset{\underset{\displaystyle CH_3}{|}}{CH}-CH_3$$

（Ⅰ） （Ⅱ）

在戊烷分子里,碳原子有三种连接方式:

$$CH_3-CH_2-CH_2-CH_2-CH_3 \qquad CH_3-\underset{\underset{\displaystyle CH_3}{|}}{CH}-CH_2-CH_3 \qquad H_3C-\underset{\underset{\displaystyle CH_3}{\overset{\overset{\displaystyle CH_3}{|}}{|}}}{C}-CH_3$$

（Ⅰ） （Ⅱ） （Ⅲ）

烷烃的同分异构现象是由于分子中碳原子的连接方式不同(即碳链的不同)而产生的,故称为碳链异构。分子中的碳原子越多,该烷烃的异构体也越多。表 2-1 为烷烃碳链异构体的数目,目前含 10 个以上碳原子的高级烷烃的异构体还未全部合成出来。

表 2-1 烷烃碳链异构体的数目

碳 原 子 数	异 构 体 数 目	碳 原 子 数	异 构 体 数 目
1	1	9	35
2	1	10	75
3	1	11	159
4	2	12	355
5	3	13	802
6	5	14	1 858
7	9	15	4 347
8	18	16	366 319

问题 2-4 推测简单烷烃 C_7H_{16} 的同分异构体。

(1) 写出最长的直链式;

(2) 写出少一个碳原子的直链式,另一个碳原子作为取代基;

(3) 写出少两个碳原子的直链式,另两个碳原子作为取代基;

（4）写出少三个碳原子的直链式，另三个碳原子作为取代基。

问题 2－5　下列构造式中哪些代表同一化合物？

$$
\begin{array}{l}
\quad\quad\overset{\displaystyle CH_3}{|}\quad\overset{\displaystyle CH_3}{|}\\
(1)\ CH_3CHCH_2CHCH_3
\end{array}
$$

$$
(2)\ \begin{array}{l}CH_3CHCH_2\\ \qquad\ |\\ \qquad CH_2CH_3\end{array}
$$

$$
(3)\ \begin{array}{c}\overset{\displaystyle CH_3}{|}\\ CH_3CCH_2CH(CH_3)_2\\ |\\ CH_3\end{array}
$$

$$
(4)\ CH_3CH_2C(CH_2CH_3)_2CH_2CH_3
$$

（5）$CH_3(CH_2)_2CH(CH_3)_2$

（6）$(CH_3)_2CHCH_2CH(CH_3)_2$

（7）$C(CH_2CH_3)_4$

$$
(8)\ \begin{array}{c}\overset{\displaystyle CH_3}{|}\\ CH_3CHCH_2CH(CH_3)_2\end{array}
$$

问题 2－6　写出下列化合物的构造式。

（1）3,3-二乙基戊烷 （2）2,4-二甲基-3,3-二异丙基戊烷

（3）2,2,3-三甲基丁烷 （4）四甲基丁烷

二、烷烃的构象

由于单键可以"自由"旋转，故可使分子中原子或基团在空间产生不同的排列，这种特定的排列形式，称为构象。由单键旋转而产生的异构体，称为构象异构体。构象不但决定有机化合物分子存在的空间状态，而且还常常决定它们的反应性能。所以对构象的研究在有机化学上有一定的实际意义。

1. 乙烷的构象

在乙烷分子中，以 C—C σ 键为轴进行旋转，使碳原子上的氢原子在空间的相对位置随之发生变化，可产生无数的构象异构体。所有构象中，只有一种构象能量最低（最稳定），这种构象叫优势构象。如图 2－2 所示，交叉式构象和重叠构象是乙烷分子的两个极限构象。交叉式构象是最稳定构象（优势构象），重叠构象在所有构象中能量最高、最不稳定。

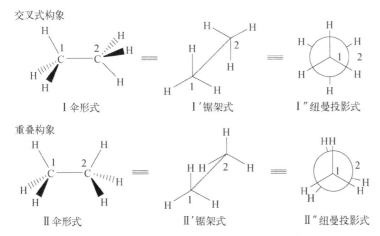

图 2－2　乙烷分子的交叉式构象和重叠构象

在图 2-2(Ⅱ)中,沿 C_1—C_2 键轴方向看,两个碳原子上的三对氢原子彼此重叠着,称为重叠构象;若把一个碳沿 C_1—C_2 键轴旋转 60°,如图 2-2(Ⅰ)所示,彼此重叠着的氢就变成了交叉着,称为交叉式构象。介于重叠构象和交叉式构象之间,还可以有无数种构象。

在乙烷重叠构象中,氢原子核之间的距离小于两个氢原子的范德瓦尔斯半径之和,因此有排斥力,分子处于这种构象,能量最高、最不稳定。在乙烷的交叉式构象中,两个碳原子上的氢原子与氢原子之间距离最远,分子处于这种构象是最稳定的。乙烷分子的其他构象,从能量上讲都介于重叠构象与交叉式构象之间。

分子在一般条件下,总是尽量以最稳定的形式存在,只要偏离交叉式构象,就有扭转张力。由一个稳定的交叉式构象变成不稳定的重叠构象,这种分子旋转时所必需的最低能量,称为转动能垒。乙烷的重叠和交叉式两种构象,能量相差不大,旋转能垒只需 $12.1\ kJ\cdot mol^{-1}$。在室温时,分子间的碰撞就可产生约 $84\ kJ\cdot mol^{-1}$ 的能量,足以使分子"自由"旋转,因此室温条件下不能分离这些构象异构体,这也说明分子的构象是随时在变化的。从统计观点来看,某一瞬时分子中交叉式构象比重叠构象所占比例要大得多,在一定温度下各种构象的比例是一常数,即存在着平衡,这时优势构象所占比例最大。

乙烷的构象,可用下列三种方法来表示:

伞形式:眼睛垂直于 C_1—C_2 键轴方向看,纸面上的键用细实线"——"表示,朝纸平面内的键用虚线"- - -"或虚的楔形"⦚⦚⦚"表示,朝纸平面外的键用实的楔形"◢"表示。

锯架式:沿 C_1—C_2 键轴斜 45°方向看,所有键均用细实线"——"表示。

纽曼投影式:沿 C_1—C_2 键轴方向看过去,前面的碳原子缩小成一个点,用 ⅄ 表示,后面的碳原子扩大成一个圆,用 ⎔ 表示,这样得到的就是纽曼投影式。

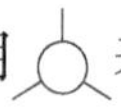

2. 丁烷的构象

正丁烷以 C_2—C_3 为轴旋转可形成无数种构象。其优势构象对位交叉式可表示为:

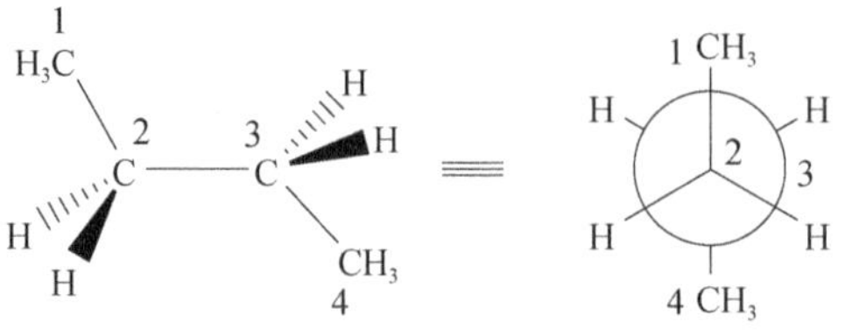

伞形式　　　　　纽曼投影式

相邻碳原子上的氢原子都处于交叉式位置,如将上图中的 C_2 沿 C_2—C_3 轴依次旋转 60°,可得如图 2-3 所示的多种构象。

对位交叉式沿 C_2—C_3 轴旋转,有四种典型构象。两种交叉式:邻位交叉式和对位交叉式;两种重叠:全重叠和部分重叠。由图 2-3 可以看出,对位交叉式和邻位交叉式构象是势能较低的两种稳定的构象。

正丁烷的构象异构体的旋转能垒很小,在室温下,分子间的碰撞足以提供这些能量,可以迅速地互相转化而不能分离。如果降低温度,使分子不能"自由"旋转,用物

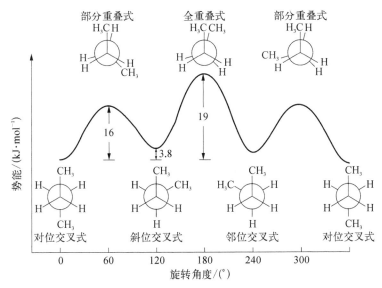

图 2-3 正丁烷各种构象及对应的势能关系图

理方法证明,这时正丁烷的优势构象,是对位交叉式构象。

第四节 烷烃的性质

一、烷烃的物理性质

有机化合物的物理性质主要包括熔点、沸点、相对密度、折射率、溶解度等。可用物理方法测定它们,化合物的物理常数对阐明分子的结构有一定的价值。常见正烷烃的物理常数见表 2-2。

表 2-2 常见正烷烃的物理常数

状 态	名 称	熔点/℃	沸点/℃	相对密度(d_4^{20})	折射率(n_D^{20})
气态	甲烷	−183	−46	0.424	—
	乙烷	−172	−89	0.546	—
	丙烷	−188	−42	0.582	1.289 8
	丁烷	−135	0	0.579	1.332 6(加压)
液态	戊烷	−130	36	0.626	1.357 5
	己烷	−95	69	0.659	1.375 1
	庚烷	−91	98	0.684	1.387 8
	辛烷	−57	126	0.703	1.397 4
	壬烷	−54	151	0.718	1.405 4
	癸烷	−30	174	0.730	1.410 2
	十一烷	−26	196	0.740	1.417 2
	十二烷	−10	216	0.749	1.421 6
	十三烷	−5.5	235	0.756	1.425 6
	十四烷	5.9	254	0.763	1.429 0
	十五烷	10	271	0.769	1.431 5
	十六烷	18	287	0.773	1.434 5

状 态	名 称	熔点/℃	沸点/℃	相对密度(d_4^{20})	折射率(n_D^{20})
	十七烷	22	301	0.777	1.436 9
	十八烷	28	316	0.777	1.439 6
固态	十九烷	32	330	0.778	—
	二十烷	37	343	0.786	—
	三十烷	60	446	0.810	—

从表中所列数据可知,烷烃的物理性质随分子量的增加而显示出一定的递变规律。

1. 物态

在常温常压下,含 1~4 个碳原子的烷烃为气态;含 5~7 个碳原子的烷烃为液态;含 17 个以上碳原子的烷烃则是固态。

2. 沸点

烷烃的沸点随分子量的增加而有规律地上升。分子量相同的烷烃,沸点随着支链的增多而降低。

3. 熔点

烷烃的熔点也与分子量有关,只是不如沸点的规律明显。分子量相同的烷烃,熔点随分子对称性的增加而升高。

4. 相对密度

烷烃的相对密度随分子量的增加而加大,但小于水的相对密度。分子量相同的烷烃,支链多者相对密度小。

5. 溶解度

烷烃不溶于水,易溶于非极性或弱极性的有机溶剂,如醇、醚、酮等。

烷烃物理性质变化的规律性,与其分子间作用力密切相关。因为物质的物理性质是分子运动状态的反映,而分子运动状态是由分子间作用力决定的。烷烃是非极性分子,其分子间作用力主要是色散力,色散力具有加和性,它的大小与分子中原子的数目和大小成正比。对于固体分子,色散力只能在近距离内起作用。根据色散力的以上特点,可以很好地解释烷烃物理性质的变化规律。

问题 2-7 解释下列化合物的沸点顺序。

(1) CH_3CH_3 CH_3CH_2Br CH_3CH_2I
　　−89℃　　　 38℃　　　　 72℃

(2) $CH_3(CH_2)_4CH_3$　　$CH_3CH(CH_2)_2CH_3$　　$CH_3CH_2C(CH_3)_2CH_3$　　⬡

　　　69℃　　　　　　　60℃　　　　　　　49.7℃ 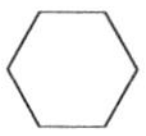　　　　81℃

二、烷烃的化学性质

有机化合物的化学性质取决于分子结构。由于烷烃分子的 C—C 键和 C—H 键均为 σ 键,键能较大,极性较弱,故其化学性质非常稳定。一般条件下,不与强酸、强碱、强氧化剂、强还原剂以及活泼金属作用。但在一定的温度、压力、光照和催化剂存在下,可与一些试剂发生反应。烷烃的弱极性键有利于均裂,大多数反应是通过自由基反应历程进行的。

1. 卤代反应

烷烃与卤素在室温和黑暗中不起反应。如果在光照或加热的作用下,烷烃分子中的氢原子可以被卤素原子逐一取代,生成烃的各种卤代衍生物。例如,在漫射光照射(或加热)下甲烷发生氯代反应,生成各种氯代甲烷的混合物。

$$CH_4 + Cl_2 \xrightarrow{h\nu} CH_3Cl + HCl$$

$$CH_3Cl + Cl_2 \xrightarrow{h\nu} CH_2Cl_2 + HCl$$

$$CH_2Cl_2 + Cl_2 \xrightarrow{h\nu} CHCl_3 + HCl$$

$$CHCl_3 + Cl_2 \xrightarrow{h\nu} CCl_4 + HCl$$

烃分子中的氢原子被其他原子或基团置换的反应叫作取代反应。在上面的反应中,由于氢原子被氯原子取代,故称为氯代反应。

甲烷的氯代反应是按自由基反应机理进行的。自由基反应机理通常分链的引发、增长和终止三个阶段。现以甲烷的氯代反应为例来说明自由基反应历程的三个阶段。

(1) 链的引发

在光照下,氯分子吸收能量均裂成两个氯原子:

$$Cl : Cl \xrightarrow{h\nu} 2Cl\cdot$$

链的引发阶段是反应分子吸收能量后产生自由基的过程。这种反应主要是由光照、辐射、加热或过氧化物等因素引起的。

(2) 链的增长

上面产生的氯原子具有未成对的电子,很活泼。它立即从甲烷分子中夺取一个氢原子,生成氯化氢并产生一个新的甲基自由基:

$$Cl\cdot + CH_4 \longrightarrow HCl + CH_3\cdot$$

甲基自由基也非常活泼,它和氯分子碰撞,生成一氯甲烷和一个新的氯原子:

$$CH_3\cdot + Cl : Cl \longrightarrow CH_3Cl + Cl\cdot$$

反应反复地进行或者一环扣一环地连续进行下去,直到生成四氯化碳:

$$Cl\cdot + CH_3Cl \longrightarrow HCl + \cdot CH_2Cl$$

$$\cdot CH_2Cl + Cl_2 \longrightarrow CH_2Cl_2 + Cl\cdot$$

··············

链增长阶段有一步的和多步的。这个阶段的特点是,每一步都消耗一个自由基,同时又为下一步反应产生一个新的自由基。

(3) 链的终止

产生的自由基可以相互结合,从而使反应停止:

$$Cl\cdot + Cl\cdot \longrightarrow Cl_2$$

$$CH_3\cdot + CH_3\cdot \longrightarrow CH_3CH_3$$

$$CH_3 \cdot + Cl \cdot \longrightarrow CH_3Cl$$

....

链终止阶段的特点是自由基被逐渐消耗掉,并且不再产生新的自由基。

由上面一系列反应可以看出,自由基反应得到的一般都是多种产物的混合物。

烷烃分子中可以有伯、仲、叔三种氢原子。由于分子中各部分之间的制约和影响,这三种氢原子在自由基取代反应中的活泼性不一样。叔氢原子受影响最大,取代时所需的活化能最小,所以最活泼;仲氢原子活泼性次之;伯氢原子活泼性最差。这可以从三种氢原子的解离能看出:

伯氢 $CH_3-H \longrightarrow CH_3 \cdot + H \cdot$ $\Delta H = 435 \text{ kJ} \cdot \text{mol}^{-1}$

      $CH_3CH_2-H \longrightarrow CH_3CH_2 \cdot + H \cdot$ $\Delta H = 410 \text{ kJ} \cdot \text{mol}^{-1}$

仲氢 $H_3C-CH_2-CH_3 \longrightarrow H_3C-\overset{\cdot}{C}H-CH_3 + H \cdot$ $\Delta H = 397 \text{ kJ} \cdot \text{mol}^{-1}$

叔氢 $H_3C-\underset{\overset{|}{CH_3}}{CH}-CH_3 \longrightarrow H_3C-\underset{\overset{|}{CH_3}}{\overset{\cdot}{C}}-CH_3 + H \cdot$ $\Delta H = 380 \text{ kJ} \cdot \text{mol}^{-1}$

由此推知,自由基形成的难易程度为 $3° > 2° > 1° > CH_4$。这个次序和自由基稳定性次序是一致的。因此,可以得出一个结论:含单电子的碳上连接的烷基越多,这样的自由基越稳定。例如,常见的几种自由基的稳定性次序为

$$H_3C-\underset{\overset{|}{CH_3}}{\overset{\overset{CH_3}{|}}{C}}\cdot \ > \ H_3C-\underset{\overset{|}{}}{\overset{\overset{CH_3}{|}}{C}}H \ > \ CH_3CH_2 \cdot > \ CH_3 \cdot$$

问题 2−8 写出环己烷在光作用下溴化产生溴代环己烷的反应历程。

问题 2−9 写出 $C_5H_{11}Cl$ 可能的异构体,并命名,指出与氯原子相连的碳原子的级数。

2. 氧化反应和燃烧

烷烃在室温下一般不与氧化剂或空气中的氧反应,但在适当的条件下,可以使它们发生部分氧化,生成各种含氧衍生物,如醇、醛、酸等。例如,高级烷烃(如石蜡,一般是 $C_{20} \sim C_{25}$ 烷烃的混合物)在 $120 \sim 150℃$ 并以锰盐作催化剂时,被空气氧化成高级脂肪酸。

$$2R-CH_3 + 3O_2 \xrightarrow[120 \sim 150℃]{锰盐} 2R-COOH + 2H_2O$$
$$脂肪酸$$

生成的高级脂肪酸可代替油脂制造肥皂。低级烷烃($C_1 \sim C_4$)经氧化可得到甲醇、甲醛、甲酸、乙酸、丙酮等。例如,以甲烷为原料,在 $600℃$ 和利用 NO 催化氧化时,可得甲醛。

$$CH_4 + O_2 \xrightarrow[600℃]{NO} HCHO + H_2O$$
$$甲醛$$

烷烃在高温和有足够的空气中燃烧,生成二氧化碳和水,并放出大量的热能。

$$CH_4 + 2O_2 \longrightarrow CO_2 + 2H_2O \quad \Delta H_c = -890 \text{ kJ} \cdot \text{mol}^{-1}$$

$$2C_{10}H_{22} + \frac{31}{2}O_2 \longrightarrow 10CO_2 + 11H_2O \quad \Delta H_c = -6\,770 \text{ kJ} \cdot \text{mol}^{-1}$$

这是汽油和柴油在内燃机中燃烧的基本反应。在燃烧时放出来的热量叫燃烧热,燃烧热是热化学中的一项重要数据,借助于它可以计算其他有关反应的反应热。

低级烷烃($C_1 \sim C_6$)的蒸气与一定比例的空气混合后,遇到火花会发生爆炸,这是煤矿井中发生爆炸事故的主要原因之一。例如,甲烷在空气中的含量达到 $5.53\% \sim 14\%$ 时,遇到火花即可爆炸。

3．裂解反应

烷烃在无氧条件下,在高温(800℃左右)时 C—C 键可以断裂,大分子化合物变为小分子化合物,这个反应称为裂解反应。石油加工后除了得到汽油外,还有煤油、柴油等相对分子质量较大的烷烃,通过裂解反应变成甲烷、乙烷、乙烯、丙烯等小分子化合物。裂解反应的反应机制是热作用下的自由基反应,所用的原料是混合物,现用己烷为例说明如下:

$$CH_3CH_2CH_2CH_2CH_2CH_3 \begin{cases} \longrightarrow CH_3 \cdot + CH_3CH_2CH_2CH_2CH_2 \cdot \\ \longrightarrow CH_3CH_2 \cdot + CH_3CH_2CH_2CH_2 \cdot \\ \longrightarrow 2CH_3CH_2CH_2 \cdot \end{cases}$$

裂解后产生的自由基可以互相结合,例如:

$$CH_3 \cdot + CH_3CH_2 \cdot \longrightarrow CH_3CH_2CH_3$$
$$CH_3CH_2 \cdot + CH_3CH_2CH_2 \cdot \longrightarrow CH_3CH_2CH_2CH_2CH_3$$

也可以 C—H 键断裂,产生烯烃。

$$CH_3CH_2 \cdot + CH_3 \overset{H}{\underset{\cdot}{CH}} - CH_3 \longrightarrow CH_3CH_3 + CH_3CH=CH_2$$

总的结果,大分子烷烃裂解成分子更小的烷烃、烯烃。这个反应在实验室内较难进行,在工业上却非常重要。工业上裂解时用烷烃混以水蒸气在管中通过800℃左右的加热装置,然后冷却到 $300 \sim 400$℃,这些都是在不到 1 s 内完成的,然后将裂解产物用冷冻法加以分离。塑料、橡胶、纤维等的原料均从此反应得到。

目前用裂解反应生产乙烯,世界规模年产一亿四千余万吨,我国目前年产 1 841 万吨(2018 年),而且还在不断增长。各国所用烷烃原料不同,产物也有差别,如用石脑油为原料裂解后可得甲烷15%、乙烯31.3%、乙烷3.4%、丙烯13.1%、丁二烯4.2%、丁烯和丁烷2.8%、汽油22%、燃料油6%,还有一些少量其他产品。

Ⅱ 环 烷 烃

第五节 环烷烃的分类和命名

一、环烷烃的分类

将链形烷烃两头的两个碳原子各用一价相互连接,叫作环烷烃。这类化合物又称为脂环化合物,因为从性质上看,它与链形化合物有许多相似之处。所有各类脂环化合物,都可看作是环烷烃的衍生物。脂环烃及其衍生物广泛存在于自然界,尤其是在石油和植物中。环烷烃的通式是C_nH_{2n},与烯烃互为异构体。

1. 单环烷烃

按环的大小可分为小环($C_3 \sim C_4$)、普通环($C_5 \sim C_7$)、中环($C_8 \sim C_{11}$)、大环(C_{12}以上)。

2. 多环烷烃

按分子内两个碳环共用的碳原子数目可分为螺环烃(两个碳环共用一个碳原子)、桥环烃(两个碳环共用两个或两个以上碳原子)。

二、环烷烃的命名

1. 单环烷烃的命名

单环烷烃的命名法与链烃类似,在碳原子数相应的链烃名称前冠以"环"字。环上碳原子用阿拉伯数字编号,并使取代基编号总和最小。饱和环上有两个以上不同的取代基时,以最小的取代基编号为"1"号。环烷烃的结构常用键线式表示。

环丙烷　　　环丁烷　　　环戊烷　　　环己烷　　　环庚烷　　　环辛烷

环烷烃除与烯烃互为异构体外,环状化合物之间也可以互为异构体,下面为两对碳链异构体:

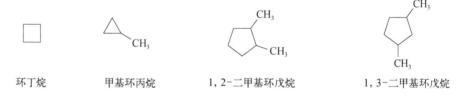

环丁烷　　　甲基环丙烷　　　1,2-二甲基环戊烷　　　1,3-二甲基环戊烷

2. 螺环烃的命名

两个单环共用一个碳原子的称为螺环烃。两碳环的连接方式称为螺接,螺接的共用原子称为螺原子。螺环烃的命名规则如下:

母体:按螺环所含碳原子总数称"螺[a.b]某烷"。

编号:从小环的邻接于螺原子的环碳原子开始编号,通过螺原子编到大环。若环上有取代基,应使取代基编号尽可能小。

命名:在螺字后的方括号中,用阿拉伯数字标出两个碳环除螺原子外的碳原子数目,按由小到大次序列出,各数字之间用符号"."分开。例如:

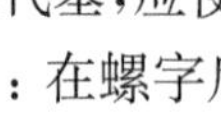

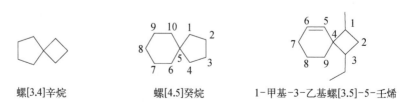

螺[3.4]辛烷 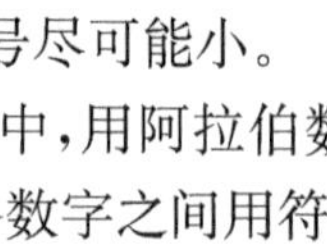　　　螺[4.5]癸烷 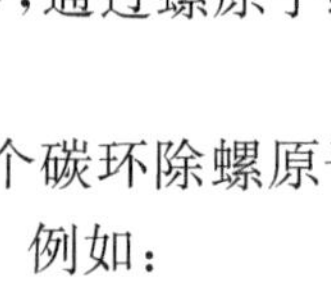　　　1-甲基-3-乙基螺[3.5]-5-壬烯

3. 桥环烃的命名

两个或两个以上碳环共用两个或两个以上碳原子的多环化合物称为桥环烃。共用的碳原子称为桥头碳,两个桥头碳之间可以是碳链,也可以是一个键,称为桥。

母体:按参与成环的总碳原子(不含支链)数称某烃,桥环个数冠于词头,称"二环[a.b.c]某烷"。

编号:自第一个桥头碳原子(即两个环连接处的碳原子,二环有两个桥头碳原子。除桥头碳原子外,环上其他的碳原子称为桥碳原子)开始,沿最长的桥编号到另一个桥头碳原子,再沿次长桥回到第一个桥头碳原子,最短的桥最后编号。若环上有取代基时,应从靠近取代基的桥头开始编号,使取代基有较小的位次。

命名:在方括号中注明桥碳原子数(桥头碳原子不计在内),按由大到小次序列出,数字之间用"."分开。二环桥烃可以看作是两个桥头碳原子之间用三道桥连接起来的,因此方括号内有 3 个数字。例如:

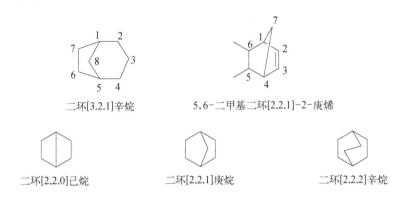

二环[3.2.1]辛烷   5,6-二甲基二环[2.2.1]-2-庚烯

二环[2.2.0]己烷   二环[2.2.1]庚烷   二环[2.2.2]辛烷

第六节　环的结构与稳定性

一、张力学说

环的稳定性与环的大小有关。三碳环最不稳定,四碳环比三碳环稍稳定,五碳环较稳定,六碳及六碳以上的环都较稳定,如何解释这一现象呢? 1885 年德国化学家拜尔(Adolph Von Baeyer)提出了"张力学说"。他认为环上的碳原子都处于同一平面,根据甲烷的正四面体模型,碳的两个键间的键角应是 $109°28'$。但环丙烷是正三角形,键角为 $60°$;环丁烷为正四边形,键角为 $90°$;而环戊烷为正五边形,键角为 $108°$。它们每个碳的两个键的键角不是 $109°28'$,必须向内缩小到 $60°$、$90°$、$108°$才能符合环的几何形状。这样就产生了分子的张力,称为角张力或拜尔张力。这样的环称为"张力环"。由于环丙烷中碳的两个键的键角与正四面体键角偏差较大,所以环丙烷不稳定,而环戊烷中碳的两个键的键角为 $108°$,接近 $109°28'$,因此,环戊烷基本上没有张力而较稳定。

二、近代电子理论的解释

在环丙烷分子中,C—C 键间杂化轨道的重叠,若按几何学要求,3 个碳原子必须在同一平面,C—C 键间夹角为 $60°$,但 sp^3 杂化碳原子沿键轴方向重叠,要求的键角为 $109°28'$。因此环丙烷中 C—C 键不能像开链烷烃那样沿轴向重叠,而是形成一种"弯曲键"(图2-4),因其形似香蕉,又称香蕉键,键角约为105°。这种弯曲键存在较大的角张力,导致环丙烷有较大的环张力而不稳定。而环丙烷不稳定的另一个因素是存在扭转张力。环中C—H键在空间上处于重叠的位置,因此具有较高的能量,易发生开环。

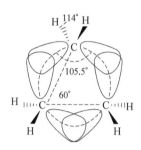

图 2-4 环丙烷的弯曲键

环丁烷的结构与环丙烷相似,分子中原子轨道也不是直接重叠,但它比环丙烷稳定,这是由于其环中C—C键的弯曲程度不如环丙烷那样强烈,角张力没有环丙烷的角张力大。近代研究表明,环丙烷的碳架为平面结构,而环丁烷的4个碳原子并不在同一平面上,为一种蝶式构象(图2-5),碳环皱折为蝶形,而"翼"上下摆动,与平面约成30°角,使键角张力有所降低,所以环丁烷较环丙烷稳定。

图 2-5 环丁烷构象图

环戊烷的构象如图2-6所示,其也为非平面结构,其中4个碳原子在同一平面上,1个碳原子离开此平面,这样使角张力降低,2个碳原子轨道成键时可充分的重叠,组成的C—C键弯曲程度很小,所以环戊烷稳定。

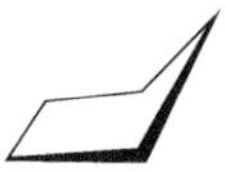

图 2-6 环戊烷构象图

在环己烷中,碳原子为sp^3杂化,6个碳原子不在同一平面上,C—C键间夹角可以保持109°28′,因此,环己烷很稳定。其存在两种典型构象(图2-7):椅式构象和船式构象。两者可互相转变,但以椅式构象为稳定构象。

椅式构象　　　　　　　船式构象

图 2-7 环己烷构象图

三、环烷烃的燃烧热及其相对稳定性

由热化学实验测得:含碳原子不同的环烷烃中,每一个CH_2的燃烧热不同。所谓的燃烧热指分子燃烧时放出的热量,它的大小反映出分子内能的高低。从表2-3

的数据可以看到,环烷烃每个 CH_2 的平均燃烧热高于开链烷烃,这表明它们分子中每个 CH_2 比开链烷烃具有较高的能量而较不稳定。从环丙烷到环己烷,每个 CH_2 的燃烧热逐渐降低,说明环越小,内能越大,越不稳定。六碳以上的环,每个 CH_2 燃烧热相差不多,稳定性也相似,是稳定的无张力环。

表 2-3　环烷烃每个 CH_2 的平均燃烧热

名称	环丙烷	环丁烷	环戊烷	环己烷	环庚烷	环辛烷	环壬烷	环癸烷	开链烷
平均燃烧热 /(kJ·mol^{-1})	697.0	686.2	664.0	658.6	662.3	664.2	664.4	663.6	658.6

四、大环化合物的稳定性

大环化合物一般都稳定,因为随着成环碳原子数的增加,碳环逐渐增大,分子变得松动,有了活动的余地,使形成正常键角的可能性增大,角张力降低,碳原子成键轨道达到最大程度的重叠,基本上形成没有张力的环。经 X 射线的分析,碳环都呈皱折状,成环的碳原子不在同一平面上,而是形成两条被封闭起来的平行长链。例如,二十二烷的结构如下:

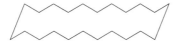

第七节　环烷烃的性质

一、环烷烃的物理性质

比较环烷烃和相应的开链烷烃的熔点和沸点,可以看出结构对它们所起的作用。开链烷烃可以比较自由地摇动,分子间"拉"得不紧,容易挥发,沸点低一些。由于这种摇动,比较难以在晶格内做有次序的排列,所以熔点也低一些。环烷烃排列得紧密一些,密度高一些。表 2-4 是某些环烷烃及相应开链烷烃的物理常数。

表 2-4　某些环烷烃及相应开链烷烃的物理常数

化合物	沸点/℃	熔点/℃	相对密度(d_4^{20})
丙　烷	−42.2	−187.1	0.582 4
环丙烷	−32.7	−127.6	
正丁烷	−0.5	−135.0	0.578 8
环丁烷	12.5	−80	
正戊烷	36.1	−129.3	0.626 4
环戊烷	49.3	−93.9	0.745 7
正己烷	68.7	−94.0	0.659 4
环己烷	80.7	6.6	0.778 6
正庚烷	98.4	−90.5	0.683 7
环庚烷	118.5	−12.0	0.809 8
正辛烷	125.6	−56.6	0.702 8
环辛烷	10.0	14.3	0.834 9

同分异构体及顺、反异构体也具有不同的物理性质。

二、环烷烃的化学性质

1. 加成反应

（1）催化加氢

环烷烃催化加氢，加氢时环破裂而成为开链烷烃。

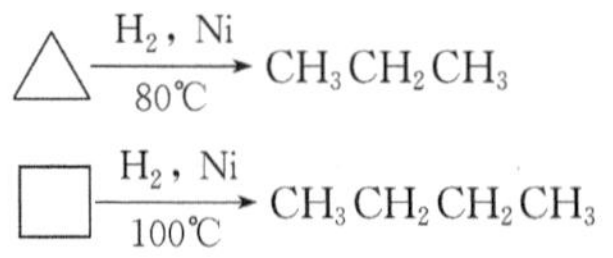

$$\triangle \xrightarrow[80℃]{H_2, Ni} CH_3CH_2CH_3$$

$$\square \xrightarrow[100℃]{H_2, Ni} CH_3CH_2CH_2CH_3$$

（2）与卤素加成

环丙烷、环丁烷与烯烃类似，能与卤素发生亲电加成。

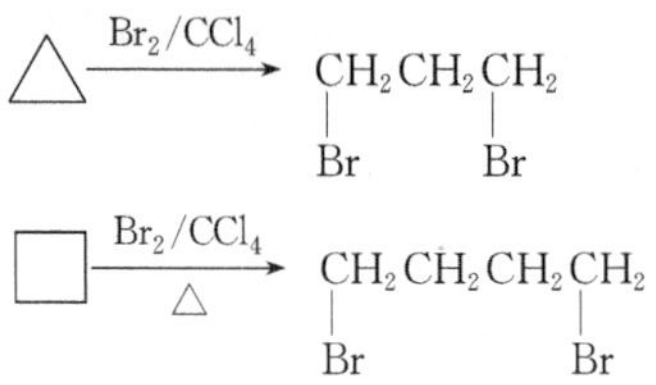

$$\triangle \xrightarrow{Br_2/CCl_4} \underset{Br}{CH_2}\underset{}{CH_2}\underset{Br}{CH_2}$$

$$\square \xrightarrow[\triangle]{Br_2/CCl_4} \underset{Br}{CH_2}\underset{}{CH_2}\underset{}{CH_2}\underset{Br}{CH_2}$$

（3）与酸加成

环丙烷等能与无机酸加成，得到开链化合物。若环上有取代基，加成符合马氏规则，并且开环位置在含氢最多的碳与含氢最少的碳之间。

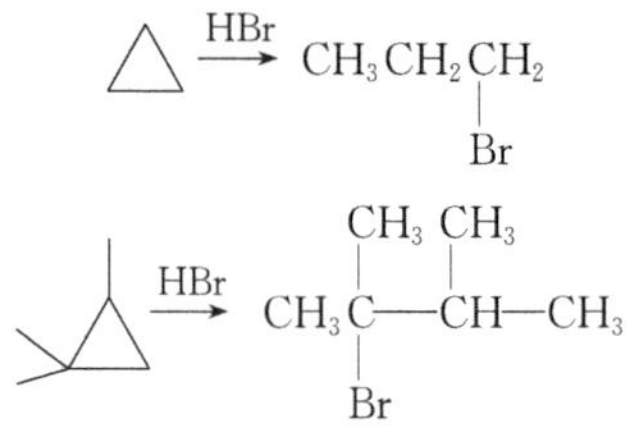

$$\triangle \xrightarrow{HBr} \underset{Br}{CH_3CH_2CH_2}$$

$$\xrightarrow{HBr} CH_3-\underset{Br}{\underset{|}{C}}-\underset{CH_3}{\overset{CH_3}{\underset{|}{CH}}}-CH_3$$

2. 取代反应

在光照或加热的条件下，环烷烃能与卤素发生按自由基历程进行的取代反应。

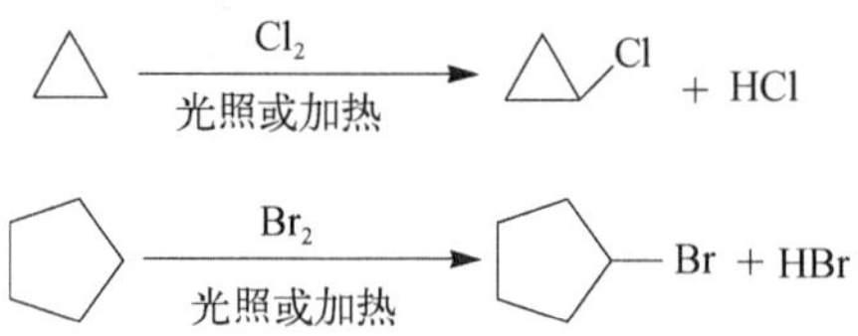

$$\triangle \xrightarrow[光照或加热]{Cl_2} \triangle\!-Cl + HCl$$

$$\pentagon \xrightarrow[光照或加热]{Br_2} \pentagon\!-Br + HBr$$

环烷烃与烷烃一样，在室温下，不与高锰酸钾等强氧化剂反应，所以可用高锰酸钾溶液区别烯烃和环烷烃。也可用高锰酸钾溶液除去环烷烃中微量的烯烃。

第八节　环烷烃的立体异构

一、顺反异构现象

脂环化合物中三碳环的碳原子在同一平面内，碳环上每个碳原子所连的两个原子或原子团分别排布在平面上下,环的存在限制了环的碳碳键自由旋转,当两个碳原子连接不同的基团时,就存在顺反异构现象。例如,1,2-二甲基环丙烷,存在顺式和反式两种异构。

顺-1,2-二甲基环丙烷
bp.37℃

反-1,2-二甲基环丙烷
bp.-29℃

二、环己烷及其衍生物的构象

1. 环己烷的构象

前已叙及,环己烷有椅式构象和船式构象。在环己烷的构象中,较稳定的构象是椅式构象,在椅式构象中,所有键角都接近正四面体键角,几乎不存在环张力,所有相邻两个碳原子上所连接的氢原子都处于交叉式构象。

环己烷的船式构象比椅式构象能量高。因为在船式构象中船头两个氢原子相距较近(约 183 pm),小于它们的范德瓦尔斯半径之和(240 pm),所以非键斥力较大,造成船式构象能量高。

在环己烷的椅式构象中,12 个 C—H 键分为两种情况,一种是 6 个 C—H 键与环己烷分子的对称轴平行,称为直立键,简称 a 键。另一种是 6 个 C—H 键与对称轴成 109°的夹角,称为平伏键,简称 e 键。环己烷的 6 个 a 键中,3 个向上、3 个向下交替排列;6 个 e 键中,3 个向上斜伸、3 个向下斜伸交替排列。

在环己烷分子中,每个碳原子上都有一个 a 键和一个 e 键。两个环己烷椅式构象相互转变时,a 键和 e 键也同时转变,即 a 键变为 e 键,e 键变为 a 键。

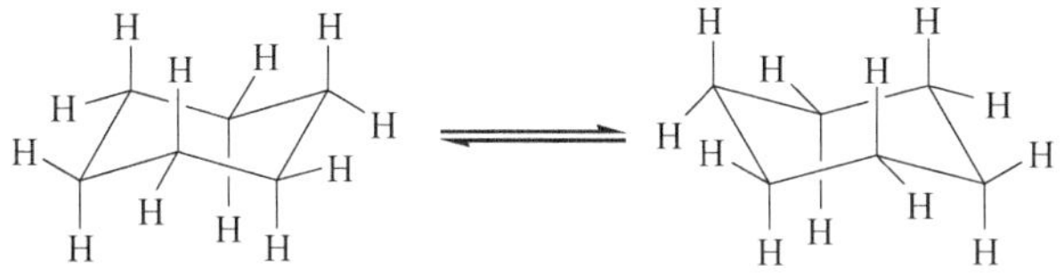

2. 取代环己烷的构象

环己烷的一元取代物有两种可能构象,取代 a 键或是取代 e 键,由于取代 a 键所引起的非键斥力较大,分子内能较高,所以取代 e 键比较稳定。甲基环己烷的优势构象为

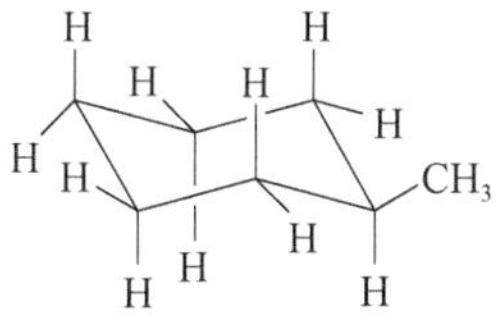

当环己烷分子中有两个或两个以上氢原子被取代时,在进行构象分析时,还要考虑顺反构型问题。但就能量而言,不论两个取代基相对位置如何(1,2 位、1,3 位或 1,4 位),取代基连在 e 键上总是能量最低。二元取代物有反-1,2-,顺-1,3-和反-1,4-三种具有稳定构象的顺、反异构体。二甲基环己烷各种异构体的优势构象为

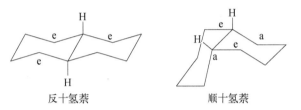

根据构象分析得知,当环上有不同取代基时,基团最大的取代基连在 e 键上最稳定,这种构象属于优势构象。对多取代基的环己烷,e 键上连的取代基越多越稳定,所以 e 键上取代基最多的构象是它的优势构象。

由分析可以得到结论:

(1) 环己烷的椅式构象是优势构象;

(2) 环己烷的多元取代物中,e 键取代最多的构象为最稳定的构象;

(3) 环上有不同取代基时,大的取代基在 e 键的构象更稳定。

三、十氢萘的结构

十氢萘是两个环己烷稠合而成的,两个环可以采取两种不同的方式稠合,产生顺、反异构(图 2-8),其构象是由两个椅式环己烷共用一个边稠合而成。

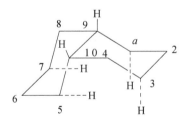

图 2-8　十氢萘的两种椅式构象

两种十氢萘的稳定性不同,反式的比顺式的稳定。主要是由于反式十氢萘分子结构较为平展,而顺式十氢萘分子中在 C_1、C_3、C_5、C_7 位上 a 键的氢原子彼此靠得较近,存在相互排斥作用,内能较高,因而相对不稳定。如图 2-9 所示。

图 2-9　顺十氢萘分子中 α-H 的相互排斥作用

问题 2-10　写出顺-1,4-二甲基环己烷和反-1,4-二甲基环己烷的优势构象,并比较它们的稳定性。

▌本章小结

一、烷烃

1. 烷烃的命名

普通命名法和系统命名法。

2. 烷烃分子中碳原子为 sp^3 杂化,C—C 键和 C—H 键均为 σ 键,化学性质极不活泼,在光照或高温条件下,可与卤素发生自由基取代反应。

(1) 卤代反应(C—H键均裂)

反应活性:$F_2 > Cl_2 > Br_2 > I_2$　　$3°$氢 $> 2°$氢 $> 1°$氢 $> CH_4$

(2) 催化氧化反应与燃烧(C—H键和C—C键同时断裂)

3. 烷烃的构象

由于分子中的原子或原子团绕单键旋转而产生的不同空间排列形式称为构象。乙烷分子有两个极限构象,交叉式构象和重叠构象。介于交叉式构象和重叠构象之间有无数个其他构象,不同的构象内能不同,能量最低的构象称为优势构象。乙烷的优势构象是交叉式构象。正丁烷的构象较乙烷复杂,分子绕 C_2—C_3 σ 键轴旋转时,有四种典型构象,其中对位交叉式构象分子内能最低,为优势构象。烷烃的构象常用纽曼(Newman)投影式表示。

二、环烷烃

1. 环烷烃的分类和命名

按环的大小可将环烷烃分为小环、普通环、中环和大环。按分子内两个碳环共用的碳原子数目可分为螺环烃和桥环烃。单环环烷烃命名与烷烃类似,螺环烃和桥环烃命名较特殊。

2. 环烷烃的化学性质

环烷烃的化学性质主要体现在有张力的环。小环分子中存在角张力,不稳定,易开环。环丙烷角张力最大,最易开环,其次是环丁烷和环戊烷。六元环及更大的环不易开环。

(1) 开环加成反应

① 催化加氢。环丙烷、环丁烷在一定条件下催化加氢,开环生成开链烷烃。

② 加卤素。环丙烷、环丁烷能同卤素发生开环加成反应,环丙烷与溴的四氯化碳溶液发生加成反应后溴的红色褪去,可用于鉴别环丙烷、环丁烷和其他化合物。

③ 加卤化氢。环丙烷及其衍生物与卤化氢开环加成遵循马氏规则并且开环位置在含氢最多的碳与含氢最少的碳之间。

(2) 取代反应

环烷烃在光照、加热或自由基存在下,与卤素发生自由基取代反应。

3. 环己烷的构象

环己烷有无数种构象,其中椅式构象和船式构象是典型构象。椅式构象能量最低,为优势构象。在椅式构象中,C—H键分 a 键和 e 键两种类型。当环上有多个取代基时,e 键上的取代基越多越稳定,大基团在 e 键上时构象稳定。

知识拓展　　　　　　　**微生物法制备烷烃**

烷烃,即饱和链烃(Saturated Chain Hydrocarbon),是碳氢化合物中的一种饱和烃,是最简单的一种有机化合物,是汽油、柴油、航空燃料等化石燃料的主要组成部分,在整个能源系统中占有至关重要的地位。它广泛存在于自然界中,如昆虫、鸟、哺乳动物、植物等高等真核生物中均存在烷烃类化合物。目前,商业化的烷烃是以石油为原料通过分馏得到的,但是利用分馏法生产烷烃不可避免地会消耗大量石油资源,并且在生产过程中对环境造成污染。为解决这一问题,科学家做了大量研究,在研究中发现一些微生物在代谢过程中会产生大量的烷烃类化合物,这一发现为解决上述问题奠定了基础。利用微生物生产烷烃具有以下几个优点:① 相比于植物和动物,微生物具有较快的生长速率,可在短时间内生产纯度较高的烃;② 微生物能以玉米秸秆、蔗渣等农副产品作为底物进行生长和合成烷烃,很好地解决土地用于生产粮食或生产燃料之间潜在的冲突;③ 微生物发酵法生产烷烃具有很好的环保性,也可以降低生产成本。

近几年来,随着现代分子生物学的飞速发展,利用基因工程等手段对微生物细胞内代谢途径进行改造,使重组微生物细胞通过发酵法生产烷烃。人们发现可以生产烷烃类物质的微生物越来越多。

表 2-5　一些可以生产烷烃类物质的微生物

微 生 物 种 类	烷 烃 名 称
粘红酵母	乙烷
新型隐球菌	丙烷、正丁烷
粉红粘帚霉	丙烷、正丁烷
硫酸盐还原细菌	$C_{10} \sim C_{25}$ 的脂肪烃
沙雷马里诺癣菌	甲烷
蓝藻属	十三烷、十五烷等

目前,人们普遍认为微生物细胞中合成烷烃依赖于脂肪酸的合成途径,它以脂肪酸合成途径的中间代谢产物脂肪酰-酰基载体蛋白(Acly carrierprotein, ACP)作为合成烷烃的直接原料。但是,细胞中脂肪酸的合成途径在转录水平和蛋白水平上都被严格地调控,故在自然条件下微生物细胞中无法实现大量积累其合成途径的中间代谢产物,因此,利用微生物生产烷烃仍处于起始阶段。

在现今研究中,用来生产烷烃的微生物大多集中在蓝藻属中,但是其在合成烷烃的过程中产量较低、代谢副产物过多。针对这些问题,科研工作者利用自然界中存在的可以自身合成烷烃的微生物,用代谢工程来提高其烷烃的生产能力;其次是采用重组策略,即利用重组 DNA 技术将烷烃合成途径中的关键酶导入微生物细胞中,从而使该微生物具备合成烷烃的能力。

课后习题

1. 写出分子式为 C_7H_{16} 的烷烃的各种异构体的构造式,并用系统命名法命名。

2. 将下列化合物用系统命名法命名。

(1) $(CH_3)_2CHCH_2CH_2CH(CH_3)_2$

(2) $CH_3CH_2CHCH_2CH_2CCH_2CH_3$ ，其中第3位有取代基 $CH(CH_3)_2$ 和 CH_3，第6位有取代基 CH_3

(3) $CH_3CHCH_2CH_2CHCHCH_2CH_3$ ，第2位有 CH_3，第5位有 CH_3，第6位有 CH_3

(4) $CH_3CH—C—CCH_3$ ，中间两碳各带 CH_3、CH_3，下方带 C_2H_5、C_2H_5、C_2H_5

(5) $(CH_3CH_2)_4C$

(6)

(7)

(8)

(9) ▷—CHCH₂CH₂CH₃

(10)

3. 写出下列化合物的结构式。
   (1) 异己烷
   (2) 2,2,4,4-四甲基庚烷
   (3) 1,2,3-三甲基环己烷
   (4) 4-环己基壬烷
   (5) 1,3-二甲基二环[2.2.1]庚烷
   (6) 1,2-二甲基二环[4.2.0]辛烷
   (7) 7-甲基螺[3.4]辛烷
   (8) 顺-1,2-二甲基环丙烷
   (9) 顺-1-甲基-4-叔丁基环己烷
   (10) 反-1,4-二异丙基环己烷

4. 写出下列化合物的优势构象。
   (1) 反-1-甲基-2-叔丁基环己烷
   (2) 反-1-甲基-3-叔丁基环己烷
   (3) 反-1-甲基-4-叔丁基环己烷
   (4) 顺-1-甲基-4-叔丁基环己烷

5. 将烷烃中的一个氢原子用溴取代,得到通式为 $C_nH_{2n+1}Br$ 的一溴化物,试写出 C_4H_9Br 和 $C_5H_{11}Br$ 的所有构造异构体。

第三章

不饱和烃

不饱和脂肪烃是指分子中含有碳碳不饱和键的碳氢化合物。根据分子中不饱和键的类型可分为烯烃和炔烃,分子中含有碳碳双键的烃称为烯烃;根据分子中所含的双键数目可分为单烯烃、二烯烃和多烯烃,分子中含有碳碳三键的烃称为炔烃;根据不饱和烃分子的碳架结构不同,还可分为不饱和链烃和不饱和环烃。双键和三键分别是烯烃和炔烃的官能团。

Ⅰ 烯 烃

第一节 烯烃的分类和命名

一、烯烃的分类

1. 根据分子中双键的数目可分为单烯烃、二烯烃、多烯烃。

单烯烃:分子中含有 1 个碳碳双键。例如:$H_2C{=\!=}CH_2$、$H_2C{=\!=}CHCH_2CH_3$。

二烯烃:分子中含有 2 个碳碳双键。例如:$H_2C{=\!=}CHCH{=\!=}CH_2$、。

多烯烃:分子中含有 3 个或 3 个以上碳碳双键。例如:$H_2C{=\!=}CHCH{=\!=}CHCH_2CH{=\!=}CH_2$。

2. 根据分子中碳架结构不同可以分为开链烯烃、环烯烃。

开链烯烃:分子以链状连接的烯烃。例如:$H_2C{=\!=}CHCH_2CH_3$。

环烯烃:分子以环状连接的烯烃。例如:⬡、⬠。

二、烯烃的命名

1. 普通命名法
普通命名法只适用于简单烯烃的命名。烯烃的命名方法和烷烃类似,分子中含有几个碳就称为某烯,第 2 个碳原子上有一个甲基称为异某烯。例如,$H_2C{=\!=}CH_2$ 称为乙烯,$H_2C{=\!=}CHCH_3$ 称为丙烯,$H_2C{=\!=}C(CH_3)_2$ 称为异丁烯。

2. 系统命名法
单烯烃的系统命名法和烷烃的类似,也分为以下几步:

①　选主链。选择含有双键的最长碳链作为主链,按主链碳原子的数目称为某烯。如主链含有 6 个碳,则称为己烯;10 个碳以上用汉字数字,并且在烯字前面加上一个"碳"字,如十二碳烯。

②　编号。从靠近双键的一端开始依次对主链的碳原子编号,使双键的编号尽可能地小,其次再使取代基的编号尽可能地小,并将双键的编号写在烯烃名称之前。

③　命名。先将取代基的位次、数目和名称分别写在烯烃名称之前。例如:

$$CH_2CH_3$$
$$H_3CHC{=}CHCHCH_3$$

4-甲基-2-己烯

$$H_3CHC{=}CHCH_3$$

2-丁烯

$$CH_3$$
$$H_2C{=}CHCH_2CHCHCH_3$$
$$CH_3 \quad CH_2CH_3$$

3,4,5-三甲基-1-庚烯

4-乙基环己烯

烯烃去掉一个氢原子后剩下的基团称为烯基,烯基的命名是在相应的母体名称后加"基"字,烯基的编号应该从去掉氢原子的碳原子开始。例如:

$$H_2C{=}CH{-}\qquad H_3CHC{=}CH{-}\qquad H_2C{=}CHCH_2{-}\qquad H_2C{=}C{-}$$
$$\qquad\qquad\qquad\qquad\qquad\qquad\qquad\qquad\qquad\qquad\qquad CH_3$$

乙烯基　　　　丙烯基　　　　烯丙基　　　　异丙烯基

烯烃和烷烃一样有碳链异构,还有官能团位置异构,例如:1-丁烯和 2-丁烯。

除了具有结构异构体外,某些烯烃还存在顺反异构体。例如,2-丁烯就存在着如下两种异构体:

顺-2-丁烯　　　　　　　　反-2-丁烯
（Ⅰ）　　　　　　　　　　（Ⅱ）

（Ⅰ）和（Ⅱ）虽然具有相同的构造式,但是它们的立体结构以及物理性质明显不同,是两种不同的化合物,属于顺反异构体,又称几何异构体。

顺反异构是由于碳碳双键(或碳环)不能自由旋转导致分子中原子或基团在空间的排列形式不同而引起的异构现象,属于立体异构的一种。

当烯烃双键上的碳原子分别连接不同的原子或基团时,分子中 π 键限制了 σ 键的旋转,便形成顺反异构。具有下述结构的烯烃均存在顺反异构现象。

$$A{\diagup}\qquad{\diagdown}A\qquad\qquad A{\diagup}\qquad{\diagdown}C$$
$$B{\diagdown}\qquad{\diagup}B\qquad\qquad B{\diagdown}\qquad{\diagup}D$$

$A{\neq}B$　　　　　　$A{\neq}B\quad C{\neq}D$

顺反异构体的命名有顺反命名法和 Z/E 命名法两种。

（1）顺反命名法

若相同的基团处在双键同侧称为顺式,处在双键的异侧称为反式。例如：

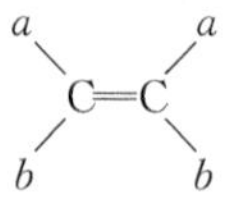

顺式 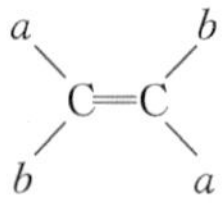　　　　　　　　　反式

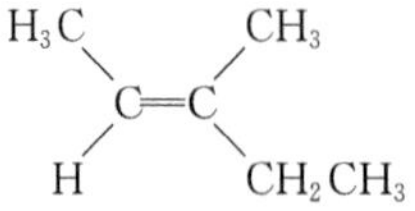

顺-3-甲基-2-戊烯 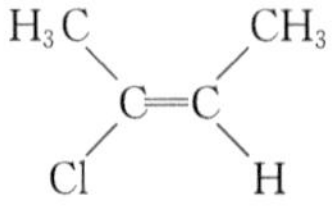　　　顺-2-氯-2-丁烯 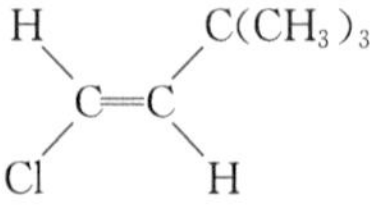　　　反-3,3-二甲基-1-氯-1-丁烯

（2）Z/E 命名法

当两个双键碳原子上连接的取代基均不相同时,不能用顺反命名法命名,要用 Z/E 命名法命名。

命名时首先按照次序规则对不饱和碳原子上的原子或取代基进行比较,较优基团或原子在同侧的为 Z 型,较优基团或原子在异侧的为 E 型。

次序规则主要内容如下：

① 先比较直接与双键碳相连的原子,原子序数大的排在前面。同位素中原子量大的优先。常见几种原子的优先次序为

$$I > Br > Cl > S > P > F > O > N > C > D > H$$

例如：

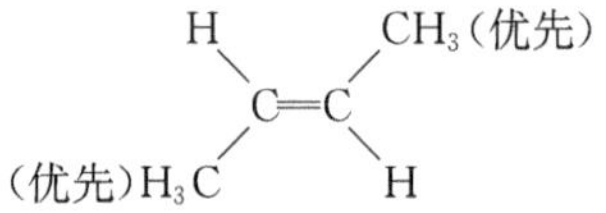

（E）-2-丁烯

因为原子序数 C>H,两个优先基团在双键的异侧,所以上述化合物为 E 型。

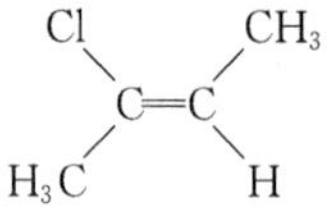

（Z）-2-氯-2-丁烯 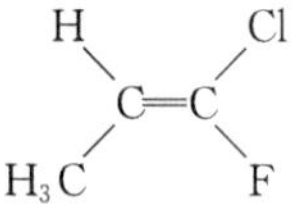　　　　　　（E）-1-氟-1-氯-1-丙烯

② 如果与每一个双键碳原子上直接相连的两个原子的原子序数相同,则逐个比较与第1个原子相连的第2个原子的原子序数,原子序数按由大到小的顺序排列比较,依此类推,直到比较出优先基团为止。例如：

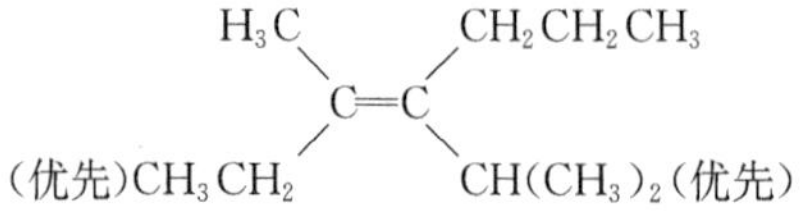

（Z）-3-甲基-4-异丙基-3-庚烯　　　　　　（E）-4,4-二甲基-3-乙基-2-戊烯

在—CH_3 和—CH_2CH_3 以及—$CH_2CH_2CH_3$ 和—$CH(CH_3)_2$ 中与双键碳直接相连的都是 C，与这些碳相连的第 2 个原子，在—CH_3 是（H，H，H），在—CH_2CH_3 是（C，H，H），所以—CH_2CH_3 是优先基团；在—$CH_2CH_2CH_3$ 是（C，H，H），在—$CH(CH_3)_2$ 是（C，C，H），所以—$CH(CH_3)_2$ 是优先基团。由于两个优先基团在双键的同一侧，所以上述化合物为 Z 型。需要指出的是基团的优先顺序是由原子序数大小而不是由体积决定的，例如：在—CH_2F（F，H，H）和—$C(CH_3)_3$（C，C，C）两个基团中，由于 F 原子序数大于 C，所以—CH_2F 是优先基团。

③ 如果基团中含有双键或三键，每一个双键或三键可看作连着 2 个或 3 个相同的原子。例如：

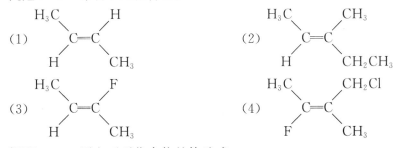

（E）-3-乙基-1,3-戊二烯　　　　（E）-2-甲基-2-戊烯酸

需要特别指出的是顺反命名法和 Z/E 命名法之间无必然的联系，它们是两种不同的构型表示方法。顺式异构体可以为 Z 型，也可以为 E 型，反式异构体亦然，两者不一定完全等同。例如：

$$\begin{array}{cc}\underset{H}{\overset{H_3C}{}}C=C\underset{CH_3}{\overset{CH_2CH_2CH_3}{}}\end{array}$$

反-3-甲基-2-己烯
（Z）-3-甲基-2-己烯

$$\begin{array}{cc}\underset{H}{\overset{H_3C}{}}C=C\underset{CH_2CH_2CH_3}{\overset{CH_3}{}}\end{array}$$

顺-3-甲基-2-己烯
（E）-3-甲基-2-己烯

问题 3-1　命名下列化合物。

(1) $$\underset{H}{\overset{H_3C}{}}C=C\underset{CH_3}{\overset{H}{}}$$

(2) $$\underset{H}{\overset{H_3C}{}}C=C\underset{CH_2CH_3}{\overset{CH_3}{}}$$

(3) $$\underset{H}{\overset{H_3C}{}}C=C\underset{CH_3}{\overset{F}{}}$$

(4) $$\underset{F}{\overset{H_3C}{}}C=C\underset{CH_3}{\overset{CH_2Cl}{}}$$

问题 3-2　写出下列化合物的构造式。

(1) （Z）-3-甲基-2-氯-2-戊烯　(2) 2,3-二甲基-2-戊烯　(3) 反-2-甲基-3-庚烯

第二节　烯烃的结构与性质

一、烯烃的结构

烯烃的官能团是碳碳双键,形成碳碳双键的碳原子为 sp^2 杂化。3 个 sp^2 杂化轨道可以形成 3 个 σ 键,在同一平面上,彼此之间的键角为 $120°$,还有一个未参与杂化的 p 轨道,垂直于 3 个 σ 键所在的平面(图 3-1)。p 轨道与 p 轨道之间"肩并肩"侧面重叠形成 π 键。

 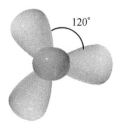

图 3-1　碳原子的 sp^2 杂化轨道

乙烯是最简单的烯烃,乙烯分子中两个碳原子间以 $sp^2 - sp^2$ 杂化方式形成一个 σ 键,每个碳原子与两个氢原子以 $sp^2 - s$ 杂化方式重叠形成两个 σ 键,两个未杂化的 p 轨道"肩并肩"重叠形成 π 键。电子衍射及光谱实验证明乙烯分子为平面型,π 键垂直于该平面,分子中的键角接近于 $120°$,碳碳双键的键长为 $0.133\ nm$,比碳碳单键短(图 3-2);碳碳双键的键能为 $610\ kJ \cdot mol^{-1}$,不是碳碳单键键能的两倍,说明碳碳双键不等于两个碳碳单键。

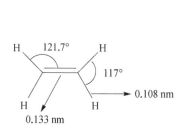 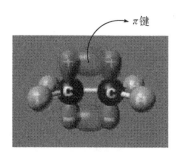

图 3-2　乙烯的结构

烯烃分子中的双键是由一个 σ 键和一个 π 键组成的。其中 σ 键是两个双键碳原子的 sp^2 杂化轨道以"头碰头"的形式成键,轨道重叠程度大,化学键牢固,不易发生化学反应。π 键是由双键碳原子未杂化的 p 轨道"肩并肩"侧面重叠形成的,轨道重叠程度较小,且不能自由旋转,原子核对 π 电子的束缚较弱,π 电子易受外界影响发生极化,π 键的强度比 σ 键低得多,因而烯烃的 π 键容易断裂发生加成、氧化和聚合等反应。

二、烯烃性质

(一) 物理性质

烯烃的物理性质与烷烃相似,烯烃的沸点、熔点、相对密度等都随着相对分子质量的增加而增大。常温下 $C_2 \sim C_4$ 的烯烃为气态，$C_5 \sim C_{15}$ 的烯烃为液态，高级烯烃为固态。它们都难溶于水，易溶于石油醚、乙醚、苯、四氯化碳等非极性和弱极性的有机溶剂。一些烯烃的物理常数如表 3-1 所示。

表 3-1 一些烯烃的物理常数

名　称	熔点/℃	沸点/℃	相对密度（d_4^{20}）
乙烯	-169	-102	
丙烯	-185	-48	
1-丁烯	-184	-6.5	
顺-2-丁烯	-139	4	0.621 3
反-2-丁烯	-106	1	0.604 2
异丁烯	-141	-7	
1-戊烯	-165.2	30.1	0.640 5
1-己烯	-139	63.5	0.673 1
1-庚烯	-119	93	0.697 0

（二）化学性质

烯烃的分子结构特征是含有碳碳双键，包括一个 σ 键和一个 π 键，π 键由于轨道重叠程度小，容易发生化学反应，所以烯烃的化学性质主要发生在双键上。

1. 加成反应

两个或多个分子相互作用，生成一个加成产物的反应称为加成反应。加成反应是烯烃的典型反应，可以表示如下：

$$\begin{matrix} \diagup \\ C= C \\ \diagup \end{matrix} + X-Y \longrightarrow \begin{matrix} | \ | \\ -C-C- \\ |\ | \\ X\ Y \end{matrix}$$

（1）催化氢化

在催化剂的作用下，烯烃与氢气反应生成相应的烷烃，称为催化氢化。常用的催化剂有铂（Pt）、钯（Pd）、镍（Ni）等。

$$RHC=CH_2 + H_2 \xrightarrow{\text{催化剂}} RCH_2CH_3$$

烯烃的催化氢化可以定量地进行，因此通过反应时吸收氢的量可以确定不饱和化合物中双键的数目。1 mol 烯烃催化氢化所放出的热量称为氢化热。可以通过测定不同烯烃的氢化热，比较烯烃的相对稳定性。氢化热越小，烯烃越稳定。例如，顺-2-丁烯和反-2-丁烯催化氢化的产物都是正丁烷，但是前者放热 119.6 kJ·mol^{-1}，后者放热 115.6 kJ·mol^{-1}，说明反式构型的内能低。这是因为在顺-2-丁烯中两个甲基离得比较近，存在着张力，所以其稳定性低于反-2-丁烯。

烯烃的催化氢化无论是在研究上还是在工业上都具有重要意义。如石油裂解制得的汽油中含有少量的烯烃，烯烃容易氧化和聚合而产生杂质，影响汽油的质量，经过催化氢化后，生成相应的烷烃，从而提高汽油的质量；油脂工业中植物油经催化氢化，可使含有不饱和键的液态油脂制成固态的脂肪，成为奶油的代用品。

（2）与卤素的加成

氟与烯烃反应过于剧烈，反应不易控制，碘与烯烃一般不发生反应。卤素与烯烃加成的活性次序为：$F_2 > Cl_2 > Br_2 > I_2$。 氯、溴与烯烃很容易发生加成反应,生成邻二卤代烷。例如,在室温下,将乙烯通入溴的四氯化碳溶液中,溴的红棕色很快褪去,并有无色的1,2-二溴乙烷生成。

$$H_2C\!=\!CH_2 + Br_2 \xrightarrow[CCl_4]{\text{室温}} CH_2BrCH_2Br \quad \text{1,2-二溴乙烷}$$

$$\text{（环己烯）} + Cl_2 \xrightarrow[CCl_4]{\text{室温}} \text{（1,2-二氯环己烷结构）} \quad \text{1,2-二氯环己烷}$$

（3）与卤化氢的加成

烯烃与卤化氢加成后,生成卤代烷。不同卤化氢与同一烯烃加成时,反应活性顺序为：$HI > HBr > HCl$。 HF与烯烃不发生反应。不同烯烃与同一种卤化氢加成时,烯烃的双键碳原子上连的烷基数目越多反应速度越快。

$$H_2C\!=\!CH_2 + HX \longrightarrow CH_3CH_2X$$

乙烯是一个对称分子,它与卤化氢加成时,不论氢原子加到哪个碳原子上,产物都是相同的。但是,当卤化氢与不对称烯烃(两个双键碳所连的基团不相同)加成时,就可能生成两种不同的加成产物。例如：

$$H_3CHC\!=\!CH_2 + HBr \Big\langle \begin{array}{l} \longrightarrow CH_3\overset{Br}{\underset{}{C}HCH_3} \quad \text{2-溴丙烷} \\ \longrightarrow CH_3CH_2CH_2Br \quad \text{1-溴丙烷} \end{array}$$

实验结果表明：2-溴丙烷是主要产物,产率达到90%。1868年俄国化学家马尔科夫尼科夫(Markovnikov)根据大量实验事实总结出一条经验规则：当不对称烯烃和卤化氢加成时,氢原子主要加到含氢较多的双键碳原子上,这个规则称为马氏规则。利用马氏规则可以预测不对称烯烃加成的主要产物。例如：

$$H_3CHC\!=\!C(CH_3)_2 + HBr \longrightarrow CH_3CH_2\overset{Br}{\underset{}{C}}(CH_3)_2$$

$$\text{（乙基环己烯结构）} + HCl \longrightarrow \text{（氯代乙基环己烷结构）}$$

要更好地理解马氏规则,就需要对不对称烯烃加成反应机理有所了解。卤化氢与烯烃的加成反应历程属离子型的亲电加成,反应分两步进行。首先卤化氢中的氢离子(亲电试剂)进攻 π 键形成碳正离子中间体,然后再与卤负离子结合,生成卤代烷。上述反应中第一步反应的速度慢,是该反应的决速步骤,因此反应中哪种产物是主要产物取决于碳正离子的稳定性,碳正离子越稳定越容易生成,对应的产物就为主要产物。

$$\text{（碳正离子加成历程图）}$$

$$\xrightarrow{X^-} CH_3\overset{X}{\underset{}{C}}HCH_3 \quad \text{主要产物}$$

$$\xrightarrow{X^-} CH_3CH_2CH_2X \quad \text{次要产物}$$

碳正离子和碳自由基一样是活泼的中间体,碳正离子最外层有六个电子,碳原子为 sp^2 杂化,有一个空的 p 轨道,3 个 sp^2 杂化轨道与之成键的原子或基团结合,形成 3 个 σ 键,与碳原子在同一平面上,而空的 p 轨道垂直于该平面,故碳正离子的构型是平面三角形。与碳正离子直接相连的碳原子上的碳氢键可以和空的 p 轨道有部分的重叠,给 p 轨道提供电子,p 轨道上的电子云密度越大碳正离子的稳定性越高,所以碳正离子的稳定性为:叔碳正离子>仲碳正离子>伯碳正离子>甲基正离子,即 $R_3C^+ > R_2CH^+ > RCH_2^+ > CH_3^+$。

马氏规则还可以用诱导效应来解释。不同原子之间形成化学键,由于它们的电负性不同,共用的电子对会偏向电负性较大的原子,使其带有部分负电荷(用 δ^- 表示),另一个原子带有部分正电荷(用 δ^+ 表示)。在静电引力作用下,这种影响能沿着碳链诱导传递,引起成键电子云向着某一方向偏移,从而使整个分子发生极化的效应,称为诱导效应,用符号 I 表示。例如,在 1-氯丙烷($CH_3CH_2CH_2$—Cl)中,因为氯原子的电负性比碳原子大,C_1—Cl 之间的共用电子对偏向于氯原子,使得 Cl 带有部分负电荷(δ^-),C_1 带有部分正电荷(δ^+)。在静电引力作用下,C_2—C_1 本来对称共用的电子对也向着氯原子方向偏移,使得 C_2 也带有少量的正电荷($\delta\delta^+$),同样 C_3 也带有更少量的正电荷($\delta\delta\delta^+$),这样使整个分子产生诱导效应。下式中箭头所指的方向即为电子偏移的方向。

$$H-\underset{H}{\overset{H}{C_3^{\delta\delta\delta^+}}} \longrightarrow \underset{H}{\overset{H}{C_2^{\delta\delta^+}}} \longrightarrow \underset{H}{\overset{H}{C_1^{\delta^+}}} \longrightarrow Cl^{\delta^-}$$

诱导效应一般以氢为比较标准,如果取代基的吸电子能力比氢强,则称其具有吸电子的诱导效应,用 $-I$ 表示。如果取代基的斥电子能力比氢强,则称其具有斥电子的诱导效应,用 $+I$ 表示。

一些常见基团的诱导效应强弱顺序如下:

吸电子基团:$-NO_2 > -CN > -F > -Cl > -Br > -I > -C \equiv C- > -C_6H_5 > -C=C- > -H$

斥电子基团:$-R$

诱导效应会沿着碳链传递,并随着碳链的增长而迅速减弱,大致隔三个单键后诱导效应就很微弱,可以忽略不计,所以我们一般只考虑三个键的影响。同时当两个或几个基团都能对某一键产生诱导效应时,该键所受的诱导效应就是这几个基团诱导效应的总和,方向相同时叠加,方向相反时互减,是其矢量和。

$$CH_3\overset{\delta^+}{CH}=\overset{\delta^-}{CH_2} \xrightarrow{H^+} CH_3\overset{+}{C}HCH_3 \xrightarrow{X^-} CH_3\overset{X}{\underset{|}{C}}HCH_3$$

$$F-\underset{F}{\overset{F}{\underset{|}{C}}}-\overset{\delta^-}{C}H=\overset{\delta^+}{CH_2} \xrightarrow{H^+} CF_3CH_2\overset{+}{C}H_2 \xrightarrow{X^-} CF_3CH_2CH_2X$$

问题 3-3 比较下列碳正离子的稳定性。

A. $\overset{+}{CH_3}$ B. $(CH_3)_2\overset{+}{CH}$ C. $CH_3\overset{+}{CH_2}$ D. $(CH_3)_3\overset{+}{C}$

问题 3-4 完成下列反应。

(1)
$$\begin{array}{c} H_3C \\ \diagdown \\ H_3CH_2C \end{array} C = CH_2 \xrightarrow{\quad HI \quad}$$

(2) $\xrightarrow{\quad HBr \quad}$

（4）与水的加成

在酸（常用硫酸或磷酸）的催化下，烯烃与水加成生成醇，这是工业制备低级醇的方法之一，称为烯烃的直接水合法。例如：

$$(CH_3)_2C{=}CH_2 + H_2O \xrightarrow{H^+} (CH_3)_3COH$$

$$CH_3CH{=}CH_2 + H_2O \xrightarrow{H^+} \overset{\overset{\displaystyle OH}{|}}{CH_3CHCH_3}$$

不对称烯烃与水加成时同样遵循马氏规则。

（5）与硫酸的加成

烯烃能与冷的浓硫酸反应，生成硫酸氢酯。硫酸氢酯易溶于硫酸，用水稀释后水解生成醇。工业上用这种方法合成醇，称为烯烃间接水合法。例如：

$$H_2C{=}CH_2 + H_2SO_4 \longrightarrow CH_3CH_2OSO_3H \xrightarrow[\triangle]{H_2O} CH_3CH_2OH$$

$$CH_3CH{=}CH_2 + H_2SO_4 \longrightarrow \overset{\overset{\displaystyle OSO_3H}{|}}{CH_3CHCH_3} \xrightarrow[\triangle]{H_2O} \overset{\overset{\displaystyle OH}{|}}{CH_3CHCH_3}$$

不对称烯烃与浓硫酸加成时也遵循马氏规则。

烯烃与冷的浓硫酸加成反应除了可以用来制备醇外，还可利用反应生成能溶于硫酸的硫酸氢酯提纯某些不与硫酸作用又不溶于硫酸的有机物（如烷烃、卤代烃等）。

问题 3-5 完成下列反应方程式。

(1) $CH_3CH{=}C(CH_3)_2 + HBr \longrightarrow$

(2) $CH_3CH_2CH{=}CH_2 + H_2O \xrightarrow{H_2SO_4}$

(3) $\xrightarrow{H_2SO_4} ? \xrightarrow{H_2O}$

2. 氧化反应

（1）高锰酸钾氧化

烯烃很容易被高锰酸钾、重铬酸钾等强氧化剂氧化，随着烯烃结构和反应条件的不同，氧化产物也各异。在稀的碱性或中性高锰酸钾溶液中，较低温度下，烯烃被氧化成邻二醇，同时高锰酸钾溶液的紫红色褪去，生成棕褐色的二氧化锰沉淀。此反应可用来鉴定烯烃的存在。

$$RCH{=}CHR + 2KMnO_4 + 4H_2O \xrightarrow[\text{或中性}]{\text{稀 } OH^-} \overset{\overset{\displaystyle OH\,OH}{|\quad|}}{RHC{-}CHR} + 2MnO_2\!\downarrow + 2KOH$$

由于热的或酸性高锰酸钾的氧化能力强，能使烯烃中碳碳双键发生断裂，不同结构的烯烃得到不同的氧化产物。

$$RCH{=}CH_2 \xrightarrow[KMnO_4]{H^+} RCOOH + CO_2\uparrow$$

$$RCH{=}\overset{R'}{\underset{}{C}}R \xrightarrow[KMnO_4]{H^+} RCOOH + \overset{O}{\overset{\|}{R'CR}}$$

从上述反应可以看出，烯烃氧化后 $CH_2{=}$ 部分生成 CO_2 和 H_2O，$RCH{=}$ 部分生成羧酸（RCOOH），$RR'C{=}$ 部分生成酮（$R_2C{=}O$）。因此根据烯烃氧化后的产物，可以推断双键的位置和烯烃的分子结构。

（2）臭氧氧化

将含有 $6\%\sim8\%$ 臭氧的氧气在低温下通入液体烯烃或烯烃的非水溶液中，会生成不稳定的臭氧化物，这个反应称为臭氧化反应。臭氧在游离状态下很不稳定，容易发生爆炸，可以直接在溶液中水解成醛或酮。由于水解时生成的过氧化氢会把醛氧化成羧酸，所以在水解时常加入还原剂（如 Zn/H_2O），可以防止醛被氧化。

$$\overset{R}{\underset{R'}{C}}{=}CHR'' \xrightarrow{O_3} \quad \xrightarrow{Zn/H_2O} \overset{O}{\overset{\|}{RCR'}} + \overset{O}{\overset{\|}{R''CH}}$$

在烯烃臭氧化和臭氧化合物的还原水解过程中，烯烃中的 $RCH{=}$ 部分生成醛（RCHO），$RR'C{=}$ 部分生成酮（$RCOR'$），例如：

$$\overset{H_3C}{\underset{H_3C}{C}}{=}CH_2CH_3 \xrightarrow{O_3}{\underset{Zn/H_2O}{}} \overset{O}{\overset{\|}{CH_3CCH_3}} + \overset{O}{\overset{\|}{CH_3CH}}$$

烯烃臭氧化合物的还原水解，得到的醛或酮的结构很容易测定。因此，根据生成物醛或酮的结构，可以推测烯烃中双键的位置及烯烃的分子结构。

问题 3-6　完成下列反应方程式。

（1）$CH_3CH{=}CH_2 \xrightarrow{KMnO_4/OH^-}$

（2）$CH_3CH{=}CH_2 \xrightarrow{KMnO_4/H^+}$

（3）![cyclohexene with methyl] $\xrightarrow[Zn/H_2O]{O_3}$

问题 3-7　下面是一些烯烃经过高锰酸钾氧化后生成的产物，试推测原烯烃的结构。

（1）$\overset{O}{\overset{\|}{CH_3CCH_3}}$　　（2）$\overset{O}{\overset{\|}{CH_3CCH_3}}$、$CO_2$　　（3）$\overset{O}{\overset{\|}{HOOCCH_2CH_2CH_2CCH_3}}$

3. α-氢的卤代

当烯烃具有 α-氢（与官能团直接相连的碳称为 α-碳，其上连接的氢称为 α-氢）时，在光照或高温条件下，分子中的 α-氢可以与卤素进行取代反应。例如：

$$CH_3CH{=}CH_2 + Cl_2 \xrightarrow{光照} \overset{Cl}{\underset{}{CH_2CH}}{=}CH_2$$

$$CH_3CH_2CH=CH_2 + Br_2 \xrightarrow{\text{高温}} CH_3\overset{\displaystyle Br}{\underset{\displaystyle |}{C}}HCH=CH_2$$

烯烃中碳碳双键与卤素的加成反应是按亲电加成反应历程进行的,在室温下就能进行。而烯烃 α-氢的取代反应与烷烃的卤代反应一样是按自由基反应历程进行的,必须在高温、光照或过氧化物(如过氧化苯甲酰)引发下才能进行。

另一个烯烃 α-氢溴代的常用方法是用 N-溴代丁二酰亚胺(简称 NBS)为溴化试剂,在光或过氧化物作用下,于惰性溶剂中与烯烃作用生成 α-溴代烯烃。例如:

$$CH_3CH=CH_2 + \underset{\text{N-溴代丁二酰亚胺(NBS)}}{\boxed{}N-Br} \xrightarrow[\text{CCl}_4]{\text{(PhCOO)}_2} CH_2CH=CH_2 \ (\text{Br})$$

N-溴代丁二酰亚胺(NBS)

问题 3-8 完成下列反应方程式。

(1) $CH_3CH=CH_2 + Br_2 \xrightarrow{\text{CCl}_4}$

(2) $CH_3CH=CH_2 + Br_2 \xrightarrow{\text{高温}}$

(3) ⬡ + NBS $\xrightarrow{\text{光照}}$

4. 聚合反应

在催化剂或引发剂的作用下,烯烃分子通过自身加成的方式互相结合,生成高分子化合物,这种反应称为聚合反应。

$$n\,H_2C=CH_2 \xrightarrow[\text{100~150 MPa}]{\text{100~300℃}} \text{—}[CH_2\text{—}CH_2]\text{—}_n$$

$$n\,CH_3CH=CH_2 \xrightarrow[\text{温度,压力}]{\text{Al(C}_2\text{H}_5)_3\text{-TiCl}_4} \text{—}[\underset{\displaystyle CH_3}{\underset{\displaystyle |}{C}}H\text{—}CH_2]\text{—}_n$$

参与聚合反应的烯烃分子称为单体,聚合后的产物称为聚合物,n 称为聚合度。聚乙烯无毒,耐低温并有良好的绝缘和防腐性能,是一种用途很广的塑料。常用于制作食品袋、塑料杯、管件、电绝缘材料及薄膜等。聚丙烯是一种无毒新型材料,具有良好机械性能、耐热性、耐化学腐蚀等优点,除可作日用品外,还可制成管件、塑料绳、纤维等。

Ⅱ 炔 烃

第三节 炔烃的命名

一、普通命名法

炔烃的普通命名法是把乙炔作为母体,其他炔烃作为乙炔的衍生物命名。例如:

$$(CH_3)_2CH—C\equiv CH \qquad CH_3—C\equiv C—CH_3 \qquad CH_3—C\equiv C—C(CH_3)_3$$

异丙基乙炔   二甲基乙炔   甲基叔丁基乙炔

二、系统命名法

炔烃的系统命名法与烯烃相似,即选择含三键的最长碳链为主链,从靠近三键的一端开始编号,依次写出取代基的位次、个数及名称。例如:

$$\underset{\text{5-甲基-3-庚炔}}{CH_3CH_2C\equiv C\overset{\displaystyle CH_2CH_3}{\underset{|}{C}}HCH_3} \qquad \underset{\text{5-甲基-4-乙基-1-己炔}}{CH_3CH_2\overset{\displaystyle CH(CH_3)_2}{\underset{|}{C}}HCH_2C\equiv CH}$$

同时含有双键和三键的分子称为某烯炔,命名时选择包含三键和双键在内的碳链为主链,使不饱和键的编号最小,当双键和三键处在相同的位次时,使双键具有最小的位次。例如:

$$\underset{\text{3-甲基-4-庚烯-1-炔}}{CH_3CH_2CH=CHCH\overset{\displaystyle CH_3}{\underset{|}{C}}C\equiv CH} \qquad \underset{\text{1-丁烯-3-炔}}{CH\equiv CCH=CH_2}$$

问题 3-9 命名下列化合物。

(1) $CH_3CH_2C\equiv CH$ (2) $CH_3\overset{\displaystyle CH_2CH_3}{\underset{|}{C}}HCH_2C\equiv CCH_3$

(3) $H_2C=CHCH_2C\equiv CH$

第四节　炔烃的结构与性质

一、炔烃的结构

炔烃分子的官能团是碳碳三键,形成三键的碳原子以一个 2s 原子轨道与一个 2p 原子轨道发生杂化形成两个 sp 杂化轨道,还有两个 2p 轨道未参加杂化。sp 杂化轨道的形状与 sp³ 相似。两个 sp 杂化轨道分布在一条直线上,轨道夹角为 180°,未参与杂化的两个 2p 轨道都垂直于两个 sp 杂化轨道所构成的直线(图 3-3)。

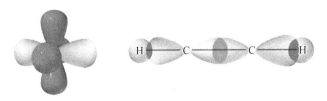

图 3-3　sp 杂化轨道

乙炔分子中,两个碳原子以 sp—sp 杂化轨道重叠,构成一个 σ 键,每个碳原子与一个氢原子以 sp—s 杂化轨道重叠,形成一个 σ 键;两个碳原子间互相垂直的两对 2p 原子轨道两两重叠,构成相互垂直的两个 π 键(图 3-4)。

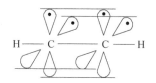 

图 3-4　乙炔的结构

乙炔分子中的碳原子采取 sp 杂化状态,与 sp^2 或 sp^3 杂化状态相比,sp 杂化含有的 s 成分(50%)比 sp^2 杂化(33%)或 sp^3 杂化(25%)多。s 成分越多,则轨道距离原子核越近,也就是原子核对 sp 杂化轨道中的电子约束力就越大,即 sp 杂化状态的碳原子电负性较强。各种不同杂化状态碳原子的电负性顺序为:$sp > sp^2 > sp^3$。由于 sp 杂化碳原子的电负性较强,所以炔烃虽然有两个 π 键,但是不像烯烃那样容易给出电子,因此炔烃的亲电加成反应一般要比烯烃慢。

炔烃分子中的三键,都是由一个 σ 键和两个 π 键组成的。电子衍射及光谱实验证明乙炔分子为直线型,分子中的键角为 180°,C≡C 键的键长为 0.121 nm,比 C=C 键和 C—C 键短,这是碳碳之间共用电子对的数目增加所致。C≡C 键的键能为 835 $kJ \cdot mol^{-1}$,不是 C—C 键键能的 3 倍,说明 C≡C 键不等于 3 个 C—C 键,并且其中的 π 键不如 σ 键稳定,比较容易断裂,是炔烃的化学反应的中心。

二、炔烃的性质

(一)物理性质

乙炔、丙炔和 1-丁炔在常温常压下为气体,四个碳以上的炔烃为液体,高级炔烃为固体。炔烃的熔点、沸点、相对密度比碳原子数相同的烷烃、烯烃稍高。炔烃不溶于水,易溶于四氯化碳、乙醚、烃类等有机溶剂中。常见炔烃的物理常数见表 3-2。

表 3-2　常见炔烃的物理常数

名　称	熔点/℃	沸点/℃	相对密度(d_4^{20})
1-丁炔	−125.7	8.1	0.678 4
1-戊炔	−90.0	40.2	0.690 1
2-戊炔	−101.1	56.1	0.710 1
1-己炔	−132.0	71.3	0.715 5
1-庚炔	−80.9	99.8	0.733

(二)化学性质

炔烃的碳碳三键中含有两个 π 键,因此炔烃和烯烃一样也可以发生加成、氧化和聚合等反应,但三键不等同于双键,因此炔烃的化学性质和反应活性又具有其特殊性。

1. 加成反应

（1）催化加氢

炔烃在铂、镍、钯等催化剂的存在下,可以与氢气进行加成,反应首先生成烯烃,烯烃继续加氢生成烷烃。

$$RC{\equiv}CH + H_2 \xrightarrow{\text{催化剂}} RHC{=}CH_2 \xrightarrow[H_2]{\text{催化剂}} RCH_2CH_3$$

为使反应停留在烯烃阶段,可以采用活性较低的林德拉(Lindlar)催化剂(钯附着在 $CaCO_3$ 或 $BaSO_4$ 及少量氧化铅或喹啉上)得到顺式烯烃,或在液氨中用 Na 或 Li 还原炔烃,主要得到反式烯烃。

$$RC \equiv CR \xrightarrow{Pd/BaSO_4/喹啉} \begin{matrix} H & H \\ \diagdown \diagup \\ R & R \end{matrix}$$

$$RC \equiv CR \xrightarrow{Na/液\ NH_3} \begin{matrix} H & R \\ \diagdown \diagup \\ R & H \end{matrix}$$

(2) 与卤素的加成

炔烃与溴、氯发生加成,先生成二卤代烯,然后生成四卤代烷。例如:

$$HC \equiv CH + Br_2 \longrightarrow BrHC = CHBr \xrightarrow{Br_2} CHBr_2 CHBr_2$$

$$\qquad\qquad\quad 1,2\text{-二溴乙烯} \qquad 1,1,2,2\text{-四溴乙烷}$$

炔烃与卤素的加成比烯烃困难,如乙烯可使溴的四氯化碳溶液立即褪色,而乙炔则在几分钟之后才使其褪色。当分子兼有双键和三键时,卤素加成一般首先发生在双键上。例如:

$$H_2C = CHCH_2 C \equiv CH + Br_2 \xrightarrow{低温} BrH_2 C - \overset{Br}{\underset{|}{C}} HCH_2 C \equiv CH$$

(3) 与卤化氢的加成

炔烃与等物质的量的卤化氢加成,生成卤代烯烃,再进一步加成,形成偕二卤代物("偕"表示两个卤素连在同一个碳原子上)。加成反应符合马氏规则。

$$H_3 CC \equiv CH \xrightarrow[HgCl_2]{HCl} H_3 CClC = CH_2 \xrightarrow[HgCl_2]{HCl} CH_3 CCl_2 CH_3$$

(4) 与水加成

在催化剂的存在下,炔烃与水加成先生成烯醇(羟基直接连在碳碳双键上),烯醇不稳定,经过分子重排很快转变成醛或酮。炔烃与水的加成符合马氏规则,因此除乙炔加水得到乙醛外,其他炔烃与水加成均得到酮。工业上利用这个反应从乙炔中制备乙醛。例如:

$$HC \equiv CH \xrightarrow[HgSO_4]{H_2O} \left[\begin{matrix} H_2 C = CH \\ | \\ OH \end{matrix} \right] \xrightarrow{重排} CH_3 CHO$$

$$H_3 CH_2 CC \equiv CH \xrightarrow[HgSO_4]{H_2O} \left[\begin{matrix} H_3 CH_2 C - C = CH_2 \\ | \\ OH \end{matrix} \right] \xrightarrow{重排} CH_3 CH_2 \overset{O}{\overset{\|}{C}} CH_3$$

问题 3 - 10 完成下列反应方程式。

(1) $CH_3 C \equiv CH \xrightarrow{?} CH_3 CH = CH_2 \xrightarrow{HCl}$

(2) $CH_3 C \equiv CH \xrightarrow[HgSO_4]{H_2O}$

2. 聚合反应

乙炔在不同催化剂作用下，可有选择地聚合成链状或环状的化合物。但炔烃一般不聚合成高分子化合物。

$$CH \equiv CH + CH \equiv CH \xrightarrow[NH_4Cl]{Cu_2Cl_2} CH_2 = CH - C \equiv CH$$
乙烯基乙炔

$$3CH \equiv CH \xrightarrow[60 \sim 70℃, 1.5\ MPa]{Ph_3PNi(CO)_2}$$

$$4CH \equiv CH \xrightarrow[80 \sim 120℃, 1.5\ MPa]{Ni(CN)_2} \qquad 环辛四烯$$

1971 年日本科学家白川英树（H. Shirakawa）首先合成了聚乙炔，他与另外两位美国科学家黑格（A. J. Heeger）和马克迪尔米德（A. G. MacDiamid）共同研究了聚乙炔的性质，惊奇地发现聚乙炔具有良好的导电性。导电塑料的出现打破了塑料不能导电的传统观点，三位科学家因为研究导电塑料的杰出贡献共同获得了 2000 年的诺贝尔化学奖。

聚乙炔

3. 氧化反应

炔烃可被高锰酸钾和臭氧等氧化剂氧化，碳碳三键断裂，生成酸或二氧化碳。

$$R - C \equiv CH + KMnO_4 \xrightarrow{H^+} RCOOH + CO_2 + H_2O$$

$$R - C \equiv C - R' \xrightarrow{O_3} \xrightarrow{H_2O} RCOOH + R'COOH$$

根据高锰酸钾溶液颜色变化，可以鉴别炔烃。炔烃的结构不同，氧化产物各异，$HC \equiv$ 被氧化成 CO_2，而 $RC \equiv$ 则被氧化为 $RCOOH$，因此可从所得产物的结构推测出原炔烃的结构。

4. 金属炔化物的生成

由于 sp 杂化碳原子的电负性较强，乙炔和末端炔烃（$RC \equiv CH$）上的氢原子具有弱酸性，能够被金属置换生成金属炔化物，如在氨溶液中可被银离子和亚铜离子取代，生成灰白色炔化银或砖红色炔化亚铜沉淀。

$$RC \equiv CH + NaNH_2 \longrightarrow RC \equiv CNa$$

$$HC \equiv CH + 2Ag(NH_3)_2^+ \longrightarrow AgC \equiv CAg \downarrow \quad 炔化银（灰白色）$$

$$RC \equiv CH + Cu(NH_3)_2^+ \longrightarrow RC \equiv CCu \downarrow \quad 炔化亚铜（砖红色）$$

上述反应速度快，现象明显，常用来鉴定乙炔及末端炔烃。金属炔化物干燥后，遇热或受到撞击时易发生爆炸而生成金属和碳。所以反应生成的金属炔化物应用硝酸处理使其分解，以免发生危险。

问题 3-11 用化学方法鉴别下列化合物。

戊烷 1-戊炔 1-戊烯 2-戊炔

Ⅲ 二 烯 烃

第五节 二烯烃的分类和命名

一、二烯烃的分类

分子中含有两个碳碳双键的烯烃称为二烯烃或双烯烃。其通式为 C_nH_{2n-2}。二烯烃与同碳原子数的单炔烃是同分异构体,属于官能团异构。根据两个碳碳双键的相对位置可以把二烯烃分为三类:

(1) 累积二烯烃

两个双键直接相连的二烯烃。例如:

$$H_2C=C=CH_2 \quad 丙二烯$$

(2) 共轭二烯烃

两个双键被一个单键隔开的二烯烃。例如:

$$H_2C=CHCH=CH_2 \quad 1,3-丁二烯$$

(3) 隔离二烯烃

两个双键被两个或两个以上的单键隔开的二烯烃,即具有—C=CH(CH$_2$)$_n$CH=C—($n \geqslant 1$)结构的二烯烃。例如:

$$H_2C=CHCH_2CH=CH_2 \quad 1,4-戊二烯$$

累积二烯烃数量少且不稳定;隔离二烯烃的性质基本与单烯烃相似;共轭二烯烃具有特殊的结构和性质,在理论研究和生产上都具有重要价值。

二、二烯烃的命名

二烯烃的命名和单烯烃的命名类似,选择含有两个碳碳双键的最长碳链作主链,称为某二烯;使双键的编号最小(即从双键距链端最近的一端开始编号);依次将取代基的位次、名称和数目分别写在烯烃名称之前。

$$CH_3CH=CHCH=CH_2$$

1,3-戊二烯

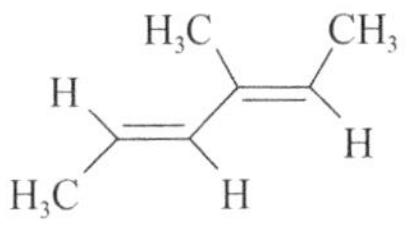

2顺,4反-3-甲基-2,4-己二烯

问题 3-12 命名下列化合物。

$$(1) \; H_2C=CHCH \overset{\displaystyle CH_2CH_3}{\underset{\displaystyle}{=}C} CH_3$$

(2)

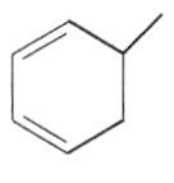

(3)

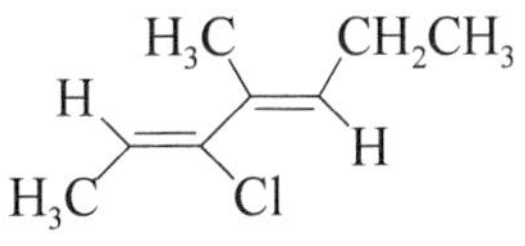

第六节　共轭二烯烃的结构和性质

一、共轭二烯烃的结构

1,3-丁二烯是最简单的共轭二烯烃,根据近代物理方法测定,1,3-丁二烯分子中 C=C 键的键长为 0.137 nm,C—C 键的键长为 0.146 nm,因此它比乙烯分子中 C=C 键长(0.134 nm)长,比乙烷分子中 C—C 键长(0.153 nm)短,这说明 1,3-丁二烯分子中的键长趋于平均化。

在 1,3-丁二烯分子中,每个碳原子都是 sp^2 杂化,碳原子以 sp^2 杂化轨道互相重叠形成三个 C—C σ 键,其余的 sp^2 杂化轨道又分别与氢原子的 1s 轨道重叠形成 6 个 C—H σ 键,所有成键原子都在同一平面上。此外,每个碳原子上还有一个与分子平面垂直且相互平行的 p 轨道。在形成 σ 键的同时,这些 p 轨道不仅在 C_1—C_2、C_3—C_4 之间重叠形成 π 键,而且在 C_2—C_3 之间也有一定程度的重叠,从而使 C_2—C_3 之间的电子云密度增大,键长缩短,具有部分双键的性质(图 3-5)。

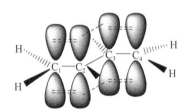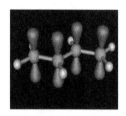

图 3-5　1,3-丁二烯分子中离域 π 键形成示意图

在单烯烃分子中,1 个 p 轨道形成 π 键时,2 个 p 电子只能围绕成键的 2 个原子运动,称为电子的定域。定域中的每个电子只受到 2 个原子核的束缚。而在 1,3-丁二烯分子中,C_2—C_3 p 轨道重叠的结果是 4 个 p 电子的运动范围不再两两局限于 C_1—C_2 和 C_3—C_4 之间,而是可以扩展到 4 个碳原子范围内运动,形成包括 4 个碳原子在内的共轭 π 键(或叫大 π 键),这种现象称为电子的离域。离域中的每一个电子受到 4 个原子核的束缚,因此增强了分子的稳定性。凡能发生电子离域的结构体系称为共轭体系。

从 1,3-丁二烯分子结构的分析可以看出,在共轭体系中由于 π 电子离域,存在着使电子云密度的分布趋于平均化的效应,这种效应称为共轭效应,用 C 表示。通常将斥电子共轭效应用 +C 表示,吸电子共轭效应用 -C 表示。

产生共轭效应的必要条件是共轭体系中的各个原子都在同一平面上,才能保证参加共轭的 p 轨道互相平行而发生重叠。如果没有 p 轨道的互相平行或 p 轨道的互相平行发生偏离,则不能实现有效的重叠,共轭效应就随之减弱或完全消失。

1. 共轭体系的特点

(1) 共轭体系中所有原子均在同一平面内,形成大 π 键的 p 轨道都垂直于该平面。

(2) 单、双键的差别减小,键长趋于平均化。例如,1,3-丁二烯分子中碳碳双键的键长比单烯烃中碳碳双键的键长;而碳碳单键的键长比烷烃中的碳碳单键的键长短。共轭链越长,键长平均化程度越高。

(3) 共轭体系的能量低,结构稳定。这点从共轭二烯烃和非共轭二烯烃的氢化热的比较即可说明。共轭二烯烃 1,3-戊二烯的氢化热为 226.4 kJ·mol^{-1},而非共轭二烯烃 1,4-戊二烯的氢化热为 254.4 kJ·mol^{-1},二者差值为 28 kJ·mol^{-1},这即为 1,3-戊二烯的共轭能或离域能。共轭体系越长,共轭能越大,结构也越稳定。

(4) 共轭体系中 π 电子云发生转移时,各原子的电子云密度出现正负交替的现象。共轭效应与诱导效应的传递方式不同,它是沿着共轭链传递的,不随碳链的增长而减弱,而诱导效应随着碳链的增长迅速减弱,且电子云密度连续变化。例如:

$$\overset{\delta^+}{H_3CH_2C}-\overset{\curvearrowright}{CH}=\overset{\delta^-}{CH_2}-\overset{\delta^+}{HC}=\overset{\curvearrowright}{CH_2}$$

$$\overset{\delta^+}{CH_2}=\overset{\curvearrowright}{\delta^-}{CH_2}-\overset{\delta^+}{HC}=\overset{\curvearrowright}{\delta^-}{CH_2} \qquad H^+$$

$$\underset{\delta\delta\delta^+}{H_3C}\xrightarrow{}\underset{\delta\delta^+}{\overset{H_2}{C}}\xrightarrow{}\underset{\delta^+}{\overset{H_2}{C}}\xrightarrow{}\underset{\delta^-}{F}$$

弯箭头表示共轭效应中电子偏移的方向,δ$^+$ 和 δ$^-$ 表示电子云密度的相对大小。

(5) 共轭二烯烃既可以发生 1,2-加成,也可以发生 1,4-加成,1,4-加成称为共轭加成,且是主要的加成方式。

2. 共轭体系的基本类型

(1) π-π 共轭体系

π 轨道与 π 轨道相互重叠而形成的共轭体系称为 π-π 共轭,如 1,3-丁二烯 (H$_2$C=CH—CH=CH$_2$),丙烯醛(H$_2$C=CH—CH=O)等。除了两个 π 轨道可以形成共轭体系外,还可以由更多个 π 轨道组成长的共轭体系,凡是有单双键交替连接的结构都属于 π-π 共轭体系。

(2) p-π 共轭体系

由 p 轨道与相邻 π 轨道重叠而形成的共轭体系称为 p-π 共轭体系。根据 p 轨道上容纳的电子数不同,p-π 共轭可以分为以下几种类型:

① 富电子 p-π 共轭体系

在氯乙烯(CH=CH—Cl:)分子中,氯原子和双键的两个碳原子共处同一平面,氯原子中未杂化的 p 轨道上的孤电子对与碳碳双键的 π 轨道侧面重叠,形成以碳、碳、氯三原子为中心,包含 4 个 p 电子的共轭 π 键。由于成键原子数少于成键电子数,因此这种 p-π 共轭称为富电子 p-π 共轭体系(图 3-6)。由于氯原子的 p 轨道有两个电子,电子云密度比 π 轨道大,因此,共轭效应中电子偏移的方向是从 p 轨道向 π 轨道流动。

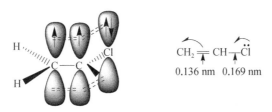

$$CH_2=CH-\ddot{Cl}$$
0.136 nm 0.169 nm

图 3-6 氯乙烯分子中 p-π 共轭示意图

凡具有孤对电子的原子通过单键与含有 π 键的某原子相连时,均可形成富电子 p-π 共轭体系。如苯酚、苯胺、乙酰胺等化合物的结构中都具有 p-π 共轭体系。

② 缺电子 p-π 共轭体系

在烯丙基碳正离子(CH_2=CH—CH_2^+)中,3 个碳原子均为 sp^2 杂化,带正电荷的碳原子的 p 轨道中无电子。该 p 轨道与 π 轨道发生侧面重叠,形成以 3 个碳原子为中心,包含 2 个 p 电子的共轭 π 键。由于成键原子数多于成键电子数,因此这种 p-π 共轭体系称为缺电子 p-π 共轭体系(图 3-7)。由于碳正离子的 p 轨道没有电子,所以 π 轨道中的 p 电子流向碳正离子的 p 轨道,碳正离子的正电荷被分散到了 3 个 p 轨道,每一个 p 电子受到 3 个碳原子核的吸引,碳正离子的稳定性增加。

图 3-7　烯丙基正离子中 p-π 共轭示意图　　　图 3-8　烯丙基自由基中 p-π 共轭示意图

③ 等电子 p-π 共轭体系

烯丙基自由基(CH_2=CH—CH_2·)和烯丙基碳正离子相似,只是与双键相连的 p 轨道中有一个电子,该 p 轨道与 π 轨道发生侧面重叠,形成以 3 个碳原子为中心,包含 3 个 p 电子的共轭 π 键。由于成键原子数等于成键电子数,因此这种 p-π 共轭体系为等电子 p-π 共轭体系(图 3-8)。每一个 p 电子受到 3 个碳原子核的吸引,碳自由基的稳定性增强。

(3) 超共轭体系

由于碳碳 σ 键可以绕键轴自由旋转,因此 α-C 上每一个 C—H σ 键都可以旋转至 π 键的 p 轨道,和 p 轨道部分重叠,产生相似的电子离域现象,这样形成的体系称为 σ-π 超共轭体系和 σ-p 超共轭体系。超共轭效应比 π-π 共轭效应和 p-π 共轭效应弱得多。

二、共轭二烯烃的化学性质

共轭二烯烃因含有双键,具有烯烃双键的一些化学性质;由于结构的特殊性,其又具有其特殊的化学性质。

1. 1,4-加成反应

1,3-丁二烯与卤素、卤化氢等试剂都容易发生亲电加成反应。例如,当 1,3-丁二烯与一分子溴或溴化氢加成时,可生成两种产物。一种是亲电试剂(如 Br_2、HBr)

加到 C_1—C_2 双键上,称为 1,2-加成,另一种是亲电试剂(如 Br_2、HBr)分别加到 C_1 和 C_4 上,称为 1,4-加成或共轭加成。例如:

$$H_2C{=}CHCH{=}CH_2 + Br_2 \longrightarrow \overset{\overset{Br}{|}\overset{Br}{|}}{CH_2CHCH_2CH_3} + BrCH_2CH_2CH{=}CH_2Br$$

$$H_2C{=}CHCH{=}CH_2 + HBr \longrightarrow \underset{\text{1,2-加成}}{CH_3\overset{\overset{Br}{|}}{CH}CH{=}CH_2} + \underset{\text{1,4-加成}}{CH_3CH{=}CHCH_2Br}$$

共轭二烯烃的 1,2-加成和 1,4-加成是同时发生的,产物的比例取决于反应条件。一般来说,反应温度升高、溶剂极性增加都有利于 1,4-加成。

2. 双烯合成反应

共轭二烯烃与具有碳碳双键的化合物进行 1,4-加成,生成六元环状化合物的反应称为双烯合成反应,这一反应是由德国化学家狄尔斯(Diels)和阿尔德(Alder)于 1928 年发现的,所以该反应又称为 D-A 反应。例如:

通常把双烯合成中的共轭二烯烃称为双烯体,与其进行反应的具有碳碳双键的化合物称为亲双烯体。当亲双烯体的双键碳原子上连有—CHO、—COOH、—COOR、—CN、—NO$_2$ 等强的吸电子基团时,反应更容易进行。例如:

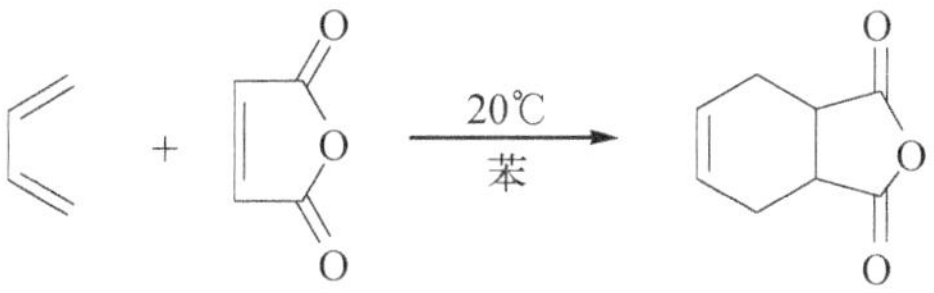

双烯合成反应可以将链状化合物转变成环状化合物,是有机合成的重要方法之一。狄尔斯和阿尔德由于双烯合成反应的发现和卓越的研究成果共同获得了 1950 年的诺贝尔化学奖。

问题 3-13 完成下列反应方程式。

(1) 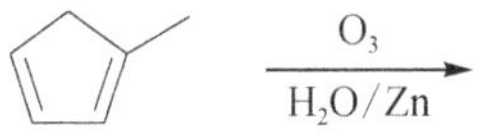 $\xrightarrow[\text{H}_2\text{O/Zn}]{\text{O}_3}$

(2) $H_2C{=}CHCH{=}\overset{\overset{CH_3}{|}}{CH} \xrightarrow{HCl}$

(3) $+$ $\overset{CHO}{\diagdown}$ $\xrightarrow{\triangle}$

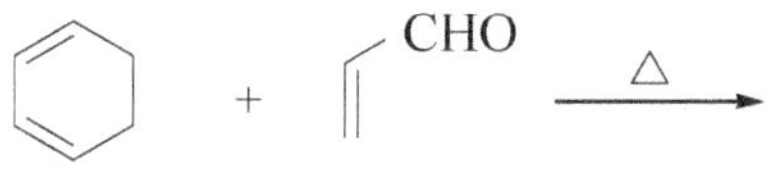

3. 聚合反应

共轭二烯烃在催化剂作用下,很容易发生聚合反应。例如:

$$n CH_2{=}CH{-}CH{=}CH_2 \xrightarrow{\text{催化剂}} \underset{\text{聚丁二烯}}{\left[CH_2{-}CH{=}C{-}CH_2\right]_n}$$

聚合反应与加成反应相似,也有 1,2-聚合和 1,4-聚合两种方式,但以 1,4-聚合为主。聚丁二烯有顺式和反式两种构型。构型对聚合物的性质影响很大,顺式构型弹性大、强度小;反式构型强度大、弹性小。共轭二烯烃的聚合反应是制造合成橡胶的基础。

$$\left[\begin{array}{c}H\\H_2C\end{array}C=C\begin{array}{c}H\\CH_2\end{array}\right]_n \qquad \left[\begin{array}{c}H\\H_2C\end{array}C=C\begin{array}{c}CH_2\\H\end{array}\right]_n$$

顺-1,4-聚丁二烯   反-1,4-聚丁二烯

天然橡胶是异戊二烯(2-甲基-1,3-丁二烯)的聚合物。

$$nCH_2=\overset{CH_3}{\underset{}{C}}-CH=CH_2 \xrightarrow{催化剂} \left[CH_2-\overset{CH_3}{\underset{}{C}}=CH-CH_2\right]_n$$
异戊二烯   聚异戊二烯(橡胶)

天然橡胶太黏,无法满足工业应用的需要。为了改进它的硬度和强度,可以把橡胶硫化处理,这样可以在橡胶不同链之间形成硫桥,这些交联使橡胶变得更硬、强度更大一些,并消除了未经处理的橡胶的胶黏性。因此硫化处理使得利用天然橡胶制造汽车轮胎成为可能。天然橡胶的构型是顺式结构,异戊二烯在齐格勒-纳塔(Ziegler-Natta)催化剂作用下,通过定向聚合也可以生成顺-1,4-聚异戊二烯。

$$\left[\begin{array}{c}CH_3\\H_2C\end{array}C=C\begin{array}{c}H\\CH_2\end{array}\right]_n$$

顺-1,4-聚异戊二烯(天然橡胶)

合成橡胶主要包括氯丁橡胶(2-氯代-1,3-丁二烯的聚合物)、丁基橡胶(异丁烯和少量异戊二烯的共聚物)、丁苯橡胶(1,3-丁二烯与苯乙烯共聚物)等。合成橡胶的性质,部分取决于取代基的性质,如氯丁橡胶的耐油、耐有机溶剂、耐酸性能明显优于天然橡胶。丁基橡胶的气密性比天然橡胶好得多,适合于做内胎。丁苯橡胶耐磨性和绝缘性比天然橡胶好,主要用于制造各种轮胎。

Ⅳ 萜类化合物

第七节 萜类化合物简介

萜类化合物是广泛存在于植物、昆虫和微生物等动植物体内中的一大类天然有机化合物,是植物香精油、色素、维生素等物质的主要组成成分,在生物体内有着重要的生理功能。许多萜类化合物可作为医药、食品、香料、化妆品等工业的重要原料。

一、萜类化合物分类

萜类化合物是由异戊二烯聚合而成的化合物。异戊二烯单位为
$$\begin{array}{c}C-C-C-C\\|\\C\end{array}$$

或 ⋀⋀，这类化合物的分子中的碳原子数都是 5 的整数倍，它们的结构骨架都是由异戊二烯单位头尾相连而成的，可以相连成链状，也可以成环状。这种结构上的特点，称为萜类化合物的"异戊二烯规律"。

$$CH_2 = \overset{\overset{\displaystyle CH_3}{|}}{C} - CH = CH_2$$

异戊二烯

$$\text{-----}\overset{\text{头}}{C} - \overset{\overset{\displaystyle C}{|}}{C} - C - \overset{\text{尾}}{C}\text{-----}$$

异戊二烯单元

$$\overset{\text{头}}{CH_3} - \overset{\overset{\displaystyle CH_3}{|}}{C} = CH - \overset{\text{尾}}{CH_2} \mid \overset{\text{头}}{CH_2} - \overset{\overset{\displaystyle CH_2}{\|}}{C} - CH = \overset{\text{尾}}{CH_2}$$

月桂烯

根据分子中异戊二烯单位数，可将萜类化合物按表 3-3 分类。

表 3-3　萜类化合物分类

类别	碳原子数	异戊二烯单位数	重要代表物
开链单萜	10	2	香叶醇、橙花醇
单环单萜	10	2	苧烯、薄荷醇
倍半萜	15	3	法尼醇、山道年
二萜	20	4	维生素 A_1、叶绿醇
三萜	30	6	角鲨烯、龙涎香醇
四萜	40	8	胡萝卜素

二、开链萜类

开链单萜是由两个异戊二烯单位结合而成的开链化合物，重要的代表物有香叶醇和橙花醇，二者互为顺反异构体，橙花醇为 Z 构型，香叶醇为 E 构型。香叶醇（又称为牻牛儿醇），存在于玫瑰油、香叶油、依兰油等中，主要用于配制皂用花精。橙花醇是存在于玫瑰油、橙花油和香茅油中的一种贵重香料，有玫瑰和橙花的香气，比香叶醇柔和而优美，用于配制玫瑰型和橙花型花香香精。这两个醇氧化后，分别生成香叶醛（又称为柠檬醛 a）和橙花醛（又称为柠檬醛 b）。这两种醛主要存在于柠檬草油、柠檬油和山苍子油中，它们都有柑橘类水果的清香，是一种重要的食用香精。

香叶醇　　　　橙花醇　　　　香叶醛(柠檬醛a)　　　　橙花醛(柠檬醛b)

三、单环单萜

单环单萜是由两个异戊二烯单位构成的具有一个六元环的化合物，重要的代表物有苧烯（又称为柠檬烯）、薄荷醇（又称为薄荷脑）和萜品醇（又称为松油醇）。

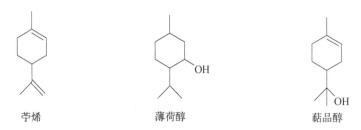

苧烯　　　　　　　　　　薄荷醇　　　　　　　　　　萜品醇

苧烯广泛存在于松节油、柠檬油、橘皮油等多种香精油中,具有柠檬的香味。在工业上可用于配制香料、溶剂等。

薄荷醇的氧化产物是薄荷酮,薄荷醇与薄荷酮共存于薄荷油中,都具有强烈的薄荷气味。薄荷醇具有防腐、杀菌和清凉作用。它广泛用于医疗和食品中,是清凉油的主要成分之一,也可作清凉饮料的原料。

萜品醇广泛存在于松油、玉树油、橙花油等中,具有甜甜的紫丁香气味,广泛用作香精。

四、双环单萜

双环单萜的骨架是由一个六元环分别和一个三元环或四元环或五元环共用若干个原子构成的。其中最重要的代表物是蒎烷系和莰烷系。

蒎烷系　　　　　莰烷系

在蒎烷系中,最重要的是蒎烯,其有 α 和 β 两种异构体,都存在于松节油中。在莰烷系中最重要的是龙脑(又称为 2-莰醇或冰片)和樟脑(又称为 2-莰酮)。

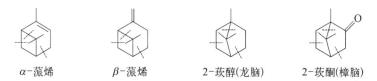

α-蒎烯　　　　　β-蒎烯　　　　　2-莰醇(龙脑)　　　　　2-莰酮(樟脑)

龙脑存在于多种植物油中,为无色片状结晶,难溶于水,有清凉气味和杀菌作用,是人丹、冰硼散、牙痛药水等药物的主要成分。将龙脑氧化可得到樟脑,樟脑主要存在于樟树油中,为无色结晶,易升华,难溶于水,有愉快香味。樟脑在医学上可用作强心剂,还可用于驱虫防蛀。

五、倍半萜

倍半萜是由三个异戊二烯单位组成的化合物,重要的代表物有法尼醇和山道年。

法尼醇　　　　　　　　　　　　　山道年

法尼醇又称金合欢醇，是一种开链倍半萜，在金合欢花油、橙花油和香茅油中含量较高，是重要的高级香料的原料。

山道年是从山道年花蕾中提取出来的，为无色结晶，不溶于水，易溶于有机溶剂，是一个三环结构的内酯衍生物，具有内酯的性质，因此易被碱水解为山道年酸盐而溶于碱液中。山道年具有驱蛔虫作用。

六、二萜

二萜是由四个异戊二烯单位组成的化合物，重要的代表物有维生素 A 和叶绿醇等。

维生素 A（又称为视黄醇），它可以分为维生素 A_1 和维生素 A_2，维生素 A_2 较 A_1 在环上多一个双键，其生理功能较 A_1 低，约为 A_1 的 40%。通常所说的维生素 A 是指维生素 A_1。维生素 A_1 和维生素 A_2 的结构式如下：

维生素A_1

维生素A_2

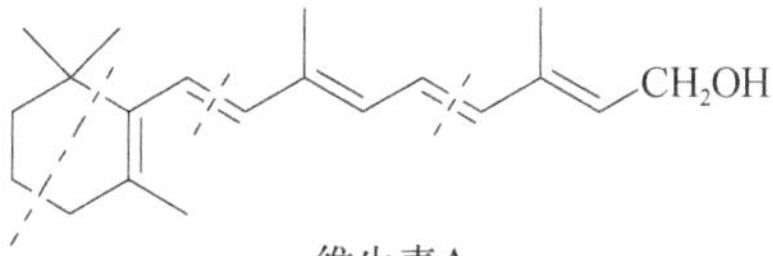

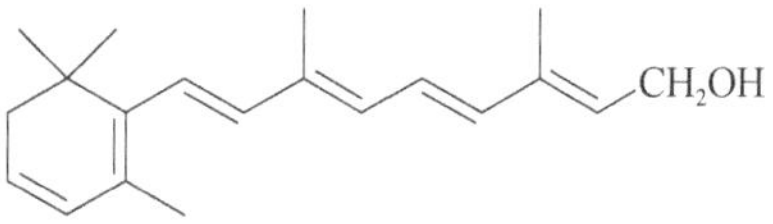

维生素 A 为淡黄色结晶，不溶于水而易溶于有机溶剂，受紫外光照射后失去活性，在空气中易被氧化。维生素 A 主要存在于动物的肝、奶油、蛋黄和鱼肝油中。当人体缺乏维生素 A 时，可引起夜盲症、皮肤粗糙、儿童生长滞缓等病症。

叶绿醇（又称为植醇）是叶绿素分子的组成部分，在工业上是合成维生素 E 和维生素 K_1 的原料。

叶绿醇

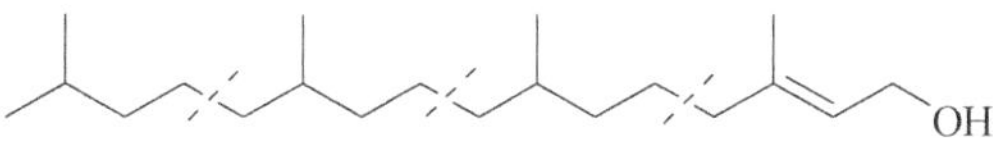

七、三萜

三萜是由六个异戊二烯单位组成的化合物，重要的代表物有角鲨烯和龙涎香醇。

角鲨烯

龙涎香醇

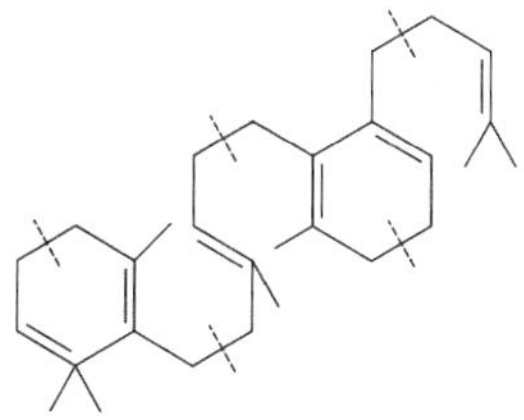

角鲨烯主要存在于鲨鱼肝油中，一些植物油脂如橄榄油、菜籽油等中也有少量。角鲨烯容易聚合，在酸性条件下则可环合成四环鲨烯。角鲨烯是甾体化合物生物合成的中间体。

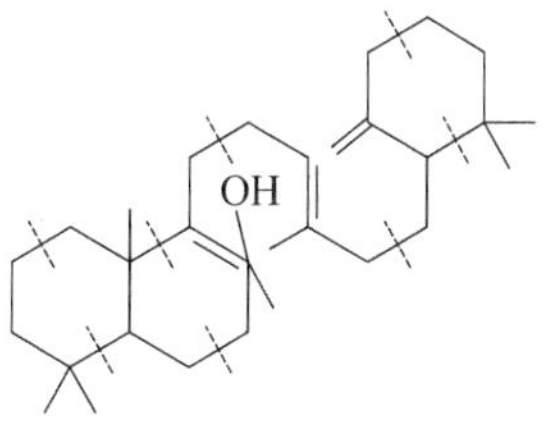

龙涎香醇是龙涎香的主要成分。龙涎香是主要存在于抹香鲸肠胃的病状分泌

物,由抹香鲸排出体外后,被海水带至海滩上。龙涎香是一种极名贵的定香剂,可用于配制高级化妆品香精。

八、四萜

四萜是由八个异戊二烯单位组成的化合物,重要的代表物主要是胡萝卜素类化合物。

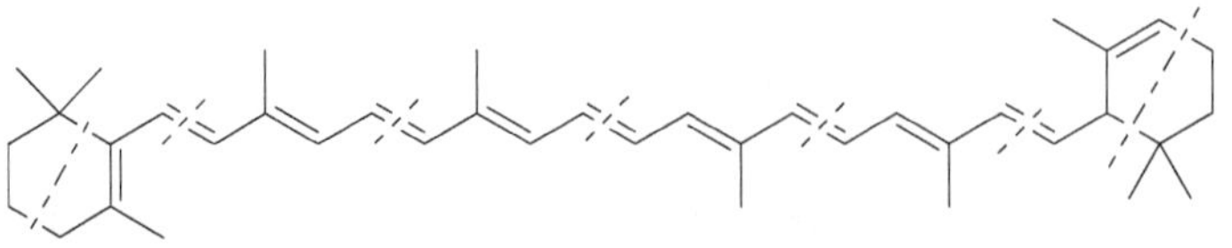

α-胡萝卜素,熔点为188 ℃

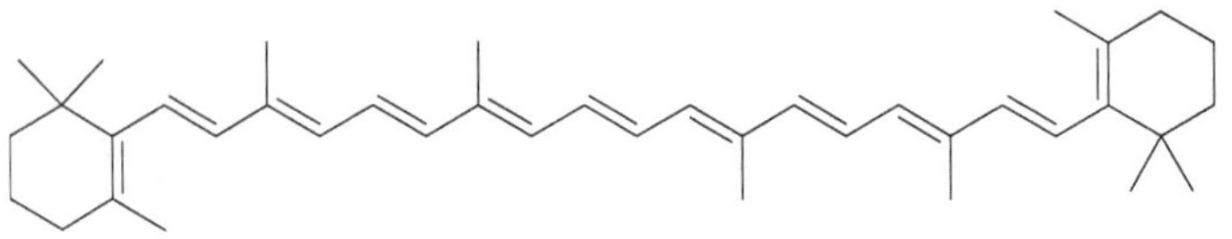

β-胡萝卜素,熔点为184 ℃

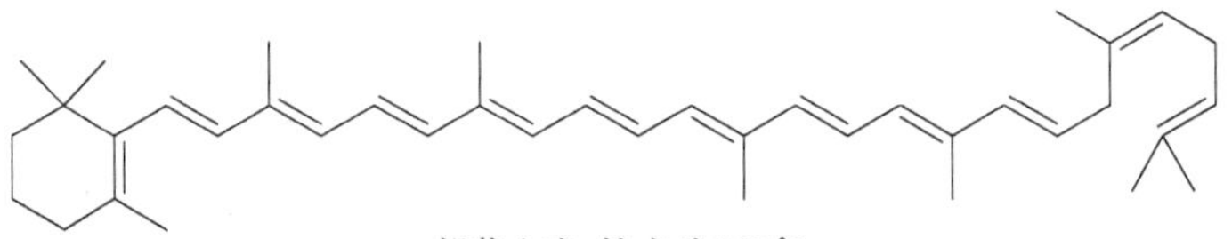

γ-胡萝卜素,熔点为178 ℃

胡萝卜素最早是从胡萝卜内制得的,它广泛存在于植物的叶、花、果实以及动物的乳汁和脂肪中,呈黄色或橙色,不溶于水,易溶于有机溶剂。它有 α、β、γ 三种异构体,其中 β-胡萝卜素含量最高,可达 85%。在动物体内胡萝卜素受酶的作用可以转化为两分子维生素 A,所以胡萝卜素又称维生素 A 原,β-胡萝卜素能够治疗夜盲症。

结构与胡萝卜素相似的还有叶黄素、茄红素和虾青素等,它们都是在分子结构中有长链的共轭体系,因此都是有色的物质,通常称为多烯色素,是一类重要的天然色素。

▌本章小结

不饱和烃属于烃的一种,特征是分子中含有不饱和键,含碳碳双键的为烯烃,含碳碳三键的为炔烃。

1. 不饱和烃的命名

命名时选择含有不饱和键的最长碳链作主链,从不饱和键距链端最近的一端开始编号,先命名取代基,后加上不饱和键位次、个数称为某烯(炔)。

不饱和烃分子中含有 π 键,π 键较 σ 键重叠程度小,性质活泼易发生加成反应、氧化反应、聚合反应,由于不饱和键的活化作用,使 α-氢易被取代。

2. 电子效应

电子效应分诱导效应和共轭效应两类。

诱导效应：由于分子中原子或基团的电负性不同，引起电子云向着某一方向偏移，从而使整个分子发生极化的效应，称为诱导效应，用符号 I 表示。诱导效应具有以下特性：① 沿分子链传递，但随着传递距离的增加会迅速减弱；② 具有叠加性。

　　共轭效应：存在于共轭体系中，由于电子离域使电子云密度分布趋于平均化的效应，称为共轭效应，用 C 表示。共轭效应在共轭链上的传递不因共轭链增长而减弱，并且在共轭链上传递时出现正、负电荷交替现象。共轭效应存在于共轭体系中。共轭体系主要分为：$\pi-\pi$ 共轭体系、$p-\pi$ 共轭体系和超共轭体系三类。共轭体系具有以下特点：① 所有原子共平面；② 单、双键差别减小，键长趋于平均化。③ 共轭体系的能量低，结构稳定。

　　3. 不饱和烃的主要化学性质

　　(1) 亲电加成反应：烯烃和炔烃都可以和亲电试剂(X_2、HX、H_2SO_4、H_2O)发生亲电加成反应，不对称烯烃加成时遵循马氏规则。不同的 HX 反应时活性顺序是：$HI > HBr > HCl$，不同的烯烃反应时双键的斥电子基越多反应速度越快。

$$\underset{\delta-}{C}\!=\!\underset{\delta+}{C} + \underset{\delta+}{X}\!-\!\underset{\delta-}{Y} \longrightarrow -\underset{X}{\overset{|}{C}}-\underset{Y}{\overset{|}{C}}-$$

　　(2) 氧化反应：烯烃和炔烃都可以被强氧化剂氧化生成羧酸、酮或二氧化碳。烯可以被弱氧化剂氧化(如中性或弱碱性的高锰酸钾)，而炔不能被氧化。

$$\text{（结构式）} \xrightarrow{KMnO_4/H^+} CO_2 + \text{（结构式）} + \text{（结构式）} + CO_2$$

　　(3) 聚合反应：烯烃和炔烃都可以发生聚合反应，烯烃容易发生多聚反应生成聚烯，炔烃不易发生多聚反应，主要发生低聚反应，如：二聚、三聚、四聚。

　　(4) α-氢取代反应：烯烃和炔烃的 α-氢较活泼，可以和卤素在光照、高温或过氧化物作用下发生 α-氢的自由基取代反应。

$$RCH_2CH\!=\!CH_2 + Br_2 \xrightarrow[\text{或高温}]{\text{光照}} R\overset{Br}{\underset{}{C}}HCH\!=\!CH_2$$

　　(5) D-A 反应：共轭二烯烃和烯烃的衍生物发生狄尔斯-阿尔德(Diels-Alder)反应，当烯烃衍生物上有强吸电子基团时有利于反应进行。

$$\text{（结构式）} + \| \xrightarrow{\text{高温}} \text{（结构式）}$$

知识拓展　　　　　**超高分子量聚乙烯**

　　超高分子量聚乙烯(Ultra-High Molecular Weight Polyethylene，UHMWPE)是分子量在 150 万以上的无支链的线性聚乙烯，其是目前工程塑料中综合性能最优异的聚合物，具有极好的耐磨性、良好的耐低温冲击性、自润滑性、无毒、耐水、耐化学药品性，耐寒性好，可在 −269℃ 下使用，其耐热性也优于一般聚乙烯。虽然

UHMWPE 的分子结构排列与普通 PE 完全相同,但由于它具有非常高的分子量,使其具备许多普通 PE 没有的优异性能,因而成为一种性能非常优异的新型工程塑料,UHMWPE 应用范围与聚酰胺、聚四氟乙烯相近,耐磨性超过碳钢10倍,逐渐取代了部分金属作为新型耐磨材料,因此在纺织、化工、包装、建筑、军事等诸多领域均有应用。不仅如此,PEUHMW 出色的生物相容性使其在生物医学方面同样有"用武之地",常用来制作关节假体中的髋臼和衬垫。但由于 PEUHMW 表面硬度低,长期使用人工制得的关节会使关节产生大量小磨屑,诱发一系列不良反应导致骨溶解,最终因无菌松动而使关节失效。

PEUHMW 作为一种工程材料,在使用过程中也存在一些不足之处,如耐摩擦磨损性能一般,容易发生疲劳磨损,因此目前还无法完全满足在多种摩擦条件下的使用要求。为了拓展 PEUHMW 在工程材料和生物材料领域的应用,人们一直致力于寻找改善 PEUHMW 耐摩擦磨损性能的方法。近年来,PEUHMW 在减摩耐磨改性的研究工作已达到一个新的高度,国内外学者在改善 PEUHMW 耐摩擦磨损性能的研究方面也进行了大量文献报道。填充改性是目前研究最多的改善 PEUHMW 耐摩擦磨损性能的方法,填料或增强材料的加入会引起 PEUHMW 内部结构改变,从而使材料的耐摩擦磨损性能发生变化。无机填料填充 PEUHMW 是改善其耐摩擦磨损性能十分有效的方法,工艺简单、操作方便是其最大特点。近几年来填充改性 PEUHMW 耐磨材料的研究不断发展与成熟,不仅给工业领域带来了福音,更打破了之前填料改性 PEUHMW 在人工材料方面不适用的说法。但填充 PEUHMW 同样存在一些问题,比如改性后复合材料的强度和弹性模量很高,塑性性能差,对于材料的成型加工是极大的考验;另外,纳米粒子填充 PEUHMW 在成型过程中难免会发生聚集,填料纳米效应的优势便会丧失,而目前在填充物的粒度和用量上,科研工作者还没有建立一个比较完善的理论体系,仍处于尝试和探究阶段。除了填充改性之外还有接枝改性、辐照交联改性、表面沉积改性等改性方法,这些方法都一定程度地提高了 PEUHMW 的耐摩擦磨损性能,但这些方法在实施中仍然面临一些难以避免的问题。因此,只有不断发展和完善减摩耐磨改性技术,克服改性过程中的不利因素,同时综合利用改性方法,使多种技术手段取长补短、各尽其才,才能满足人们在各个行业尤其是生物人工关节领域对高耐摩擦磨损 PEUHMW 材料日益苛刻的使用要求。

此外 UHMWPE 纤维是当今世界上第三代特种纤维,强度高达 30.8 cN/dtex,比强度是化纤中最高的,又具有较好的耐磨、耐冲击、耐腐蚀、耐光等优良性能。它可直接制成绳索、缆绳、渔网和各种织物、防弹背心和衣服、防切割手套等,其中防弹衣的防弹效果优于芳纶。国际上已将 UHMWPE 纤维织成了不同纤度的绳索,取代了传统的钢缆绳和合成纤维绳等。UHMWPE 纤维的复合材料在军事上已用作装甲兵器的壳体、雷达的防护外壳罩、头盔等;体育用品上已制成弓弦、雪橇和滑水板等。

课后习题

1. 命名下列化合物,如有顺反异构体,则分别标出构型。

(1) $H_3CHC=CHCHCHCH_3$ 带有 Cl 取代基

(2)

$$\begin{array}{c} H_3C \\ \diagdown \\ C= \\ \diagup \\ H \end{array} \begin{array}{c} CH_3 \\ \diagup \\ \diagdown \\ CH_2CH_3 \end{array}$$

(3)
(4)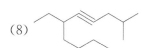

(5)

(6)

(7)

(8)

(9)

2. 写出下列化合物的结构式。

(1) 2-甲基-2-己烯

(2) 乙烯基乙炔

(3) 3-乙基环己烯

(4) (Z)-3-甲基-2-己烯

(5) 异戊烯

(6) 4-甲基3-戊烯-1-炔

(7) 1,4-环己二烯

(8) (2 顺,4 反)-2,4-己二烯

3. 分别写出 1-丁烯、1-丁炔与下列试剂反应时的主要产物。

(1) H_2/Pd

(2) Br_2

(3) HBr

(4) $KMnO_4/H^+$

(5) O_3，H_2O/Zn

(6) $Cl_2/500\sim600℃$

(7) NBS/光照

4. 选择题。

(1) 下列化合物中,发生亲电加成反应活性最大的是(　　)。

    A. $CH_3CH=CH_2$ 　　　　　　B. $ClCH=CH_2$

    C. $(CH_3)_2C=CH_2$ 　　　　　D. $CH_2=CH_2$

(2) 下列化合物中既有 p-π 共轭,又有 π-π 共轭的是(　　)。

    A. $CH_2=CH-CHO$ 　　　　　B. $CH_3OCH=CH-CHO$

    C. $BrCH_2CH=CH-CHO$ 　　D. $CH_3OCH=CH-CH_2CHO$

(3) 乙炔分子中 C 是(　　)杂化方式。

    A. p　　　　　B. sp　　　　　C. sp^2　　　　　D. sp^3

(4) 下列碳正离子稳定性最高的是(　　)。

    A. $\overset{+}{C}H_3$ 　　　　　　　B. $H_2C=CH\overset{+}{C}H_2$

    C. $CH_3\overset{+}{C}H_2$ 　　　　　　D. $(CH_3)_2\overset{+}{C}H$

(5) 端炔类化合物可以与下列(　　)发生反应而鉴别。

    A. CH_4　　　B. CO_2　　　C. N_2　　　D. $[Ag(NH_3)_2]^+$

(6) 1-丁烯的 α-H 与 NBS 发生的反应机理是(　　)。

    A. 亲电取代 　　　　　　B. 亲核取代

    C. 游离基取代 　　　　　D. 亲电加成

5. 完成下列反应。

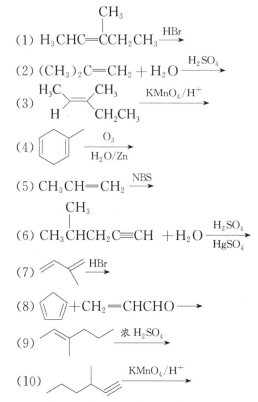

(1) $H_3CHC \!\!=\!\! \overset{\overset{\displaystyle CH_3}{|}}{C} CH_2CH_3 \xrightarrow{HBr}$

(2) $(CH_3)_2C \!\!=\!\! CH_2 + H_2O \xrightarrow{H_2SO_4}$

(3) $\underset{\displaystyle H}{\overset{\displaystyle H_3C}{}} \!\!=\!\! \underset{\displaystyle CH_2CH_3}{\overset{\displaystyle CH_3}{}} \xrightarrow{KMnO_4/H^+}$

(4) [环己烯并甲基] $\xrightarrow[H_2O/Zn]{O_3}$

(5) $CH_3CH \!\!=\!\! CH_2 \xrightarrow{NBS}$

(6) $CH_3\overset{\overset{\displaystyle CH_3}{|}}{CH}CH_2C \!\!\equiv\!\! CH + H_2O \xrightarrow[HgSO_4]{H_2SO_4}$

(7) [二烯] $\xrightarrow{HBr}$

(8) [环戊二烯] $+ CH_2 \!\!=\!\! CHCHO \longrightarrow$

(9) [烯烃] $\xrightarrow{浓\ H_2SO_4}$

(10) [炔烃] $\xrightarrow{KMnO_4/H^+}$

6. 用化学方法鉴别下列各组化合物。
   (1) 环己烷,环己烯,1-己炔   (2) 戊烷,2-戊炔,1-戊烯,1-戊炔

7. 由丙烯合成下列化合物。
   (1) 2-溴丙烷   (2) 3-溴丙烯   (3) 2-丙醇

8. 由丙炔合成下列化合物。
   (1) 2-溴丙烷   (2) 2,2-二溴丙烷   (3) 丙酮

9. A、B、C 三种化合物的分子式都是 C_6H_{12},A 经过 $KMnO_4$ 氧化,得到乙酸和丁酮,B 经过臭氧氧化并与锌和水反应只得到丙醛,C 与溴的四氯化碳溶液不反应,在光照条件下 C 的一元溴代物只有一种。试推测 A、B、C 的可能结构式。

10. A、B、C、D 四种化合物的分子式都是 C_6H_{10},它们都能使溴的四氯化碳溶液褪色。A 能与氯化亚铜的氨溶液作用产生沉淀,B、C、D 则不能。当用热的酸性高锰酸钾溶液氧化时,A 得到戊酸和二氧化碳;B 只得到丙二酸;C 只得到己二酸;D 得到乙酸和二氧化碳。试推测 A、B、C、D 的可能结构式。

第四章

芳　烃

芳香烃,简称芳烃,一般是指分子中含苯环结构的碳氢化合物。少数非苯芳烃虽然不含苯环,但具有与苯环相似的环状结构和化学性质。一般将芳烃分为苯系芳烃和非苯系芳烃两大类。芳烃易发生亲电取代反应,难发生氧化反应和亲电加成反应。

在有机化学发展初期,芳香族化合物指的是一类从植物胶中提取得到的具有芳香气味的物质。但目前已知的大多数芳香族化合物是没有香味的,因此芳香这个词已失去原有的意义,只是由于习惯而沿用至今。

第一节　芳烃的分类和命名

在苯系芳烃中,根据其分子中所含苯环的数目和结合方式不同,可分为三大类:单环芳烃、多环芳烃和稠环芳烃。

一、芳基的命名

芳烃分子去掉一个氢原子后的基团叫芳基,用 Ar—表示。

苯分子去掉一个氢原子后的基团 C_6H_5—叫苯基(Phenyl),用 Ph—表示。

甲苯去掉侧链甲基上的一个氢原子后的基团 $C_6H_5CH_2$—叫苄基(苯甲基),用 Bn—表示。

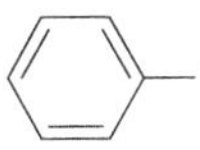

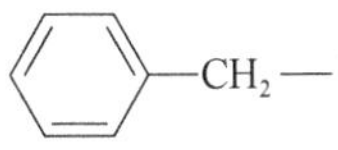

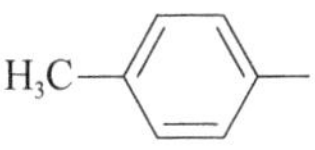

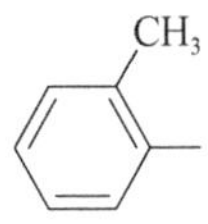

二、单环芳烃的命名

单环芳烃可以看作是苯环上的氢原子被烃基取代的衍生物。

1. 烷基取代基苯的命名

(1) 若苯环上连有结构简单的烷基,命名时以苯环作母体,以烷基为取代基,称某(基)苯。当苯环上有多个取代基时,取代基按次序规则写在母体苯之前。

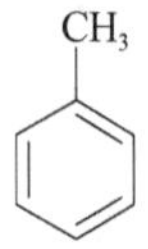

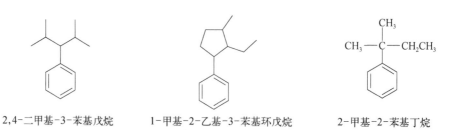

甲苯 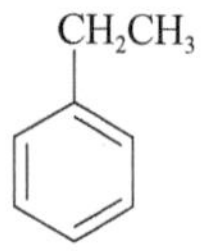　　　　　乙苯 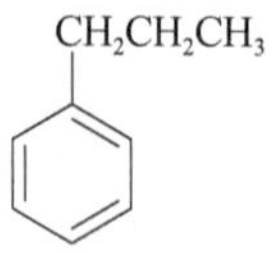　　　　　正丙苯 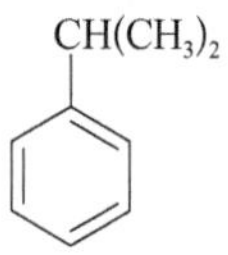　　　　　异丙苯

当苯环上有两个取代基时,两个取代基的相对位置既可用数字表示也可用邻(o)、间(m)、对(p)表示,一般按次序规则,最小的烃基所在位置编号为1。

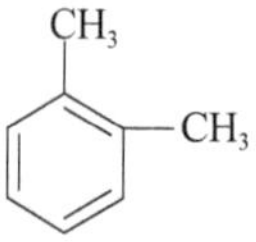

1,2-二甲苯
(邻二甲苯)　　　　　1,3-二甲苯
(间二甲苯)　　　　　1,4-二甲苯
(对二甲苯)

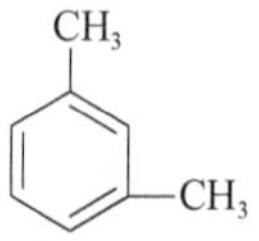

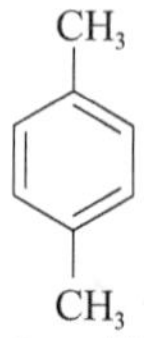

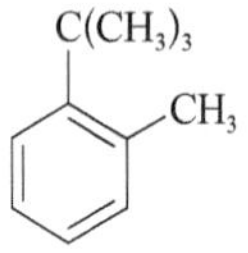

1-甲基-2-叔丁基苯
(邻甲基叔丁苯)　　　1-甲基-3-乙基苯
(间甲基乙苯)　　　1-乙基-4-丙基苯
(对乙基丙苯)　　　1-甲基-3-异丙基苯
(间甲基异丙苯)

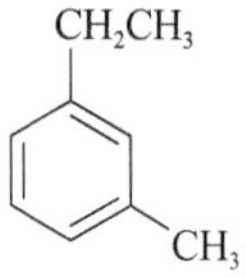

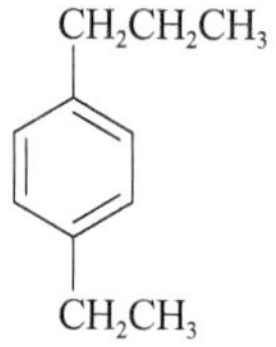

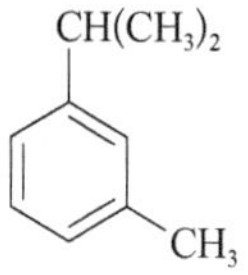

当苯环上有三个相同取代基时,三个取代基的相对位置既可用数字表示也可用连、偏、均来表示。

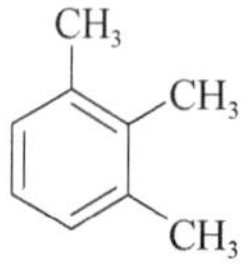

1,2,3-三甲苯
(连三甲苯)　　　　1,3,5-三甲苯
(均三甲苯)　　　　1,2,4-三甲苯
(偏三甲苯)

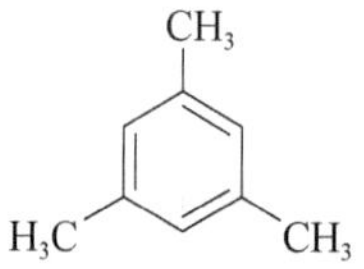

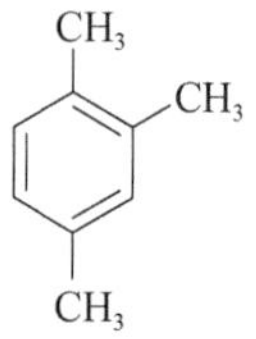

(2) 若苯环上连有结构复杂的烷基,命名时以结构复杂的烷烃作母体,苯环为取代基。

2,4-二甲基-3-苯基戊烷　　　1-甲基-2-乙基-3-苯基环戊烷　　　2-甲基-2-苯基丁烷

2. 含有一个或多个其他取代基苯的命名

(1) 某些取代基如硝基(—NO$_2$)、亚硝基(—NO)、卤素(—X)等通常只作取代基而不作母体。具有这些取代基的芳烃衍生物命名时,以芳烃为母体。

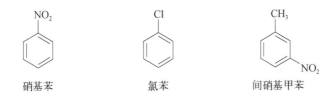

硝基苯   氯苯   间硝基甲苯

（2）当环上只有一种取代基时，如—NH_2，—OH，—COR，—CHO，—CN，—$CONH_2$，—COX，—COOR，—SO_3H，—COOH，—NR_2 等，以这些具有官能团的化合物作母体，芳烃作为取代基。

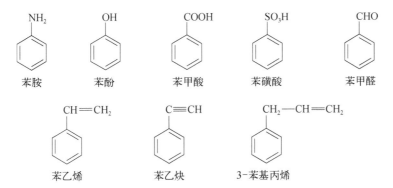

苯胺   苯酚   苯甲酸   苯磺酸   苯甲醛

苯乙烯   苯乙炔   3-苯基丙烯

（3）当环上有多种取代基时，首先选好母体。选择母体的顺序如下：—R，—NH_2，—OH，—COR，—CHO，—CN，—$CONH_2$，—COX，—COOR，—SO_3H，—COOH，—NR_2 等。在这个顺序中排在后面的为母体，排在前面的为取代基。

4-氯苯酚   4-氨基苯磺酸   4-羟基苯甲醛   2-硝基苯甲酸
（对氯苯酚）   （对氨基苯磺酸）   （对羟基苯甲醛）   （邻羟基苯甲酸）

三、多环芳烃

分子中含有两个以上的苯环，苯环之间以单键直接相连或通过烷基相连者叫多环芳烃。

联苯   三苯甲烷

四、稠环芳烃

由两个以上苯环彼此以共用两个相邻碳原子的方式连接起来的芳烃叫稠环芳烃。这类化合物都有自己特定的名称和编号方法（将在本章第五节详细讲述），例如：

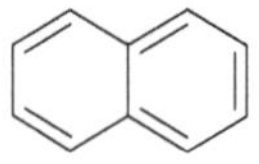

萘 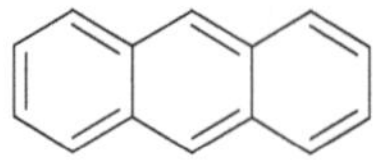　　　　　蒽 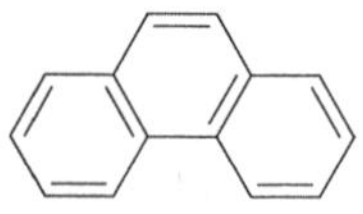　　　　　菲

问题 4-1 用系统命名法命名下列化合物。

(1) 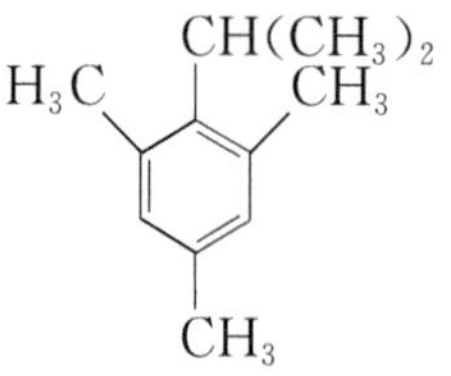　　　(2) 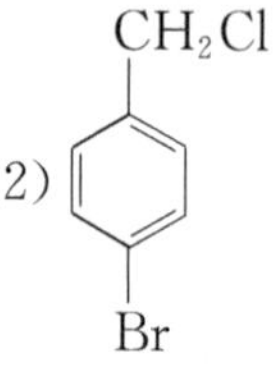　　　(3)

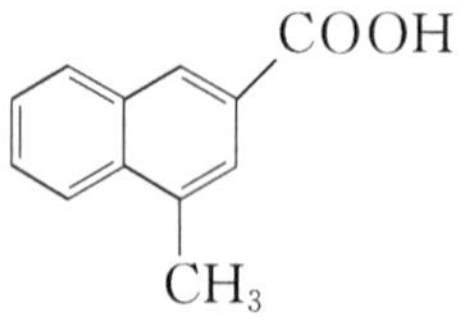

第二节　苯的结构

一、苯的凯库勒(Kekule)式

自从 1825 年英国科学家法拉第(Michael Faraday，1791—1867)首先发现苯之后，有机化学家们对它的结构和性质做了大量研究工作，在此期间也有不少人提出过各种苯的构造式的表示方法，但都不能完美地表达其结构。1865 年凯库勒从苯的分子式(C_6H_6)出发，根据苯的一元取代物只有一种的事实，推测苯分子中六个氢原子是等同的，提出了苯的环状构造式。

苯的构造式的表示方法有两种：

凯库勒式　　　　结构式

目前一般习惯上仍采用凯库勒式表示苯的结构，但实际上苯环中的碳碳键没有单双键之分。也可用一个带有圆圈的正六边形来表示苯环，六边形的每个角都表示一个碳原子连有一个氢原子，直线表示 σ 键，圆圈表示大 π 键。

凯库勒式虽然可以说明苯分子的组成以及原子间的连接次序，但并不能确切地反映苯的真实情况，由于习惯，目前仍沿用凯库勒式。

二、苯分子结构的价键观点

现代物理方法(如 X 射线法、光谱法等)证明了苯分子是一个平面正六边形构型，键角都是 120°，碳碳键的键长都是 0.139 7 nm。

按照轨道杂化理论，苯分子中六个碳原子都以 sp^2 杂化轨道互相沿对称轴的方向重叠形成六个 C—C σ 键，组成一个正六边形。每个碳原子各以一个 sp^2 杂化轨道分别与氢原子 1s 轨道沿对称轴方向重叠形成六个 C—H σ 键。由于 C 原子轨道是 sp^2 杂化，所以键角都是 120°，所有碳原子和氢原子都在同一平面上。每个碳原子还有一个垂直于平面的 p 轨道，每个 p 轨道上有一个 p 电子，6 个 p 轨道组成了大 π 键。

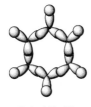

苯分子的σ键   苯分子的大π键

第三节 单环芳烃的性质

一、物理性质

单环芳烃大多为无色液体,具有特殊气味,相对密度为 0.86~0.93,不溶于水,易溶于乙醚、石油醚、乙醇等多种有机溶剂。同时它们本身也是良好的有机溶剂。皮肤与液体单环芳烃长期接触时,会因脱水或脱脂而引起皮炎,因此液体单环芳烃在使用时要避免与皮肤接触。单环芳烃具有一定的毒性,长期吸入其蒸气,能损坏造血器官及神经系统,因此大量使用时应注意防毒。某些单环芳烃的物理常数如表 4-1 所示。

表 4-1 某些单环芳烃的物理常数

名 称	熔点/℃	沸点/℃	相对密度(d_4^{20})	折射率(n^{20})
苯	5.5	80.1	0.876 5	1.500 1
甲苯	−95.0	110.6	0.866 9	1.496 1
乙苯	−95.0	136.2	0.867 0	1.495 9
邻二甲苯	25.2	144.4	0.880 2	1.505 5
间二甲苯	47.9	139.1	0.864 2	1.497 2
对二甲苯	13.3	138.4	0.861 1	1.495 8
苯乙烯	−36.6	145.2	0.906 0	1.546 8
苯乙炔	−44.8	142.4	0.928 1	1.548 5
正丙苯	−99.5	159.2	0.862 0	1.492 0
异丙苯	−96.0	152.4	0.861 8	1.491 5

二、化学性质

由于苯环上闭合大 π 键电子云的高度离域,使得苯环非常稳定,在一般条件下大 π 键难以断裂进行亲电加成和氧化反应;苯环上大 π 键电子云分布在苯环平面的两侧,流动性大,易引起亲电试剂的进攻发生取代反应。

苯环虽难于被氧化,但苯环上的烃基侧链由于受苯环上大 π 键的影响,α-氢原子变得很活泼,易发生氧化反应。同时,α-氢原子也易发生自由基卤代反应。

苯环上的闭合共轭大 π 键虽然很稳定,但它仍然具有一定的不饱和性。因此,在强烈的条件下,也可发生某些加成反应。

1. 取代反应

苯环上的氢原子可以被多种基团取代,其中以卤代、硝化、磺化和傅-克反应为主。

（1）卤代反应

在铁或三卤化铁等催化剂存在下，苯与氯、溴发生反应，苯环上的氢原子被氯、溴取代，生成氯苯和溴苯。卤代仅限于氯代和溴代，卤素的反应活性为：$Cl_2 > Br_2$。

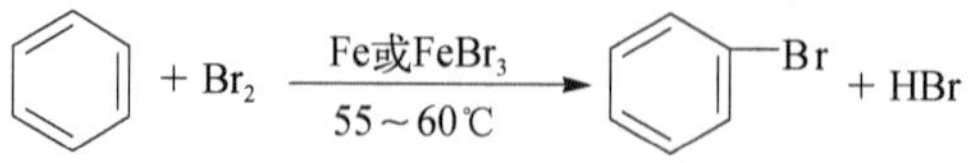

$$\text{苯} + Br_2 \xrightarrow[55\sim60℃]{Fe或FeBr_3} \text{溴苯—Br} + HBr$$

上述反应是由亲电试剂（Br^+）进攻富电子的苯环发生的，因此苯环上的取代反应属于亲电取代反应。

如果溴过量，在更高的温度条件下，反应还会继续进行，主要生成邻二溴苯和对二溴苯，并且其反应速率慢于第一步。

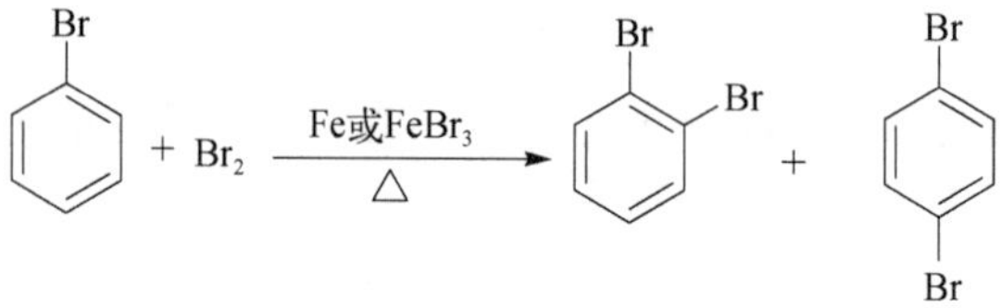

$$\text{溴苯} + Br_2 \xrightarrow[\triangle]{Fe或FeBr_3} \text{邻二溴苯} + \text{对二溴苯}$$

环上原有的溴原子使苯环的活性降低，溴代反应难于进行，并使第二个溴原子主要进攻其邻位和对位。

（2）硝化反应

苯与浓硝酸和浓硫酸的混合物共热，苯环上的氢原子被硝基（—NO_2）取代，生成硝基苯。硝基苯为浅黄色油状液体，有苦杏仁味，其蒸气有毒。

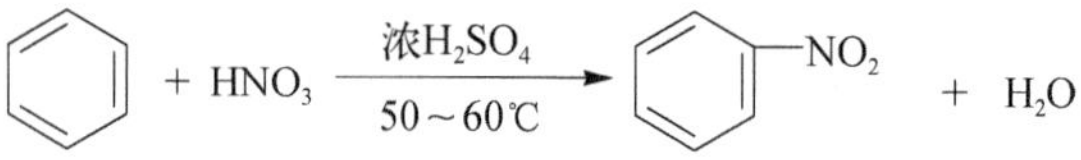

$$\text{苯} + HNO_3 \xrightarrow[50\sim60℃]{浓H_2SO_4} \text{硝基苯—NO_2} + H_2O$$

在硝化反应中，浓硫酸不仅是脱水剂，它还与硝酸作用产生硝基正离子（NO_2^+）。硝基正离子是一个亲电试剂，进攻苯环发生亲电取代反应。

硝基苯继续硝化，需要发烟硝酸和更高温度，主要生成间二硝基苯。

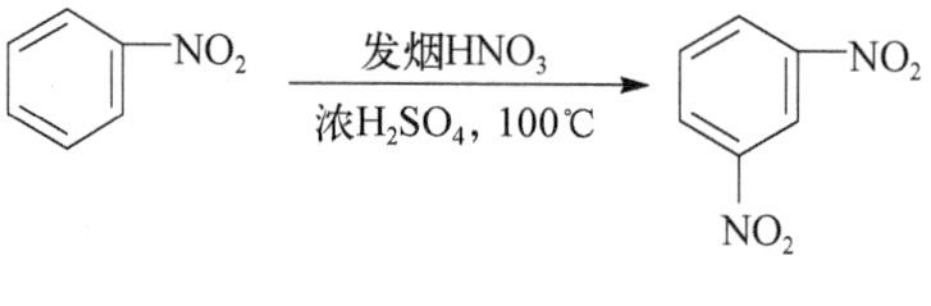

$$\text{硝基苯—NO_2} \xrightarrow[浓H_2SO_4, 100℃]{发烟HNO_3} \text{间二硝基苯}$$

苯环上原有的硝基使苯环的硝化反应难于进行，并使第二个硝基主要进入其间位。而甲苯的硝化反应比苯容易，几乎在室温下就能进行，并使硝基主要进入甲基的邻位或对位。

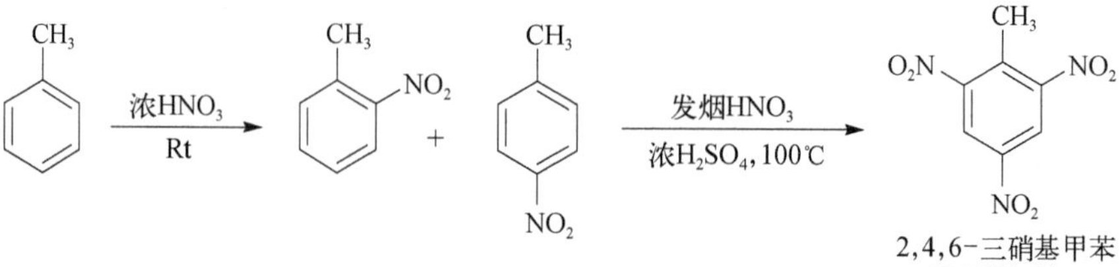

$$\text{甲苯} \xrightarrow[Rt]{浓HNO_3} \text{邻硝基甲苯} + \text{对硝基甲苯} \xrightarrow[浓H_2SO_4, 100℃]{发烟HNO_3} \text{TNT}$$

2,4,6-三硝基甲苯
TNT(炸药)

（3）磺化反应

苯与浓硫酸共热，或与发烟硫酸在室温下作用，苯环上的氢原子被磺酸基（—SO$_3$H）取代生成苯磺酸。苯磺酸是一种有机强酸（pK_a＝1.50），易溶于水，有机化合物分子中引入磺酸基后可增加其水溶性，此性质经常应用于合成染料、药物或洗涤剂。

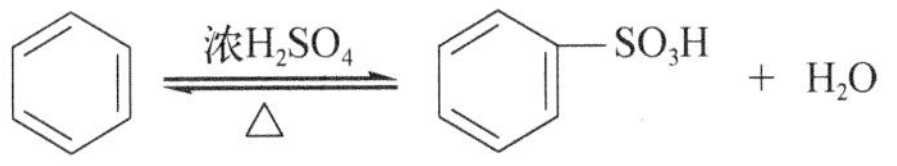

磺化反应是可逆反应，苯磺酸在通入过热的水蒸气时，可以水解脱去磺酸基。磺化反应历程一般认为是由 SO$_3$ 中带部分正电荷的硫原子进攻苯环而发生的亲电取代反应。

苯磺酸在更高温度下才能与 SO$_3$ 发生磺化反应，主要产物是间苯二磺酸，而甲苯在室温下便可与浓 H$_2$SO$_4$ 反应，主要产物是邻甲苯磺酸和对甲苯磺酸。

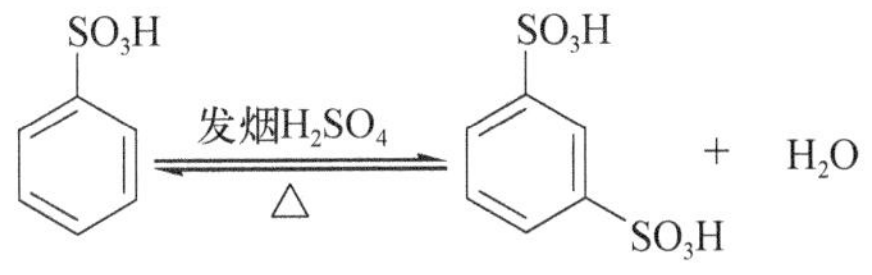

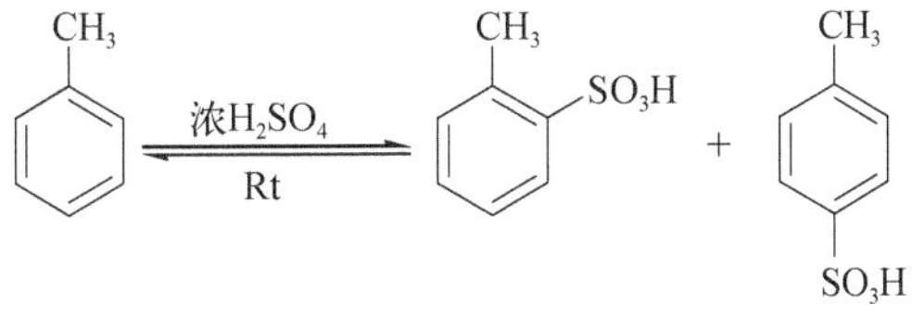

（4）傅瑞德尔-克拉夫茨（Friedel - Crafts）反应（简称傅-克反应）

在无水三氯化铝催化下，苯环上的氢原子被烷基或酰基取代的反应叫作傅-克反应。傅-克反应包括烷基化反应和酰基化反应。

① 傅-克烷基化反应

傅-克烷基化反应中，常用的烷基化试剂为卤代烷，有时也用醇、烯等。常用的催化剂是无水三氯化铝，此外有时还用三氯化铁、三氟化硼等。

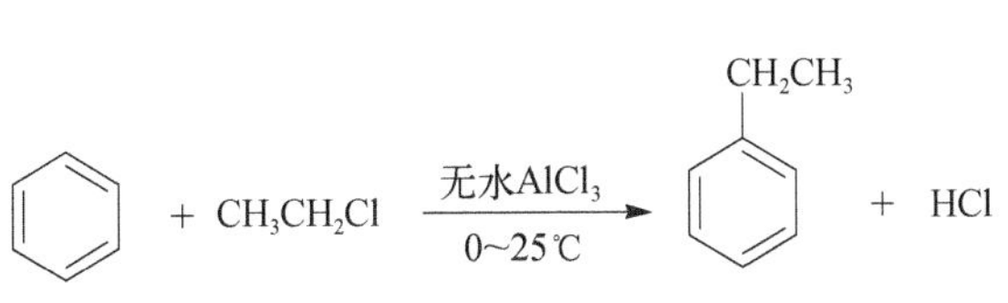

傅-克烷基化反应的历程为无水三氯化铝等路易斯酸与卤代烷作用生成烷基正离子，然后烷基正离子作为亲电试剂进攻苯环，发生亲电取代反应。

三个碳以上的直链卤代烷进行烷基化反应时，常伴有异构化（重排）现象。

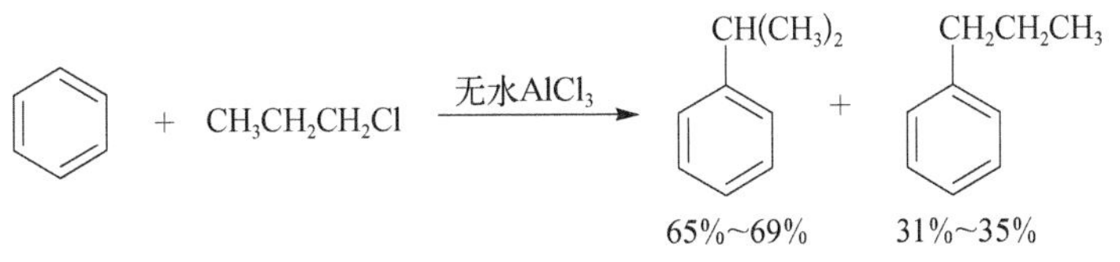

这是由于生成的一级烷基碳正离子易重排成更稳定的二级烷基碳正离子。因此,发生取代反应时,异构化产物多于非异构化产物。更高级的卤代烷在苯环上进行烷基化反应时,将会存在更为复杂的异构化现象。

傅-克烷基化反应通常难以停留在一元取代阶段。要想得到一元烷基苯,必须使用过量的芳烃。当苯环上有吸电子基时,苯环的电子云密度降低,不发生烷基化反应。

② 傅-克酰基化反应

傅-克酰基化反应常用的酰基化试剂为酰氯或酸酐。

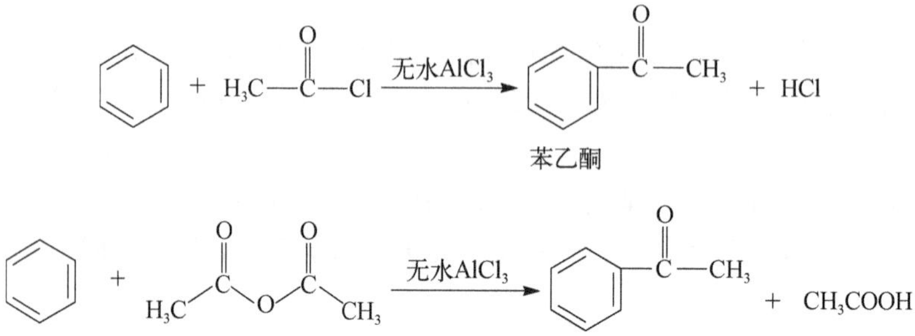

苯乙酮

傅-克酰基化反应的历程为无水三氯化铝等路易斯酸与酰基化试剂作用生成酰基正离子,然后酰基正离子作为亲电试剂进攻苯环,发生亲电取代反应。

酰基化反应不发生异构化。由于酰基是吸电子基,只能得到一取代产物。当苯环上连有强吸电子基(如硝基、羰基)时,苯环的电子云密度大大降低,不发生酰基化反应。

2. 加成反应

苯环虽然比较稳定,但在特定条件下,如催化剂、高温、高压或光照,也可发生某些加成反应,如加氢、加卤素等,表现出一定的不饱和性。但苯环的加成不会停留在环己二烯或环己烯阶段,说明苯比环己二烯和环己烯都稳定。

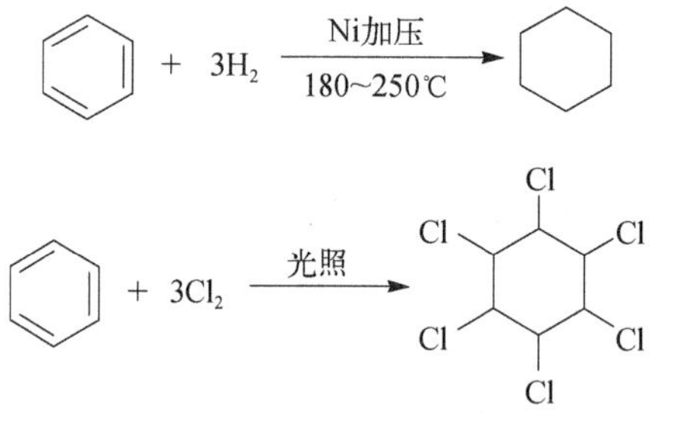

苯环上加氢、加卤素属于游离基加成反应。

3. 苯同系物侧链的反应

在紫外光照射或高温条件下,苯环侧链上的氢易被卤素(氯或溴)取代。侧链为两个或两个碳以上的烷基时,卤代反应主要发生在 α-碳原子上。

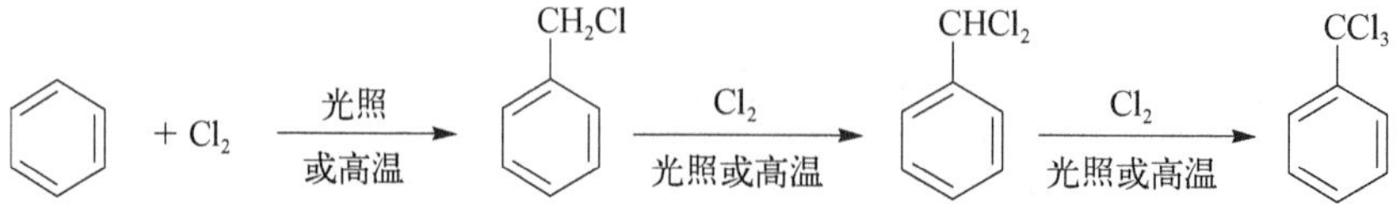

氯化苄

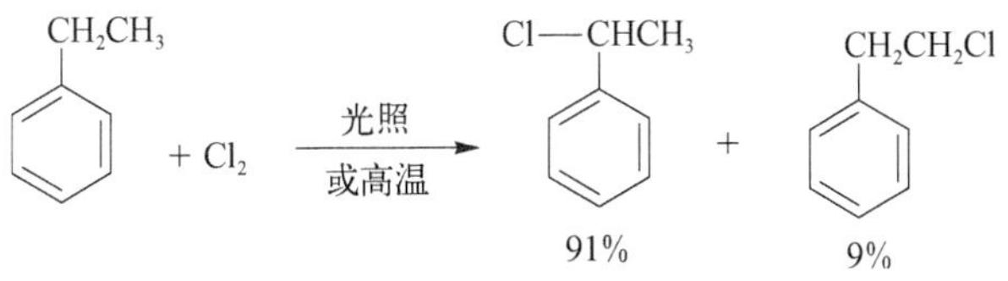

苯环侧链的卤代反应与烷烃的卤代反应一样,属于游离基反应。

苯环不易被氧化,而苯环上的侧链却易被氧化。常用的氧化剂有高锰酸钾、重铬酸钾、稀硝酸等。不论侧链长短,氧化反应总是发生在有 α-氢的 α-碳原子上,α-碳原子被氧化成羧基。

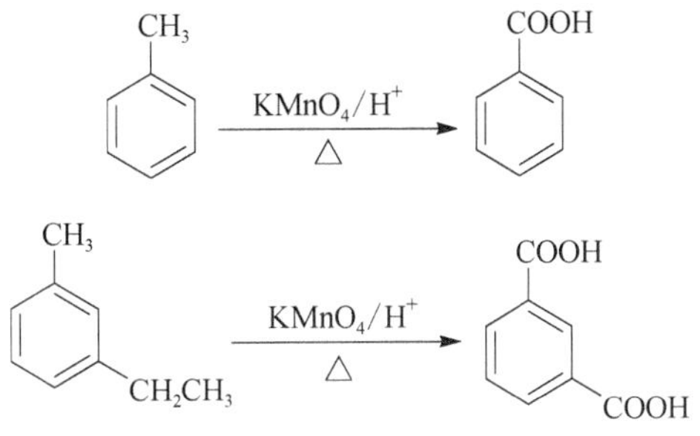

若侧链的 α-碳原子上无氢原子,则不能被氧化。

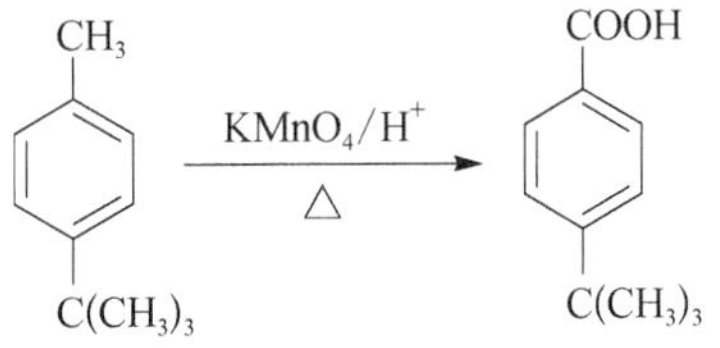

在剧烈的条件下,苯环可被氧化生成顺丁烯二酸酐。

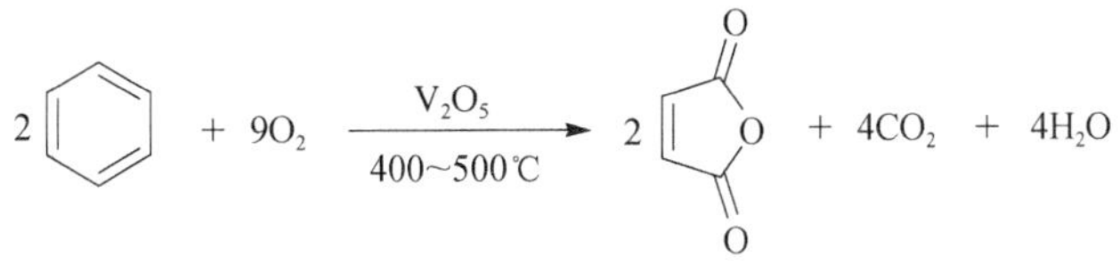

顺丁烯二酸酐

三、亲电取代反应的机理

从苯的亲电取代反应可看出,对于取代苯来说,苯环上原有的取代基可以使反应易于或难于进行,使新导入的基团主要处于原有取代基的邻位、对位或间位。如果能掌握其中规律,就能预测不同取代苯反应的主要产物,并设计合理的合成路线,选用适当的反应条件,制备所需化合物。而这一切,需建立在掌握苯环取代反应历程的基础之上。

苯环上的亲电取代反应历程大致可分为三步。

1. 反应试剂(Nu—E)受苯环上 π 电子和催化剂的影响而极化,发生共价键异裂。用通式表示为:

$$Nu—E + 催化剂 \Longrightarrow E^+ + [Nu \cdot 催化剂]^-$$

卤代反应:$Br—Br + FeBr_3 \Longrightarrow Br^+ + [FeBr_4]^-$

硝化反应：$HNO_3 + 2H_2SO_4 \rightleftharpoons NO_2^+ + H_3O^+ + 2HSO_4^-$

磺化反应：$2H_2SO_4 \rightleftharpoons H_3O^+ + HSO_4^- + SO_3$

傅-克烷基化反应：$R—Cl + AlCl_3 \longrightarrow R^+ + [AlCl_4]^-$

傅-克酰基化反应：$H_3C—\overset{\overset{O}{\|}}{C}—Cl + AlCl_3 \rightleftharpoons H_3C—\overset{\overset{O}{\|}}{C}{}^+ + [AlCl_4]^-$

2. E^+ 进攻富电子的苯环，形成一个不稳定的环状碳正离子中间体(σ-配合物)。用通式表示为：

这一步需要破坏苯环的共轭体系，活化能高，为反应的决速步骤。生成的芳基正离子非常不稳定。

卤代反应：

硝化反应：

磺化反应：

傅-克烷基化反应：

傅-克酰基化反应：

3. 由于芳基正离子非常不稳定，中间体趋向于恢复稳定的苯环结构，在催化剂配离子的作用下，迅速脱去一个质子生成一元取代物。芳基正离子恢复到稳定的苯环结构。用通式表示为：

卤代反应：

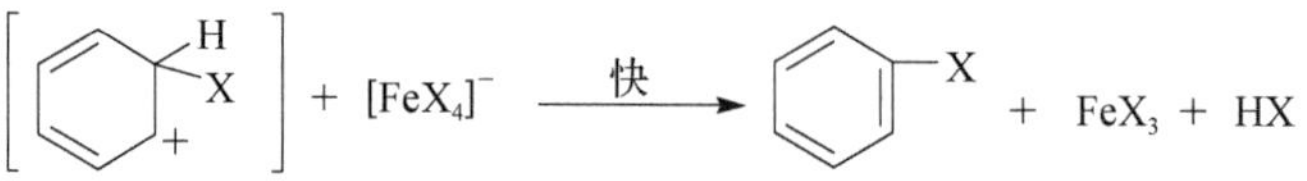

硝化反应：

磺化反应：

傅-克烷基化反应：

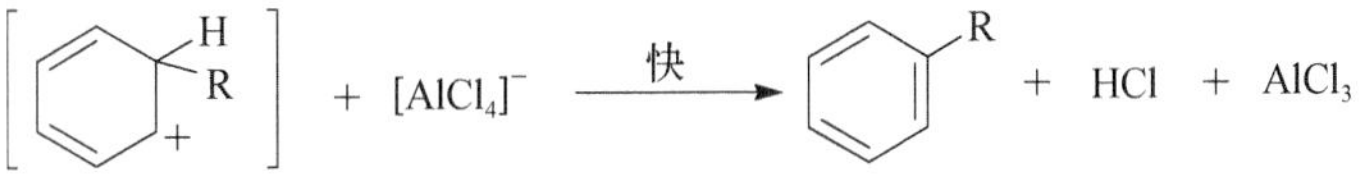

傅-克酰基化反应：

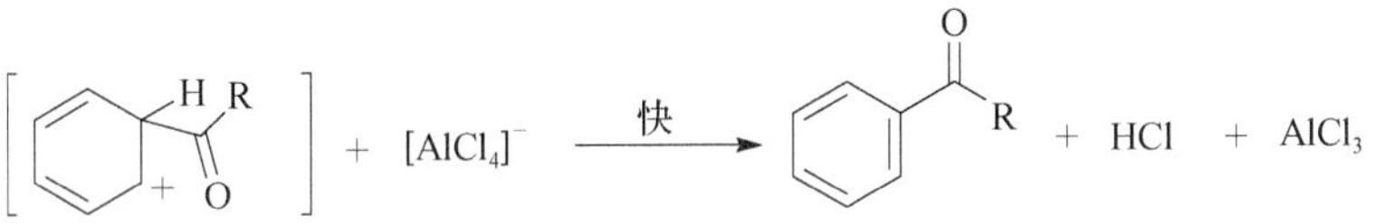

四、苯环上亲电取代反应的定位规则

1. 定位规则

通过对亲电取代反应机理的了解，亲电取代反应的难易与苯环上电子云密度大小有关，苯环上电子云密度越大，亲电取代反应越易发生。

对于苯来说，六个碳原子上的电子云密度相同，一取代产物只有一种。而当苯环上有一个或多个取代基时，进行取代反应，这些取代基会对苯环上的电子云分布产生影响。当苯环上有给电子基（如甲基）时，苯环上的电子云密度增加，亲电取代反应比苯容易发生。甲苯的硝化和磺化都只需在室温下就可以反应，得到的是邻位产物和对位产物。像甲基这种能增加苯环的电子云密度，使亲电取代易于进行的取代基，称为活化基团，这种现象称为活化效应。当苯环上有吸电子基（如硝基、磺基）时，苯环上的电子云密度减小，亲电取代反应比苯难发生。硝基苯的硝化和苯磺酸的磺化都需要更高的温度才能进行，得到的是间位产物。像硝基、磺基这种能减小苯环的电子云密度，使亲电取代难于进行的取代基，称为钝化基团，这种现象称为钝化效应。

上述事实说明，苯环上已有的取代基不仅影响第二个取代基进入苯环的难易程度，还影响其进入苯环的位置。将苯环上原有取代基的这种作用，称为苯环上亲电取代反应的定位效应，苯环上原有的取代基称为定位基。

根据大量的实验事实，将定位基分为以下两大类：

（1）邻、对位定位基

这类定位基能使苯环活化，即第二个取代基的进入比苯容易（卤素除外），第二个取代基主要进入它的邻位和对位。常见的邻、对位定位基（定位能力由强到弱排列）有：—O⁻、—NR₂、—NH₂、—OR、—OH、—NHCOR、—Ar、—R、—X（Cl、Br）等。除—R 是吸电子的诱导效应外，其他都是给电子的共轭效应，其中—Ar 是 π-π 共轭，其他都是 p-π 共轭。

（2）间位定位基

这类定位基能使苯环钝化，即第二个取代基的进入比苯困难，同时使第二个取代基主要进入它的间位。常见的间位定位基（定位能力由强到弱排列）有：$-N^+R_3$、$-NO_2$、$-CN$、$-SO_3H$、$-CHO$、$-COR$、$-COOH$、$-COOR$、$-CONH_2$ 等。除 $-N^+R_3$ 是吸电子的 $p-\pi$ 共轭外，其他都是吸电子的 $\pi-\pi$ 共轭。

2. 对定位规则的解释

在苯分子中，苯环闭合大 π 键电子云是均匀分布的，即六个碳原子上电子云密度等同。当苯环上有一取代基后，取代基可以通过诱导效应或共轭效应使苯环上电子云密度升高或降低，同时影响苯环上电子云密度的分布，使各碳原子上电子云密度发生变化。因此，亲电取代反应的难易以及第二个取代基进入苯环的主要位置，会因原有取代基的不同而不同。下面以几个典型的定位基为例作简要解释。

（1）邻、对位定位基

一般来说它们是给电子基（卤素除外），为活化基团，可以通过 $p-\pi$ 共轭效应或 $+I$ 效应向苯环提给电子，使苯环上电子云密度增加，尤其在邻、对位上增加较多。亲电试剂优先进攻电子云密度大的邻位和对位，因此主要得到邻位产物和对位产物。

① 甲基

甲苯中的甲基碳原子为 sp^3 杂化，苯环中的碳原子为 sp^2 杂化，sp^3 杂化的碳原子的电负性小于 sp^2 杂化的碳原子，因此甲基可通过 $+I$ 效应向苯环提给电子。同时甲基的三个 $C-H$ σ 键与苯环的 π 键有很小程度的重叠，形成 $\sigma-\pi$ 共轭体系（也称超共轭体系），$\sigma-\pi$ 共轭体系产生的超共轭效应使 $C-H$ 键 σ 电子云向苯环转移。显然，甲基的 $+I$ 效应和 $\sigma-\pi$ 超共轭效应均使苯环上电子云密度增加，由于电子的共轭传递，甲基的邻、对位上增加得较多。所以，甲苯的亲电取代反应不仅比苯容易，而且主要发生在甲基的邻位和对位。

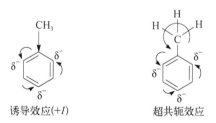

诱导效应($+I$)　　　　超共轭效应

② 羟基

羟基是一个较强的邻、对位定位基。羟基中的氧为 sp^2 杂化，羟基氧原子上未杂化的 p 轨道上的未共用电子对可以与苯环上的 π 电子形成 π_7^8 的 $p-\pi$ 共轭大 π 键，使氧原子上的电子云向苯环转移，具有给电子的共轭效应($+C$)。另外，由于羟基中氧的电负性比碳的电负性大，对苯环表现出吸电子的诱导效应($-I$)。但由于给电子的共轭效应($+C$)大于吸电子的诱导效应($-I$)，所以总的结果是羟基使苯环的电子云密度增加，尤其是邻、对位增加得较多。所以亲电取代反应时，苯酚比苯更为容易，而且取代基主要进入羟基的邻位和对位。

其他与苯环相连的带有未共用电子对的基团,如—NR$_2$、—NH$_2$、—OR 等对苯环的电子效应与羟基类似。

③ 卤素

卤素对苯环具有吸电子的诱导效应(−I)和给电子的 p-π 共轭效应(+C),由于−I 强于+C,总的结果是使苯环电子云密度降低,所以卤素对苯环的亲电取代反应有致钝作用,为钝化基团,使亲电取代比苯困难。但当亲电试剂进攻苯环时,动态共轭效应起主导作用,给电子的共轭效应(+C)又使卤素的邻位和对位电子云密度高于间位,因此邻、对位产物为主要产物。

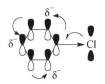

(2) 间位定位基

间位定位基均是吸电子基,为钝化基,它们通过吸电子的诱导效应和给电子的共轭效应使苯环电子云密度降低,尤其使邻、对位降低得更多,所以亲电取代主要发生在电子云密度相对较高的间位,而且取代比苯困难。

硝基是一个间位定位基,它与苯环相连时,因氮原子的电负性比碳的电负性大,所以其对苯环具有吸电子的诱导效应(−I);同时硝基中的氮氧双键与苯环的大π键形成 π-π 共轭体系,使苯环的电子云向着电负性大的氮原子和氧原子方向流动(−C)。两种电子效应作用方向一致,均使苯环的电子云密度降低,尤其使硝基的邻、对位降低得更多。因此,硝基不仅使苯环钝化,亲电取代反应比苯困难,而且主要得到间位产物。

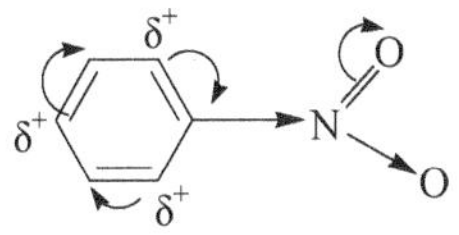

其他间位定位基,如—CN、—COOH、—C≡O、—SO$_3$H 等对苯环也具有类似硝基的电子效应。

3. 定位规则的应用

(1) 预测反应的主要产物

如果苯环上已有两个取代基,再进行亲电取代反应时,第三个取代基进入的主要位置服从以下定位规则:

① 当苯环上存在两个同类的定位基时,第三个取代基在苯环上取代的位置受强的定位基支配(前面列出的两类定位基,次序排在前的定位能力强)。

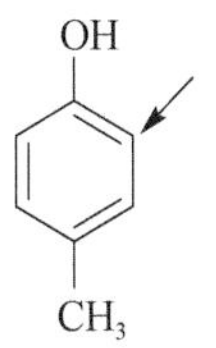

—OH > —CH$_3$ 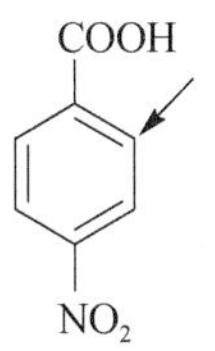   —NO$_2$ > —COOH

② 当苯环上有两个不同类的定位基时,第三个取代基在苯环上取代的位置由邻、对位定位基决定。

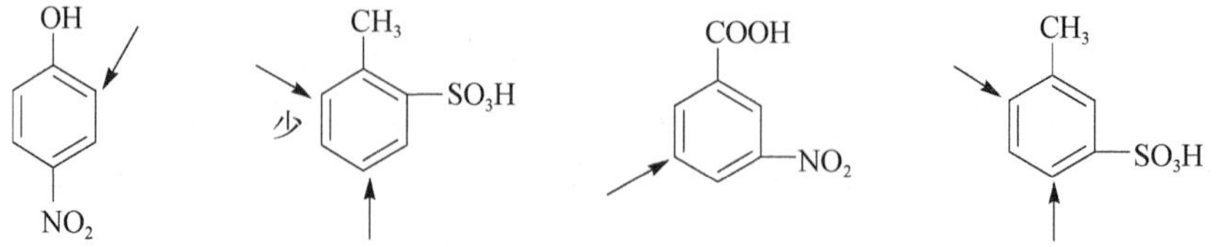

需要指出的是,用定位规则预测取代基进入的主要位置时,有时还要考虑到空间位阻的作用。如上述间甲基苯磺酸进行亲电取代反应时,由于空间位阻作用,使与甲基和磺酸基同处于邻位的碳原子上发生亲电取代的概率大大降低。

(2) 选择适当的合成路线

例如:从苯出发合成间硝基氯苯,应先硝化后氯代;若要合成邻、对位硝基氯苯,则要先氯代后硝化。

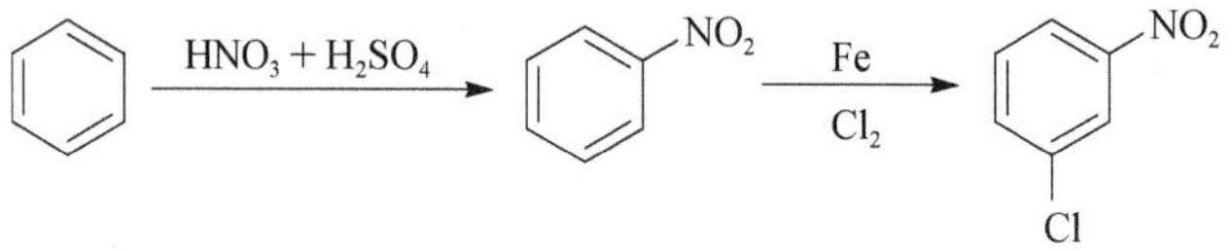

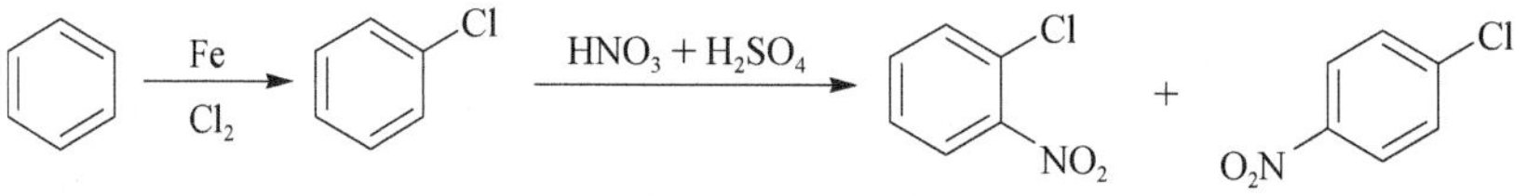

问题 4 - 2 用箭头标出下列化合物硝化的位置。

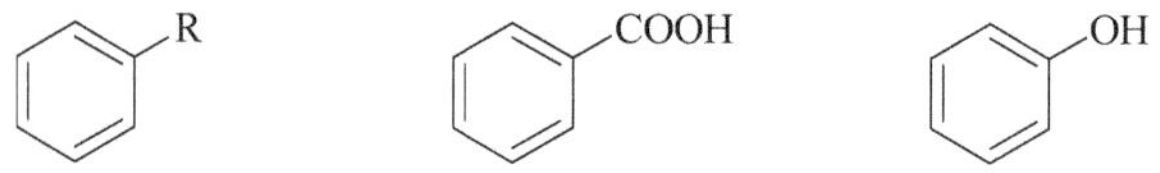

问题 4 - 3 以苯及必要试剂为原料合成:(1) 对硝基苯甲酸 (2) 间硝基苯甲酸

问题 4 - 4 用化学方法鉴别环己烷、环己烯和甲苯。

第四节 单环芳烃代表化合物

一、苯

苯及其同系物——甲苯和二甲苯都为无色液体,有芳香气味,易燃,易挥发,是室内挥发性有机物。苯有毒,能损坏造血器官,苯主要用作油脂、橡胶、树脂、油漆、喷漆和氯丁橡胶等溶剂及稀释剂,可制造多种化工产品。

二、甲苯

甲苯的化学性质和苯相似,甲苯是制造三硝基甲苯(TNT)、苯甲酸、对苯二酸、防腐剂、染料、塑料、合成纤维等产品的重要原料。

甲苯在催化剂(主要是钼、铬、铂等)作用下,在反应温度为 350~530℃,压力为 1~1.5 MPa 时,能发生歧化反应生成苯和二甲苯。

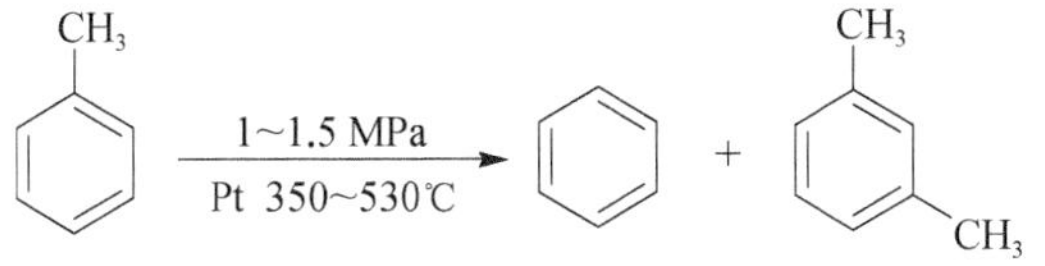

三、二甲苯

二甲苯有三个同分异构体,它们都存在于煤焦油中,主要是由石油产品歧化而得,其中除邻二甲苯可以利用其沸点的差异(o-二甲苯的沸点为 144.4℃,m-二甲苯的沸点为 139.1℃,p-二甲苯的沸点为 138.38℃)分馏、分离外,其余两者的沸点很接近,极难分开。工业上常用的都是三种异构体的混合物,作为溶剂使用。纯品邻二甲苯可用于制备邻苯二甲酸,它是制备染料、药物、增塑剂等的原料。对二甲苯是制备对苯二甲酸的原料,可用于生产聚酯树脂等。

四、异丙苯

异丙苯在液相于 100～120℃通入空气,催化氧化而生成异丙苯过氧化氢。后者与稀硫酸作用分解成苯酚和丙酮。

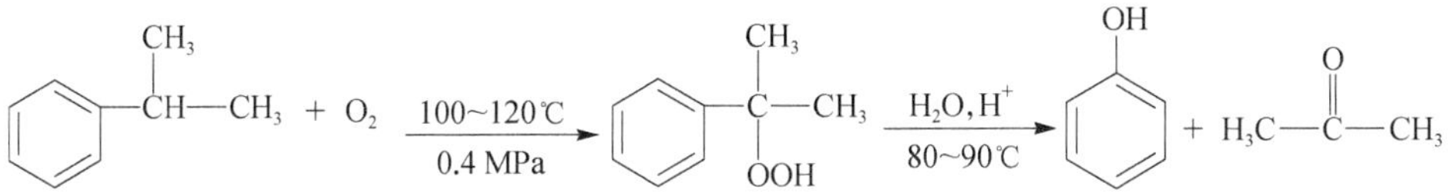

第五节 稠环芳香烃

一、萘

萘是煤焦油中含量最多的一种化合物,熔点为 80.6℃,沸点为 218℃,容易升华,是重要的化工原料,常常用作防蛀剂。

1. 萘的结构
萘的结构式见图 4-1。萘环上碳原子的位置编号是固定的。

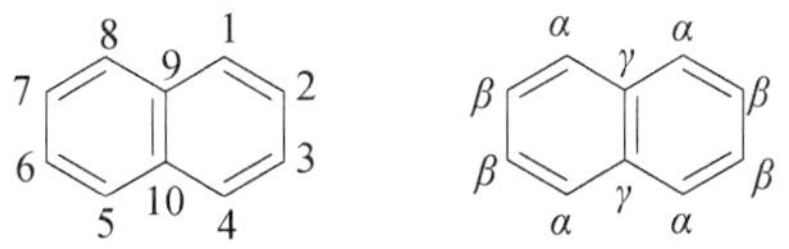

图 4-1 萘的结构式

萘的结构可以看作是两个苯环共用两个碳原子而稠合起来的,每个碳原子的 3 个 sp^2 杂化轨道形成两个 C—C σ 键和一个 C—H σ 键,各碳原子的未参与杂化的 p 轨道侧面互相重叠形成一个共轭体系。9、10 位 2 个碳原子的 p 轨道除了彼此重叠之外,还分别与 1、8 和 4、5 位碳原子的 p 轨道重叠,因此,萘分子中的 π 电子云不是均匀分布在 10 个碳原子上的,各碳原子之间的键长也有所不同。

福井谦一根据分子轨道理论计算出萘分子最高占有轨道上的 π 电子云密度(图 4-2)。

由图4-2可以看出,萘的α位电子云密度比β位高得多,所以亲电反应主要发生在α位。

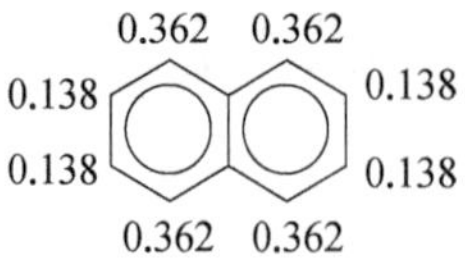

$$
\begin{array}{cc}
0.362 & 0.362 \\
0.138 & \quad\quad\quad\quad 0.138 \\
0.138 & \quad\quad\quad\quad 0.138 \\
0.362 & 0.362
\end{array}
$$

图4-2 萘分子最高占有轨道上π电子云密度分布

2. 萘的反应

萘与苯类似,能发生亲电取代反应,且比苯容易进行,反应时α位易于β位。

（1）亲电取代反应

硝化反应:萘与混酸在常温下就可以反应,产物几乎是α-硝基萘。

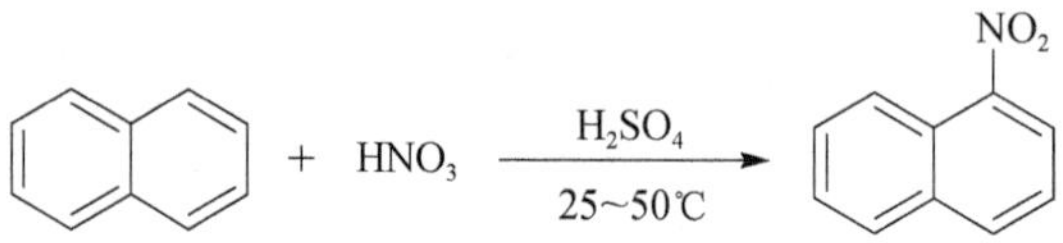

萘 + HNO_3 $\xrightarrow[25\sim50\text{℃}]{H_2SO_4}$ 1-硝基萘(NO_2)

磺化反应:

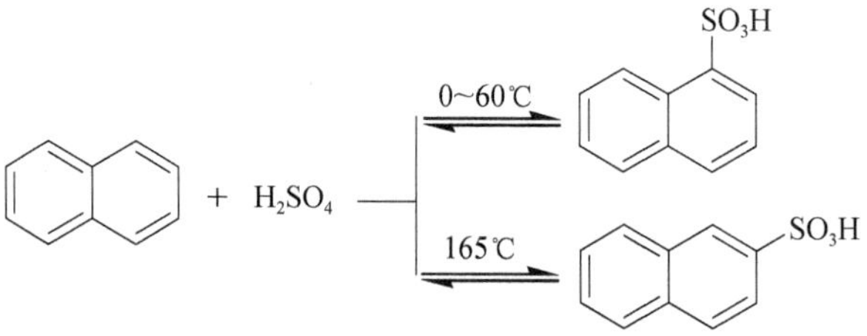

萘 + H_2SO_4 $\xrightarrow{0\sim60\text{℃}}$ 1-萘磺酸(SO_3H)

萘 + H_2SO_4 $\xrightarrow{165\text{℃}}$ 2-萘磺酸(SO_3H)

卤化反应:

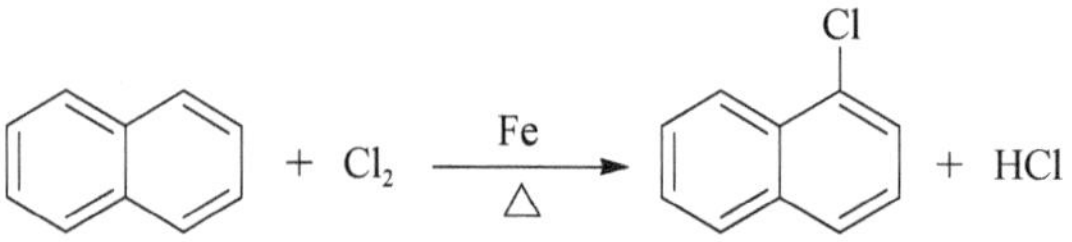

萘 + Cl_2 $\xrightarrow[\triangle]{Fe}$ 1-氯萘(Cl) + HCl

酰基化反应:

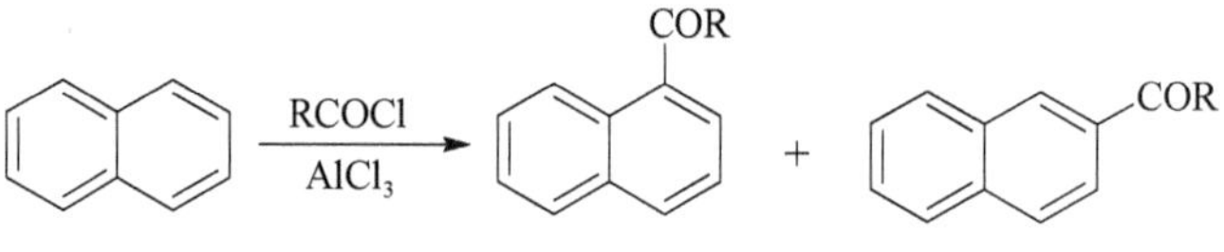

萘 $\xrightarrow[AlCl_3]{RCOCl}$ 1-酰基萘(COR) + 2-酰基萘(COR)

① 当用 $AlCl_3$ 作催化剂,CS_2 作溶剂时,主要得到α-取代物:

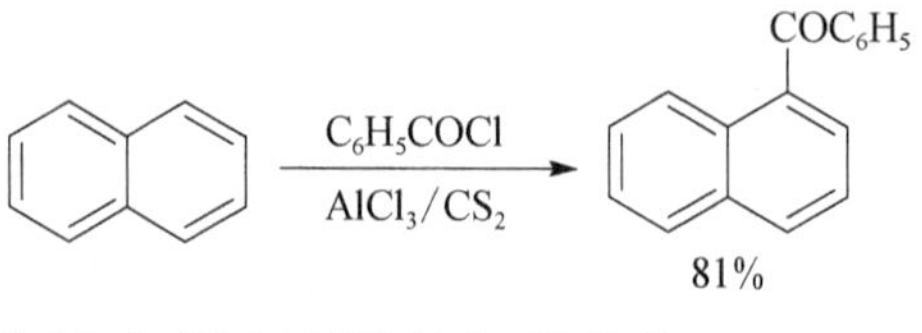

萘 $\xrightarrow[AlCl_3/CS_2]{C_6H_5COCl}$ 1-苯甲酰基萘(COC_6H_5)
81%

② 当用硝基苯作溶剂时,则主要得到β-取代物。

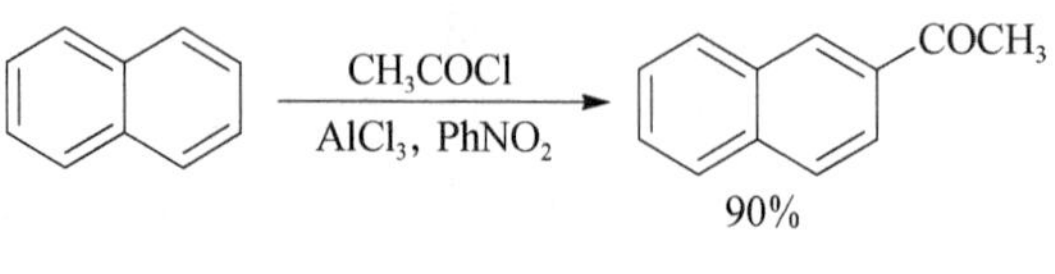

萘 $\xrightarrow[AlCl_3,\ PhNO_2]{CH_3COCl}$ 2-乙酰基萘($COCH_3$)
90%

（2）氧化反应

萘比苯易氧化，以 V_2O_5 作催化剂，在温度为 $400\sim500℃$ 时，萘可被空气氧化生成邻苯二甲酸酐。

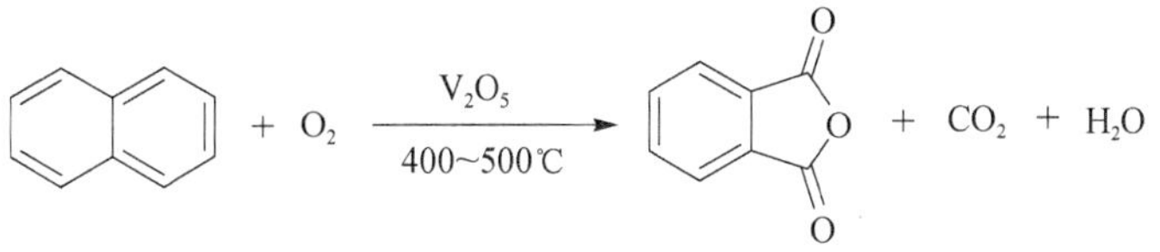

（3）加成反应

萘比苯容易加成，在不同条件下可以发生部分加氢或全部加氢。

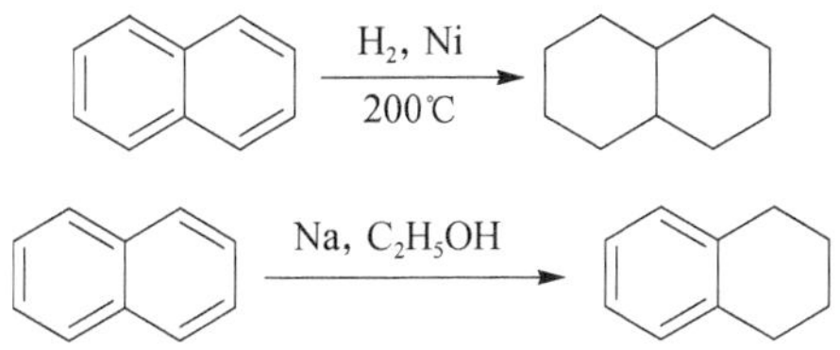

二、蒽

蒽的 9、10 位特别活泼，大部分反应都发生在这两个位置上。

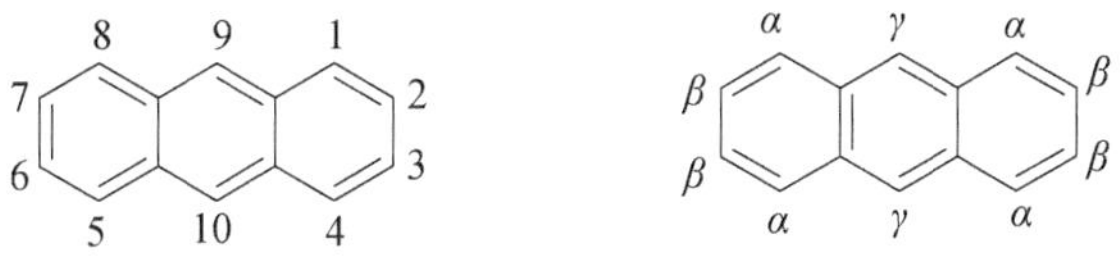

三、菲

菲存在于煤焦油的蒽油馏分中。它是带光泽的无色晶体，不溶于水，溶于乙醇、苯和乙醚中，其溶液有蓝色的荧光。结构式如下：

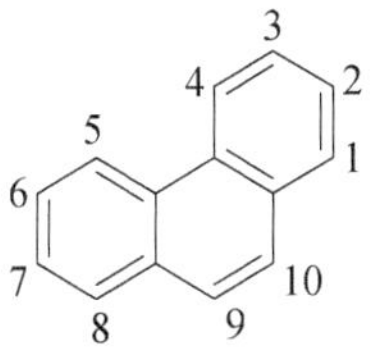

菲的化学性质介于萘和蒽之间，它可以在 9、10 位起加成反应，但没有蒽容易。

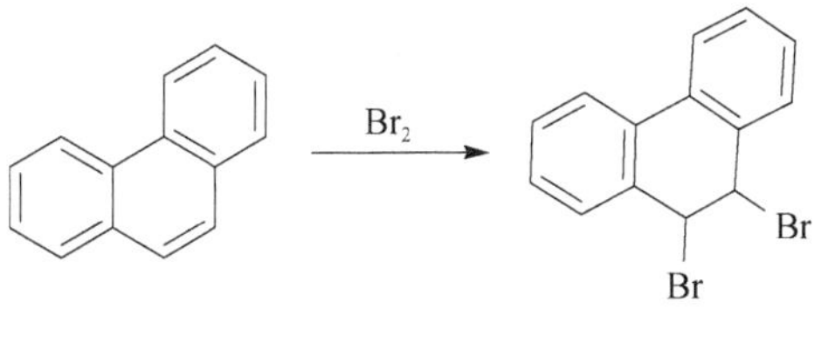

四、其他稠环芳香烃

多环芳烃是个尚未很好开发的领域，而且来源丰富，大量存在于煤焦油和石油中。现在已从焦油中分离出好几百种稠环芳烃，但其在工业上的利用仍有待研究。

很久以前人们就注意到,在动物体上长期涂抹煤焦油,可以引起皮肤癌。经长期的实验研究,发现合成的 1,2,5,6-二苯并蒽具有致癌的性质,后来又从煤焦油中分离出一个致癌的物质——3,4-苯并芘。现在已知的致癌物质中以 6-甲基-1,2-苯并-5,10-次乙基蒽的效力最强。

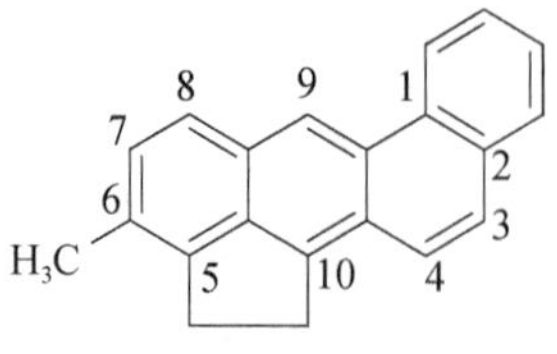

第六节　非苯系芳烃和休克尔规则

一、休克尔规则(Hückel 规则)

100 多年前,凯库勒就预见,除了苯外,可能还存在其他具有芳香性的环状共轭多烯烃。1931 年,休克尔用分子轨道法计算了单环多烯的 π 电子的能级,从而提出了一个判断芳香体系的规则:凡含有 $4n+2(n=0、1、2、3、\cdots、n \leqslant 6)$ 个 π 电子的单环平面共轭体系,都具有芳香性,亦即含有 2、6、10、14……个 π 电子的环状共轭化合物,都属于芳香族化合物。这个规则称为休克尔规则。

结构同时符合以下三点的化合物具有芳香性:

1. 各原子形成环状闭合共轭体系;
2. 体系中各原子共平面,且在该平面上下有环状离域大 π 键;
3. 该闭合体系中含有 $4n+2$ 个离域 π 电子($n=0、1、2、3、\cdots、n \leqslant 6$)。

这一规则称为休克尔规则。

二、非苯芳烃

按照休克尔规则,许多烃类化合物的分子中虽然没有苯环结构存在,但仍具有芳香性,故把这类化合物称作非苯芳烃,例如:

1. 环戊二烯负离子

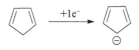　　　　　　

环戊二烯负离子 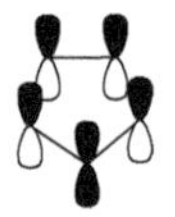　　　　　　　符合休克尔规则,具有芳香性。

2. 环辛四烯负离子

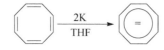

符合休克尔规则,具有芳香性。

3. 薁

由一个五元环的环戊二烯和七元环的环庚三烯稠合而成,含 10 个 π 电子,符合休克尔规则,具有芳香性。

奠有明显的极性,其中五元环是负性的,七元环是正性的,偶极矩为 0.8D。

4. 轮烯

具有交替单双键的单环多烯烃,通称为轮烯(Annulenes)。轮烯为大环芳香体系,分子式为$(CH)_x$,命名法是将碳原子数放在括号中,叫某轮烯。如 $x=10$ 的叫[10]轮烯;$x=18$ 的叫[18]轮烯。[10]轮烯中 π 电子数为 10,符合休克尔规则,但它环内的氢原子具有排斥作用,致使环不能在同一平面上,故其没有芳香性。

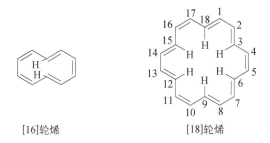

[16]轮烯   [18]轮烯

[18]轮烯中有 18 个 π 电子,符合休克尔规则。经 X 射线衍射证明,环中碳碳键长几乎相等,整个分子基本处于同一平面上,说明环内氢原子的排斥力是很微弱的,因此它具有一定芳香性。

[22]轮烯和[26]轮烯都具有芳香性。[26]轮烯是目前知道的最大的芳香性轮烯。

本章小结

一、苯的结构与芳香性

1. 苯的分子式为C_6H_6,有较大的不饱和性。苯分子中每个碳原子的 sp^2 杂化轨道与相邻的两个碳原子组成 C—Cσ 键,与一个氢原子组成 C—Hσ 键,六个碳原子和六个氢原子都在同一平面内,构成平面六边形。六个碳原子上各自未杂化的含有单电子的且垂直于环平面的 p 轨道相互轴向平行重叠形成闭合的离域大 π 键。

2. 苯分子中碳碳键长完全平均化,形成完全离域的闭合共轭体系,使得苯环具有很好的热力学稳定性。在通常的反应条件下,苯环的结构保持不变,不易被氧化,不易被加成,较易于发生苯环上的亲电取代反应。

3. 苯环上具有较多的 π 电子且具有较大的可极化性,可与缺电子的亲电试剂作用,发生亲电取代反应。苯环上连有给电子基(致活基团)时,亲电取代反应的活性增加,主要产物为邻、对位取代产物;苯环上连有吸电子基(钝化基团)时,亲电取代反应的活性降低,主要产物为间位取代产物。

4. 苯分子的特定结构及特殊性质称为芳香性,芳香性是芳香烃化合物的共性,其他芳环具有和苯环相似的化学性质。如果符合以下三点条件,则该体系具有芳香性:① 各原子形成环状闭合共轭体系;② 体系中各原子共平面,且在该平面上下有环状离域大 π 键;③ 该闭合共轭体系中离域的 π 电子数等于$(4n+2)$个($n=0$、1、2、3、…,$n \leqslant 6$)。即符合休克尔规则。

二、芳烃的化学性质

1. 苯环上的亲电取代反应

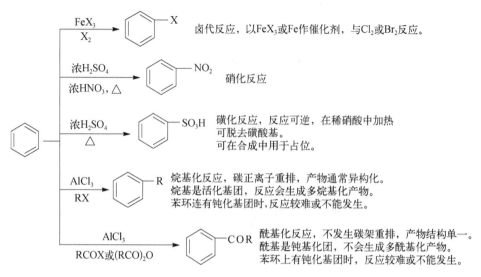

FeX3
X2
X
卤代反应，以FeX3或Fe作催化剂，与Cl2或Br2反应。
浓H2SO4
浓HNO3，△
NO2
硝化反应
浓H2SO4
△
SO3H
磺化反应，反应可逆，在稀硝酸中加热
可脱去磺酸基。
可在合成中用于占位。
AlCl3
RX
R
烷基化反应，碳正离子重排，产物通常异构化。
烷基是活化基团，反应会生成多烷基化产物。
苯环连有钝化基团时,反应较难或不能发生。
AlCl3
RCOX或(RCO)2O
COR
酰基化反应，不发生碳架重排，产物结构单一。
酰基是钝基化团，不会生成多酰基化产物。
苯环上有钝化基团时，反应较难或不能发生。

2. 苯环侧链上的反应

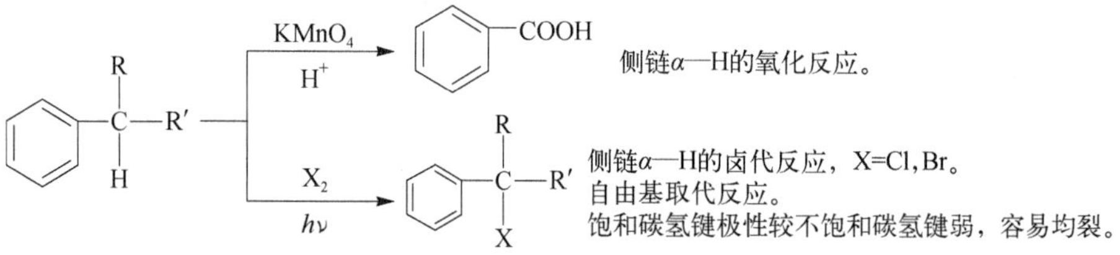

R
C
R′
H
KMnO4
H+
COOH
侧链α—H的氧化反应。
X2
hν
X
侧链α—H的卤代反应，X=Cl,Br。
自由基取代反应。
饱和碳氢键极性较不饱和碳氢键弱，容易均裂。

3. 萘环上的化学反应

(1) 亲电取代反应

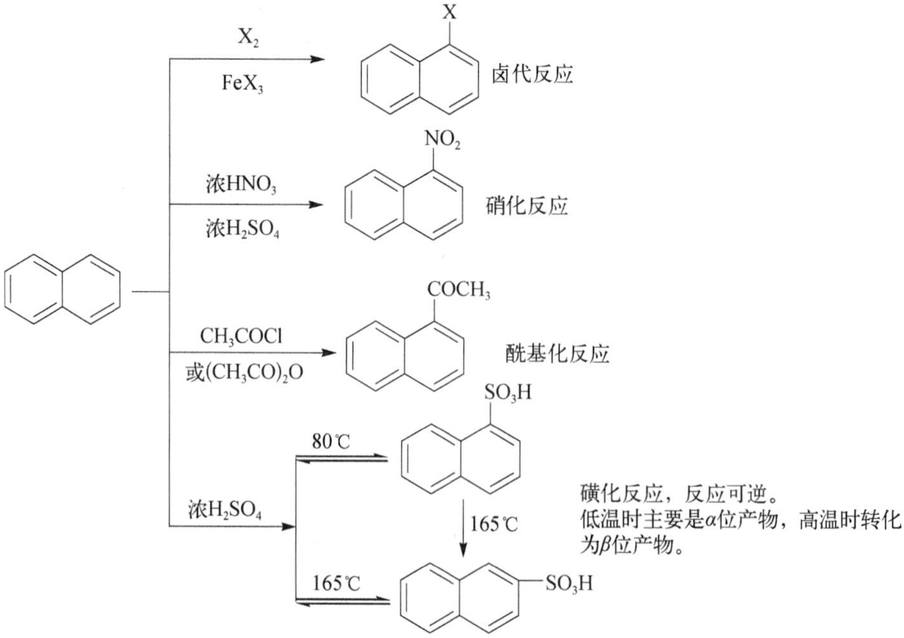

X2
FeX3
X
卤代反应
浓HNO3
浓H2SO4
NO2
硝化反应
CH3COCl
或(CH3CO)2O
COCH3
酰基化反应
浓H2SO4
80℃
SO3H
165℃
165℃
SO3H
磺化反应，反应可逆。
低温时主要是α位产物，高温时转化
为β位产物。

（2）加氢反应

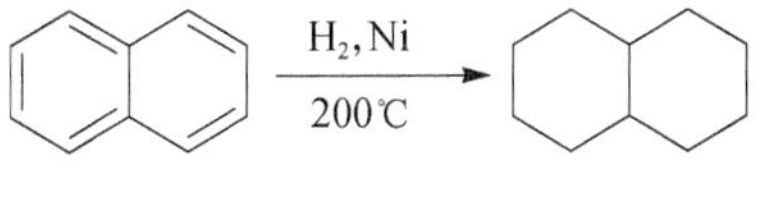

催化加氢反应，萘比苯容易。

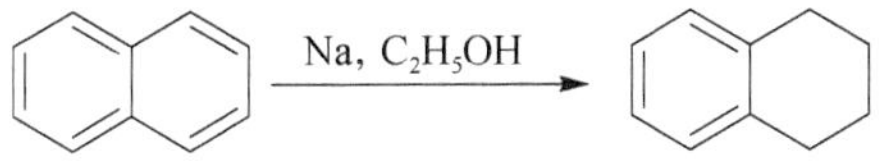

（3）氧化反应

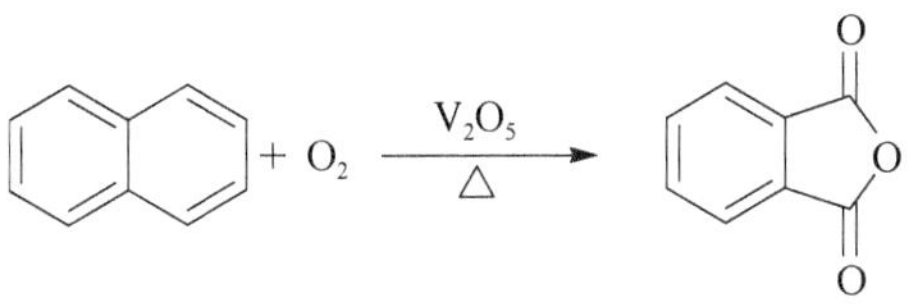

氧化反应，萘比苯容易。

知识拓展　　　　　　　　　**富 勒 烯**

克罗托受建筑学家理查德·巴克明斯特·富勒（Richard Buckminster Fuller，1895 年 7 月 12 日—1983 年 7 月 1 日）设计的美国万国博览馆球形圆顶薄壳建筑的启发，推测 C_{60} 可能具有类似球体的结构，因此他将其命名为 Buckminster Fullerene（巴克明斯特·富勒烯，简称富勒烯）。

富勒烯是一系列由纯碳组成的原子簇的总称。它们是由非平面的五元环、六元环等构成的封闭式空心球形或椭球形结构的共轭烯。现已分离得到其中的几种，如 C_{60} 和 C_{70} 等。C_{60} 的分子结构的确为球形 32 面体，它是由 60 个碳原子以 20 个六元环和 12 个五元环连接而成的具有 30 个碳碳双键（C═C）的足球状空心对称分子，所以，富勒烯也被称为足球烯，球体直径约为 710 pm，即由 12 个五边形和 20 个六边形组成，其中五边形彼此不相连接，只与六边形相邻。与石墨相似，每个碳原子以 sp^2 杂化轨道和相邻三个碳原子相连，剩余的未杂化的 p 轨道在 C_{60} 分子的外围和内腔形成 π 键。

C_{60} 分子具有芳香性，溶于苯呈酱红色，可用电阻加热石墨棒或电弧法使石墨蒸发等方法制得。C_{60} 有润滑性，可作为超级润滑剂。金属掺杂的 C_{60} 有超导性，是有发展前途的超导材料。C_{60} 还可应用于半导体、催化剂、蓄电池材料和药物等许多领域。C_{60} 分子可以和金属结合，也可以和非金属负离子结合。当 C_{60} 和碱金属原子结合时，电子从金属原子转到 C_{60} 分子上，可形成具有超导性能的 M_xC_{60}，其中 M 为 K、Rb、Cs；x 为掺进碱金属原子的数目，掺进碱金属原子数可达 6 个。K_3C_{60} 在 18K 以下是超导体，在 18K 以上是导体，K_6C_{60} 是绝缘体。富勒烯的成员还有 C_{78}、C_{82}、C_{84}、C_{90}、C_{96} 等，也有管状等其他形状。

富勒烯由于其独特的结构和优异的物理、化学性质，是既有科学价值又有应用前景的单质，在化学、生命科学、医学、天体物理学和材料科学等领域有一定的研究意义。在应用方面也显示了诱人的前景。随着研究的不断深入，碳原子簇将会给人类带来巨大的财富。

有机化学(第二版)

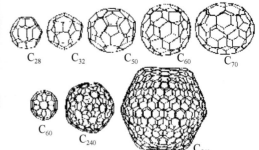

富勒烯的笼状结构系列

课后习题

1. 用系统命名法命名下列化合物。

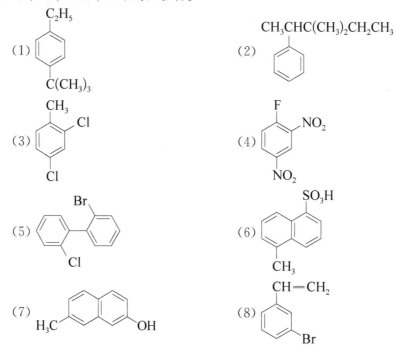

(1)

(2) CH$_3$CHC(CH$_3$)$_2$CH$_2$CH$_3$

(3)

(4)

(5)

(6)

(7) H$_3$C ... OH

(8)

2. 完成下列反应,写出主要产物。

(1)

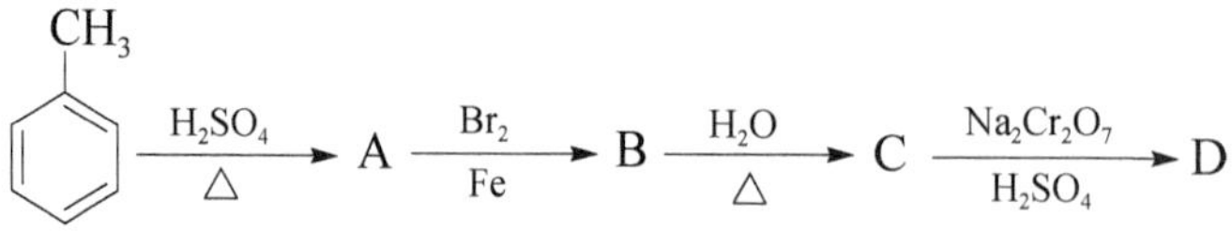

(2)

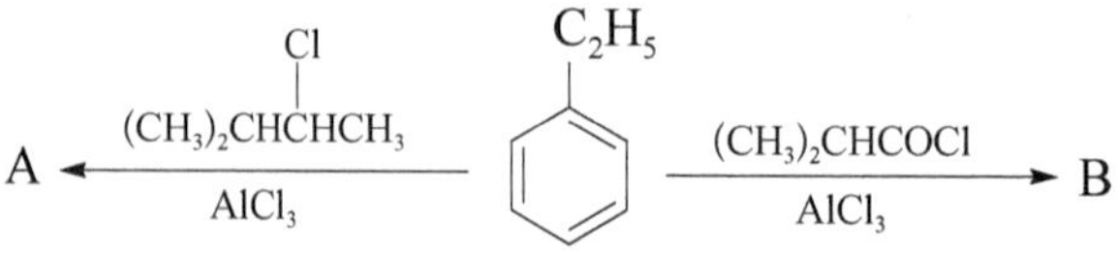

(3)

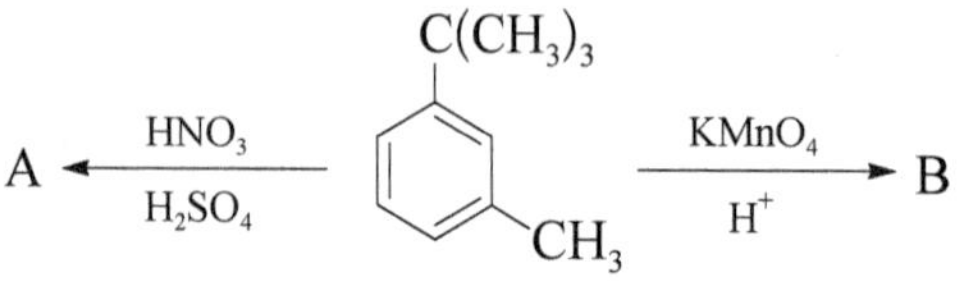

3. 比较下列各组化合物进行亲电取代反应的活性次序,并用箭头指出取代基主要进入的位置。

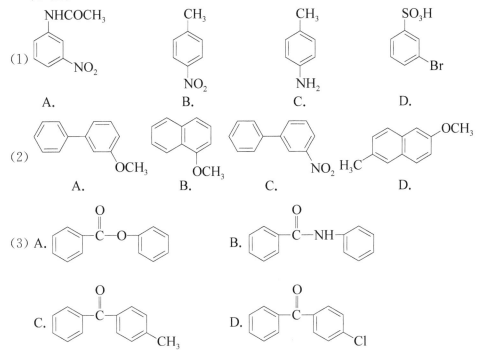

4. 以苯或甲苯为主要原料合成下列化合物。
   (1) 2,6-二溴甲苯　　　　　　　　(2) 2-硝基-4-溴氯化苄
   (3) 4-乙基-3-溴苯磺酸　　　　　　(4) 3-硝基-4-溴苯甲酸
   (5) 二苯甲烷　　　　　　　　　　(6) 2-硝基对苯二甲酸

5. 利用休克尔规则,判断下列化合物有无芳香性。

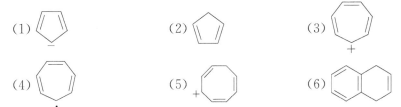

6. 某烃 A(C$_9$H$_8$)与硝酸银的氨溶液反应生成白色沉淀。催化氢化生成 B(C$_9$H$_{12}$)。将 B 用酸性重铬酸钾氧化得到 C(C$_8$H$_6$O$_4$),C 经加热得到 D(C$_8$H$_4$O$_3$)。试推导 A、B、C、D 的构造式,并写出各步反应方程式。

7. A、B、C 三种芳烃的分子式均为 C$_9$H$_{12}$,氧化时 A 得到一元羧酸,B 得到二元酸,C 得到三元酸。但经硝化时 A 和 B 分别得到两种一硝基化合物,而 C 只得到一种一硝基化合物,试推导 A、B、C 的构造式。

8. 某芳烃 A 的分子式为 C$_8$H$_{10}$,用酸性重铬酸钾溶液氧化后得到一种二元酸 B,将 A 硝化,所得的一元硝基化合物只有一种。写出 A 的构造式,并写出各步反应方程式。

9. 某烃 A 的分子式为 C$_{10}$H$_{10}$,A 与氯化亚铜的氨溶液不起作用,在 HgSO$_4$ 存在下与稀 H$_2$SO$_4$ 作用生成 B(C$_{10}$H$_{12}$O),A 氧化生成间苯二甲酸。写出 A 和 B 的构造式,并写出各步反应方程式。

第五章

旋光异构

　　具有相同的分子式,相同的原子连接顺序,但分子中的原子在空间的排列方式不同,这种现象称为立体异构(Stereoisomerism)。立体异构是立体化学(Stereochemistry)的重要组成部分,主要研究物质分子的三维空间结构及其对物质的物理、化学性质的影响。

　　立体异构是具有相同构造,不同构型的异构,主要包括顺反异构、构象异构和旋光异构,本章主要讨论旋光异构。

第一节　物质的旋光性

　　物质能使平面偏振光偏转的性质称为旋光性或光学活性,旋光性是识别旋光异构体的最重要的方法,因此,在讨论旋光异构之前先对旋光性作简要介绍。

一、偏振光

　　光是一种电磁波,光振动方向与其前进的方向垂直[图 5-1(a)],普通光线含有各种波长的射线,可以在各个不同的平面上振动[图 5-1(b)]。

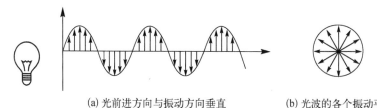

(a) 光前进方向与振动方向垂直　　　　(b) 光波的各个振动平面

图 5-1　普通光振动示意图

　　普通光线通过尼科耳棱镜(Nicol Prism)或人造偏振片,只有在与棱镜晶轴平行的平面上振动的光线才能通过,如图 5-2 所示,通过的光线叫平面偏振光(Plane

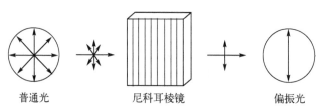

普通光　　　　　尼科耳棱镜　　　　　偏振光

图 5-2　平面偏振光

Polarized Light)，简称偏振光。

二、旋光仪和比旋光度

实验室通过旋光仪测定物质的旋光性，旋光仪的工作原理如图 5 - 3 所示。

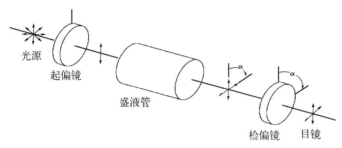

图 5 - 3 旋光仪工作原理图

测定时，先调节起偏镜和检偏镜的晶轴，使其相互平行，普通光线通过起偏镜变成偏振光，此时可以在目镜中观测到最大光量。将被测物质溶液加入两个棱镜之间的盛液管中，如加入的是水、乙醇、醋酸等，仍可以看到光透过检偏镜，说明该物质无旋光性；如加入的是从肌肉中提取的乳酸或葡萄糖的水溶液等，则目镜中观察到的光线变暗或没有光透过，只有将检偏镜旋转一个角度 α 后，才又可以观察到最大光量，说明该物质有旋光性，那么该物质称为旋光性物质（或光学活性物质），转过的角度 α 就是该物质的旋光度（Optical Rotation）。

有些物质使偏振光的振动平面向右（顺时针）旋转，另一些物质则使偏振光的振动平面向左（逆时针）旋转，将它们分别定义为右旋光化合物和左旋光化合物，用"＋"和"－"表示。

旋光性是由旋光物质的分子引起的，因此通过旋光仪测得的旋光度与光束通过盛液管时遇到的分子数有关，如果物质溶液的浓度或盛液管的长度增加一倍，则测得的旋光度 α 也增加一倍；此外，旋光度的大小还与旋光仪的光源、测试时的温度及试样的溶剂相关。

为排除这些因素的影响，通常用比旋光度（Specific Rotation）$[\alpha]$ 来描述物质的旋光性，其定义为：

$$[\alpha]_{\lambda}^{t} = \frac{\alpha}{l \times c}（溶剂）$$

式中，α 为旋光仪测得的旋光度；l 为盛液管的长度，单位为 dm；c 为溶液的浓度，单位 g/mL；t 为测试时的温度，单位为℃；λ 为旋光仪所用光源的波长（通常用钠光作光源，波长为 589 nm，用符号 D 表示）。

比旋光度与沸点、熔点一样，是旋光性物质的物理常数。如在 20℃用钠光源测得葡萄糖水溶液的比旋光度为右旋 52.5°，则可表示为：

$$[\alpha]_{D}^{20} = +52.5°（水）$$

问题 5 - 1 测得一个溶液的旋光度为＋10°，将溶液稀释一倍，其旋光度是多少？比旋光度如何变化？

问题 5-2 20℃时胆固醇在氯仿中的溶解度是 6.15 g/(100 g 氯仿),旋光仪盛液管长度为 5 cm,用钠光作光源测得的旋光度为 $-1.2°$,计算其比旋光度。

第二节 物质的旋光性与结构的关系

1848 年巴斯德(L. Pasteur)在进行酒石酸盐的结晶学研究时发现:无旋光性的酒石酸盐在一定条件下可以生成两种具有不同的平面性质的晶体,它们的晶型关系为实体和镜像的关系,或人的左手与右手的关系,非常相似却不能相互重叠(图 5-4)。经旋光仪测定发现,两种晶体的水溶液都有旋光性且旋光方向相反。鉴于这种旋光度的差异是在溶液中观察到的,巴斯德推断这不是晶体的特性而是分子的特性,而两种酒石酸盐分子的结构与其晶体本身一样,是互为镜像的。巴斯德的研究说明了物质的旋光性与其分子结构有着直接的关系,旋光性的酒石酸分子结构中存在着一种非对称的排列方式,且不能与其镜像相重叠。

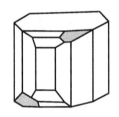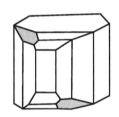

图 5-4 左旋和右旋酒石酸盐晶体

一、手性和对映异构

类似酒石酸盐这样的分子具有一个重要的特点,就是实体和镜像不能重叠,好比人的左手和右手的关系(图 5-5),为此把实体和镜像不能重叠的现象称为手性(Chirality),称这类分子为手性分子或不对称分子。分子的手性是产生旋光活性的根本原因。

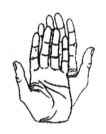

(a) 左手和右手不能重叠　　(b) 左右手互为镜像

图 5-5 手性示意图

从肌肉中提取出来的乳酸能使偏振光向右旋转,称为右旋乳酸;葡萄糖发酵得到的乳酸能使偏振光向左旋转,称为左旋乳酸。两种乳酸分子模型示意图如图 5-6 所示。

乳酸分子的两个模型是实体与镜像的关系,相对映而不能重叠,即乳酸分子具有手性,是手性分子,因此乳酸具有旋光性。

像乳酸分子这样,构造相同,空间构型不同,形成实体与镜像关系的两个分子称

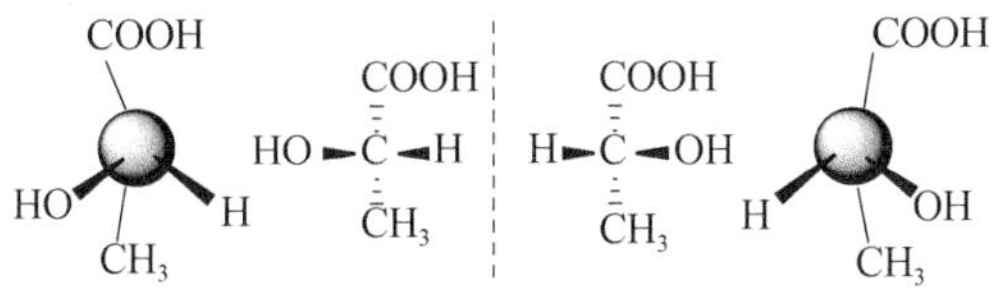

图 5-6 乳酸分子模型示意图

（+）-乳酸　　（-）-乳酸

为对映异构体,简称对映体,这种现象称为对映异构现象(Enantiomerism)。

将分子手性、对映异构、旋光活性联系起来,可以得到如下结论:实体与镜像不能重叠,物质分子具有手性,有对映异构现象,物质具有光学活性。可见实体与镜像的不可重叠是产生对映异构的充分必要条件。

二、对映异构体的性质

对映异构体是成对存在的,它们的旋光能力相同,但旋光方向相反。如果把等物质的量的左旋乳酸和右旋乳酸混合,则混合的乳酸不呈现旋光性,称为外消旋体(Racemic Form),常用"±"表示。外消旋体是一种混合物,之所以无旋光性,是因为一个异构体分子引起的旋光被其对映异构体分子所引起的等量的相反方向的旋光所抵消。

具有旋光性的物质在物理因素或化学试剂作用下变成两个等物质的量的对映异构体的混合物,变成了外消旋体,失去旋光性的过程称为外消旋化(Racemization)。

两个对映异构体是实体与镜像的关系,其分子中任何两个原子之间的距离都相同,因此分子内能也相同。对映异构体的性质在非手性环境中没有区别,如熔点、沸点、在非手性溶剂中的溶解度、与非手性试剂反应的速率等,但其旋光度和在手性条件下的性质则可能不同。

生物体中的酶和各种底物是有手性的,因此对映异构体的生理性质往往有很大差异。例如:（-）-氯霉素有疗效,而（+）-氯霉素没有疗效,（-）-尼古丁的毒性比（+）-尼古丁大得多,（-）-香芹酮与（+）-香芹酮的香气不同等。

问题 5-3 解释下列各项的含义。
(1) 旋光性　(2) 对映异构体　(3) 手性　(4) 外消旋体

三、分子的手性和对称因素

分子与其镜像能否重叠,即分子是否具有手性,取决于分子结构的对称性。因此可以通过判断分子的对称因素来确定分子是否具有手性。下面介绍几种与分子手性相关的对称因素,主要是对称面和对称中心。

1. 对称面

假如有一个"平面"能把分子切成两部分,一部分正好是另一部分的镜像,这个"平面"就是分子的对称面,对称面通常用"σ"表示。

如下图所示:甲烷分子有六个对称面,即通过四面体每条棱与中心碳原子的平面都是一个对称面;一氯甲烷有三个对称面,即通过四面体和氯原子相连的每条棱与中心碳原子的平面都是一个对称面;二氯甲烷有两个对称面,即通过两个氢原子或两个氯原子的棱与中心碳原子的平面都是一个对称面。

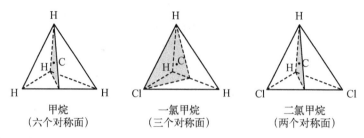

甲烷
(六个对称面)　　一氯甲烷
(三个对称面)　　二氯甲烷
(两个对称面)

平面分子,如(E)-1,2-二氯乙烯,分子所在的平面就是其对称面。

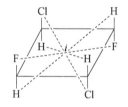

(E)-1,2-二氯乙烯

具有对称面的分子是非手性分子,其自身能与其镜像重叠,这种分子无旋光性。

2. 对称中心

若分子中有一点"i",通过i点画任何直线,如果在离i点等距离的直线两端有相同的原子或基团,则i点是该分子的对称中心(图5-7)。一个分子只可能有一个对称中心。

图5-7　对称中心示意图

具有对称中心的分子能与其镜像重叠,这种分子无手性或旋光性。

问题5-4 下列化合物各有几个对称面。

(1) H_2O　(2) 乙烷的重叠式构象　(3) 乙烷的交叉式构象　(4) NH_3

问题5-5 判断下列分子有无手性。

(1) (2) (3) $CH_3CHClCH_3$　(4)

第三节　含一个手性碳原子化合物的旋光异构

一、手性碳原子

乳酸分子是手性分子,既没有对称面也没有对称中心,有一对对映异构体,具有旋光性。乳酸分子的中心碳原子上连有四个不同的原子或基团(—H,—CH₃,—OH和—COOH),通常将这个中心碳原子称为手性碳原子(Chiral Carbon)或手性中心,用"*"表示。

$$
\begin{array}{c}
\text{COOH} \\
\text{HO} \blacktriangleright \overset{|}{\underset{|}{\text{C}}}^{*} \blacktriangleleft \text{H} \\
\text{CH}_3
\end{array}
\qquad
\begin{array}{c}
\text{COOH} \\
\text{H} \blacktriangleright \overset{|}{\underset{|}{\text{C}}}^{*} \blacktriangleleft \text{OH} \\
\text{CH}_3
\end{array}
$$

乳酸

与之类似的分子还有氯碘甲基磺酸、2-丁醇等。

$$
\begin{array}{c}
\text{H} \\
\text{I} \blacktriangleright \overset{|}{\underset{|}{\text{C}}}^{*} \blacktriangleleft \text{Cl} \\
\text{SO}_3\text{H}
\end{array}
\ \
\begin{array}{c}
\text{H} \\
\text{Cl} \blacktriangleright \overset{|}{\underset{|}{\text{C}}}^{*} \blacktriangleleft \text{I} \\
\text{SO}_3\text{H}
\end{array}
\qquad
\begin{array}{c}
\text{C}_2\text{H}_5 \\
\text{H} \blacktriangleright \overset{|}{\underset{|}{\text{C}}}^{*} \blacktriangleleft \text{OH} \\
\text{CH}_3
\end{array}
\ \
\begin{array}{c}
\text{C}_2\text{H}_5 \\
\text{HO} \blacktriangleright \overset{|}{\underset{|}{\text{C}}}^{*} \blacktriangleleft \text{H} \\
\text{CH}_3
\end{array}
$$

氯碘甲基磺酸   2-丁醇

从上面的例子可以看出,如果碳原子相连的四个原子或基团都不相同,则该碳原子为手性碳原子。

此外,如果分子中只有一个手性碳原子,则该分子一定为手性分子,具有旋光性。但有手性碳原子并不是分子为手性分子的绝对条件,如果分子中存在多个手性碳原子,则仍应以实体和其镜像是否重叠来判断分子的手性。

除碳原子以外,硅、氮、磷、硫、过渡金属原子等也可以连接不同的原子或基团,成为手性分子,如铵盐、鏻盐等。

$$
\begin{array}{c}
\text{C}_2\text{H}_5 \\
\text{H}_3\text{C} \!-\! \overset{|}{\underset{|}{\text{P}^{+}}} \!-\! \text{C}_6\text{H}_5 \\
\text{CH}_2\text{C}_6\text{H}_5
\end{array}
\qquad\qquad
\begin{array}{c}
\text{H}_2\text{C} \!-\! \text{CH} \!=\! \text{CH}_2 \\
\text{H}_3\text{C} \!-\! \overset{|}{\underset{|}{\text{N}^{+}}} \!-\! \text{C}_6\text{H}_5 \\
\text{CH}_2\text{C}_6\text{H}_5
\end{array}
$$

鏻盐   铵盐

二、手性碳的构型与标记(D/L 标记法和 R/S 标记法)

具有旋光性的对映异构体有左旋和右旋两种构型,其旋光方向相反,需要用不同的符号将其区别开,并指明其立体结构中原子在空间的排列方式。下面介绍两种标记旋光异构体构型的方法。

1. D/L 标记法

甘油醛是最早被发现的具有旋光性的分子之一,其立体构型如下:

$$
\begin{array}{c}
\text{CHO} \\
\text{H} \blacktriangleright \overset{|}{\underset{|}{\text{C}}}^{*} \blacktriangleleft \text{OH} \\
\text{CH}_2\text{OH}
\end{array}
\qquad
\begin{array}{c}
\text{CHO} \\
\text{HO} \blacktriangleright \overset{|}{\underset{|}{\text{C}}}^{*} \blacktriangleleft \text{H} \\
\text{CH}_2\text{OH}
\end{array}
$$

D-(+)-甘油醛   L-(−)-甘油醛

通过旋光仪可以测定甘油醛对映异构体中哪一个是右旋的,哪一个是左旋的,但根据旋光方向并不能判断两个分子在空间中的绝对构型,这个问题在对映异构体被发现以后的一百多年中都未能确定。

为研究方便,以甘油醛作为标准,把右旋甘油醛规定为羟基在右边的 D 构型(拉丁文 Dextro 的首字母,意为"右"),把左旋甘油醛规定为羟基在左边的 L 构型(拉丁文 Leavo 的首字母,意为"左"),并以甘油醛这种人为指定的构型为参照标准来确定其他化合物的相对构型。如果未知构型的化合物能经过化学反应转化为 D-甘油醛，或 D-甘油醛能转化为未知构型的化合物，则该化合物的构型也为 D 构型。这里的化学反应一般指与手性碳原子相连的键不发生断裂的反应，以保证手性碳原子的构型不发生变化。例如：

从上面的反应可以看出，右旋的甘油醛经过化学反应得到一系列左旋的化合物，D/L 标记法和旋光方向（＋）（－）没有必然的联系。

绝对构型的问题直到 1951 年才得以彻底解决，魏沃(J. M. Bijvoet)在荷兰用 X 射线衍射法成功测定了(＋)-酒石酸钠铷的绝对构型，幸运的是，人为规定的 D-(＋)-甘油醛的构型就是其真实的结构。

D/L 标记法是一种人为的相对标记方法，其本身并不完善，在有机化学发展的早期使用得很普遍，目前主要在糖类、氨基酸等化合物的命名中沿用，更多的时候 D/L 标记法已被新的 R/S 标记法代替。R/S 标记法可标记出手性碳原子的绝对构型。

2. R/S 标记法

R/S 标记法是广泛使用的一种标记方法，其根据与手性碳原子相连接的四个原子或基团在空间的排列来标记，具体分为两个步骤。① 将与手性碳原子相连接的四个原子或基团按照顺序规则进行优先性排列，如 $a > b > c > d$，优先顺序规则与 Z/E 标记几何异构的规定相同。② 将次序最不优先的原子或基团 d 放在观察者的远方，其余三个 a、b、c 放在离观察者较近的平面上，正如汽车司机面对方向盘，a、b、c 在方向盘上，d 位于方向盘连杆上(图 5-8)。

R 构型($a→b→c$ 顺时针排列)　　　　S 构型($a→b→c$ 逆时针排列)

基团优先次序：$a>b>c>d$

图 5-8　确定 R/S 构型的方法

沿着 d 的方向看去，观察 a、b、c 的排列顺序，如果 $a→b→c$ 是按照顺时针排列的，则手性碳原子为 R 构型(拉丁字 Rectus 的首字母，意为"右")；如果 $a→b→c$ 是按照逆时针排列的，则手性碳原子为 S 构型(拉丁字 Sinister 的首字母，意为"左")。

以乳酸为例，先将手性碳原子的四个基团进行排序，分别是 —OH ＞ —COOH ＞ —CH$_3$ ＞ —H，则乳酸分子的两种构型可分别标记如下：

$$\begin{array}{c}\text{COOH}\\\text{H—C*—OH}\\\text{CH}_3\end{array}\quad\equiv\quad\begin{array}{c}\text{COOH}\\\text{H—C⟨CH}_3\\\text{OH}\end{array}$$

D-(−)-乳酸　　　　　　　(R)-乳酸

$$\begin{array}{c}\text{COOH}\\\text{HO—C*—H}\\\text{CH}_3\end{array}\quad\equiv\quad\begin{array}{c}\text{COOH}\\\text{H—C⟨OH}\\\text{CH}_3\end{array}$$

L-(+)-乳酸　　　　　　　(S)-乳酸

3-溴-2-羟基丙酸的四个基团排序为 —OH ＞ —CH₂Br ＞ —COOH ＞ —H，按照 R/S 标记法标记如下：

$$\begin{array}{c}\text{COOH}\\\text{H—C*—OH}\\\text{CH}_2\text{Br}\end{array}\quad\equiv\quad\begin{array}{c}\text{COOH}\\\text{H—C⟨CH}_2\text{Br}\\\text{OH}\end{array}$$

D-(−)-3-溴-2-羟基丙酸　　(S)-3-溴-2-羟基丙酸

$$\begin{array}{c}\text{COOH}\\\text{HO—C*—H}\\\text{CH}_2\text{Br}\end{array}\quad\equiv\quad\begin{array}{c}\text{COOH}\\\text{H—C⟨OH}\\\text{CH}_2\text{Br}\end{array}$$

L-(+)-3-溴-2-羟基丙酸　　(R)-3-溴-2-羟基丙酸

通过以上例子可以看出，D 构型的不一定都是 R 构型，L 构型的也不一定都是 S 构型；此外，手性物质旋光方向是通过实验测得的，而手性碳原子的 R/S 构型是由顺序规则确定的，R/S 构型标记与旋光方向（±）之间也无必然联系。

化合物手性碳原子上一种基团经过化学反应转变成另一种基团，虽然在转变过程中手性碳原子的绝对构型保持不变，但由于四种基团的优先顺序可能会发生变化，因此 R 或 S 的标记也可能发生变化，例如：

$$\begin{array}{c}\text{C}_2\text{H}_5\\\text{H—C⟨Cl}\\\text{CH}_3\end{array}\quad+\quad\text{Cl}_2\quad\longrightarrow\quad\begin{array}{c}\text{C}_2\text{H}_5\\\text{H—C⟨Cl}\\\text{CH}_2\text{Cl}\end{array}\quad+\quad\text{HCl}$$

—Cl ＞ —C₂H₅ ＞ —CH₃ ＞ —H　　　—Cl ＞ —CH₂Cl ＞ —C₂H₅ ＞ —H

(S)-2-氯丁烷　　　　　　　　　　(R)-1，2-二氯丁烷

在给具有旋光性化合物的系统命名时，应完整地标明化合物的构型、旋光方向和组成，如 R 构型左旋光的乳酸应写作 (R)-(−)-乳酸；S 构型右旋光的乳酸应写作 (S)-(+)-乳酸；外消旋体则写作 (±)-乳酸或 (RS)-乳酸。

问题 5-6　说明手性原子、手性分子、旋光性之间的关系。

问题 5-7　判断下列化合物的构型是 R 构型还是 S 构型。

$$(1)\ \begin{array}{c}\text{H}\\\text{H}_3\text{C}\blacktriangleright\text{C—CH}_2\text{OH}\\\text{H}_3\text{CH}_2\text{C}\end{array}\quad(2)\ \begin{array}{c}\text{H}\\\text{H}_3\text{C}\blacktriangleright\text{C—CH}_2\text{F}\\\text{H}_3\text{CH}_2\text{C}\end{array}\quad(3)\ \begin{array}{c}\text{H}_3\text{C}\\\text{H}\blacktriangleright\text{C—CH}=\text{CH}_2\\\text{H}_3\text{CH}_2\text{C}\end{array}$$

(4) $H_3C-\overset{\displaystyle H}{\underset{\displaystyle OH}{C}}-CH=CH_2$ $\quad(5)$ $H_3CH_2C-\overset{\displaystyle H}{\underset{\displaystyle H_3C}{C}}-OH$ $\quad(6)$ $H-\overset{\displaystyle HO}{\underset{\displaystyle}{C}}-\overset{\displaystyle O}{\underset{\displaystyle}{C}}-OH$

三、费歇尔投影式与分子构型

要把一个立体的构型在平面上表示，必然会造成很多混乱，因为在平面上，无论如何旋转，总是代表同一结构。球棒式、立体透视式等虽然能够在平面上表达出分子在空间中的排列，形象直观，但书写起来比较麻烦，且不适于表示含有多个手性碳原子化合物的构型；费歇尔(E. Fischer)投影式是目前使用最为广泛的一种手面式表示方法。以乳酸为例，其构型的不同表示方法如图 5-9 所示。

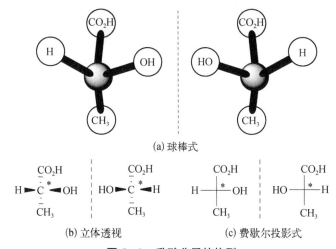

(a) 球棒式

(b) 立体透视   (c) 费歇尔投影式

图 5-9　乳酸分子的构型

费歇尔投影方法规定：手性碳原子用横线和竖线的交点表示，位于纸面上，与横线相连的原子或基团伸向纸面前方，与竖线相连的原子或基团伸向纸面后方。

在判断费歇尔投影式中手性碳原子的 R/S 构型时，如果优先性最小的基团连接在横线上，其余三个基团按照逆时针方向排列为 R 构型，顺时针方向排列为 S 构型；反之，如果优先性最小的基团连接在竖线上，则其余三个基团按照顺时针方向排列为 R 构型，逆时针方向排列为 S 构型。

以 2-溴丁烷为例，优先性最小的基团为—H，其余三个基团优先性排序为—Br＞—C_2H_5＞—CH_3，其 R/S 构型的判断如下：

(S)-2-溴丁烷

(R)-2-溴丁烷

从上面的例子可以看出,虽然费歇尔投影式是平面式,但并不能将其在纸面上随意旋转或离开纸面翻转。如果旋转的角度为180°,其构型不发生改变;如果旋转的角度为90°或270°,则变为其对映异构体的构型。

$$H—\overset{CH_3}{\underset{C_2H_5}{\overset{|}{\underset{|}{*}}}}—Br \xrightarrow{90°} C_2H_5—\overset{|}{\underset{|}{*}}—CH_3 \xrightarrow{180°} Br—\overset{C_2H_5}{\underset{CH_3}{\overset{|}{\underset{|}{*}}}}—H \xrightarrow{270°} H_3C—\overset{Br}{\underset{H}{\overset{|}{\underset{|}{*}}}}—C_2H_5$$

$$(S) \qquad\qquad (R) \qquad\qquad (S) \qquad\qquad (R)$$

如果将费歇尔投影式手性碳原子上的基团交换一次,则变为其对映异构体的构型;如果连续交换两次,则又变回原来的分子构型。

$$H—\overset{CH_3}{\underset{C_2H_5}{\overset{|}{\underset{|}{*}}}}—Br \longrightarrow H—\overset{Br}{\underset{C_2H_5}{\overset{|}{\underset{|}{*}}}}—CH_3 \longrightarrow H—\overset{Br}{\underset{CH_3}{\overset{|}{\underset{|}{*}}}}—C_2H_5$$

$$(S) \qquad\qquad (R) \qquad\qquad (S)$$

需要注意的是,在书写费歇尔投影式的时候,习惯上将碳链放在竖直方向,把命名时编号最小的碳(氧化数最高的基团)放在最上方,如2-溴丁酸。

$$\overset{COOH}{\underset{C_2H_5}{H—\overset{|}{\underset{|}{*}}—Br}} \qquad\qquad \overset{COOH}{\underset{C_2H_5}{Br—\overset{|}{\underset{|}{*}}—H}}$$

$$(R)\text{-}2\text{-溴丁酸} \qquad (S)\text{-}2\text{-溴丁酸}$$

问题 5-8 判断下列化合物,哪些是相同化合物?哪些是对映异构体?

$$(1)\ \overset{COOH}{\underset{CH_3}{H—\overset{|}{\underset{|}{}}—NH_2}} \quad (2)\ \overset{H}{\underset{CH_3}{H_2N—\overset{|}{\underset{|}{}}—COOH}} \quad (3)\ \overset{COOH}{\underset{NH_2}{H—\overset{|}{\underset{|}{}}—CH_3}} \quad (4)\ \overset{COOH}{\underset{H}{H_3C—\overset{|}{\underset{|}{}}—H}}$$

问题 5-9 按照习惯将下列化合物变为费歇尔投影式,并判断其 R/S 构型。

$$(1)\ \overset{CH_3}{\underset{C_2H_5}{C}}{\overset{H}{\underset{I}{}}} \quad (2)\ \overset{CH_3}{\underset{Cl}{C}}{\overset{C_2H_5}{\underset{Br}{}}} \quad (3)\ \overset{OH}{\underset{H}{C}}{\overset{COOH}{\underset{CH_2OH}{}}} \quad (4)\ \overset{CH_3}{\underset{H}{C}}{\overset{H}{\underset{CH_2Cl}{}}}\overset{}{C=CH_2}$$

第四节 含两个手性碳原子化合物的旋光异构

一般地讲,分子中手性碳原子的数目越多,旋光异构现象越复杂,其旋光异构体的数目也越多。鉴于每个手性碳原子可以有两种构型,含有 n 个手性碳原子的化合物最多可能有 2^n 个旋光异构体。

分子中含有的多个手性碳原子可能相同,也可能不同,分别讨论如下。

一、含两个不同手性碳原子化合物的旋光异构

含两个不同手性碳原子的化合物有四个立体异构体,由两对外消旋体组成。

2-羟基-3-氯丁二酸(氯代苹果酸)含有两个不同的手性碳原子,有四个立体异构体:

$$
\begin{array}{cccc}
\text{COOH} & \text{COOH} & \text{COOH} & \text{COOH} \\
\text{HO}-\!\!-\text{H} & \text{H}-\!\!-\text{OH} & \text{HO}-\!\!-\text{H} & \text{H}-\!\!-\text{OH} \\
\text{Cl}-\!\!-\text{H} & \text{H}-\!\!-\text{Cl} & \text{H}-\!\!-\text{Cl} & \text{Cl}-\!\!-\text{H} \\
\text{COOH} & \text{COOH} & \text{COOH} & \text{COOH} \\
\text{I}\,(2R,3R) & \text{II}\,(2S,3S) & \text{III}\,(2R,3S) & \text{IV}\,(2S,3R)
\end{array}
$$

I和II、III和IV互为镜像的关系,二者不重叠,是对映异构体;I和III、IV,II和III、IV也不重叠,但不是镜像关系,这种不是镜像关系的立体异构称为非对映异构(Diasteroisomer)。

在命名含有两个手性碳原子的化合物时,将手性碳原子的位次连同其构型写在括号里,如化合物I应命名为(2R,3R)-2-羟基-3-氯丁二酸。

旋光异构体是同一类化合物,它们的化学性质类似;旋光异构中对映异构体的比旋光度相同,除旋光方向相反外,物理性质也相同;而非对映异构体的比旋光度不同,旋光方向可能相同,也可能不同,其他物理性质(如熔点等)也有所差异。氯代苹果酸的物理性质如表5-1所示。

表5-1 氯代苹果酸的物理性质

构 型	$[\alpha]_D$	熔 点/℃
I (2R,3R)	−31.3°(乙酸乙酯)	173 }外消旋体146
II (2S,3S)	+31.3°(乙酸乙酯)	173
III (2R,3S)	−9.4°(水)	167 }外消旋体153
IV (2S,3R)	+9.4°(水)	167

二、含两个相同手性碳原子化合物的旋光异构

2,3-二羟基丁二酸(酒石酸)含有两个相同的手性碳原子,下面是它的旋光异构体:

$$
\begin{array}{cccc}
\text{COOH} & \text{COOH} & \text{COOH} & \text{COOH} \\
\text{H}-\!\!-\text{OH} & \text{HO}-\!\!-\text{H} & \text{H}-\!\!-\text{OH} & \text{HO}-\!\!-\text{H} \\
\text{HO}-\!\!-\text{H} & \text{H}-\!\!-\text{OH} & \text{H}-\!\!-\text{OH} & \text{HO}-\!\!-\text{H} \\
\text{COOH} & \text{COOH} & \text{COOH} & \text{COOH} \\
\text{V}\,(2R,3R) & \text{VI}\,(2S,3S) & \text{VII}\,(2R,3S) & \text{VIII}\,(2S,3R)
\end{array}
$$

V和VI互为镜像的关系,二者不重叠,是对映异构体;VII和VIII也互为镜像关系,但其能重叠,事实上是同一种立体构型,该构型拥有一个对称面σ,分子无手性和旋光性。

像构型VII这样,拥有手性中心,但分子无手性,不呈现旋光性的化合物称为内消旋体(Mesomer),用"meso-"表示,可以命名为 meso-2,3-二羟基丁二酸。

正如前一节中指出的那样,含有一个手性碳原子的分子必定是手性分子,有旋光性,而含有多个手性碳原子的分子却不一定是手性分子;即不能说凡是含有手性碳原子的分子都是手性分子,都有旋光性。

内消旋体和外消旋体一样,都无旋光性,但二者本质不同,前者为一单纯的非手性分子,后者是混合物,所以外消旋体可以通过特殊的方法拆分成两个组分。内消旋体、对映异构体和外消旋体的物理性质有所不同。酒石酸的物理性质如表5-2所示。

表 5 - 2　酒石酸的物理性质

构　型	[α]$_D$(水)	溶解度/(g/100 g 水)	熔点/℃	密度/(g/mL,20℃)
Ⅴ(2R,3R)	+12°	139	170	1.760
Ⅵ(2S,3S)	−12°	139	170	1.760
(RS)	无	20.6	206	1.680
Ⅶ/Ⅷ(meso)	无	125	140	1.667

含两个相同手性碳原子的化合物有三个立体异构体,由一对外消旋体和一个内消旋体组成,其中内消旋体的两个手性碳原子具有相反的构型(R/S),这是判断内消旋体的可靠依据。

问题 5 - 10　解释下列名词。

(1) 非对映异构体　(2) 内消旋体

问题 5 - 11　用 R/S 标记法标记手性碳原子,并判断化合物是否具有旋光性。

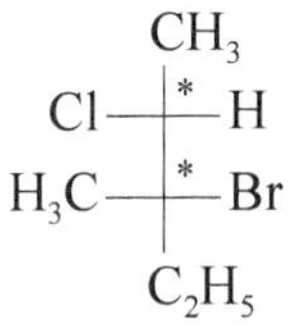

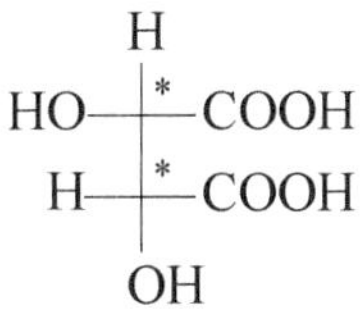

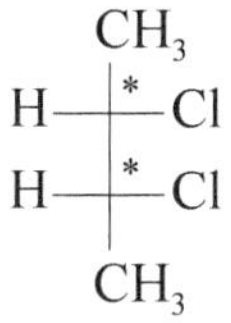

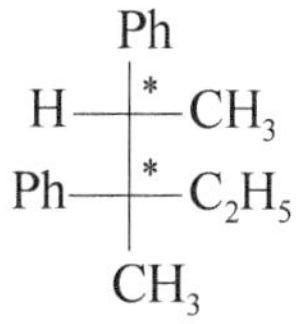

问题 5 - 12　判断下列各对化合物是对映异构体、非对映异构体还是同一化合物。

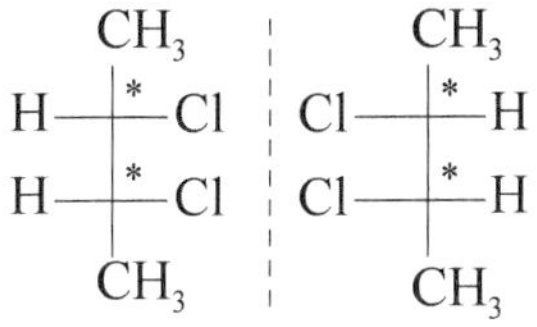

第五节　不含手性碳原子的旋光性物质

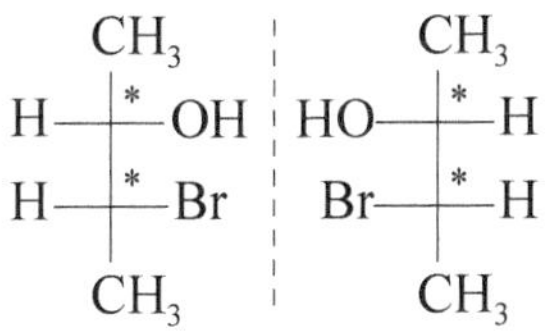

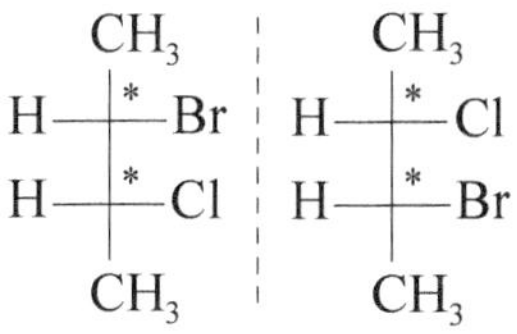

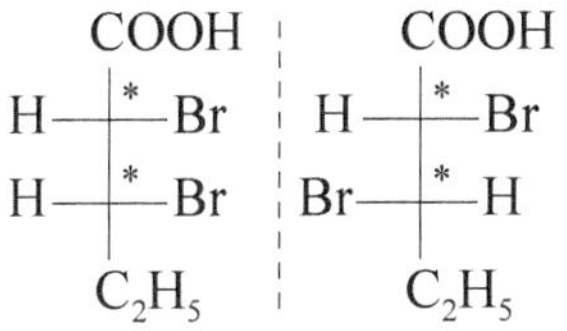

有机化合物中,大部分旋光性的物质都含有手性碳原子,但有些含有手性碳原子的化合物不具有旋光性,如内消旋体。此外,有些化合物分子中并不含有手性碳原子,却拥有旋光异构体,如丙二烯型化合物和联苯类化合物。可见分子中是否有手性碳原子并不是分子具有手性的充分条件或必要条件。

判断一个分子是否是手性分子,主要看其实体和镜像能否重叠,不含有手性碳原子的分子,只要符合对称规则的要求,也应是手性分子;另一种简便的方法是判断分子是否具有对称面和对称中心。

一、丙二烯型化合物

丙二烯分子中的三个碳原子由两个双键相连,这两个双键互相垂直,因此第一个碳原子和与它相连的两个氢原子所在的平面 a，与第三个碳原子和与它相连的两个氢原子所在的平面 b 正好互相垂直。

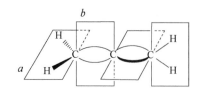

丙二烯型手性分子(a,b 为 π 电子的平面)

当第一个和第三个碳原子分别连有不同原子或基团时，整个分子无对称面和对称中心，是一个手性分子，有对映异构体，如 2,3-戊二烯分子。

2,3-戊二烯的对映异构体

与之类似的还有 1909 年拆分出的 2-(4-甲基环己亚基)乙酸，这是首次得到的不含手性碳原子的对映异构体。该分子双键上羧基和氢原子所在的平面与六元环 4 位上甲基和氢原子所在的平面互相垂直，该情形与丙二烯的对映异构体相似。

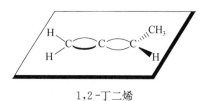

2-(4-甲基环己亚基)乙酸

对于丙二烯型化合物，如果任意一端的碳原子上连有两个相同的原子或基团，则化合物有对称面，无旋光性，如 1,2-丁二烯分子。

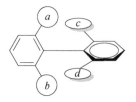

1,2-丁二烯

二、联苯类化合物

联苯分子中两个苯环以单键相连，苯环可沿单键旋转。但当两个苯环上邻位的氢被较大的基团取代后，苯环绕单键的自由旋转受到阻碍，两个苯环的平面成一定角度。

联苯类手性分子

如果每个苯环上邻位的两个取代基 a、b 和 c、d 互不相同,就产生两个构型不同的对映异构体,整个分子无对称面和对称中心,具有旋光性。如 $6,6'$-二硝基联苯-$2,2'$-二甲酸。

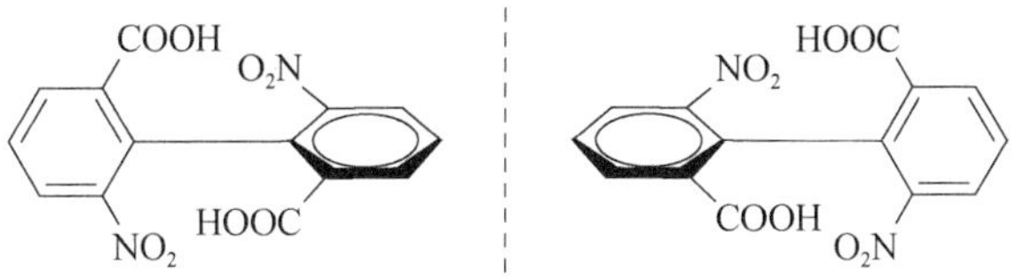

6,6'-二硝基联苯-2,2'-二甲酸

这一对对映异构体的相互转换只需通过单键的旋转,并不需要对换取代基的空间位置。

类似 $6,6'$-二硝基联苯-$2,2'$-二甲酸这样的对映异构体要求两个苯环不能共平面,但也不一定要彼此垂直,其先决条件是苯环上的取代基体积足够大,能够阻止两个苯环之间单键的"自由旋转",才能得到稳定的对映异构体。这种由于分子单键之间的自由旋转受到阻碍而产生的对映异构现象称为位阻异构现象(Atropisomerism)。

问题 5-13　判断下列化合物分子是否有手性。

(1)

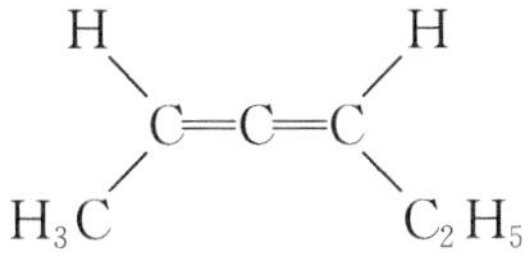

(2)

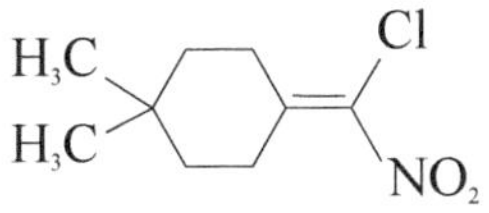

(3)

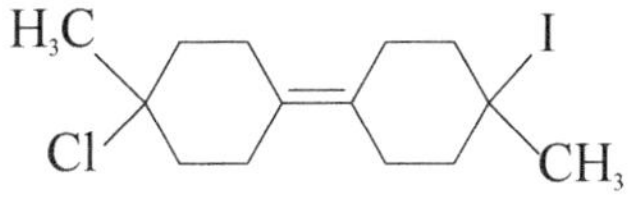

(4)

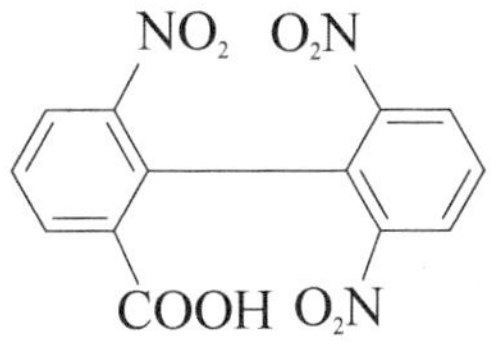

(5)

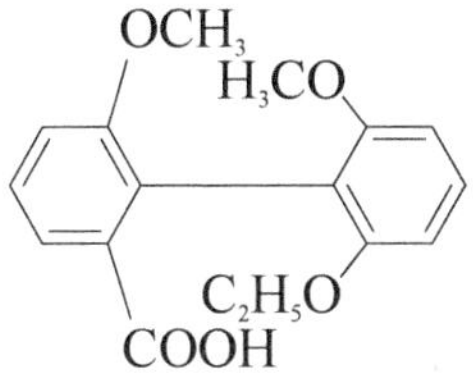

(6)

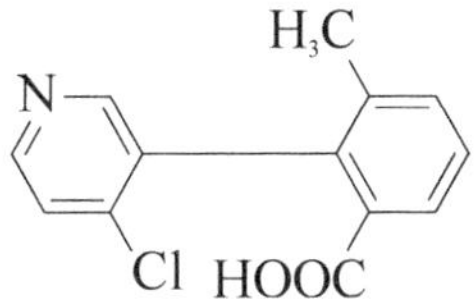

本章小结

物质分子与其镜像互相不能重叠,分子具有手性,有对映异构体,物质具有光学活性,即旋光性。实体与镜像的不可重叠性是产生对映异构和旋光性的必要条件。

物质的旋光性通过旋光仪测得,用比旋光度[α]来描述其大小,比旋光度定义为:

$$[\alpha]_\lambda^t = \frac{\alpha}{l \times c}(溶剂)$$

式中,α 为测得的旋光度;l 为盛液管的长度,单位为 dm;c 为溶液的浓度,单位为 g/mL;t 为测试时的温度,单位为℃;λ 为旋光仪所用光源的波长(通常用钠光作光源,波长为 589 nm,用符号 D 表示)。

物质分子是否能与其镜像重叠,是否有旋光异构现象,取决于分子结构的对称性,可以简单地通过判断分子的对称因素来确定:如分子无对称面或对称中心,则分子具有手性和旋光性。

对映异构体旋光能力相同,旋光方向相反,等物质的量的对映异构体相混合组成外消旋体,外消旋体不呈现旋光性。

大多数旋光性物质有手性碳原子或手性中心,其标记方法主要有 D/L 标记法和 R/S 标记法两种。其中 D/L 标记法是一种相对的标记方法,而 R/S 标记法可以标记出手性中心的绝对构型。

D/L 标记法:以甘油醛为参照标准,羟基在右边的为 D 构型,羟基在左边的为 L 构型。

R/S 标记法:根据手性中心所连接四个基团 a、b、c、d 在空间的排列来标记,基团优先性 a>b>c>d。从远离 d 的方向观察 a、b、c 的排列顺序,如果 a→b→c 按照顺时针排列,则手性碳原子为 R 构型;如果 a→b→c 按照逆时针排列,则手性碳原子为 S 构型。

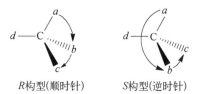

R构型(顺时针)　　　　S构型(逆时针)

分子立体构型的表示方法主要是费歇尔投影式:手性碳原子用横线和竖线的交点表示,位于纸面上,与横线相连的原子或基团伸向纸面前方,与竖线相连的原子或基团伸向纸面后方;书写费歇尔投影式的时候习惯上将碳链放在竖直方向,把命名时编号最小的碳放在最上方。

含一个手性碳原子的化合物一定是手性分子,具有旋光性,存在一对对映异构体。含两个不同手性碳原子的化合物具有旋光性,有四个旋光异构体,组成两对对映异构体。含两个相同手性碳原子的化合物有三个旋光异构体,由一对对映异构体和一个内消旋体组成;内消旋体的两个手性碳原子具有相反的 R/S 构型。

不含手性碳原子或手性中心的分子也可能具有手性和旋光性,其主要包括丙二烯型化合物和联苯类化合物。该类分子的主要特点是形成两个呈一定角度的平面(可以不相互垂直),且每个平面上的两个取代基 a、b 和 c、d 互不相同。

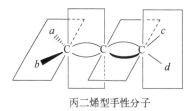 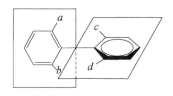

丙二烯型手性分子　　　　　　　联苯类手性分子

知识拓展　　　　手性在生物中的重要性

手性是人类赖以生存的自然界的属性之一,在多种学科中表示出一种重要的对称特点。在生物体中具有重要意义的绝大多数有机化合物都是手性的。人体从结构上看是手性的(不对称),心脏处于人体中心的左边,肝脏则处于右边。自然界存在的糖为 D 构型、氨基酸为 L 构型,蛋白质和 DNA 的螺旋构象又都是右旋的。海螺的螺纹和缠绕植物的缠绕方式通常也都是右旋的。从宏观的物体到微观的分子,这是一个不对称的世界。

在动植物的组织中,除了无机盐和少量的小分子有机物外,大多数分子都是手性的。虽然自然界中存在大量的光学异构体,但在一个特定的环境中几乎只能找到异构体中的一个,在同一个生物中也很少存在多于一个的光学异构体,例如,多糖和核酸中的糖都是右旋的 D 构型。生物体仅能选择代谢对映体中的一个异构体。如青霉菌能使外消旋酒石酸溶液变成左旋光溶液,说明青霉菌优先代谢(+)-酒石酸,留下(-)-酒石酸。

在生物世界中所有的化学反应都发生在手性环境中,如人体只能吸收右旋葡萄糖;细胞只能用左旋氨基酸制造蛋白质,自然界中构成蛋白质分子基石的氨基酸(除甘氨酸外)全都是 L 构型;氯霉素的四个光学异构体中仅左旋氯霉素有疗效;只有(+)-抗坏血酸具有抗坏血病功能。因此,含手性的药物,其对映体间的生物活性存在很大的差别,往往只有其中一个具有生理效应,其对映体或无活性,或活性很低,有些甚至产生相反的生理作用。如左旋多巴胺是治疗帕金森病的药物,而它的右旋体不仅仅是无生理活性,而且有毒。

为什么不同的立体异构体具有不同的生理活性呢?这是因为在生物体内发生的反应都是酶在起作用。酶本身是手性的,一个酶有多个手性中心,在肠道中催化蛋白质代谢的胰凝乳蛋白酶分子中含有 251 个手性碳原子,可能有 2^{251} 个光学异构体,但不是所有的光学异构体都有光学活性(在手性物质中光学活性一词用来解释手性物质与偏振光的相互作用,一个手性分子的溶液能使偏振光振动平面旋转)。这一现象由让·巴蒂斯特·毕奥于 1815 年发现,并在制糖工业、分析化学、制药领域中显示出了重要性。路易斯·巴斯德在 1848 年推测出手性现象源于分子。1961 年沙利度胺(反应停)因为强烈致畸作用而被全面召回,进一步研究显示,沙利度胺的 R 构型分子具有疗效,而 S 构型分子具有强烈的致畸作用。沙利度胺事件让药物的手性受到制药界的广泛重视。只有当药物分子与手性受体完全匹配的时候,这种手性药物才能发挥作用,就像手套必须和手相匹配一样。2001 年威廉·斯坦迪什·诺尔斯、野依良治、巴里·夏普莱斯因在手性催化方面的贡献共享诺贝尔化学奖。

课后习题

1. 命名下列化合物。

(1)
$$
\begin{array}{c}
\text{F} \\
\text{H} - \overset{|}{\underset{|}{\text{C}}} - \text{Br} \\
\text{Cl}
\end{array}
$$

(2)
$$
\begin{array}{c}
\text{COOH} \\
\text{H} - \overset{|}{\underset{|}{\text{C}}} - \text{C}_2\text{H}_5 \\
\text{CH}_3
\end{array}
$$

(3)
$$
\begin{array}{c}
\text{HC} = \text{CH}_2 \\
\text{H} - \overset{|}{\underset{|}{\text{C}}} - \text{Br} \\
\text{C}_2\text{H}_5
\end{array}
$$

(4)
$$
\begin{array}{c}
\text{CH}_2\text{OH} \\
\text{Br} - \overset{|}{\underset{|}{\text{C}}} - \text{H} \\
\text{C}_2\text{H}_5
\end{array}
$$

(5)
$$\begin{array}{c} COOH \\ H \!-\!\!\!-\! OH \\ CH_2NH_2 \end{array}$$

(6)
$$\begin{array}{c} CH(CH_3)_2 \\ Cl \!-\!\!\!-\! CH\!=\!CH_2 \\ CH_3 \end{array}$$

(7)
$$\begin{array}{c} H \quad OH \\ H_3C \!-\!\!\!-\!\!\!-\! C_2H_5 \\ Br \quad H \end{array}$$

(8)
$$\begin{array}{c} H \quad Br \\ H_3C \!-\!\!\!-\!\!\!-\! H \\ Br \quad CH_3 \end{array}$$

(9)
$$\begin{array}{c} CH_3 \\ H \!-\!\!\!-\! Cl \\ H \!-\!\!\!-\! Br \\ C_2H_5 \end{array}$$

(10)
$$\begin{array}{c} CH_2OH \\ H \!-\!\!\!-\! Cl \\ H \!-\!\!\!-\! Cl \\ CH_2OH \end{array}$$

2. 写出下列化合物的立体构型。

(1) (R)-3-甲基-1-戊炔   (2) (R)-1,3-丁二醇

(3) (S)-3-乙基-1-己烯   (4) (S)-1-苯基乙醇

(5) ($2S$,$3R$)-2-甲基-1,2,3-丁三醇

(6) ($2R$,$3S$)-2-甲基-3-羟基戊醛

3. 选择题。

(1) 下列化合物具有光学活性的是_____。

A.
$$\begin{array}{c} CH_2CH_3 \\ Cl \!-\!\!\!-\! CH_3 \\ CH_3 \end{array}$$

B.
$$\begin{array}{c} COOH \\ H \!-\!\!\!-\! OH \\ CH_3 \end{array}$$

C.
$$\begin{array}{c} CH_2CH_3 \\ Cl \!-\!\!\!-\! COOH \\ CH_2CH_3 \end{array}$$

D.
$$\begin{array}{c} CH_3 \\ H \!-\!\!\!-\! OH \\ H \!-\!\!\!-\! OH \\ CH_3 \end{array}$$

(2) 下列化合物没有光学活性的是_____。

A.
$$\begin{array}{c} COOH \\ \diagup \\ NH_2 \end{array}$$

B.
$$\begin{array}{c} COOH \\ H \!-\!\!\!-\! OH \\ H \!-\!\!\!-\! OH \\ CH_3 \end{array}$$

C.
$$\begin{array}{c} COOH \\ H \!-\!\!\!-\! Cl \\ H \!-\!\!\!-\! Cl \\ COOH \end{array}$$

D.
$$\begin{array}{c} H_3CH_2C \qquad\quad CH_3 \\ \diagdown \qquad\quad \diagup \\ N^+ \\ F \qquad\quad Cl \end{array}$$

(3) 下列化合物有_____个手性中心。

A. 1   B. 2   C. 3   D. 4

4. 下列化合物中有无手性碳原子。

(1) $CH_3CHBrCH_2CH_3$ (2) $BrCH_2CHBrCH_2Br$

(3) $CH_2BrCH_2CH_2Cl$ (4)
$$\begin{array}{c} CH_3CHCH_2CH_2CH_3 \\ | \\ CH_2CH_3 \end{array}$$

5. 分子式为 C_6H_{12} 的开链烃 A,有旋光性,经催化氢化生成无旋光性的 B,B 的分子式为 C_6H_{14},写出 A,B 的结构式。

6. 化合物 A 的分子式为 C_8H_{16},在锌存在的条件下,经臭氧氧化,水解只得到一个酮,A 与冷、稀的碱性高锰酸钾溶液作用生成内消旋化合物 B,写出 A 的构型和 B 的费歇尔投影式,并写出有关反应方程式。

第六章

卤代烃

卤代烃是烃分子中一个或多个氢原子被卤素（F、Cl、Br、I）取代后的衍生物。卤素原子是卤代烃的官能团。由于碘代烃的制备费用较高，反应较为困难，因此其一般很少研究。氟代烃的制法、性质比较特殊，在本章中也不作重点研究对象，只在阅读材料知识拓展中介绍。

卤代烃在自然界中极少存在，绝大多数由人工合成。由于分子中存在极性的 C—X 键，其性质比较活泼，因而能发生多种反应，在有机合成中起着桥梁作用。同时，卤代烃本身也可用作溶剂、麻醉剂、防腐剂和灭火剂等，因此卤代烃是一类很重要的化合物。

第一节　卤代烃的分类与命名

一、卤代烃的分类

1. 按分子中卤素原子的种类不同，卤代烃可分为氟卤代烃（RF）、氯卤代烃（RCl）、溴卤代烃（RBr）和碘卤代烃（RI）。

2. 按分子中烃基的结构不同，可将卤代烃分为卤代烷烃（CH_3CH_2X）、卤代烯烃（CH_2=CH—X）和卤代芳烃（⬡—X）。

3. 按分子中所含卤素原子的数目不同，可将卤代烃分为一卤代烃和多卤代烃。如 CH_3CH_2Cl 分子中含有一个卤素原子，称一卤代烃；CH_2Cl_2、$CHCl_3$、CCl_4 等分子中含有两个或两个以上的卤素原子，统称多卤代烃。

4. 按分子中与卤素原子直接相连的碳原子的类型不同，又可将卤代烃分为伯卤代烃、仲卤代烃和叔卤代烃。

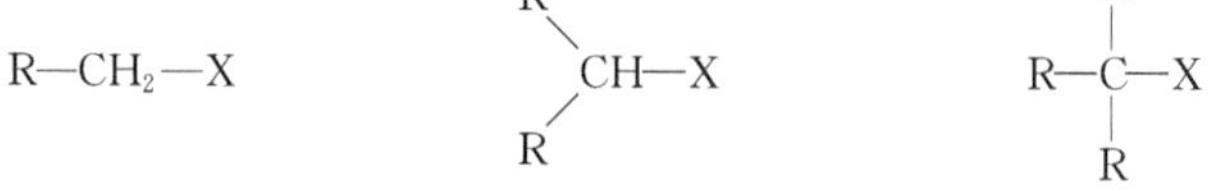

$$R—CH_2—X \qquad \underset{R}{\overset{R}{CH—X}} \qquad \underset{R}{\overset{R}{R—C—X}}$$

伯卤代烃	仲卤代烃	叔卤代烃
（1°卤代烃）	（2°卤代烃）	（3°卤代烃）

二、卤代烃的命名

1. 普通命名法

普通命名法多用于结构比较简单的卤代烃的命名。具体原则是将烃基用普通命

名法命名,后面加上卤素的名称。例如:

$$CH_3CH_2CH_2Cl$$

正丙基氯

$$\begin{array}{c}H_3C\\ \quad\quad CH{-}Cl\\ H_3C\end{array}$$

异丙基氯

$$\begin{array}{c}H_3C\quad CH_3\\ \quad C{-}Cl\\ H_3C\end{array}$$

叔丁基氯

$$CH_2{-}CH{-}CH_2Cl$$

烯丙基氯

$$CH_3{-}CH{=}CHBr$$

丙烯基溴

苄基氯(氯化苄)

2. 系统命名法

结构比较复杂的卤代烃需要用系统命名法命名,其原则与烃类的命名相似。即以相应的烃为母体,将卤素原子作为取代基,然后将卤素原子和取代基的位次、数目、名称写在母体名称之前。取代基的先后次序按次序规则排列,序号较大的原子或基团放在后面。例如:

$$\begin{array}{c}CH_3\\ CH_3CHCH_2Cl\end{array}$$

2-甲基-1-氯丙烷

$$\begin{array}{c}CH_3\\ CH_3CHCHCH_3\\ \quad\quad\quad Cl\end{array}$$

2-甲基-3-氯丁烷

$$\begin{array}{c}H_3CH_2C{-}CH{-}CH_2CH_3\\ \quad\quad\quad CH_2Cl\end{array}$$

2-乙基-1-氯丁烷(或3-氯甲基戊烷)

$$\begin{array}{c}CH_3\\ ClH_2C{-}C{-}CH_2CH_2Cl\\ \quad\quad CH_3\end{array}$$

2,2-二甲基-1,4-二氯丁烷

命名卤代烯烃时,选择既含不饱和键又连有卤素原子的最长碳链为主链,编号从靠近不饱和键的一端开始。如果卤素取代在芳烃侧链上,则把芳基和卤素原子都作为取代基。

$$H_2C{=}CHCH_2Br$$

3-溴-1-丙烯

$$\begin{array}{c}CH_3\\ H_2C{=}C{-}CH_2CH_2Cl\end{array}$$

2-乙基-4-氯-1-丁烯

对氯甲苯

$$\begin{array}{c}CH_3\\ CHCH_2CH_2Cl\end{array}$$

3-苯基-1-氯丁烷

有些多卤代烷用俗名命名,如$CHCl_3$称氯仿,CHI_3称碘仿。

问题6-1 写出分子式为C_4H_9Cl的卤代烃的同分异构体,并用系统命名法命名。

问题6-2 写出分子式为C_4H_7Cl的卤代烯烃的同分异构体,并用系统命名法命名。

第二节 一卤代烷的结构与性质

一、一卤代烷的结构

一卤代烷中 C—X 键的碳原子为 sp³ 杂化,碳与卤素以 σ 键相连,键角接近

$109°28'$。由于卤素的电负性较碳大，故 C—X 键的极性较强，C—X 键容易发生异裂。一卤代烷的化学性质比烷烃活泼，主要是由于卤素原子的存在而引起的。一卤代烷的化学反应大都发生在 C—X 键上。

进行化学反应时，共价键受试剂和溶剂的作用会发生极化，而不同的共价键发生极化的难易程度不同，即极化度不同。对 C—X 键来说，极化度随卤素原子半径的增大而增大，其次序为 RI＞RBr＞RCl。共价键的极化在决定化学反应活性上起主导作用，所以尽管 C—X 键的极性是 C—Cl＞C—Br＞C—I，但一卤代烷反应活性的顺序是 R—I＞R—Br＞R—Cl。

问题 6-3 一卤代烷 C—Cl 键的键能为 340 kJ/mol，C—Br 键的键能为 286 kJ/mol，C—I 键的键能为 218 kJ/mol。请据此判断一卤代烷的反应活性顺序。

二、一卤代烷的物理性质

在常温常压下，除一氯甲烷、一氯乙烷和一溴甲烷是气体外，一般常见的一卤代烷均为无色液体，有不愉快的气味，C_{15} 以上的一卤代烷则是固体。纯净的一卤代烷都是无色的，碘代烷中有时含有分解产生的游离碘，因而呈红棕色。

一卤代烷的沸点随着碳原子数的增加而升高，并且高于相应烷烃的沸点。在烃基相同的一卤代烷中，碘代烷的沸点最高，溴代烷次之，氯代烷最低。在卤素相同的各种异构体中，直链异构体的沸点最高；支链越多，沸点越低。一氯代脂肪烷烃的相对密度小于1，其他一卤代烷的相对密度大于1。在同系列中，一卤代烷的密度随碳原子数的增加而减小，这是因为卤素原子质量在分子中所占的百分比逐渐减小的缘故。某些一卤代烷的主要物理参数见表 6-1。

表 6-1 某些一卤代烷的主要物理参数

烷基或卤烷名称	氯化物		溴化物		碘化物	
	沸点/℃	相对密度(d_4^{20})	沸点/℃	相对密度(d_4^{20})	沸点/℃	相对密度(d_4^{20})
甲基	−24.2	0.916	3.5	1.676	42.4	2.279
乙基	12.3	0.898	38.4	1.460	72.3	1.936
正丙基	46.6	0.891	71.0	1.354	102.5	1.749
异丙基	35.7	0.862	59.4	1.314	89.5	1.703
正丁基	78.5	0.886	101.6	1.276	130.5	1.615
仲丁基	68.3	0.873	91.2	1.259	120	1.592
异丁基	68.9	0.875	91.5	1.264	120.4	1.605
叔丁基	52	0.842	73.3	1.221	100	1.545

一卤代烷虽然有极性，但都不溶于水，而溶于醇、醚、烃类等一般的有机溶剂。不少一卤代烷带有香味，但其蒸气有毒，可通过皮肤被人体吸收，使用时应注意安全。

问题 6-4 氯仿是常用的有机溶剂。用氯仿从水溶液中萃取有机物时，氯仿溶液在上层还是下层？为什么？

三、一卤代烷的化学性质

在一卤代烷中，与碳原子相连的卤素原子比较活泼，C—X 键易断裂发生多种反应。主要有官能团卤素原子被其他原子或基团取代的亲核取代反应,通过消除卤化氢得到碳碳双键的消除反应,以及与活泼金属反应生成有机金属化合物的反应等。

1. 亲核取代反应

在一定条件下,一卤代烷可以和水、氰化钠、硝酸银、醇钠、氨等试剂反应,分子中的卤素原子分别被羟基、氰基、硝酰氧基、烷氧基、氨基等基团取代,生成相应的有机化合物。

(1) 被羟基(—OH)取代的反应

一卤代烷与水作用时,卤素原子被羟基取代而生成醇。

$$R-X + H_2O \rightleftharpoons R-OH + HX$$

此反应是可逆的,为了加快反应速率并使反应进行完全,通常将一卤代烷与强碱(氢氧化钠、氢氧化钾)的水溶液共热来进行水解,反应中生成的 HX 可被碱中和,从而加速反应并提高醇的产率。

$$R-X + NaOH \longrightarrow R-OH + NaX$$

利用此反应,在有机合成中常用来制备结构比较复杂的醇,因为在一些比较复杂的分子中引入羟基比引入卤素要困难得多。因此,在合成上往往可以先引入卤素原子,然后通过水解再引入羟基。

(2) 被氰基(CN—)取代的反应

卤素原子被氰基取代生成腈。试剂用氰化钠或氰化钾。

$$R-X + NaCN \xrightarrow{醇} R-CN + NaX$$

此反应需在醇溶液中进行,如果在水溶液中进行,由于 R—X 不溶于水,反应很难发生。

$$R-CN + H_2O \xrightarrow{H^+} R-COOH$$

腈在酸性溶液中水解,生成相应的羧酸。通过引入—CN,可使分子中增加一个碳原子。因此,在有机合成中常用该反应来增长碳链。

(3) 被硝酰氧基(—ONO_2)取代的反应

当一卤代烷与硝酸银的乙醇溶液共热时,卤素原子被硝酰氧基取代,生成硝酸酯,同时产生卤化银沉淀。此反应是鉴定一卤代烷的常用方法之一。

$$R-X + AgONO_2 \xrightarrow[\triangle]{乙醇} R-ONO_2 + AgX\downarrow$$

(4) 被烷氧基(—OR)取代的反应

一卤代烷与醇钠作用时,卤素原子被烷氧基取代而生成醚。

$$R-X + NaOR' \longrightarrow R-O-R' + NaX$$

此反应是制备醚,特别是混合醚的主要方法之一,称为威廉姆逊合成。

例如,乙基异丙基醚的制备:

$$C_2H_5-Br + NaOCH(CH_3)_2 \longrightarrow C_2H_5-O-CH(CH_3)_2 + NaBr$$

（5）被氨基（—NH₂）取代的反应

$$R—X + HNH_2 \longrightarrow R—NH_2 + HX$$

一卤代烷与氨反应生成胺，反应可控制在一级取代。如果一卤代烷过量，也可继续反应，直到氨中的氢全部被烃基取代为止，最终形成季铵化合物。

$$R—X + RNH_2 \longrightarrow R—\overset{\displaystyle R}{\underset{}{N}}H + HX$$

$$R—X + R—\overset{}{\underset{R}{N}}H \longrightarrow R—\overset{R}{\underset{R}{N}} + HX$$

$$R—X + R—\overset{R}{\underset{R}{N}} \longrightarrow NR_4^+ X^-$$

上述取代反应都是由试剂的负离子（如 OH⁻、CN⁻、O₂NO⁻、RO⁻ 等）或具有孤电子对的分子（如 NH₃ 等）进攻一卤代烷分子中电子云密度较小的碳原子而引起的。这些进攻的离子或分子都有较高的电子云密度，表示出亲核性质，故为亲核试剂。由亲核试剂引起的取代反应称为亲核取代反应，一卤代烷的上述反应均为亲核取代反应。

亲核取代反应可用通式表示：

$$\ddot{N}u^- + RCH_2X \longrightarrow RCH_2—Nu + X^-$$

式中，Nu 是亲核试剂，也被称为进攻试剂；X⁻ 是被取代的基团，也被称为离去基团。

问题 6-5 写出氯乙烷与 NaOH 水溶液、NaCN、CH₃ONa 和 AgNO₃ 乙醇溶液作用的产物，并指出进攻试剂和离去基团。

2. 亲核取代反应历程

亲核取代反应可简写为 Sₙ 反应，其中 S 表示取代（Substitution），N 表示亲核（Nucleophilic）。研究比较多的亲核取代反应是一卤代烷的水解，化学动力学的研究以及许多实验证明，亲核取代反应可按两种历程进行，即单分子亲核取代（Sₙ1）反应和双分子亲核取代（Sₙ2）反应。下面以一卤代烷的碱性水解为例来说明。

（1）单分子亲核取代（Sₙ1）反应历程

实验证明，叔卤代烷的水解是按单分子历程进行的，这类反应分两步完成。首先是卤代烷分子中的 C—X 键异裂，生成碳正离子中间体，然后亲核试剂向碳正离子中间体上的中心碳原子进攻，两者结合生成产物。

第一步

$$CH_3—\overset{CH_3}{\underset{CH_3}{C}}—X \xrightarrow{慢} CH_3—\overset{CH_3}{\underset{CH_3}{\overset{+}{C}}} + X^-$$

碳正离子

第二步

$$CH_3-\underset{\underset{CH_3}{|}}{\overset{\overset{CH_3}{|}}{C^+}} \; +OH^- \xrightarrow{\text{快}} \; CH_3-\underset{\underset{CH_3}{|}}{\overset{\overset{CH_3}{|}}{C}}-OH$$

醇

对于多步反应来说,生成最后产物的速率主要由速率最慢的一步决定。本反应第一步是一卤代烷中的 C—X 键异裂为 $(CH_3)_3C^+$ 及 X^-,但不同于无机物在水中的离解,一卤代烷必须在溶剂的作用下,也就是在外电场的影响下,分子进一步极化,才有可能异裂为正、负离子,所以这一步比较慢,但 R_3C^+ 一旦产生,便立刻与溶液中的 OH^- 结合为醇。因此,第一步是决定整个反应速率的关键,由于这一步的反应速率只取决于 C—X 键的断裂,与作用试剂无关,故称为单分子亲核取代(S_N1)反应。

(2) 双分子亲核取代(S_N2)反应历程

双分子亲核取代反应历程的特点是 C—X 键的断裂与 C—O 键的形成同时进行。研究证明,溴甲烷的水解反应是按下述历程进行的。

$$HO^- + H-\overset{\overset{H}{|}}{\underset{\underset{H}{|}}{C}}-Br \longrightarrow \left[HO^{\delta-}---\overset{\overset{H}{|}}{\underset{\underset{H}{}}{C}}---Br^{\delta-} \right] \longrightarrow HO-\overset{\overset{H}{|}}{\underset{\underset{H}{|}}{C}}---H + Br^-$$

过渡态

当 OH^- 进攻溴甲烷分子中的碳原子时,由于 OH^- 带有负电荷,所以它避开电子云密度较大的溴原子而从溴的背后沿 C—Br 键接近碳原子,此时 OH^- 和 Br^- 的相互排斥作用较小。当 OH^- 从背面接近碳原子时,C—O 键部分形成,C—Br 键则逐渐伸长和变弱,但没有完全断裂,整个反应经过一个过渡态。在过渡态下,碳原子和三个氢原子在同一平面上,而羟基和溴原子则在平面的两边,并且碳、氧、溴三个原子在同一直线上。当 OH^- 与中心碳原子进一步接近,最终形成一个稳定的 C—O 共价键时,C—Br 键便彻底断裂,卤素带着一对共用电子离开分子生成 Br^-。由于反应中过渡态的形成需要一卤代烷和作用试剂两种反应物,而且反应速率又取决于过渡态的形成,所以这一历程叫作双分子亲核取代(S_N2)反应历程。

从杂化轨道的观点来看,在 S_N2 反应历程的过渡态中,中心碳原子从原来的 sp^3 杂化轨道转变为 sp^2 杂化轨道,并与三个氢原子成键,所有键角均为 $120°$,三个 C—H 键排列在一个平面上,另外还有一个 p 轨道与 OH^- 和 Br^- 部分结合。当反应经过过渡态最后转化为产物时,中心碳原子又恢复到 sp^3 构型。但与其相连的三个氢原子从原来的指向左边翻转为指向右边,如大风将伞吹翻一样,这个过程叫瓦尔登(Walden)翻转。瓦尔登翻转是 S_N2 反应历程的一个重要标志。

S_N1 和 S_N2 两种反应历程在亲核取代反应中是同时存在并相互竞争的,只是在一定条件下某一历程占优势。影响反应历程的因素很多,究竟按哪一历程进行,除了与亲核试剂的性质、浓度及溶剂的极性等因素有关外,还与卤代烃的结构有很大关系。从电子效应的角度来看,中心碳原子上电子云密度低,有利于亲核试剂的进攻,即有利于反应按 S_N2 反应历程进行;如果中心碳原子上电子云密度高,则有利于卤素夺取电子而以 X^- 的形式离去,即有利于按 S_N1 反应历程进行。在伯、仲、叔三类一卤代烷中,随着中心碳原子上烷基数目的增加,中心碳原子上电子云密度逐渐增高。同时,从空间效应看,中心碳原子上烷基数目增多,也阻碍亲核试剂从卤素原子背面向中心碳原子进攻,故不利于 S_N2 反应历程。因此,卤代烷发生亲核取代反应的活性顺序为

按 S_N1 反应历程: $R_3CX > R_2CHX > RCH_2X > CH_3X$

按 S_N2 反应历程: $CH_3X > RCH_2X > R_2CHX > R_3CX$

问题 6 - 6 按 S_N1 反应历程排列下列化合物的活性顺序。

苄基溴,α -苯基乙基溴,β -苯基乙基溴

问题 6 - 7 按 S_N2 反应历程排列下列化合物的活性顺序。

1-溴丁烷,2-甲基-1-溴丁烷,3-甲基-1-溴丁烷,2,2-二甲基-1-溴丙烷

3. 消除反应

(1) 札依采夫(Saytzeff)规则

一卤代烷与碱的醇溶液共热时,可由分子脱去一分子卤化氢而生成烯烃。这种由一个分子中脱去一些小分子(如 H_2O、HX 等),同时形成双键的反应叫作消除反应。例如:

$$\underset{\underset{H}{|}}{CH_3}\overset{\beta}{C}H\overset{\underset{\displaystyle Br}{|}}{\underset{\underset{H}{|}}{\overset{\alpha}{C}}}H \xrightarrow[\triangle]{KOH/醇} CH_3CH=CH_2$$

由反应式可以看出,一卤代烷分子中的 β -碳原子上有氢原子时,才有可能发生消除反应。

分子中含有两个 β -碳原子的一卤代烷发生消除反应时,如果每个 β -碳原子上都连有氢原子,则得到的产物就不止一种。如 2-溴丁烷与 KOH 的乙醇溶液一起加热回流,脱去一分子溴化氢后,可以得到两种产物,即 1-丁烯和 2-丁烯。

$$\underset{\underset{H}{|}}{CH_3}\overset{\underset{\displaystyle Br}{|}}{C}H\underset{\underset{H}{|}}{C}HCH_2 \xrightarrow[\triangle]{KOH/醇} \begin{cases} CH_3CH=CHCH_3 & 2\text{-丁烯}(81\%) \\ CH_2=CHCH_2CH_3 & 1\text{-丁烯}(19\%) \end{cases}$$

实验结果表明,主要产物是 2-丁烯。札依采夫等从众多的事实中总结出一条经验规律:在卤代烃的消除反应中,卤素原子主要是和相邻含氢较少的碳原子上的氢一起脱去。这个经验规律叫作札依采夫规则。

由札依采夫规则可知,消除反应的主要产物是双键碳原子上连有较多烃基的烯烃。这主要是因为双键碳原子上连有的烃基多,则与双键构成超共轭的 C—H 键也多,体系也就较为稳定,这种结构也就相对地占有优势。

但当消除反应能生成具有共轭体系的产物时,则具有共轭体系的产物是主要产物。

不同结构的一卤代烷发生消除反应的难易次序为 $R_3CX > R_2CHX > RCH_2X$。

（2）消除反应历程

消除反应的历程也有两种,即单分子消除(E1)反应历程和双分子消除(E2)反应历程。

叔卤代烃在强碱的极性溶剂中发生消除反应时,主要按单分子消除反应历程进行。反应分两步,第一步先形成碳正离子中间体。

$$
\begin{array}{c} CH_3 \\ | \\ H_3C-C-X \\ | \\ CH_3 \end{array} \xrightarrow{\text{慢}} \begin{array}{c} CH_3 \\ | \\ H_3C-C^+ + X^- \\ | \\ CH_3 \end{array}
$$

然后再在 β-碳原子上脱去一个氢原子,与此同时, β-氢原子与 β-碳原子之间的电子云也进行了重新分配,转移到 α-碳原子与 β-碳原子之间,形成一个双键。

$$
\begin{array}{c} CH_3 \\ | \\ H_3C-C^+ \alpha + OH^- \\ | \\ \beta CH_3 \end{array} \xrightarrow{\text{快}} \begin{array}{c} CH_3 \\ | \\ H_3C-C \\ \| \\ CH_2 \end{array} + H_2O
$$

第一步为定速步骤,其反应速率仅取决于一卤代烷的浓度,而与试剂浓度无关,因此为单分子消除(E1)反应历程。

E1 和 S_N1 两种反应历程有相似之处,即它们都是先解离成碳正离子。不过在 E1 反应历程中,生成的碳正离子不像在 S_N1 反应历程中那样与亲核试剂结合,而是 β-碳原子上的氢原子以质子形式脱掉,生成双键。

和 S_N2 反应历程一样,双分子消除(E2)反应的历程也只有一步:

$$
\begin{array}{c} H \\ | \\ H_3C-C-CH_2-X \\ | \\ H \\ OH^- \end{array} \longrightarrow \begin{array}{c} H \\ | \\ H_3C-C \overset{\delta^-}{=\!=\!=} CH_2 \cdots X \\ | \\ \delta^- H \\ HO \end{array} \longrightarrow H_3CHC\!=\!CH_2 + X^-
$$

在该反应中,新键的形成和旧键的断裂同时发生,其反应速率取决于一卤代烷和试剂两种分子的浓度,故称为双分子消除(E2)反应历程。

E2 和 S_N2 两种反应历程很相似,只不过是在 S_N2 反应历程中亲核试剂进攻 α-碳原子,而在 E2 反应历程中亲核试剂进攻 β-氢原子。

$$
\begin{array}{c} CH_3 \\ | \\ H_3C-C-CH_2-X \\ | \uparrow① \\ H \cdot OH^- \\ ② \end{array} \longrightarrow \begin{array}{l} \overset{①}{\underset{S_N2}{\longrightarrow}} CH_3CH_2CH_2OH + X^- \\ \\ \overset{②}{\underset{E2}{\longrightarrow}} CH_3CH\!=\!CH_2 + H_2O + X^- \end{array}
$$

由于历程相似,一卤代烷的消除反应常与亲核取代反应同时发生,相互竞争。消除产物和取代产物的比例,与反应物结构和反应条件密切相关。研究证明:伯卤代烷易发生亲核取代反应,不易发生消除反应;而仲、叔卤代烷易发生消除反应。结构相同的卤代烃,如果溶剂的极性强,则有利于发生亲核取代反应;极性弱,则有利于发生消除反应。升温和强碱性试剂有利于发生消除反应。

问题 6-8 将下列化合物按发生消除反应的难易次序排列,并写出主要产物的结构。

3-甲基-1-溴丁烷 2-甲基-2-溴丁烷 3-甲基-2-溴丁烷

4. 与金属的反应

一卤代烷在一定条件下可与多种金属反应生成金属有机化合物(含有金属—碳键的化合物),其中最重要的是在无水乙醚中和金属镁作用,生成有机镁化合物,该产物称为格利雅(Grignard)试剂,简称格氏试剂。

$$R—X + Mg \xrightarrow{\text{无水乙醚}} RMgX$$

格氏试剂生成后仍溶解在醚中,与乙醚络合成稳定的溶剂化物。

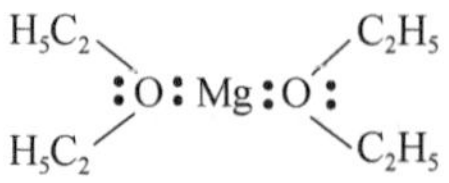

$$
\begin{matrix}
H_5C_2 & & & & C_2H_5 \\
& \ddot{O}:Mg:\ddot{O} & \\
H_5C_2 & & & & C_2H_5
\end{matrix}
$$

在有机镁化合物中,C—Mg 是极性很强的共价键,所以其化学性质很活泼,能与含活泼氢的物质反应生成烷烃。因此,在制备格氏试剂时必须与水、酸、醇、氨等物质隔离,以防止格氏试剂被分解。

格氏试剂还可与醛、酮、二氧化碳等物质反应,得到一系列碳原子数增多的化合物,因此格氏试剂在有机合成上有重要用途,相关内容在后面章节中讨论。

问题 6-9 为什么必须在无水乙醚中制备格氏试剂?

第三节　不饱和一卤代烃

一、分类

根据一卤代烯烃、一卤代芳烃分子中,卤素原子与双键或苯环的相对位置不同,可以将一卤代烃分为三类。

1. 乙烯型一卤代烃

卤素原子与双键碳原子或苯环直接相连。这类一卤代烃可表示为

$$CH_2=CH—X \text{ 和 } \text{〈苯环〉}—X$$

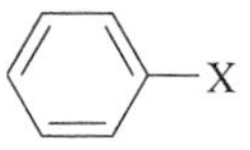

2. 烯丙基型一卤代烃

卤素原子与双键或苯环相隔一个碳原子。这类一卤代烃可表示为

$$CH_2=CH—CH_2X \text{ 和 } \text{〈苯环〉}—CH_2X$$

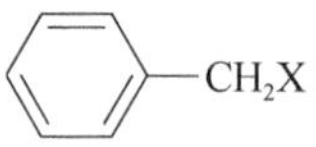

3. 隔离型一卤代烃

卤素原子与双键或苯环相隔两个或两个以上碳原子。这类一卤代烃可表示为

$$CH_2=CH—(CH_2)_n—X \text{ 和 } \text{〈苯环〉}—(CH_2)_n—X, \text{其中 } n \geqslant 2。$$

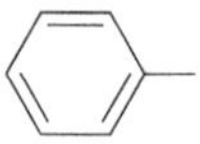

二、结构与化学性质

1. 乙烯型一卤代烃

乙烯型一卤代烃具有如下结构特点:卤素原子 p 轨道上的孤对电子与双键或苯

环的大 π 键构成了 p-π 共轭体系(图 6-1)。

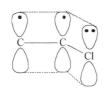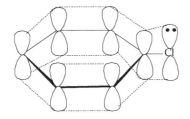

图 6-1 氯乙烯与氯苯的 p-π 共轭示意图

在氯乙烯分子中,由于 p-π 共轭,使电子云密度趋于平均化,C—Cl 键电子云密度增大,C—Cl 键的稳定性增强。另外,氯乙烯分子中的 α-碳原子为 sp^2 杂化,比一卤代烷中的 α-碳原子的吸电子能力强,因而氯乙烯分子中的 α-碳原子带有较少的正电荷,使亲核试剂难以进攻,所以该类卤代烃的卤素原子的活性很小,在一般条件下不发生通常的亲核取代反应。由于卤素原子的吸电子作用,双键碳原子的电子云密度降低,亲电加成反应比乙烯难。

卤素与苯环直接相连的卤代芳烃,由于分子中也存在着 p-π 共轭体系,故卤素原子与氯乙烯分子中的氯原子相似,一般条件下也不发生亲核取代反应。

2. 烯丙基型一卤代烃

烯丙基型一卤代烃分子中,C—X 键与 π 键中间隔着一个 σ 键。它们在按 S_N1 或 S_N2 反应历程进行亲核取代反应时,其中间体或过渡态都可构成共轭体系,通过这种中间体或过渡态进行的反应,其活化能显著降低,因而容易进行。因此,这种类型一卤代烃的亲核取代反应不但比乙烯型一卤代烃容易,而且比相应一卤代烷容易,但碳碳双键的亲电加成反应比烯烃略难。烯丙基型一卤代烃亲核取代的中间体和过渡态如图 6-2 所示。

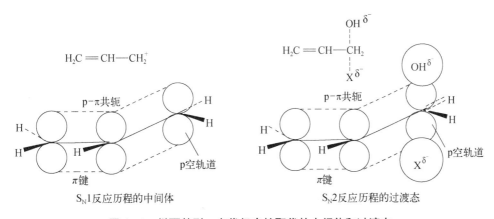

图 6-2 烯丙基型一卤代烃亲核取代的中间体和过渡态

3. 隔离型一卤代烃

隔离型一卤代烃分子中的卤素原子与双键距离较远,相互影响小,因而卤素的活性与一卤代烷相似,双键的活性也与烯烃相似。

由于烃基结构对一卤代烃的活性影响较大,所以可用 $AgNO_3$ 的醇溶液与不同烃基的一卤代烃作用,根据卤化银沉淀生成的难易,来测得各类一卤代烃的活性次序。

$$RX + AgNO_3 \longrightarrow RONO_2 + AgX \downarrow$$

烯丙基型一卤代烃、苄卤在室温下就能和 $AgNO_3$ 的乙醇溶液迅速作用,生成 AgX 沉淀。隔离型一卤代烃与一卤代烷相似,在室温时一般不和 $AgNO_3$ 的乙醇溶液作用,加热后才慢慢反应生成 AgX 沉淀。乙烯型一卤代烃与 $AgNO_3$ 的乙醇溶液即使在加热条件下也不发生反应,说明其卤素原子特别不活泼。它们的活性次序为

烯丙基型一卤代烃＞隔离型一卤代烃＞乙烯型一卤代烃

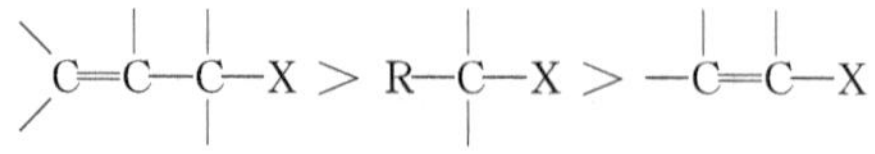

$$\underset{\displaystyle >C=C-C-X}{} > \underset{\displaystyle R-C-X}{} > \underset{\displaystyle -C=C-X}{}$$

第四节　重要的卤代烃

一、溴甲烷

溴甲烷常温下为无色有毒气体,沸点为 3.6℃,密度比水大且不溶于水,易溶于乙醇、乙醚、氯仿等有机溶剂。

溴甲烷可以用作仓库粮食、种子和土壤的熏蒸剂,果树杀虫剂。有机合成上可用作甲基化试剂。

二、三氯甲烷

三氯甲烷俗称氯仿,是一种无色、有甜味的液体,具有麻醉作用,沸点为 61.2℃,不能燃烧,也不溶于水,但能溶解脂肪和许多有机物质,在工业上被广泛用作溶剂。

氯仿在光作用下,易被空气中的氧气逐渐分解,生成剧毒的光气:

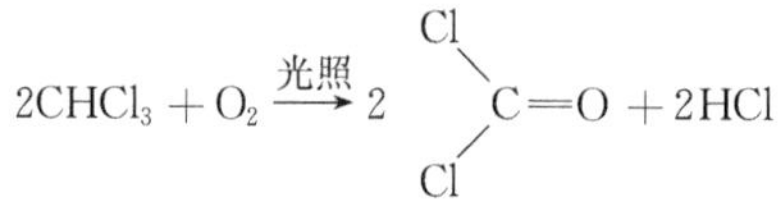

$$2CHCl_3 + O_2 \xrightarrow{\text{光照}} 2 \underset{Cl}{\overset{Cl}{C}}=O + 2HCl$$

光气

因此应将氯仿保存在棕色瓶中,装满后封闭起来以隔绝空气。药用氯仿需加入 1%(体积分数)乙醇,使可能生成的光气转变为无毒的碳酸二乙酯。

三氯甲烷与碱金属或一些碱土金属在一起容易发生爆炸。

三、四氯化碳

四氯化碳为无色液体,沸点为 76.8℃,相对密度为 1.594 0,有特殊气味,几乎不溶于水。它本身不能燃烧,易挥发,蒸气密度比空气大,不导电,可用作灭火剂。但在 500℃ 以上时能与水反应生成光气,因此用它灭火时必须注意通风。金属钠着火时不能用四氯化碳扑灭,因为在较高温度时会发生猛烈爆炸。

四氯化碳能溶解油脂、油漆、树脂、橡胶等多种有机物质,故可用作干洗剂,但它有一定的毒性,长期接触会损坏肝脏,许多国家已不再将其用作溶剂和灭火剂。

四、氯乙烯和聚氯乙烯

氯乙烯常温下为气体,无色,有乙醚的香味,沸点为 -13.9℃。工业上生产氯乙

烯有乙炔法和乙烯法。

乙炔法生产氯乙烯是使乙炔在催化剂氯化汞存在下以活性炭作载体与氯化氢发生加成反应。此法历史悠久,流程简单,转化率高,但成本较高,且氯化汞作催化剂毒性大,目前正在研究使用的无汞催化剂由乙炔生产氯乙烯。

乙烯法生产氯乙烯是先将乙烯与氯气发生加成反应生成 1,2-二氯乙烷,然后在催化剂存在下高温裂解脱去一分子氯化氢生成氯乙烯。工业上为了充分利用副产物氯化氢,将两种方法联合起来,这样裂解产生的氯化氢可直接用作乙炔加成的原料。

氯乙烯的主要用途是制备聚氯乙烯(PVC)。

聚氯乙烯是目前我国产量最大的一种塑料,在工农业及日常生活中用途极广。聚氯乙烯制品不耐热,不耐有机溶剂。

本章小结

卤代烃是烃的卤代衍生物,因此它们的系统命名是以烃的命名为基础,在烃的名称前加上卤素原子的名称、位置和数目。

一卤代烷烃虽然有极性,但都不溶于水,而溶于醇、醚、烃类等有机溶剂。

一卤代烃中卤素原子的电负性比碳原子大,共用电子对偏向卤素原子,故 C—X 键为极性键,容易发生异裂。反应活性:$RI > RBr > RCl$。

一卤代烃的主要化学性质有:

1. 亲核取代(S_N)反应

在一定条件下,一卤代烃中的卤素原子可以被 OH^-、CN^-、RO^-、O_2NO^- 等亲核试剂所取代,分别生成醇、腈、醚和酯等,此类反应称为亲核取代反应。根据一卤代烃的结构和反应条件的不同,亲核取代反应可按 S_N1 和 S_N2 两种反应历程进行。S_N1 反应历程分两步完成,反应中生成碳正离子中间体;S_N2 反应历程一步完成,反应后发生构型转化,称为瓦尔登(Walden)翻转。瓦尔登翻转是 S_N2 反应历程的一个重要标志。

一般情况下,叔卤代烷主要按 S_N1 反应历程进行,伯卤代烷主要按 S_N2 反应历程进行,仲卤代烷则兼具以上两种可能。其活性顺序为

$$S_N1 \text{反应历程}: R_3CX > R_2CHX > RCH_2X > CH_3X$$
$$S_N2 \text{反应历程}: CH_3X > RCH_2X > R_2CHX > R_3CX$$

2. 消除(E)反应

一卤代烃在氢氧化钠的醇溶液作用下发生消除反应生成烯烃,产物符合札依采夫规则,即脱 HX 时,从含氢较少的 β-碳原子上脱去氢原子。但在能生成具有共轭体系的产物时,则以具有共轭体系的产物为主要产物。

不同结构的一卤代烷发生消除反应的难易次序为 $R_3CX > R_2CHX > RCH_2X$。

3. 与金属的反应

一卤代烷在一定条件下可与多种金属反应,其中最重要的是在无水乙醚中和金属镁作用,生成有机镁化合物,该产物称为格利雅(Grignard)试剂,简称格氏试剂。

$$R—X + Mg \xrightarrow{\text{无水乙醚}} RMgX$$

格氏试剂化学性质很活泼,能与含活泼氢的物质反应生成烷烃,还可与醛、酮、二氧化碳等物质反应,生成一系列碳原子数增多的化合物。

根据卤素原子与双键或苯环的位置不同,可将卤代烯烃和卤代芳烃分为三类,它们发生亲核取代反应的活泼顺序如下:

烯丙基型—卤代烃 ＞ 隔离型—卤代烃 ＞ 乙烯型—卤代烃

乙烯型卤代烃一般不发生亲核取代反应。

知识拓展　　　　　　　**有机氟化合物**

氟的原子半径很小(72 pm),电负性极强(4.0),因而具有与其他卤素不同的性质。1926年人们才制得最简单的有机氟化合物。1930年由于发现了氯氟碳化合物 CCl_2F_2(商品名为氟利昂 F-12)是很好的制冷剂后,才使得有机氟化合物一跃成为大量生产的工业品,导致了有机氟工业的诞生,促进了有机氟化学的研究。有机氟产品现被广泛应用在尖端科学、军事和国民经济的各个领域,有机氟工业已经成为精细化工和化工新材料的重要门类。

由于氟原子的结构特异性,有机氟产品一般都具有非凡的性能。氟极强的电负性,改变了有机氟化物的电荷效应、酸碱性、偶极矩、分子构型和邻近基团的化学反应性等理化性质;高的 C—F 键能,使有机氟化物具有较高的热稳定性、抗氧化性和抗代谢作用。例如,1937年发现的液体全氟烷烃在原子能工业中可用作封闭液和润滑油,1946年工业化的聚四氟乙烯具有高度的化学惰性,可用作容器、管道、衬里等。从此以后,相继合成了耐高温、耐油、耐腐蚀的氟橡胶和有机氟药物,甚至将全氟萘烷跟全氟叔胺与无机盐水溶液制成的乳液作为代用血液,代替红细胞的携氧功能。氟原子的存在还增加了化合物在细胞膜上的脂溶性,提高药物使用时的吸收和传递速率。

含氟化合物特殊的理化性质及生理活性,使其在医药、农药的性能上与相应的无氟化合物相比具有用量少、药效高、稳定性好、易被生物体吸收等特点。因此,具有生物活性的含氟化合物的合成及性质研究引起化学家、生物学家和药物学家们的浓厚兴趣。近年来,含氟抗病毒药物、抗生素、中枢神经系统治疗药物、抗肿瘤药物等大量涌现。例如氧氟沙星、诺氟沙星、环丙沙星等含氟喹诺酮类抗菌剂已成为常见药物,销售额占到国际抗生素市场销售额的五分之一。另外,在农药领域,杀虫剂、除草剂、昆虫信息素等方面都可以看到氟原子引入后药物分子的疏水亲脂性、特效性、吸收、传输和转化降解等优良性能。

氟利昂是一类甲烷或乙烷含氟、氯或溴的衍生物。由于氟利昂大多无毒、无臭、不燃烧,与空气混合也不爆炸,对金属不腐蚀,并且有适当的沸点范围,所以自1930年杜邦公司生产 F-12 和 F-11 以后,各类氟利昂(氯氟烃)的合成得到了迅猛发展,它们的特性也日趋完美,应用越来越广泛。在制冷剂、气雾剂、发泡剂、清洗剂和灭火剂等方面有着广泛应用。氟利昂的大量生产和使用,使其有相当一部分进入大气,由于其惰性,氟利昂不被雨水冲刷,寿命极长,它们可以完好无损地扩散到 10～50 km高的平流层中。空气中臭氧的90%存在于平流层,形成"臭氧层"。平流层的臭氧是由氧分子吸收太阳及宇宙射线中的紫外光而生成的,故臭氧层成为太阳紫外辐射的天然屏障。但氟利昂等氯氟烃进入平流层后,即便含量极微,也能导致臭氧层的破坏,直接影响地球的生存环境。因此,从 20 世纪末开始对部分氯氟烃进行逐步淘汰。

氟利昂产品受到极大限制后,人们正在开发它们的替代品。以 F - 32、F - 125、F - 134a 和 F - 143a 代替 F - 12 作制冷剂,以液体 CO_2、F - 134a 或 F - 152a 代替 F - 11 作发泡剂。由于这些化合物分子中不含氟,所以对臭氧层无破坏作用。

课后习题

1. 用系统命名法命名下列化合物。

(1)  $CH_3C=CHCH=CHBr$

(2) 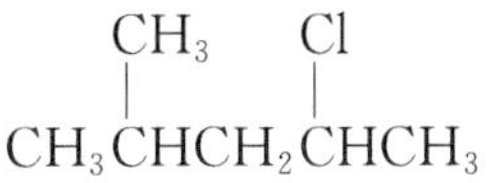 $CH_3CHCH_2CHCH_3$（CH_3、Cl）

(3) $CH_3CH_2CHCH_2C\equiv CCH_2Cl$

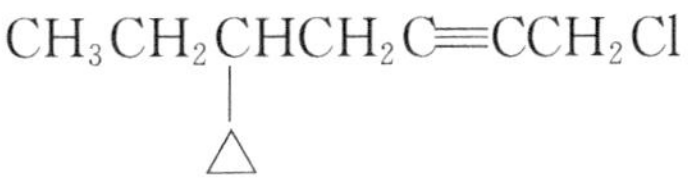

(4)

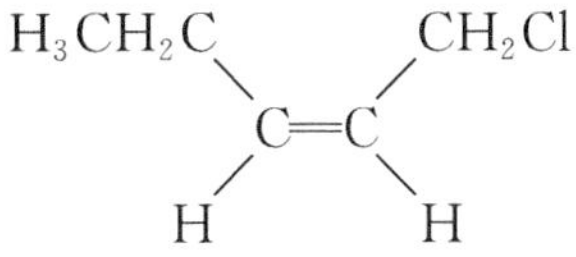

(5) 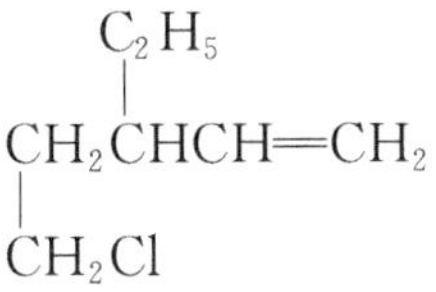 $CH_2CHCH=CH_2$（C_2H_5、CH_2Cl）

(6)

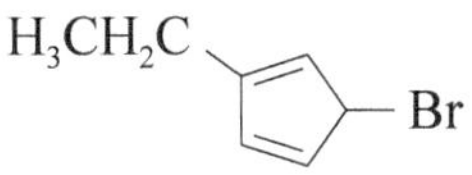

(7)

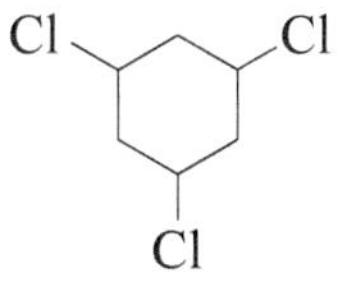

(8)

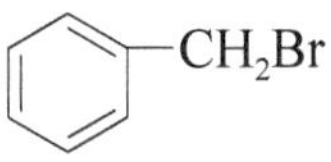

(9)

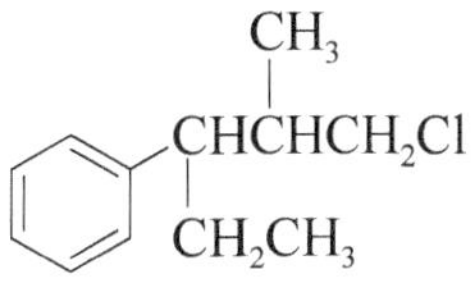

(10)

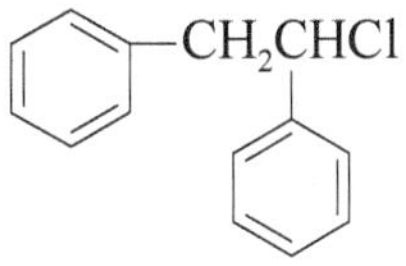

2. 写出下列化合物的结构式。

(1) 溴乙烷

(2) 烯丙基溴

(3) 氯仿

(4) 2-甲基-1-氯丙烷

(5) 2-甲基-3-氯丁烷

(6) 2-乙基-1-氯丁烷

(7) 2,2-二甲基-1,4-二氯丁烷

(8) 2-乙基-4-氯-1-丁烯

3. 按要求将下列各组化合物排序。

(1) S_N1 反应历程:CH_3CH_2Br $PhCH_2Br$ $CH_3CHBrCH_3$

(2) S_N2 反应历程:1-氯丁烷 2-氯丁烷 2-甲基-2-氯丙烷

(3) 与 $AgNO_3$ 反应的快慢:_____。

A.

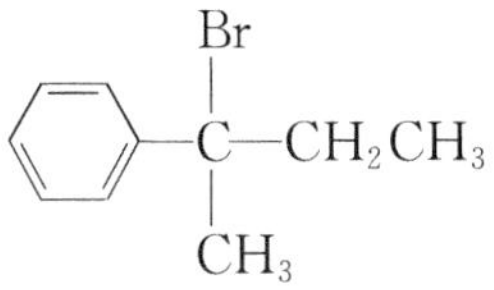

B. 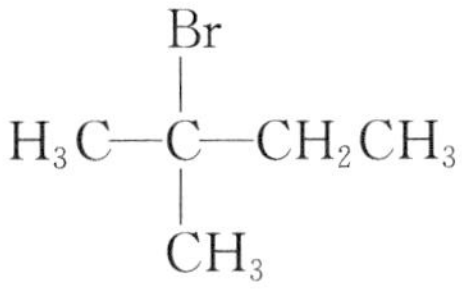 $H_3C-C-CH_2CH_3$（Br、CH_3）

C. $CH_3CH_2-CH-CH_2CH_3$（Br）

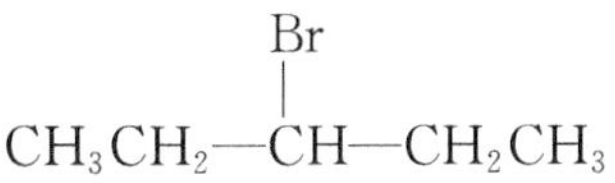

D. $CH_3CH_2CH_2CH_2CH_2Br$

(4) 发生 S_N2 反应历程时的速率：_____。

A. 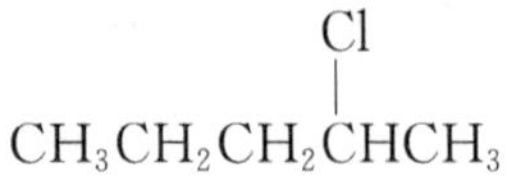 CH₃CH₂CH₂CHCH₃ （带 Cl 取代基）

B. 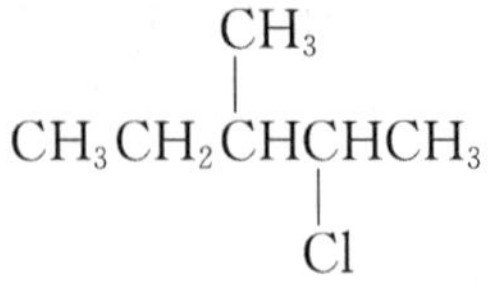 CH₃CH₂CHCHCH₃ （上 CH₃，下 Cl）

C. 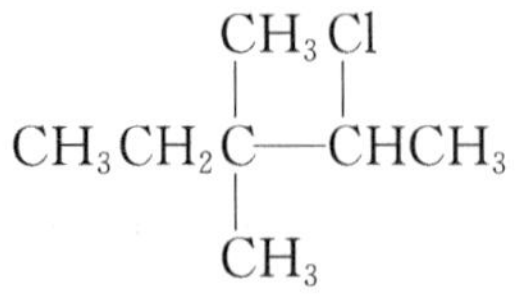 CH₃CH₂C—CHCH₃ （上 CH₃、Cl，下 CH₃）

(5) 卤素原子活性：_____。

A. CH₃CH=CHCH₂Cl

B. CH₃CH=CHCH₂Br

C. CH₃CH=CCH₃ （Cl 取代）

D. CH₃C=CHCH₃ （Br 取代）

4. 试判断在下列各种情况下,卤代烷水解是属于 S_N2 反应历程还是 S_N1 反应历程。

(1) 产物的构型完全转化　　　(2) 反应分两步进行

(3) 碱的浓度增大,反应速率加快　　(4) 叔卤代烷水解

5. 用化学方法鉴别下列各组化合物。

(1) 氯乙烷和溴乙烷

(2) 氯化苄和对氯甲苯

(3) 1-溴丁烷、1-溴-1-丁烯、1-溴-2-丁烯

(4) Cl—HC=CHCH₃ 、CH₃CH₂CH₂Cl 和 H₂C=CHCH₂Cl

(5)

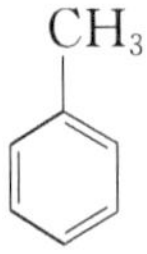

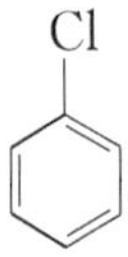

6. 完成下列反应式。

(1) CH₃CH₂CH=CHCl + HCl ⟶

(2)  CH₃CHCH₂CH₃ $\xrightarrow[\triangle]{KOH/醇}$? $\xrightarrow[\triangle]{Br_2}$? $\xrightarrow[\triangle]{KOH/醇}$
　　　|
　　　Br

(3) 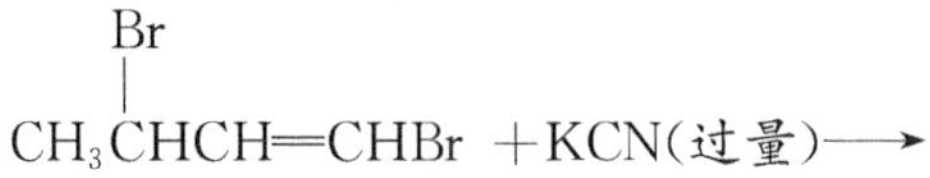 CH₃CHCH=CHBr + KCN(过量) ⟶
　　|
　　Br

(4) 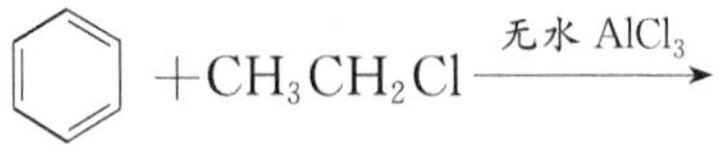 ⬡ + CH₃CH₂Cl $\xrightarrow{无水\ AlCl_3}$

(5) 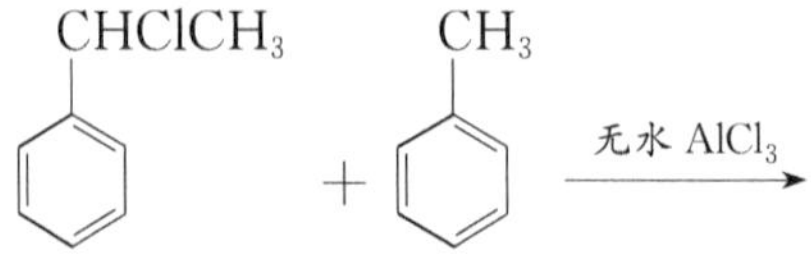 ⬡(CHClCH₃) + ⬡(CH₃) $\xrightarrow{无水\ AlCl_3}$

(6) 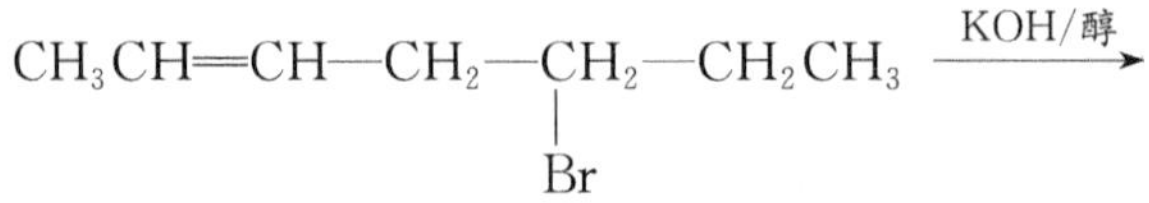 CH₃CH=CH—CH₂—CH₂—CH₂CH₃ $\xrightarrow{KOH/醇}$
　　　　　　　　　　|
　　　　　　　　　Br

(7)
$$\underset{\underset{Cl}{|}}{H_3CC}=CH-CH_2Br +CH_3ONa \xrightarrow{\text{乙醇}}$$

(8) $H_3CHC=CH-CH_2Br +AgNO_3 \xrightarrow{\text{乙醇}}$

7. 完成下列转化。

(1) 由氯乙烷制备 2-溴丙烷

(2) 由丙烯制备 2-甲基丙酸

8. A 和 B 的分子式均为 $C_5H_{11}I$，A、B 脱 HI 后可得同一烯烃，此烯烃经臭氧氧化后再还原水解，得到丙酮和乙醛，已知 A 的消除反应比 B 快。试推导 A 和 B 的结构式。

9. A 和 B 的分子式均为 C_4H_8，二者加溴后的产物用 KOH 的醇溶液处理，生成分子式为 C_4H_6 的化合物 C 和 D。D 能与银氨溶液反应生成沉淀，而 C 不能。试推导 A、B、C、D 的结构式。

第七章

醇、酚、醚

醇、酚、醚都是烃的衍生物,它们也可以看作是水分子中的氢原子被烃基取代的化合物。醇和酚具有相同的官能团——羟基(—OH),不同的是,醇分子中的羟基与脂肪烃直接相连,酚分子中的羟基与芳香烃相连。醚的官能团是醚键(—O—,也称氧桥),醚与醇或酚是同分异构体。

硫和氧同属于周期表第ⅥA族,有机含硫化合物与有机含氧化合物有一些相似的性质,因此也把硫醇、硫酚、硫醚放在本章中一起讨论。

Ⅰ 醇

第一节 醇的分类和命名

一、醇的分类

醇分子由两部分组成:烃基(—R)和羟基(—OH)。根据分子中烃基的类型不同,醇可分为脂肪醇、脂环醇和芳香醇,饱和醇及不饱和醇等。例如:

$$CH_3CH_2CH_2OH$$
丙醇(饱和脂肪醇)

$$H_2C=CHCH_2OH$$
2-丙烯-1-醇或烯丙醇(不饱和脂肪醇)

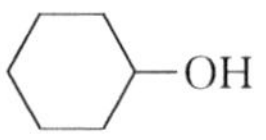

环己醇(脂环醇)

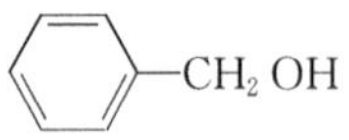

苯甲醇或苄醇(芳香醇)

根据分子中羟基数目的多少,醇可分为一元醇、二元醇及多元醇。例如:

$$CH_3CH_2OH$$
乙醇(一元醇)

$$\underset{\underset{OH}{|}}{CH_2}-\underset{\underset{OH}{|}}{CH_2}$$
乙二醇或甘醇(二元醇)

$$\underset{\underset{OH}{|}}{CH_2}-\underset{\underset{OH}{|}}{CH}-\underset{\underset{OH}{|}}{CH_2}$$
丙三醇或甘油(多元醇)

根据羟基所连碳原子的类型不同,醇可分为一级醇(伯醇)、二级醇(仲醇)及三级醇(叔醇)。例如:

$$RCH_2OH \qquad\qquad R\overset{\overset{R'}{|}}{\underset{\underset{H}{|}}{\overset{2°}{C}}}OH \qquad\qquad R\overset{\overset{R'}{|}}{\underset{\underset{R''}{|}}{\overset{3°}{C}}}OH$$

伯醇   仲醇   叔醇

二、醇的命名

醇的命名方法中常用的有两种,个别的醇还有俗名。饱和一元醇的命名常用以下两种方法。

普通命名法:烃基名称后加上"醇"字,"基"字一般被省去。

系统命名法:选择包括连接羟基的碳原子在内的最长碳链为主链,按主链碳原子数称为"某"醇;从靠近羟基的一端依次编号,并将羟基位置的编号、支链的位次、个数及名称写在母体醇名称之前,如表7-1。

表 7-1 饱和一元醇命名举例

构 造 式	普通命名法	系统命名法
$CH_3CH_2CH_2CH_2OH$	正丁醇	1-丁醇
$CH_3CHCH_2CH_3$ $\quad\quad\vert$ $\quad\quad OH$	仲丁醇	2-丁醇
CH_3CHCH_2OH $\quad\quad\vert$ $\quad\quad CH_3$	异丁醇	2-甲基-1-丙醇
$\quad\quad CH_3$ $\quad\quad\vert$ CH_3-C-OH $\quad\quad\vert$ $\quad\quad CH_3$	叔丁醇	2-甲基-2-丙醇

不饱和脂肪醇的系统命名,应选择连有羟基同时含有不饱和键在内的最长碳链为主链,按主链碳原子个数称为"某烯醇"或"某炔醇";编号时,从靠近羟基的一端开始编号。并在"烯"或"炔"和"醇"字前面分别标明不饱和碳原子与羟基的位置。例如:

$$CH_3CH=\overset{\overset{\textstyle }{}}{\underset{\underset{\textstyle CH_3}{|}}{C}}CH_2OH \qquad\qquad CH_3CH_2CH_2\overset{4}{C}H\overset{3}{C}H_2\overset{2}{C}H_2\overset{1}{C}HOH$$
$$\underset{\underset{5}{CH}=\underset{6}{CH_2}}{}$$

2-甲基-2-丁烯-1-醇   4-丙基-5-己烯-1-醇

芳醇的命名,可把芳基作为取代基。例如:

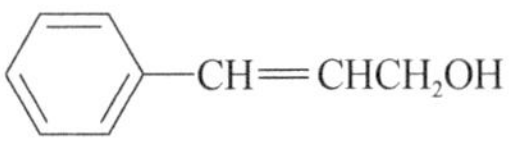

〈苯环〉—CH=CHCH₂OH   〈苯环〉—CHCH₃(OH)   〈苯环〉—CH₂CH₂OH

3-苯基-2-丙烯-1-醇   1-苯乙醇   2-苯乙醇
(肉桂醇)   (α-苯乙醇)   (β-苯乙醇)

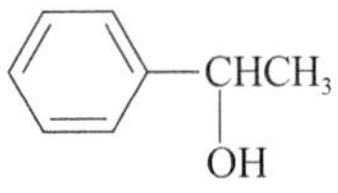

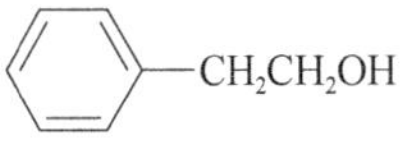

含有两个羟基以上的多元醇,结构简单的常用俗名。结构比较复杂的多元醇,应尽可能选择连接羟基最多的最长碳链为主链;根据主链的碳原子个数和羟基的数目,

称为"某"二醇、三醇等，并标明羟基的位置。例如：

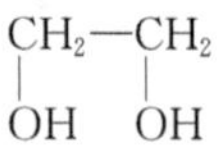

$$
\begin{array}{cc}
CH_2-CH_2 \\
| \quad\quad | \\
OH \quad OH
\end{array}
\qquad
\begin{array}{ccc}
H_3C-CH-CH_2 \\
\quad | \quad\quad | \\
\quad OH \quad OH
\end{array}
\qquad
\begin{array}{ccc}
H_2C-CH_2-CH_2 \\
| \quad\quad\quad\quad | \\
OH \quad\quad OH
\end{array}
$$

　1,2-乙二醇(乙二醇) 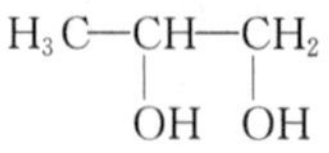　　　　1,2-丙二醇 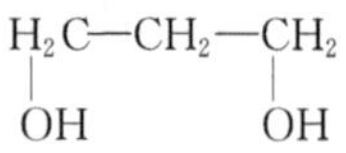　　　　　1,3-丙二醇

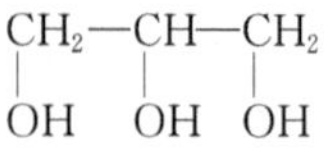

$$
\begin{array}{ccc}
CH_2-CH-CH_2 \\
| \quad\quad | \quad\quad | \\
OH \quad OH \quad OH
\end{array}
$$

　1,2,3-丙三醇(俗名：甘油) 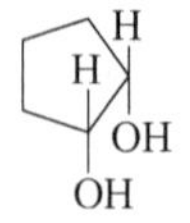　　　　顺-1,2-环戊二醇

问题 7-1　用系统命名法命名下列化合物。

(1) $(CH_3)_2CHCH=CHCH_2OH$　　(2)

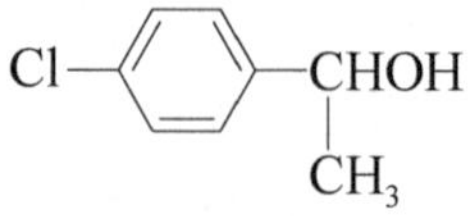

$$
Cl-\!\!\!\!\!\bigcirc\!\!\!\!\!-\overset{\displaystyle CHOH}{\underset{\displaystyle CH_3}{|}}
$$

(3) $C_6H_5\overset{\displaystyle |}{\underset{\displaystyle OH}{C}}HCH_2CH=CH_2$

问题 7-2　写出下列化合物的构造式。
(1) 异戊醇　(2) 2-环己烯-1-醇　(3) 二甲基环己基甲醇　(4) 1-甲基环戊醇

第二节　醇的结构与性质

一、醇的结构

　　醇是由烃基和官能团羟基(—OH)两部分组成的，羟基决定着醇的主要性质。在羟基中氧原子的外层电子发生了不等性的 sp^3 杂化，其中 2 个 sp^3 杂化轨道分别与氢原子和碳原子结合形成了 O—H 和 O—C 两个 σ 键，余下的 2 个 sp^3 杂化轨道被两对未共用电子对所占据，如下图所示。

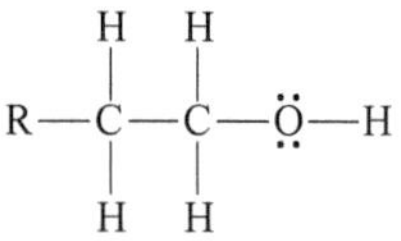

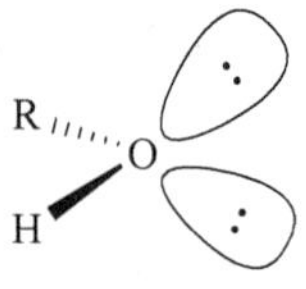

　　由于氧原子上含有未共用电子对，所以醇是一个路易斯碱。在质子酸或路易斯酸存在下，醇可以接受质子生成质子化醇，或者同路易斯酸反应生成分子复合物。
　　在 O—H 键中，氧原子的电负性比氢原子大得多，成键电子强烈地偏向氧原子一方，所以 O—H 键是强极性键，氧原子带有部分负电荷，氢原子带有部分正电荷，即氢原子具有一定的酸性。在 O—C 键中，氧原子的电负性也比碳原子大得多，虽然它的极性不如 O—H 键强，但它仍然是一个强极性键。由于醇分子中的 O—H 键和 O—C 键是两个极性键，所以醇主要发生 O—H 键和 O—C 键的异裂反应。

二、醇的物理性质

　　在常温下，饱和一元醇中，C_4 以下的醇为具有酒味的液体，$C_5 \sim C_{11}$ 的醇为具有不愉快气味的油状液体，C_{12} 以上的醇为无臭无味的蜡状固体。一些醇的主要物理常数见表 7 - 2。

表 7 - 2　一些醇的主要物理常数

名称	熔点/℃	沸点/℃	相对密度(d_4^{20})	$\dfrac{溶解度}{(g/100\ g\ 水)}$(20℃)
甲醇	−97.8	64.7	0.792	∞
乙醇	−114.5	78.4	0.789	∞
正丙醇	−127	97.2	0.804	∞
异丙醇	−89.5	82.4	0.785	∞
正丁醇	−89.8	118	0.810	9
2 -丁醇	−114.7	99.5	0.808	12.5
异丁醇	−108	108.1	0.802	10
叔丁醇	25.6	82.6	0.779	∞
正戊醇	−78.9	138.1	0.818	2.7
正己醇	−51.6	157.5	0.822	微溶
烯丙醇	−129	97.1	0.855	∞
乙二醇	−15.6	197.9	1.113	∞
丙三醇	18.2	290(分解)	1.261	∞
环己醇	25.5	161.1	0.962	3.6
苯甲醇	−15.2	205.4	1.045	4
β -苯乙醇	−27	$219\sim221^{10.0\ kPa}$	1.023	1.6

醇的沸点比相对分子质量相近的烃类化合物高得多，而且也高于相对分子质量相近的卤代烃、醛和醚等。这主要是由于羟基是极性很强的基团，分子间可通过氢键缔合。醇从液态变成气态时，除了需要克服分子间的引力外，还需要额外的能量去破坏分子间的氢键。在二元醇及多元醇分子中有较多的羟基可以形成多个氢键，所以它们的沸点较高，在同分异构体中，直链的伯醇沸点最高。醇分子中的氢键一般可用虚线表示：

$$
\begin{array}{c}
\text{R} \qquad\qquad\qquad \text{R} \\
| \qquad\qquad\qquad | \\
\cdots\text{H}\!-\!\text{O}\cdots\text{H} \qquad \text{H}\cdots\text{O} \qquad \text{H}\cdots \\
\qquad\qquad | \qquad\qquad | \\
\qquad\qquad \text{O}\cdots\text{H} \qquad \text{O} \\
\qquad\qquad | \qquad\qquad | \\
\qquad\qquad \text{R} \qquad\qquad \text{R}
\end{array}
$$

低级醇能与水无限混溶，随着相对分子质量增大，醇在水中的溶解度逐渐降低。原因是低级醇能与水分子形成氢键，而随着醇分子中烃基（疏水基）的增大，形成氢键的能力减小，因而在水中的溶解度降低。从丁醇开始，水溶性显著降低，癸醇以上的高级醇不溶于水。另外，分子中羟基数目越多，与水分子形成氢键的机会越大，故具有更大的水溶性。

直链饱和一元醇的熔点和相对密度，除甲醇、乙醇、丙醇外，其余的醇均随相对分子质量的增加而增大。脂肪醇的密度大于烃而小于水，芳香醇的密度则大于水。

低级醇可以和一些无机盐如氯化钙、氯化镁、硫酸铜等形成可溶于水而不溶于有机溶剂的结晶状配合物，称为结晶醇。如 $CaCl_2 \cdot 4CH_3OH$、$CaCl_2 \cdot 4C_2H_5OH$、

$MgCl_2 \cdot 6CH_3OH$ 等。因此,不能用无水 $CaCl_2$ 来除去醇中所含的水分。

三、醇的化学性质

1. 与活泼金属的反应

醇与水一样含有羟基,因此与水有相似的化学性质,具有一定的酸性($pK_a \approx$ 16),它可与 Na、K、Mg、Al 等活泼金属反应,放出氢气,同时生成醇钠或醇钾等。

$$2RO{-}H + 2Na \longrightarrow 2RNa + H_2 \uparrow$$

在醇分子中,由于烷基的给电子作用,使醇中氧原子上的电子云密度比水中氧原子上的电子云密度高。另外,体积大的烷基阻碍了 RO^- 的溶剂化效应,所以醇的酸性比水($pK_a \approx$ 15.7)弱但比乙炔或氨要强。其酸性大小为

$$H_2O > ROH > HC{\equiv}CH > NH_3 > RH$$

由于醇的酸性较水弱,醇与活泼金属的反应要比水缓和一些。醇与钠的反应要比醇与水的反应缓和得多,利用该反应可以除去某些反应中剩余的金属钠,而不致引起燃烧和爆炸。各类醇与金属钠反应的速率为

$$甲醇 > 伯醇 > 仲醇 > 叔醇$$

由于醇是弱酸,所以它的共轭碱醇钠是强碱。醇钠的碱性比氢氧化钠还强,遇水即分解为氢氧化钠和醇。

$$RONa + H_2O \longrightarrow ROH + NaOH$$

其他活泼金属钾、镁、铝汞齐等也可以与醇反应,生成相应的醇金属化合物。其中异丙醇铝和叔丁醇铝在有机合成上有重要用途。

$$\underset{\qquad}{H_3C{-}\overset{\overset{\displaystyle CH_3}{|}}{C}H{-}OH} + Al \longrightarrow (H_3C{-}\overset{\overset{\displaystyle CH_3}{|}}{C}H{-}O{\rightarrow})_3 Al + H_2$$

2. 与 HX、PCl_3、$SOCl_2$ 的反应

醇与 HX、PCl_3、$SOCl_2$ 反应都可获得卤代烃。醇与氢卤酸发生亲核取代反应,生成卤代烃和水,这是制备卤代烃的重要方法之一。

$$R{-}OH + HX \rightleftharpoons R{-}X + H_2O(X = Cl、Br、I)$$

该反应是可逆反应,反应的难易程度与醇的结构、氢卤酸的种类有关。氢卤酸的活性次序为

$$HI > HBr > HCl$$

氢氯酸与醇的反应较困难,使用无水氯化锌催化时,方能使反应顺利进行。所用浓盐酸和无水氯化锌配制的溶液,称为卢卡斯(H. J. Lucas)试剂。

各种醇和浓盐酸在 $ZnCl_2$ 催化下的反应活性顺序为

$$烯丙型醇 > 3° > 2° > 1° > CH_3OH$$

C_6 以内的醇类,可以溶于卢卡斯试剂,而反应产物氯代烷是难溶于卢卡斯试剂的油状液体,因此反应体系中产生明显的浑浊或分层现象,标志着反应的发生。C_6

以上的醇类,因本身不溶于卢卡斯试剂,同样产生浑浊,以致无法判别反应发生与否。利用伯、仲、叔醇的反应速率不同,可用该试剂来鉴别三类醇。

$$R_3C\!-\!OH + HCl \underset{25℃}{\overset{ZnCl_2}{\rightleftharpoons}} R_3C\!-\!Cl + H_2O \quad 立即反应(浑浊)$$

$$R_2CH\!-\!OH + HCl \underset{25℃}{\overset{ZnCl_2}{\rightleftharpoons}} R_2CH\!-\!Cl + H_2O \quad 5\ min\ 内反应(浑浊)$$

$$RCH_2\!-\!OH + HCl \underset{25℃}{\overset{ZnCl_2}{\rightleftharpoons}} RCH_2\!-\!Cl + H_2O \quad 不反应(反应液仍清亮)$$

制备卤代烃的另一个重要方法是醇与三卤化磷(PX_3)或亚硫酰氯($SOCl_2$)反应。

$$3R\!-\!OH + PX_3 \longrightarrow 3R\!-\!X + H_3PO_3$$

$$R\!-\!OH + SOCl_2 \longrightarrow R\!-\!Cl + SO_2 + HCl$$

在实验室里和工业上常用三卤化磷和亚硫酰氯作为卤化剂,以醇作原料来制取卤代烃类。此方法的优点是制备卤代烃的过程中不会导致重排反应,且能得到纯度较高的产物。

3. 酯化反应

醇和酸作用失水而生成酯的反应称为酯化反应。在少量无机酸催化下,醇同有机酸反应生成羧酸酯。例如:

$$\underset{O}{\overset{\parallel}{R\!-\!C}}\!-\!OH + H\!-\!OR' \overset{H^+}{\rightleftharpoons} \underset{O}{\overset{\parallel}{R\!-\!C}}\!-\!OR' + H_2O$$

常用作催化剂的无机酸有浓硫酸或干燥的氯化氢。由于酯化反应是可逆反应,所以同一催化剂既可催化正反应(酯化反应),又可催化逆反应(水解反应),加速正逆反应达到平衡。

在酯化反应中,随着醇分子中烃基的增大,反应速率变慢。其反应活性顺序为

$$甲醇 > 伯醇 > 仲醇 > 叔醇$$

三级醇在酸的作用下很容易脱水生成烯烃,故三级醇酯化通常用酰卤或酸酐代替酸。

醇也可以和含氧无机酸发生酯化反应,生成无机酸酯。

$$CH_3OH + HONO_2 \rightleftharpoons CH_3ONO_2 + H_2O$$
$$硝酸甲酯$$

$$CH_3OH + HOSO_3H \rightleftharpoons CH_3OSO_3H + H_2O$$
$$硫酸氢甲酯$$

$$CH_3OH + CH_3OSO_3H \rightleftharpoons (CH_3O)_2SO_2 + H_2O$$
$$硫酸二甲酯$$

硫酸二甲酯是无色液体,毒性极大。在有机合成中常用作甲基化试剂。

4. 脱水反应

在酸催化下,醇在加热时发生脱水反应,脱水的方式有两种:分子内脱水和分子间脱水,随反应温度不同而不同。一般在较高温度下主要发生分子内脱水生成烯烃;在稍低些的温度下发生分子间脱水生成醚。例如:把乙醇和浓硫酸加热到170℃以

上,乙醇脱水生成乙烯

$$CH_2-CH_2 \xrightarrow[170℃]{浓\ H_2SO_4} H_2C\!=\!CH_2+H_2O$$

（下方标注）H   OH

醇分子内脱水反应是实验室里制备烯烃的常用方法之一。该反应同卤代烃的消除反应类似,也遵循札依采夫规则,脱去的是羟基和含氢较少的 β-碳上的氢原子,即生成的主要产物是取代最多的烯烃。例如:

$$CH_3CHCH_2CH_3 \xrightarrow[\triangle]{浓\ H_2SO_4} CH_3CH\!=\!CHCH_3+H_2O$$

（下方标注）OH

在酸催化下,醇脱水是按单分子消除(E1)反应历程进行的。所以,三种醇的反应活性顺序为

$$叔醇 > 仲醇 > 伯醇$$

5. 氧化反应

由于羟基的影响,醇分子中的 α-氢比较活泼,容易被氧化或脱氢。常用的氧化剂有 $K_2Cr_2O_7-H_2SO_4$、CrO_3-HAc 和 $KMnO_4$ 等,氧化生成的产物取决于醇的结构和所用试剂的性质。

在高锰酸钾或重铬酸钾等强氧化剂的作用下,伯醇首先生成醛,继续氧化则生成羧酸;仲醇氧化生成酮;叔醇因无 α-氢,在同样条件下通常不被氧化。

$$R-\underset{H}{\overset{H}{C}}-OH \xrightarrow{[O]} \left[R-\underset{OH}{\overset{H}{C}}-OH\right] \xrightarrow{-H_2O} R-\underset{醛}{\overset{H}{C}}\!=\!O \xrightarrow{[O]} R-\underset{酸}{\overset{OH}{C}}\!=\!O$$

$$R-\underset{H}{\overset{R'}{C}}-OH \xrightarrow{[O]} \left[R-\underset{OH}{\overset{R'}{C}}-OH\right] \xrightarrow{-H_2O} R-\underset{酮}{\overset{R'}{C}}\!=\!O$$

$$R-\underset{R''}{\overset{R'}{C}}-OH \xrightarrow{[O]} 不反应$$

用上述强氧化剂,要使反应停留在醛的阶段比较困难,除非生成的醛分子量比较小,一旦形成后,就将其从反应体系中蒸出,才可防止醛被进一步氧化。

要使反应停留在醛的阶段还可采用一些较弱的氧化剂或特殊的氧化剂。如三氧化铬与吡啶的加合物($CrO_3\cdot C_5H_5N$)可将伯醇氧化至醛而不再继续氧化。

$$CH_3CH_2\underset{}{\overset{CH_3}{CH}}(CH_2)_4CH_2OH \xrightarrow[CH_2Cl_2]{CrO_3\cdot C_5H_5N} CH_3CH_2\overset{CH_3}{CH}(CH_2)_4CHO$$

在一定(脱氢试剂)条件下,伯醇和仲醇羟基上的氢和 α-碳上的氢同时被脱去,伯醇生成醛,仲醇生成酮。伯醇和仲醇的蒸汽在高温下通过活性铜、银或镍等催化剂的表面时,可发生脱氢反应,分别生成醛和酮,这是催化氢化反应的逆过程。例如:

$$CH_3CH_2OH \xrightleftharpoons[250\sim350℃]{Cu} CH_3CHO + H_2$$

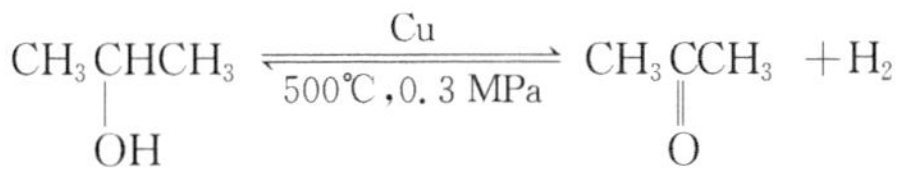

$$\underset{OH}{CH_3CHCH_3} \xrightarrow[500℃,0.3\,MPa]{Cu} \underset{O}{CH_3CCH_3} + H_2$$

叔醇分子中没有 α-氢原子,因此不能脱氢,只能脱水生成烯烃。

问题 7-3 不查表,将下列化合物的沸点由低到高排列成序。

(1) 正己醇 (2) 3-己醇 (3) 正己烷 (4) 正辛醇 (5) 二甲基正丙基甲醇

问题 7-4 鉴别叔丁醇、异丁醇和仲丁醇。

问题 7-5 能否用 $CaCl_2$ 作干燥剂除去乙醇中的水分? 为什么?

Ⅱ 酚

第三节 酚的分类和命名

羟基直接连在芳香环上的化合物称为酚。酚可看作是芳香烃芳环上的一个或几个氢原子被羟基取代后的衍生物。

一、酚的分类

按照羟基数目的不同,可将酚分为一元酚、二元酚、三元酚等,二元以上的酚统称作多元酚。酚按芳香环的不同可分为苯酚、萘酚、蒽酚等。

一元酚:

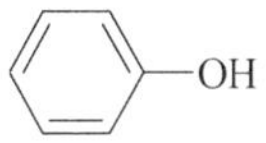

苯酚　　　　　　　　　β-萘酚或2-萘酚

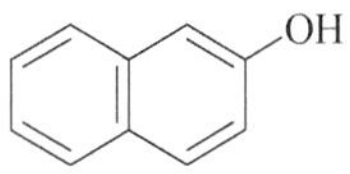

二元酚:

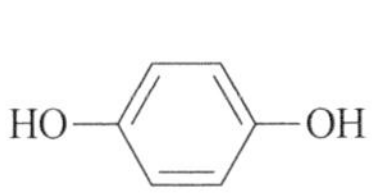

对苯二酚或1,4-苯二酚或氢醌 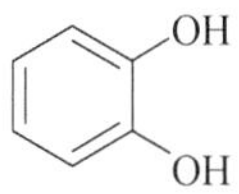　　　邻苯二酚或1,2-苯二酚

三元酚:

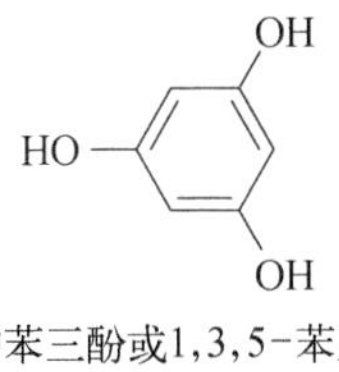

均苯三酚或1,3,5-苯三酚 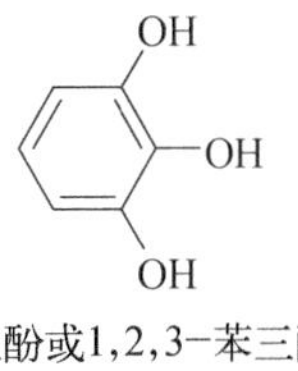　　　连苯三酚或1,2,3-苯三酚

二、酚的命名

酚的命名是在酚字前面加上芳香基的名称,以此为母体;如有取代基按次序规则

将其写在母体名称前。

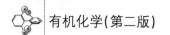

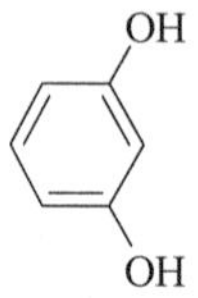

1,3-苯二酚	3-硝基苯酚	2-溴-1-萘酚	2,4,6-三硝基苯酚
(间苯二酚)	(间硝基苯酚)		(苦味酸)

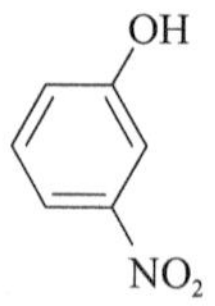

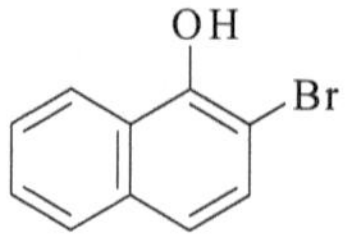

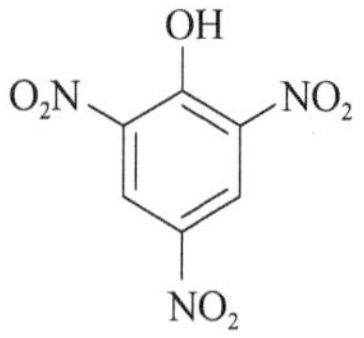

对于多官能团的酚类,根据官能团优先次序规则,可将酚羟基作为取代基。

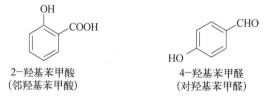

2-羟基苯甲酸   4-羟基苯甲醛
(邻羟基苯甲酸)   (对羟基苯甲醛)

问题 7 - 6 命名下列化合物。

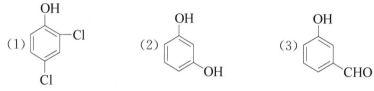

问题 7 - 7 写出下列化合物的结构式。

(1) 对甲氧基苯酚　　(2) 对羟基苯甲醇　　(3) 邻苯二酚　　(4) 邻羟基苯甲醛

第四节　酚的结构与性质

一、酚的结构

酚的结构分析可以用苯酚作代表来进行。苯酚的结构式如下

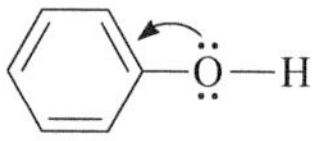

(A) 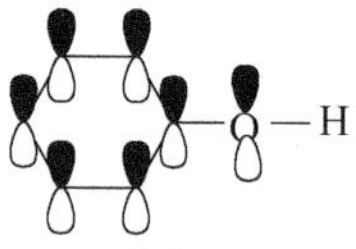　　　　　　　　　(B)

与醇不同,在酚羟基中,氧原子的外层电子发生了 sp^2 不等性杂化,形成了 3 个 sp^2 杂化轨道,其中一个杂化轨道被一对未共用电子占据,其余两个杂化轨道分别同一个氢原子和苯环上的一个碳原子结合生成 O—H 和 O—C 两个 σ 键。氧原子未杂化的 p 轨道垂直于 3 个 sp^2 杂化轨道所在的平面,且含有一对未共用的 p 电子。这个 p 轨道与苯环上六个碳原子的 p 轨道相互平行重叠,形成 p-π 共轭体系。

由于共轭体系的电子云平均化,使得 p 轨道上未共用电子对的部分电荷分散到整个共轭体系中去。氧原子上电子云密度的降低,增加了氧原子对 O—H 键中电子对的吸引,使 O—H 键的电子云更加偏向于氧原子,于是大大增加了 O—H 键的极性,所以与醇相比,酚羟基上的氢原子更易于以质子的形式解离下来,故酚显酸性。

氢原子也可以被酰基取代而生成酚酯。另外,酚还能同 $FeCl_3$ 的水溶液发生颜色反应,生成配合物等(O—H 键断裂)。

由于氧原子上的电子云向苯环移动的结果,不但使与羟基直接相连的苯环碳原子上的电子云密度增高,不利于亲核试剂的进攻,同时,电子云向苯环的移动也增加了 O—C 键的强度,所以酚的 O—C 键不易断裂。也就是说,亲核试剂难以取代酚羟基发生亲核取代反应。

由于 p-π 共轭体系使苯环的电子云密度增高,因此酚羟基是一个活化基团,容易发生卤代、硝化和磺化等亲电取代反应(C—H 键断裂)。酚的亲电取代反应主要发生在邻、对位。

综上所述,与醇相比,酚的酸性增强并且羟基难以被取代。另外,酚羟基使苯环活化,苯环上的亲电取代反应活性提高并且容易被氧化。

二、酚的物理性质

酚大多是结晶性固体,有特殊气味。纯酚是无色的,但常见的酚往往由于被氧化而呈粉红色或土黄色。酚分子之间或酚分子与水分子之间,可发生氢键缔合。因此,酚的沸点和熔点都比相对分子质量相近的烃高。但因芳基在分子中占有较大比例,故酚微溶于水,能溶于酒精、乙醚等有机溶剂。多元酚在水中的溶解度随羟基数目的增多而增大。常见酚的物理常数见表 7-3。

表 7-3 常见酚的物理常数

名 称	熔点/℃	沸点/℃	溶解度 (g/100 g 水)
苯酚	41	182	9.3
邻甲苯酚	31	191	2.5
间甲苯酚	11	201	2.6
对甲苯酚	35	202	2.3
邻氯苯酚	9	173	2.8
间氯苯酚	33	214	2.6
对氯苯酚	43	220	2.7
邻硝基苯酚	45.3	216	0.2
间硝基苯酚	97	$194^{9.31\ kPa}$	2.2
对硝基苯酚	114.9	279(分解)	1.3
α-萘酚	94	288	难
β-萘酚	123	295	0.1
邻苯二酚	105	245	45
间苯二酚	111	$178^{2.13\ kPa}$	123
对苯二酚	173	285	8
1,2,3-苯三酚	133	309	62
1,3,5-苯三酚	218	升华	1

三、酚的化学性质

1. 酚的酸性

由于 p-π 共轭效应的影响,酚羟基上的氢容易以 H^+ 形式解离,所以它们能与氢氧化钠等强碱作用而生成酚盐。

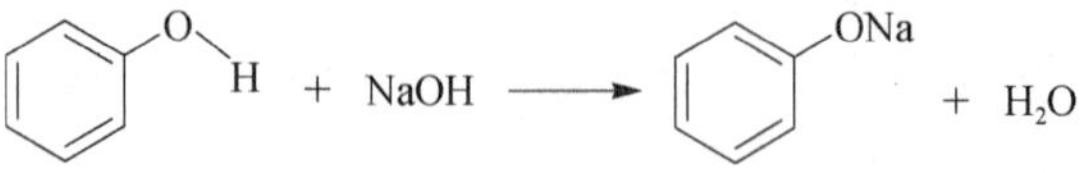

苯酚钠

酚类的酸性很弱,如苯酚的酸性($pK_a=9.95$)比醇的酸性($pK_a \approx 16$)强,比碳酸的酸性($pK_a=6.4$)弱,不能使石蕊试纸变色。因此,在苯酚钠的水溶液中通入 CO_2 气体,可使苯酚游离析出。

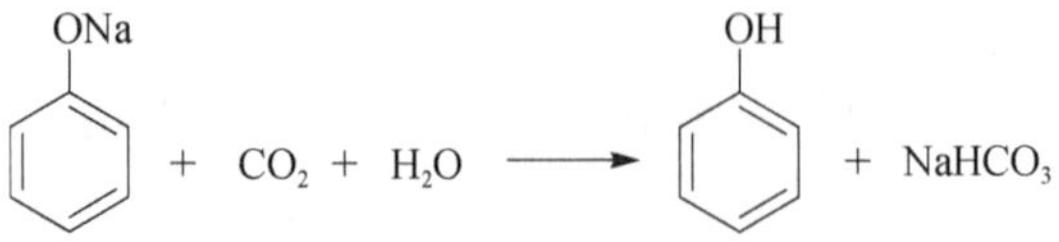

由上述得出酸性次序为碳酸>苯酚>水>醇。

酚盐是离子型化合物,易溶于水,所以酚类易溶于氢氧化钠的水溶液中。此性质可用于酚类的分离提纯:先把酚类溶于氢氧化钠的水溶液,除去不溶性杂质后,再向酚盐溶液通入二氧化碳或加入稀盐酸,即可游离出酚。此性质常用于苯酚与非酸性有机物的分离。

对于取代酚来说,任何能使苯氧负离子稳定性提高的因素,都能使酚的酸性增强。当芳香环上连有吸电子基时,且吸电子能力越强、吸电子基越多,取代酚的酸性就越强。如邻硝基苯酚的酸性($pK_a \approx 7.23$)比苯酚强得多,2,4,6-三硝基苯酚(俗称苦味酸 $pK_a \approx 2.3$) 的酸性接近于强无机酸。而斥电子基使酚的酸性减弱,如邻甲苯酚的酸性($pK_a \approx 10.26$)就比苯酚弱。

2. 酯化反应

酚与酸直接酯化较困难,所以酚酯一般是用反应活性强的酰基化试剂(如酰卤或酸酐)与酚反应来制备。

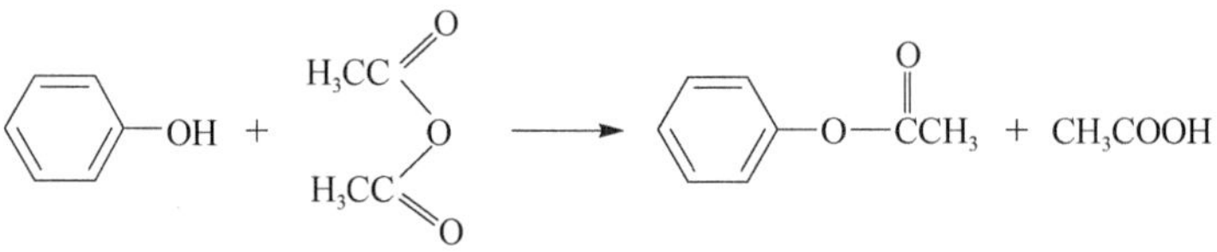

乙酸酐   乙酸苯酯

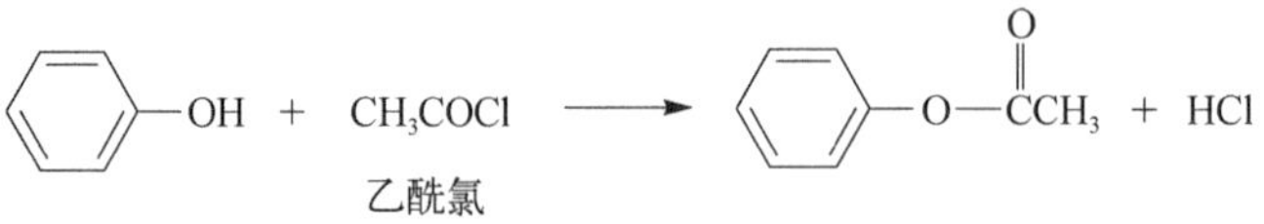

乙酰氯

3. 与三氯化铁的显色反应

苯酚与三氯化铁溶液发生显色反应,生成苯酚铁配离子。

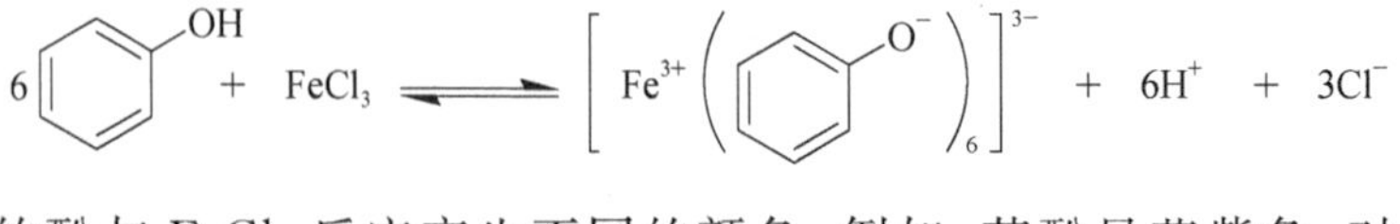

不同的酚与 $FeCl_3$ 反应产生不同的颜色,例如,苯酚呈蓝紫色,对甲苯酚呈蓝色,邻苯二酚呈深绿色,间苯三酚呈淡红棕色等。除酚类外,凡具有烯醇式

结构（ $\overset{\diagdown}{\diagup}C\!=\!CH\!-\!OH$ ）的化合物与三氯化铁也都有显色反应。因此常用该反应鉴别酚类或具有稳定烯醇式结构的化合物。

4. 酚醚的生成

与醇相似，酚也能生成醚，但酚不能进行分子间脱水生成醚。

芳基烷基醚可利用威廉姆逊合成法制备，这种方法一般是酚在碱性溶液中与卤代烃或硫酸酯反应生成醚。在碱性溶液中，酚以酚盐负离子（ArO⁻）形式存在，它作为亲核试剂与卤代烃或硫酸二甲酯反应。

$$\text{（苯酚）}\text{—OH} + CH_3I \xrightarrow{NaOH} \text{（苯甲醚）}\text{—O—}CH_3 + HI$$

工业上用 2,4-二氯苯酚与对硝基氯苯反应合成除草醚。

$$Cl\text{—}\underset{Cl}{\text{—}}OH + Cl\text{—}\text{—}NO_2 \xrightarrow[\triangle]{NaOH} Cl\text{—}\underset{Cl}{\text{—}}O\text{—}NO_2 + HCl$$

2,4-二氯苯酚　　　　　对硝基氯苯　　　　　　　　　　　除草醚

5. 芳环上的取代反应

羟基是很强的邻、对位定位基，可使苯环活化，比苯容易进行卤代、硝化和磺化等反应。

（1）卤代反应

苯酚与溴水作用，立即反应生成 2,4,6-三溴苯酚白色沉淀，且可定量完成。该反应可用于苯酚的定性和定量分析。

$$\text{—OH} + 3Br_2 \xrightarrow{H_2O} Br\underset{Br}{\overset{OH}{\text{—}}}Br + 3HBr$$

白色沉淀(约100%)

（2）硝化反应

苯酚在室温下，用稀硝酸即可被硝化，生成邻硝基苯酚和对硝基苯酚。邻硝基苯酚可用水蒸气蒸馏，而对硝基苯酚不能进行水蒸气蒸馏，因而可以使二者分离、提纯。

$$\text{—OH} + 20\%HNO_3 \xrightarrow{25℃} \overset{OH}{\text{—}}NO_2 + \overset{OH}{\underset{NO_2}{\text{—}}}$$

（3）磺化反应

苯酚与浓硫酸作用，即发生磺化反应而生成羟基苯磺酸。随磺化条件的不同，可得不同的产物。

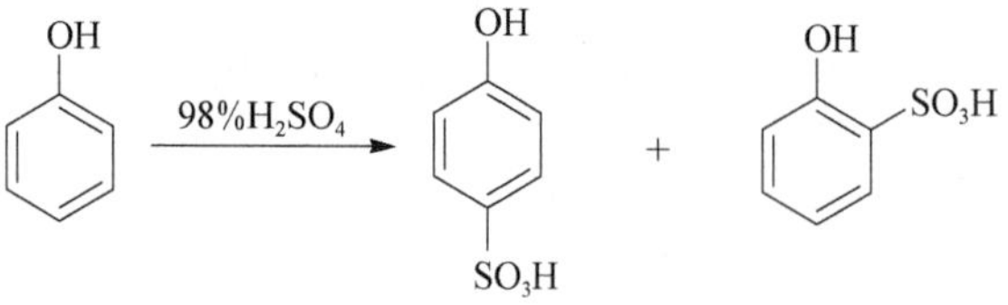

20℃   49%   51%
100℃ 90%   10%

磺化反应是可逆的,苯磺酸在稀硫酸溶液中回流即可除去—SO₃H。

6. 酚的氧化反应

在氧化剂作用下,酚被氧化成醌,苯环上的酚羟基越多越容易被氧化。例如:

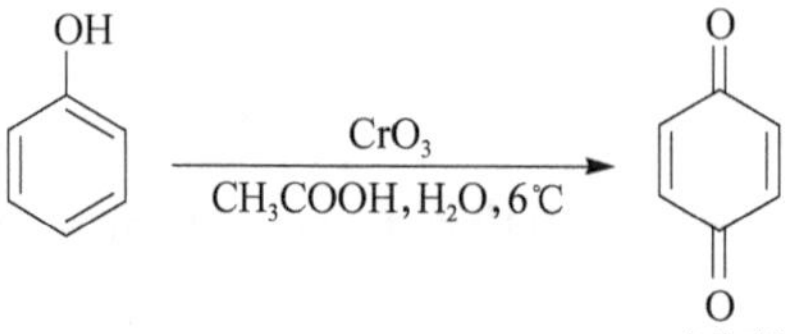

对苯醌

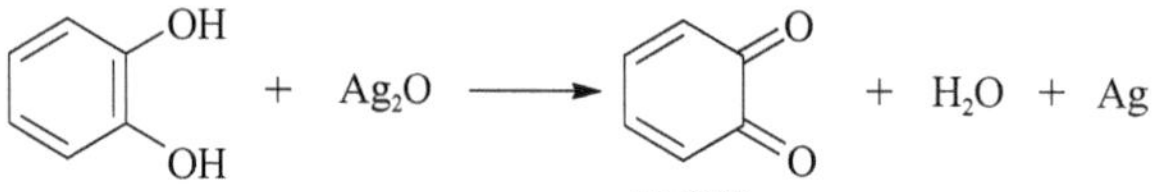

+ H₂O + Ag

邻苯醌

酚在空气中长期放置或在光的照射下,能被空气中的氧气氧化,颜色逐渐变深。

问题 7-8　将下列化合物按酸性强弱顺序排列。

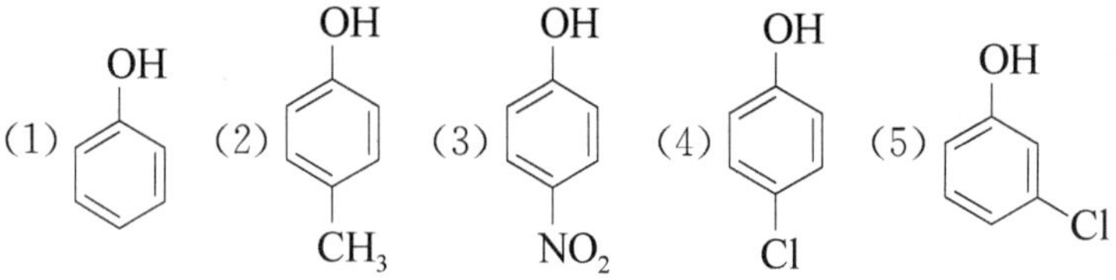

(1)　　(2)　　(3)　　(4)　　(5)

Ⅲ　醚

第五节　醚的分类与命名

醚是水分子中的氢都被烃基取代的衍生物。"—O—"称为醚键,是醚的官能团。

醚分子中的烃基可以是脂肪族烃基或芳香族烃基。两个烃基相同的醚叫作简单醚,如 CH_3OCH_3;两个烃基不相同的醚叫作混合醚,如 $CH_3OCH_2CH_3$。

醚的命名法有两种:普通命名法和系统命名法。

普通命名法是按照氧原子所连接的两个烃基的名称来命名的。命名时只需在两个烃基名称之后加一个"醚"字,"基"字一般可省略。

两个烃基均为脂肪族烃基时,简单醚称作"二某醚","二"字可省去;混合醚称作"某某醚",较小的烃基写在前面。例如:

CH_3OCH_3　　　$CH_3OCH_2CH_3$　　　$CH_3OCH(CH_3)_2$　　　$CH_3CH_2OCH=CH_2$
甲醚　　　　　　甲乙醚　　　　　　甲基异丙基醚　　　　　　乙基乙烯基醚

脂肪族烃基和芳香族烃基的混合醚,芳香基写在前面。例如：

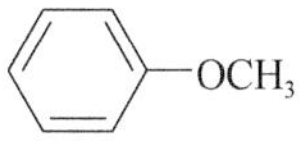

苯甲醚 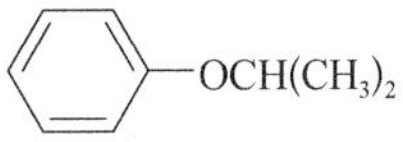　　　　　　　　　　　　　苯基异丙基醚

两个烃基均为芳香族烃基时,"二"字不可以省略。

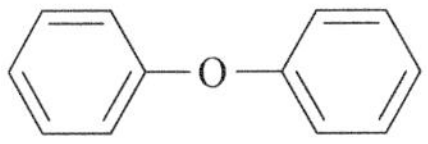

二苯(基)醚

环醚,称为"环氧某烷"或作为一些化合物的衍生物来命名。

环氧乙烷 　　　　　四氢呋喃 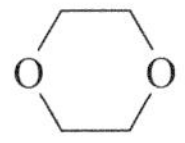　　　　　1,4-二氧六环

系统命名法命名时,选取较长碳链的烃基所对应的烃为母体,把余下的烃氧基作为取代基。例如：

$$CH_3OCH_2CH_2CH_2CH_3$$

1-甲氧基丁烷

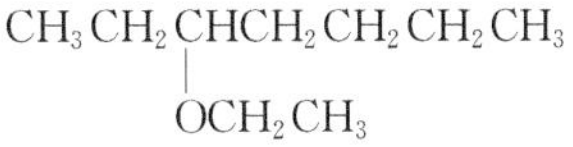

$$CH_3CH_2CHCH_2CH_2CH_2CH_3$$
$$|$$
$$OCH_2CH_3$$

3-乙氧基庚烷

$$CH_3OCH_2CH_2OCH_3$$

1,2-二甲氧基乙烷(乙二醇二甲醚)

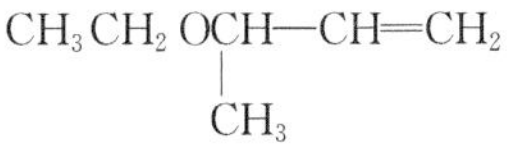

$$CH_3CH_2OCH-CH=CH_2$$
$$|$$
$$CH_3$$

3-乙氧基-1-丁烯

第六节　醚的结构与性质

一、醚的结构

醚中的氧原子为 sp^3 不等性杂化,其中,2 个 sp^3 杂化轨道被两对未共用电子对所占据,其余 2 个 sp^3 杂化轨道分别同两个烃基碳原子结合,生成两个 O—C σ 键。

$$R-CH_2-\ddot{O}-CH_2-R'　（R 和 R' 为烃基）$$

由于氧原子上具有两对未共用电子对,所以醚是一个路易斯碱,它能接受酸中的质子生成锌盐,并能同路易斯酸反应生成分子复合物。

在 O—C 键中,氧原子的电负性比碳原子的电负性大得多,所以 O—C 键是一个强极性键,在 HX 的作用下,醚能发生 O—C 键的断裂。

氧原子的吸电子效应,也使 α-氢活性增加,故它们能被氧化剂或空气中的氧气氧化,生成过氧化物。

醚的结构中虽然有碳氧极性键,但两个 C—O 键的极性有一部分互相抵消,醚分子的极性并不大,所以醚不活泼。

二、醚的物理性质

常温下,C$_3$以下的醚为气体,其余通常为无色液体,有特殊气味。醚分子之间不能形成氢键,故沸点比相应的醇低得多;但由于醚可与水形成氢键,所以水溶性与相应的醇差不多。一些醚的物理常数见表7-4。

表7-4　一些醚的物理常数

名　称	熔点/℃	沸点/℃	相对密度(d_4^{20})	溶解度 (g/100 g 水)(20℃)
二甲醚	−138.5	−23.7	1.617(气)	3 700 mL[18℃]
乙醚	−116.3	34.6	0.708	7.5
二正丙醚	−122	90.1	0.752	微溶
二异丙醚	−60	68.5～69.0	0.725	0.2
二正丁醚	−97.9	142.4	0.773	<0.05
二苯醚	26.9	258.3	1.073	微溶
苯甲醚	−37.4	153.8	0.990	10
苯乙醚	−29.5	170	0.965	不溶
环氧乙烷	−111.7	10.7	0.887	∞
1,4-二氧六环	11.8	101.4	1.034	∞

由于醚不活泼,因此是良好的溶剂,常用作溶剂的有乙醚、四氢呋喃、1,4-二氧六环、乙二醇二甲醚等。

三、醚的化学性质

醚与碱、氧化剂、还原剂等一般均不发生反应。常温下与金属钠也不起反应,因而可用金属钠干燥醚。但醚有碱性,遇酸可形成锌盐,甚至发生醚键的断裂。

1. 锌盐的生成

醚是一种弱碱,pK_b=17.5。遇强无机酸(如浓盐酸、浓硫酸等)可形成锌盐:

$$R-\overset{..}{\underset{..}{O}}-R' + HCl \longrightarrow \left[\begin{matrix} R-O-R' \\ | \\ H \end{matrix} \right] + Cl^-$$

锌盐

醚由于生成锌盐可溶于浓强酸中。锌盐不稳定,用水稀释时锌盐立即又分解成原来的醚。该性质可分离提纯醚并且可以用来区别醚与烷烃或卤代烃。

醚还可以与缺电子的路易斯酸(如三氟化硼、三氯化铝、格氏试剂等)形成络合物。例如:

$$R-\overset{..}{\underset{..}{O}}-R' + BF_3 \longrightarrow \begin{matrix} R \\ \diagdown \\ O \rightarrow BF_3 \\ \diagup \\ R' \end{matrix}$$

$$2R-\overset{..}{\underset{..}{O}}-R' + R''-MgX \longrightarrow \begin{matrix} R-O-R' \\ \downarrow \\ R''-Mg-X \\ \uparrow \\ R-O-R' \end{matrix}$$

因为硼或铝原子有空轨道,可以接受氧原子的未共用电子对,生成三氟化硼或三氯化铝的乙醚配合物。三氟化硼是气体,它能催化某些有机反应,市售的都是三氟化硼-乙醚配合物的乙醚溶液,在使用和运输时较为方便。

2. 醚键的断裂

醚与质子生成锌盐后,C—O 键变弱,因此在强酸的作用下加热,醚键会断裂。常用氢碘酸或氢溴酸断裂醚键,形成卤代烷和醇或酚。例如:

$$H_3C-O-CH_2CH_3 + HX \xrightarrow{\text{冷}} CH_3X + CH_3CH_2OH$$

$$\underset{}{\bigcirc}-OCH_3 + HX \xrightarrow{120℃} CH_3X + \underset{}{\bigcirc}-OH$$

混合醚与氢卤酸共热时,一般是小的烃基生成卤代烷,芳香醚总是生成酚和卤代烷。

3. 过氧化物的生成

醚的 α -碳原子连有氢时,能被空气中的氧气氧化而生成过氧化物。例如:

$$CH_3CH_2OCH_2CH_3 \xrightarrow{O_2} CH_3CH_2OCHCH_3 \atop \qquad\qquad\qquad | \atop \qquad\qquad\qquad O-OH$$

醚的过氧化物不易挥发,在受热或受到摩擦时,很容易发生爆炸。所以,醚一般保存在深色玻璃瓶中,也可加入抗氧化剂防止过氧化物的生成。在蒸馏乙醚前,一般应检查是否含有过氧化物。常用的检验方法是用碘化钾淀粉试纸检验,若存在过氧化物,试纸显蓝色。除去乙醚中过氧化物的方法是向其中加入硫酸亚铁或亚硫酸钠等还原剂以破坏过氧化物。

第七节　硫醇、硫酚、硫醚简介

一、概述

硫和氧的最外层价电子构型相同(均为 s^2p^4),所以它们都能形成二价的化合物。如果将含氧有机化合物看作是水的衍生物,则二价含硫有机化合物可以看作是硫化氢的衍生物。

H_2O	ROH	$Ar-OH$	$R-O-R'$	$R-O-O-R'$
水	醇	酚	醚	过氧化物
H_2S	RSH	$Ar-SH$	$R-S-R'$	$R-S-S-R'$
	硫醇	硫酚	硫醚	二硫化物

硫醇和硫酚的通式为 R—SH 和 Ar—SH,官能团是"—SH(巯基)"。

硫醇、硫酚和硫醚的命名与醇、酚、醚命名相似,只需在母体名称前加上"硫"字即可。对于复杂的化合物也可将巯基作为取代基来命名。例如:

$$CH_3CH_2SH \qquad \bigcirc-SH \qquad CH_3CH_2SCH_2CH_3 \qquad \underset{\substack{| \quad | \quad |\\ SH \;\; SH \;\; OH}}{CH_2-CH-CH_2}$$

乙硫醇　　　　苯硫酚　　　　乙硫醚　　　2,3-二巯基-1-丙醇一方面,由于硫原子的电负性小,所以硫醇和硫酚形成氢键的能力比相应的醇和酚小得多。另一方面,由于它们分子的偶极矩比较小,故分子的内聚力也比相应的醇和酚小。因此,硫醇和硫酚的熔、沸点一般比相应的醇和酚要低得多。在水中的溶解度也比相应的醇低。

低级硫醇有毒,且具有极难闻的臭味。随着相对分子质量的增大,硫醇的臭味逐渐减弱。硫醇、硫酚难溶于水而易溶于有机溶剂。

由于硫位于第三周期,所以最外层电子层(M 层)有 3d 轨道。与氧不同,硫原子还可形成四价或六价的高价化合物,如磺酸、亚磺酸、砜、亚砜等。

二、化学性质

1. 硫醇、硫酚的酸性

硫醇和硫酚都显酸性。硫醇的酸性比相应的醇强,但比硫酚弱。硫醇只能与强碱反应,而硫酚可以溶于碳酸氢钠溶液中。

$$R—SH + NaOH \longrightarrow RSNa + H_2O$$

$$Ar—SH + NaHCO_3 \longrightarrow ArSNa + CO_2 + H_2O$$

硫醇和硫酚都能和重金属铅、汞、铜、银的氧化物作用,生成难溶于水的化合物。例如:

$$2CH_3CH_2SH + (CH_3COO)_2Pd \longrightarrow (CH_3CH_2S)_2Pd + 2CH_3COOH$$
$$\text{无色} \qquad\qquad\qquad\qquad \text{黄色}$$

许多重金属盐能引起人畜中毒。医疗上利用硫醇能与重金属离子形成配合物或不溶性盐的性质,把它们用作解毒剂。如 2,3-二巯基-1-丙醇就是常用的一种硫醇解毒剂(俗称巴尔),它可以与重金属离子形成稳定的配合物,将其从尿中排出,从而解除了重金属对体内蛋白质和酶的破坏作用。

$$\begin{array}{l} CH_2SH \\ | \\ CHSH \\ | \\ CH_2OH \end{array} + Hg^{2+} \longrightarrow \begin{array}{l} CH_2S \\ | \quad\rangle Hg \\ CHS \\ | \\ CH_2OH \end{array} \downarrow + 2H^+$$

2. 氧化反应

硫醇和硫酚都容易被氧化,氧化反应发生在硫原子上。

$$R—SH \xrightarrow{[O]} R—S—S—R \xrightarrow{[O]} R—\overset{O}{\underset{}{\overset{\|}{S}}}—S—R \xrightarrow{[O]} R—SO_3H$$

用弱氧化剂如碘、过氧化氢,甚至空气中的氧气都能将硫醇、硫酚氧化成二硫化物。

$$2RSH + I_2 \longrightarrow RSSR + 2HI$$

硫醇和硫酚在高锰酸钾或硝酸等强氧化剂作用下直接被氧化成磺酸。例如:

$$R—SH \xrightarrow{HNO_3} R—SO_3H$$

$$Ar—SH \xrightarrow{HNO_3} Ar—SO_3H$$

硫醚在室温下与硝酸、三氧化铬或过氧化氢等氧化剂作用生成亚砜。在较高温度下,可生成砜。

$$H_3C-S-CH_3 \xrightarrow{H_2O_2/25℃} H_3C-\overset{O}{\underset{\|}{S}}-CH_3$$
二甲基亚砜(DMSO)

二甲基亚砜(DMSO)是一种极性很大的无色液体,沸点为189℃。它既能溶解有机物,也能溶解无机物,所以是一种很有用的溶剂。由于它的毒性很大,使用时要特别小心。

问题 7 - 9　试比较丙醇和丙硫醇的以下性质。

(1)缔合能力　(2)水溶性　(3)酸性　(4)与氧化剂的反应

问题 7 - 10　试排列下列化合物的酸性强弱顺序。

OH　　SH　　COOH　　SO₃H

第八节　重要的醇、酚、醚

一、重要的醇

1. 甲醇

甲醇最初由木材干馏得到,所以俗称"木精"。在自然界中以其酯或醚的形式普遍存在。

甲醇为无色液体,能与水或多种有机溶剂混溶,沸点为65℃,易燃,有酒味。甲醇毒性很大,服入10 mL 能使人双目失明,30 mL 即能致死,工业酒精中常含有甲醇。甲醇的用途很广,除作为溶剂外,在塑料、制药、有机合成工业中都大量使用。

2. 乙醇

乙醇是酒的主要成分,俗称酒精。因易燃烧,故又称"火酒"。

乙醇为无色液体,与水互溶,沸点为78.3℃。乙醇除可利用乙烯水合制备外,还可以由淀粉发酵制得,后者也是用粮食酿酒的原理。另外,常用重铬酸钾检测司机是否酒后驾车,主要通过重铬酸钾氧化乙醇后颜色由橘红色变为 Cr^{3+} 的绿色来检测。

乙醇有防腐作用,含量 75%(体积分数)的乙醇水溶液杀菌能力最强,在医药上可用于皮肤及器械消毒。

乙醇是有机合成工业的重要原料,也是最常用的溶剂。

3. 乙二醇

乙二醇是无色无臭的有甜味的透明液体,故又称甘醇,熔点为−15.6℃,沸点为197.9℃。它能与水、乙醇、丙酮混溶,但不溶于乙醚。工业上以乙烯为原料直接氧化或用环氧乙烷水解来制备乙二醇。

乙二醇具有较高的沸点,它是实验室常用的高沸点溶剂。乙二醇又具有较低的熔点,特别是 60% 的水溶液的冰点可达 $-40℃$,所以它是汽车散热器的防冻液和飞机发动机冷却剂的主要成分。乙二醇在工业上是合成对苯二甲酸乙二醇酯和聚醚的原料。

4. 丙三醇

丙三醇是无色黏稠液体,有甜味,俗称甘油。甘油能与水以任意比例混溶,有吸湿性,能吸收空气中的水分而稀释至 80% 为止。甘油广泛地应用于化妆品、皮革、烟草、食品及纺织等工业,主要用来防止产品过分干燥。甘油还可用于制造硝化甘油,硝化甘油是无色油状液体,有毒并且爆炸性强,通常将硝化甘油吸收在黏土或硅藻土中,用于制造土建工程的炸药。

在碱性溶液中,甘油能与 Cu^{2+} 作用生成深蓝色溶液,这个反应可用来鉴别多元醇。

$$\begin{array}{c} CH_2OH \\ | \\ CHOH \\ | \\ CH_2OH \end{array} + Cu^{2+} \xrightarrow{OH^-} \begin{array}{c} CH_2O \\ | \\ CHO \end{array}\Big\rangle Cu \quad + H_2O \\ CH_2OH$$

甘油铜(深蓝色)

5. 环己六醇(肌醇)

环己六醇最初从动物肌肉中分离而得,故俗名肌醇。肌醇主要存在于动物肌肉、心脏、肝、脑等器官中。肌醇为白色晶体,有甜味,熔点为 $225℃$,相对密度为 1.752,能溶于水而难溶于有机溶剂。可用于治疗肝病和胆固醇过高等疾病。

肌醇的磷酸酯(肌醇六磷酸)又称植酸。植酸的钙、镁盐广泛存在于植物体内,在种子、各类种皮及胚等处含量较高,米的胚芽中含量可达 5%~8%。种子发芽时,植酸在酶的作用下水解,向幼芽供应生长所需要的磷酸。

环己六醇   肌醇六磷酸(植酸)

二、重要的酚

1. 苯酚

苯酚俗称石炭酸,可从煤焦油中分馏得到。纯净苯酚是无色针状晶体,露于空气中或见阳光则因氧化而呈粉红色。苯酚略带刺激性气味。

苯酚能凝固蛋白质,因而具有杀菌能力,常用作消毒剂和防腐剂。在有机合成工业上,苯酚是多种塑料、药物、炸药、燃料和农药的重要原料。

2. 甲苯酚

甲苯酚有邻、间、对三种异构体。都存在于煤焦油中,除间位异构体外,其余两种异构体都是固体。三种异构体的沸点很接近,难以分离,一般用的是它们的混合物。甲苯酚的杀菌能力比苯酚强。47%~53% 的甲苯酚水溶液就是常用的消毒药水“煤酚皂”(俗称来苏儿或臭药水),一般家庭消毒和畜舍消毒时,可稀释至 3%~5%。

3. 维生素 E

维生素 E 又叫生育酚。在自然界有 α、β、γ、δ 四种生育酚,它们都是苯并吡喃的衍生物,侧链都相同,区别在于苯环上的取代基数量和位置不同。维生素 E 为淡黄色黏稠液体,不溶于水,易溶于乙醇、乙醚等有机溶剂。它对氧极为敏感,很容易被氧化。在无氧的情况下,对热和碱稳定。四种生育酚中以 α-生育酚的生理活性最强。

α-生育酚

维生素 E 多存在于植物的种子中。沙棘、核桃、麦胚和豆类中含量均很高。它对动物的生殖功能和肌体代谢都有强烈的影响。缺乏维生素 E 会引起动物生殖机能的破坏。

4. 苯二酚

苯二酚有邻、间、对三种异构体。邻苯二酚俗称儿茶酚,对苯二酚又称氢醌。它们的衍生物多存在于植物中。邻苯二酚和对苯二酚的主要用途是作还原剂,如作为显影剂,它能将胶片上感光后的溴化银还原为银,还能作为阻聚剂,用于防止高分子单体被氧化剂氧化聚合等。对苯二酚在实验室里常被用作抗氧剂。

三、重要的醚

1. 乙醚

乙醚是一种无色液体。沸点为 34.5℃,微溶于水,在水中的溶解度约为 8 g/100 g 水,密度比水小,挥发性大,极易着火,使用时必须避开火源。

乙醚的化学性质稳定,沸点低,易于回收,故常用作溶剂。

乙醚在生理上具有麻醉作用,临床上用作吸入性全身麻醉剂。对心脏、肝脏及肾脏的刺激性远小于氯仿,缺点是对黏膜有刺激作用。

2. 环氧乙烷

环氧乙烷为无色气体,沸点为 13.5℃,能溶于乙醚、乙醇,可作贮粮熏蒸剂,有杀虫、杀真菌和细菌的作用。

环氧乙烷是一种重要的有机合成原料。在工业上,它可以由乙烯与氧气在银催化下合成。

$$H_2C{=}CH_2 \ + \ \tfrac{1}{2}O_2 \ \xrightarrow{\ Ag,250℃,加压\ } \ \underset{O}{\triangledown}$$

在环氧乙烷分子中,由于三元环的张力大,所以它的化学性质很活泼,容易与许多亲核试剂(如水、氢卤酸、醇、氨以及格氏试剂等)发生亲核取代反应,生成 C—O 键开裂的开环产物。

本章小结

醇、酚、醚属于烃的含氧衍生物。醇的命名应选择含有羟基在内的最长碳链为主链,编号从离羟基最近的一端开始,将取代基的位次、名称以及羟基的位次写在醇名称的前面;酚类化合物一般以酚羟基作为主要官能团,在酚字前面加上芳环的名称即可;简单醚将烃基的名称写在醚字前面,称为"某醚",脂肪混合醚写出两个烃基的名称,且较小的在前,较大的在后,称为"某某醚",芳香混合醚则是芳香烃基在前,脂肪烃基在后,若醚的结构复杂,则将醚键作为取代基命名。

1. 醇的主要化学性质

醇的化学性质主要表现在 O—H 键和 C—O 键的异裂。O—H 键的异裂表现出醇的酸性,并能发生酯化反应;C—O 键的异裂属于亲核取代反应,或在强酸催化下的消除反应。此外,在氧化剂的作用下,醇还可以被氧化成醛或酮。

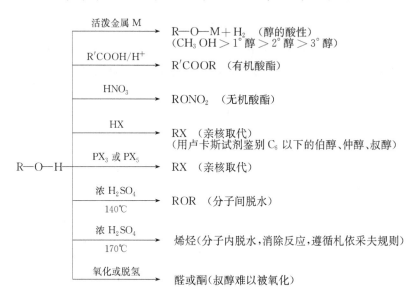

2. 酚的主要化学性质

酚中的氧原子以 sp^2 方式杂化,与芳环形成 p-π 共轭体系,使得 C—O 键的极性减弱,而使 O—H 键的极性增强。因此酚一般不发生 C—O 键的断裂,即亲核取代反应,但具有酸性,且比醇的酸性强,能和强碱反应生成盐,也可以和酰卤或酸酐发生酰化反应。另外,由于羟基的活化作用,使得酚容易发生亲电取代反应,也容易被氧化剂氧化为醌。

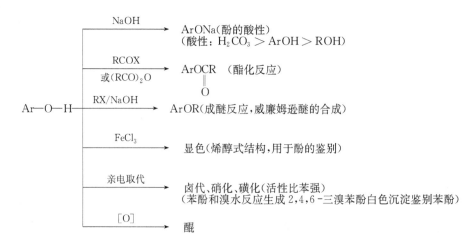

3. 醚的主要化学性质

醚的化学性质比较稳定。可以与冷的浓强酸生成锌盐;氢溴酸、氢碘酸可以使醚键断裂;含有α-氢的醚在空气中可以被氧化成过氧化物,三元环醚的性质较为活泼。

$$
\begin{array}{l}
\text{R—O—R'} \\
\text{(Ar—O—R')}
\end{array}
\left\{
\begin{array}{l}
\xrightarrow{\text{浓强酸}}
\begin{array}{c}
\text{H} \\
| \\
\text{R—O—R'(醚的碱性)} \\
+ \\
\text{锌盐}
\end{array} \\
\xrightarrow{\text{HI}} \text{ROH(ArOH)} + \text{R'I(R} > \text{R')} \\
\xrightarrow{\text{O}_2} \text{过氧化物}
\end{array}
\right.
$$

知识拓展　　　　　　**重 要 的 醚**

1. 聚乙二醇单甲醚

聚乙二醇单甲醚,在建材工业中是水泥高效减水剂、增强剂的原料。使用该原料合成的聚羧酸高效系减水剂有较强的水泥颗粒分散性保持能力,使产品具有掺量低、减水率高、增强效果好、耐久性、不锈蚀钢筋及对环境友好等优点。

聚乙二醇单甲醚具有良好的水溶性、润湿性、润滑性、生理惰性、对人体无刺激、温和性等特性,在化妆品和制药工业中应用广泛。可选取不同相对分子质量级分的产品来改变制品的黏度、吸湿性和组织结构。相对分子质量低的产品(分子量小于2 000)适于作润湿剂和稠度调节剂,如用于膏霜、乳液、牙膏和剃须膏等。相对分子质量高的产品适用于唇膏、除臭棒、香皂、剃须皂、粉底等。在清洗剂中,也用作悬浮剂和增稠剂。

2. 冠醚

冠醚是20世纪70年代发展起来的一类重要化合物,它是一类含有多个氧原子的大环醚,因其立体结构像王冠,故称冠醚,其结构特点是具有—O—CH$_2$—CH$_2$—O—的重复单元,例如:

$$\text{18-冠醚-6} + KMnO_4 \longrightarrow \text{K}^+\text{配合物} + MnO_4^-$$

大分子冠醚的一个重要特点就是和金属阳离子形成配合物,不同的冠醚,其分子空穴的大小存在差异,所以可以与不同的金属阳离子形成配合物,如18-冠醚-6与K$^+$配合,24-冠-8与Rb$^+$、Cs$^+$配合等,冠醚这一特性可用于分离不同的金属离子。

冠醚还可作为相转移催化剂加快有机反应速率。例如,氰化钾和卤代烷在有机溶剂中很难反应,加入18-冠-6后,冠醚与K$^+$形成配合物,由于离子对之间的吸引,CN$^-$进入有机相从而加快反应速率。

3. 多醚类抗生素

多醚类抗生素是一类分子中含有多环状醚结构单元的化合物,如莫能霉素(Monensin)多醚类抗生素是20世纪70年代以来发展最快的一类畜禽专用抗生素,用于防止球虫感染和提高反刍动物饲料的转化率。

多醚类抗生素与冠醚类似,都能与金属离子形成稳定配合物。其作用机制是通过特异性地与某些金属离子(特别是 K^+,Na^+,Ca^{2+},Mg^{2+} 等)形成脂溶性配合物,运输离子通过细胞膜,使球虫体细胞内、外离子的浓度失去平衡,代谢紊乱,细胞储备能耗尽后细胞破裂,从而杀死球虫,或抑制球虫的发育。因此,多醚抗生素又称离子载体抗生素。目前已用作饲料添加剂的多醚类离子载体抗生素有莫能霉素、盐霉素、拉沙里菌素、那拉菌素和马杜霉素。为了提高稳定性和结晶性能,多醚类抗生素多以钠盐形式应用于饲料。

课后习题

1. 用系统命名法命名下列化合物。

(1) 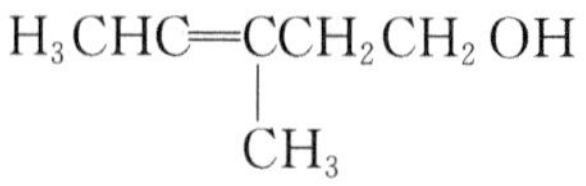 H₃CHC=CCH₂CH₂OH 中的 CH₃

(2) 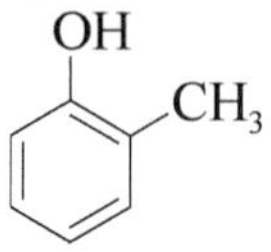 [苯环,OH,CH₃]

(3) 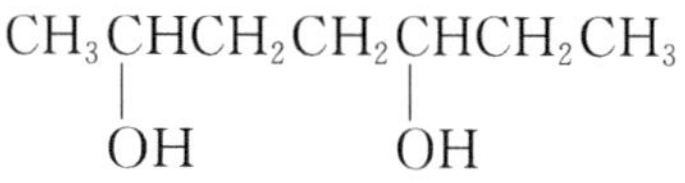 CH₃CHCH₂CH₂CHCH₂CH₃,下方 OH 和 OH

(4) 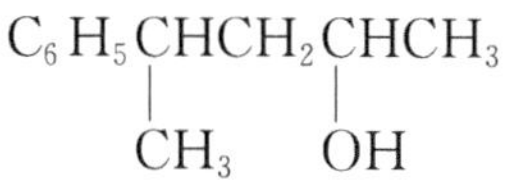 C₆H₅CHCH₂CHCH₃,下方 CH₃ 和 OH

(5) 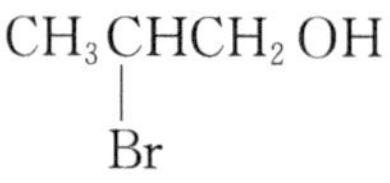 CH₃CHCH₂OH,下方 Br

(6) 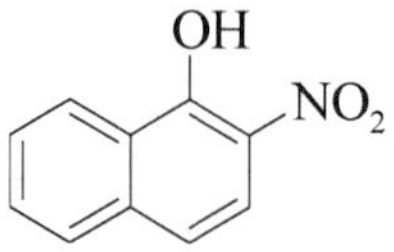 [萘环,OH,NO₂]

(7) C₂H₅—O—CH₂CH₂CH₃

(8)  [苯环,CH₃,OH]

(9) 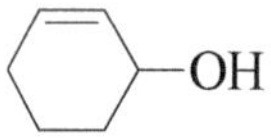 [环己烯—OH]

(10) CH₃CH₂CH₂SH

(11) 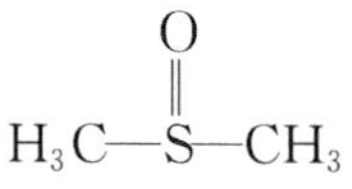 H₃C—S—CH₃(上方 O)

(12) 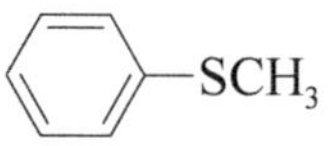 [苯环—SCH₃]

2. 写出下列化合物的结构式。

(1) 2,3-二甲基-2-丁醇

(2) 甲基异丙基醚

(3) 二苯醚

(4) 3,3-二甲基-1-环己醇

(5) 2,4-二甲基苯甲醇

(6) 6-硝基-1-萘酚

(7) 间氯苯酚

(8) 乙二醇二甲醚

(9) 2-丁烯-1-醇

(10) 叔丁醇

3. 完成下列反应。

(1) 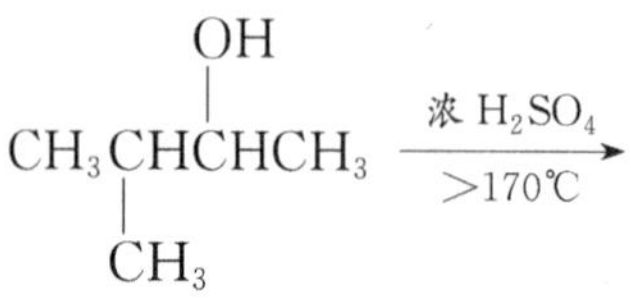 CH₃CHCHCH₃(上方 OH,下方 CH₃) $\xrightarrow[>170℃]{浓 H_2SO_4}$

(2) 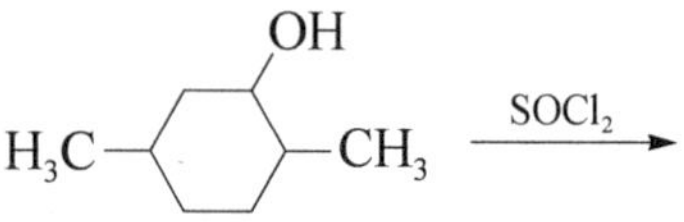 [环己烷,H₃C,OH,CH₃] $\xrightarrow{SOCl_2}$

(3)

$\xrightarrow[\text{H}_2\text{SO}_4]{\text{KMnO}_4}$

(4)

$\xrightarrow{\text{NaOH}}$

(5) $\text{CH}_3\text{OCH}_2\text{CH}_3 + \text{HI} \longrightarrow$

(6)

$+\, \text{CO}_2 + \text{H}_2\text{O} \longrightarrow$

(7) $\text{CH}_3\text{CH}_2\text{CH}_2\text{OH} + \text{Na} \longrightarrow$

(8)

$+3\text{HNO}_3 \xrightarrow{\triangle}$

(9)

$+\ \text{Br}_2(\text{H}_2\text{O}) \longrightarrow$

(10) $\text{HCOOH} + \text{HOCH}_2\text{C}_6\text{H}_5 \xrightarrow[\triangle]{\text{H}^+}$

(11) $\underset{\text{OH}}{\text{C}_2\text{H}_5\text{CHCH}_3} + \text{HCl} \xrightarrow[25\,^\circ\text{C}]{\text{ZnCl}_2}$

4. 用化学方法鉴别下列各组化合物。

(1)

(2)

(3) $\text{CH}_2{=}\text{CHCH}_2\text{OH} \qquad \text{CH}_3\text{CH}_2\text{CH}_2\text{OH} \qquad \text{CH}_3\text{CH}_2\text{CH}_2\text{Br}$

5. 按酸性由强到弱的顺序排列下列各组化合物。

(1) 苯酚、水、乙醇、碳酸、盐酸、碳酸氢钠

(2) 苯酚、对硝基苯酚、2,4,6-三硝基苯酚、对甲苯酚、苄醇

6. 合成题。

(1) 由正丁醇合成 $\underset{\text{OH}}{\text{CH}_3\text{CH}_2\text{CHCH}_3}$

(2) 由乙烯合成乙酸乙酯

(3) 由苯合成苯甲醇

7. 化合物 A 的分子式为 $\text{C}_7\text{H}_8\text{O}$，A 不溶于水、稀盐酸及碳酸氢钠水溶液，但溶于氢氧化钠水溶液，A 用溴水处理迅速转化为 $\text{C}_7\text{H}_5\text{OBr}_3$，试推导 A 的结构并写出推导过程。

8. 某化合物 A 的分子式为 $\text{C}_5\text{H}_{12}\text{O}$，A 能被 $\text{K}_2\text{Cr}_2\text{O}_7$ 的浓 H_2SO_4 溶液氧化生成 B $(\text{C}_5\text{H}_{10}\text{O})$；A 与浓 H_2SO_4 共热生成 $\text{C}(\text{C}_5\text{H}_{10})$；将 C 用 KMnO_4 氧化后得到丙酮和乙酸。试推导 A、B、C 的结构并写出各步反应方程式。

9. 化合物 A 的分子式为 $\text{C}_7\text{H}_8\text{O}$，A 不溶于 NaOH 水溶液，但能与浓 HI 反应生成化合物 B 和 C；B 能与 FeCl_3 水溶液发生颜色反应，C 与 AgNO_3 的乙醇溶液作用生成沉淀。试推导 A、B、C 的结构并写出各步反应方程式。

第八章

醛、酮、醌

醛、酮、醌都是含有相同官能团——羰基(C=O)的化合物,因而统称为羰基化合物。在有机化合物中,醛和酮占重要地位。醛、酮能发生很多化学反应,在有机化学的各章内容之间起着承前启后的作用,特别是在分子碳链的增长、有机合成的官能团转换和分子骨架的构建方面具有重要应用。许多醛和酮是重要的工业原料,有些是香料或重要药物。

第一节　醛、酮的分类与命名

一、醛、酮的分类

(1) 根据羰基连接的烃基不同,分为脂肪醛(酮)和芳香醛(酮)。

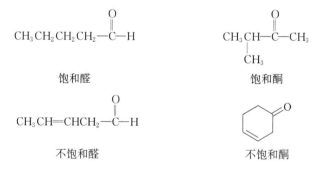

(2) 根据羰基连接的烃基饱和程度不同,分为饱和醛(酮)和不饱和醛(酮)。

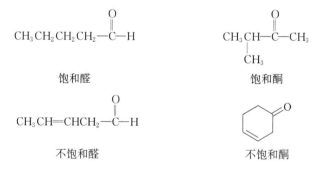

(3) 根据羰基的数目不同,分为一元醛(酮),二元醛(酮)和多元醛(酮)等。

二、醛、酮的命名

1. 普通命名法

普通命名法多用于结构比较简单的醛、酮的命名。醛的普通命名与醇相似,酮的命名则在羰基所连接的两个烃基名称后再加上"甲酮"两字,"甲"字习惯上可以省略。脂肪混酮命名时,要把"次序规则"中较优先烃基写在后面。但芳基和脂基的混酮,要把芳基写在前面。例如：

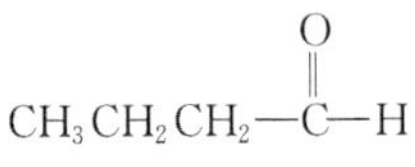

| 正丁醛 | 异戊醛 | 甲基乙基(甲)酮(又称甲乙酮或丁酮) |

| 甲基乙烯基(甲)酮(又称丁烯酮) | 苯基乙基甲酮 |

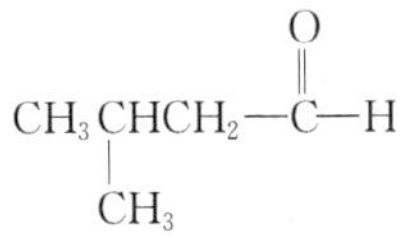

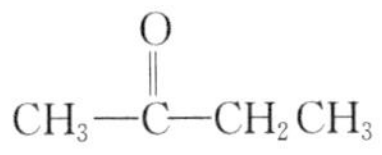

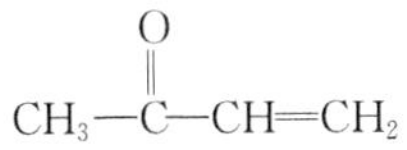

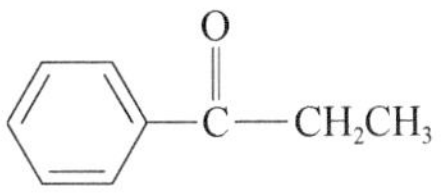

很多天然醛、酮在命名时根据其来源和性质而采用俗名,例如：

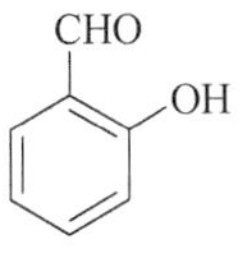

| 水杨醛 | 肉桂醛 | 巴豆醛 |
| (邻羟基苯甲醛) | (3-苯基丙烯醛) | (2-丁烯醛) |

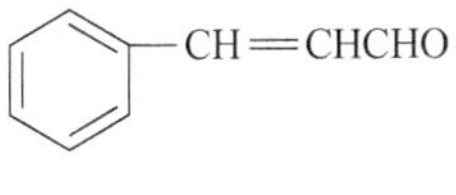

2. 系统命名法

结构比较复杂的醛、酮需要用系统命名法命名,其命名原则与醇相似,即选择含羰基碳的最长碳链为主链,根据主链的碳原子数目称为"某醛"或"某酮"。其他命名原则与醇相同。由于醛羰基碳永远都处在"1"号位,故其位次在名称中省去,而酮羰基碳必须指明位置。写名称时将取代基的位次、数目、名称以及羰基的位次依次写在醛、酮母体名称之前。不饱和醛(酮)要注明不饱和键的位次。

例如：

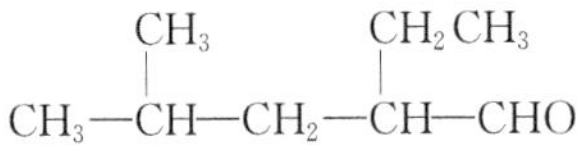

| 4-甲基-2-乙基戊醛 | 4-甲基-2-戊酮 | 3-甲基-2-丁烯醛 |

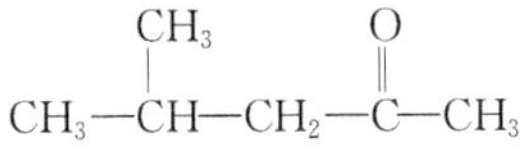

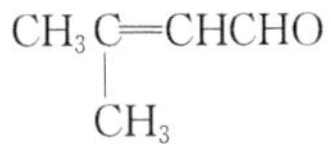

芳香醛(酮)命名时以脂肪醛(酮)为母体,而芳香烃基作为取代基。例如：

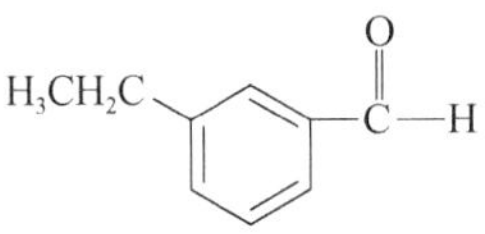

| 3-乙基苯甲醛 | 1-苯基-1-丙酮 |

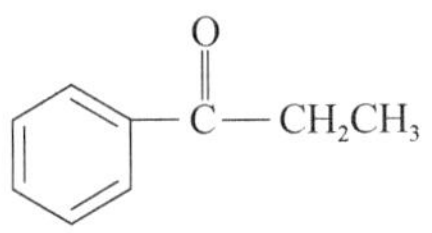

问题 8-1 写出含有苯基的分子式为 $C_9H_{10}O$ 的醛、酮的结构式,并用系统命名法命名。

问题 8-2 写出分子式为 $C_6H_{12}O$ 的醛、酮的结构式,并用系统命名法命名。

第二节 醛、酮的结构与性质

一、醛、酮的结构

醛、酮的分子构造中都含有羰基,羰基中的碳原子为 sp^2 杂化,其中一个 sp^2 杂化轨道与氧原子的一个 p 轨道按轴向重叠形成 σ 键;碳原子未参与杂化的 p 轨道与氧原子的另一个 p 轨道平行重叠形成 π 键。因此,羰基碳氧双键是由一个 σ 键和一个 π 键组成的,如图 8-1 所示。

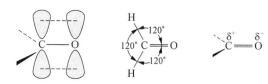

图 8-1　羰基的结构及其电子云示意图

由于氧原子的电负性比碳原子大,成键电子特别是 p 电子偏向于氧原子一边,所以羰基具有较大的极性。羰基的极性使碳氧双键加成反应的历程与烯烃碳碳双键加成反应的历程有显著的差异。碳碳双键上的加成是由亲电试剂进攻而引起的亲电加成,而羰基上的加成是由亲核试剂向电子云密度较低的羰基碳进攻而引起的亲核加成。羰基是醛、酮化学反应的中心,羰基上的亲核加成是醛、酮化学性质的主要内容。由于羰基的吸电子影响,α-氢比较活泼,一些涉及 α-氢的反应是醛、酮化学性质的重要组成部分。此外,因醛、酮处于氧化还原的中间价态,它们既可以被氧化,又可以被还原,所以氧化还原也是醛、酮的一类重要反应。

二、醛、酮的物理性质

由于羰基($C=O$)氧原子上不含氢原子,所以不能形成分子间氢键,其沸点低于相对分子质量相近的醇;但羰基是强极性基团,故其沸点高于相对分子质量相近的醚、烃等化合物。醛、酮能与水分子形成氢键,C_4 以下的低级醛、酮易溶于水,高级醛、酮微溶或不溶于水,易溶于一般的有机溶剂。

常温常压下除甲醛是气体外,C_{12} 以下的醛、酮都是液体,高级醛和酮是固体。低级醛具有强烈的刺激性气味,但 $C_8 \sim C_{13}$ 的中级脂肪醛和一些芳醛、芳酮有花果香味。一元脂肪醛(酮)的相对密度小于 1,比水轻;多元脂肪醛(酮)和芳香醛(酮)的相对密度大于 1,比水重。一些醛、酮的物理常数见表 8-1。

表 8-1　一些醛、酮的物理常数

化合物	熔点/℃	沸点/℃	相对密度(d_4^{20})	溶解度 (g/100 g 水)
甲醛	−92	−19.5	0.815	55
乙醛	−123	20.8	0.781	溶
丙醛	−81	48.8	0.807	20
丁醛	−97	74.7	0.817	4
丙烯醛	−87.7	53	0.841	溶
苯甲醛	−26	179	1.046	0.33
丙酮	−95	56	0.792	溶
丁酮	−86	79.6	0.805	35.3
2-戊酮	−77.8	102	0.812	几乎不溶
3-戊酮	−42	102	0.814	4.7
环己酮	−16.4	156	0.942	微溶
丁二酮	−2.4	88	0.980	25
2,4-戊二酮	−23	138	0.792	溶

三、醛、酮的化学性质

醛、酮的化学性质主要取决于羰基。由于构造上的共同特点,使这两类化合物具有许多相似的化学性质。但是醛与酮的构造并不完全相同,使它们在反应性能上也表现出一些差异。一般说来,醛比酮活泼,有些反应醛可以发生,而酮则不能。

1. 羰基上的亲核加成反应

同碳碳双键一样,羰基中的碳氧双键也是由一个 σ 键和一个 π 键组成的,所以醛、酮都易发生加成反应。但和烯烃的亲电加成不同,羰基的加成属于亲核加成。由于氧原子的电负性大于碳原子,使羰基发生极化,氧原子带有部分负电荷,碳原子带有部分正电荷。一般说来,带负电荷的氧原子比带正电荷的碳原子较为稳定。所以,当羰基化合物发生加成反应时,首先是试剂中带负电荷的部分加到羰基的碳原子上,然后试剂中带正电荷的部分加到带负电荷的氧原子上。这种由亲核试剂(能提给电子对的试剂)进攻而引起的加成反应叫作亲核加成反应。这类加成反应可用下式表示:

$$\underset{(R')H}{\overset{R}{\underset{\delta^+}{}}}C{\overset{\delta^-}{=}}O + NuA \longrightarrow \underset{(R')H}{\overset{R}{\underset{Nu}{}}}C\overset{O^-}{\longrightarrow} \overset{A^+}{\longrightarrow} \underset{(R')H}{\overset{R}{\underset{Nu}{}}}C\overset{OA}{}$$

醛和酮可以与氢氰酸、亚硫酸氢钠、醇、氨的衍生物(如羟胺、肼等)试剂起加成反应。在反应产物中都是试剂中的氢原子与羰基上的氧原子相连,其余部分与羰基的碳原子相连。

（1）与氢氰酸加成

醛、脂肪族甲基酮和环中少于 8 个碳的脂环酮能与氢氰酸发生加成反应,生成 α-羟基腈(α-腈醇)。

$$\underset{CN^-}{\overset{O}{\underset{}{}}}H{-}\overset{\parallel}{C}{-}H \overset{H^+}{\rightleftharpoons} H{-}\overset{OH}{\underset{CN}{\overset{|}{C}}}{-}H \qquad \underset{CN^-}{\overset{O}{\underset{}{}}}CH_3{-}\overset{\parallel}{C}{-}CH_3 \overset{H^+}{\rightleftharpoons} CH_3{-}\overset{OH}{\underset{CN}{\overset{|}{C}}}{-}CH_3$$

产物 α-羟基腈比原来的醛或酮增加了一个碳原子,这是使碳链增长的一种方法。羟基腈在酸性水溶液中水解,即可得到羟基酸。

$$\underset{CH_3}{\overset{R}{}}C{=}O + H{-}CN \longrightarrow CH_3{-}\underset{OH}{\overset{R}{\overset{|}{\underset{|}{C}}}}{-}CN \overset{H_2O}{\underset{H^+}{\longrightarrow}} \underset{OH}{\overset{H\ \ R}{CH_2{-}\overset{|}{C}{-}COOH}}$$
$$\qquad\qquad\qquad\qquad\qquad\quad \alpha\text{-羟基腈} \qquad\qquad \alpha\text{-羟基酸}$$

不同结构的醛、酮对亲核试剂反应的活性有明显差异,这种活性受电子效应和空间效应两种因素的影响。从电子效应考虑,羰基碳原子上的电子云密度愈低,愈有利于亲核试剂的进攻,所以羰基碳原子上连接的给电子基团(如烃基)愈多,反应愈慢;从空间效应考虑,羰基碳原子上的空间位阻愈小,愈有利于亲核试剂的进攻,所以羰基碳原子上连接的基团愈多、体积愈大,反应愈慢。由此可见,电子效应和空间效应对醛、酮的反应活性的影响是一致的,不同结构的醛、酮对亲核试剂的加成反应活性次序大致如下:

$$\underset{H}{\overset{H}{C}}{=}O > \underset{H}{\overset{R}{C}}{=}O > \underset{CH_3}{\overset{R}{C}}{=}O > \underset{R}{\overset{R}{C}}{=}O$$

（2）与亚硫酸氢钠加成

醛、脂肪族甲基酮和低级环酮（C_8 以下）都能与饱和亚硫酸氢钠溶液（质量分数为 40%）发生加成反应，生成 α-羟基磺酸钠。

$$\underset{(H_3C)H}{\overset{R}{C}}{\overset{\delta^+ \ \delta^-}{=}}O + :\underset{O^- Na^+}{\overset{O}{S}}{-}OH \rightleftharpoons R{-}\underset{H(CH_3)}{\overset{ONa}{C}}{-}SO_3H \rightleftharpoons R{-}\underset{H(CH_3)}{\overset{OH}{C}}{-}SO_3Na$$

α-羟基磺酸钠

α-羟基磺酸钠为无色结晶，易溶于水，但不溶于饱和亚硫酸氢钠溶液，以结晶析出。所以这个反应可用来鉴别醛、脂肪族甲基酮和 C_8 以下的环酮。生成的 α-羟基磺酸钠遇稀酸或稀碱都可以分解为原来的醛或酮，利用这个反应可以分离和提纯醛和酮。

操作时，将含有醛或甲基酮的混合物与饱和亚硫酸氢钠溶液一起振摇，醛或甲基酮的亚硫酸氢钠加成产物会立即结晶析出，然后过滤，用乙醚洗涤，最后用稀盐酸或碳酸钠来分解加成产物，得到原来的醛或甲基酮。

例如：亚硫酸氢钠与丙酮的加成产物加入酸和碱就会分解而转变成丙酮。

$$CH_3{-}\underset{CH_3}{\overset{OH}{C}}{-}SO_3Na \quad \begin{array}{l} \xrightarrow{\text{无水 HCl}} \ \underset{CH_3}{\overset{CH_3}{C}}{=}O + NaCl + SO_2\uparrow + H_2O \\[2em] \xrightarrow{Na_2CO_3} \ \underset{CH_3}{\overset{CH_3}{C}}{=}O + Na_2SO_3 + NaHCO_3 \end{array}$$

说明：a. 此反应可逆；

b. 产物不溶于有机溶剂，因此可用于分离醛或甲基酮；

c. 由于空间位阻作用，只有醛、甲基酮和 C_8 以下的环酮可以反应。

（3）与 ROH 加成

在无水氯化氢的催化下，醛很容易与醇发生亲核加成反应，生成开链半缩醛，半缩醛是一类不稳定的化合物，能继续与另一分子醇作用，失去一分子水生成缩醛。

$$\underset{(R)H}{\overset{R}{C}}{=}O + R'OH \xrightarrow{\text{无水 HCl}} \underset{(R)H}{\overset{R}{C}}{\overset{OH}{\underset{OR'}{|}}} \quad \xrightarrow{R'OH/H^+} \quad \underset{(R)H}{\overset{R}{C}}{\overset{OR'}{\underset{OR'}{|}}}$$

半缩醛(酮)   缩醛(酮)

缩醛是具有水果香味的液体，性质与醚相近。缩醛对氧化剂和还原剂都很稳定，在碱性溶液中也相当稳定，但在酸性溶液中则可以水解生成原来的醛或醇。

$$R{-}\underset{OR'}{\overset{OR'}{\underset{|}{C}}}{-}H + H_2O \xrightarrow{H^+} R{-}CHO + 2HOR'$$

在有机合成中,常先将含有醛基的化合物转变成缩醛,然后再进行其他的化学反应,最后使缩醛变为原来的醛,这样可以避免活泼的醛基在反应中被破坏,即利用缩醛的生成来保护醛基。酮在同样情况下不易生成缩酮,但是环状的缩酮比较容易形成。例如:

$$\underset{R'}{\overset{R}{>}}C{=}O + \begin{matrix} HO-CH_2 \\ | \\ HO-CH_2 \end{matrix} \xrightarrow{\text{无水 HCl}} \underset{R'}{\overset{R}{>}}C\underset{O-CH_2}{\overset{O-CH_2}{<}} + H_2O$$

若在同一分子中既含有羰基又含有羟基,则有可能在分子内生成环状半缩醛(酮)。半缩醛(酮)、缩醛(酮)比较重要,因为它是学习糖类化学的基础,将在第十二章详细讨论。

(4)与格氏试剂反应

格氏试剂是含卤化镁的有机金属化合物,属于亲核试剂。格氏试剂是极强的路易斯碱,能从水及其他路易斯酸中夺取质子,故格氏试剂不能与水、二氧化碳等接触,格氏试剂的制备和引发的反应需要在无水、隔绝空气条件下进行。

$$R''X + Mg \xrightarrow{\text{无水乙醚}} R''MgX$$

醛或酮都能与格氏试剂加成,加成产物水解后,分别得到结构不同的醇。

$$\underset{(R')H}{\overset{R}{>}}\overset{\delta^+}{C}{=}\overset{\delta^-}{O} + \overset{\delta^-}{R''}{-}\overset{\delta^+}{MgX} \xrightarrow{\text{无水乙醚}} \underset{(R')H}{\overset{R}{>}}\underset{R''}{\overset{OMgX}{<}}C \xrightarrow[H^+]{H_2O} \underset{(R')H}{\overset{R}{>}}\underset{R''}{\overset{OH}{<}}C$$

由以上反应式可以看出,羰基与两个氢原子相连(即甲醛),与格氏试剂加成后再水解即可得到比格氏试剂中的烷基多一个碳原子的伯醇。除甲醛以外的其他醛,与格氏试剂反应的最终产物是仲醇,而酮与格氏试剂反应的最终产物是叔醇。

$$\underset{H}{\overset{H}{>}}C{=}O + RMgX \xrightarrow{\text{无水乙醚}} R{-}\underset{H}{\overset{H}{\underset{|}{C}}}{-}OMgX \xrightarrow{H_2O} R{-}\underset{H}{\overset{H}{\underset{|}{C}}}{-}OMgX + Mg\underset{X}{\overset{OH}{<}}$$

$$\underset{R'}{\overset{H}{>}}C{=}O + RMgX \xrightarrow{\text{无水乙醚}} R{-}\underset{R'}{\overset{H}{\underset{|}{C}}}{-}OMgX \xrightarrow{H_2O} R{-}\underset{R'}{\overset{H}{\underset{|}{C}}}{-}OMgX + Mg\underset{X}{\overset{OH}{<}}$$

$$\underset{R'}{\overset{R''}{>}}C{=}O + RMgX \xrightarrow{\text{无水乙醚}} R{-}\underset{R'}{\overset{R''}{\underset{|}{C}}}{-}OMgX \xrightarrow{H_2O} R{-}\underset{R'}{\overset{R''}{\underset{|}{C}}}{-}OMgX + Mg\underset{X}{\overset{OH}{<}}$$

醛和酮与格氏试剂的加成反应都是不可逆反应。

(5)水合反应

水是很弱的亲核试剂,因此水只能和醛或位阻小的酮发生加成反应,生成同碳二醇,又称醛或酮的水合物。醛或酮的水合反应是可逆反应,生成水合物的多少取决于醛或酮羰基碳的正电荷多少以及羰基两侧的取代基的空间位阻。例如,丙酮水溶液和甲醛水溶液在平衡状态时,其相应水合物的比例分别为 0.1% 和 99.9%。

$$\underset{\substack{\text{丙酮} \\ 99.9\%}}{\overset{\overset{\displaystyle O}{\|}}{H_3C-C-CH_3}} + H_2O \rightleftharpoons \underset{\substack{\text{丙酮水合物} \\ 0.1\%}}{\overset{HO\quad OH}{\underset{H_3C\quad CH_3}{C}}}$$

$$\underset{\substack{\text{甲醛} \\ 0.1\%}}{\overset{\overset{\displaystyle O}{\|}}{H-C-H}} + H_2O \rightleftharpoons \underset{\substack{\text{甲醛水合物} \\ 99.9\%}}{\overset{HO\quad OH}{\underset{H\quad H}{C}}}$$

一般,醛、酮在水溶液中以羰基形式存在,水合物只占少数。但是,当羰基邻位有吸电子基团存在时,羰基的活性增大,相应的水合物也就增多。

(6) 与氨及其衍生物的加成——消除反应

氨分子中氢原子被其他原子或基团取代后生成的化合物叫作氨的衍生物。如羟氨(NH_2OH)、肼(NH_2NH_2)、苯肼($C_6H_5-NHNH_2$)、2,4-二硝基苯肼及氨基脲($NH_2CONHNH_2$)等都是氨的衍生物。醛、酮可以和氨的衍生物发生加成反应,产物分子内继续脱水得到含有碳氮双键的化合物。分别生成肟、腙、苯腙及2,4-二硝基苯腙、缩氨脲等。这一反应可用下列通式表示:

$$\underset{(R')H}{\overset{R}{C}}=O + H-\underset{H}{N}-G \rightleftharpoons \underset{(R'H)}{\overset{R\quad OH}{\underset{\underset{G}{N-H}}{C}}} \xrightarrow{-H_2O} \underset{(R')H}{\overset{R}{C}}=N-G$$

$$-OH, \quad -NH_2, \quad -\underset{H}{N}-\overset{}{\bigcirc}, \quad -\underset{H}{N}-\underset{O_2N}{\overset{}{\bigcirc}}NO_2, \quad -\underset{H}{N}-\overset{\overset{\displaystyle O}{\|}}{C}-NH_2$$

反应为加成-消除历程:第一步是氮原子进攻羰基的碳原子,发生亲核加成反应,但是加成产物不稳定,随即失水生成稳定的产物。

$$\underset{H}{\overset{CH_3}{C}}=O + NH_2OH \longrightarrow \underset{H}{\overset{CH_3}{C}}=NOH + H_2O$$
$$\qquad\qquad\qquad \underset{\text{羟氨}}{\qquad} \qquad\qquad \underset{\text{乙醛肟}}{\qquad}$$

$$\bigcirc\!=\!O + H_2NNH-\overset{\overset{\displaystyle O}{\|}}{C}-NH_2 \longrightarrow \bigcirc\!=\!NNH-\overset{\overset{\displaystyle O}{\|}}{C}-NH_2 + H_2O$$
$$\qquad\qquad \underset{\text{氨基脲}}{\qquad} \qquad\qquad\qquad \underset{\text{环己酮缩氨脲}}{\qquad}$$

$$\underset{CH_3}{\overset{CH_3}{C}}=O + NH_2NH-\bigcirc \longrightarrow \underset{CH_3}{\overset{CH_3}{C}}=NNH-\bigcirc + H_2O$$
$$\qquad\qquad\qquad \underset{\text{苯肼}}{\qquad} \qquad\qquad\qquad \underset{\text{丙酮苯腙}}{\qquad}$$

醛、酮与2,4-二硝基苯肼作用生成的2,4-二硝基苯腙是黄色结晶,具有固定熔点,反应也很明显,便于观察,所以常被用来鉴别醛、酮。其他反应的产物肟、腙等大都也是具有固定熔点的晶体,亦可用来鉴别醛、酮。因此,把这些氨的衍生物称为羰基试剂(即检验羰基的试剂)。

$$CH_3-\underset{H}{\overset{}{C}}=O + NH_2NH-\!\overset{O_2N}{\underbrace{}}\!\!\!\!-NO_2 \longrightarrow CH_3-\underset{H}{\overset{}{C}}=NNH-\!\overset{O_2N}{\underbrace{}}\!\!\!\!-NO_2 + H_2O$$

2,4-二硝基苯肼　　　　　　　　　　　2,4-二硝基苯腙

问题 8-3 比较乙醛、一氯乙醛、丙酮和苯乙酮亲核加成反应的活性大小。

问题 8-4 比较下列化合物与氢氰酸加成反应的活性大小。

(1) ⟨ ⟩CHO　　　⟨ ⟩—C(=O)—⟨ ⟩　　　Cl_3CCHO

(2) CH_3CH_2CHO　　　$HCHO$　　　⟨ ⟩—C(=O)—CH_3

肟、腙等在稀酸作用下,可水解为原来的醛、酮,可利用这些反应来分离和精制醛、酮。

2. α-氢的反应

醛、酮分子中的 α-碳原子上的氢比较活泼,容易发生反应,故称为 α 活泼氢原子。若 α-碳原子上连接三个氢原子,则称其为活泼甲基。

醛、酮的 α-碳原子上的氢因受羰基的影响具有活性,一方面是由于羰基的极化使 α-碳原子上 C—H 键的极性增强,氢原子有成为质子离去的趋向,另一方面 α-氢离去后所形成的碳负离子变成了 p-π 共轭而比较稳定,很容易发生反应。

问题 8-5 比较醛、酮 α-氢的活泼性,并简述原因。

(1) 羟醛缩合反应

在稀碱或稀酸催化下,含 α-氢的醛发生分子间的加成反应,生成 β-羟基醛,这类反应称为羟醛缩合反应。β-羟基醛失水生成具有共轭双键的 α,β-不饱和醛:

$$R-CH_2-\overset{O}{\overset{\|}{C}}-H + R-\underset{H}{\overset{H}{C}}-\overset{O}{\overset{\|}{C}}-H \xrightarrow{\text{稀酸或稀碱}} R-CH_2-\underset{H}{\overset{OH}{\overset{|}{C}}}-\underset{R}{\overset{H}{\overset{|}{C}}}-\overset{O}{\overset{\|}{C}}-H$$

$$R-CH_2-\underset{H}{\overset{OH}{\overset{|}{C}}}-\underset{R}{\overset{H}{\overset{|}{C}}}-\overset{O}{\overset{\|}{C}}-H \xrightarrow{\triangle} R-CH_2-\underset{H}{\overset{}{C}}=\underset{R}{\overset{}{C}}-\overset{O}{\overset{\|}{C}}-H$$

自身羟醛缩合反应不仅在合成中有着重要的作用,而且是一个碳链成倍增长的反应。

如果使用两种不同的含有 α-氢的醛,则可得到四种羟醛缩合产物的混合物,不易分离,无制备意义。但一个含 α-氢的醛和另一个不含 α-氢的醛反应,则可得到产率高的产物。如苯甲醛与乙醛的反应:

$$\text{C}_6\text{H}_5\text{—CHO} + \text{CH}_3\text{CHO} \underset{}{\overset{\text{OH}^-}{\rightleftharpoons}} \text{C}_6\text{H}_5\text{—CHCH}_2\text{CHO} \atop \text{OH}$$

β-羟基醛或β-羟基酮不稳定,受热或在酸存在下很容易脱水,生成α,β-不饱和醛或不饱和酮。例如:

$$\text{C}_6\text{H}_5\text{—CHCH}_2\text{CHO} \atop \text{OH} \xrightarrow{\triangle} \text{C}_6\text{H}_5\text{—CH}=\text{CHCHO} + \text{H}_2\text{O}$$

（2）卤代反应（碘仿反应）

醛、酮分子中的α-氢原子在酸性或中性条件下容易被卤素取代,生成α-卤代醛或α-卤代酮。卤化反应继续进行时,也可生成α,α-二卤代物和α,α,α-三卤代物。例如:

$$\text{CH}_3\text{CH}_2\text{CHO} \xrightarrow{\text{X}_2,\text{OH}^-} \text{CH}_3\text{CHXCHO} \xrightarrow{\text{X}_2,\text{OH}} \text{CH}_3\text{CX}_2\text{CHO}$$
$$\qquad\qquad\qquad \alpha\text{-卤代丙醛} \qquad\qquad \alpha,\alpha\text{-二卤代丙醛}$$

含有活泼甲基的醛或酮与卤素的碱溶液作用,三个α-氢原子都被卤素取代,但生成的α,α,α-三卤代物在碱性溶液中不稳定,立即分解成三卤甲烷（卤仿）和羧酸盐,所以称该反应为卤仿反应。

$$\text{CH}_3\text{—}\overset{\text{O}}{\overset{\|}{\text{C}}}\text{—H(R)} + 3\text{X}_2 + 4\text{NaOH} \longrightarrow \text{CHX}_2 + \text{(R)H—}\overset{\text{O}}{\overset{\|}{\text{C}}}\text{—ONa} + 3\text{NaX} + 3\text{H}_2\text{O}$$

卤仿反应分以下三步进行:

$$\text{X}_2 + 2\text{NaOH} \longrightarrow \text{NaOX} + \text{NaX} + \text{H}_2\text{O}$$

$$\text{CH}_3\text{—}\overset{\text{O}}{\overset{\|}{\text{C}}}\text{—H(R)} + 3\text{NaOX} \longrightarrow \text{CX}_3\text{—}\overset{\text{O}}{\overset{\|}{\text{C}}}\text{—H(R)} + 3\text{NaOH}$$

$$\text{CX}_3\text{—}\overset{\text{O}}{\overset{\|}{\text{C}}}\text{—H(R)} + \text{NaOH} \longrightarrow \text{CHX}_3 + \text{(R)H—}\overset{\text{O}}{\overset{\|}{\text{C}}}\text{—ONa}$$

当卤素为碘时,则生成黄色的碘仿（CHI_3）沉淀,称为碘仿反应。碘仿为黄色晶体,溶于水,有特殊的气味,容易识别,可用来鉴别是否含有 $\text{CH}_3\text{—}\overset{\text{O}}{\overset{\|}{\text{C}}}\text{—}$ 构造的羰基化合物。

次卤酸盐是一种氧化剂,可以使醇类氧化成相应的醛、酮。因此,凡具有 $\text{CH}_3\text{—}\overset{\text{OH}}{\overset{\|}{\underset{\text{H}}{\text{C}}}}$ 结构的醇会先被氧化成乙醛或甲基酮,再进行卤仿反应。所以碘仿反应也能鉴别具有上述构造的醇类,如乙醇、异丙醇等。

$$\text{CH}_3\text{—}\overset{\text{OH}}{\overset{\|}{\underset{\text{H}}{\text{C}}}}\text{—H(R)} \xrightarrow{\text{NaOX}} \text{CH}_3\text{—}\overset{\text{O}}{\overset{\|}{\text{C}}}\text{—H(R)} \xrightarrow{\text{NaOX}} \text{CX}_3\text{—}\overset{\text{O}}{\overset{\|}{\text{C}}}\text{—H(R)} \xrightarrow{\text{NaOH}} \text{CHX}_3 + \text{(R)H—}\overset{\text{O}}{\overset{\|}{\text{C}}}\text{—ONa}$$

问题 8 - 6 下列物质哪些能发生碘仿反应?

乙醛、丙酮、三氯乙醛、甲醛、苯甲醛、苯乙酮、1 -苯基- 2 -丙酮、甲醇、甲醚、2 -丁醇

问题 8 - 7 写出乙醛与甲醇反应生成半缩醛、缩醛的反应方程式。

3. 醛、酮的氧化反应

醛的羰基碳原子上连有氢原子,因此容易被氧化。不仅强氧化剂,弱氧化剂也可以使它氧化。醛氧化时生成同碳数的羧酸。酮则不易被氧化。

醛可被多种氧化剂氧化成羧酸,如 $KMnO_4$、HNO_3、$K_2Cr_2O_7$、CrO_3、H_2O_2、Br_2 等,且脂肪醛比芳香醛容易氧化。然而,将醛暴露在空气中,则是芳香醛比脂肪醛容易氧化。这是因为用化学氧化剂氧化为离子型氧化反应,而用空气中的氧化剂则是自由基氧化反应。

$$CH_3CHCHO \xrightarrow{KMnO_4,\ H_2SO_4} CH_3CHCOOH$$
（各带 CH_3 支链）

$$C_6H_5CH_2CHO \xrightarrow{KMnO_4,\ H_2SO_4} C_6H_5CH_2COOH$$

一些弱氧化剂只能使醛氧化而不能使酮氧化,说明醛具有还原性而酮一般没有还原性。因此,可以利用弱氧化剂来区别醛和酮。常用的弱氧化剂有托伦(Tollen)试剂、费林(Fehling)试剂和本尼迪克特(Benedict)试剂。

托伦试剂是由硝酸银的碱溶液与氨水制得的银氨配合物的无色溶液。它与醛共热时,醛被氧化成羧酸,试剂中的一价银离子被还原成金属银析出。由于析出的银附着在容器壁上形成银镜,因此这个反应叫作银镜反应。

$$RCHO + 2Ag(NH_3)_2OH \xrightarrow{\triangle} RCOONH_4 + 2Ag\downarrow + 3NH_3 + H_2O$$
$$\text{银镜}$$

费林试剂是由硫酸铜与酒石酸钾钠的碱溶液等体积混合而成的蓝色溶液。费林试剂能将脂肪醛氧化成脂肪酸,同时二价铜离子被还原成砖红色的氧化亚铜沉淀。但费林试剂不能氧化芳香醛。因此费林试剂既可用来鉴别酮和脂肪醛,又可用来鉴别脂肪醛和芳香醛。

$$RCHO + 2Cu^{2+} + 5OH^- \xrightarrow{\triangle} RCOONa + Cu_2O\downarrow + 3H_2O$$
$$\text{砖红色}$$

本尼迪克特试剂也能把醛氧化成羧酸。它是由硫酸铜、碳酸钠和柠檬酸钠组成的溶液,它与醛的作用原理和费林试剂相似。由于本尼迪克特试剂比费林试剂稳定,临床上常用它来检查尿液中的葡萄糖。

甲醛、芳香醛和酮都不能与本尼迪克特试剂反应。

问题 8 - 8 比较醛、酮中碳氧双键和烯烃中碳碳双键在结构和化学反应上的异同点。

问题 8 - 9 用简便的化学方法鉴别下列化合物。

a. 戊醛　b. 3 -戊酮　c. 2 -戊酮　d. 3 -戊醇　e. 2 -戊醇

4. 还原反应

（1）催化还原

在 Ni、Cu、Pt 或 Pd 等金属催化剂存在下，醛可被还原成伯醇，而酮则被还原成仲醇。

$$R-CHO + H_2 \xrightarrow{\ Pt\ } R-CH_2-OH$$
$$伯醇$$

$$\underset{O}{R-\overset{\|}{C}-R'} + H_2 \xrightarrow{\ Pt\ } \underset{OH}{R-\overset{\ }{\underset{\ }{C}H}-R'}$$
$$仲醇$$

（2）金属氢化物还原

醛、酮与氢化铝锂（$LiAlH_4$）、硼氢化钠（$NaBH_4$）或异丙醇铝 $\{Al[OCH(CH_3)_2]_3\}$ 作用，也都还原生成相应的醇。这些还原剂具有较高的选择性，只能还原羰基，而不影响分子中的碳碳双键等其他可被催化氢化的基团。

$$CH_3CH=CHCHO \xrightarrow[\ (2)\ H_2O/H^+\ ]{(1)\ LiAlH_4,无水乙醚} CH_3CH=CHCH_2OH$$

$$\text{〇}-CH=CHCHO \xrightarrow[C_2H_5OH]{NaBH_4} \text{〇}-CH=CHCH_2OH$$

在生物体内，羰基还原成羟基的反应是在酶催化下进行的。

（3）克来门森（Clemmensen）还原

将醛、酮与锌汞齐和浓盐酸一起回流，羰基被还原为亚甲基，这个反应称为克莱门森还原法。例如：

$$\underset{O}{CH_3CH_2-\overset{\|}{C}-H} \xrightarrow[\triangle]{Zn-Hg,\ HCl} CH_3CH_2CH_3$$

此方法只适用于对酸稳定的化合物。

（4）沃尔夫-基希纳-黄鸣龙（Wolff-Kishner-黄鸣龙）还原

沃尔夫-基希纳还原法是醛、酮在碱性及高温、高压下与肼作用，羰基被还原为亚甲基的反应。我国化学家黄鸣龙对此法进行了改进，不仅使反应能在常压下进行，而且避免了使用昂贵的无水肼，所以称为沃尔夫-基希纳-黄鸣龙还原法。例如：

$$\text{〇}-COCH_2CH_3 \xrightarrow[(HOCH_2CH_2)_2O,\ \triangle]{85\%H_2NNH_2,\ NaOH} \text{〇}-CH_2CH_2CH_3$$

但该还原法是在碱性条件下进行的，所以当分子中含有对碱敏感的基团时，不能使用这种还原法。而克莱门森还原法的成本低廉，适用于对碱不稳定的醛、酮还原，故二者可以相互补充。

5. 歧化反应（坎尼扎罗反应）

不含 α-氢的醛（如 $HCHO$、CR_3CHO、$ArCHO$ 等）在浓碱溶液加热作用下，可以发生自身氧化还原反应。一分子醛被还原成醇，另一分子醛被氧化成羧酸，此反应叫作歧化反应，又叫作坎尼扎罗（Cannizzaro）反应。例如：

$$\underset{\substack{\text{三羟甲基乙醛}}}{\text{HOCH}_2-\underset{\substack{| \\ \text{CH}_2\text{OH}}}{\overset{\substack{\text{CH}_2\text{OH} \\ |}}{\text{C}}}-\text{CHO}} + \text{HCHO} \xrightarrow[\triangle]{\text{浓 NaOH}} \underset{\substack{\text{季戊四醇}}}{\text{HOCH}_2-\underset{\substack{| \\ \text{CH}_2\text{OH}}}{\overset{\substack{\text{CH}_2\text{OH} \\ |}}{\text{C}}}-\text{CH}_2\text{OH}} + \text{HCOONa}$$

两种不含 α-氢的醛与浓碱共热,可以发生交叉歧化反应。如果其中一种是甲醛,结果总是甲醛被氧化,另一种醛被还原。例如:

$$\text{HCHO} + \text{C}_6\text{H}_5\text{—CHO} \xrightarrow[\triangle]{\text{浓 NaOH}} \text{HCOONa} + \text{C}_6\text{H}_5\text{—CH}_2\text{OH}$$

问题 8-10 由格氏试剂制得的己醛(沸点为 131℃)中含有一些戊醇(沸点为 137℃),二者沸点相近,如何提纯己醛?

问题 8-11 总结醛类和酮类的化学性质,注意哪些性质是醛、酮共有的,哪些是不同的。

第三节 醌类化合物

醌类化合物是一类比较重要的活性成分,是指分子内具有不饱和环二酮结构(醌式结构)或容易转变成这样结构的天然有机化合物。天然醌类化合物主要分为苯醌、萘醌、菲醌和蒽醌四种类型。

一、苯醌

1. 苯醌的结构和命名

苯醌类(Benzoquinones)化合物从结构上分为邻苯醌和对苯醌两大类。邻苯醌结构不稳定,故天然存在的苯醌化合物大多数为对苯醌的衍生物。醌类化合物命名时在醌字前加上相应芳基的名称,同时注明两个羰基的相对位置。环上有取代基时,还要在醌字前注明取代基的位次、数目和名称。常见的取代基有—OH、—OCH$_3$、—CH$_3$ 或其他烃基侧链。

对苯醌
(1,4-苯醌)

邻苯醌
(1,2-苯醌)

2-甲基-1,4-苯醌

2. 苯醌的物理性质

醌类化合物如果母核上没有酚羟基取代,基本上无色,但随着酚羟基等助色团的引入则表现出一定颜色。取代的助色团越多,醌类化合物的颜色也就越深,有黄、橙、棕红色乃至紫红色等。天然存在的醌类成分因分子中多有取代故为有色晶体。苯醌多以游离态存在。

游离的醌类化合物一般具有升华性。小分子的苯醌类及萘醌类化合物还具有挥发性,能随水蒸气蒸馏,可据此进行分离和纯化工作。游离醌类苷元极性较小,一般溶于乙醇、乙醚、苯、氯仿等有机溶剂,基本上不溶于水,和糖结合成苷后极性显著增大,易溶于甲醇、乙醇中,在热水中也可溶解,但在冷水中溶解度大大降低,几乎不溶于苯、乙醚、氯仿等极性较小的有机溶剂中。

3. 苯醌的化学性质

醌式结构可以看作不饱和环二酮,两个羰基和两个以上碳碳双键共轭,但不同于芳香环的闭环共轭体系。所以醌不属于芳香化合物,它们具有烯烃和羰基化合物的典型反应性能,可以进行多种形式的加成反应。

(1) 羰基的亲核加成反应

醌中的羰基,能与羰基试剂、格氏试剂等加成,如对苯醌能分别与一分子或两分子的羟胺作用得到单肟或双肟。

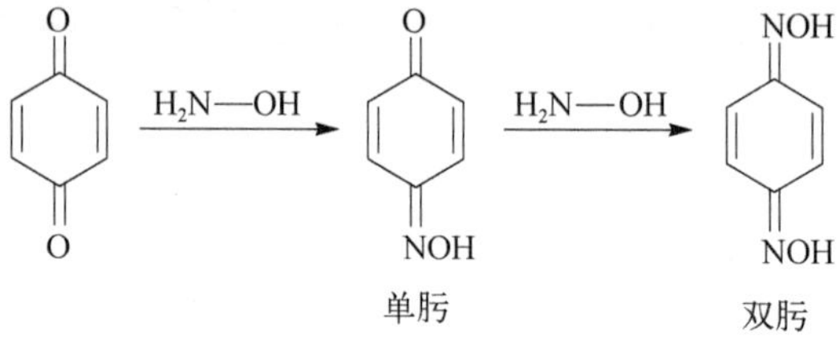

对苯醌也能与格氏试剂发生加成反应。

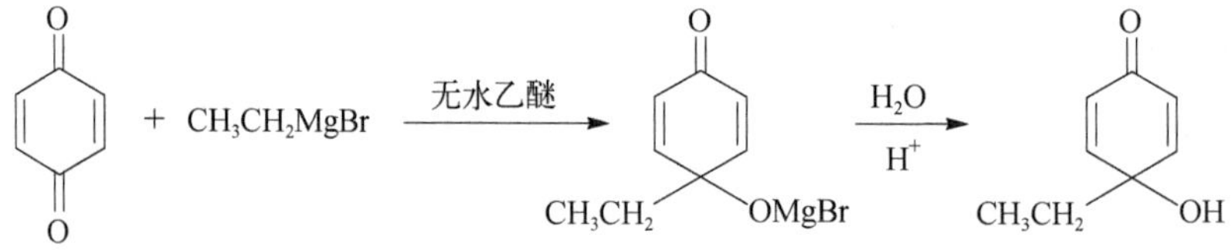

(2) 碳碳双键的亲电加成反应

醌中的碳碳双键可以和卤素、卤化氢等亲电试剂发生加成反应,如对苯醌能与氯气加成生成二氯化合物或四氯化合物。

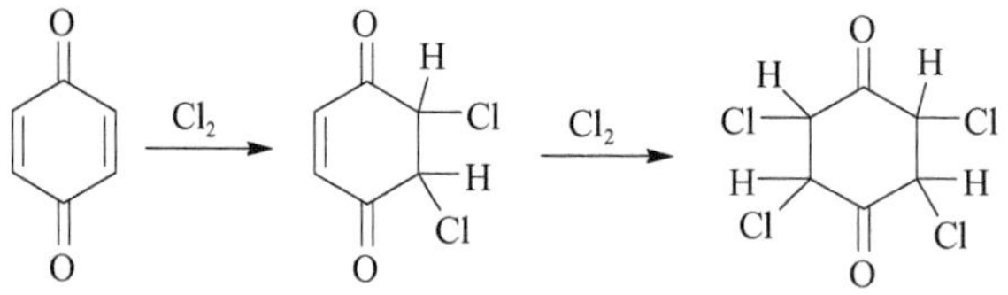

(3) 还原反应

对苯醌很容易被还原为对苯二酚(或称氢醌),这实际上是1,6-加成作用,也是对苯二酚氧化的逆反应。

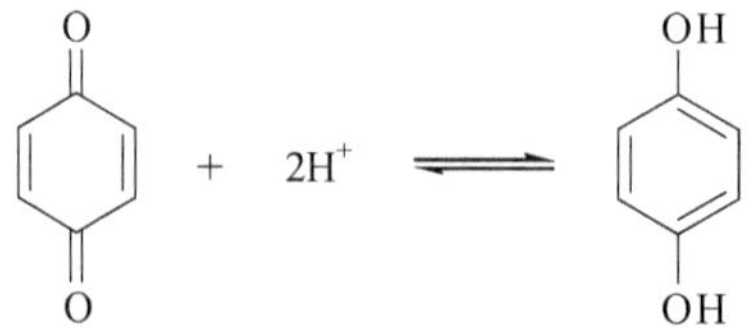

二、其他醌类化合物简介

萘醌类(Naphthoquinones)化合物从结构上考虑有 α、β 及 amphi 三种类型。但至今实际上从自然界得到的绝大多数为 α-萘醌类。

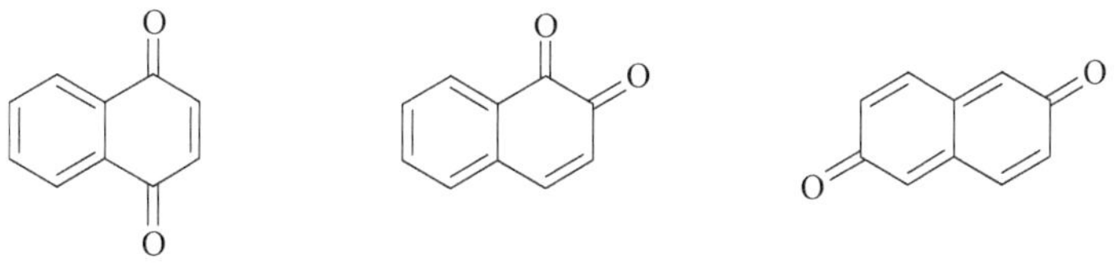

α-萘醌
(1,4-萘醌)

β-萘醌
(1,2-萘醌)

amphi-萘醌
(2,6-萘醌)

萘醌大致分布在 20 科的高等植物中,较富含萘醌的科为紫草科、柿科、紫薇科等。在低等植物地衣类、藻类中也有分布。许多萘醌类化合物具有显著的生物活性。

从中药紫草及软紫草中分得的一系列紫草素(Shikonin)及异紫草素(Alkanin)类衍生物具有止血、抗炎、抗菌、抗病毒及抗癌作用,为中药紫草中的主要有效成分。维生素 K 类化合物,如维生素 K_1 及 K_2 也属于萘醌类化合物,具有促进血液凝固作用,可用于新生儿出血、肝硬化及闭塞性黄疸出血等症。

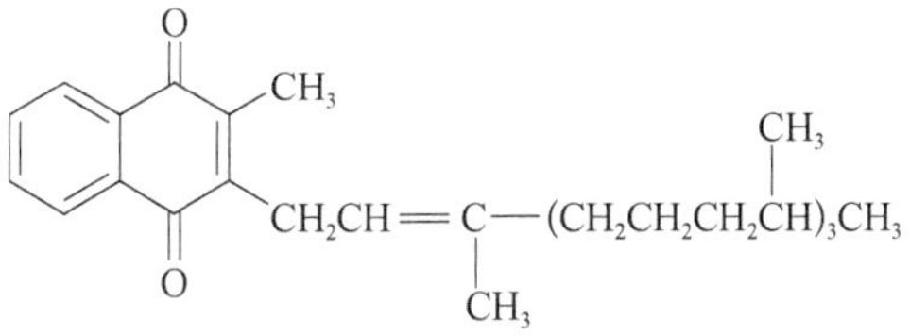

维生素K_1

蒽醌类(Anthraquinones)成分包括蒽醌衍生物及其不同程度的还原产物,如氧化蒽酚、蒽酚、蒽酮及蒽酮的二聚体等。蒽醌类化合物大致分布在 30 余科的高等植物中,含量较多的有蓼科、鼠李科、茜草科、豆科、百合科、玄参科等,在地衣类和真菌中也有发现。天然蒽醌以 9,10-蒽醌最为常见,其 C-9、C-10 为最高氧化状态,较为稳定。

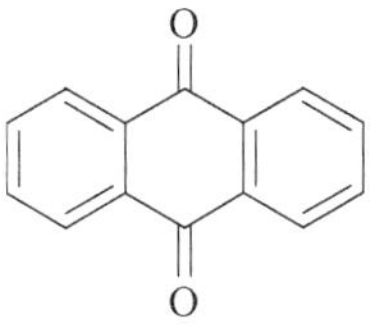

(9,10-蒽醌)

大黄素型蒽醌的羟基分布于两侧的苯环上,多数化合物呈黄色。许多中药如大黄、虎杖等有致泻作用的活性成分就属于此类化合物。羟基蒽醌类衍生物多与葡萄糖、鼠李糖结合成苷存在。

茜草素型蒽醌的羟基分布在一侧苯环上,颜色为橙黄至橙红色,种类较少,如中药茜草中的茜草素及其苷、羟基茜草素、伪羟基茜草素。

大黄素

茜素

第四节　重要化合物

1. 甲醛

甲醛(CH_2O)俗称蚁醛,在常温下是无色的有特殊刺激性气味的气体,沸点为 $-21℃$,易燃,与空气混合后遇火爆炸,爆炸范围为 7%～77%(体积分数)。

甲醛是一种重要的有机原料,主要用于人工合成黏结剂,如制酚醛树脂、脲醛树脂、合成纤维(如合成聚乙烯醇缩甲醛)、皮革工业、医药、染料等。甲醛易溶于水,它的 31%～40% 水溶液(常含质量分数为 8% 的甲醇作稳定剂)称为福尔马林,福尔马林具有杀菌和防腐能力,可浸制生物标本,农业上可用其稀溶液(质量分数为 0.1%～0.5%)来浸种,给种子消毒,原因是甲醛溶液能使蛋白质变性,致使细菌死亡,因而有消毒、防腐作用。甲醛有毒,对眼黏膜、皮肤都有刺激作用,过量吸入其蒸气会引起中毒。

工业上常用催化氧化法由甲醇制取甲醛。甲醛可与银氨溶液发生银镜反应,使试管内壁上附着一薄层光亮如镜的金属银(化合态银被还原,甲醛被氧化);甲醛与新制的氢氧化铜悬浊液反应生成砖红色的氧化亚铜沉淀。

甲醛性质活泼,还原性较强,容易被氧化。甲醛还容易发生自身的羰基加成反应,生成聚合度不同的各类聚合物。例如,在常温下,甲醛气体能自动聚合为三聚甲醛。60%～65% 的甲醛水溶液在少量硫酸存在下煮沸,也可聚合为三聚甲醛。

2. 丙酮

丙酮(CH_3COCH_3)是最简单的酮类化合物,无色、易燃、易挥发,具有清香气味,沸点为 56℃,能溶于水、乙醇、乙醚及其他有机溶剂中。在空气中的爆炸极限为 2.55%～12.80%(体积分数)。

丙酮是常用的有机溶剂,能溶解油脂、树脂、蜡和橡胶等许多物质,也是各种维生素和激素生产过程中的萃取剂。丙酮对人体没有特殊的毒性,但是吸入后可引起头痛,支气管炎等症状,如果大量吸入,还可能失去意识。日常生活中丙酮主要用于脱脂、脱水、固定等,在血液和尿液中为重要检测对象。丙酮以游离态存在于自然界中,在植物界主要存在于精油中,人尿和血液、动物尿、海洋动物的组织和体液中都含有少量的丙酮。糖尿病患者由于新陈代谢紊乱,体内有过量的丙酮生成,尿中丙酮的含量异常地增多。采用低碳水化合物食物疗法减肥的人血液、尿液中的丙酮浓度也异常的高。

丙酮具有典型的酮的化学性质,是重要的有机化工原料,可用来制造环氧树脂、有机玻璃、氯仿等。

3. 苯甲醛

苯甲醛又称为安息香醛,分子式为 C_7H_6O。苯甲醛是醛基直接与苯基相连接而生成的化合物,因为具有类似苦杏仁的香味,曾称苦杏仁油。苯甲醛广泛存在于植物界,特别是在蔷薇科植物中,主要以苷的形式存在于植物的茎皮、叶或种子中,如苦杏仁中的苦杏仁苷。苯甲醛天然存在于苦杏仁油、藿香油、风信子油、依兰油等精油中。苯甲醛的化学性质与脂肪醛类似,但也有不同。苯甲醛不能还原费林试剂;用还原脂肪醛时所用的试剂还原苯甲醛,除主要产物为苯甲醇外,还产生一些四取代邻二醇类化合物和均二苯基乙二醇。

4. 樟脑

樟脑是一类脂环状的酮类化合物,学名为2-莰酮,构造式为

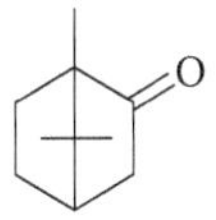

樟脑是无色半透明晶体,具有穿透性的特异芳香,味略苦而辛,有清凉感,熔点为176～177℃,易升华。不溶于水,能溶于醇等。樟脑是我国的特产,台湾省的产量约占世界总产量的70%,居世界第一位,其他如福建、广东、江西等省也有出产。樟脑在医学上用途很广,如作呼吸循环兴奋药的樟脑油注射剂(质量分数为10%樟脑的植物油溶液)和樟脑磺酸钠注射剂(质量分数为10%樟脑磺酸钠的水溶液);用作治疗冻疮、局部炎症的樟脑醑(质量分数为10%樟脑酒精溶液);成药清凉油、十滴水和消炎镇痛膏等均含有樟脑。樟脑也可用于驱虫防蛀。

本章小结

1. 醛、酮的命名

结构较复杂的醛酮,选择含羰基的最长碳链为主链。醛的编号从羰基碳原子开始,酮则从离羰基最近一端的碳原子开始编号,表示羰基位置的数字写在名称之前;并补充与主链相连的支链的名称与位置。

2. 醛、酮的化学性质

(1) 亲核加成反应

醛、酮的羰基加成与烯烃的碳碳双键加成不同,为亲核加成反应历程。不同结构醛、酮的反应活性次序如下:

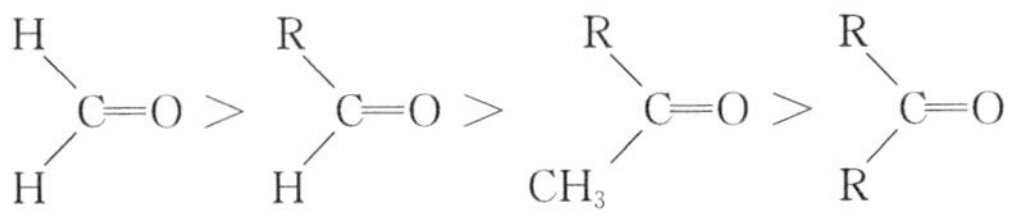

$$\underset{H}{\overset{H}{\rule{0pt}{0pt}}}C=O > \underset{H}{\overset{R}{\rule{0pt}{0pt}}}C=O > \underset{CH_3}{\overset{R}{\rule{0pt}{0pt}}}C=O > \underset{R}{\overset{R}{\rule{0pt}{0pt}}}C=O$$

① 与氢氰酸、饱和亚硫酸氢钠、醇、格氏试剂的加成反应

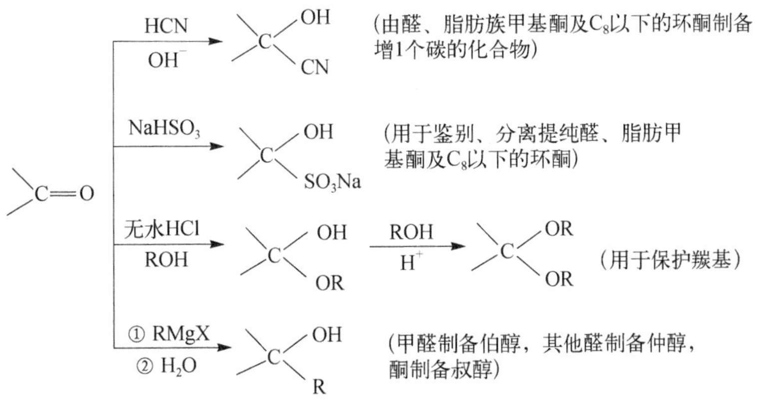

$$\underset{}{}C=O$$

HCN, OH⁻ → （由醛、脂肪族甲基酮及C₈以下的环酮制备增1个碳的化合物）

NaHSO₃ → （用于鉴别、分离提纯醛、脂肪甲基酮及C₈以下的环酮）

无水HCl, ROH → ROH, H⁺ → （用于保护羰基）

① RMgX, ② H₂O → （甲醛制备伯醇,其他醛制备仲醇,酮制备叔醇）

② 与氨衍生物(羰基试剂)的加成-消除反应

$$\begin{array}{c}\diagdown\\ \diagup\end{array}\!\!C\!\!=\!\!O- \left\{\begin{array}{l}\xrightarrow{H_2NOH} \begin{array}{c}\diagdown\\ \diagup\end{array}\!\!C\!\!=\!\!NOH \qquad\qquad 肟\\[1.5em] \xrightarrow{H_2NNH_2} \begin{array}{c}\diagdown\\ \diagup\end{array}\!\!C\!\!=\!\!NNH_2 \qquad\qquad 腙\\[1.5em] \end{array}\right.$$

与 $H_2NHN\!\!-\!\!C_6H_5$ 生成 $\begin{array}{c}\diagdown\\ \diagup\end{array}\!\!C\!\!=\!\!NHN\!\!-\!\!C_6H_5$ 苯腙

与 2,4-二硝基苯肼生成 2,4-二硝基苯腙

与 $H_2NNHCNH_2$(半缩脲) 生成 缩氨脲

上述反应可用于鉴别、分离和提纯羰基化合物。

(2) α-氢的反应

① 碘仿反应

$$CH_3\overset{O}{\overset{\|}{C}}H(R) \xrightarrow[NaOH]{I_2} CHI_3\downarrow + (R)HCOONa$$

碘仿 (CHI_3) 为黄色沉淀,利用此反应可鉴别乙醛、甲基酮及含 $CH_3CH(OH)\!\!-\!\!$ 结构的醇类化合物。

② 羟醛缩合反应

在稀碱或稀酸催化下,含 α-氢的醛可发生分子间加成,生成 β-羟基醛。

$$\begin{array}{c}\diagdown\\ \diagup\end{array}\!\!C\!\!=\!\!O + H\!\!-\!\!\overset{|}{\underset{|}{C}}\!\!-\!\!\overset{O}{\overset{\|}{C}}\!\!- \xrightarrow{稀碱或稀酸} -\!\!\overset{|}{\underset{OH}{C}}\!\!-\!\!\overset{|}{\underset{|}{C}}\!\!-\!\!\overset{O}{\overset{\|}{C}}\!\!-$$

含 α-氢的醛和不含 α-氢的醛之间也可发生交叉羟醛缩合反应。

(3) 氧化还原反应

① 与碱性弱氧化剂的反应

托伦试剂:$(Ar)R\!\!-\!\!CHO \xrightarrow{托伦试剂} (Ar)RCOONH_4 + Ag\downarrow$(所有的醛都能反应)

费林试剂:$R\!\!-\!\!CHO \xrightarrow[\triangle]{费林试剂} RCOONa + Cu_2O\downarrow$

(脂肪醛反应,芳香醛难以反应)

本尼迪克特试剂:$R\!\!-\!\!CHO \xrightarrow[\triangle]{本尼迪克特试剂} RCOONa + Cu_2O\downarrow$

(脂肪醛反应,甲醛、芳香醛难以反应)

② 还原反应

H₂,Pt → 催化氢化：强还原，产物为醇，可还原碳碳双键。

NaBH₄ 或 LiAlH₄ → 硼氢化钠还原：选择性还原，不还原碳碳双键、三键。

Zn-Hg HCl → 克莱门森还原：酸性条件，把羰基还原为亚甲基。

NH₂NH₂,NaOH → 沃尔夫-基希纳-黄鸣龙还原：碱性条件，把羰基还原为亚甲基。

（4）歧化反应（坎尼扎罗反应）

分子中不含 α-氢的醛，如 HCHO，R_3CCHO，ArCHO 等在浓碱条件下，发生自身的氧化还原反应，称为坎尼扎罗反应。

$$无\ \alpha\text{-氢的醛} \xrightarrow{浓碱} RCOO^- + RCH_2OH$$

3. 醌

醌是一类特殊的不饱和环酮，可根据芳环的不同分为苯醌、萘醌、蒽醌等，命名时需注明羰基的位置。醌通常由芳香族化合物制备，但其无芳香性。苯醌的主要化学性质为加成反应。

知识拓展　　　　　生活中的隐形杀手——甲醛

对人体造成伤害的甲醛，可以说在生活中无处不在。涉及的物品包括家具、木地板；童装、免烫衬衫；快餐面、米粉；水泡鱿鱼、海参、牛百叶、虾仁；甚至小汽车。不难看出，我们生活最重要的四件事——衣、食、住、行，甲醛都参与其中。

甲醛的毒害涉及多器官、多系统，急性刺激反应最常见的是眼部、呼吸道的刺激症状以及头痛，如流泪、打喷嚏、咳嗽、恶心、呼吸困难等不适，长期作用则可诱发多个系统的疾病。新的研究表明，甲醛可以引起中枢神经系统、免疫系统的改变。高浓度的甲醛对于神经系统、免疫系统、肝脏都有毒害。刺激眼结膜、呼吸道黏膜而引起流泪、流涕，导致结膜炎、咽喉炎、哮喘、支气管炎和变态反应性疾病。美国加州政府已经把甲醛和苯等其他 400 余种化合物列入具有潜在致癌性化合物的名单。

一些纺织品也可以向空气中释放甲醛气体。在实验室中，甲醛是常用的组织防腐剂，如解剖室、建筑材料生产车间都可能有高浓度的甲醛蒸气。含甲醛的生物杀灭剂的使用也带来了甲醛污染。

甲醛在纤维制品中，主要用于染色助剂以及提高防皱、防缩效果。甲醛可以使纺织物的色泽鲜艳亮丽，保持印花、染色的耐久性，又能使棉织物防皱、防缩、阻燃，因此被广泛应用于纺织工业中。用甲醛印染助剂比较多的是纯棉纺织品，市售的"纯棉防皱"服装或免烫衬衫，大都使用了含甲醛的助剂，穿着时可能释放出甲醛。童装中的甲醛主要来自保持童装颜色鲜艳美观的染料和助剂产品，以及服装印花中所使用的黏合剂。因此，浓艳和印花的服装一般甲醛含量偏高，而素色服装和无印花图案童装甲醛含量则较低。这些含有甲醛的服装在贮存、穿着过程中都会释放出甲醛,儿童服装和内衣释放的甲醛所产生的危害性最大。

甲醛为国家明文规定的禁止在食品中使用的添加剂,在食品中不得检出,但不少食品中都不同程度地检出了甲醛。① 在水发食品中,由于甲醛可以保持水发食品表面色泽光亮,可以增加韧性和脆感,改善口感,还可以防腐,如果用它来浸泡海产品,可以固定海鲜形态,保持鱼类色泽。因此,甲醛已经被不法商贩广泛用于泡发各种水产品。② 在面食、蘑菇或豆制品中,甲醛可以增白,改变色泽,故甲醛常被不法商贩用来熏蒸或直接加入面食、蘑菇或豆制品中,不法商贩用"吊白块"熏蒸有关食品增白时,也会在食品中残留甲醛。

甲醛在工业生产中广泛应用于塑料、皮革、纺织的形成过程中。我国家庭空气中的甲醛来源主要有以下几个方面:① 用作室内装饰的胶合板、细木工板、中密度纤维板和刨花板等人造板材。生产人造板使用的胶黏剂以甲醛为主要成分,板材中残留的和未参与反应的甲醛会逐渐向周围环境释放,是室内空气中甲醛的主要来源。② 用人造板制造的家具。一些厂家为了追求利润,使用不合格的板材,或者在粘接贴面材料时使用劣质胶水,板材与胶水中的甲醛严重超标。③ 含有甲醛成分并有可能向外界散发的其他各类装饰材料,如贴墙布、贴墙纸、化纤地毯、油漆和涂料等。室内空气中甲醛已经成为影响人类身体健康的主要污染物,特别是冬天的空气中甲醛对人体的危害最大,通常情况下甲醛的释放期可达 3~10 年之久。

课后习题

1. 用系统命名法命名下列化合物。

(1) $CH_3\overset{O}{\overset{\|}{C}}CH_2CH_2CH_3$

(2) CH_3CHCH_2CHO
$\quad\quad\quad |$
$\quad\quad CH_2CH_3$

(3) $CH_3COCH_2COCH_3$

(4) 二苯甲酮结构式

(5) $O_2N—\!\!\!\!\!—CHO$

(6) $CH_3CH\!=\!CHCHO$

(7) 邻溴苯乙酮结构式

(8) CH_3CH（二氧戊环结构）

(9) 环己酮肟结构式 $=NOH$

(10) 3-甲基环己酮结构式

2. 写出下列化合物的结构式。

(1) 三氯乙醛

(2) 1-苯基-1-丙酮

（3）3-甲氧基苯甲醛   （4）2-丁酮

（5）水杨醛   （6）1,3-环己二酮

（7）3-甲基-4-戊烯-2-酮   （8）α-溴代丙醛

（9）苯甲醛肟   （10）肉桂醛

3. 完成下列反应方程式。

（1）$CH_3COCH_2CH_3 + HCN \longrightarrow ? \xrightarrow[H^+]{H_2O}$

（2）$CH_3\overset{O}{\overset{\|}{C}}CH_3 + C_2H_5MgBr \xrightarrow{无水乙醚} ? \xrightarrow[H^+]{H_2O}$

（3）$CH_3CHO + 2C_2H_5OH \xrightarrow[\triangle]{无水\ HCl}$

（4） $\underset{苯}{\text{CHO}} + C_2H_5CH_2CHO \xrightarrow[\triangle]{稀NaOH}$

（5）$CH_3CH_2\overset{O}{\overset{\|}{C}}CH_3 \xrightarrow{I_2+NaOH}$

（6） $\underset{}{\text{苯}}\overset{O}{\overset{\|}{C}}CH_2CH_3 \xrightarrow[HCl]{Zn-Hg}$

（7）$CH_3\overset{O}{\overset{\|}{C}}CH_2CH=CH_2 \xrightarrow{NaBH_4} ? \xrightarrow[H^+]{H_2O}$

（8）$CH_3\overset{O}{\overset{\|}{C}}CH_3 + H_2NNHC_6H_5 \longrightarrow$

（9） $\underset{苯}{\text{CHO}} + HCHO \xrightarrow{浓NaOH}$

（10）$CH_3CH_2CHO \xrightarrow{[Ag(NH_3)_2]^+}$

4. 将下列各组化合物,按羰基亲核加成反应的活性由强到弱的顺序排列。

（1）乙醛、丙酮、三氯乙醛、甲醛

（2）$(CH_3)_3C\overset{O}{\overset{\|}{C}}C(CH_3)_3$、$C_6H_5CHO$、$CH_3\overset{O}{\overset{\|}{C}}CH_2CH_3$、$CH_3CHO$

（3）$CH_3COCH_2CH_3$、$C_6H_5COCH_3$、$(C_6H_5)_2CO$、CH_3CHO、CCl_3CHO、$ClCH_2CHO$

5. 下列化合物,哪些能与饱和 $NaHSO_3$ 反应? 哪些能与羟胺反应生成肟? 哪些能发生碘仿反应? 哪些能与本尼迪克特试剂反应?

（1）CH_3CHO （2）CH_3CH_2OH

(3) $(CH_3)_2CHOH$ (4) C_6H_5CHO

(5) $CH_3CH_2COCH_3$ (6) $CH_3COCH_2CH_2COCH_3$

(7) $C_6H_5COCH_3$ (8) $C_6H_5CH(OH)CH_3$

(9) $(CH_3)_3COH$ (10) $CH_3CH_2COCH_2CH_3$

(11) $HCHO$

6. 用简便的化学方法鉴别下列各组化合物。

(1) 丙醛、丙酮、丙醇

(2) 甲醛、苯甲醛、丙醛

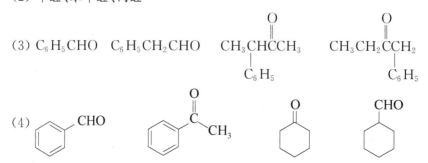

7. 由指定原料合成下列化合物，其他无机试剂及 C_3 以下的有机试剂任选。

(1) 由 $CH_2{=}CH_2$ 合成 2-丁醇

(2) 由乙炔合成 2-丁烯

(3) 由苯合成 ⬡—$CH_2CH_2CH_3$

(4) 由乙醇合成 2-丁酮

(5) 由 $CH_2{=}CH_2$ 合成
$$CH_3\overset{\overset{\displaystyle OH}{|}}{\underset{\underset{\displaystyle CH_2CH_3}{|}}{C}}CH_2CH_3$$

8. A 和 B 两种化合物的分子式同为 C_8H_8O，都能与羟胺反应生成肟。A 能发生碘仿反应，但是不能发生银镜反应。B 能发生银镜反应，但是不能发生碘仿反应，也不能与费林试剂反应。推测 A 和 B 的结构式，并写出各步反应式。

9. 某化合物 A 的分子式为 $C_5H_8O_2$，通过克莱门森反应可以将 A 还原成正戊烷；A 能发生碘仿反应和银镜反应，也能与 NH_2OH 生成二肟。推测 A 的结构式，并写出各步反应式。

10. 某化合物 A 的分子式为 $C_6H_{12}O$，A 能与 2,4-二硝基苯肼反应得到 2,4-二硝基苯腙，但是不能发生银镜反应。A 在铂的催化下进行加氢，则得到一种醇 B。B 与浓硫酸共热脱水得到化合物 C；C 依次经过臭氧氧化和水解等反应后，得到两种液体 C 和 D。其中 C 能发生银镜反应，但是不能发生碘仿反应；D 能发生碘仿反应，但不能使费林试剂还原。推测 A、B、C、D、E 的结构式，并写出各步反应式。

11. 某化合物 A 的分子式为 $C_5H_{12}O$，A 氧化后得到分子式为 $C_5H_{10}O$ 的 B，B 能和羟胺反应生成肟，而且在与碘的碱溶液共热时，有黄色碘仿生成。A 经浓硫酸共热后得到化合物 C，其分子式为 C_5H_{10}；C 经酸性高锰酸钾氧化后得到化合物 D 和乙酸；D 能发生碘仿反应，但是不能发生银镜反应。推测 A、B、C、D 的结构式，并写出各步反应式。

第九章
羧酸、羧酸衍生物和取代酸

分子中含有羧基（—COOH）的化合物称为羧酸,羧酸分子中羧基上的羟基被某些原子或原子团取代后的产物叫作羧酸衍生物,羧酸分子中烃基上的氢原子被其他原子或原子团取代后的产物叫作取代酸。

羧酸、羧酸衍生物和取代酸广泛存在于自然界,其中许多是动植物代谢的重要产物,而有些羧酸又是常用的工业原料,因此它们是一类极为重要的有机化合物。

I 羧 酸

第一节 羧酸的分类和命名

一、羧酸的分类

羧酸可根据分子中烃基的不同和羧基的多少来分类。

1. 根据烃基的种类不同,羧酸可分为脂肪酸和芳香酸。

$$CH_3COOH \qquad \bigcirc\!\!-COOH \qquad \bigcirc\!\!-COOH$$

乙酸（脂肪酸）　　　环己甲酸（脂肪酸） 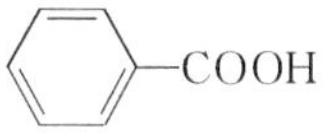　　　苯甲酸（芳香酸）

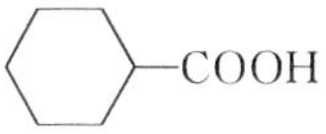

2. 在脂肪酸中,根据烃基的饱和度不同,羧酸可分为饱和羧酸与不饱和羧酸。

$$CH_3CH_2COOH \qquad\qquad CH_2{=}CHCOOH$$

丙酸（饱和羧酸）　　　　　　丙烯酸（不饱和羧酸）

3. 根据羧基的数目不同,羧酸可以分为一元酸、二元酸及多元酸等。

HCOOH　　　　HOOCCH$_2$COOH

甲酸（一元酸）　　　丙二酸（二元酸）　　　顺乌头酸（三元酸）

二、羧酸的命名

羧酸常用系统命名法和俗名来命名。

羧酸的系统命名法与醛类相似。脂肪族一元羧酸命名时,首先选择包括羧基在内的最长碳链作为主链,根据主链碳原子数称为"某酸"。主链碳原子的编号从羧基碳原子开始,用阿拉伯数字标明碳原子的位次。位次也可以用希腊字母 α,β,γ 等表示。例如:

$$\underset{4}{H_3C}\overset{\gamma}{—}\underset{3}{\overset{\beta}{CH}}\overset{}{—}\underset{2}{\overset{\alpha}{CH_2}}—\underset{1}{COOH}$$
$$\underset{}{CH_3}$$

3-甲基丁酸或 β-甲基丁酸

不饱和脂肪酸的命名是选取包含重键和羧基在内的最长碳链作为主链,根据主链碳原子数称为"某烯酸"或"某炔酸",重键的位次写在"某"字的前面。例如:

$$\underset{5}{H_3C}—\underset{4}{C}=\underset{3}{CH}—\underset{2}{CH}—\underset{1}{COOH}$$
$$\overset{}{CH_3}\qquad\overset{}{CH_3}$$

2,4-二甲基-3-戊烯酸

脂肪族二元酸的命名要选择包含有两个羧基的最长碳链作主链,按主链上碳原子数目称为"某二酸"。例如:

$$HOOC—H_2C—H_2C—COOH$$

丁二酸(琥珀酸)

反丁烯二酸(延胡索酸)

脂环酸和芳香酸命名时,把环作为相应脂肪酸的取代基。二元酸要把两个羧基的位次都写在母体名称之前,例如:

3-环己基丙酸　　　苯甲酸(安息香酸)　　　α-萘乙酸　　　邻苯二甲酸

许多羧酸常根据其最初来源给予相应的俗名。例如,甲酸最初是通过蒸馏蚂蚁得到的,称为蚁酸;乙酸最初发现于食醋中,称为醋酸;乙二酸开始由酸模中得到,称为草酸等。

问题 9-1　写出下列化合物的结构式。

(1)蚁酸　(2)醋酸　(3)草酸　(4)安息香酸　(5)丙烯酸　(6)对苯二甲酸

问题 9-2　命名下列化合物。

(1) $CH_3CHCH_2CH_2\overset{\overset{\displaystyle Br}{|}}{CH}COOH$
$\quad\ \ \overset{|}{C_2H_5}$

(2) $HO\overset{\overset{\displaystyle O}{||}}{—C}\overset{\overset{\displaystyle O}{||}}{—C}—OH$

(3) $CH_3CH=CHCH=CHCOOH$

(4)
$$\text{（邻羟基苯甲酸结构）}\quad\overset{OH}{\underset{COOH}{}}$$

(5)
$$\text{（5-溴萘-1-甲酸结构）COOH ... Br}$$

(6)
$$\text{（环戊基）}—CH_2CH_2\overset{\overset{\displaystyle CH_3}{|}}{CH}COOH$$

第二节　羧酸的结构与性质

一、羧酸的结构

羧酸是由烃基与羧基组成的化合物。一元脂肪酸的结构通式(甲酸除外)可表示如下：

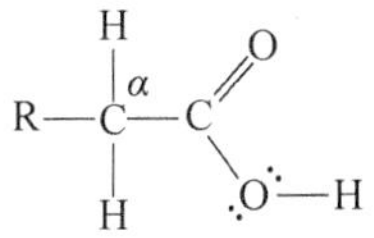

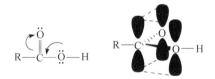

（R为氢或烃基）

羧基是羧酸的官能团。从形式上看，羧基是由羰基和羟基组成的，但羧酸不具有酮和醇的典型性质，因为羧基中的羰基和羟基之间相互影响和制约，羧基的性质并不是它们性质的简单加和。实验表明，羧酸的 C＝O 键的键长为 0.124 5 nm，比普通羰基的键长(0.122 nm)略长，羧酸中的 C—OH 键的键长为 0.131 nm，比醇的 C—OH 键的键长略短，表明羧酸分子中羰基和羟基不同于酮中的羰基和醇中的羟基。

在羧基中，碳原子处于 sp^2 杂化状态，它的三个 sp^2 杂化轨道分别同 α-碳原子和两个氧原子形成三个共平面的 σ 键，未参与杂化的 p 轨道与一个氧原子的 p 轨道重叠形成 C＝O 键中的 π 键。同时，羧基中羟基上的氧原子发生不等性的 sp^2 杂化，其未杂化的 p 轨道上未共用电子对与 C＝O 键中的 π 键重叠形成了 p-π 共轭体系，如图 9-1 所示。

图 9-1　羧基上 p-π 共轭示意图

由于 p-π 共轭体系产生的共轭效应使羟基氧原子上的电子云向羰基方向转移，导致 O—C 键的极性减弱，H—O 键的极性增强，C＝O 键中碳原子上的电子云密度增大。因此，羧酸的 H—O 键易断裂，其酸性比水和醇强得多；p-π 共轭效应降低了 O—C 键的活性，致使羧基中的羟基难以发生类似醇的亲核取代反应；p-π 共轭效应降低了 C＝O 键中碳原子上的正电性，不利于亲核试剂对碳原子的进攻。

二、羧酸的物理性质

常温下，C_{10} 以下的饱和一元羧酸为液体，其中，$C_1 \sim C_3$ 的羧酸具有刺激性气味，$C_4 \sim C_9$ 的羧酸具有腥臭味。高级脂肪酸是无味蜡状固体；二元羧酸和芳香酸都是结晶固体。

羧酸分子之间或羧酸和水分子之间可通过氢键发生缔合，甚至在气相，羧酸的低级同系物(如甲酸与乙酸)仍以双分子缔合状态存在(图 9-2)。因此，氢键对羧酸的沸点和在水中的溶解度都有很大的影响。

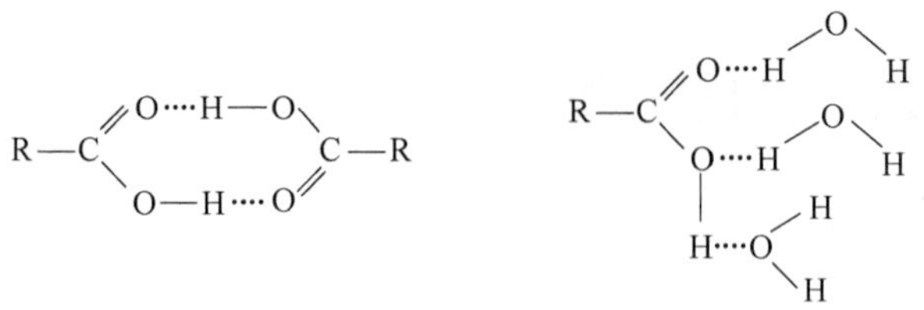

（A）羧酸的二聚体　　　　　　　　　（B）羧酸与水形成的氢键

图 9-2　羧酸的双分子缔合

低级脂肪酸易溶于水,但随着相对分子质量增大,其在水中的溶解度迅速减小。高级脂肪酸不溶于水而溶于有机溶剂。

由于羧基中的羰基和羟基均可形成氢键,羧酸分子间的氢键比醇分子间的氢键稳定,因此羧酸的沸点比相对分子质量相近的醇高。直链饱和一元酸和二元酸的熔点随分子中碳原子数的增加而呈锯齿形变化,即具有偶数碳原子羧酸的熔点比其相邻的两个具有奇数碳原子羧酸的熔点都要高,这是由于在含偶数碳原子的羧酸中,链端甲基和羧基(在二元酸中是两个羧基)分布在碳链异侧,而含奇数碳原子的羧酸链端甲基和羧基分布在碳链的同侧,前者的分子在晶体中排列较紧密,分子间的作用力比较大,需要较高温度才能使它们彼此分开,故其熔点较高。表 9-1 列出了一些常见羧酸的物理常数。

表 9-1　常见羧酸的物理常数

名　称	俗　名	熔点/℃	沸点/℃	溶解度/(g/100 g 水)	pK_{a1}(25℃)
甲酸	蚁酸	8.4	100.8	∞	3.75
乙酸	醋酸	16.6	118.1	∞	4.76
丙酸		−20.8	141.4	∞	4.87
丁酸	酪酸	−5.5	164.1	∞	4.83
戊酸	缬草酸	−34.5	186.4	$3.3^{16℃}$	4.84
己酸	羊油酸	−4.0	205.4	1.10	4.88
庚酸	毒水芹酸	−7.5	223.0	$0.25^{15℃}$	4.89
辛酸	羊脂酸	16	239	$0.25^{15℃}$	4.89
壬酸	天竺葵酸	12.5	253～254	微溶	4.95
癸酸	羊蜡酸	31.4	268.7	不溶	—
十六碳酸	软脂酸	62.8	$271.5^{13.3\,kPa}$	不溶	—
十八碳酸	硬脂酸	69.6	$291^{14.6\,kPa}$	不溶	—
乙二酸	草酸	186～187(分解)	>100(升华)	10	1.27
丙二酸	缩苹果酸	130～135(分解)	—	$138^{16℃}$	2.86
丁二酸	琥珀酸	189～190	235(分解)	6.8	4.21
戊二酸	胶酸	97.5	$200^{2.66\,kPa}$	63.9	4.34
己二酸	肥酸	151～153	$265^{1.33\,kPa}$	$1.4^{15℃}$	4.43
庚二酸	薄桃酸	103～105	$272^{13.3\,kPa}$	$2.5^{14℃}$	4.50
辛二酸	软木酸	140～144	$279^{13.3\,kPa}$	$0.14^{16℃}$	4.52
壬二酸	杜鹃花酸	106.5	$286.5^{13.3\,kPa}$	0.20	4.53
癸二酸	皮脂酸	134.5	$294.5^{13.3\,kPa}$	0.10	4.55

续　表

名　称	俗　名	熔点/℃	沸点/℃	溶解度/(g/100 g 水)	pK_{a1}(25℃)
顺丁烯二酸	马来酸	130.5	135(分解)	79	1.94
反丁烯二酸	延胡索酸	286~287*	200(升华)	0.7$^{17℃}$	3.02
苯甲酸	安息香酸	122.4	250.0	0.21$^{17.5℃}$	4.21
苯乙酸	苯醋酸	76~77	265.5	加热可溶	4.31
邻苯二甲酸	邻酞酸	191*	>191(分解)	0.54$^{14℃}$	2.95
对苯二甲酸	对酞酸	425*	>300(分解)	不溶	3.54

注：* 表示封管和急剧加热。

问题 9 - 3　试比较下列化合物沸点的高低。

丁烷　丁醇　乙醚　乙酸

问题 9 - 4　影响有机化合物在水中溶解度的因素有哪些？试比较下列化合物在水中的溶解度。

乙酸　草酸　苯甲酸　丙酮　丙醛　丙烷　氯丙烷

三、羧酸的化学性质

羧酸分子中因键的断裂方式不同，发生不同的反应。羧酸的化学性质主要表现在官能团羧基以及受羧基影响的 α-碳原子上。

1. 酸性

羧酸在水溶液中能电离出氢离子，所以其水溶液显酸性。但羧酸一般都是弱酸，它们在水中只发生部分电离。

$$R-\underset{\underset{\displaystyle O}{\|}}{C}-O-H \rightleftharpoons R-\underset{\underset{\displaystyle O}{\|}}{C}-O^- +H^+$$

羧酸的酸性强弱是以其电离常数 K_a 或它的负对数 pK_a 表示的。K_a 愈大或 pK_a 愈小，酸性愈强。大多数羧酸的 pK_a 为 2.5~5。生物细胞中的 pH 一般为 5~9，所以在有机体中羧酸往往以盐的形式存在。

羧酸的酸性比碳酸强，它们能与碳酸盐（或碳酸氢盐）作用放出二氧化碳。

$$2RCOOH+Na_2CO_3 \longrightarrow 2RCOONa+CO_2\uparrow+H_2O$$
羧酸钠

羧酸也能同金属氧化物或氢氧化物反应，生成盐和水。

$$2RCOOH+CaO \longrightarrow (RCOO)_2Ca+H_2O$$
羧酸钙

$$RCOOH+NaOH \longrightarrow RCOONa+H_2O$$

羧酸的碱金属盐都能溶于水，所以可将不溶于水的羧酸转化成溶于水的碱金属盐后，再加入无机酸，利用强酸置换弱酸的反应将羧酸从一些混合物中分离出来。例如，在苯甲酸和苯酚的混合物中加入碳酸氢钠的饱和水溶液，振荡后分离，不溶固体为苯酚；苯甲酸转化成苯甲酸钠而进入水层，酸化水层便得到苯甲酸。

二元羧酸分子中有两个羧基，可分两步电离，但第二步电离比第一步要困难得多。二元羧酸能分别与碱反应生成酸式盐或中性盐。

$$\begin{matrix} | \\ | \end{matrix} \begin{matrix} COOH \\ COOH \end{matrix} \xrightarrow[-H_2O]{NaOH} \begin{matrix} COOH \\ COONa \end{matrix} \xrightarrow[-H_2O]{NaOH} \begin{matrix} COONa \\ COONa \end{matrix}$$
草酸氢钠　　　草酸钠

羧酸的酸性与羧基所连的基团有关。吸电子基与羧基相连时，H—O 键易断裂，氢原子容易电离成质子，因此羧酸的酸性增强。原子团吸电子效应越强或烃基上所连的吸电子基团越多，羧酸的酸性愈强。例如：

	CH_3COOH	$Br—CH_2COOH$	$Cl—CH_2COOH$	$F—CH_2COOH$
pK_a	4.76	2.90	2.86	2.59

	CH_3COOH	$ClCH_2COOH$	$Cl_2CHCOOH$	Cl_3CCOOH
pK_a	4.76	2.86	1.26	0.64

同羧基相连的给电子基团使 H—O 键间电子云密度增加，不利于氢原子的电离，从而使羧酸的酸性减弱。原子团给电子性越强，羧酸的酸性越弱。例如：

	HCOOH	CH_3COOH	$(CH_3)_2CHCOOH$	$(CH_3)_3CCOOH$
pK_a	3.75	4.76	4.85	5.03

由于羧基是强吸电子基，所以对于两个羧基距离较近的二元酸来说，其酸性都比碳原子数相同的一元酸大，若两个羧基相距较远，则酸性显著减小。

在对位取代的苯甲酸中，使苯环活化的取代基不利于 H—O 键的电离，导致羧酸的酸性减弱；反之，酸性增强。邻位取代或间位取代的苯甲酸的酸性受多种因素影响，情况较为复杂，需具体问题具体分析。某些取代苯甲酸($Y—C_6H_4—COOH$)的 pK_a 值(25℃)见表 9-2。

表 9-2　某些取代苯甲酸($Y—C_6H_4—COOH$)的 pK_a 值(25℃)

取代基	邻位取代	间位取代	对位取代
CH_3	3.91	4.27	4.38
C_2H_5	3.79	4.27	4.35
F	3.27	3.86	4.14
Cl	2.92	3.83	3.97
Br	2.85	3.81	3.97
I	2.86	3.85	4.02
OH	2.98	4.08	4.57
OCH_3	4.09	4.09	4.47
NO_2	2.21	3.49	3.42

问题 9-5　按酸性增强次序排列下列化合物。
(1) α-氯代丙酸　α-氟代丙酸　α-溴代丙酸　α-碘代丙酸
(2) 苯甲酸　邻羟基苯甲酸　对羟基苯甲酸　间羟基苯甲酸

2. 羟基被取代的反应

在一定条件下，羧基中的羟基可被卤素(X)、酰氧基($—O—\overset{\overset{\textstyle O}{\|}}{C}—R$)、烃氧基

（—OR′）、氨基（—NH₂）等原子或基团取代,分别生成酰卤、酸酐、酯和酰胺等羧酸衍生物。

（1）生成酰卤

最常见的酰卤是酰氯,它是由羧酸与三氯化磷、五氯化磷或亚硫酰氯等氯化剂作用制得的。

$$3RCOOH + PCl_3 \xrightarrow{\triangle} 3R\overset{\overset{\displaystyle O}{\|}}{C}-Cl + H_3PO_3$$

$$3RCOOH + PCl_5 \longrightarrow 3R\overset{\overset{\displaystyle O}{\|}}{C}-Cl + POCl_3 + HCl$$

$$3RCOOH + SOCl_2 \xrightarrow{\triangle} 3R\overset{\overset{\displaystyle O}{\|}}{C}-Cl + SO_2 + HCl$$

通常根据原料和产物的沸点差别来选择氯化剂,常用三氯化磷制备沸点较低的酰氯,用五氯化磷制备沸点较高的酰氯,产物可用蒸馏方法来提纯。

亚硫酰氯在实验室中常被用来制备酰氯,由于生成的 HCl 和 SO₂ 可从反应体系中移出,所以反应的转化率很高,可达 90% 以上。但由于反应时使用过量的 SOCl₂,不利于蒸馏分离,所以应当在制备与它有较大沸点差别的酰氯中使用。另外生成的酸性气体 HCl 和 SO₂ 要回收或吸收,以避免对环境造成污染。

芳香族酰氯一般由五氯化磷或亚硫酰氯与芳酸作用制取。苯甲酰氯是常用的苯甲酰化试剂。

羧酸分子中羧基上去掉羟基后所剩余的原子团" $R\overset{\overset{\displaystyle O}{\|}}{C}-$ "称为酰基。例如, $CH_3\overset{\overset{\displaystyle O}{\|}}{C}-$ 称为乙酰基, $HOOC\overset{\overset{\displaystyle O}{\|}}{C}-$ 称为草酰基。

（2）生成酸酐

羧酸在脱水剂（如五氧化二磷）的作用下加热失水,生成酸酐。

$$R\overset{\overset{\displaystyle O}{\|}}{C}-OH + HO-\overset{\overset{\displaystyle O}{\|}}{C}-R' \xrightarrow{P_2O_5} R\overset{\overset{\displaystyle O}{\|}}{C}-O-\overset{\overset{\displaystyle O}{\|}}{C}-R' + H_2O$$
酸酐

由两分子相同羧酸形成的酸酐称为简单酐或对称酐,两分子不同羧酸形成的酸酐称为混酐或不对称酐。酸酐中最重要的是乙酸酐和邻苯二甲酸酐。甲酸一般不发生分子间脱水生成酐,但在浓硫酸中受热时,甲酸分解成一氧化碳和水,可用来制取高纯度的一氧化碳。

乙酸酐常用作脱水剂,从低级羧酸酐制取较高级的羧酸酐,例如:

$$2C_6H_{13}COOH + (CH_3CO)_2O \overset{\triangle}{\rightleftharpoons} (C_6H_{13}CO)_2O + 2CH_3COOH$$

某些二元酸羧基之间脱水形成五元或六元环状的酸酐。例如:

$$\begin{array}{c}
\text{CH} \!-\! \overset{\displaystyle O}{\overset{\|}{C}} \!-\! O \!-\! H \\
\text{CH} \!-\! \underset{\underset{O}{\|}}{C} \!-\! O \!-\! H
\end{array} \xrightarrow{200^\circ\!C} \begin{array}{c} \text{CH} \!-\! \overset{\displaystyle O}{\overset{\|}{C}} \\ \text{CH} \!-\! \underset{\underset{O}{\|}}{C} \end{array}\!\!O \ +\ H_2O$$

$$\text{（邻苯二甲酸）} \xrightarrow{200^\circ\!C} \text{（邻苯二甲酸酐）} \ +\ H_2O$$

混合酸酐可由酰卤与羧酸盐作用制备：

$$RCOONa + R'COCl \longrightarrow R\!-\!\overset{\displaystyle O}{\overset{\|}{C}}\!-\!O\!-\!\overset{\displaystyle O}{\overset{\|}{C}}\!-\!R' + NaCl$$
$$\qquad\qquad\qquad\text{酰氯}$$

（3）生成酰胺

羧酸同氨或碳酸铵作用得到羧酸铵盐，将铵盐加强热，生成酰胺；如果继续加热，则可进一步失水变成腈。

$$R\!-\!\overset{\displaystyle O}{\overset{\|}{C}}\!-\!OH + NH_3 \longrightarrow R\!-\!\overset{\displaystyle O}{\overset{\|}{C}}\!-\!ONH_4 \xrightarrow[\triangle]{-H_2O} R\!-\!\overset{\displaystyle O}{\overset{\|}{C}}\!-\!NH_2 \xrightarrow[\triangle]{-H_2O} RCN$$
$$\qquad\qquad\qquad\qquad\text{羧酸铵}$$

二元羧酸的二铵盐在受热时发生分子内的脱水、脱氨反应，生成五元或六元环状酰亚胺。例如：

$$\begin{array}{c} \text{CH}_2\text{COONH}_4 \\ | \\ \text{CH}_2\text{COONH}_4 \end{array} \xrightarrow{300^\circ\!C} \begin{array}{c} \text{CH}_2\!-\!\overset{\displaystyle O}{\overset{\|}{C}} \\ | \qquad\quad \\ \text{CH}_2\!-\!\underset{\underset{O}{\|}}{C} \end{array}\!\!NH \ +NH_3+H_2O$$
$$\qquad\qquad\qquad\qquad\qquad\text{丁二酰亚胺}$$

由羧酸直接制备酰胺比较困难，一般从酰氯、酸酐和酯与氨反应来制备酰胺。例如：

$$CH_3CH_2\overset{\displaystyle O}{\overset{\|}{C}}\!-\!Cl + 2NH_3 \longrightarrow CH_3CH_2\overset{\displaystyle O}{\overset{\|}{C}}\!-\!NH_2 + NH_4Cl$$
$$\qquad\qquad\qquad\qquad\qquad\text{丙酰胺}$$

在酰胺分子中，由于氮原子上的未共用电子对同碳氧双键发生了 $p-\pi$ 共轭，结果降低了氮原子上的电子云密度，所以酰胺显中性。氨分子中两个氢原子被酰基取代后，生成的酰亚胺显弱酸性。

（4）生成酯

在无机酸催化下，羧酸与醇作用生成酯，这种反应叫作酯化反应。

$$R\!-\!\overset{\displaystyle O}{\overset{\|}{C}}\!-\!OH + H\!-\!OR' \underset{\triangle}{\overset{H_2SO_4}{\rightleftharpoons}} R\!-\!\overset{\displaystyle O}{\overset{\|}{C}}\!-\!OR' + H_2O$$

酯化反应是一个可逆反应,其逆反应为水解反应。酯化反应速率缓慢,必须在催化剂和加热条件下才能进行。通常使用的催化剂是浓硫酸、氯化氢等。目前工业上已逐渐使用阳离子交换树脂代替上述催化剂。

由于酯化反应是可逆的,所以为了提高酯的产量,一般采用增加反应物(酸或醇)的浓度或不断除去生成的产物(酯或水)方法,使平衡向右移动。

在酸催化下,羧酸与醇进行酯化反应时,羧酸通常是按酰氧键断裂的方式进行的。所谓酰氧键断裂方式是指羧酸分子中羧基上羟基和羰基之间的 C—O 键在反应中发生了断裂,属于加成-消除机理。羧酸与伯醇、仲醇酯化时,绝大多数都属于这种反应机理。相同的羧酸和不同的醇按上述机理进行酯化反应的活性一般有如下顺序:

$$CH_3OH > RCH_2OH > R_2CHOH > R_3COH$$

叔醇在酸的催化下容易形成碳正离子,因而叔醇和羧酸发生酯化是按烷氧键断裂方式进行的,即酸去质子,醇去—OH,叔醇形成碳正离子,碳正离子再与羧酸生成盐,脱去质子生成酯。由于碳正离子很容易脱水生成烯烃,因此羧酸与叔醇的酯化反应产率一般很低。叔醇的酯一般用别的方法制备,例如:

$$\underset{\underset{O}{\parallel}}{R-C-X} + R_3'COH \longrightarrow \underset{\underset{O}{\parallel}}{R-C-OCR_3} + HX$$

芳香族羧酸的酯化反应要比脂肪族困难。

3. 还原反应

羧酸在氢化铝锂($LiAlH_4$)的作用下可被还原成伯醇:

$$H_2C=CHCH_2COOH \xrightarrow[\text{② } H_2O]{\text{① } LiAlH_4} H_2C=CHCH_2CH_2OH$$

氢化铝锂是一种强还原剂,能还原具有羰基结构的化合物,并且产率较高,但一般不能还原碳碳双键。

4. 脱羧反应

羧酸分子脱去二氧化碳(CO_2)的反应叫脱羧反应。羧酸的羧基通常比较稳定,只有在特殊条件下才能脱羧,而且不同的羧酸脱羧生成不同的产物。

饱和一元羧酸的钠盐与强碱或碱石灰共熔,可脱羧,生成少一个碳原子的烷烃。

$$\underset{\underset{O}{\parallel}}{R-C-ONa} \xrightarrow[\text{共熔}]{NaOH-CaO} R-H + Na_2CO_3$$

羧酸的 α 位碳原子上连有强吸电子基时,容易脱羧。例如:

$$Cl_3C-COOH \xrightarrow{\triangle} CHCl_3 + CO_2\uparrow$$

5. 二元酸的受热分解

由于羧基是强吸电子基,所以二元羧酸如草酸和丙二酸受热后较易脱羧。

$$\underset{COOH}{\overset{COOH}{|}} \xrightarrow{\triangle} HCOOH + CO_2\uparrow$$

$$HOOC-CH_2-COOH \xrightarrow{\triangle} CH_3COOH + CO_2\uparrow$$

丁二酸和戊二酸加热时不脱羧,而是分子内失水,生成稳定的环状酸酐。

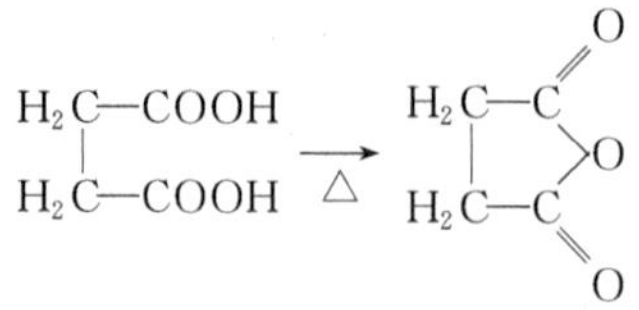

丁二酸酐

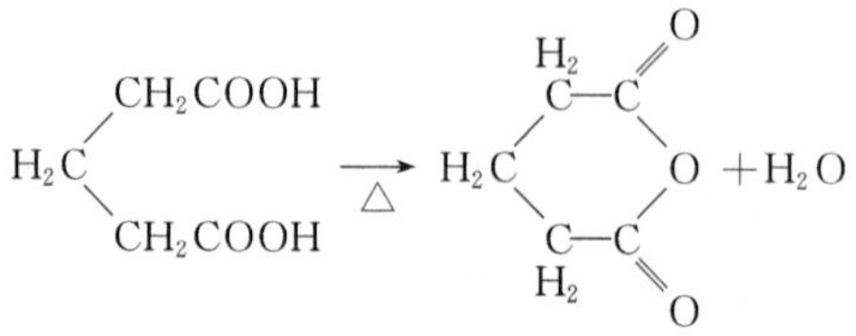

戊二酸酐

己二酸和庚二酸在氢氧化钡存在下发生脱羧的同时,还脱去一分子水,最后生成环酮。

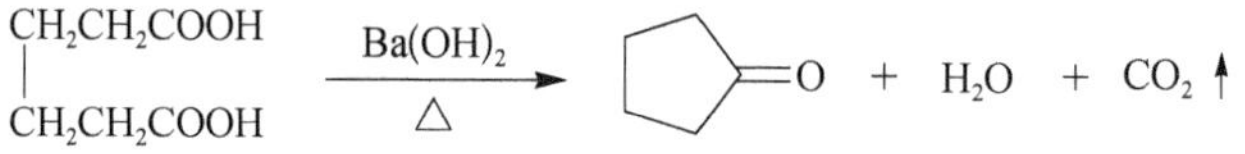

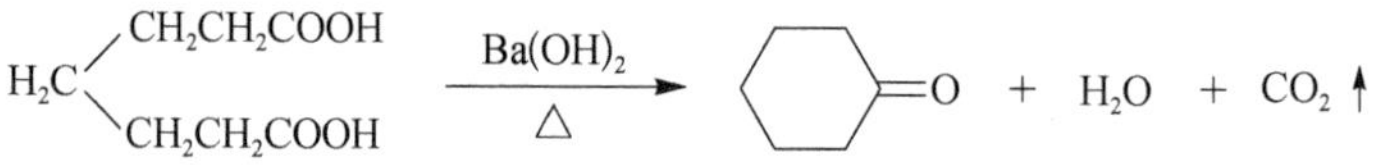

这是工业上合成环戊酮和环己酮的重要方法之一。脱羧反应在动植物体内普遍存在。例如,丙酮酸在丙酮酸脱羧酶的催化下脱羧,生成乙醛。

$$H_3C-\overset{\overset{\displaystyle O}{\|}}{C}-COOH \xrightarrow{\text{丙酮酸脱羧酶}} CH_3CHO + CO_2\uparrow$$

丙酮酸

6. α-氢的卤代反应

羧酸的α-氢原子由于受羧基的影响比较活泼,在日光或红磷的催化下,它们能被氯或溴逐步取代。

$$CH_3COOH \xrightarrow[P]{Cl_2} CH_2ClCOOH \xrightarrow[P]{Cl_2} CHCl_2COOH \xrightarrow[P]{Cl_2} CCl_3COOH$$

一氯乙酸　　二氯乙酸　　三氯乙酸

氯代酸是合成农药和药物的重要原料,例如,一氯乙酸是合成植物生长刺激素2,4-二氯苯氧乙酸(简称2,4-D)的原料。

问题9-6　按酯化反应速率由快到慢的次序排列下列化合物。

(1) 乙醇分别和乙酸、丙酸、2-甲基丙酸、苯甲酸反应

(2) 丙酸分别和乙醇、丙醇、2-丙醇、苯甲醇反应

问题9-7　由乙醇合成α-氯代丁酸(无机试剂任选)。

第三节　重要的羧酸

一、甲酸

甲酸俗称蚁酸,是无色有刺激性气味的液体,熔点为 8.4℃,沸点为 100.5℃,可与水、乙醇、乙醚等混溶。在饱和一元羧酸中,甲酸的酸性最强,并具有极强的腐蚀性。

甲酸的结构比较特殊,分子中的羧基和氢原子直接相连,因此,它既有羧基的结构,又具有醛基的结构:

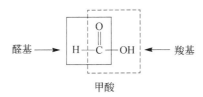

甲酸的特殊结构决定了它具有一些特殊的性质,例如,甲酸具有还原性,能和托伦试剂及费林试剂发生反应,能使高锰酸钾溶液褪色等。甲酸与浓硫酸共热则分解生成一氧化碳和水,它是实验室制备少量一氧化碳的方法:

$$HCOOH \xrightarrow[60\sim80℃]{浓\ H_2SO_4} CO\uparrow + H_2O$$

甲酸在工业上用作橡胶的凝聚剂和印染时的酸性还原剂,在医药上因甲酸有杀菌能力,所以其还可用作消毒剂或防腐剂,甲酸也是合成甲酸酯类和某些染料的原料。

二、乙酸

乙酸俗名醋酸,是食醋中的成分,普通的醋含 6%～8% 的乙酸。乙酸为无色有刺激性气味的液体,熔点为 16.6℃。易冻结成冰状固体,俗称冰醋酸。乙酸与水能按任何比例混溶,也溶于其他溶剂。

醋酸是人类最早使用的酸,可通过发酵法,利用空气中的氧气氧化乙醇而制取。

$$CH_3CH_2OH + O_2 \longrightarrow CH_3COOH$$

工业上用乙醛氧化法或甲醇羰化法制乙酸。乙醛一般先由乙烯或乙醇氧化,也可由电石制得,再用空气中的氧气在催化剂作用下将乙醛氧化成乙酸。

$$CH_3CHO \xrightarrow{O_2,\ (CH_3COO)_2Mn} CH_3COOH$$

乙酸是重要的化工原料,可以合成许多有机物,是染料、香料、塑料、医药等工业不可缺少的原料,同时也可用于合成乙酸衍生物。乙酸也是常用的有机溶剂。

三、乙二酸

乙二酸常以盐的形式存在于许多草本植物及藻类中,因而俗称草酸,纯净的乙二酸为无色晶体,常含两分子结晶水,加热至 100℃ 即可失水得到无水乙二酸,乙二酸的熔点为 187℃(分解),易溶于水,难溶于乙醚等非极性溶剂中。

乙二酸易被氧化,在定量分析中常用它来标定高锰酸钾:

$$5\ HO-\overset{\overset{O}{\|}}{C}-\overset{\overset{O}{\|}}{C}-OH\ +2KMnO_4+3H_2SO_4\longrightarrow 2MnSO_4+K_2SO_4+10CO_2\uparrow+8H_2O$$

乙二酸的络合能力很强,能同许多金属离子形成可溶性的络离子。因此,乙二酸可用来除去铁锈或蓝墨水的污迹,同时也常用来提取稀有元素。

乙二酸是酸性最强的二元羧酸。其钙盐溶解度极小,常利用这一性质来检验钙离子或乙二酸。

四、丁烯二酸

丁烯二酸有顺、反两种立体异构体:

$$\underset{\underset{\text{顺丁烯二酸}}{\text{(失水苹果酸)}}}{\underset{HOOC}{\overset{H}{\underset{C}{}}}=\underset{COOH}{\overset{H}{C}}}\qquad\qquad \underset{\underset{\text{反丁烯二酸}}{\text{(延胡索酸)}}}{\underset{HOOC}{\overset{H}{C}}=\underset{H}{\overset{COOH}{C}}}$$

顺丁烯二酸
(失水苹果酸)　　　　　反丁烯二酸
(延胡索酸)

二者均为无色晶体,其化学性质基本相同,但物理性质和生理生化作用差别很大。顺丁烯二酸的熔点低、酸性强,水溶性大,容易失水成酐,在生物体内不能转化为糖,且具有一定的毒性。反丁烯二酸广泛存在于动植物体内,是糖类代谢的一种中间产物,它的热量稳定性高,难于失水成酐,如欲成酐,需先将其加热至300℃转化为顺式异构体。

五、山梨酸

山梨酸的系统名称为2,4-己二烯酸,一般产品为2反,4反-2,4-己二烯酸,是一种白色针状晶体,熔点为134.5℃,难溶于水,易溶于乙醇和乙醚。在空气中长期放置则被氧化变色。它对霉菌、酵母和细菌等有较好的抑制作用。在pH小于8时有防腐和杀菌作用稳定,并且pH愈低,抗菌作用愈强,由于它的钾盐具有很强的抑制腐败菌和霉菌的作用,并且其毒性远比其他防腐抗菌剂低,故在食品工业常用其作为防腐抗菌剂。

六、苯甲酸

苯甲酸俗称安息香酸,常与苄醇形成酯存在于安息香胶和其他一些树脂内。苯甲酸是白色晶体,熔点为122.4℃,难溶于冷水,易溶于沸水、乙醇、氯仿和乙醚。它有抑制霉菌的作用,故苯甲酸及其钠盐常用作食物和某些药物制剂的防腐剂,但现在逐渐为山梨酸钾所替代。苯甲酸的某些衍生物在农业上可用作除草剂及植物生长调节剂。

七、α-萘乙酸

α-萘乙酸 $\left(\text{〔萘环结构 }CH_2COOH\text{〕}\right)$ 简称NAA,白色晶体,熔点为133℃,难溶于水,但其钠盐和钾盐易溶于水,它是一种常用的植物生长调节剂,广泛用于植物组织培养和大田作物。低浓度时,可以刺激植物生长,防止落花落果;高浓度时,能抑制植物生长,并可杀除杂草,防止马铃薯等贮藏时发芽。

Ⅱ 羧 酸 衍 生 物

羧酸衍生物包括酰卤、酸酐、酯、酰胺四类化合物,它们是羧酸分子中羧基上的羟基分别被卤素、酰氧基、烃氧基、氨基取代后的产物。

第四节 羧酸衍生物的命名

羧酸衍生物命名的规律性较强,一般根据羧酸衍生物中所含的酰基或制备羧酸衍生物的原料来命名。

一、酰卤的命名

酰卤一般根据它们所含的酰基来命名,称为"某酰卤"。例如:

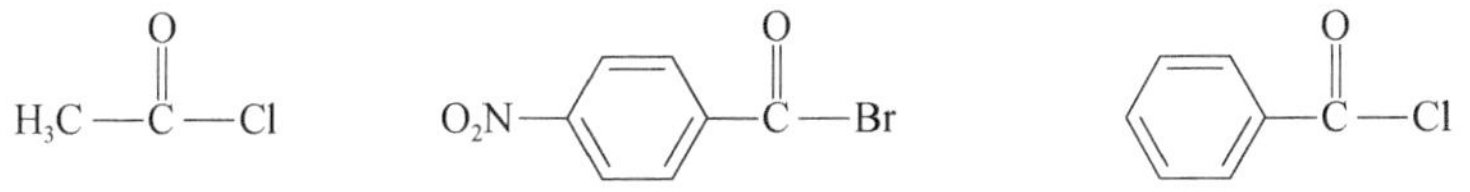

乙酰氯　　　　　　对硝基苯甲酰溴　　　　　　苯甲酰氯

二、酸酐的命名

酸酐可看成是两分子羧酸失去一分子水的产物,故常根据形成酸酐的酸来命名,称为"某酸酐"。若酸酐为混酐,则命名时简单的酸放在前面,复杂的酸放在后面。例如:

乙酸酐(或醋酐)　　　　乙丙酸酐　　　　邻苯二甲酸酐(或苯酐)

三、酯的命名

酯根据形成它的酸和醇(或酚)来命名,称为"某酸某酯"。若是由分子内羧基和羟基脱水形成的内酯,其命名是在原来酸名称的后面加上"内酯"二字,并在名称的前面注明羟基的位置,但编号必须从羧基开始。例如:

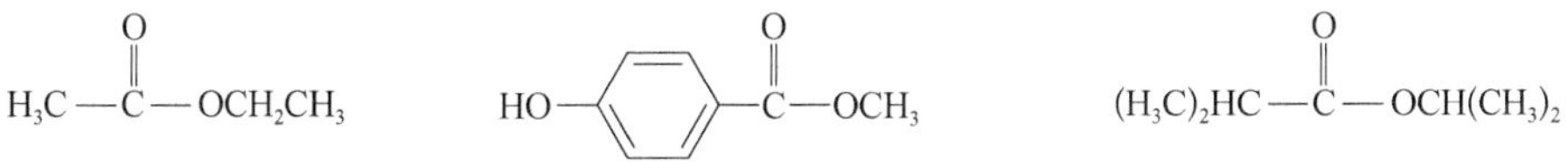

乙酸乙酯　　　　对羟基苯甲酸甲酯　　　　异丁酸异丙酯

γ-丁内酯　　　　δ-戊内酯

四、酰胺的命名

酰胺的命名与酰卤相似,也是根据它们所含的酰基来命名。若氮原子上有取代基,则需注明。氮原子上有两个酰基时,称为"酰亚胺"。例如:

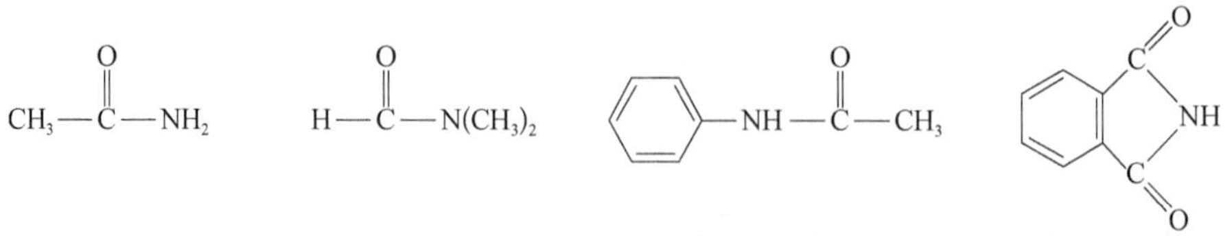

乙酰胺　　　　　　N,N-二甲基甲酰胺　　　　　　乙酰苯胺　　　　　　邻苯二甲酰亚胺
　　　　　　　　　　　　(DMF)

问题9-8 写出下列化合物的结构式:环己基甲酰氯、2-甲基丁酰胺、环丁二酸酐、γ-戊内酯。

第五节　羧酸衍生物的性质

一、物理性质

酰氯为无色液体或低熔点的固体,低级酰氯与空气中水分相遇即可分解,放出氯化氢,故低级酰氯具有刺鼻气味。酰氯的沸点比相对分子质量相近的羧酸要低得多,这是因为酰氯中的氯不能形成氢键,分子间的作用力小于相应的羧酸。

低级酸酐为无色液体,有刺激性酸味,高级酸酐为固体。酸酐与冷水作用很慢,且在冷水中因分层而不溶,但酸酐能溶于一般的有机溶剂中。

C_{14} 以下酸的甲酯、乙酯等均为液体,多数具有水果香味,如乙酸异戊酯有香蕉香味,正戊酸异戊酯有苹果香味。酯的沸点低于和它相对分子质量相近的羧酸。酯较难溶于水,易溶于有机溶剂。

酰胺除甲酰胺外,大部分是白色结晶固体。取代酰胺为液体,酰胺的沸点、熔点均比相应的羧酸高,这是因为氨基上的氢原子可在分子间形成氢键,当酰胺分子中氨基上的氢原子被烃基取代后,缔合作用减小,沸点会降低。低级的酰胺能溶于水,随着相对分子质量的增大而溶解度逐渐减小。液体酰胺是优良的溶剂,例如 N,N-二甲基甲酰胺和 N,N-二甲基乙酰胺可与水以任何比例混溶,二者都是常用的非质子极性溶剂。

大多数酯的相对密度小于1,而酰氯、酸酐和酰胺的相对密度几乎都大于1。表9-3列出了常见羧酸衍生物的物理常数。

表9-3　常见羧酸衍生物的物理常数

名　称	熔点/℃	沸点/℃	相对密度(d_4^{20})
乙酰氯	−112.0	51~52	1.105
丁酰氯	−89	101~102	1.028
苯甲酰氯	−0.6	197.9	1.212
甲酸乙酯	−79.4	54.2	0.923

续　表

名　称	熔点/℃	沸点/℃	相对密度(d_4^{20})
乙酸甲酯	−98.7	57.3	0.933
乙酸乙酯	−83.6	77.2	0.901
乙酸丁酯	−73.5	126.1	0.882
苯甲酸乙酯	−34.7	212.4	$1.052^{\frac{15℃}{15}}$
乙酸酐	−73	140.0	1.081
丁二酸酐	119.6	261	1.503
顺丁烯二酸酐	52.8	202(升华)	1.500
邻苯二甲酸酐	131.5～132	284.5	$1.527^{4℃}$
N,*N*-二甲基甲酰胺	−61	153	0.944 5
乙酰胺	81	221.2	1.159
乙酰苯胺	113～114	305	$1.21^{4℃}$
苯甲酰胺	130	290	1.341
邻苯二甲酰亚胺	238	升华	——

问题 9-9　乙酸和乙酰胺的相对分子质量比乙酰氯和乙酸乙酯小，而它们的沸点却较高，为什么？

问题 9-10　试比较下列化合物在水中的溶解度：丁酰胺、*N*,*N*-二甲基乙酰胺、乙酸酐、乙酸乙酯。

二、化学性质

羧酸衍生物的化学性质主要有水解反应、醇解反应、氨解反应以及酰胺的霍夫曼(Hofmann)降解反应等。下面分别做介绍。

1. 水解反应

酰卤、酸酐、酯和酰胺遇水均可发生水解，主要产物是相应的羧酸。

$$R-\overset{O}{\overset{\|}{C}}-Cl + H-OH \longrightarrow R-\overset{O}{\overset{\|}{C}}-OH + HCl$$

$$R-\overset{O}{\overset{\|}{C}}-O-\overset{O}{\overset{\|}{C}}-R' + H-OH \xrightarrow{\triangle} R-\overset{O}{\overset{\|}{C}}-OH + R'-\overset{O}{\overset{\|}{C}}-OH$$

$$R-\overset{O}{\overset{\|}{C}}-OR' + H-OH \xrightarrow[\triangle]{H^+或OH^-} R-\overset{O}{\overset{\|}{C}}-OH + R'OH$$

$$R-\overset{O}{\overset{\|}{C}}-NH_2 + H-OH \xrightarrow[\triangle]{H^+或OH^-} R-\overset{O}{\overset{\|}{C}}-OH + NH_3$$

它们水解的难易程度不同。酰氯极易水解，且反应猛烈；酸酐一般需加热才能水解；酯和酰胺水解不仅需要加热，还要加入相应的催化剂。它们水解的活性次序为

酰卤 ＞ 酸酐 ＞ 酯 ＞ 酰胺

酸和碱都能催化酯的水解。酸催化的酯水解反应是酯化反应的逆反应，所以酯

水解反应是酸和醇反应的逆过程,中间生成相同的中间体,不同的是酯水解的中间体最后脱去醇而不是水。

$$R\overset{O}{\underset{}{C}}-OR' \overset{H^+}{\rightleftharpoons} R\overset{\overset{+}{OH}}{\underset{}{C}}-OR' \overset{H_2O,慢}{\rightleftharpoons} R\overset{OH}{\underset{\overset{+}{OH_2}}{C}}-OR' \rightleftharpoons$$

$$R\overset{OH}{\underset{OH}{\overset{}{C}}}-\overset{+}{\underset{H}{O}}R' \overset{快}{\rightleftharpoons} R\overset{O}{\underset{}{C}}-OH +R'OH+H^+$$

酯在碱催化下的双分子水解反应一般也是按酰氧键断裂的方式进行。其反应历程为亲核试剂(HO$^-$)首先向羰基碳原子进攻,形成一个氧负离子中间体;中间体脱去烷氧负离子(R'O$^-$),生成羧酸;羧酸再把质子转移给碱性大的烷氧负离子,得到醇和羧酸根离子(RCOO$^-$)。

$$HO^- + R\overset{O}{\underset{}{C}}-OR' \overset{慢}{\rightleftharpoons} R\overset{\overset{-}{O}}{\underset{OH}{C}}-OR' \overset{快}{\longrightarrow} R\overset{O}{\underset{}{C}}-OH +R'O^-$$

中间体

$$R\overset{O}{\underset{}{C}}-OH +R'O^- \longrightarrow RCOO^- +R'OH$$

酰卤、酸酐和酰胺的水解也都属于加成-消除历程,可用通式表示如下:

$$R\overset{O}{\underset{}{C}}-Y +OH^- \overset{加成}{\rightleftharpoons} R\overset{\overset{-}{O}}{\underset{Y}{C}}-OH \overset{消除}{\longrightarrow} R\overset{O}{\underset{}{C}}-OH +Y^-$$

$$Y=X, \quad O\overset{O}{\underset{}{C}}-R', \quad OR', \quad NH_2$$

2. 醇解反应

酰卤、酸酐和酯能发生醇解反应生成酯,反应的活性次序与水解反应相同。

$$R\overset{O}{\underset{}{C}}-Cl +H-OR' \longrightarrow R\overset{O}{\underset{}{C}}-OR' +HCl$$

$$R\overset{O}{\underset{}{C}}-O\overset{O}{\underset{}{C}}-R'' +HOR' \overset{\triangle}{\longrightarrow} R\overset{O}{\underset{}{C}}-OR' + R''\overset{O}{\underset{}{C}}-OH$$

$$R\overset{O}{\underset{}{C}}-OR'' +H-OR' \overset{H_2SO_4}{\underset{回流}{\rightleftharpoons}} R\overset{O}{\underset{}{C}}-OR' +R''OH$$

酯的醇解又叫酯交换反应,即酯分子中的烷氧基被另一种醇的烷氧基所取代,结果生成了新的酯和新的醇。酯交换反应不但需要催化剂,而且反应是可逆的。利用酯交换反应可由油脂或蜡制备高级醇,也可由天然油脂与甲醇反应制备生物柴油(高级脂肪酸甲酯)。

$$CH_3OH \atop \text{NaOH 或浓 } H_2SO_4$$

天然油脂　　　　　　　　　　　　　生物柴油

在生物体内由乙酰辅酶 A 参与的乙酰基转移反应与酯交换反应极其类似。例如,乙酰辅酶 A 与胆碱形成乙酰胆碱的反应:

$$CH_3\!-\!\underset{O}{\overset{O}{C}}\!-\!S\!-\!CoA + HOCH_2CH_2\overset{+}{N}(CH_3)_3 OH^- \longrightarrow$$

乙酰辅酶 A　　　　　　　　胆碱

$$CH_3\!-\!\underset{O}{\overset{O}{C}}\!-\!OCH_2CH_2\overset{+}{N}(CH_3)_3 OH^- + HSCoA$$

乙酰胆碱　　　　　　　　　　辅酶 A

其中,乙酰辅酶 A 相当于硫原子取代了乙酸酯中氧原子后得到的硫代羧酸酯。

3. 氨解反应

酰卤、酸酐和酯能发生氨解反应,生成酰胺,其活性次序与水解和醇解相同。

$$R\!-\!\underset{O}{\overset{O}{C}}\!-\!Cl + 2NH_3 \longrightarrow R\!-\!\underset{O}{\overset{O}{C}}\!-\!NH_2 + NH_4Cl$$

$$R\!-\!\underset{O}{\overset{O}{C}}\!-\!O\!-\!\underset{O}{\overset{O}{C}}\!-\!R' + 2NH_3 \longrightarrow R\!-\!\underset{O}{\overset{O}{C}}\!-\!NH_2 + R'\!-\!\underset{O}{\overset{O}{C}}\!-\!ONH_4$$

$$R\!-\!\underset{O}{\overset{O}{C}}\!-\!OR' + NH_3 \longrightarrow R\!-\!\underset{O}{\overset{O}{C}}\!-\!NH_2 + R'OH$$

如用胺代替氨,则生成取代酰胺:

$$CH_3CH_2\!-\!\underset{O}{\overset{O}{C}}\!-\!Cl + 2HNR_2 \longrightarrow CH_3CH_2\!-\!\underset{O}{\overset{O}{C}}\!-\!NR_2 + R_2NH_2Cl$$

通过上面三类反应,可使水、醇和氨分子中的氢原子被酰基取代,这种在化合物分子中引入酰基的反应称为酰基化反应。而能使其他分子引入酰基的试剂称为酰基化试剂。酰氯和酸酐性质活泼,是常用的酰基化试剂。

4. 酰胺的霍夫曼(Hofmann)降解反应

酰胺同次溴酸钠或次氯酸钠的碱性溶液作用,失去羰基变成伯胺,此反应称为霍夫曼降解(或重排)反应。例如:

$$R\!-\!\underset{O}{\overset{O}{C}}\!-\!NH_2 + NaOBr \xrightarrow{NaOH} R\!-\!NH_2 + NaBr + Na_2CO_3 + H_2O$$

酰胺　　　　　　　　　　　伯胺

利用这个反应可以制备比原来酰胺少一个碳原子的伯胺。C_8 以下的酰胺,采用此法制备产率较高。

5. 羧酸衍生物之间的相互转化

通过上述讨论可以看出,羧酸及其衍生物之间可以通过一定的试剂相互转化,表示如下:

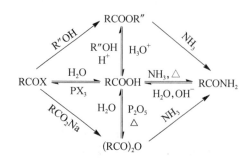

不同羧酸衍生物的反应活性存在着明显的差异,利用这些差异,可以由活泼的羧酸衍生物制备较不活泼的羧酸衍生物。这是制备羧酸衍生物最常用的方法之一。

问题 9 - 11 按照水解活性的大小次序排列下列化合物。

乙酰胺 醋酸酐 乙酰氯 乙酸乙酯

问题 9 - 12 甲酸乙酯能否发生银镜反应和碘仿反应?为什么?

问题 9 - 13 以丙腈为原料合成乙胺(无机试剂任选)。

第六节 重要的羧酸衍生物

一、乙酰乙酸乙酯

1. 乙酰乙酸乙酯的制备

乙酰乙酸乙酯一般通过克莱森(Claisen L)酯缩合反应来制备。克莱森酯缩合反应是具有 α -氢的酯在醇钠作用下,进行缩合反应生成 β -酮酸酯的反应。两分子乙酸乙酯在乙醇钠作用下缩合,脱去乙醇得到乙酰乙酸乙酯:

$$
\begin{array}{c}
\underset{\text{O}}{\text{CH}_3-\overset{\text{O}}{\overset{\|}{\text{C}}}-\text{OC}_2\text{H}_5} + \text{H}-\text{CH}_2-\overset{\text{O}}{\overset{\|}{\text{C}}}-\text{OC}_2\text{H}_5 \xrightarrow{\text{C}_2\text{H}_5\text{ONa}} \\
\text{CH}_3-\overset{\text{O}}{\overset{\|}{\text{C}}}-\text{CH}_2-\overset{\text{O}}{\overset{\|}{\text{C}}}-\text{OC}_2\text{H}_5 + \text{C}_2\text{H}_5\text{OH}
\end{array}
$$

乙酰乙酸乙酯

2. 乙酰乙酸乙酯的性质

乙酰乙酸乙酯比乙酰乙酸稳定得多。常温下为无色液体,有愉快的香味,微溶于水,易溶于乙醇、乙醚等有机溶剂。

（1）互变异构现象

乙酰乙酸乙酯是酮酸酯,它除了具有酮和酯的典型反应外,还具有一些特殊的性质,例如,它能使溴的四氯化碳溶液褪色,说明分子中含有不饱和的碳碳双键;能同金属钠反应放出氢气,说明分子中含有活泼氢原子;能与三氯化铁溶液发生颜色反应,说明分子中含有烯醇式结构等。物质的性质是由其结构决定的,乙酰乙酸乙酯具有特殊性质说明其分子中具有特殊结构。通过物理和化学方法证明,乙酰乙酸乙酯是由酮式和烯醇式两种异构体组成的一个平衡混合物。

$$CH_3-\overset{O}{\overset{||}{C}}-CH_2-\overset{O}{\overset{||}{C}}-OC_2H_5 \underset{室温}{\rightleftharpoons} CH_3-\overset{OH}{\overset{|}{C}}=CH-\overset{O}{\overset{||}{C}}-OC_2H_5$$

酮式(92.5%)　　　　　烯醇式(7.5%)

因此,乙酰乙酸乙酯具有酮和烯醇的双重性质。由于室温下两种异构体互变速率极快,所以不能将它们分离开来。在溶液中,两种同分异构体能相互转化,并以动态平衡状态存在的现象叫作互变异构现象。两种能相互转变的同分异构体叫作互变异构体。上面由酮式和烯醇式异构体所组成的互变异构叫作酮-烯醇式互变异构。

酮式和烯醇式两种异构体在室温下的相互转化,可以用以下实验证明:在乙酰乙酸乙酯溶液中加入几滴三氯化铁溶液,即出现紫红色,这说明它的烯醇式异构体与三氯化铁反应生成了络合物;如果再向紫红色溶液滴加溴水,紫红色消失,这说明溴与烯醇式异构体中的碳碳双键发生了加成反应,烯醇式异构体已被消耗掉。但过一段时间后,紫红色又慢慢出现,这是由于酮-烯醇平衡又向生成烯醇式的方向发生了移动,重新建立了新的平衡体系。这种平衡移动可以表示如下:

$$CH_3-\overset{O}{\overset{||}{C}}-CH_2-\overset{O}{\overset{||}{C}}-OC_2H_5 \rightleftharpoons CH_3-\overset{OH}{\overset{|}{C}}=CH-\overset{O}{\overset{||}{C}}-OC_2H_5 \xrightarrow{FeCl_3} 紫红色络合物$$

$$\downarrow Br_2(CCl_4)$$

$$CH_3-\overset{OH}{\underset{Br}{\overset{|}{C}}}-\overset{}{\underset{Br}{\overset{|}{C}}}H-\overset{O}{\overset{||}{C}}-OC_2H_5$$

烯醇式结构一般是不稳定的,它总是趋向于变为酮式。乙酰乙酸乙酯的烯醇式结构之所以比较稳定,其原因主要有三个:① 在酮式中,由于羰基和酯基的双重影响,亚甲基上的氢原子变得很活泼,从而容易生成烯醇式异构体;② 在烯醇式异构体中,碳碳双键与酯基的大 π 键形成了 π-π 共轭体系,降低了体系的能量;③ 烯醇式结构羟基上的氢原子与酯基上的氧原子形成了分子内氢键,使体系的能量得到进一步降低。

$$CH_3-\overset{O}{\overset{||}{C}}-CH_2-\overset{O}{\overset{||}{C}}-OC_2H_5 \rightleftharpoons CH_3-\overset{O\cdots H}{\underset{\overset{||}{C}H}{\overset{|}{C}}}\overset{O}{\overset{||}{C}}-OC_2H_5$$

烯醇式分子内的氢键

除乙酰乙酸乙酯外,凡分子中含有"$-\overset{O}{\overset{||}{C}}-CH_2-G$"(G 为 $-\overset{O}{\overset{||}{C}}-R$,$-\overset{O}{\overset{||}{C}}-OR$,$-CN$,$-\overset{O}{\overset{||}{C}}-H$,$-NO_2$ 等吸电子基团)结构的化合物都能发生酮-烯醇互变异构。

亚甲基上的氢原子愈活泼,达平衡后烯醇式异构体的百分含量愈高。

生物体内的一些物质,如丙酮酸、草酰乙酸、嘧啶和嘌呤的某些衍生物等,都能产生互变异构现象。

（2）分解反应

在乙酰乙酸乙酯分子中,由于相邻两个羰基的影响,使亚甲基碳原子与相邻两个碳原子间的碳碳键容易断裂,故在不同条件下能发生不同类型的分解反应。

① 酮式分解

乙酰乙酸乙酯在稀碱或稀酸作用下,发生水解,然后脱羧生成酮,这种过程叫作酮式分解。

$$CH_3COCH_2CO_2C_2H_5 \xrightarrow[-C_2H_5OH]{\text{稀碱或稀酸}} CH_3COCH_2-\overset{\overset{\displaystyle O}{\|}}{C}-OH \xrightarrow[\triangle]{\text{脱羧}} CH_3-\overset{\overset{\displaystyle O}{\|}}{C}-CH_3 + CO_2\uparrow$$

② 酸式分解

乙酰乙酸乙酯在浓碱作用下,α-碳原子与β-碳原子间的键发生断裂,生成两分子羧酸,这种过程叫作酸式分解。

$$CH_3COCH_2CO_2C_2H_5 \xrightarrow[\triangle]{\text{浓碱}} 2CH_3COOH + C_2H_5OH$$

（3）取代反应

乙酰乙酸乙酯分子中亚甲基上的两个氢原子,受到相邻两个吸电子基的影响,性质变得很活泼,在醇钠的作用下生成碳负离子,碳负离子具有很强的亲核性能,与卤代烃或酰卤等发生亲核取代反应,生成烃基(或酰基)取代的乙酰乙酸乙酯。例如:

$$CH_3COCH_2COOC_2H_5 \xrightarrow{C_2H_5ONa} CH_3CO\overset{-}{C}HCOOC_2H_5 \xrightarrow{RX} CH_3COCHCOOC_2H_5$$
$$\underset{Na^+}{} \qquad \underset{R}{|}$$

烃基取代的乙酰乙酸乙酯

$$CH_3\overset{\overset{\displaystyle O}{\|}}{C}CH_2\overset{\overset{\displaystyle O}{\|}}{C}OC_2H_5 \xrightarrow[DMF]{NaH} CH_3\overset{\overset{\displaystyle O}{\|}}{C}\overset{-}{C}H\overset{\overset{\displaystyle O}{\|}}{C}OC_2H_5 \xrightarrow{RCOCl} CH_3\overset{\overset{\displaystyle O}{\|}}{C}CH\overset{\overset{\displaystyle O}{\|}}{C}OC_2H_5$$
$$\underset{COR}{|}$$

酰基取代的乙酰乙酸乙酯

上述取代的乙酰乙酸乙酯都可以发生相应的酮式分解和酸式分解,因此可制取不同结构的酮和羧酸。

问题 9 - 14 乙酰丙酸乙酯能否产生互变异构现象? 为什么?

问题 9 - 15 写出乙酰乙酸乙酯钠盐与下列化合物反应的产物。

（1）烯丙基溴 （2）溴代丙酮 （3）丙酰氯

二、丙二酸二乙酯

1. 丙二酸二乙酯的制备

以氯乙酸为原料,经过氰解、酯化反应,得到丙二酸二乙酯:

$$CH_2COOH \atop Cl \xrightarrow[\text{NaOH}]{\text{NaCN}} {CH_2COONa \atop CN} \xrightarrow{C_2H_5OH/H^+} CH_2 {\overset{\displaystyle COOC_2H_5}{\underset{\displaystyle COOC_2H_5}{}}}$$

丙二酸二乙酯为无色液体,有芳香气味,沸点为 199.3℃,不溶于水,易溶于乙醇、乙醚等有机溶剂。

2. 丙二酸二乙酯的化学性质

同乙酰乙酸乙酯相似,丙二酸二乙酯分子中亚甲基上的质子也具有酸性,能与强碱作用形成碳负离子,碳负离子和卤代烃发生亲核取代反应,生成取代的丙二酸二乙酯水解后脱羧,得到羧酸。例如:

$$R-X+CH_2(CO_2C_2H_5)_2 \xrightarrow{C_2H_5ONa} RCH(CO_2C_2H_5)_2$$

$$\xrightarrow{NaOH} RCH(CO_2Na)_2 \xrightarrow[\triangle]{H^+} RCH_2COOH$$

在上述反应中,使用伯卤代烃时产率最高,仲卤代烃产率低,叔卤代烃在碱性溶液中易发生消除反应,乙烯型卤代烃不能发生反应。

由于丙二酸二乙酯经烃基化、水解、脱羧等一系列反应后,可得到各种不同类型的羧酸,因而在有机合成中有着广泛的应用,这种方法称为丙二酸二乙酯合成法。

问题 9 - 16　列表说明乙酰乙酸乙酯和丙二酸二乙酯的化学性质及应用于有机合成时的异同点。

三、尿素

尿素又称脲,白色晶体,熔点为 132.7℃,易溶于水和乙醇,不溶于乙醚。除了用作肥料外,其也是药物、农药和塑料等的原料。

尿素是碳酸的二酰胺,由于含有两个氨基,所以显碱性,但碱性很弱,不能使石蕊试纸变蓝。

尿素的化学性质与酰胺相似,在酸或碱的作用下可发生水解。

$$H_2N-\overset{\displaystyle O}{\overset{\|}{C}}-NH_2 \ +H_2O \xrightarrow{H^+} 2NH_4^+ +CO_2$$

$$H_2N-\overset{\displaystyle O}{\overset{\|}{C}}-NH_2 \ +H_2O \xrightarrow{OH^-} 2NH_3+CO_3^{2-}$$

尿素与亚硝酸反应放出氮气,此反应能够定量完成,可用来测定尿素的含量。

$$H_2N-\overset{\displaystyle O}{\overset{\|}{C}}-NH_2 \ +2HNO_2 \longrightarrow CO_2\uparrow +2N_2\uparrow +H_2O$$

将尿素加热至熔点以上时,两分子尿素脱去一分子氨气,缩合成二缩脲。

$$H_2N-\overset{\displaystyle O}{\overset{\|}{C}}-NH_2 \ + \ H-NH-\overset{\displaystyle O}{\overset{\|}{C}}-NH_2 \xrightarrow{\triangle} H_2N-\overset{\displaystyle O}{\overset{\|}{C}}-NH-\overset{\displaystyle O}{\overset{\|}{C}}-NH_2 \ +NH_3\uparrow$$
二缩脲

二缩脲在稀硫酸铜的碱性溶液中反应产生紫红色,这个反应称为二缩脲反应。

凡含有两个及以上酰胺键（ $\overset{\text{O}}{\underset{\|}{\text{—C—NH—}}}$ ）的化合物，例如，多肽、蛋白质都能在稀硫酸铜的碱性溶液中发生这种颜色反应。因此，这个反应常用来鉴定多肽和蛋白质。

Ⅲ 取 代 酸

羧酸分子中烃基上的氢原子被其他原子或原子团取代后的生成物称为取代酸。根据取代基的不同，取代酸可分为卤代酸、羟基酸、羰基酸和氨基酸等。它们都具有两种以上不同的官能团，故称为复官能团化合物。这里主要讨论羟基酸和羰基酸。

第七节　羟基酸和羰基酸

一、羟基酸

分子内同时含有羟基和羧基的化合物叫羟基酸。羟基酸分醇酸和酚酸两类，前者是指脂肪族羧酸的烃基上连有羟基，后者是指芳香族羧酸的芳香环上连有羟基。

1. 羟基酸的命名

羟基酸一般用系统命名法或俗名来命名。羟基酸的系统命名，是把相应的羧酸作为母体，侧链和其他的官能团都作为取代基，然后根据系统命名法的有关规定进行命名。例如：

$$\overset{3}{\text{CH}_3}\text{—}\overset{2}{\underset{\underset{\text{OH}}{|}}{\underset{\alpha}{\text{CH}}}}\text{—}\overset{1}{\text{COOH}}$$
$\qquad\beta$

2-羟基丙酸或 α-羟基丙酸
（乳酸）

$$\overset{1}{\text{HOOC}}\text{—}\overset{2}{\underset{\underset{\text{OH}}{|}}{\underset{\alpha}{\text{CH}}}}\text{—}\overset{3}{\text{CH}_2}\text{—}\overset{4}{\text{COOH}}$$

2-羟基丁二酸或 α-羟基丁二酸
（苹果酸）

$$\overset{5}{\text{CH}_3}\text{—}\overset{4}{\text{CH}_2}\text{—}\overset{3}{\underset{\underset{\text{OH}}{|}}{\underset{\beta}{\text{CH}}}}\text{—}\overset{2}{\underset{\alpha}{\text{CH}_2}}\text{—}\overset{1}{\text{COOH}}$$
$\delta\qquad\gamma$

3-羟基戊酸或 β-羟基戊酸

HO—⟨苯环⟩—$\overset{3}{\text{CH}}$=$\overset{2}{\text{CH}}$—$\overset{1}{\text{COOH}}$

3-(4-羟基-)苯丙烯酸
（香豆酸）

HO—⟨苯环,OH⟩—$\overset{3}{\text{CH}}$=$\overset{2}{\text{CH}}$—$\overset{1}{\text{COOH}}$

3-(3,4-二羟基-)苯丙烯酸
（咖啡酸）

2. 羟基酸的性质

羟基酸多为白色晶体或黏稠状液体。由于它们分子中含有的羟基和羧基都能与水形成氢键，所以它们的水溶性比相应的羧酸好，熔点比相应的羧酸高。

羟基酸分子中含有羧基和羟基两种官能团，除了两种官能团的典型反应外，还有羧基和羟基相互影响而产生的一些特殊性质。这些特性常常因羟基和羧基的相对位置不同而有所差异。

（1）酸性

由于羟基具有吸电子诱导效应，醇酸的酸性较相应的羧酸强，随着羟基与羧基间距离加大，诱导效应强度减小，醇酸的酸性也相应减弱。例如，丁酸的 pK_a 为4.83，α-羟基丁酸的 pK_a 为3.65，β-羟基丁酸的 pK_a 为4.41。

羟基的位置对酚酸的酸性也有很大影响，例如，在三种羟基苯甲酸中，邻羟基苯甲酸的酸性最强（pK_a＝3.00），间羟基苯甲酸的酸性其次（pK_a＝4.12），对羟基苯甲酸的酸性最弱（pK_a＝4.54）。

（2）脱水反应

醇酸受热容易发生脱水反应，其产物依羟基与羧基的相对位置而定。α-醇酸加热时发生分子间酯化反应，生成交酯。

$$\alpha\text{-羟基丙酸} \xrightarrow{\triangle} \text{丙交酯} + 2H_2O$$

β-醇酸加热时发生分子内脱水反应，生成 α,β-不饱和酸。

$$CH_3-\underset{\underset{OH}{|}}{CH}-\underset{\underset{H}{|}}{CH}-COOH \xrightarrow{\triangle} CH_3CH=CHCOOH + H_2O$$

β-羟基丁酸　　　　　　2-丁烯酸（巴豆酸）

γ-醇酸和 δ-醇酸在加热时易发生分子内酯化反应，生成环状内酯。

$$\gamma\text{-羟基丁酸} \xrightarrow{\triangle} \gamma\text{-丁内酯} + H_2O$$

$$\delta\text{-羟基戊酸} \xrightarrow{\triangle} \delta\text{-戊内酯} + H_2O$$

交酯、内酯和其他酯类一样，在中性溶液中较稳定，在酸性或碱性溶液中则水解生成原来的羟基酸或它们的盐。

（3）氧化反应

由于受羧基的影响，α-醇酸中的羟基比醇中的羟基容易氧化。例如，弱氧化剂托伦试剂可把 α-醇酸氧化成酮酸。

$$CH_3-\underset{\underset{OH}{|}}{CH}-COOH \xrightarrow{[O]} CH_3-\underset{\underset{O}{\|}}{C}-COOH$$

丙酮酸

（4）酚酸的脱羧反应

邻位和对位酚酸受热时易发生脱羧反应：

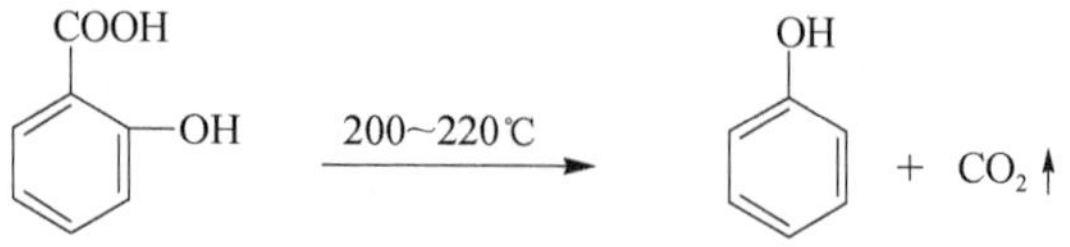

水杨酸 $\xrightarrow{200\sim220℃}$ 苯酚 $+ CO_2\uparrow$

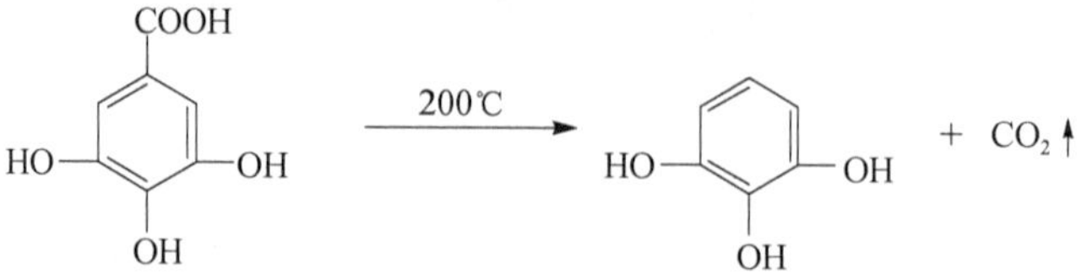

没食子酸(五倍子酸) $\xrightarrow{200℃}$ 没食子酚 $+ CO_2\uparrow$

二、羰基酸

羰基酸分为醛酸和酮酸两类。烃基上含有醛基的是醛酸,烃基上含有羰基的是酮酸。

1. 羰基酸的命名

同羟基酸一样,羰基酸一般也用系统命名法或俗名来命名。

在羰基酸的系统命名中,常用"氧代"表示羰基,用甲酰基表示醛基。例如:

醛酸:

$$\underset{3}{H-\overset{\overset{\displaystyle O}{\|}}{C}}-\underset{2}{CH_2}-\underset{1}{COOH}$$

丙醛酸或 3-氧丙酸(或甲酰乙酸)

酮酸:

$$H_3C-\overset{\overset{\displaystyle O}{\|}}{C}-CH_2-COOH$$

3-丁酮酸或 3-氧丁酸
(或乙酰乙酸)

$$HOOC-\overset{\overset{\displaystyle O}{\|}}{C}-CH_2-COOH$$

丁酮二酸(草酰乙酸)

$$HOOC-\overset{\overset{\displaystyle O}{\|}}{C}-\underset{\alpha}{CH_2}-\underset{\beta}{CH_2}-\underset{\gamma}{COOH}$$

2-戊酮二酸或 α-戊酮二酸

2. 羰基酸的性质

羰基酸除了具有羰基和羧基的典型性质外,还具有自己的特殊性质。因为醛酸较少见,所以下面只讨论酮酸的某些特殊性质。

(1) 酸性

由于羰基的吸电子能力强于羟基,所以羰基酸的酸性较相应的醇酸强,更强于相应的羧酸。

(2) 脱羧反应

在一定条件下,α-酮酸能脱羧生成醛。

$$CH_3-\overset{\overset{\displaystyle O}{\|}}{C}-COOH \xrightarrow[\triangle]{稀\ H_2SO_4} CH_3-\overset{\overset{\displaystyle O}{\|}}{C}-H + CO_2\uparrow$$

β-酮酸比 α-酮酸更易脱羧,如乙酰乙酸在室温下就能发生脱羧反应,生成丙酮。

$$CH_3-\overset{\overset{\displaystyle O}{\|}}{C}-CH_2-COOH \longrightarrow CH_3-\overset{\overset{\displaystyle O}{\|}}{C}-CH_3 +CO_2\uparrow$$

生物体内的 α-酮酸和 β-酮酸在酶催化下也能发生类似的脱羧反应,例如:

$$\underset{\text{草酰乙酸}}{\overset{\displaystyle COOH}{\underset{\displaystyle CH_2COOH}{\overset{|}{\underset{|}{C=O}}}}} \xrightarrow{\text{酶}} \underset{\text{丙酮酸}}{\overset{\displaystyle COOH}{\underset{\displaystyle CH_3}{\overset{|}{\underset{|}{C=O}}}}} +CO_2\uparrow$$

（3）氧化反应

酮和羧酸都不易被氧化,但丙酮酸却极易被氧化。弱氧化剂如二价铁和过氧化氢就能把它氧化成乙酸,并放出二氧化碳。

$$CH_3-\overset{\overset{\displaystyle O}{\|}}{C}-COOH \xrightarrow{Fe^{2+},\ H_2O_2} CH_3COOH+CO_2\uparrow$$

问题 9-17 写出下列化合物加热后生成的主要产物。
（1）丙酮酸　（2）水杨酸　（3）己二酸　（4）β-甲基-γ-羟基戊酸

第八节　取代酸的代表化合物

一、乳酸

乳酸即 2-羟基丙酸,最初是从酸牛奶中得到的,故得此名。它广泛存在于自然界,牛奶变酸,肌糖无氧酵解和蔗糖经左旋乳酸杆菌发酵都能产生乳酸。

乳酸分子中有一个手性碳原子,所以它存在着旋光异构现象。牛奶变酸得到的乳酸为外消旋体（熔点为 16.8℃）,肌糖无氧酵解得到的乳酸为右旋体（熔点为 52.8℃）,葡萄糖（或蔗糖）经乳酸菌发酵而产生的乳酸为左旋体（熔点为 52.8℃）。

乳酸通常为无色或微黄色的糖浆状液体,溶于水、乙醇、乙醚和甘油,不溶于氯仿等极性小的有机溶剂。乳酸在印染上常用作媒染剂,医药上则用作腐蚀剂。乳酸的酯类主要用作溶剂、增塑剂和香料的原料,而乳酸钙则用以治疗佝偻病等缺钙症。

二、苹果酸

苹果酸即 2-羟基丁二酸,最初是从苹果中获得的,它多存在于未成熟的果实内,在山楂内含量特别丰富,苹果酸是存在于植物中的重要有机酸之一。

苹果酸有两种旋光异构体,二者都是无色结晶体,易溶于水和乙醇,微溶于乙醚。天然的苹果酸为左旋体,是生物体内糖代谢的中间物质,它可脱水生成延胡索酸,也可氧化成草酰乙酸。

三、酒石酸

酒石酸即 2,3-二羟基丁二酸,常以酸性钾盐的形式存在于葡萄中,该盐难溶于乙醇,所以在用葡萄酿酒的过程中,它以晶体析出,故名吐酒石。

酒石酸有三种旋光异构体,天然的酒石酸为右旋酒石酸,它是无色半透明晶体或粉末,熔点为 170℃。酒石酸主要用作食品的酸味剂,纺织工业中用作媒染剂,制革工业中用作鞣剂。

酒石酸钾钠可用于配制费林试剂,酒石酸氧锑钾可用于治疗血吸虫病。

HOCHCOOK
|
HOCHCOONa

酒石酸钾钠 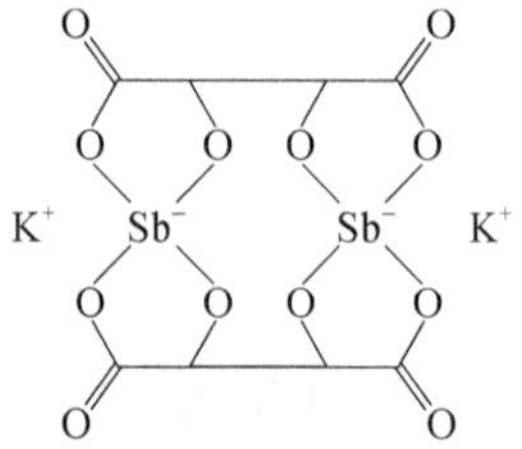　　　　酒石酸氧锑钾

四、柠檬酸

柠檬酸又名枸橼酸,存在于多种植物的果实中,柠檬和柑橘类的果实中含量较多。柠檬酸是无色晶体,熔点为 153℃,易溶于水和酒精。

柠檬酸加热到 150℃时,发生分子内脱水,生成顺乌头酸。顺乌头酸加水又可生成柠檬酸或异柠檬酸两种异构体:

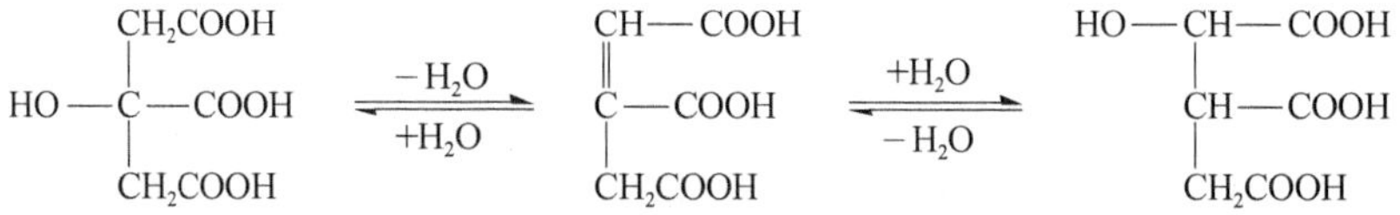

柠檬酸　　　　　　　　顺乌头酸　　　　　　　　异柠檬酸

上面的相互转化反应是生物体内糖、脂肪和蛋白质代谢过程中的重要生化反应。

柠檬酸在食品工业上用作调味剂;在医药上,其钠盐为抗凝血剂,镁盐为温和的泻剂,钾盐为祛痰剂和利尿剂,铁铵盐为补血剂;在化学实验室中常用柠檬酸及其盐作缓冲剂。

五、水杨酸

水杨酸又称柳酸,系统命名为邻羟基苯甲酸。纯净的水杨酸为无色针状晶体,熔点为 158.3℃(升华),微溶于冷水,易溶于乙醇、乙醚、氯仿和沸水中。

水杨酸具有酚和酸的特性,遇三氯化铁呈紫红色。

水杨酸具有杀菌能力,其酒精溶液可以治疗由霉菌引起的皮肤病。它的钠盐可用作食品的防腐剂,同时也是治疗风湿性关节炎的药物。

水杨酸的某些衍生物和水杨酸甲酯是冬青油的主要成分,用作扭伤的外擦药;乙酰水杨酸俗称阿司匹林,是常用的解热止痛药。

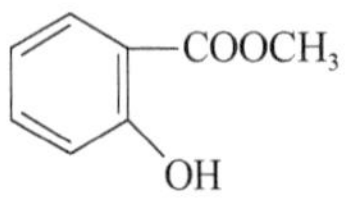

水杨酸甲酯(冬青油) 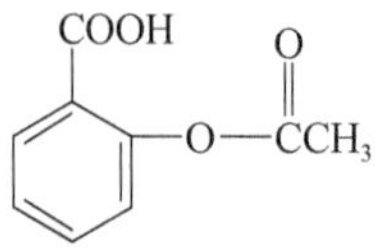　　　　　　乙酰水杨酸(阿司匹林)

六、丙酮酸

丙酮酸是无色有刺激性气味的液体,沸点为 165℃,易溶于水。丙酮酸是动植物体内糖代谢的中间产物之一,它能转变成氨基酸,故在生理上有重要的意义。

七、β-丁酮酸

β-丁酮酸又叫乙酰乙酸,它是无色黏稠状液体,是生物体内脂代谢的一个中间产物。β-丁酮酸只有在低温下才稳定,在室温时即脱羧生成丙酮。

β-丁酮酸、β-羟基丁酸和丙酮在生理生化上总称为酮体。酮体是脂肪酸代谢失调时产生的中间产物,大量存在于糖尿病患者的血液和尿中。血液中酮体增加,使血液的酸性增强,可能发生酸中毒。

八、五倍子酸及中国单宁

五倍子酸又叫没食子酸,其系统名称为 3,4,5-三羟基苯甲酸。它是植物中分布最广的一种有机酸,以游离状态或结合成鞣质存在于石榴、咖啡、茶叶和柿子等中。

五倍子酸为无色晶体,熔点为 235℃(分解),难溶于冷水,能溶于热水、乙醇和乙醚中。在空气中能迅速氧化成暗褐色,故可作抗氧剂。其水溶液遇三氯化铁能析出蓝黑色沉淀,常作为蓝黑墨水的原料。

鞣质俗称单宁,又称鞣酸或单宁酸。不同来源的鞣质,结构不同。其中,研究最多的是中国单宁。它是五倍子酸、间双五倍子酸与葡萄糖所形成的酯混合物,其结构大致可用下式表示:

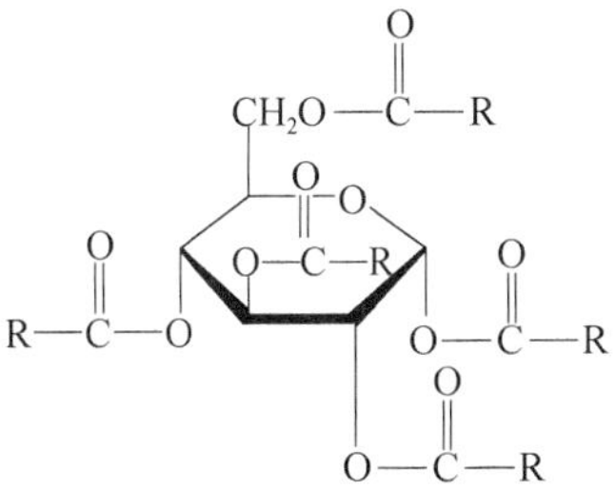

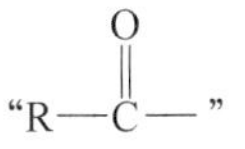

"R—C— " 代表五倍子酰基或间双五倍子酰基

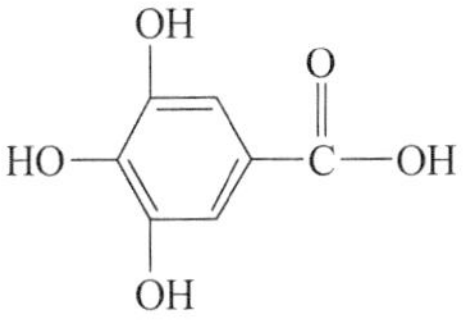

五倍子酸 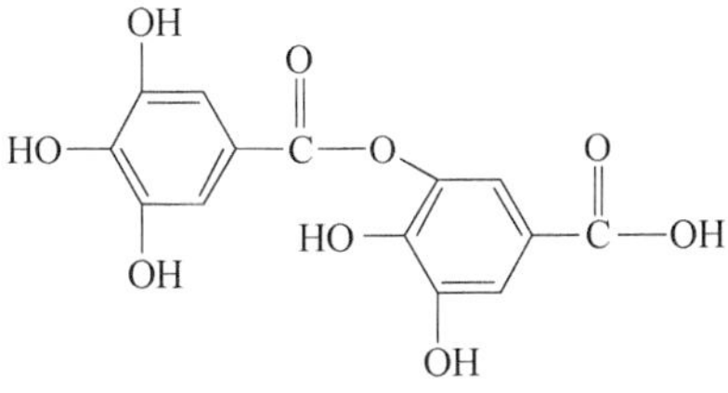   间双五倍子酸

各种来源的单宁虽然结构不同,但性质相似。一般都是无定型粉末,有涩味;能和铁盐生成黑色或绿色沉淀;能与生物碱生成难溶于水的沉淀;具有杀菌、防腐和凝固蛋白质的作用。因此,在医药上用作止血药、收敛剂和生物碱的解毒剂。

本章小结

羧酸是由烃基和羧基两部分组成的有机物,羧基上的羟基被原子或原子团取代后的产物叫作羧酸衍生物,烃基上的氢原子被原子或原子团取代后的产物叫作取代酸。

一、羧酸

1. 羧酸的结构

羧基是羧酸的官能团。羧基是由羰基和羟基组成的,但羧基是一个整体,羰基和羟基相互影响和制约,所以羧基的性质并不是羰基和羟基性质的简单加和。

在羧基中,碳原子和氧原子均为 sp^2 杂化,分子中存在着 p−π 共轭体系。由于 p−π 共轭效应的影响,羧酸的酸性增强,羟基不易被取代,不易发生亲核加成反应等。

2. 羧酸的性质

(1) 物理性质

C_{10} 以下的饱和一元羧酸是具有刺激性或腐败气味的液体;高级脂肪酸是无味蜡状固体;二元羧酸和芳香酸都是结晶固体。由于羧酸分子间的氢键比醇分子间的氢键稳定,所以羧酸的沸点比相对分子质量相近的醇沸点高。低级脂肪酸易溶于水,但随着相对分子质量增大溶解度迅速减小。高级脂肪酸不溶于水而溶于有机溶剂。

(2) 化学性质

羧酸的水溶液显酸性,其酸性比碳酸强,但羧酸一般都是弱酸,在水中它们只发生部分电离。羧酸的酸性强弱与其结构有关,同羧基相连的吸电子基团使羧酸酸性增强,给电子基团使羧酸酸性减弱。

在一定条件下,羧基中的羟基可被卤素、酰氧基、烃氧基和氨基取代,分别生成酰卤、酸酐、酯和酰胺等羧酸衍生物。

羧酸难于还原,但在氢化铝锂的作用下可被还原成伯醇。

羧酸分子脱去二氧化碳的反应叫脱羧反应。羧酸的羧基通常比较稳定,只有在特殊条件下才能脱羧,不同的羧酸脱羧生成不同的产物。饱和一元羧酸不易脱羧;二元羧酸如草酸和丙二酸受热后脱羧,生成一元羧酸;丁二酸和戊二酸加热时不脱羧,而是分子内失水,生成稳定的环状酸酐;己二酸和庚二酸在氢氧化钡存在下发生脱羧的同时,还脱去一分子水,最后生成环酮。

羧酸的 α 位氢原子由于受羧基的影响比较活泼,在日光或红磷的催化下,它们能被氯或溴取代,生成卤代酸。

二、羧酸衍生物

羧酸衍生物的重要化学性质是水解、醇解和氨解反应,分别生成羧酸、酯和酰胺,其活性次序为酰卤>酸酐>酯>酰胺。

酰胺同次溴酸钠或次氯酸钠的碱性溶液作用,失去羰基变成伯胺,此反应称为霍夫曼降解反应。利用这个反应可以制备比原来酰胺少一个碳原子的伯胺。

乙酰乙酸乙酯是重要的羧酸衍生物,它除了具有酮和酯的典型反应外,还具有特殊的化学性质。例如,能使溴的四氯化碳溶液褪色,能同金属钠反应放出氢气,能与三氯化铁溶液发生颜色反应等,说明其分子中含有烯醇式结构。实验证明,乙酰乙酸乙酯在溶液中存在着互变异构现象,是由酮式和烯醇式两种异构体组成的一个平衡混合物。因此,乙酰乙酸乙酯具有酮和烯醇的双重反应性能。

三、羟基酸和羰基酸

羟基酸和羰基酸均为取代酸,它们都是双官能团化合物,因而除了具有两种官能团的典型反应外,还具有因官能团相互影响而产生的一些特殊性质。

羟基酸和羰基酸都能被弱氧化剂氧化,托伦试剂可把 α-醇酸氧化成酮酸,把丙酮酸氧化成乙酸。

醇酸受热容易发生脱水反应,其产物依羟基与羧基的相对位置而定。α-醇酸加热时生成交酯,β-醇酸加热时脱水生成 α,β-不饱和酸,γ-醇酸和 δ-醇酸加热时发生分子内酯化,生成环状内酯。

α-酮酸和 β-酮酸均易脱羧,α-酮酸脱羧生成醛;β-酮酸比 α-酮酸更易脱羧,如乙酰乙酸在室温下就发生脱羧,生成丙酮。

知识拓展　　　　　　生　物　柴　油

能源是现代社会赖以生存和发展的重要物质基础。20 世纪 70 年代以来的能源危机,以及石化燃料燃烧所引发的一系列生态危机,正严重威胁着人类的生存和社会的持续发展,近年石油消耗量的增加及国际政治的影响,使得石油价格飞速上涨。油价飙升给全球经济和个人生活带来了严重的冲击,同时也推动了世界生物柴油产业的发展。

生物柴油(Biodiesel)是指以各种植物油、动物油、酸化油、地沟油及潲水油等废弃油脂为主要原料,通过酯交换反应而制成的一种可代替石化柴油的再生性柴油燃料。因此,生物柴油是一种洁净的生物燃料和绿色能源,是优质的石化柴油替代品。

生物柴油可与石化柴油以任意比例互溶,可广泛应用于各种柴油内燃机车,或用作工业窑炉、锅炉、发电厂、酒店、宾馆及食堂的燃料。大力发展生物柴油对经济可持续发展,推进能源替代,减轻环境压力,控制城市大气污染等具有重要的战略意义。

生物柴油是脂肪酸酯化合物,其生产方法有直接混合法、微乳化法、热裂解法和酯交换法等。目前,生产生物柴油的主要方法是酯交换法。常用植物油、动物油与甲醇或乙醇等低碳醇,在酸性或碱性催化剂以及高温条件下进行酯化反应,生成相应的脂肪酸甲酯或乙酯,再经洗涤干燥即得到生物柴油。但是,化学法制备生物柴油的反应温度高,工艺较复杂,反应过程中要使用过量的甲醇;而且后处理的工作量较大,产生的酸、碱废水容易对环境造成二次污染。为了解决上述问题,人们开始研究用生物酶法合成生物柴油,即油脂和低碳醇通过脂肪酶进行转酯化反应,制备相应的脂肪酸甲酯或乙酯。酶法合成生物柴油具有条件温和、醇用量少、无污染等优点。

生物柴油具有下列特点:

① 优良的环保特性。主要表现在由于生物柴油中硫含量低,使得二氧化硫和硫化物的排放量降低;生物柴油中不含会对环境造成污染的芳香族烷烃,因而废气对人体的伤害低于柴油。

② 较好的低温发动机启动性能,无添加剂冷滤点达到 -20℃。

③ 较好的润滑性能,因此能够使喷油泵、发动机缸体和连杆的磨损率降低,延长

使用寿命。

④ 较高的安全性能。由于闪点高,生物柴油不属于危险品,因此,在运输、储存、使用方面的安全性能显而易见。

⑤ 良好的燃料性能。因为其十六烷值高,燃烧性优于柴油,燃烧残留物呈微酸性,使催化剂和发动机机油的使用寿命延长。

⑥ 可再生性能。与石油储量不同,生物柴油的可供应量不会枯竭,为可再生能源。

⑦ 无须改动柴油机,可直接添加使用;同时无须另添加加油设备、储存设备及人员的特殊技术训练。

⑧ 生物柴油以一定比例与石化柴油调和使用,可以降低油耗,提高动力性,并降低尾气污染。

课后习题

1. 用系统命名法命名下列化合物。

(1) $CH_3CH_2\overset{\underset{\displaystyle CH_3}{|}}{C}HCH_2\overset{\underset{\displaystyle Br}{|}}{C}HCH_2COOH$

(2) $CH_3CH=CHCOOH$

(3) $H\overset{\underset{\displaystyle COOH}{|}}{\underset{\underset{\displaystyle C_2H_5}{|}}{C}}Br$

(4) 对位 CH_2COCl 和 OCH_3 取代苯环

(5) 苯基 CH_2OOCCH_3

(6) $\overset{\displaystyle CH_2OOCCH_3}{\underset{\displaystyle CH_2OOCCH_3}{|}}$

(7) $HOOC$—环己烷—$COOH$

(8) 环状酐 H_2C、H_2C、$C=O$、O、$C=O$

(9) $CH_3\overset{\displaystyle O}{\overset{\displaystyle \triangle}{CHCH}}COOH$

(10) 环己基—$CH_2CH\overset{\underset{\displaystyle CH_3}{|}}{C}HCH_2COOH$

2. 写出下列化合物的结构式。

(1) 安息香酸

(2) 乳酸

(3) 草酸

(4) (S)-α-溴丙酸

(5) 乙酰乙酸乙酯

(6) 3-甲基邻苯二甲酸酐

(7) 乙酰胺

(8) 丙酮酸

(9) 丁二酰亚胺

(10) α-甲基-γ-戊内酯

3. 将下列化合物按酸性由强到弱的顺序排列。

(1) 醋酸 三氯乙酸 苯酚 苯甲酸

(2) 甲酸 乙酸 草酸 环己醇

(3) α-羟基丁酸 β-羟基丁酸 γ-羟基丁酸 丁酸

(4) 苯甲酸 邻硝基苯甲酸 间硝基苯甲酸 对硝基苯甲酸 对甲氧基苯甲酸

(5) 苯甲酸 苯酚 环己醇 碳酸 水

4. 完成下列反应方程式。

(1)
$$CH_3\overset{\displaystyle Cl}{\overset{\displaystyle |}{CH}}CHCH_2COOH \quad \xrightarrow{SOCl_2}$$
$$\overset{\displaystyle |}{CH_3}$$

(2)
$$\text{苯}-COOH \quad + \quad \text{苯}-CH_2OH \quad \underset{\triangle}{\overset{浓H_2SO_4}{\rightleftharpoons}}$$

(3)
$$(H_3C)_3C-\text{萘环} \quad \xrightarrow[H^+]{KMnO_4} \quad ? \quad \xrightarrow{P_2O_5}{\triangle}$$

(4)
$$CH_3\overset{\displaystyle CH_3}{\overset{\displaystyle |}{CH}}CH_2CH_2COOH \quad \xrightarrow{(NH_4)_2CO_3} \quad ? \quad \xrightarrow{\triangle}$$

(5)
$$CH_3CH_2C\equiv CCH_2CH=CHCOOH \quad \xrightarrow{LiAlH_4}$$

(6)
$$\overset{\displaystyle OH}{\underset{\displaystyle}{\text{苯}-COOH}} \quad + \quad NaHCO_3(过量) \quad \longrightarrow$$

(7)
$$H_3C-\overset{\displaystyle O}{\overset{\displaystyle ||}{C}}-COOH \quad \xrightarrow{H_2O_2}$$

(8)
$$\overset{\displaystyle COOH}{\underset{\displaystyle CH_2OH}{\text{苯}}} \quad + \quad (CH_3CO)_2O \quad \xrightarrow{\triangle}$$

(9)
$$CH_2(COOC_2H_5)_2 + C_2H_5Br \quad \xrightarrow{C_2H_5ONa} \quad ? \quad \xrightarrow{NaOH} \quad ? \quad \xrightarrow[\triangle]{H^+} ?$$

(10)
$$\text{丁二酸酐} \quad + \quad CH_3CH_2OH \quad \longrightarrow \quad ? \quad \xrightarrow{PCl_5} \quad ? \quad \xrightarrow{CH_3CH_2NH_2} \quad ?$$

5. 用化学方法鉴别下列各组化合物。

(1) 甲酸 乙酸 草酸

(2) 乙酰胺 乙酸酐 乙酸乙酯

(3) 草酸 丁烯二酸 丙酸 丙二酸

(4) 将鉴别下列各组化合物所用的试剂填在对应的括号内。

① 丙烯酸、丙酸（　　）　　　② 水杨酸、苯甲酸（　　）

③ 苯甲酰氯、氯苯（　　）　　④ 乙酰乙酸乙酯、乙酸乙酯（　　）

⑤ 草酸、琥珀酸（　　）　　　⑥ 丙酮酸、乳酸（　　）

6. 用化学方法分离下列各组混合物。

 (1) 苯甲醇　苯甲酸　苯酚　　　(2) 异戊醇　异戊酸　异戊酸异戊酯

7. 按要求合成下列化合物（其他原料任选）。

 (1) 由甲苯合成间氨基苯甲酸　　(2) 由丁醛合成丙酸

 (3) 由乙烯合成丁二酸　　　　　(4) 由丙醇合成 2-羟基丁酸

8. 简述羧酸及其衍生物相互间的转化关系。

9. 某化合物的分子式为 $C_5H_8O_4$，有手性碳原子，与 $NaHCO_3$ 作用放出 CO_2，与 $NaOH$ 溶液共热生成 A 和 B，A、B 均无手性。试写出该化合物可能的结构式。

10. 含 C、H、O 三种元素的有机物 A，具有以下性质：(1) A 呈中性，在酸性溶液中水解得到 B 和 C；(2) 将 B 在稀硫酸中加热得到丁酮；(3) C 是甲乙醚的同分异构体，并且有碘仿反应。试写出 A 的结构式。

11. 化合物 A($C_4H_6O_4$)，加热时生成化合物 B($C_4H_4O_3$)，A 在少量 H_2SO_4 存在下与过量的甲醇作用转变成化合物 C($C_6H_{10}O_4$)，用 $LiAlH_4$ 处理 A，随后水解得到化合物 D($C_4H_{10}O_2$)，试写出 A、B、C、D 的结构式。

12. 某化合物 A 的分子式为 $C_5H_6O_3$，它能与一分子乙醇作用得到两个互为异构体的化合物 B 和 C，B 和 C 分别与 PCl_3 作用后，再加入乙醇，得到相同的化合物 D，试推断 A、B、C、D 的结构式，并写出有关的反应式。

第十章
含氮有机化合物

含氮有机化合物是指分子中含有 C—N 键的化合物,也可以看作是烃分子中的氢原子被含氮官能团取代的产物。含氮有机化合物在自然界中广泛存在,例如:胺、酰胺、肼、肟、腈、异腈、硝基化合物等,其与生命活动和日常生活息息相关。

I 胺 类 化 合 物

胺可看作是 NH_3 分子中的氢原子被烃基取代而形成的有机化合物。胺类是非常重要的一类含氮有机化合物,例如,苯胺是合成许多药物、染料等的重要原料;胆碱是调节脂肪代谢的物质,它的乙酰基衍生物——乙酰胆碱是神经传导的递质。

第一节 胺的分类和命名

一、胺的分类

根据胺中烃基种类的不同,胺可分为脂肪胺、芳香胺。例如:

$$CH_3CH_2NH_2$$

乙胺(脂肪胺)

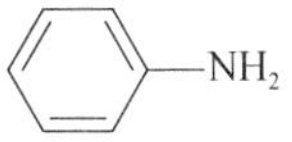

苯胺(芳香胺)

根据分子中氨基的数目不同,胺可分为一元胺、二元胺和多元胺。例如:

$$CH_3NH_2 \qquad NH_2CH_2CH_2NH_2$$

甲胺(一元胺)　　　　　乙二胺(二元胺)

根据氮原子连接烃基的数目不同,胺可分为伯胺、仲胺、叔胺和季铵化合物,季铵化合物中的氮原子与四个相同或不同的烃基相连,其中氮原子带正电荷。例如:

$$CH_3NH_2 \qquad (CH_3)_2NH \qquad (CH_3)_3N \qquad (CH_3)_4N^+Cl^-$$

甲胺(伯胺)　　二甲胺(仲胺)　　三甲胺(叔胺)　　氯化四甲铵(季铵盐)

二、胺的命名

简单胺的命名,先写出连于氮原子上的烃基的名称,再以胺字作词尾,称为"某胺"；对于仲胺和叔胺，烃基相同时，前面加二、三表示烃基的数目；烃基不同时，按简单到复杂的顺序先后列出。例如：

$$CH_3CH_2NH_2 \qquad (CH_3CH_2)_2NH \qquad (CH_3)_2NCH(CH_3)_2$$

乙胺   二乙胺   二甲基异丙胺

$$NH_2CH_2CH_2NH_2$$

乙二胺   苄胺

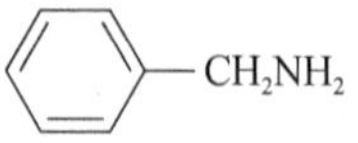

芳香胺的命名常以芳胺为母体，对于芳香仲胺和叔胺，前面冠以"*N*"表示取代基连在氮原子上。例如：

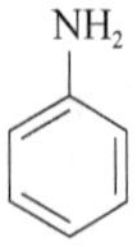

苯胺 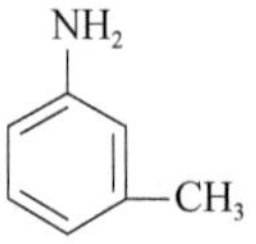   3-甲基苯胺(间甲苯胺) 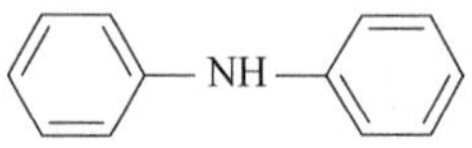   二苯胺

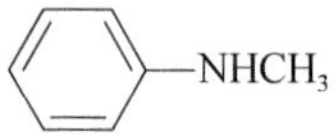

N-甲基苯胺 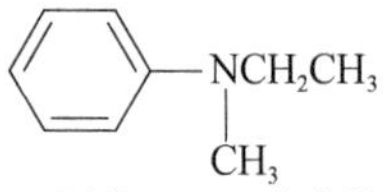   *N*-甲基-*N*-乙基苯胺

复杂的胺命名时，以烃基为母体，氨基作为取代基。取代基按次序规则排列，将较优基团后列出。例如：

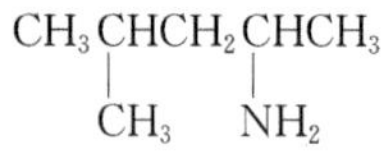

$$\underset{\underset{CH_3}{|}}{CH_3CHCH_2CHCH_3}\underset{NH_2}{}$$

2-甲基-4-氨基戊烷 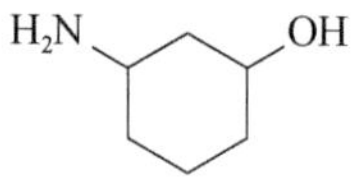   3-氨基环己醇 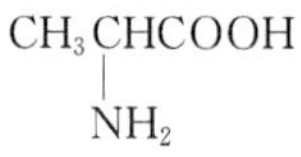   2-氨基丙酸

季铵类化合物的命名与氢氧化铵和铵盐类似。例如：

$$(CH_3)_4N^+OH^- \qquad\qquad [(CH_3)_3N^+CH_2CH_3]I^-$$

氢氧化四甲基铵   碘化三甲基乙基铵

命名时，要注意"氨""胺"和"铵"字的用法，命名基团时用"氨"字，如氨基；当胺作为母体时用"胺"字；命名季铵碱类和铵盐时，则用"铵"字。

问题 10-1 命名下列化合物。

(1)  $H_3C\text{—}$⬡$\text{—}NH_2$

(2) $\underset{\underset{CH_3}{|}}{CH_3CH_2CHCHCH_3}\overset{NH_2}{}$

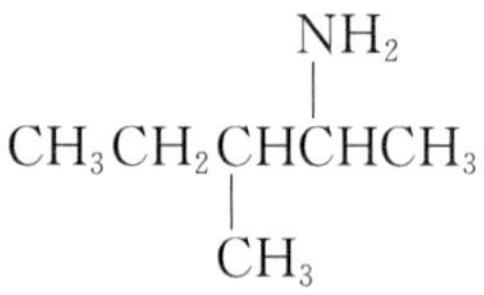

(3) $[(CH_3)_2N^+(C_2H_5)_2]I^-$

(4) 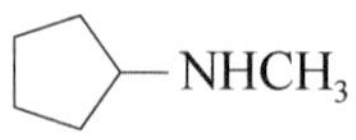 ⬠$\text{—}NHCH_3$

第二节　胺类的结构及性质

一、胺的结构

胺分子的结构和氨相似，氮原子采取 sp^3 不等性杂化，其中三个 sp^3 杂化轨道与

三个其他原子(氢原子或碳原子)形成三个 σ 键,孤对电子占有另一个杂化轨道,处于三角锥体顶端。根据氮原子上的基团不同,3 个 σ 键的键角略有差异。氨及胺的结构如图 10-1 所示。

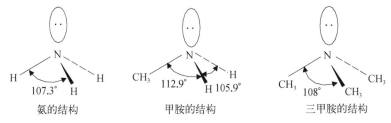

| 氨的结构 | 甲胺的结构 | 三甲胺的结构 |

图 10-1　氨及胺的结构

芳香胺中的氮原子是 sp^2 杂化,氮原子未杂化的 p 轨道与芳环大 π 键发生共轭,构成 p-π 共轭体系。苯胺的结构如图 10-2 所示。

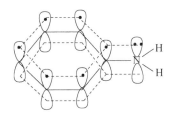

图 10-2　苯胺的结构

二、胺的物理性质

低级脂肪胺中甲胺、乙胺、二甲胺和三甲胺在常温下为气体,丙胺以上为液体,十二胺以上为固体。低级脂肪有不愉快、难闻的臭味,例如,二甲胺和三甲胺有鱼腥味,肉和尸体腐烂产生的 1,4-丁二胺(腐胺)和 1,5-戊二胺(尸胺)有恶臭。

芳香胺多为无色高沸点液体或低熔点固体,有特殊的气味,具有较大毒性。液体芳胺还能通过皮肤吸收而使人中毒。苯胺、α-萘胺、β-萘胺、联苯胺等还有致癌作用。

伯胺和仲胺分子间可以形成氢键,但由于氮原子的电负性小于氧,因此分子间所形成的氢键(N—H……N)要比醇的氢键(O—H……O)弱,因此伯胺的沸点要低于相对分子质量相近的醇。N 上氢的数目减少,形成氢键的能力减弱,故伯胺的分子间氢键比仲胺强;叔胺分子间不能形成氢键,因此,在含有相同碳原子数的脂肪胺中,伯胺的沸点最高,仲胺次之,叔胺最低。

伯胺、仲胺、叔胺都能与水分子形成氢键,因此,低级脂肪胺易溶于水;芳香胺仅微溶或难溶于水,但大多数都能溶于有机溶剂。一些常见胺的物理常数见表 10-1。

表 10-1　一些常见胺的物理常数

化合物	熔点/℃	沸点/℃	溶解度/(g/100 g 水)	pK_b/(H_2O,25℃)
甲胺	-92.5	-6.7	易溶	3.38
二甲胺	-92.2	6.9	易溶	3.23
三甲胺	-117.1	9.9	41$^{19℃}$	4.20

化合物	熔点/℃	沸点/℃	溶解度/(g/100 g 水)	pK_b/(H_2O,25℃)
乙胺	−80.6	16.6	∞	3.37
二乙胺	−50	55.5	易溶	3.07
三乙胺	−114.7	89.4	∞	3.28
正丙胺	−83	49	∞	3.29
正丁胺	−50	77.8	∞	3.23
苯胺	−6.1	184.4	$3.6^{18℃}$	9.38
N-甲基苯胺	−57	196.3	难溶	9.15
N,N-二甲基苯胺	2.5	194.2	不溶	8.93
邻甲基苯胺	−16.4	200.6	$1.5^{25℃}$	9.56
间甲基苯胺	−31.3	203.4	微溶	9.28
对甲基苯胺	43.8	200.6	$0.74^{21℃}$	8.92
二苯胺	52.9	302	不溶	13.1
三苯胺	126.5	365	不溶	

三、胺的化学性质

胺分子中氮原子上都具有未共用电子对,主要性质表现在其具有碱性和亲核性。芳环上引入氨基(或 N-取代氨基)对芳环上亲电取代反应会产生影响。不同的胺因氮原子所连烃基的种类和数目不同,在性质上存在差异。

1. 胺的碱性

胺分子中氮原子上的孤对电子和氨中的一样,可以接受质子,所以显碱性。

$$RNH_2 + H_2O \rightleftharpoons \overset{+}{R}NH_3 + OH^-$$

由于结构不同,胺的碱性强弱也不同。胺分子中,氮原子的电子云密度愈大,越有利于接受质子,则碱性愈强。

脂肪胺与氨相比,由于烷基是给电子基团,它使氮原子的电子云密度增大,碱性增强,因此,脂肪胺的碱性比氨强。若仅从烷基的给电子效应来考虑,应该是烃基越多其碱性越强。但从空间位阻效应考虑,氮原子周围烃基越多,对质子接近氮原子的阻力就越大,碱性减弱。由于叔胺的空间位阻效应比烷基的给电子效应更加显著,所以在脂肪胺中,叔胺的碱性最弱,一般仲胺的碱性最强,即仲胺>伯胺>叔胺>氨。

对于芳香胺,由于芳环大 π 键与氮原子上未杂化的 p 轨道形成 p-π 共轭体系,并使氮原子上的电子云向芳环离域,降低了氮原子接受质子的能力,碱性减弱,而且芳环越多,碱性越弱。所以各种芳胺都比氨的碱性弱,即氨>芳香族伯胺>芳香族仲胺>芳香族叔胺。

$$(CH_3)_2NH > CH_3NH_2 > (CH_3)_3N > NH_3 > \text{苯}-NH_2 > (\text{苯})_2NH > (\text{苯})_3N$$

| pK_b | 3.27 | 3.35 | 4.22 | 4.75 | 9.28 | | 12.8 | | 15 |

问题 10-2　比较下列化合物的碱性强弱。

胺呈碱性,能和多数酸作用生成铵盐。例如:

$$\begin{array}{ccc} & H & & H \\ & | & & | \\ R{-}N\!: & +HCl \longrightarrow & R{-}N^{+}{-}HCl^{-} \\ & | & & | \\ & H & & H \end{array}$$

铵盐一般都是具有离子性的物质,其相应的氯化物、溴化物和碘化物一般易溶于水,难溶于极性较小的溶剂(如乙醚等)。遇到强碱时,铵盐又可以释放出相应的胺:

$$RNH_2 \xrightarrow{HCl} [\overset{+}{R}NH_3]Cl^- \xrightarrow{NaOH} RNH_2 + NaCl + H_2O$$

利用胺的碱性及铵盐在不同溶剂中的溶解性差异,可以对胺进行分离和提纯。

问题 10-3　设计实验除去环己胺中混入的少量环己醇。

2. 烷基化反应

胺与氨相似,氮原子上有孤对电子,可以作为亲核试剂与卤代烷发生亲核取代反应,结果氮上的氢原子被烷基取代,该反应称为烷基化反应,卤代烷为烷基化试剂。

$$RNH_2 + R'X \longrightarrow RNHR' + HX$$

$$RNHR' + R'X \longrightarrow RNR'_2 + HX$$

$$RNR'_2 + R'X \longrightarrow [RN^+R'_3]X^-$$

由于脂肪胺的亲核性比氨强,所以,氨或胺与卤代烷反应往往生成伯胺、仲胺、叔胺和季铵盐的混合物,分离纯化困难,因此在应用上有一定的限制。

季铵盐也可以看作是季铵碱与强酸中和生成的盐:

$$R_4N^+OH^- + HCl \longrightarrow R_4N^+Cl^- + H_2O$$

季铵盐是强酸强碱盐,所以不能与碱作用生成相应的季铵碱。若用湿润的氧化银(氢氧化银)与季铵盐反应,可得到季铵碱。

$$R_4N^+X^- + AgOH \longrightarrow R_4N^+OH^- + AgX\downarrow$$

季铵碱是强碱,在固态时是离子状态,例如,$(CH_3)_4N^+OH^-$ 易溶于水,其碱性与氢氧化钠或氢氧化钾相当。季铵盐和铵盐不同,前者是强碱的盐,与氢氧化钠等不发生反应。

3. 酰基化反应

伯胺、仲胺与氨一样,能与酰卤、酸酐等酰基化试剂进行酰基化反应,氨基上的氢原子被酰基取代,生成酰胺。叔胺的氮上没有氢原子,因此不能发生酰基化反应。

$$RCOCl + \begin{cases} R'NH_2 \longrightarrow R'NHCOR + HCl \\ R'_2NH \longrightarrow R'_2NCOR + HCl \\ R'_3N \longrightarrow 不反应 \end{cases}$$

例如:

$$CH_3NH_2 + CH_3\overset{O}{\underset{\parallel}{C}}-Cl \longrightarrow CH_3\overset{O}{\underset{\parallel}{C}}-NHCH_3 + HCl$$

$$(CH_3)_2NH + CH_3\overset{O}{\underset{\parallel}{C}}-Cl \longrightarrow CH_3\overset{O}{\underset{\parallel}{C}}-N(CH_3)_2 + HCl$$

在胺的酰基化反应中,选用苯磺酰氯(C_6H_5—SO_2Cl)或对甲基苯磺酰氯(p-CH_3—C_6H_5—SO_2Cl)作为酰基化试剂与伯、仲、叔胺作用,反应有如下不同情况。

伯胺与苯磺酰氯作用,得到苯磺酰胺(A);苯磺酰胺(A)氮上的氢原子受磺酰基的影响,酸性增强,可溶于碱中;仲胺与苯磺酰氯作用得到产物(B),因氮上没有氢原子,不能溶于碱中,呈固体析出;叔胺与苯磺酰氯不反应。利用这种不同的反应可鉴别并分离伯胺、仲胺、叔胺,该反应称为兴斯堡(Hinsberg)反应。

4. 与亚硝酸的反应

伯胺、仲胺、叔胺都可与亚硝酸反应,但产物不同。由于亚硝酸易分解,反应时亚硝酸一般由亚硝酸钠与酸作用来生成。

(1)伯胺的反应

伯胺与亚硝酸作用先生成极不稳定的重氮盐,然后重氮盐立即自动分解放出氮气并生成相应的烯烃、醇和卤代烃等多种产物。

$$RNH_2 + HNO_2 \longrightarrow N_2\uparrow + ROH + H_2O$$

$$ArNH_2 + HNO_2 \longrightarrow N_2\uparrow + ArOH + H_2O$$

由于反应产物复杂,在合成上的意义不大。但是,反应中定量放出氮气,可定量测定伯胺。

(2)仲胺的反应

脂肪族仲胺或芳香族仲胺与亚硝酸作用都生成黄色的 N-亚硝基胺油状液体或固体。

$$R_2NH + HNO_2 \longrightarrow R_2N-NO$$

N-亚硝基化合物(黄色油状)

N-亚硝基二苯胺(黄色固体)

N-亚硝基胺是强致癌物质,食品中若有亚硝酸盐,它能与胃酸作用,产生亚硝酸,后者与机体内一些具有仲胺结构的化合物作用,生成亚硝基胺,能引起癌变。所以在制作罐头和腌制食品时,用亚硝酸钠作为防腐剂和保色剂,可能对人体产生危害。

（3）叔胺的反应

脂肪族叔胺因氮上没有氢原子,与亚硝酸作用,生成可溶于水的不稳定的亚硝酸盐。

$$R_3N + HNO_2 \rightleftharpoons R_3\overset{+}{N}HNO_2^-$$

芳香叔胺与亚硝酸作用,在芳香环上发生亲电取代反应而导入亚硝基。

（化学反应式图示）

N,N-二甲基苯胺   对亚硝基-N,N-二甲基苯胺
（绿色片状结晶）

此反应首先在对位发生,对位被占则在邻位发生,生成的产物为绿色片状结晶。

由于脂肪族和芳香族的伯胺、仲胺、叔胺与亚硝酸反应的产物不同,故可以用此反应鉴别伯胺、仲胺、叔胺,但现象不如兴斯堡反应明显。

问题 10 - 4 用化学方法鉴别下列化合物。

（三个化合物结构图示）

5. 芳环上的取代反应

芳香胺分子中的氨基直接连在芳环上,由于氨基是强的邻、对位定位基,可高度活化芳环,因此芳香胺具有一些特殊的化学性质。

（1）卤代反应

芳香胺与氯或溴很容易发生亲电取代反应,而且反应较难控制在一取代阶段。在苯胺中滴加溴水,立即生成 2,4,6-三溴苯胺白色沉淀,此反应可用作苯胺的鉴定和定量分析。

（化学反应式图示）

$$+ 3Br_2(H_2O) \longrightarrow$$

2,4,6-三溴苯胺

（2）硝化反应

由于芳香胺对氧化剂很敏感,直接硝化只能引起氧化反应,所以必须先把氨基保护起来。如先使氨基酰化,然后再硝化。

（化学反应式图示）

$(CH_3CO)_2O$; HNO_3 在乙酸中 ; 水解 ; HNO_3 在乙酸酐中 ; 水解

（3）磺化反应

苯胺也能发生磺化反应，与浓硫酸作用首先生成苯胺硫酸盐，在 $180\sim200℃$ 加热"焙烘"，得到对氨基苯磺酸。

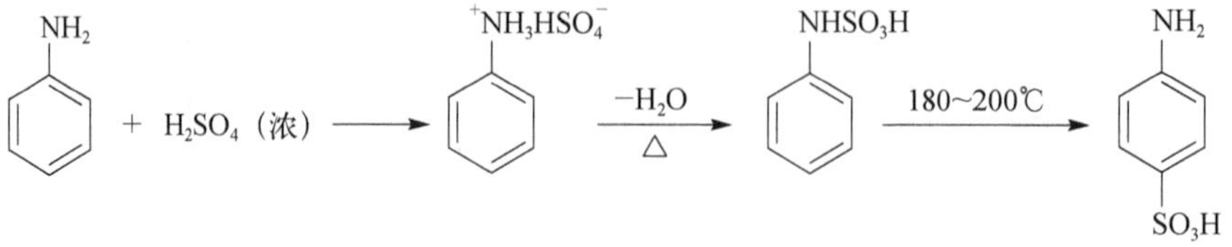

问题 10 - 5 合成下列化合物。

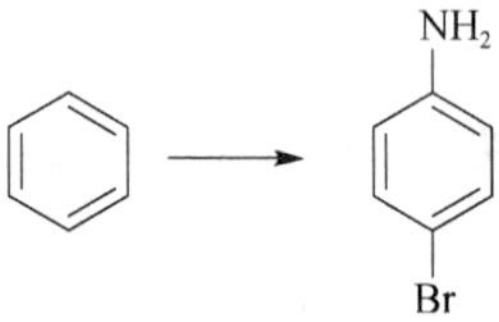

Ⅱ 重氮及偶氮化合物

重氮化合物和偶氮化合物分子中都含有—N＝N—基团,该基团的两端分别与烃基相连的化合物称为偶氮化合物;该基团的一端与烃基相连的化合物称为重氮化合物。

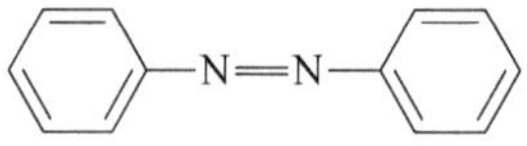

偶氮苯   偶氮甲烷

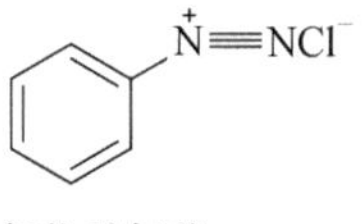

氯化重氮苯

第三节 重氮盐的性质

芳香族伯胺与亚硝酸反应,生成重氮盐,称为重氮化反应。

$$ArNH_2+NaNO_2+HCl \xrightarrow{0\sim5℃} Ar\overset{+}{N_2}\overset{-}{Cl}+H_2O+NaCl$$

纯净的重氮盐为无色晶体,能溶于水,不溶于一般有机溶剂,在稀溶液中完全解离。重氮盐晶体在空气中颜色逐渐变深,受热或震动能发生爆炸。因此,制备时一般不从溶液中分离出来,而是直接进行下一步反应。重氮盐的性质很活泼,能发生多种反应。

一、重氮基被取代的反应

重氮盐的重氮基($-N_2^+X^-$)在不同条件下可被卤素、羟基、氰基、氢原子等取代,同时放出氮气。利用这些反应,可以从芳烃开始合成不同类型的芳烃衍生物。

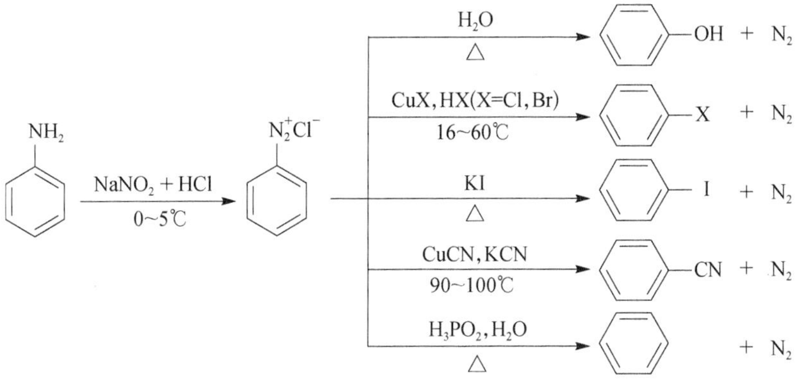

NaNO₂ + HCl
0~5℃

H₂O
△
→ OH + N₂

CuX,HX(X=Cl,Br)
16~60℃
→ X + N₂

KI
△
→ I + N₂

CuCN,KCN
90~100℃
→ CN + N₂

H₃PO₂,H₂O
△
→ + N₂

通过重氮化反应,可以制备一些不能用直接方法制备的化合物。例如:

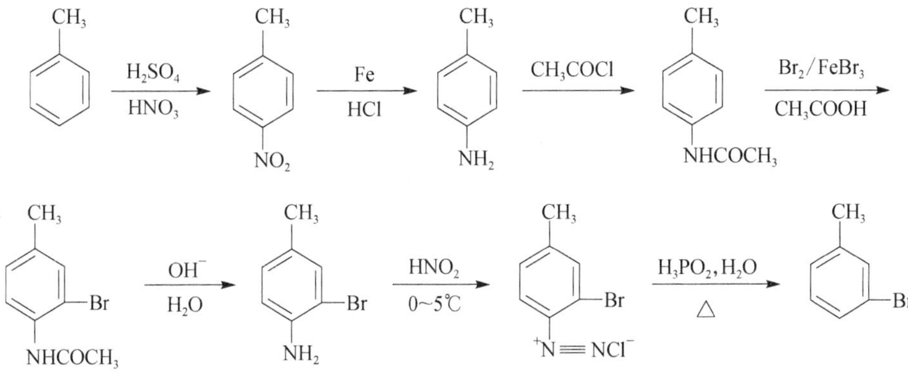

苯甲苯 H₂SO₄/HNO₃ → 对硝基甲苯 Fe/HCl → 对氨基甲苯 CH₃COCl → NHCOCH₃ Br₂/FeBr₃/CH₃COOH →

→ OH⁻/H₂O → NH₂ → HNO₂ 0~5℃ → ⁺N≡NCl⁻ → H₃PO₂,H₂O △ → 间溴甲苯

再如以苯为原料制备 1,3,5-三溴苯。

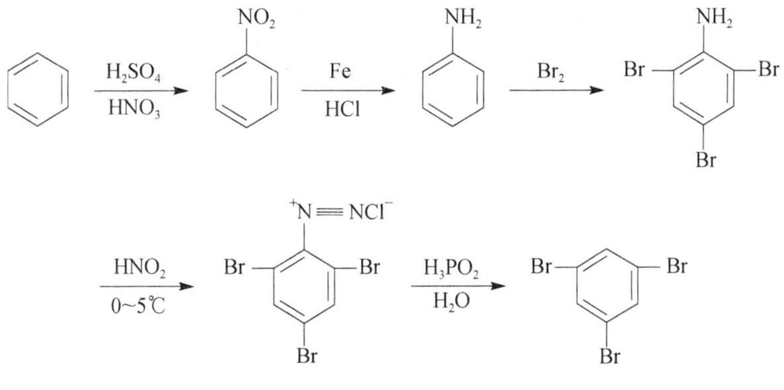

苯 H₂SO₄/HNO₃ → NO₂ Fe/HCl → NH₂ Br₂ → Br,Br,Br 取代物

HNO₂ 0~5℃ → ⁺N≡NCl⁻ Br,Br,Br → H₃PO₂/H₂O → 1,3,5-三溴苯

问题 10-6 以苯为原料合成间溴苯酚。

二、偶联反应

重氮盐与芳香叔胺或酚类化合物在弱碱性、中性或弱酸性溶液中发生偶联(偶合)反应,生成偶氮化合物。

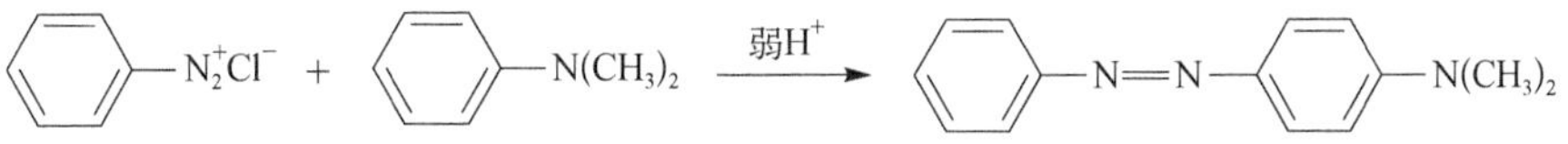

—N₂⁺Cl⁻ + —N(CH₃)₂ → 弱H⁺ → —N=N—N(CH₃)₂

对二甲氨基偶氮苯

$$\text{C}_6\text{H}_5\text{—N}_2^+\text{Cl}^- + \text{C}_6\text{H}_5\text{—OH} \xrightarrow{\text{弱OH}^-} \text{C}_6\text{H}_5\text{—N}=\text{N—C}_6\text{H}_4\text{—OH}$$

对羟基偶氮苯

偶联反应的实质是重氮基正离子在酚或芳胺的芳环上进行的亲电取代反应。由于电子效应和空间效应的影响,通常在活化基团的对位偶联,若对位已被占据,则在邻位偶联。

偶联反应是合成偶氮染料的基础。偶氮染料是最大的一类合成染料,约有几千种。实验室里一些常用的酸碱指示剂也是经重氮盐的偶联反应合成的。

三、还原反应

重氮盐与锌粉和醋酸、氯化亚锡和盐酸或亚硫酸钠等较弱的还原剂作用,生成苯肼。例如:

$$\text{C}_6\text{H}_5\text{—N}_2^+\text{Cl}^- \xrightarrow{\text{SnCl}_2 + \text{HCl}} \text{C}_6\text{H}_5\text{—NHNH}_2 \cdot \text{HCl} \xrightarrow{\text{NaOH}} \text{C}_6\text{H}_5\text{—NHNH}_2$$

用强还原剂(如 $\text{Zn} + \text{HCl}$)则生成苯胺和氨:

$$\text{C}_6\text{H}_5\text{—N}_2^+\text{Cl}^- \xrightarrow{\text{Zn} + \text{HCl}} \text{C}_6\text{H}_5\text{—NH}_2 + \text{NH}_3$$

第四节　染料简介

染料是一种可以较牢固地附着在纤维上且具有耐光性和耐洗性的有色物质。染料的种类繁多,根据来源可分为天然染料和合成染料。颜色是染料的主要特征之一,它们所呈现的颜色与其结构密切相关。

一、化合物颜色和结构的关系

自然光是由不同波长的光组成的。人眼所能感受到的是波长为 $400 \sim 800$ nm 的光,即可见光。在可见光区域内,不同波长的光显示不同的颜色。

颜色是物质对光波吸收情况的反映。不同的物质可吸收不同波长的光。如果物质吸收光的波长不在可见光区域内,这种物质就呈无色。若物质选择性地吸收了白光(可见光)中某种波长的光,则其将呈现与之互补的颜色的光。例如,黄光和蓝光是互补色,若物质吸收了黄光,则物质会呈现蓝色。

物质能选择性地吸收不同波长的光,这与它的分子结构有关。有机化合物的分子结构与吸收光波及颜色有如下关系:

1. 分子中只有 σ 键的化合物,如饱和烃,由于 σ 电子结合较牢固,使其跃迁需要较高能量,因此,其吸收波段应在波长较短的远紫外区。由于不能吸收可见光,所以物质不显颜色。

2. 有机化合物分子中共轭体系增长,化合物颜色加深。因为共轭体系中 π 电子跃迁所需的能量较低,故能吸收近紫外光或可见光,并随着共轭链的增长,吸收向长波方向移动,化合物颜色加深。如:

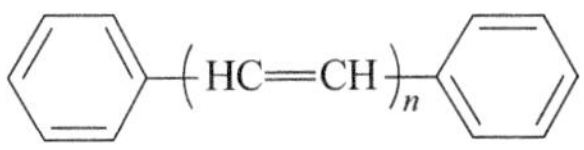

$$ \text{—(HC=CH)}_n\text{—} $$

n=1	无色	n=2	淡黄色
n=3	黄绿色	n=4	棕黄色

3. 有机化合物共轭体系中引入生色团(也叫发色团)或助色团,一般会使化合物显色或颜色加深。

生色团是指能吸收紫外光和可见光的原子团,其特点是含有重键或共轭链。如:

$$ \text{—NO}_2,\ \text{—NO},\ \text{>=O},\ \text{—CHO},\ \text{—COOH},\ \text{—N=N—} $$

助色团本身不能吸收可见光,但将它们连接到共轭体系或生色团上时,可以使分子的吸收波向长波方向移动,加深化合物颜色,其特点是具有未共用电子对。如:

$$ \text{—OH},\ \text{—OR},\ \text{—NH}_2,\ \text{—NR}_2,\ \text{—SR},\ \text{—Cl} $$

二、偶氮染料和指示剂

1. 偶氮染料
染料的种类繁多,偶氮染料是其中之一。

偶氮染料是以分子内具有一个或几个偶氮基(—N=N—)为特征的合成染料。在合成染料中,偶氮染料是品种最多、应用最广的一类。例如:

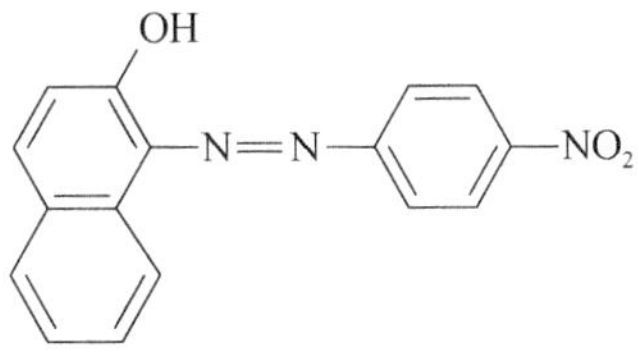

对位红(一种红色染料) 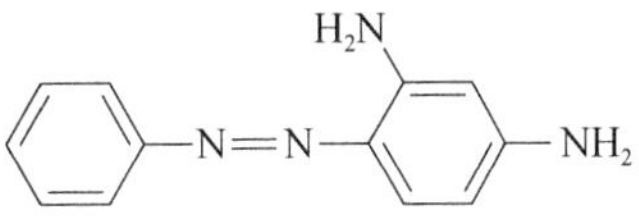　　　　　　酸性橙S

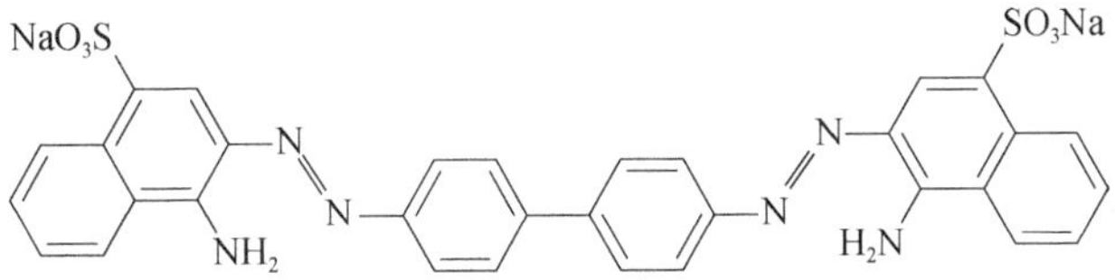

刚果红

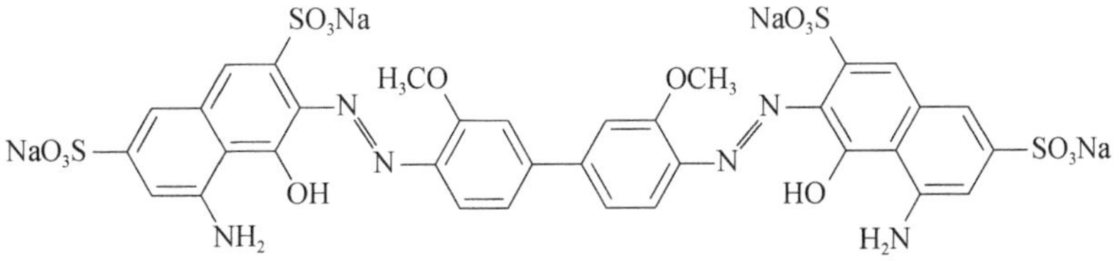

直接天蓝5B

2. 酸碱指示剂
酸碱指示剂是指在酸碱滴定中用来判断溶液 pH 变化的一类指示剂。这些物质的共同特点是,分子结构能随着溶液 pH 的变化而变化,从而引起溶液颜色的改变,有些偶氮化合物是实验室常用的酸碱指示剂。

(1) 甲基橙
它是由对氨基苯磺酸重氮化后,再与 N,N-二甲基苯胺的对位发生偶合而得的。

$$\text{NaO}_3\text{S}-\!\!\!\bigcirc\!\!\!-\text{NH}_2 \xrightarrow[\text{0~5℃}]{\text{HNO}_2} \text{NaO}_3\text{S}-\!\!\!\bigcirc\!\!\!-\text{N}_2^+\text{Cl}^-$$

$$\bigcirc\!\!\!-\text{N(CH}_3)_2 \longrightarrow \text{NaO}_3\text{S}-\!\!\!\bigcirc\!\!\!-\text{N}=\text{N}-\!\!\!\bigcirc\!\!\!-\text{N(CH}_3)_2$$

甲基橙

甲基橙变色的 pH 范围为 3.1~4.4。其在 pH 小于 3.1 的酸性溶液中显红色；在 pH 为 3.1~4.4 的溶液中显橙色；在 pH 大于 4.4 的溶液中显黄色。

$$(\text{H}_3\text{C})_2\overset{+}{\text{N}}=\!\!\!\bigcirc\!\!\!=\text{N}-\underset{\overset{|}{\text{H}}}{\text{N}}-\!\!\!\bigcirc\!\!\!-\text{SO}_3^- \underset{\text{H}^+}{\overset{\text{OH}^-}{\rightleftharpoons}} (\text{H}_3\text{C})_2\text{N}-\!\!\!\bigcirc\!\!\!-\text{N}=\text{N}-\!\!\!\bigcirc\!\!\!-\text{SO}_3\text{Na}$$

pH<3.1(红色)   pH >4.4(黄色)

(2) 刚果红

刚果红又称直接大红 4B,它是一种可以直接使丝毛和棉纤维着色的红色染料,同时也是一种酸碱指示剂,变色的 pH 范围为 3.0~5.0。在 pH 小于 3.0 的溶液中显蓝紫色;在 pH 大于 5.0 的溶液中显红色。

（刚果红结构图，pH<3.0(蓝紫色) 与 pH>5.0(红色)）

刚果红

第五节　重要的胺类化合物

一、苯胺

苯胺是最简单也是最重要的芳香伯胺,是合成药物、染料等的重要原料。苯胺为油状液体,沸点为 184.4℃,微溶于水,易溶于有机溶剂。新蒸馏的苯胺无色,但久置会因被氧化而颜色变深。苯胺有毒,能透过皮肤或吸入蒸气使人中毒。因此,接触苯胺时应注意。制取苯胺最有效的方法之一是用硝基苯还原。

$$\bigcirc\!\!\!-\text{NO}_2 \xrightarrow{\text{Fe}+\text{HCl}} \bigcirc\!\!\!-\text{NH}_2$$

二、乙二胺

乙二胺是一种无色液体,是合成药物、乳化剂、离子交换树脂和杀虫剂的原料,也可作为环氧树脂的固化剂。分析化学中常用的 EDTA 就是乙二胺的衍生物——乙二胺四乙酸,它可用乙二胺和氯乙酸来合成。

$$H_2NCH_2CH_2NH_2 + 4ClCH_2COOH \xrightarrow[2)\ H^+]{1)\ NaOH} \begin{array}{l} CH_2N(CH_2COOH)_2 \\ | \\ CH_2N(CH_2COOH)_2 \end{array}$$

乙二胺四乙酸(EDTA)

三、胆胺和胆碱

$$HOCH_2CH_2NH_2 \qquad\qquad [HOCH_2CH_2\overset{+}{N}(CH_3)_3]OH^-$$

胆胺(乙醇胺) 胆碱(氢氧化三甲基羟乙基铵)

胆胺和胆碱广泛存在于动、植物体内,发挥着重要的生理功能。胆碱是一种季铵碱,在脑组织和蛋黄中含量较多,是卵磷脂的组成部分。胆碱为白色结晶,吸湿性强,易溶于水和乙醇,而不溶于乙醚和氯仿等。它在体内参与脂肪代谢,有抗脂肪肝的作用。

氯化氯代胆碱,简称 CCC,系统命名为 2‑氯乙基三甲基氯化铵。它是 20 世纪 60 年代发现的一种人工合成的植物生长调节剂,商品名称叫作矮壮素。矮壮素具有抑制植物体内赤霉素的生物合成的作用,用于防止小麦等作物的倒伏,使作物增产,也可用于防止棉花的徒长,减少蕾铃脱落。

本章小结

简单胺类化合物的命名以胺为母体,多个烃基依次列出,称为"某胺"。复杂胺类化合物以烃为母体,氨基作为取代基命名。季铵类化合物的命名与氢氧化铵和铵盐类似。

一、胺的主要化学性质

1. 胺的碱性

胺分子中氮原子上的孤对电子和氨中的一样,可以接受质子,所以显碱性,由于结构不同,胺的碱性强弱也不同。胺分子中,氮原子的电子云密度愈大,越有利于接受质子,碱性愈强。由于电子效应和空间位阻效应的综合影响,胺类化合物的碱性强弱顺序为

仲胺>伯胺>叔胺>氨>芳香族伯胺>芳香族仲胺>芳香族叔胺

2. 烷基化反应

脂肪胺的亲核性比氨强,所以,氨或胺与卤代烷反应往往生成伯胺、仲胺、叔胺和季铵盐的混合物。

$$RNH_2 + R'X \longrightarrow RNHR' + HX$$

$$RNHR' + R'X \longrightarrow RNR'_2 + HX$$

$$RNR'_2 + R'X \longrightarrow [RN^+R'_3]X^-$$

3. 酰基化反应

伯胺、仲胺与氨一样,能与酰卤、酸酐等进行酰基化反应,氨基上的氢原子被酰基

取代,生成酰胺,但叔胺不能发生酰基化反应。在合成中,常利用这类反应保护芳香氨基。

$$RCOCl + \begin{cases} R'NH_2 \longrightarrow R'NHCOR + HCl \\ R'_2NH \longrightarrow R'_2NCOR + HCl \\ R'_3N \longrightarrow 不反应 \end{cases}$$

在胺的酰基化反应中,选用苯磺酰氯($C_6H_5-SO_2Cl$)或对甲基苯磺酰氯($p-CH_3-C_6H_5-SO_2Cl$)作为酰基化试剂与伯胺、仲胺、叔胺作用,称为兴斯堡反应,实验室中常利用苯磺酰氯与三种胺反应的不同现象来鉴别并分离伯胺、仲胺、叔胺。

4. 与亚硝酸的反应

脂肪伯胺与亚硝酸作用先生成极不稳定的重氮盐,然后重氮盐立即自动分解放出氮气。芳香族伯胺生成的重氮盐在低温下较稳定,可进一步发生其他反应。脂肪族仲胺或芳香族仲胺与亚硝酸作用生成黄色的 N-亚硝基胺油状液体或固体。脂肪族叔胺与亚硝酸作用,生成不稳定的亚硝酸盐而溶于水,而芳香族叔胺与亚硝酸反应生成绿色的环上亚硝化产物。由于脂肪族和芳香族的伯胺、仲胺、叔胺与亚硝酸反应产物不同,故可以用此反应鉴别伯胺、仲胺、叔胺。

5. 芳环上的取代反应

芳香胺分子中的氨基直接连在芳环上,由于氨基是强的邻、对位定位基,可高度活化芳环,易发生亲电取代反应。苯胺与溴水反应生成2,4,6-三溴苯胺白色沉淀,此反应常用于苯胺的鉴别和定量分析。

二、重氮化合物的性质

1. 重氮基被取代的反应

重氮盐的重氮基($-N_2^+X^-$)在不同条件下可被卤素、羟基、氰基、氢原子等取代,同时放出氮气。利用这些反应,可以从芳烃开始合成不同类型芳烃衍生物。

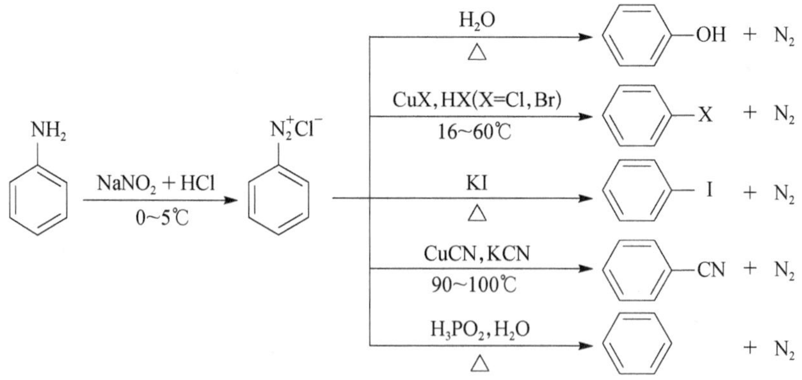

2. 偶联反应

重氮盐与芳香叔胺或酚类化合物在弱碱性、中性或弱酸性溶液中发生偶联(偶合)反应,生成偶氮化合物。偶联的位置一般在活化基团的对位,若对位已被占据则在活化基的邻位。

知识拓展　　　　　　**多 胺 抗 癌 药**

多胺(Ployamines，PA)是一类脂肪族含氮碱,广泛存在于动植物体内。早在1678年人类就知道了多胺是细胞和体液中的天然成分。但多胺在生理病理中的重要作用是最近几十年来才逐步被认识到的。由于多胺特殊的生物活性及其所发挥的重要性,在过去五十多年内,吸引了大量科学家研究,到目前为止,发表的研究论文和综述文献已超过 10 000 篇。

最常见的多胺有腐胺(Putrescine，Put),尸胺(Cadaverine，Cad),亚精胺(Spermidine，Spd),精胺(Spermine，Spm)。

细胞自身可合成多胺,虽然多胺的精确作用机制和功能目前尚没有完全研究清楚,但一般认为,多胺在正常生理 pH 下,可被质子化,变成带正电荷的化合物,后者可与 DNA 结合并影响其一系列功能。当细胞内的多胺合成被抑制时,细胞的生长就会严重受阻或停止。如向这些细胞提供外源性多胺,其生长功能就会恢复。多数真核细胞在其细胞膜上有一个多胺运转系统,可按需要调节细胞内多胺的浓度。但在生长旺盛的组织中,如胎肝、再生肝、生长激素作用的细胞及癌细胞中,多胺的合成和分泌都明显增加。多胺可在尿中排出,其浓度高低与某些疾病特别是癌症有关。通常癌症病人的尿液中某些多胺的水平较高,因此,通过检测患者尿样中的多胺,有助于肿瘤的诊断,也可用于监视肿瘤病情的变化。也正是在细胞内的这些特点,使多胺很快就成了设计抗癌新药的靶向目标之一。

基于多胺在细胞生长过程中的特殊功能,目前以此为靶点而设计的抗癌药物的主要思路是设法降低细胞内多胺的浓度,具体有下列几种策略:① 抗癌分子通过抑制多胺生物合成酶,使细胞内多胺浓度降低而抑制癌细胞生长;② 抗癌分子作用于多胺的吸收系统,即通过作用于细胞膜上的转运系统(Polyaminetransporter System),抑制多胺在细胞膜间的转运,同时阻断癌细胞摄取外源性多胺而抑制癌细胞的生长;③ 使用化学结构为多胺的抗癌分子,模仿天然多胺的功能,但可控制多胺的代谢,并降低细胞内天然多胺的浓度而发挥抗癌功能。第三种策略是目前最引人注目和最深入广泛研究的一种。部分目前正在研究中的多胺类抗癌药物已经在《抗癌新药研究指南》一书中列出。

据陈清奇博士的新书介绍,CGC11047 最初由美国生物制药公司 CellGate 最先研发,后来 CellGate 被澳大利亚制药公司 Progen 公司兼并。所以 CGC11047 目前是Progen 公司的产品。CGC11047 在化学结构上属于多胺类化合物,其分子中含有 4个氮原子,可以被质子化,变成多价的有机阳离子,在细胞生长起重要作用。多胺类化合物也是一种细胞生长因子,其异常增加可诱发肿瘤,通过影响多胺的代谢过程,将有利于抗癌。CGC11047 具有潜在抗癌活性,目前由 Progen 公司开展临床研究,并试用于各种癌症。CGC11047 的确切作用机制尚不清楚,但已有的研究结果显示它可能是通过影响多胺的代谢过程、抑制癌细胞中新的 DNA 合成,进而阻碍癌细胞生长。

课后习题

1. 用系统命名法命名下列化合物。

(1) $(C_6H_5CH_2)_2NH$

(2)

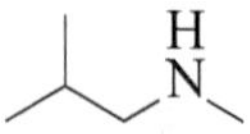

(3) $Br\!-\!\!\!\langle\ \rangle\!\!\!-NHCH_3$

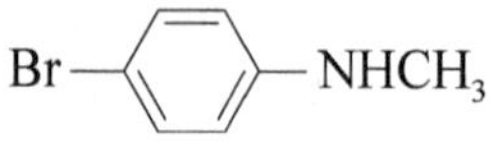

(4)

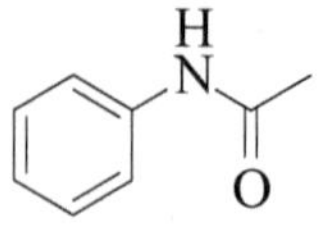

(5)

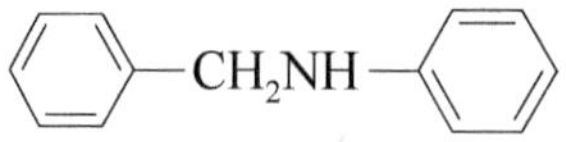

(6)

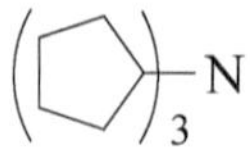

(7) $(CH_3)_2CHN^+(CH_3)_3I^-$

(8) $[(CH_3)_2N(C_2H_5)_2]^+OH^-$

2. 写出下列化合物的结构式。

(1) N-乙基-2,2-二甲基丙胺

(2) 3-丁炔胺

(3) 1,5-戊二胺

(4) 反-4-辛烯-2-胺

(5) 三正丁基胺

(6) 三甲胺

(7) N-丙基丙烯胺

(8) 三甲基乙基溴化铵

3. 选择题。

(1) 下列化合物碱性从强到弱的顺序正确的是(　　)。

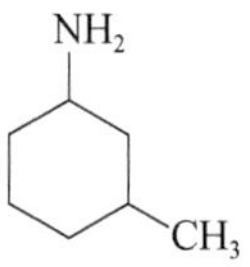

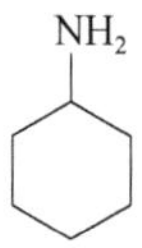

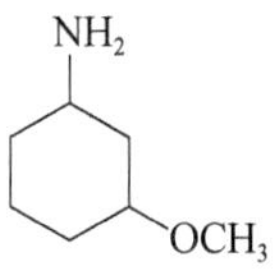

A. ②>③>①>④

B. ④>③>②>①

C. ①>③>②>④

D. ③>②>④>①

(2) 下列化合物碱性从强到弱的顺序正确的是(　　)。

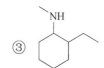
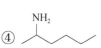

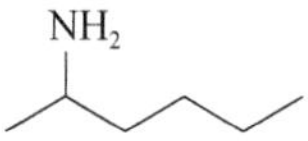

A. ①>②>③>④

B. ③>④>①>②

C. ①>③>②>④

D. ④>③>②>①

(3) 下列化合物碱性从强到弱的顺序正确的是(　　)。

① $NaOH$　② $CH_3CH_2NH_2$　③ $PhNH_2$　④ NH_3

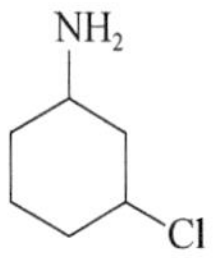

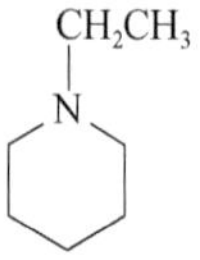

A. ④>②>③>①

B. ①>④>③>②

C. ①>②>④>③

D. ①>③>②>④

(4) 下列化合物碱性最弱的是(　　)。

A.

B.

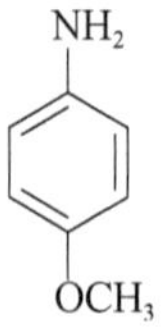

C.

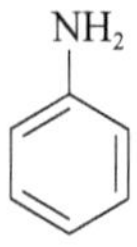

D.

(5) 下列化合物碱性最强的是(　　)。

A. 乙胺　　　　B. 乙酰胺　　　　C. 乙炔　　　　D. 乙醇

4. 完成下列反应方程式,写出主要反应产物。

(1)  NH$_2$ + CH$_3$I $\longrightarrow$

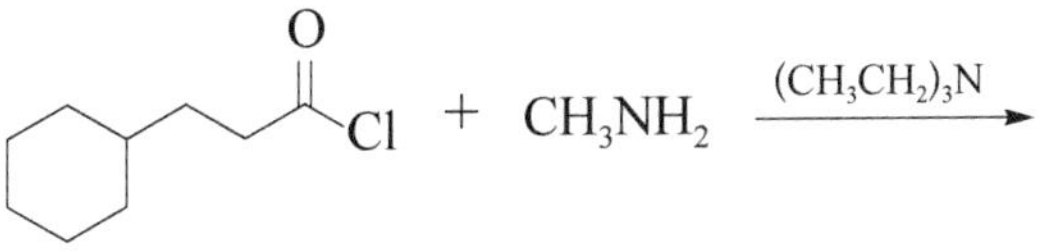

(2) （环己基）CH$_2$CH$_2$C(=O)Cl + CH$_3$NH$_2$ $\xrightarrow{(CH_3CH_2)_3N}$

(3) （苯基）NH$_2$ $\xrightarrow[H_2O]{Br_2}$

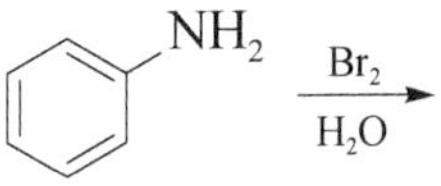

(4) 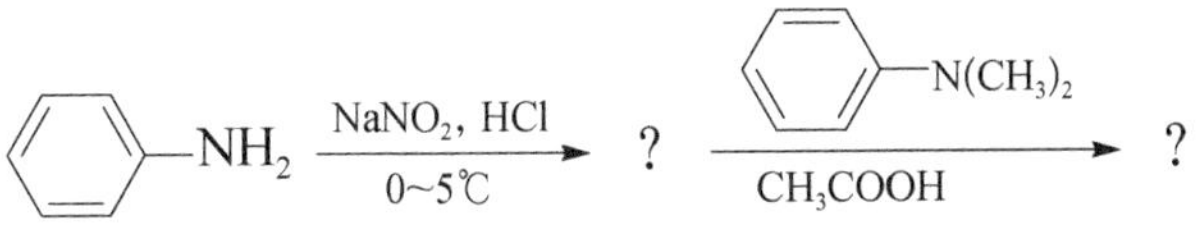 （苯基）NH$_2$ $\xrightarrow[0\sim5℃]{NaNO_2, HCl}$? $\xrightarrow[CH_3COOH]{（苯基）N(CH_3)_2}$?

(5) （苯）$\xrightarrow[浓H_2SO_4]{浓HNO_3}$? $\xrightarrow{Fe+HCl}$? $\xrightarrow{（苯基）SO_2Cl}$?

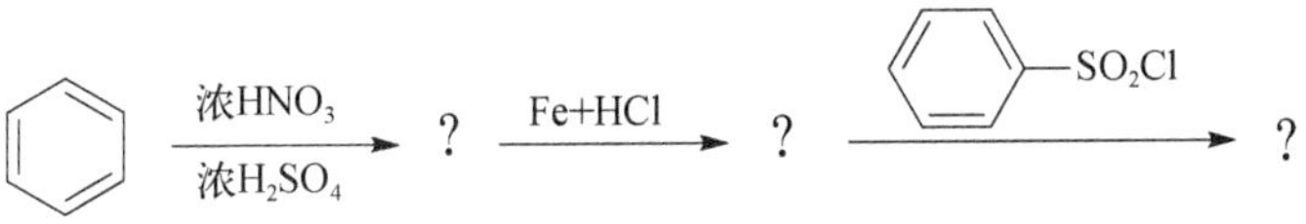

(6) 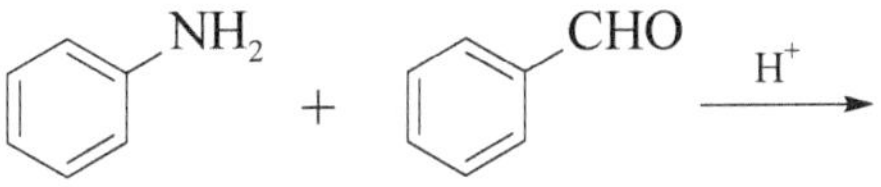 （苯基）NH$_2$ + （苯基）CHO $\xrightarrow{H^+}$

(7) 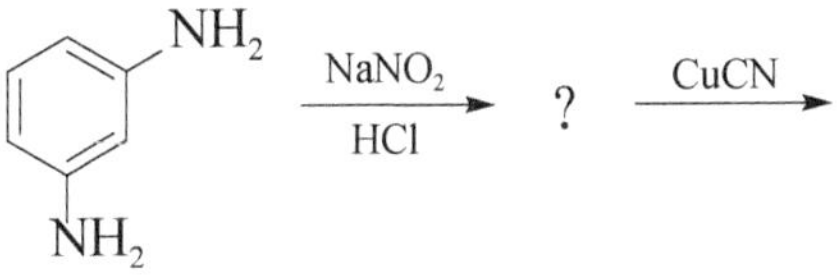 （间苯二胺）$\xrightarrow[HCl]{NaNO_2}$? $\xrightarrow{CuCN}$

(8) 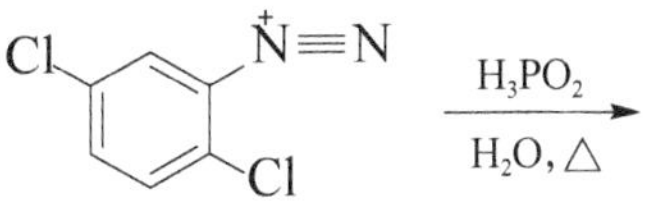 （2,5-二氯苯基重氮盐）$\overset{+}{N}\equiv N$ $\xrightarrow[H_2O, \triangle]{H_3PO_2}$

5. 完成下列转化。

(1) 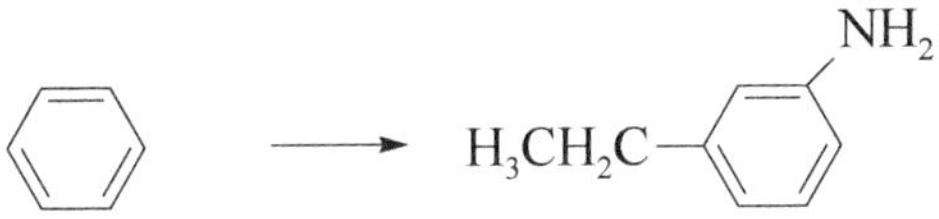 （苯）$\longrightarrow$ H$_3$CH$_2$C—（间位苯基）—NH$_2$

(2) （苯胺）$\longrightarrow$ (H$_3$C)$_3$C—（对位苯基）—NH$_2$

(3) （苯胺）$\longrightarrow$ （邻位苯基 NH$_2$）C(=O)CH$_2$CH$_3$

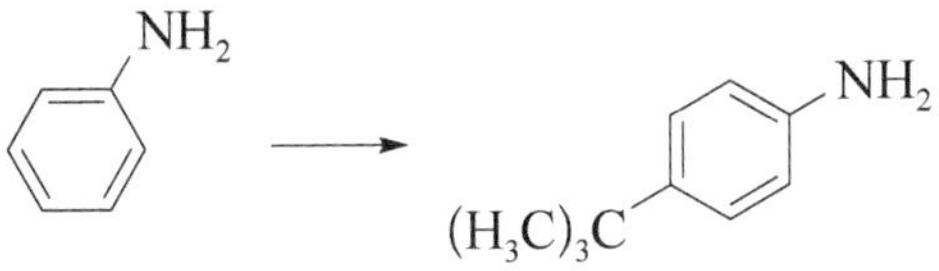

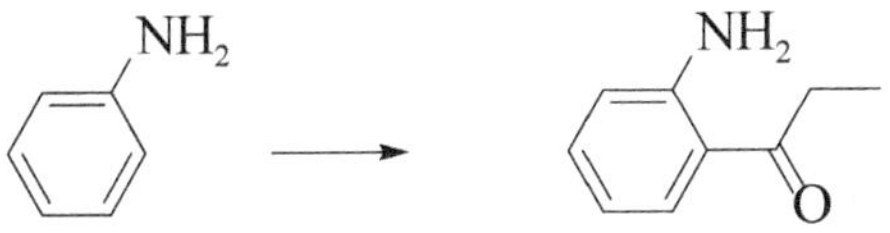

6. 用化学方法鉴别下列各组化合物。

(1) 环己胺 N-甲基环己胺 苯胺

(2) 苯胺 环己胺 环己基甲酰胺

7. 某化合物 A 的分子式为 C$_7$H$_7$NO$_2$，A 能与铁和盐酸反应生成分子式为 C$_7$H$_9$N 的化合物 B；B 和亚硝酸钠及盐酸在 0～5℃反应生成分子式为 C$_7$H$_7$ClN$_2$ 的化合物 C；C 经加热水解得到对甲基苯酚。试推测 A、B 和 C 可能的构造式，并写出各步反应。

第十一章

杂环化合物和生物碱

在环状有机化合物中,如果构成环的原子除碳原子外还含有其他原子,则这种环状化合物叫作杂环化合物。除碳以外的其他原子称为杂原子,常见的杂原子有氮原子、氧原子和硫原子。前面讨论过的环醚、内酯、内酸酐、内酰胺等也属于杂环化合物,但它们的环容易形成也容易开裂,在性质上与同类的开链化合物相似,所以一般常将它们和开链化合物放在一起讨论。

杂环化合物是数目最大的一类天然有机化合物,应用范围极其广泛,涉及医药、染料、香料、高分子材料等领域。杂环化合物对动植物体的生命活动起着至关重要的生理作用。在生物界,杂环化合物随处可见,如叶绿素、血红素、抗生素以及核酸中的碱基和大多数生物碱都含有杂环结构。本章主要讨论的是具有芳香性的杂环化合物,即芳杂环化合物,一般也简称为杂环化合物。

第一节　杂环化合物的分类和命名

一、杂环化合物的分类

杂环化合物种类繁多,可采用不同的标准来分类。按照环的数目可分为单杂环和稠杂环两大类。单杂环中,最普遍存在的是五元杂环和六元杂环。稠杂环中,最常见的是两个单杂环稠合和苯与单杂环稠合两种。此外,也可按照杂原子的种类分为氧杂环、硫杂环、氮杂环等。一些常见的杂环母体见表 11 - 1。

表 11 - 1　常见的杂环母体

分类		重要的杂环

五元杂环	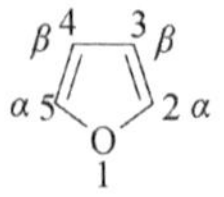 呋喃	 噻吩	 吡咯	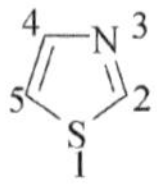 噻唑	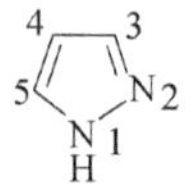 吡唑	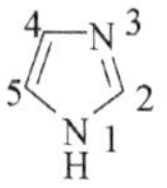 咪唑
六元杂环	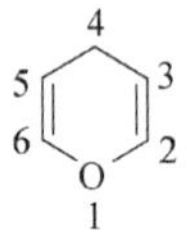 吡喃	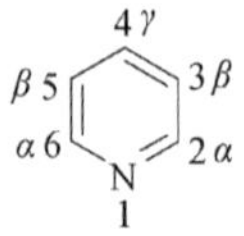 吡啶	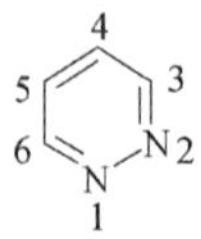 哒嗪	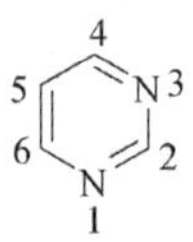 嘧啶	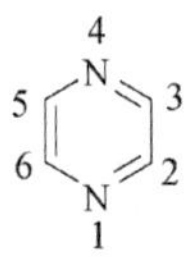 吡嗪	

续　表

分类	重要的杂环
稠杂环	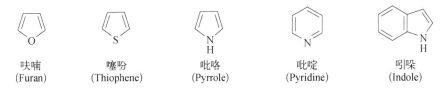

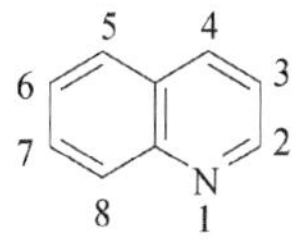

喹啉　　　　　　　　　异喹啉

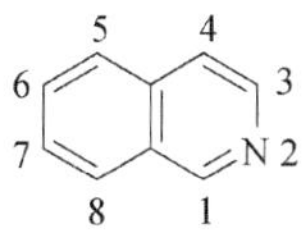

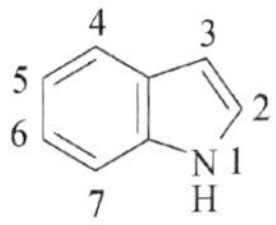

吲哚　　　　　　　　　嘌呤

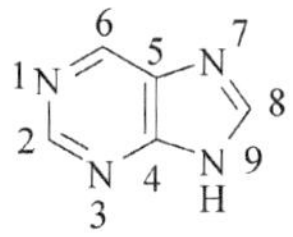

二、杂环化合物的命名

杂环化合物的命名比较复杂,国际上大多采用习惯命名法。我国一般采用音译的方法:根据 IUPAC 推荐的通用名,以中文译音的方法来命名,即根据其英文读音,在同音汉字旁加上"口"字旁。这种命名比较简单,在文献中和习惯上较为常用。例如:

呋喃	噻吩	吡咯	吡啶	吲哚
(Furan)	(Thiophene)	(Pyrrole)	(Pyridine)	(Indole)

杂环上有取代基时,通常以杂环为母体,将杂环上的原子编号,确定取代基的位置。编号原则如下:

(1) 编号从杂原子开始,将杂原子编为 1 号,依次为 2、3……或与杂原子相邻的原子编为 α,依次为 β、γ……

(2) 当环上含有两个或两个以上杂原子时,应使杂原子的编号尽可能小,然后再按最低系列原则考虑取代基的编号。

(3) 当环上有不同的杂原子时,按 O、S、N 的次序编号。

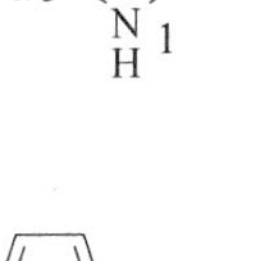

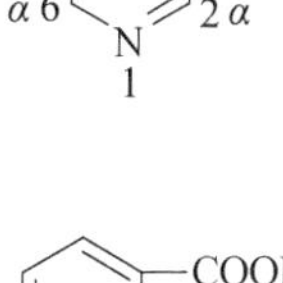

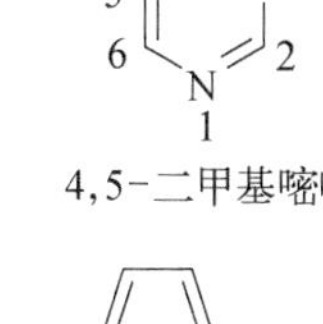

4,5-二甲基嘧啶 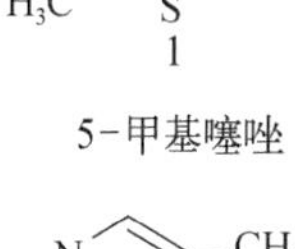　　　　　5-甲基噻唑

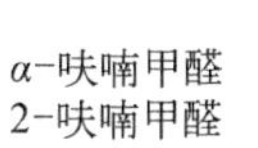

α-呋喃甲醛　　　　β-吡啶甲酸　　　α,α'-二甲基吡咯　　　5-甲基嘧啶
2-呋喃甲醛　　　　3-吡啶甲酸　　　2,5-二甲基吡咯

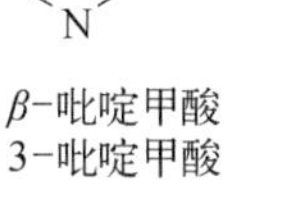

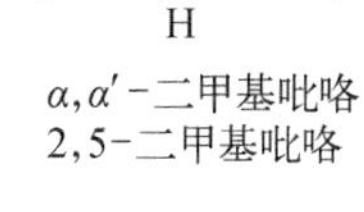

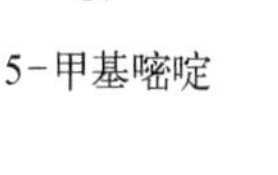

问题 11－1　命名下列杂环化合物。

第二节　杂环化合物的结构与芳香性

一、五元单杂环

五元单杂环化合物中最重要的是呋喃、噻吩、吡咯。根据物理方法证明,呋喃、噻吩、吡咯都是平面结构。环中的碳原子与杂原子均以 sp^2 杂化轨道彼此"头碰头"重叠形成 σ 键,每个碳原子的 p 轨道上有一个电子,杂原子的 p 轨道上有两个电子,p 轨道都垂直于环平面,互相平行,"肩并肩"重叠形成环状闭合共轭体系,其 π 电子数为 6 个,符合休克尔规则。五元杂环的分子结构如图 11-1 所示。

图 11-1　五元杂环的分子结构

因此,呋喃、噻吩、吡咯表现出与苯相似的芳香性。但是,由于它们环中杂原子的电负性不同于碳原子,使杂环上电子云密度分布不均匀,即环中的单双键只是发生了部分平均化,因此,它们的芳香性都比苯小,稳定性比苯差。它们分子中的键长数据如下:

呋喃　　0.143 1 nm　0.136 1 nm　0.136 2 nm

噻吩　　0.142 3 nm　0.137 0 nm　0.171 4 nm

吡咯　　0.142 9 nm　0.137 1 nm　0.138 3 nm

参与共轭的杂原子的电子结构不同于碳原子,其形成的是五中心六电子共轭体系,使环上的电子云密度增大,所以它们都比苯活泼,比苯更容易发生亲电取代反应。由于杂原子 α 位的电子云密度比 β 位要高,因此亲电取代反应容易发生在 α 位。它们在亲电取代反应中的活泼性顺序为

吡咯 ＞ 呋喃 ＞ 噻吩 ＞ 苯

二、六元单杂环

六元单杂环的典型结构可以用吡啶来说明。吡啶的结构和苯很相似,可以看作是苯分子中的一个 CH 基团被氮原子取代,这个氮原子以 sp^2 不等性杂化轨道与相邻两个碳原子的 sp^2 杂化轨道重叠形成两个 σ 键,环上每个原子均有一个 p 轨道垂直于环的平面,平行重叠形成环状闭合的六中心六电子共轭体系,如图 11-2 所示。

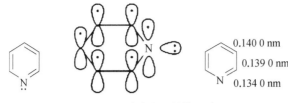

图 11 - 2　吡啶分子结构示意图

所以，吡啶具有芳香性，它也能发生亲电取代反应。与吡咯不同，吡啶氮上的一对孤对电子位于 sp^2 杂化轨道，不参与共轭，而氮原子的吸电子诱导效应作用，使吡啶环上的电子云密度降低，尤其 α、γ 位降低得更多，类似于苯环上连接硝基等吸电子基的作用。所以吡啶的亲电取代反应活性比苯要小，而且反应主要发生在 β 位；但吡啶可以发生亲核取代反应，取代基主要进入 α 位和 γ 位。

问题 11 - 2　试比较苯、呋喃、噻吩、吡咯以及吡啶亲电取代反应活性的大小。

第三节　杂环化合物的性质

一、物理性质

呋喃、吡咯、噻吩和吡啶都是无色液体，但气味不同。呋喃有氯仿的气味，噻吩有苯的气味，吡咯有苯胺的气味，吡啶有特殊的臭味。呋喃、吡咯、噻吩都难溶于水，易溶于有机溶剂（如乙醇、乙醚等）。吡啶能与水、乙醇、乙醚等混溶，并能溶解很多有机化合物和无机盐，因此，它是常用的有机溶剂。表 11 - 2 是部分杂环化合物的物理常数和检验方法。

表 11 - 2　部分杂环化合物的物理常数和检验方法

名称	熔点/ ℃	沸点/ ℃	相对密度(d_4^{20})	检验试剂及反应颜色
呋喃	−85.6	31.4	0.937	HCl——松木片深绿色
糠醛	−38.7	161.7	1.159	醋酸——苯胺红色
吡咯	−24	131	0.970	HCl——松木片红色
噻吩	−38.3	84	1.070	H_2SO_4——靛红蓝色
吡啶	−41.5	115.5	0.983	
吲哚	52	253～254	1.064 3	HCl——松木片红色
嘌呤	217			
嘧啶	20～22	123～124	1.016	
喹啉	−15.6	237.1$^{99.4\ kPa}$	1.095	
异喹啉	26.5	243.3	1.091	

二、化学性质

1. 亲电取代反应

五元杂环属于多 π 电子体系，亲电取代反应比苯容易进行，而且反应发生在 α 位。六元杂环吡啶碳原子上的电子云密度降低，亲电取代反应比苯难，一般要在较强烈的条件下才能发生取代反应，而且反应主要发生在 β 位。

（1）卤代反应

吡咯的活性与苯胺相似，很容易生成多卤代物。例如，在碱性介质中和碘作用，生成的是四碘吡咯。

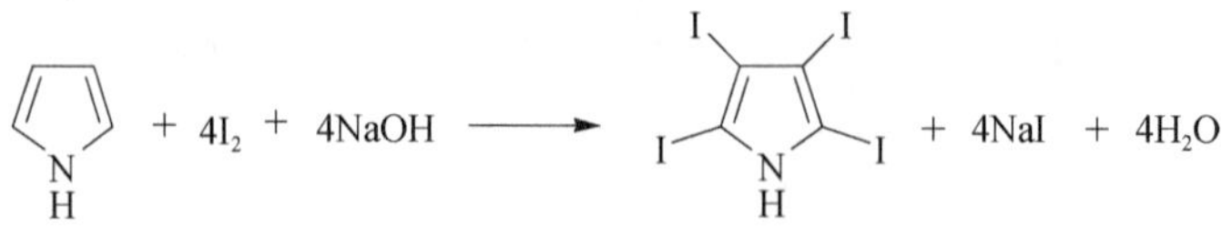

$$\text{吡咯} + 4I_2 + 4NaOH \longrightarrow \text{2,3,4,5-四碘吡咯} + 4NaI + 4H_2O$$

2,3,4,5-四碘吡咯

呋喃、噻吩在室温与溴反应很强烈,得到多卤代产物,如希望得到一取代产物,需在温和的条件(如用溶剂稀释及低温)下进行反应。

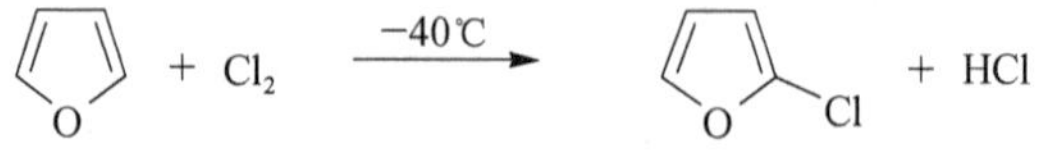

$$\text{呋喃} + Cl_2 \xrightarrow{-40℃} \text{2-氯呋喃} + HCl$$

2-氯呋喃

$$\text{噻吩} + Br_2 \xrightarrow[\text{室温}]{AcOH} \text{2-溴噻吩} + HBr$$

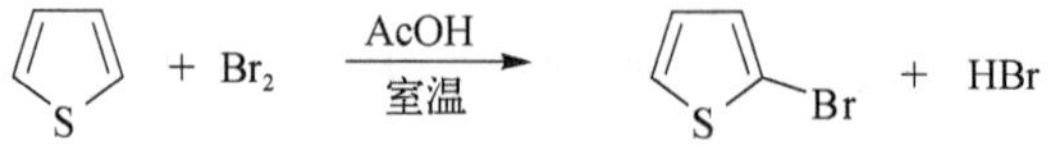

2-溴噻吩(产率78%)

吡啶的卤代反应不但需要催化剂,而且要在较高的温度下才能进行。

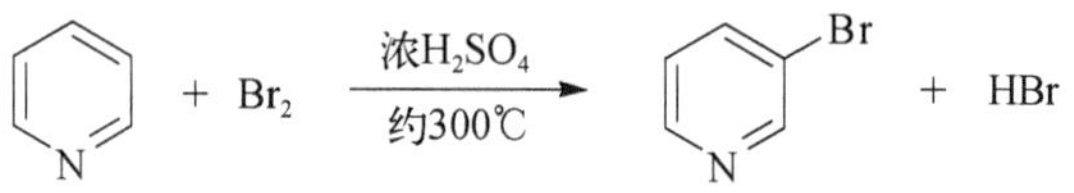

$$\text{吡啶} + Br_2 \xrightarrow[\text{约300℃}]{\text{浓}H_2SO_4} \text{3-溴吡啶} + HBr$$

3-溴吡啶(β-溴吡啶)

(2) 硝化反应

呋喃、噻吩、吡咯很容易被氧化。硝酸是强氧化剂,因此一般不用硝酸直接硝化。通常用比较温和的非质子硝化试剂——乙酰硝酸酯(CH_3COONO_2)进行硝化,反应还需在低温条件下进行。

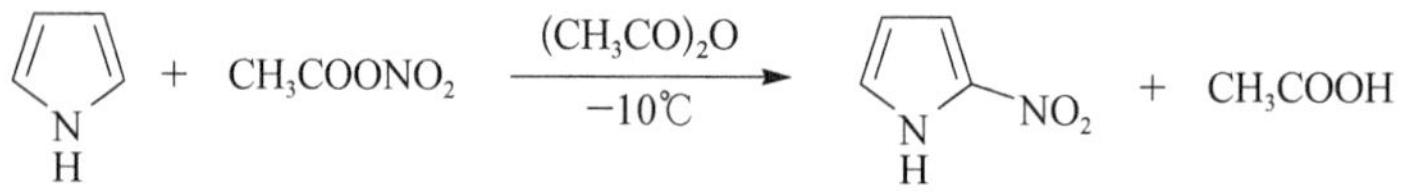

$$\text{吡咯} + CH_3COONO_2 \xrightarrow[-10℃]{(CH_3CO)_2O} \text{2-硝基吡咯} + CH_3COOH$$

2-硝基吡咯

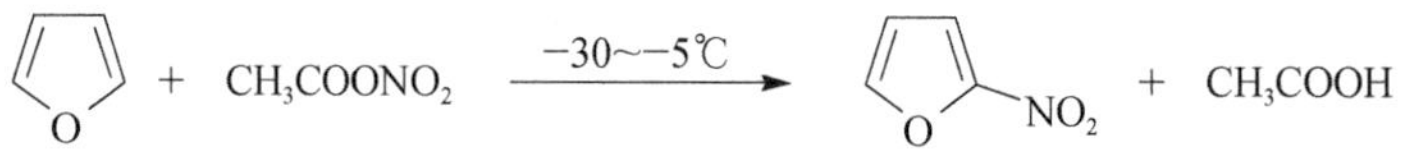

$$\text{呋喃} + CH_3COONO_2 \xrightarrow{-30\sim-5℃} \text{2-硝基呋喃} + CH_3COOH$$

2-硝基呋喃

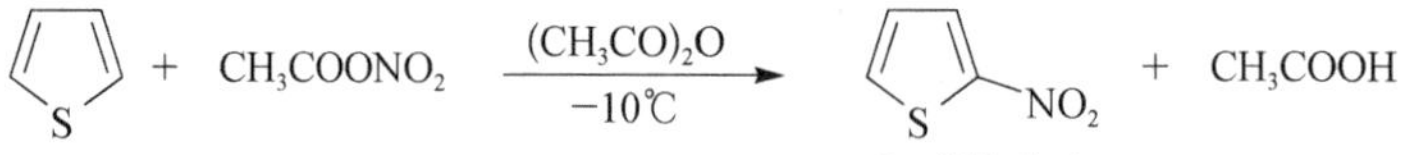

$$\text{噻吩} + CH_3COONO_2 \xrightarrow[-10℃]{(CH_3CO)_2O} \text{2-硝基噻吩} + CH_3COOH$$

2-硝基噻吩

吡啶的硝化反应需在浓酸和高温条件下才能进行。

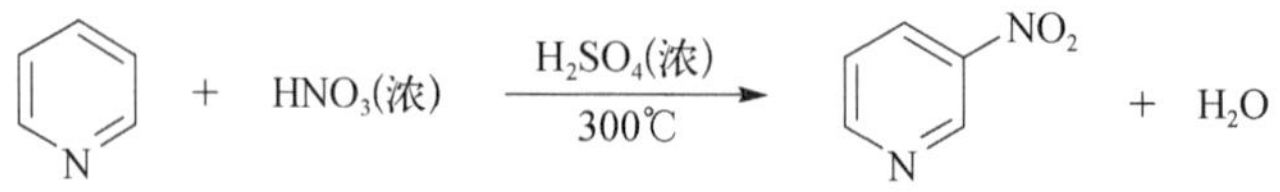

$$\text{吡啶} + HNO_3(\text{浓}) \xrightarrow[300℃]{H_2SO_4(\text{浓})} \text{3-硝基吡啶} + H_2O$$

3-硝基吡啶(β-硝基吡啶)

(3) 磺化反应

呋喃、吡咯对酸很敏感,强酸能使它们发生开环聚合,故需避免直接用硫酸进行磺化,常用温和的非质子磺化试剂,如用吡啶三氧化硫作为磺化试剂进行反应。

$$\text{吡咯} + \text{吡啶-N-SO}_3 \xrightarrow[100℃]{\text{ClCH}_2\text{CH}_2\text{Cl}} \text{2-SO}_3\text{H吡咯} + \text{吡啶}$$

2-吡咯磺酸(90%)

$$\text{呋喃} + \text{吡啶-N-SO}_3 \xrightarrow[\text{室温，3d}]{\text{ClCH}_2\text{CH}_2\text{Cl}} \text{2-SO}_3\text{H呋喃} + \text{吡啶}$$

2-呋喃磺酸(41%)

由于噻吩比较稳定,在室温下可以直接用浓硫酸进行磺化。从煤焦油中得到的苯中通常含有少量噻吩,可在室温下反复用硫酸提取,由于噻吩比苯容易磺化,磺化的噻吩溶于浓硫酸内,可以与苯分离,然后水解,将磺酸基去掉,可得到噻吩。

$$\text{噻吩} + \text{H}_2\text{SO}_4 \xrightarrow{25℃} \text{2-SO}_3\text{H噻吩} \xrightarrow{\text{H}_2\text{O}} \text{噻吩} + \text{H}_2\text{SO}_4$$

常用此法除去苯内含有的少量噻吩。

吡啶在硫酸汞的催化和加热条件下才能发生磺化反应。

$$\text{吡啶} + \text{H}_2\text{SO}_4（浓）\xrightarrow[220℃]{\text{HgSO}_4} \text{3-SO}_3\text{H吡啶}$$

3-吡啶磺酸(70%)

（4）付-克酰基化反应

五元杂环化合物在较温和的条件下都可以发生付-克酰基化反应。

$$\text{吡咯} + (\text{CH}_3\text{CO})_2\text{O} \xrightarrow{200℃} \text{2-COCH}_3\text{吡咯} + \text{CH}_3\text{COOH}$$

2-乙酰基吡咯

$$\text{呋喃} + (\text{CH}_3\text{CO})_2\text{O} \xrightarrow{\text{BF}_3} \text{2-COCH}_3\text{呋喃} + \text{CH}_3\text{COOH}$$

2-乙酰基呋喃

$$\text{噻吩} + (\text{CH}_3\text{CO})_2\text{O} \xrightarrow{\text{SnCl}_4} \text{2-COCH}_3\text{噻吩} + \text{CH}_3\text{COOH}$$

2-乙酰基噻吩

吡啶是缺电子芳香杂环化合物,一般不发生付-克酰基化反应。

2. 亲核取代反应

与硝基苯相似,吡啶可与强的亲核试剂发生亲核取代反应,取代基主要进入电子云密度较低的 α 位。例如:

$$\text{吡啶} + \text{NaNH}_2 \xrightarrow{\triangle} \text{2-NH}_2\text{吡啶} + \text{NaOH}$$

α-氨基吡啶(70%~80%)

3. 加成反应

呋喃、噻吩、吡咯均可进行催化加氢反应，失去芳香特性而得到饱和杂环化合物。呋喃与吡咯可用一般催化剂还原，噻吩能使一般的催化剂中毒，因此，需使用特殊的催化剂。

四氢呋喃

四氢吡咯

四氢噻吩

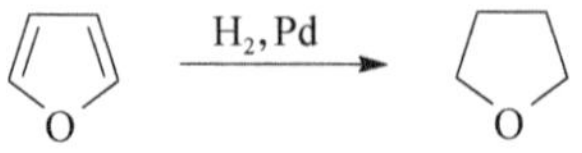

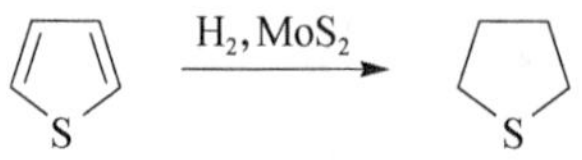

四氢呋喃是有机合成中重要的有机溶剂，四氢吡咯具有二级胺的性质，四氢噻吩可氧化成砜或亚砜，它们也是很重要的溶剂。

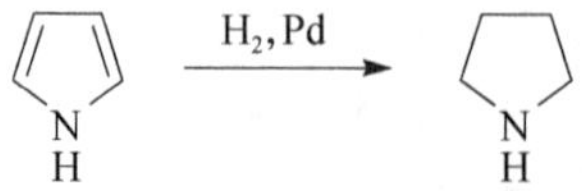

吡啶对还原剂则比苯活泼。例如：金属钠与无水乙醇可使吡啶还原为六氢吡啶，而苯则不受还原剂作用。

六氢吡啶

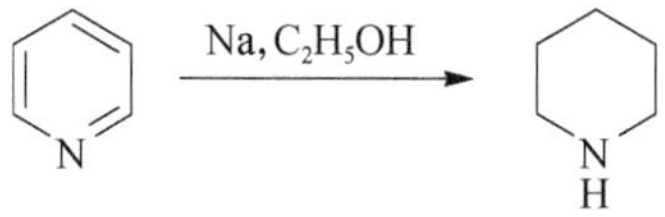

4. 氧化反应

呋喃和吡咯对氧化剂很敏感，空气中的氧气就能使其氧化，噻吩相对要稳定一些，而吡啶由于电子云密度比较低，对氧化剂一般比苯稳定，很难被氧化。例如，吡啶的烃基衍生物在强氧化剂作用下，只发生侧链氧化。

4-吡啶甲酸(异烟酸)

3-吡啶甲酸(烟酸)

2,3-吡啶二甲酸

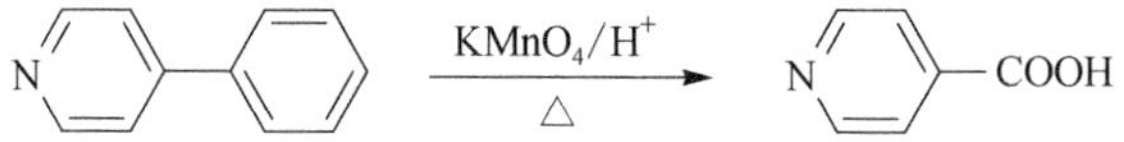

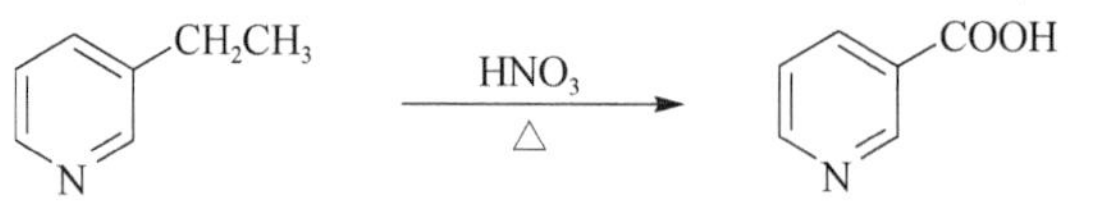

5. 吡咯和吡啶的酸碱性

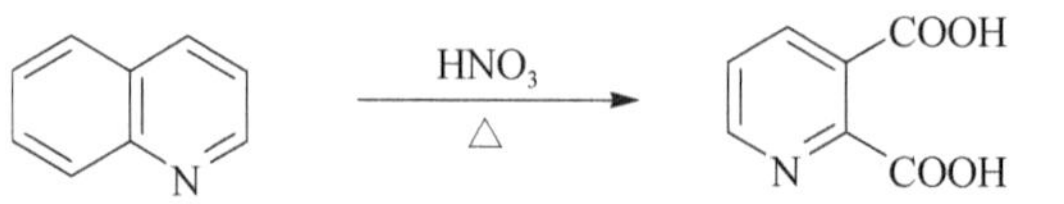

从结构上看，吡咯是一个环状的二级胺，但因氮原子上的未共用电子对参与了环的共轭体系，使氮上的电子云密度降低，吸引 H^+ 的能力减弱，故吡咯的碱性极弱，比

苯胺还要弱得多,不能与酸形成稳定的盐。另一方面,由于这种共轭作用,吡咯氮上的氢原子易离解成 H^+ 而使其显微弱的酸性,其酸性较醇强而比酚弱,故吡咯可与固体氢氧化钾加热生成钾盐。

$$\begin{array}{c}\text{吡咯} + \text{KOH(固)} \longrightarrow \text{吡咯钾盐}\end{array}$$

吡啶是一个弱碱。吡啶氮原子上的未共用电子对不参与环的共轭体系,它能接受一个质子,因此吡啶的碱性比吡咯强得多。从结构上看,吡啶属于环状三级胺,其碱性比脂肪族三级胺弱,但比苯胺强。因此,它能同盐酸反应生成吡啶盐酸盐。

$$\begin{array}{c}\text{吡啶} + \text{HCl} \longrightarrow \text{吡啶盐酸盐}\end{array}$$

问题 11-3 完成下列反应式。

(1) $\underset{\text{4-甲基吡啶}}{\text{吡啶}} \xrightarrow{\text{KMnO}_4} ? \xrightarrow{\text{SOCl}_2} ? \xrightarrow{\text{NH}_2\text{NH}_2}$

(2) $\underset{\text{噻吩}}{} \xrightarrow[\text{醋酸}]{\text{Br}_2} ? \xrightarrow[\text{(CH}_3\text{CO})_2\text{O}]{\text{CH}_3\text{COONO}_2}$

(3) $2 \underset{\text{}}{\text{糠醛}} \xrightarrow{\text{浓OH}^-}$

问题 11-4 试比较吡啶、吡咯、四氢吡咯和苯胺的碱性强弱。

第四节 重要的杂环化合物及其衍生物

一、呋喃衍生物

α-呋喃甲醛最初是从米糠中得来的,故俗称糠醛,实际上很多农副产品如麦秆、玉米芯、棉籽壳、甘蔗渣、花生壳、高粱秆等都可用来制取糠醛。因为这些农副产品中都含有多聚戊糖,它在稀硫酸或稀盐酸的作用下加热水解成戊醛糖后,再进一步脱水环化,生成糠醛。糠醛是重要的化工原料。

$$(C_5H_8O_4)_n + nH_2O \xrightarrow[\triangle,\text{水解}]{3\%\sim5\%\text{H}_2\text{SO}_4} nC_5H_{10}O_5$$
$$\underset{\text{多聚戊糖}}{\qquad} \qquad\qquad\qquad \underset{\text{戊醛糖}}{\qquad}$$

$$\underset{\text{戊醛糖}}{} \xrightarrow[-3\text{H}_2\text{O},\triangle]{\text{稀H}^+} \underset{\text{糠醛}}{}$$

糠醛不含 α-氢，其化学活性与苯甲醛相似，能发生坎尼扎罗反应及一些芳香醛的缩合反应，生成许多有用的化合物。糠醛是重要的有机合成原料，广泛用于油漆、树脂、医药和农药等工业。例如：呋喃坦啶、呋喃唑酮和呋喃西林都是人工合成的广谱抗菌药物，其结构式分别为

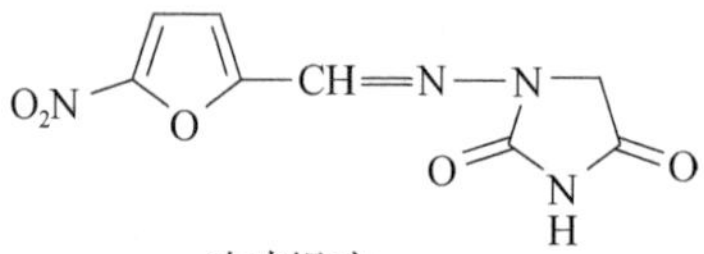

呋喃坦啶

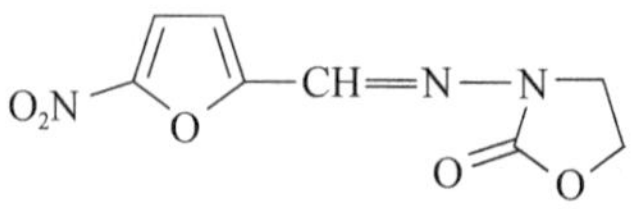

呋喃唑酮(痢特灵)

呋喃西林

二、噻吩衍生物

先锋霉素是由头孢菌素 C 半合成的一类广谱抗生素。目前人工合成的先锋霉素类药物有 10 余种，其中，先锋霉素 I 又叫头孢菌素，它的抗菌谱广，主要用于对青霉素耐药的金黄色葡萄球菌和一些革兰氏阴性菌引起的严重感染，如尿道和肺部的感染、败血症、脑膜炎及腹膜炎等。

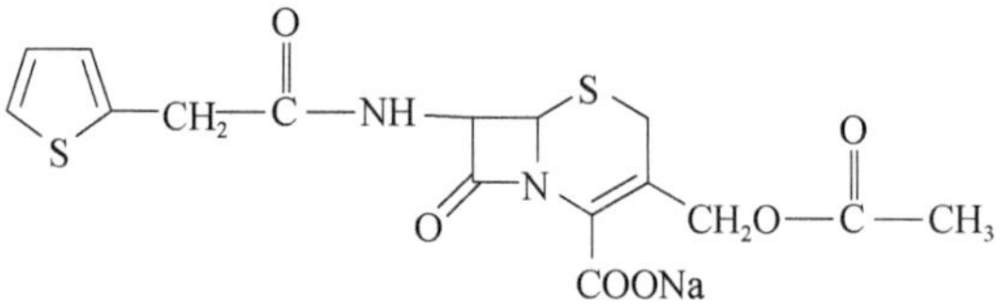

先锋霉素 I

三、吡咯衍生物

吡咯的衍生物极为重要，很多有重要生理作用的物质都是由它的衍生物组成的，如叶绿素、血红素、维生素 B_{12} 及胆色素等都是吡咯的衍生物。叶绿素、血红素有一个共同的结构特征，都具有卟吩环(也叫卟啉环)。卟吩环是由 4 个吡咯环和 4 个次甲基(—CH=)交替相连而形成的环状共轭体系，同样具有芳香性。

卟吩环是由 20 个碳原子组成的共轭体系，呈平面结构，这类物质十分稳定。环中的氮原子可以用共价键和配位键的方式与不同的金属离子结合，如在血红素中结合的是 Fe^{2+}，在叶绿素中结合的是 Mg^{2+}，同时在四个吡咯环的 β 位上各连有不同的取代基。

血红素存在于哺乳动物的红细胞中，它与蛋白质结合成血红蛋白。血红蛋白是高等动物血液输送氧气及二氧化碳的主要物质。用盐酸水解血红蛋白，则得氯化血红素。

1853 年首次拿到了血红素的结晶体，经过多年研究，于 1929 年由汉斯·费歇尔 (Hans Fischer)等人工合成。

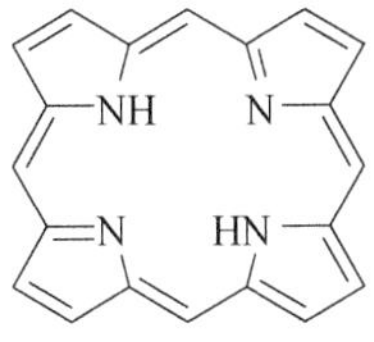

卟吩 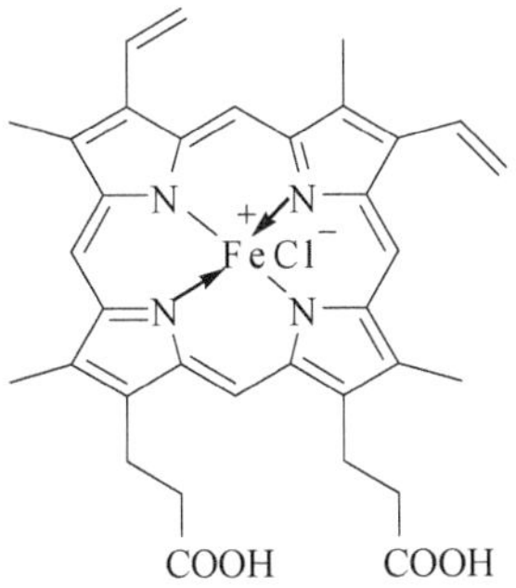   氯化血红素

  叶绿素是一个重要的色素,也是植物进行光合作用时所必需的催化剂,它存在于绿色植物细胞内的叶绿体中,和蛋白质结合成为一个复合体,但极易分解,如将绿叶(干燥)用盐酸处理,即可分解为蛋白质和叶绿素。自然界的叶绿素不是一个单纯的化合物,而是由蓝绿色的叶绿素 a(熔点为 117~120℃)和黄绿色的叶绿素 b(熔点为 120~130℃)组合而成,两者的比例为叶绿素 a:叶绿素 b=3:1。叶绿素 b 比叶绿素 a 多含一个成为醛基的氧原子。叶绿素 a 和叶绿素 b 中都含有镁,镁是叶绿素重要而且必需的成分。叶绿素 a 或叶绿素 b 水解后变为叶绿素酸及一分子甲醇和一分子植醇。在碱性条件下,用硫酸铜溶液小心处理叶绿素,铜离子代替镁离子进入卟吩环中,故叶绿素仍保持绿色。在制作植物标本时,常用此法保持植物的绿色。

  汉斯·费歇尔于 1940 年提出了叶绿素 a 的结构,并于 1960 年由伍德沃德(Woodward)完成了它的全合成。

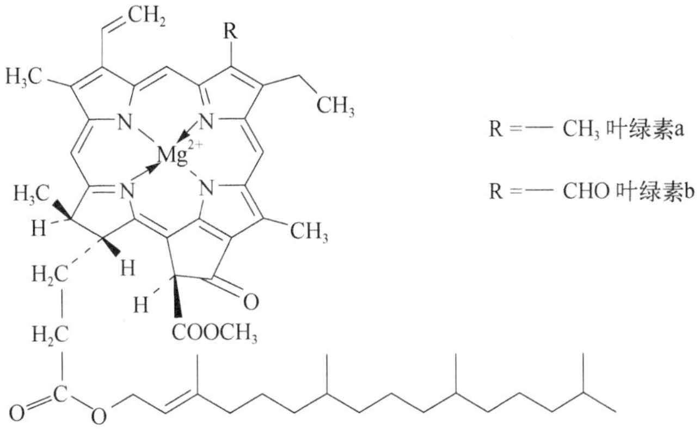

R =—— CH₃ 叶绿素a

R =—— CHO 叶绿素b

叶绿素的分子结构

  早在 1926 年,科学家们就发现肝脏的提取液可以治疗恶性贫血,经过长期研究,于 1948 年从肝的有效部分中析离了一个深红色的结晶物质,即维生素 B_{12},其具有强的医治贫血的效能,还具有很强的生血作用,是造血过程中的生物催化剂。因此,只要几微克就能对恶性贫血患者产生良好的疗效。

  维生素 B_{12} 是第一个被发现含有钴的天然产物。它的结构由两部分组成,一部分是以钴为中心的类似卟吩结构的环系(比卟吩环系少一个次甲基桥),此外还有一部分是由苯并咪唑和核糖磷酸酯结合而成的体系。其全部结构于 1954 年通过 X 射线衍射方法得到确定,这是自然界存在的结构非常复杂的有机化合物。又经过十几年的研究,终于在 1972 年完成了它的全合成工作,这是迄今为止人工合成的最复杂的非高分子化合物,是合成艺术的一次大胜利。

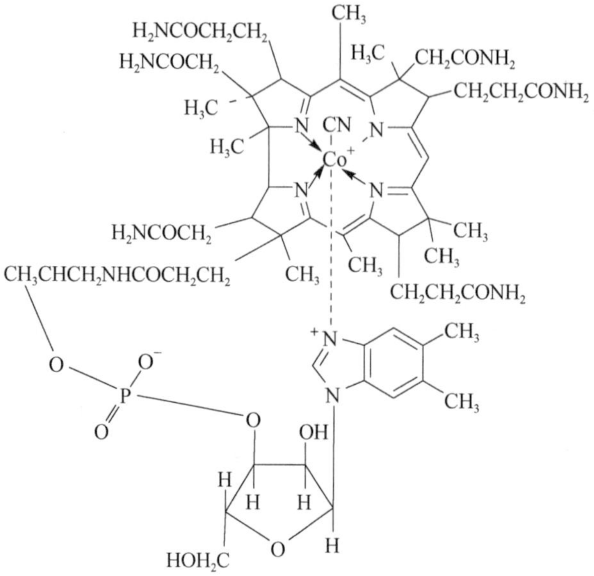

维生素B$_{12}$

四、吡啶衍生物

吡啶的衍生物广泛存在于自然界中,并且大都具有强烈的生理活性,其中维生素PP、维生素 B$_6$、异烟肼等是吡啶的重要衍生物。

维生素 B$_6$ 又名吡哆素,包括吡哆醇、吡哆醛和吡哆胺。鼠类缺少这种维生素会患皮肤病。维生素 B$_6$ 在自然界分布很广,是维持蛋白质正常代谢的必要维生素。在临床上用于治疗脂溢性皮炎和促进白细胞的生成,其结构式分别如下:

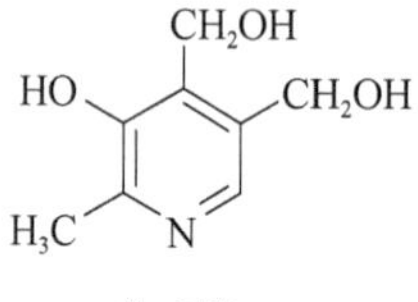

吡哆醇 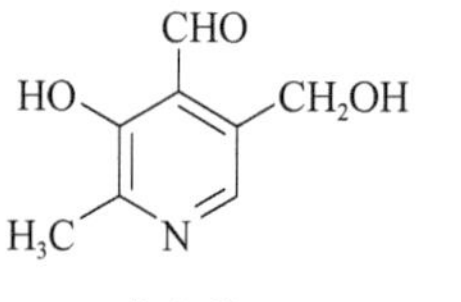   吡哆醛 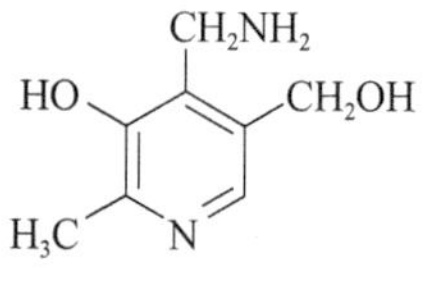   吡哆胺

维生素 PP 是烟酸和烟酰胺两种物质的总称。

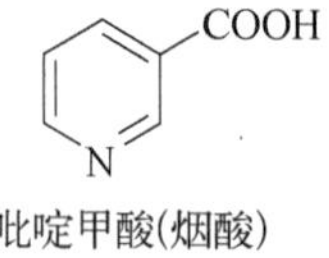

β-吡啶甲酸(烟酸) β-吡啶甲酰胺(烟酰胺)

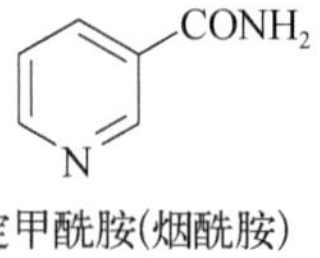

维生素 PP 是吡啶的衍生物之一,能促进人体细胞的新陈代谢。它存在于肉类、谷物、花生及酵母中。体内缺乏维生素 PP 时,能引起皮炎、消化道炎以及神经紊乱等症状,统称为糙皮病,所以维生素 PP 又叫抗糙皮病维生素。

五、嘧啶及其衍生物

嘧啶是含有两个氮原子的六元杂环,它是无色结晶,熔点为 22℃,易溶于水。具有弱碱性,可与强酸成盐,其碱性比吡啶弱。亲电取代反应也比吡啶困难,而亲核取代反应则比吡啶容易。

嘧啶本身在自然界中并不存在,但取代的嘧啶在自然界中很多,有的具有特殊的生理活性,非常重要。如组成核酸的重要碱基:胞嘧啶、尿嘧啶、胸腺嘧啶等都具有嘧啶结构。

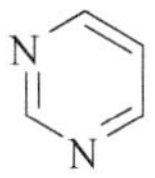

嘧啶 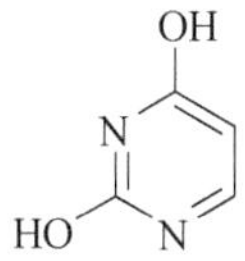　　　　　　尿嘧啶 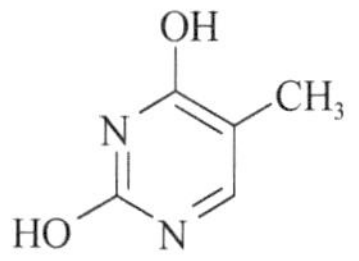　　　　　　胸腺嘧啶 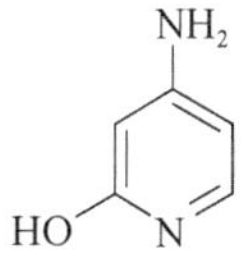　　　　　　胞嘧啶

六、吲哚及其衍生物

吲哚少量存在于煤焦油中,也存在于素馨花和柑橘花中。蛋白质降解时,其中色氨酸组分变成吲哚和3-甲基吲哚残留于粪便中,是粪便的臭气成分。但纯粹的吲哚在浓度极稀时有素馨花的香气,故可用作香料,在香料工业中用来制造茉莉花型香精。吲哚是白色晶体,熔点为 $52.5℃$,沸点为 $254℃$。

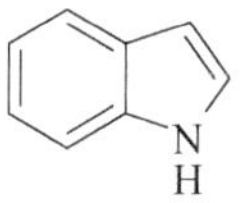

吲哚 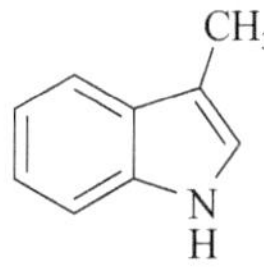　　　　　　3-甲基吲哚(粪臭素) 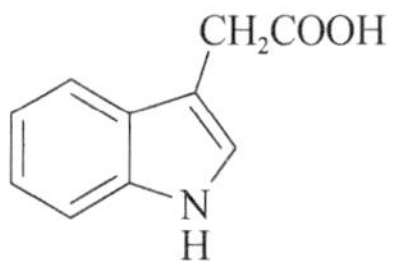　　　　　　β-吲哚乙酸

吲哚的衍生物在自然界中分布很广,例如:蛋白质的分解产物色氨酸;哺乳动物和人脑中思维活动的重要物质5-羟色胺(它是由色氨酸在体内经过一系列生物化学反应而形成的);植物染料靛蓝;植物生长激素(如 β-吲哚乙酸)等都是吲哚的衍生物。

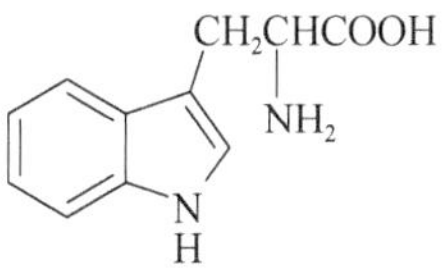

色氨酸 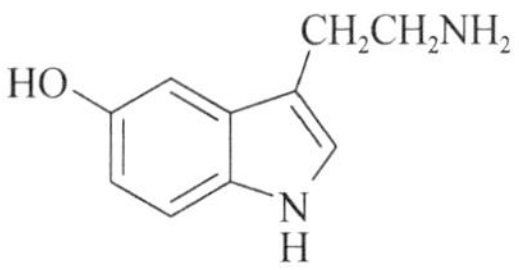　　　　　　5-羟色胺 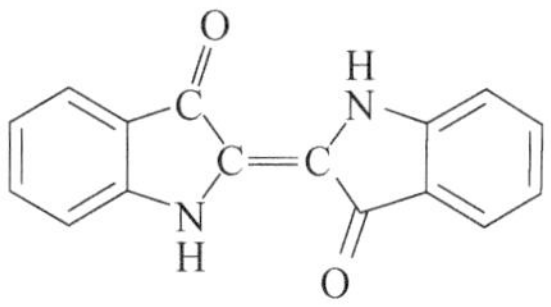　　　　　　靛蓝

七、喹啉和异喹啉及其衍生物

喹啉和异喹啉都是苯并吡啶环,它们常以生物碱的形式广泛存在于植物界中,其中许多具有重要的药用价值,如抗疟药、杀虫药和心血管药等。金鸡纳碱(奎宁)是传统的抗疟药。

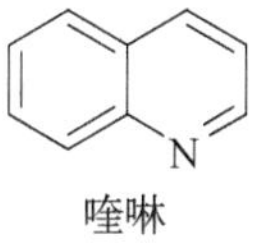

喹啉 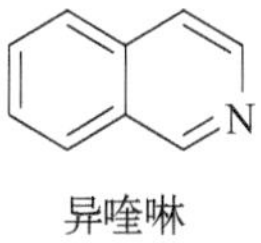　　　　　　异喹啉

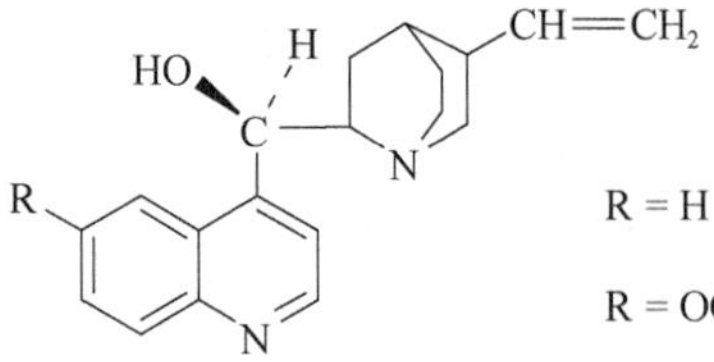

$$R = H \quad 辛可宁碱$$

$$R = OCH_3 \quad 金鸡纳碱（奎宁）$$

八、苯并吡喃及其衍生物

苯并吡喃本身并不重要,但许多天然色素是它的衍生物。花色素是苯并吡喃的重要衍生物,而2-苯基苯并吡喃是花色素的基本骨架。它们与糖结合成糖苷存在于花或果实中,这种苷叫作花色苷,它能使植物的花及果呈现各种颜色。

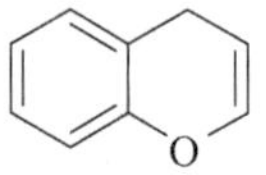

2-苯基苯并吡喃 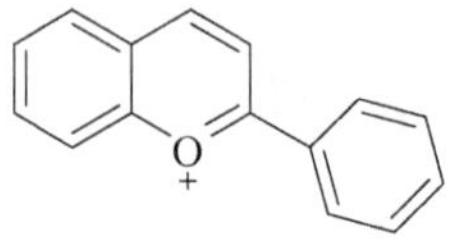　　　　　花色苷

用稀盐酸与花色苷一起加热、水解生成花色素的盐酸盐和糖,其中常见的花色素有六种,它们均为有色物质。各种花色素的区别就在于苯环上所带的羟基的位置、数目以及与其成苷的糖的不同。

九、嘌呤及其衍生物

嘌呤环由一个嘧啶环和一个咪唑环稠合而成,它本身不存在于自然界,但它的衍生物却广泛存在于动、植物体内。

尿酸,就是重要的嘌呤衍生物,它是核蛋白的代谢产物。鸟类和爬虫类动物的排泄物中尿酸含量很多,人尿中也含有少量尿酸。

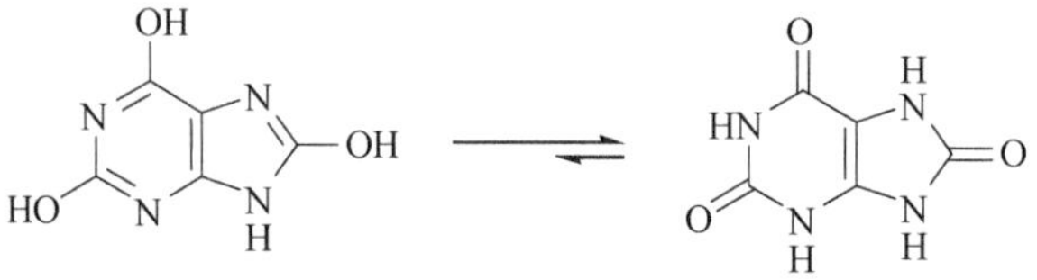

烯醇式　　　　　　　　　　　　　酮式

黄嘌呤存在于动物肝脏、血液和尿中,茶叶、大豆和米胚芽中也有少量存在。而茶叶、咖啡和可可中的咖啡碱、茶碱以及可可碱都是黄嘌呤的甲基衍生物,具有利尿和兴奋中枢神经的作用。

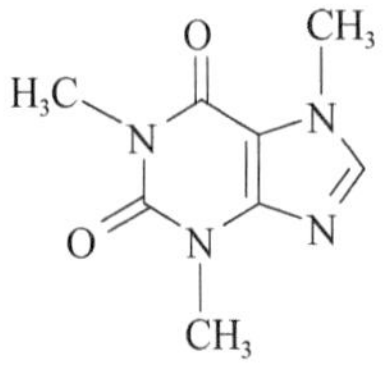

咖啡碱 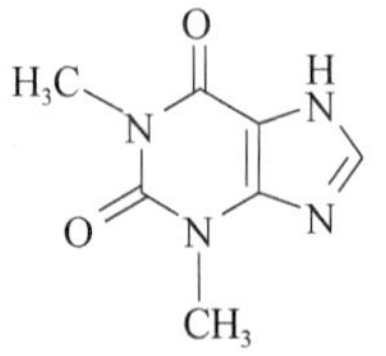　　　　　　　　　　茶碱 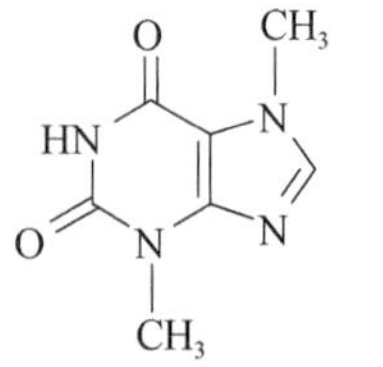　　　　　　　　　　可可碱

腺嘌呤和鸟嘌呤是广泛存在于生物体核蛋白中的两种重要的嘌呤衍生物。

腺嘌呤　　　　　　　　　鸟嘌呤　　　　　　　　6-巯基嘌呤

嘌呤衍生物在医药上也有重要应用,例如:6-巯基嘌呤是具有一定疗效的抗癌药物,尤其是用于治疗儿童的急性白血病。

第五节　生物碱概述

生物碱是指从动植物体内得到的一类对人和动物有强烈生理作用的含氮碱性有机化合物。

大多数生物碱都是从植物体内提取的。植物生物碱绝大多数存在于双子叶植物内,毛茛科、罂粟科及茄科植物内含量最多。一种植物若含有生物碱,往往其含有多种结构相近的一系列生物碱。例如,金鸡纳树内含有25种以上结构近似的生物碱,罂粟中含有约20种不同的生物碱,烟草中含有10种以上的生物碱。一个生物碱可以存在于不同科的情况很少,通常每一科都有它特殊结构的生物碱。

存在于植物体内的生物碱是由氨基酸转化而来的,它们一般都具有环状或开链胺的结构。绝大多数生物碱在植物体内常与有机酸(如乳酸、草酸、柠檬酸、单宁酸等)或无机酸(如磷酸、硫酸等)结合成盐,也有少数生物碱以酰胺、酯和糖苷的形式存在,而以游离碱形式存在的生物碱很少。

生物碱大多是极有价值的药物,我国的草药中含有很多种生物碱,其是草药的主要有效成分。我国几千年来对草药治病积累了丰富的经验,而且已经分离出了几千种生物碱,但应用于临床治病的却为数不多,在此领域还需继续探索研究。

一、生物碱的一般性质

游离生物碱绝大多数是无色、味苦、难溶于水而易溶于有机溶剂的固体,少数生物碱具有颜色,个别生物碱是液体。如小檗碱是黄色固体,烟碱是无色液体。能与无机酸或有机酸结合生成盐而溶于水中。大多数生物碱都具有旋光性,天然的生物碱多半是有左旋光性能的手性化合物。

生物碱在酸性或中性水溶液中能同一些试剂生成沉淀或发生颜色反应,这些试剂叫作生物碱试剂。可以利用这种沉淀反应检查中草药中的生物碱以及从中草药中析出生物碱。

(1) 沉淀试剂:碘化汞钾(K_2HgI_4)、碘化铋钾、碘-碘化钾、10%苦味酸、磷钼酸、硅钨酸、单宁酸、$AuCl_3$盐酸溶液、$PtCl_4$盐酸溶液等。其中最灵敏的是碘化汞钾和碘化铋钾。不同的生物碱与不同的沉淀试剂能产生不同颜色的沉淀。

(2) 显色试剂:1%钼酸铵的浓硫酸溶液、1%钼酸钠的浓硫酸溶液、甲醛的浓硫酸溶液、浓碘酸、浓硝酸、高锰酸钾、重铬酸钾等。生物碱能与这些试剂反应而呈现出各种颜色,颜色种类随着种生物碱的不同而各有特征,利用这点可进行生物碱的鉴别。

二、生物碱的提取方法

游离生物碱本身难溶于水,易溶于有机溶剂。但生物碱的盐却易溶于水,所以可以利用这些性质进行生物碱的提取和精制。提取生物碱通常有以下两种方法:

(1) 稀酸提取法

将干燥植物粉碎后用稀酸水溶液浸泡或加热提取。所得生物碱盐的水溶液通过阳离子交换树脂柱,则生物碱阳离子与离子交换树脂的阴离子结合留在离子交换树脂上,其他非离子性杂质随溶液流去。然后用稀氢氧化钠溶液洗脱生物碱,再用有机溶剂提取,最后浓缩提取液即得到生物碱的结晶。

(2) 有机溶剂提取法

将植物细粉与碱液(10%的氨水,Na_2CO_3 等)拌匀研磨,以析出游离生物碱,再用有机溶剂浸泡。有机溶剂浸出液用稀酸提取,则生物碱转为盐而溶于水中。将水溶液浓缩后再加入无机碱,使生物碱游离析出,再用有机溶剂提取,将提取液浓缩、冷却后即可析出生物碱结晶。

由于一种植物中含有多种生物碱,利用上述方法提取,得到的往往是多种生物碱的混合物,因此,需进一步分离和精致。纯化后,测定其物理常数如熔点、比旋光度等,以及利用化学方法和现代物理方法确定其结构,并与医药工作者配合,试验其药理作用及疗效等。

三、重要生物碱举例

通常根据生物碱所含杂环来对其进行分类,如有机胺类、吡咯类、吡啶类、颠茄类、吲哚类、喹啉类、嘌呤类、萜类以及甾体类等。而生物碱的命名是根据它的来源植物而命名的。例如:烟碱是从烟草中提取的,麻黄碱是从麻黄中提取的。生物碱的名称也可采用国际通用名称的译音,如烟碱又名尼古丁。

1. 麻黄碱

麻黄碱又名麻黄素,是具有苯乙胺体系的链形生物碱,存在于麻黄中。麻黄是我国特产,使用已有数千年,明朝李时珍的《本草纲目》中描述其主治伤寒、头痛、止咳、除寒气等,现用于增血压、强心、舒展支气管治疗哮喘等。其结构式如下:

$$
\begin{array}{cc}
\text{CH}_3 & \text{CH}_3 \\
\text{H——NHCH}_3 & \text{H——NHCH}_3 \\
\text{H——OH} & \text{HO——H} \\
\text{C}_6\text{H}_5 & \text{C}_6\text{H}_5 \\
\text{D-(−)-麻黄碱} & \text{L-(+)-伪麻黄碱}
\end{array}
$$

麻黄碱分子中含有两个手性碳原子,理论上应该有四个旋光异构体:左旋麻黄碱、右旋麻黄碱、左旋伪麻黄碱和右旋伪麻黄碱。但在麻黄中只检测到左旋麻黄碱和右旋伪麻黄碱,其中左旋麻黄碱的生理作用是右旋伪麻黄碱的 5 倍。

2. 秋水仙碱

秋水仙碱最初提取于欧洲中部和南部以及非洲北部的百合科植物秋水仙球茎中,我国云南山慈菇的鳞茎中也含有秋水仙碱。秋水仙碱也不含杂环,是一种环外酰胺的结构:

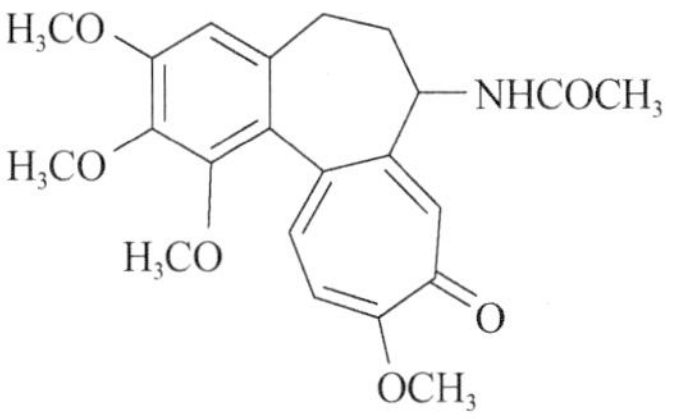

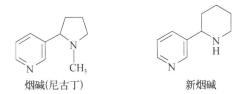

秋水仙碱

秋水仙碱对细胞分裂有较强的抑制作用,能抑制癌细胞的增长,在临床上用于治疗乳腺癌和皮肤癌等,也可以治疗急性痛风,但毒性较大。

3. 烟碱

从烟草中提取的含量为 $2\% \sim 8\%$ 的 12 种生物碱中,最重要的是烟碱和新烟碱。其结构如下:

烟碱(尼古丁)　　　　　　新烟碱

它们均是微黄色的液体,生理效应也基本相同,少量吸入有兴奋中枢神经系统、增高血压的作用,大量吸入则能抑制中枢神经系统,使呼吸停止和心脏麻痹致死。它们的解毒药为颠茄碱。烟碱在农业上用作接触杀虫剂,也可将其氧化成酸,进一步合成 β-吡啶甲酰胺(俗称维生素 P),其是一种营养性物质。

4. 常山碱

我国生产的中药常山,长期作为抗疟药使用,它含有多种生物碱,其中效能最强的是常山碱。

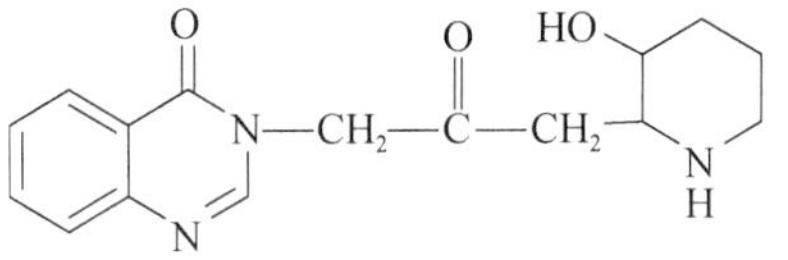

常山碱

常山碱的抗疟作用为奎宁的 100 倍以上,但纯的常山碱毒性很大,不能作为药剂使用。

5. 罂粟碱和吗啡碱

罂粟碱是鸦片的成分之一。未成熟的罂粟果(晾干后即为鸦片)的乳汁中含有大约 25 种碱,罂粟碱是其中之一,也是研究最透彻的一个,它是一种优异的镇痛药。

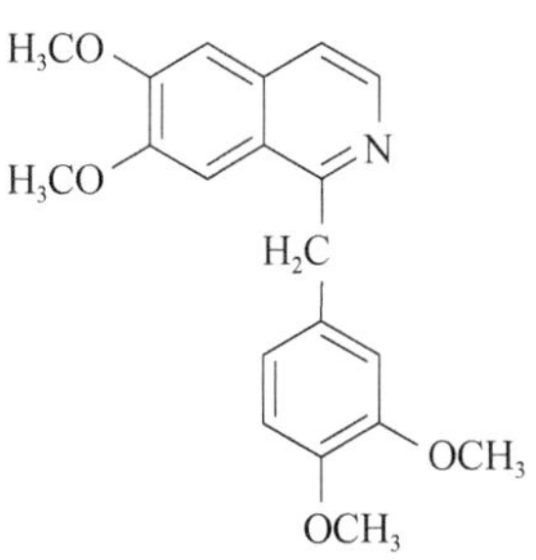

罂粟碱 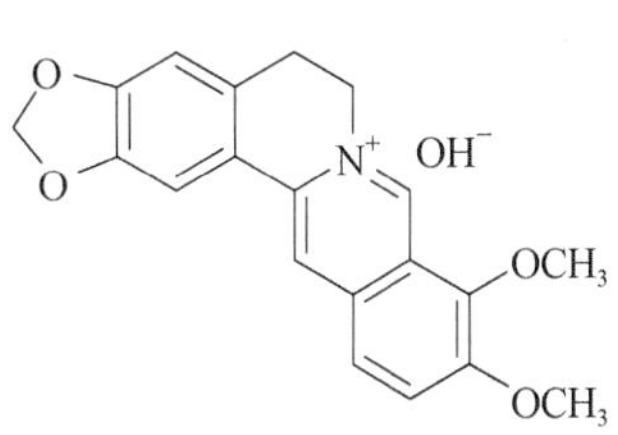　　　　　　　　　　小檗碱

黄连中的小檗碱和罂粟中的碱很相像。小檗碱也叫黄连素,是一种抗菌药,我国现在用全合成的方法进行生产。

鸦片中另外一种重要的生物碱是吗啡碱,它是最早得到的生物碱。吗啡碱是白色晶体,在医药中应用很广,有麻醉、安眠、止痛等作用。但它能成瘾,使用时须十分慎重并需要严格控制用量。

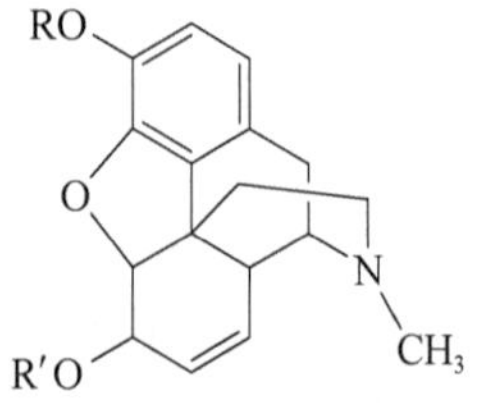

R = R' = H 吗啡

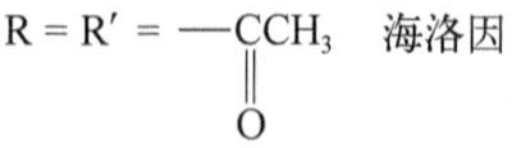

R = R' = —CCH₃ 海洛因

海洛因是吗啡经乙酸酐处理后生成的二乙酸酯,是一种毒品。

6. 喜树碱

喜树碱广泛存在于我国西南和中南地区的喜树中,它为抗癌药物,已供临床使用,对肠癌、直肠癌、胃癌以及白血病等有显著的抗癌活性。但其毒性较大,使用时要慎重。

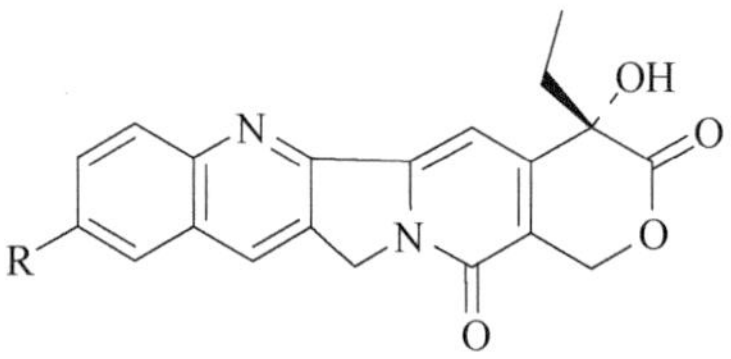

R = H 喜树碱
R = OH 10-羟基喜树碱
R = OCH₃ 10-甲氧基喜树碱

本章小结

1. 单杂环化合物的命名

杂环化合物的命名以中文译音的方法来命名。环上有简单取代基时以杂环为母体,从杂原子开始编号,环上有复杂取代基时以杂环为取代基,以官能团位置最小原则编号;当有相同的杂原子在环上时,以杂原子所处位次的和最小为原则进行编号,当有不同的杂原子在环上时,则按 O、S、N 的顺序依次编号。

2. 单杂环化合物的主要化学性质

(1) 亲电取代反应

五元杂环属于多 π 电子体系,亲电取代反应比苯容易,且反应发生在 α 位。反应条件温和,通常需要温和的反应试剂,如非质子硝化试剂(乙酰硝酸酯 CH_3COONO_2)和非质子磺化试剂(吡啶三氧化硫)。

$$\underset{X}{\square} + E^+Y \longrightarrow \underset{X}{\square}E + HY \qquad \begin{array}{l} X = N, O, S \\ E = Br, NO_2, SO_3H, COR \end{array}$$

六元杂环如吡啶碳原子上的电子云密度较低,亲电取代反应比苯难,一般要在较强烈的条件下才能发生取代反应,而且反应主要发生在 β 位。吡啶一般不发生付-克酰基化反应。

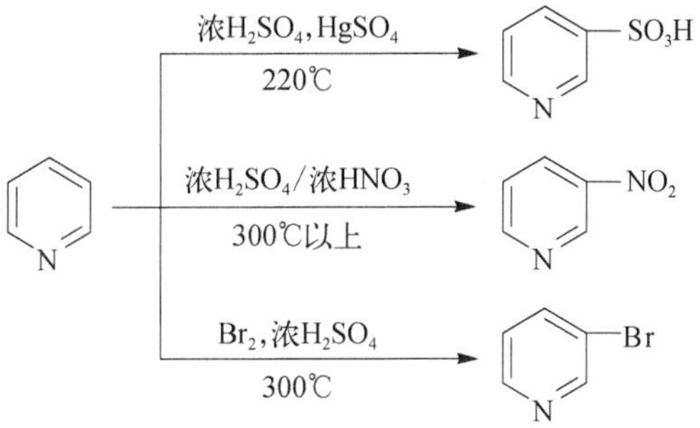

浓H2SO4,HgSO4
220℃
SO3H
N
浓H2SO4/浓HNO3
300℃以上
NO2
Br2,浓H2SO4
300℃
Br

(2) 亲核取代反应

在一定条件下,吡啶环有利于亲核试剂的进攻而发生亲核取代反应,取代基主要进入电子云密度较低的 α 位。

+ NaNH2
△
N
NH2
+ NaOH

(3) 加成反应

呋喃、噻吩、吡咯均可进行催化氢化反应,失去芳香特性而得到饱和杂环化合物。呋喃与吡咯可用一般催化剂还原,噻吩能使一般的催化剂中毒,因此,需使用特殊的催化剂。

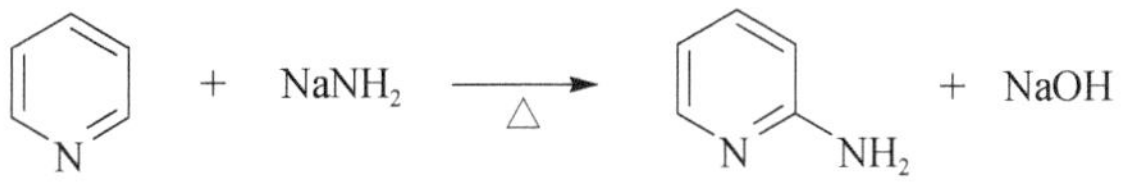

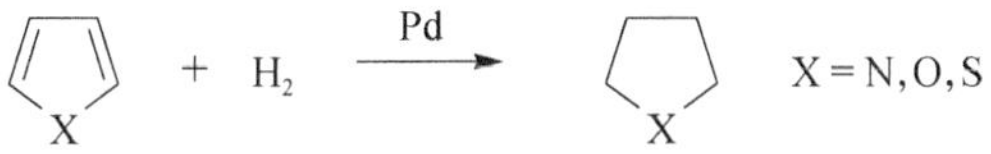

X
+ H2
Pd
X = N, O, S

吡啶对还原剂则比苯活泼。例如:金属钠与无水乙醇可使吡啶还原为六氢吡啶,而苯则不受还原剂作用。

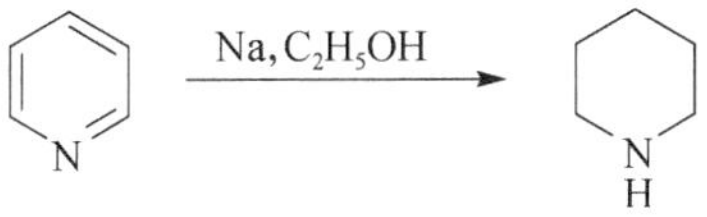

N
Na, C2H5OH
N
H

(4) 氧化反应

呋喃和吡咯对氧化剂很敏感,空气中的氧气就能使其氧化,噻吩相对要稳定一些,而吡啶环由于电子云密度比较低,对氧化剂一般比苯稳定,很难被氧化。

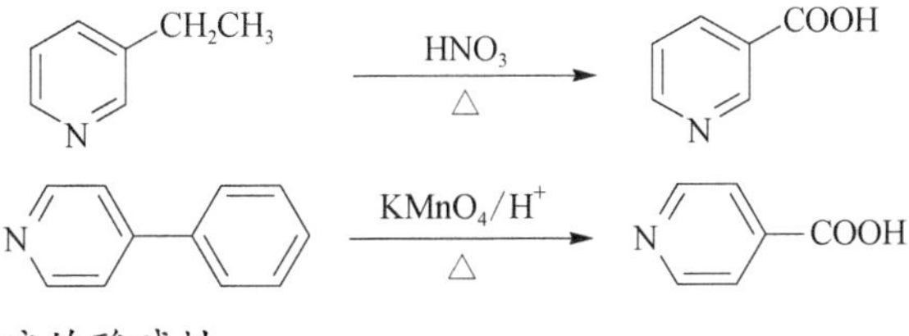

CH2CH3
HNO3
△
COOH
KMnO4/H+
△
COOH

(5) 吡咯和吡啶的酸碱性

吡咯的碱性比苯胺还弱,不能与酸形成稳定的盐。反而吡咯氮上的氢原子易离解成 H^+ 而使其显微弱的酸性,其酸性较醇强而比酚弱,故吡咯可与固体氢氧化钾加热生成钾盐。

N
H
+ KOH (固)
N
K+

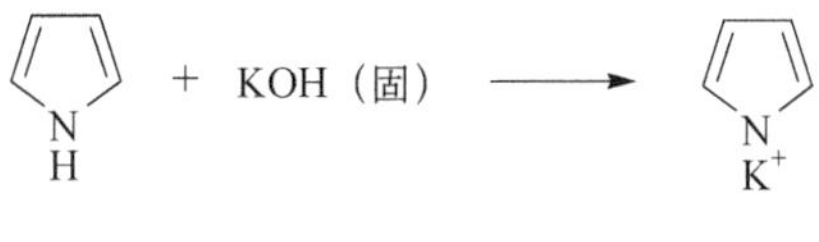

吡啶是一个弱碱。从结构上看,吡啶属于环状三级胺,其碱性比脂肪族三级胺弱,但比苯胺强。因此,它能同盐酸反应生成吡啶盐酸盐。

知识拓展　　　　　　　　　**头孢菌素类药物的简介**

头孢菌素类(Cephalosporins)是由冠头孢菌培养得到的天然头孢菌素,以头孢菌素 C 作为原料,经半合成改造其侧链而得到的一类抗生素。1948 年意大利的 Bronyn 发现头孢菌素,1956 年 Abraham 等从头孢菌素的培养液中分离出头孢菌素并于 1961 年确定了其结构。美国礼来公司于 1962 年成功地通过化学裂解头孢菌素 C 制造出头孢菌素母核 7 - ACA 后,头孢菌素的发展相当迅速。头孢菌素类抗生素具有抗菌谱广、抗菌活性强、疗效高、耐酸、耐碱、低致敏、耐 β - 内酰胺酶、副作用小等特点,品种数量居各类抗生素首位。常用的头孢菌素类抗生素约有 30 种,按其发明年代的先后和对 β - 内酰胺酶的稳定性不同而将其分为第一、二、三、四代。

第一代头孢菌素是 20 世纪 60 年代至 70 年代初被研发出的,多为半广谱抗生素。耐青霉素酶对革兰氏阳性菌(包括耐青霉素的金黄色葡萄球菌)相当有效;对革兰氏阴性菌产生的 β - 内酰胺酶的稳定性较差;对大肠埃希菌、奇异变形杆菌、流感嗜血杆菌、伤寒杆菌和痢疾杆菌有一定活性。因此,其主要用于治疗耐青霉素金黄色葡萄球菌和其他革兰氏阳性菌感染。代表药有头孢唑林(Cefazolin)、头孢乙腈(Cefacetrile)、头胞噻啶(Cefaloridine)、头孢氨苄(Cefalexin)、头孢噻吩(Cefalotin)、头孢拉定(Cefradine)。第一代头孢菌素对吲哚阳性变形杆菌、枸橼酸杆菌、产气荚膜梭菌、假单胞菌、沙雷杆菌、拟杆菌和粪肠球菌(头孢硫脒除外)等微生物无效。

第二代头孢菌素对革兰氏阳性菌的抗菌性能与第一代相近或较低,而对革兰氏阴性菌的作用较为优异,具体表现为:① 抗酶性能强。一些革兰氏阴性菌(如大肠杆菌、奇异变形杆菌等)对第一代头孢菌素具有耐药性。而第二代头孢菌素对这些耐药菌株较为有效。② 抗菌谱广。第二代头孢菌素的抗菌谱较第一代有所扩大,对奈瑟菌,部分吲哚阳性变形杆菌、枸橼酸杆菌、大肠杆菌等均有抗菌作用。第二代头孢菌素对假单胞菌属(铜绿假单胞菌)、不动杆菌、沙雷杆菌、粪肠球菌等无效。

第三代头孢菌素于 20 世纪 70 年代中期至 80 年代初被研发出。其主要特点为抗菌活性强、抗菌谱更广,对 β - 内酰胺酶稳定,对革兰氏阴性菌作用及抗菌谱比第二代更为优越且更为广泛;但对革兰氏阳性菌的活性不如第一代(个别品种相近),对于粪肠球菌、难辨梭状芽孢杆菌等无效。目前常用品种有头孢噻肟(Cefotaxime)、头孢哌酮(Cefoperazone)、头孢曲松(Ceftriaxone)、头孢他啶(Ceftazidime)。

第三代头孢菌素对革兰氏阳性菌的作用弱,不能用于控制金黄色葡萄球菌感染。近年来发现一些新品种如头孢匹罗(Cefpirome)等,不仅具有第三代头孢菌素的抗菌性能,还对葡萄球菌有抗菌作用,其称为第四代头孢菌素。

我国于 20 世纪 60 年代开始研究头孢菌素,自 20 世纪 70 年代成功研发第一种头孢噻吩以来,如今用于临床的头孢菌素类抗生素品种已超过40种。过去几年中,国内头孢菌素类抗生素的增长速度达到30%左右,已经超过了医药产品的平均增长速度。

课后习题

1. 命名下列化合物。

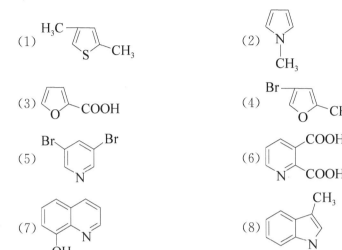

2. 写出下列杂环化合物的结构式。

(1) 3-氯吡咯

(2) 4-甲基呋喃

(3) 5-甲基糠醛

(4) γ-吡啶甲酸

(5) 烟碱

(6) 四氢呋喃

(7) β-吲哚乙酸

(8) 苯并吡喃

3. 写出下列反应的主要产物。

(1) 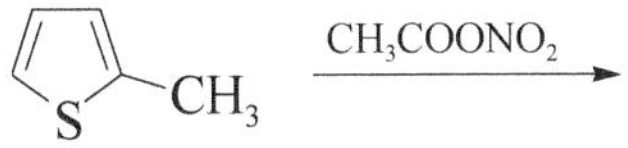 [2-甲基噻吩] $\xrightarrow{CH_3COONO_2}$

(2) [2-呋喃甲醛] + HCHO $\xrightarrow{浓NaOH}$

(3) 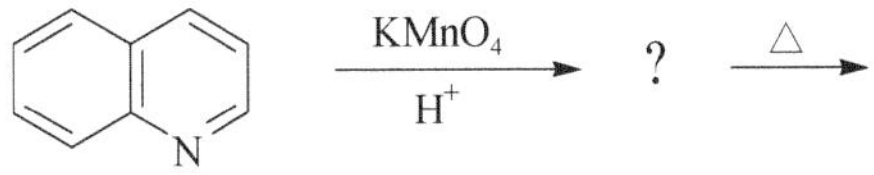 [喹啉] $\xrightarrow[H^+]{KMnO_4}$? $\xrightarrow{\triangle}$

(4) [3-溴吡啶] $\xrightarrow{HCl}$

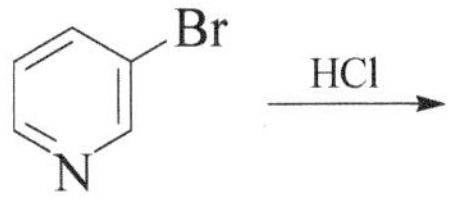

(5) 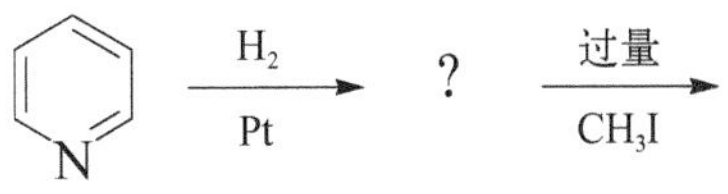 [吡啶] $\xrightarrow[Pt]{H_2}$? $\xrightarrow[CH_3I]{过量}$

(6) 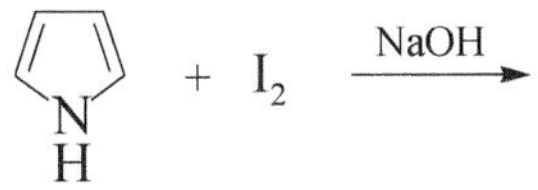 [吡咯] + I_2 $\xrightarrow{NaOH}$

(7) 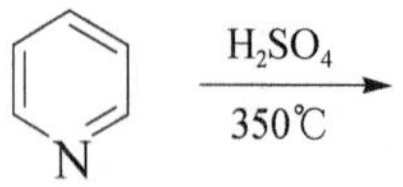 $\xrightarrow[350℃]{H_2SO_4}$

(8) 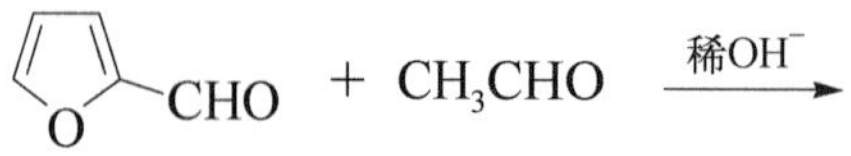 CHO + CH$_3$CHO $\xrightarrow{稀OH^-}$

4. 将下列化合物按碱性由强到弱的顺序排列。

 (1) 六氢吡啶、吡啶、吡咯、氨

 (2) 甲胺、苯胺、吡啶、γ-甲基吡啶

5. 完成下列转化。

(1)

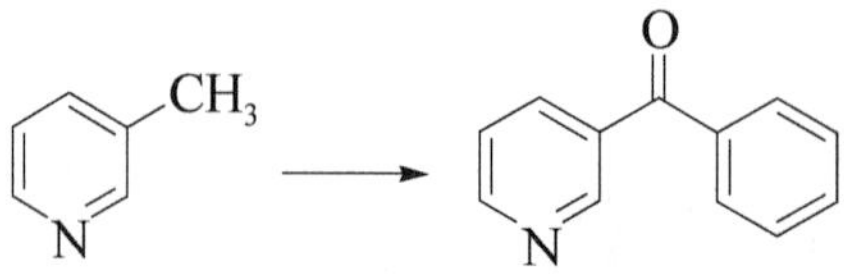

(2)

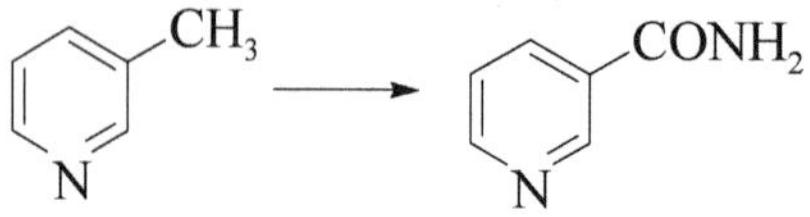

6. 某杂环化合物 A, 其分子式为 C$_5$H$_4$O$_2$, 经氧化后生成分子式为 C$_5$H$_4$O$_3$ 的羧酸, 把此羧酸的钠盐与碱石灰作用, 转变为分子式为 C$_4$H$_4$O 的物质, 后者与钠不起反应, 也不具有醛和酮的性质, 试推测化合物 A 的结构式。

7. 用化学方法除去下列化合物中的少量杂质。

 (1) 吡啶中混有少量的六氢吡啶

 (2) 苯中混有少量的噻吩

第十二章

碳水化合物

  碳水化合物(Carbohydrates)又称作糖类化合物(Saccharide),其是绿色植物光合作用的主要产物,也是自然界中分布最广的一类有机化合物,如各种植物种子中的淀粉,根、茎、叶中的纤维素,动物体内的糖原,以及水果和蜂蜜中的葡萄糖、果糖、蔗糖等都是碳水化合物。碳水化合物是人类生存的三大营养物质之一,是一切生物体维持生命活动所需能量的主要来源。此外,碳水化合物也是一种重要的工业原料。

  由于最初发现的糖类化合物都含有碳、氢、氧三种元素,而且分子中氢和氧的比例恰好与水相同,均为 $2:1$,因此,在化学发展初期,人们把糖类物质称作"碳水化合物",其分子组成符合通式 $C_n(H_2O)_m$。但后来的研究发现,有些化合物如鼠李糖($C_6H_{12}O_5$)和脱氧核糖($C_5H_{10}O_4$),它们的分子组成不符合 $C_n(H_2O)_m$ 的通式,但根据它们的结构和性质应该属于糖类化合物;而有的化合物分子式虽然符合上述通式,其结构和性质却与糖类化合物完全不同,如甲醛(CH_2O)、乙酸($C_2H_4O_2$)、乳酸($C_3H_6O_3$)等,它们不属于糖类化合物。因此,现在所说的碳水化合物已经失去了其原来的含义,之所以仍在使用,主要是出于人们的习惯而已。现在碳水化合物的定义是泛指多羟基醛或多羟基酮以及能水解生成多羟基醛或多羟基酮的一类有机化合物。

  根据碳水化合物能否水解和水解后生成的物质情况,可将其分为三类:

  (1) 单糖(Monosaccharide):是碳水化合物的基本单体,是不能水解的多羟基醛酮,如葡萄糖和果糖等。

  (2) 低聚糖(Oligosaccharide):又称寡糖,水解后生成由 $2\sim10$ 个分子的单糖缩合成的物质,完全水解之后会生成相应分子数的单糖,按其水解生成单糖分子的数目,又可分为二糖(或双糖)、三糖、四糖等。在低聚糖中以二糖最常见,重要的二糖有麦芽糖、蔗糖等。

  (3) 多糖(Polysaccharide):水解后可生成几百以至数千个单糖分子的糖,它们相当于由许多单糖形成的高聚物,属于天然高分子化合物。如淀粉、纤维素等。

  糖类物质可以用俗名来命名,也可以用系统命名法来命名,但更多的是采用俗名来命名。糖类物质的俗名一般是根据其来源命名的。例如,来源于葡萄的糖叫葡萄糖,来源于麦芽的糖叫麦芽糖,来源于核糖核酸的糖叫核糖。还有果糖、蔗糖、乳糖等均是按其各自的来源来命名的。糖类物质的系统命名法命名是以含有羰基和羟基的最长碳链作为主链,从靠近醛基或羰基一端给主链碳原子编号,命名时注明取代基的位次、个数和各个手性碳的构型。

I 单 糖

单糖是最简单的糖,分子中含有醛基的单糖称为醛糖(Aldose),含有酮基的单糖称为酮糖(Ketose)。单糖通常含 $3\sim7$ 个碳原子,因此有丙糖、丁糖、戊糖、己糖和庚糖之称。自然界中的单糖以含五个或六个碳原子的单糖最为普遍,根据分子中所含碳原子的数目及羰基结构,可将其称为某醛糖或某酮糖。相应的醛糖和酮糖是同分异构体。

第一节 单糖的结构

一、单糖的构型

除丙酮糖外,所有单糖都含有手性碳原子,且大部分单糖都有多个手性碳原子,例如:葡萄糖有四个手性碳原子,果糖有三个手性碳原子,故单糖都具有一定的构型和旋光异构现象。单糖的构型一般采用相对构型标记法,可以用D/L标记法来标记,也可以采用 R/S 标记法来标记。前者用于俗名命名,后者用于系统命名法命名。在使用俗名命名时,糖的手性构型一般采用相对构型的D/L标记法。用D/L标记法标记时,相对构型的确定只取决于编号最大(即距羰基最远)的手性碳原子。只要该碳原子上的羟基与D-甘油醛中手性碳原子上的羟基位置一致,即为D构型,反之,则为L构型。天然的单糖基本上都是D构型的,因此,天然的葡萄糖和果糖可分别称为D-葡萄糖和D-果糖。俗名相同的D构型单糖和L构型单糖为一对对映异构体,例如:D-葡萄糖和L-葡萄糖互为对映异构体。另外,需要强调的是,单糖的旋光方向与构型没有必然的联系,它只能通过实验测定。

使用系统命名法时,手性碳原子的构型必须采用 R/S 标记法来标记,而不能采用D/L标记法来标记。例如:

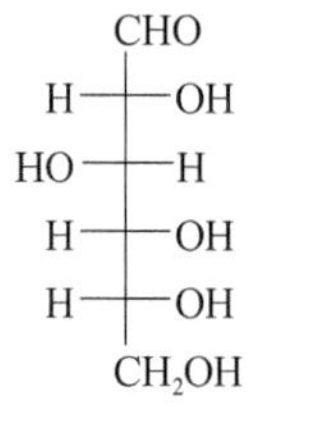

$(2R,3S,4R,5R)$-2,3,4,5,6-五羟基己醛
(D-葡萄糖)

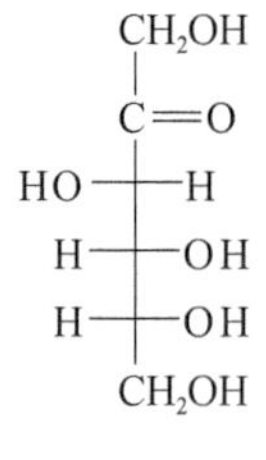

$(3S,4R,5R)$-1,3,4,5,6-五羟基-2-己酮
(D-果糖)

部分醛糖和酮糖的手性碳原子个数和旋光异构体数目见表 12-1。

表 12-1 部分醛糖和酮糖的手性碳原子个数和旋光异构体数目

单糖名称	手性碳原子个数/n	旋光异构体数目/2^n	单糖名称	手性碳原子个数/n	旋光异构体数目/2^n
丙醛糖	1	2	丁酮糖	1	2
丁醛糖	2	4	戊酮糖	2	4
戊醛糖	3	8	己酮糖	3	8
己醛糖	4	16			

二、单糖的费歇尔投影式

为了方便书写和比较,特别是对于含有多个手性碳原子的糖和氨基酸等有机分子,德国化学家费歇尔(Fisher)从1884年起,前后花费了十多年的时间,系统地研究了各种糖类,于1891年首次提出一种用二维图像和平面式子表示三维分子立体结构的重要方法——费歇尔投影式,并确定了许多糖类的构型。因此,单糖结构一般采用费歇尔投影式表示,为了简便起见,在构型式中略去了手性碳上的氢原子,将费歇尔投影式写成不同简化程度的简写式。在最简式中,三角形代表醛基,圆圈代表羟甲基。D-葡萄糖的费歇尔投影式可用下面四种形式的任意一种来表示。

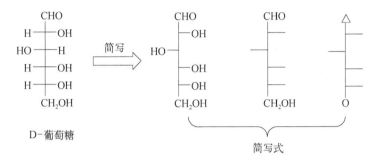

D-葡萄糖、D-甘露糖、D-半乳糖和D-果糖是自然界中常见的单糖,它们的费歇尔投影式分别如下所示。

以上四种D型糖都是六碳糖,结构相似,互为旋光异构体。D-葡萄糖与D-半乳糖以及D-葡萄糖与D-甘露糖均只有一个手性碳原子的构型是相反的,其他手性碳原子的构型均相同。这种只有一个手性碳原子构型相反,而其他手性碳原子的构型完全相同的旋光异构体叫作差向异构体。D-葡萄糖和D-甘露糖是C_2差向异构体,D-葡萄糖和D-半乳糖是C_4差向异构体。

C_6以下D型醛糖的费歇尔投影式及构型如下所示。

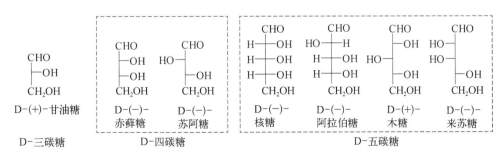

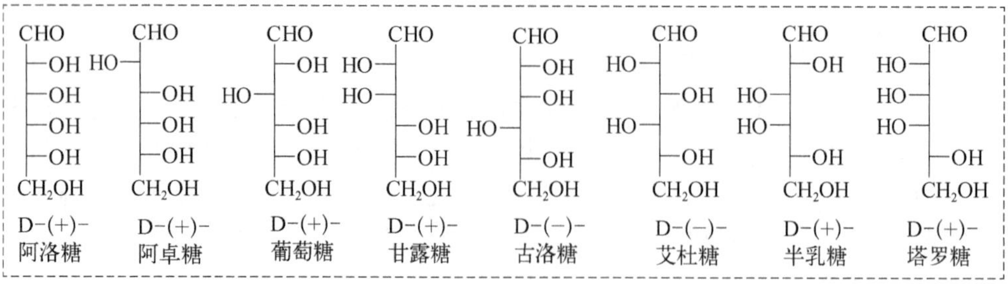

D-六碳糖

图中从左到右为：

D-(+)-阿洛糖　D-(+)-阿卓糖　D-(+)-葡萄糖　D-(+)-甘露糖　D-(−)-古洛糖　D-(−)-艾杜糖　D-(+)-半乳糖　D-(+)-塔罗糖

三、单糖的环状结构

(一) 变旋现象和环状结构

人们在研究 D-葡萄糖时，发现它有一些特殊的性质：

(1) 变旋现象。D-葡萄糖在不同的条件下可以得到两种不同的结晶：一种是从乙醇溶液中结晶出来的，熔点为 146℃，其新配制的水溶液的 $[\alpha]_D^{20}$ 为 +112.2°，但随着时间增加，其 $[\alpha]_D^{20}$ 会逐渐减小，最后恒定于 +52.7°；另一种是从吡啶或 98℃ 以上的热水溶液中结晶出来的，熔点为 148~150℃，其新配制的水溶液的 $[\alpha]_D^{20}$ 为 +18.7°，随着时间增加，其 $[\alpha]_D^{20}$ 则会逐渐增大，最后也恒定于 +52.7°。这种比旋光度随时间变化而最后达到平衡的现象在糖化学上叫作变旋现象(Mutarotation)。

(2) 不与饱和亚硫酸氢钠发生加成反应。

(3) 与一元醇发生缩醛反应，得到稳定产物。

(4) 与品红不发生显色反应。

(5) 红外光谱中找不到醛基的特征吸收峰。

葡萄糖的这些特殊性质不能从它的开链结构中得到解释。经过现代物理和化学方法证明，结晶状态的单糖并不是像前面结构式中表示的链状多羟基醛酮，而是以环状半缩醛或半缩酮结构存在。例如：X 射线晶体衍射实验证明，在葡萄糖结晶中，其分子内的醛基和羟基是呈环状半缩醛结构的，且主要以 C_5 上的羟基形成的六元环半缩醛形式存在，只有极少数以 C_4 上的羟基形成的五元环半缩醛形式存在。当葡萄糖晶体溶于水时，其环状半缩醛结构会发生开环，形成链状结构，并最终形成环状结构和链状结构共存的一个动态平衡体系。

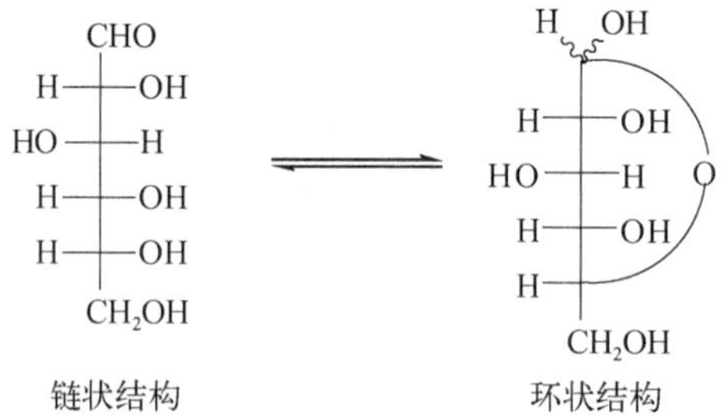

链状结构　　　　　环状结构

D-葡萄糖

(二) 单糖环状结构的表示方法

1. 费歇尔投影式

当 D-葡萄糖由链状结构转变为环状半缩醛结构时，原来分子中的醛基碳原子就变成了手性碳原子。由于羟基可以从醛基平面的任何一面去进攻醛基，因此，新产生

的半缩醛手性碳 C_1 将会产生 R 型或 S 型两种构型。C_1 上新形成的半缩醛羟基与决定葡萄糖构型的碳原子(C_5)上的羟基处于同侧的又称为 β-葡萄糖,反之又称为 α-葡萄糖。α-葡萄糖和 β-葡萄糖的费歇尔投影式可分别表示如下。

在 α-葡萄糖和 β-葡萄糖中,只有 C_1 构型不同,其他手性碳的构型都相同,二者互为差向异构体和非对映异构体。这种只有 C_1 构型不同的差向异构体在糖化学中又叫"异头物"(Anomer),C_1 原子叫"异头碳"(Anomeric carbon)。

需要注意的是,用 D/L 标记法标记单糖的构型时,用 α 或 β 标记异头碳的构型,同时还要在名称中表明环的类型。六元环的半缩醛称为吡喃环,五元环的半缩醛称为呋喃环。如果知道这种糖的旋光方向,有时会在名称中标明,但这并不是必需的,例如:α-D-($-$)-吡喃葡萄糖。

前面提到的从 50℃ 的温水或乙醇溶液中结晶得到的葡萄糖为 α-D-($-$)-吡喃葡萄糖,从吡啶或从 98℃ 以上的热水溶液中结晶得到的葡萄糖为 β-D-($-$)-葡萄糖。

2. 哈沃斯投影式

用费歇尔投影式表示单糖的环状结构,不能反应单糖分子中原子和基团在空间的相互关系,为了能够较好地表示单糖环状结构中各个原子和基团的空间取向,英国化学家哈沃斯(Norman Haworth)提出了一种平面环状结构的表示方法,并把这种环状结构式命名为哈沃斯投影式,简称哈沃斯式。以 D-葡萄糖为例,将费歇尔投影式改写成哈沃斯投影式的过程可表示为

在书写哈沃斯投影式时,通常把环上的氧原子写在右上角,使碳原子的编号顺时针排列。在 D-葡萄糖的哈沃斯投影式中,α 构型的半缩醛羟基位于环的上方,β 构

型的羟基位于环的下方;相反,在 L-葡萄糖的哈沃斯投影式中,α 构型的半缩醛羟基则是位于环的下方,β 构型的半缩醛羟基位于环的上方。

葡萄糖在晶体状态时,其分子全部都是以半缩醛形式存在的。因此,葡萄糖在晶体状态时,分子中没有醛基存在,其红外光谱中也无醛基的特征吸收峰。但是,无论是哪一种葡萄糖结晶,当其溶于水时,都能通过半缩醛的开环和再次关环而形成 α-D-吡喃葡萄糖和 β-D-吡喃葡萄糖的动态平衡体系。在平衡体系中,β-D-吡喃葡萄糖和 α-D-吡喃葡萄糖的含量分别为 62.6% 和 37.3%,链状结构的含量小于 0.1%,溶液的 $[\alpha]_D^{20}$ 为 +52.7°。

β-D-吡喃葡萄糖 α-D-吡喃葡萄糖

由此可见,葡萄糖的链状结构只是实现葡萄糖两种环状结构互变并达到平衡的一个桥梁,D-葡萄糖与 L-葡萄糖之间的互变必须通过它才能实现,环状结构与链状结构之间的互变是产生变旋现象的原因。葡萄糖无论是在晶体状态还是在溶液中都主要以环状半缩醛结构存在。

与醛糖类似,酮糖溶于水时也会形成动态平衡体系。例如:果糖在水溶液的动态平衡体系中存在有链状结构、β-D-吡喃果糖、α-D-吡喃果糖、β-D-呋喃果糖和 α-D-呋喃果糖 5 种结构的化合物,其含量分别为 1.0%、65%、2.5%、25%、6.5%。其中呋喃果糖是通过 C_5 位羟基与酮羰基缩合而形成的。

3. 构象式

哈沃斯投影式是将构成环的原子看作是在一个平面上的。而实验证明,呋喃糖分子中成环的原子都处于同一平面,吡喃糖分子中成环的碳原子和氧原子却不在同一平面内,和环烷烃一样,糖环上的原子并不共平面,而是有各种构象的。糖的六元环和环己烷一样,也有船式构象和椅式构象,并主要以稳定的椅式构象存在。最稳定的椅式构象是有较多的羟基位于平伏键的构象。下面列出了六种常见单糖的最稳定的椅式构象式。

β-D-吡喃葡萄糖 β-D-吡喃甘露糖 β-D-吡喃半乳糖

β-D-吡喃木酮糖 β-D-吡喃阿拉伯糖 β-D-吡喃果糖

问题 12-1 如何理解和解释变旋现象？

第二节　单糖的性质

一、单糖的物理性质

单糖都是无色晶体,大多数有甜味,在水中的溶解度很大,常能形成过饱和溶液——糖浆。单糖还可溶于乙醇和吡啶,但难溶于乙醚、丙酮、苯等极性小的有机溶剂。除二羟基丙酮外,所有单糖都有旋光性,天然的单糖大都是 D 构型的,能形成环状结构的单糖都存在变旋现象。一些单糖的物理常数见表 12-2。

表 12-2　一些单糖的物理常数

名称	比旋光度$[\alpha]_D$			糖脎熔点/℃	名称	比旋光度$[\alpha]_D$			糖脎熔点/℃
	α 型	β 型	平衡体系			α 型	β 型	平衡体系	
D-葡萄糖	+112.2	+18.7	+52.7	210	D-木糖	+93.6	-20	+18.8	163
D-甘露糖	+29.9	-16.3	+14.6	210	麦芽糖	—	+112	+136	206
D-半乳糖	+150.7	+52.8	+80.2	186	乳糖	+85	—	+55.4	200
D-果糖	—	-133.5	-92	210	纤维二糖	—	+14	+34.6	208
D-阿拉伯糖	-55.4	-175	-104.6	160	蔗糖		66.5		
D-核糖	—	—	-25	160					

二、单糖的化学性质

单糖分子中所含最多的官能团是醇羟基,所以显示出醇的一般性质,例如:能发生成酯、成醚、脱水等反应,单糖的磷酸酯是生物代谢过程中很重要的物质。

单糖在水溶液中不仅存在醇羟基,还存在半缩醛(或半缩酮)羟基、醛羰基(或酮羰基)等多种官能团,表现出醇、醛或酮以及半缩醛或半缩酮的一些典型化学性质,例如:除了能发生上述所说的醇的成酯、成醚和脱水反应,还能发生醛的氧化还原与亲核加成反应,半缩醛形成缩醛的反应等。在单糖的水溶液中还存在邻二羟基和 α-羟基醛或 α-羟基酮等特殊结构,因此,其还表现出由单糖特殊结构单元所决定的一些特殊反应,如形成糖脎的反应,差向异构化反应,邻二醇的高碘酸氧化反应,形成环状缩酮的反应以及酮糖的氧化反应等。另一方面,由于受邻位基团的吸电子诱导效应影响,无论是羟基还是羰基,其反应性能都较单纯的羟基或羰基要活泼一些,同时受影响较大的还有羰基 α-氢的酸性。

1. 氧化反应
在不同条件下,单糖可被氧化成不同的产物。

(1) 碱性氧化反应和差向异构化反应

单糖的 α-氢受羰基和羟基的双重吸电子诱导效应的影响,变得更为活泼,因此,在单糖的碱性溶液中可以发生羰基结构与烯醇式结构的互变异构反应。由于烯醇式互变异构反应属于可逆反应,因此,在 D-葡萄糖的碱性溶液中存在下列互变平衡体系:

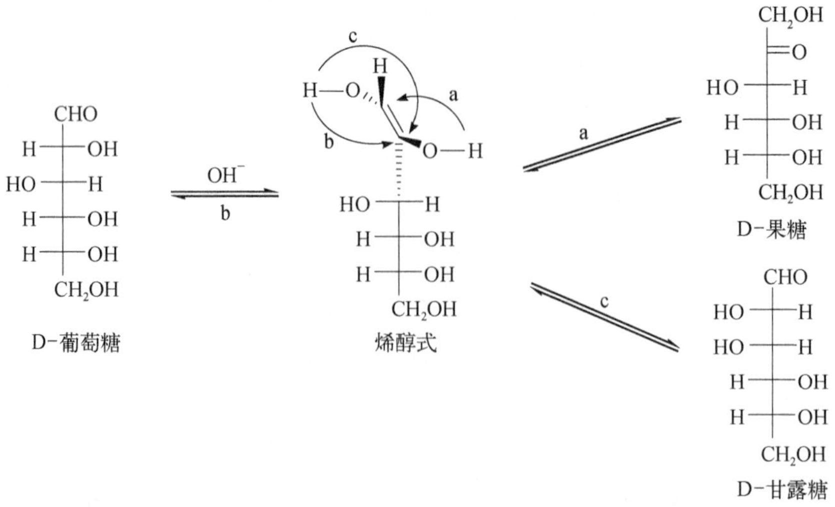

所以在葡萄糖的碱性溶液中,D-葡萄糖、D-甘露糖、D-果糖和烯醇式是共存的,且形成动态平衡体系。这种在弱碱性条件下,单糖分子中与羰基相邻的不对称碳原子的构型发生变化的反应,称为差向异构化反应。同样的道理,D-甘露糖和D-果糖在碱性溶液中也存在和葡萄糖一样的动态平衡体系。

事实上,所有的单糖,不管是醛糖还是酮糖,在碱性溶液中都能发生类似的差向异构化反应,生成动态平衡混合物。因此,所有单糖在碱性介质中的还原性几乎相同,都能被费林试剂、托伦试剂和本尼迪克特试剂等碱性弱氧化剂氧化。药店里出售的有些糖尿病自检试剂盒用的就是本尼迪克特试剂,只要尿液中含有0.1%(质量分数)以上的葡萄糖,就能检测出阳性结果。常把能还原碱性弱氧化剂的糖称为还原糖(Reducing Sugar),把不能还原碱性弱氧化剂的糖称为非还原糖(Nonreducing Sugar)。

所有的单糖和大多数低聚糖都是还原糖,多聚糖和部分低聚糖是非还原糖。

(2) 溴水氧化

单糖在弱酸性条件下不发生差向异构化反应,所以,醛糖和酮糖在弱酸性条件下的还原性是不同的。例如,在pH为6.0的缓冲液中,D-葡萄糖可被溴水氧化生成D-葡萄糖酸,而果糖(酮糖)不能被溴水氧化。所以可以用溴水来区别醛糖和酮糖。

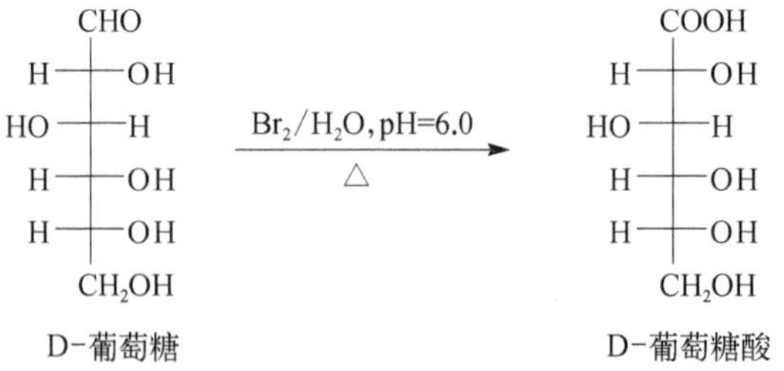

(3) 硝酸氧化

硝酸的氧化能力比溴水强,可把醛糖的醛基和伯醇基都氧化,生成糖二酸。如D-葡萄糖在稀硝酸中加热,即生成葡萄糖二酸。

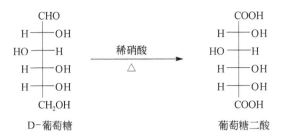

利用糖二酸的某些性质,可推测醛糖的构型。如 D-半乳糖被稀硝酸氧化后,得到没有旋光性的糖二酸,说明其分子中有对称面,是个内消旋体。而 D-葡萄糖被稀硝酸氧化后,得到有旋光性的糖二酸,说明其分子中没有对称面。

此外,具有邻二醇结构或 α-羟基醛(酮)结构的化合物,还可以被 HIO_4 氧化而发生 C—C 键断裂,主要生成甲酸和甲醛,反应可以定量进行。

2. 还原反应

用催化氢化或硼氢化钠($NaBH_4$)、钠-汞齐($Na-Hg/H_2O$)等化学还原剂,可将单糖分子中的羰基还原成羟基,生成的相应产物叫糖醇。例如:

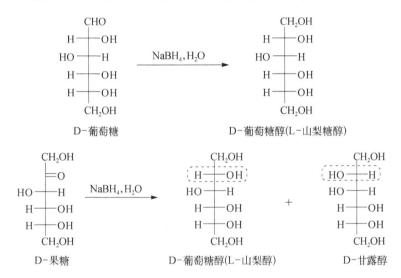

由于葡萄糖醇还可以由 L-山梨糖还原制得,故 D-葡萄糖醇又叫 L-山梨糖醇。

山梨糖醇和甘露醇都具有凉爽、清甜的感觉,常用作牙膏、烟草和食品的添加剂。山梨糖醇和甘露醇广泛存在于植物中。李、桃、苹果、梨等果实中都含有大量的山梨糖醇;甘露醇主要存在于甘露蜜、柿子、胡萝卜、葱等植物中。山梨糖醇还可用作细菌培养基及合成维生素 C 的原料。

3. 生成糖脎的反应

单糖与苯肼作用,可生成相应的苯腙,在过量苯肼存在时,α-羟基能继续与苯肼作用,生成不溶于水的黄色晶体产物,叫作糖脎,简称为脎。

<table>
<tr>
<td>CHO
H——OH
HO——H
H——OH
H——OH
CH₂OH
D-葡萄糖</td>
<td>$\xrightarrow[\triangle]{C_6H_5NHNH_2}$</td>
<td>HC=NNHC₆H₅
H——OH
HO——H
H——OH
H——OH
CH₂OH
D-葡萄糖腙</td>
<td>$\xrightarrow[\triangle]{2C_6H_5NHNH_2}$</td>
<td>HC=NNHC₆H₅
C=NNHC₆H₅
HO——H
H——OH
H——OH
CH₂OH
D-葡萄糖脎</td>
</tr>
</table>

由以上反应可以看出,无论醛糖或酮糖,糖脎反应只发生在 C_1 位和 C_2 位上,不涉及其他碳原子,分子中其他手性碳原子的构型也保持不变。因此,D-葡萄糖、D-果糖和D-甘露糖能形成相同的糖脎产物。但不同的单糖形成糖脎的反应速率不同,具体表现在形成糖脎结晶的快慢不同。另一方面,糖脎都是不溶于水的黄色结晶,不同的糖脎结晶具有不同的晶型和熔点,所以成脎反应常用于糖的定性鉴定。

4. 生成糖苷的反应

半缩醛可以与醇形成缩醛,半缩醛式的单糖也可以与醇形成缩醛。例如,β-D-葡萄糖环状结构中的半缩醛羟基可与一分子甲醇在无水氯化氢催化下发生脱水反应,形成缩醛结构。

CH₂OH ... O ... OH + CH₃OH $\xrightarrow{\text{无水HCl}}$ CH₂OH ... O ... OCH₃

β-D-葡萄糖   甲基-β-D-葡萄糖苷

在糖化学中,环状单糖的半缩醛羟基能与另一分子化合物中的羟基、氨基或硫羟基等发生反应,生成的失水产物总称为糖苷(Glycoside),也称为配糖体,该反应称为成苷反应,失水时形成的键叫苷键。由葡萄糖衍生的糖苷叫葡萄糖苷。由糖的 α-半缩醛羟基形成的糖苷叫 α-糖苷,其糖苷键叫 α-糖苷键;由 β-半缩醛羟基形成的糖苷叫 β-糖苷,其糖苷键叫 β-糖苷键。

与所有缩醛和缩酮一样,糖苷在中性和碱性条件下是稳定的,但可被稀强酸水解成相应的单糖。因此,糖苷溶于水没有变旋现象,本身也不发生糖脎反应,不与费林试剂、托伦试剂和本尼迪克特试剂等氧化剂发生反应。糖苷广泛存在于自然界中,如淀粉、纤维素等都是由很多单糖相互以苷键相连的高分子。

5. 酯化反应

糖分子中含有大量的醇羟基,应用制备酯的通用方法可以在糖分子中的每一个有羟基的地方发生成酯反应。为了避免强酸可能产生的脱水、氧化等副反应,糖的酯化一般都采用较活泼的酰化试剂和温和的反应条件来完成。乙酸酐/叔胺是常用的酰化试剂,产物一般是五乙酰基糖。如:

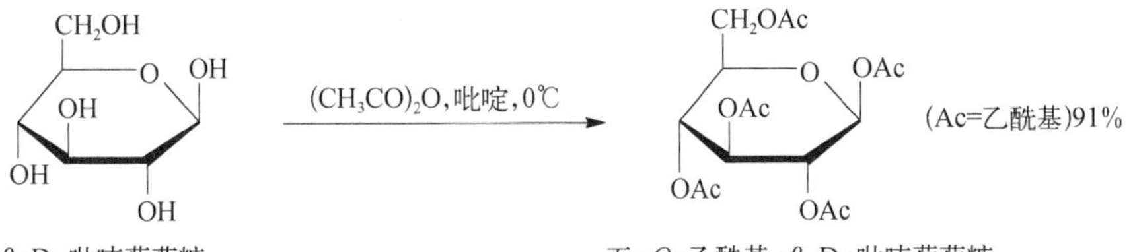

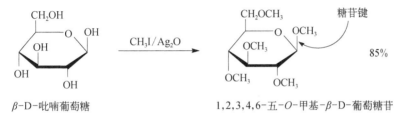

β-D-吡喃葡萄糖　　　　　　　五-O-乙酰基-β-D-吡喃葡萄糖

糖在生物体内也能与无机酸形成酯,其中磷酸酯在生命活动中具有重要的意义。

6. 成醚反应

与脂肪醇一样,单糖分子中的醇羟基在碱性溶液中能够与甲基化试剂如碘甲烷或硫酸二甲酯等反应生成醚。由于糖分子中官能团较多,分子容易被破坏,因此糖的成醚反应一般采用一些活性较高的醚化试剂和温和的反应条件,如 CH_3I 和 Ag_2O。

β-D-吡喃葡萄糖　　　　　　　1,2,3,4,6-五-O-甲基-β-D-葡萄糖苷

7. 呈色反应

在浓酸作用下,单糖可以发生分子内脱水形成糠醛或糠醛的衍生物,这些产物和酚反应生成有色物质。

（1）莫利希反应

所有的糖（包括单糖、低聚糖和多糖）在浓硫酸存在下都可以同 α-萘酚作用,生成紫色物质,这个反应称为莫利希反应,它是定性鉴定碳水化合物的常用方法之一。

$$糖类＋\alpha\text{-萘酚}/酒精 \xrightarrow{浓硫酸} 紫色物质$$

（2）伊万诺夫反应

酮糖在浓盐酸存在下可以与间苯二酚作用,很快生成红色物质,而醛糖在 2 min 内不显色,由此可以区别醛糖和酮糖。

$$酮糖＋间苯二酚/浓盐酸 \xrightarrow{\triangle} 红色物质（2\ min\ 内）$$

递升、递降反应是研究单糖结构的重要方法。

问题 12 - 2　写出下列糖分别被硝酸氧化后的产物,并说明它们是否有旋光性。

D-葡萄糖　D-甘露糖　D-半乳糖　D-阿拉伯糖　D-核糖

问题 12 - 3　试说明酮糖也能还原托伦试剂的原因。

问题 12 - 4　下列哪些糖能形成相同的糖脎?

D-葡萄糖　D-果糖　D-半乳糖　D-核糖

第三节　重要的单糖及其衍生物

一、D-核糖和D-2-脱氧核糖

D-核糖（Ribose）和D-2-脱氧核糖（Deoxyribose）是极为重要的戊醛糖,常与磷

酸及某些杂环化合物结合而存在于核蛋白中,其分别是 RNA 和 DNA 的组成部分。它们的哈沃斯式和开链式结构为

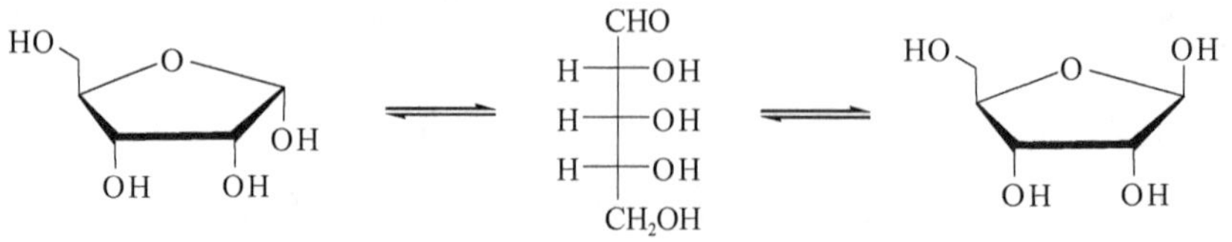

α-D-呋喃核糖   D-核糖   β-D-呋喃核糖

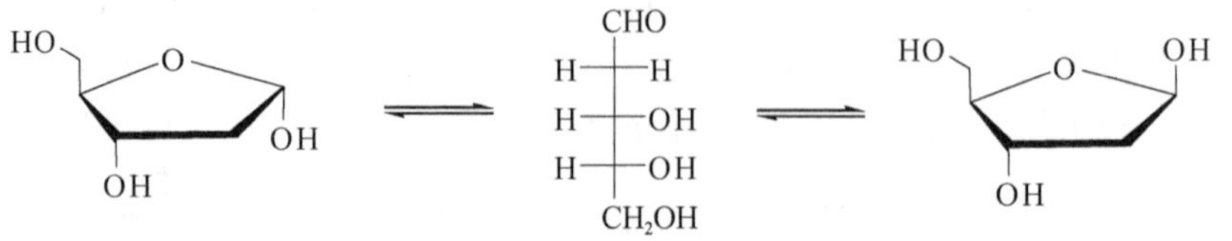

α-D-呋喃脱氧核糖   D-脱氧核糖   β-D-呋喃脱氧核糖

二、D-葡萄糖

D-葡萄糖(D-Glucose)是自然界中分布最广泛的己醛糖,存在于葡萄等水果,动物的血液、淋巴液、脊髓中,为无色结晶,甜度约为蔗糖的 70%,易溶于水,稍溶于乙醇,难溶于乙醚和烃类。葡萄糖以多糖或糖苷的形式存在于许多植物的种子、根、叶和花中。将纤维素或淀粉等物质彻底水解可得到葡萄糖。由于 D-葡萄糖是右旋的,在商品中,常以"右旋糖(Dextrose)"代表葡萄糖。

三、D-果糖

D-果糖(D-Fructose)是典型的己酮糖,也是最甜的单糖。天然果糖为 D-型糖,左旋体,所以常称为左旋糖(Levulose)。果糖存在于水果和蜂蜜中。为无色结晶,易溶于水,可溶于乙醇和乙醚中。果糖在水溶液中也存在着互变异构现象和变旋现象,但迄今为止,尚未分离出纯的呋喃果糖。

果糖能和间苯二酚的稀盐酸溶液发生呈色反应而显红色,这是酮糖共有的反应。

D-果糖的费歇尔投影式和哈沃斯投影式结构如下所示:

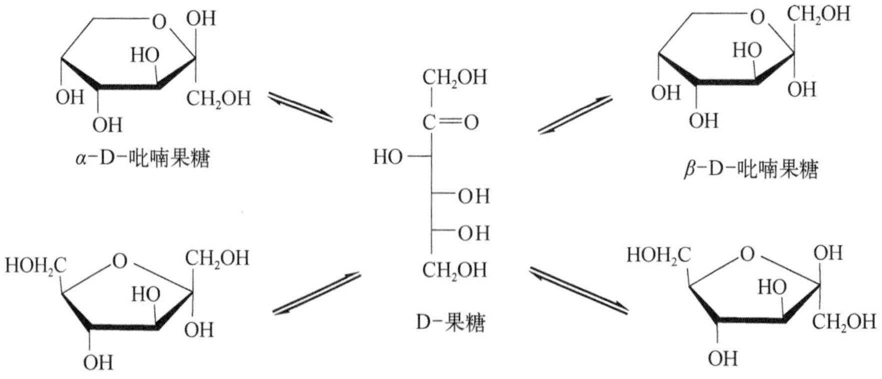

α-D-吡喃果糖   β-D-吡喃果糖

α-D-呋喃果糖   D-果糖   β-D-呋喃果糖

四、D-半乳糖

D-半乳糖(D-Galactose)是许多低聚糖如乳糖、棉籽糖等的组分,也是组成脑髓的重要物质之一,并以多糖的形式存在于许多植物的种子和树胶中。半乳糖是无色结晶,从水中结晶得到的产物含有一分子结晶水,能溶于水和乙醇,用于有机合成及医药。

Ⅱ 双 糖

双糖(Disaccharide)是低聚糖中最重要的一类糖,可以看作是由两分子单糖失水通过糖苷键连接而成的化合物,能被水解成两分子单糖。双糖的物理性质和单糖相似,能结晶,易溶于水,有甜味。自然界中存在的双糖可分为还原性双糖和非还原性双糖两类。

第四节 还原性双糖

还原性(Reducing)双糖可以看作是由一分子单糖的半缩醛羟基与另一分子单糖的醇羟基脱水缩合而形成的。这样形成的双糖分子中,一分子单糖形成糖苷,另一分子单糖仍存在半缩醛羟基,可以开环形成链式结构。所以这类双糖具有单糖的性质:有变旋现象和还原性,能与苯肼形成糖脎。因此,将这类双糖称为还原性双糖。比较重要的还原性双糖有麦芽糖、纤维二糖和乳糖。

一、麦芽糖

麦芽糖(Meltose)是由一分子 α-D-葡萄糖的半缩醛羟基与另一分子 D-葡萄糖 C_4 位上的醇羟基脱水缩合而成的产物。所以,麦芽糖分子中的糖苷键为 α-1,4-苷键,所有葡萄糖的 α-1,4-苷键都能被麦芽糖酶催化水解。一分子麦芽糖水解后,生成两分子 D-葡萄糖。

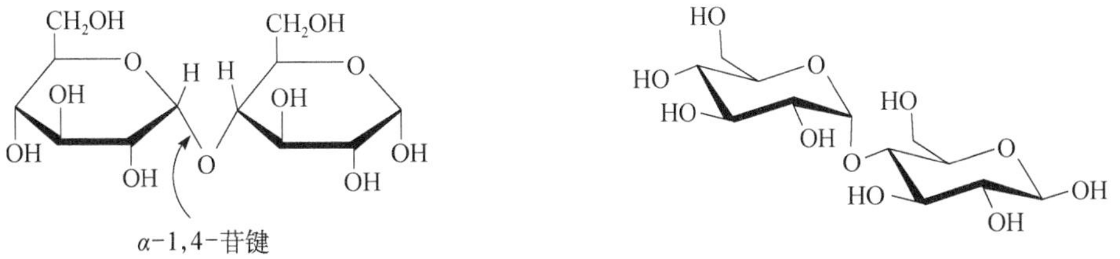

![麦芽糖的结构图]

麦芽糖的结构

由于麦芽糖中仍然含有半缩醛羟基,故在水中有一个糖环仍能通过开链式发生互变异构,因此有变旋现象,可与苯肼作用形成糖脎,也能被托伦试剂和费林试剂氧化,所以麦芽糖是一个还原性双糖,具有单糖的化学性质。

麦芽糖是淀粉在淀粉酶作用下水解的产物。在大麦芽中含有 α-糖苷酶,常用它来催化淀粉水解生成麦芽糖,麦芽糖的名称也由此而来。

麦芽糖是饴糖的主要成分,甜度约为蔗糖的 40%,常用作营养剂和培养基等。

二、纤维二糖

纤维二糖(Cellobiose)是由一分子 β-D-葡萄糖 C_1 位上的半缩醛羟基与另一分子 D-葡萄糖 C_4 位上的醇羟基脱水缩合而成的。所以,它的糖苷键为 β-1,4-苷键。纤维二糖不能被麦芽糖酶催化水解,却能被苦杏仁酶催化水解。纤维二糖与麦芽糖的区别仅在于成苷的葡萄糖单位中半缩醛羟基的构型不同。一分子纤维素二糖水解后得到两分子 D-葡萄糖。

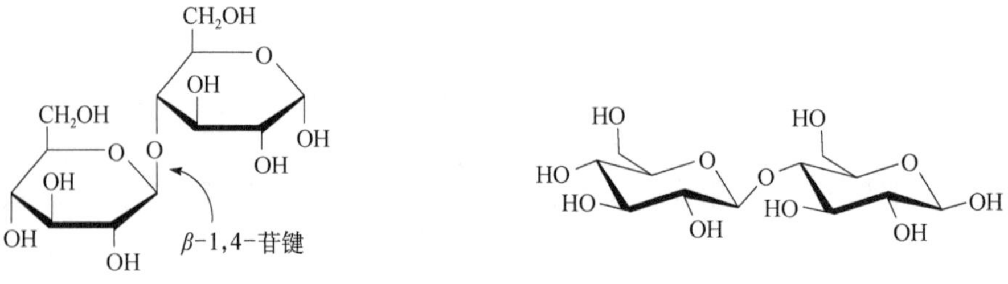

纤维二糖的结构

纤维二糖分子中仍保留一个半缩醛羟基,在水溶液中,这个半缩醛羟基可通过开链式发生互变异构,所以,纤维二糖有变旋现象,能形成糖脎,能还原托伦试剂和费林试剂,是一个还原性二糖,具有单糖的性质。固态时,纤维二糖主要以稳定的 β 型存在。

三、乳糖

乳糖(Lactose)是由一分子 D-(+)-半乳糖和一分子 D-(+)-葡萄糖通过 β-1,4-苷键形成的双糖,成苷的部分是半乳糖,因此,乳糖不能被麦芽糖酶催化水解,但能被苦杏仁酶催化水解。其结构为

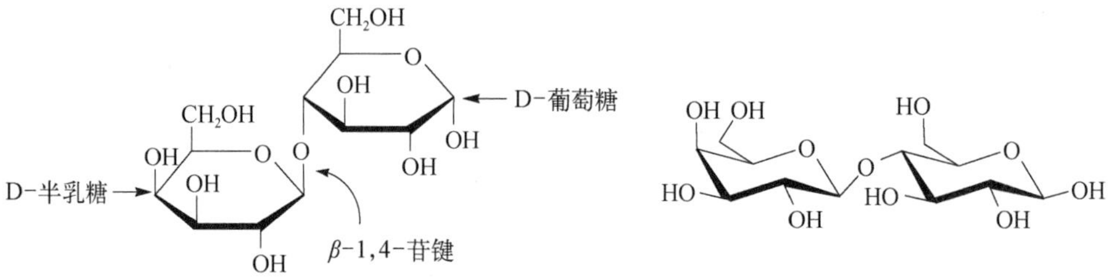

乳糖的结构

由上述结构可以看出,乳糖的葡萄糖单元中仍然存在着游离的半缩醛羟基,故乳糖也是一个还原性二糖。

乳糖存在于人和哺乳动物的乳汁中,在人乳中的含量为 $5\%\sim8\%$,在牛乳中的含量为 $4\%\sim5\%$。由牛乳制干酪时可以得到乳糖,其是白色结晶,熔点为 203℃(分解),甜度约为蔗糖的 70%。乳糖在水中的溶解度较小,没有吸湿性,可用于食品及医药工业。

第五节 非还原性双糖

非还原性(Nonreducing)双糖是一类由两分子单糖都以半缩醛羟基脱水缩合而

形成的,分子中不存在半缩醛羟基,这样形成的双糖,性质与糖苷相似,无变旋现象,无还原性,也不与苯肼作用形成糖脎,所以称为非还原性双糖,如蔗糖、海藻糖等。

一、蔗糖

蔗糖(Sucrose)是由一分子 α-D-葡萄糖的半缩醛羟基与一分子 β-D-果糖的半缩醛羟基之间脱水缩合而成的。它既是 α-葡萄糖苷又是 β-果糖苷,故能被麦芽糖酶催化水解,也能被苦杏仁酶催化水解。其结构为

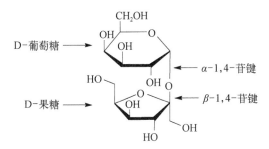

由于蔗糖分子中无半缩醛羟基存在,故其在水溶液中不能转化成开链式,不能发生互变异构,因此,无变旋光现象,不能形成糖脎,也不能被托伦试剂和费林试剂氧化,所以蔗糖是一个非还原性双糖。

蔗糖是无色晶体,易溶于水,甜度仅次于果糖,是右旋糖,$[\alpha]_D^{20}=+66.5°$。在稀酸或酶的催化下水解,生成葡萄糖和果糖的等量混合物,该混合物的旋光方向是左旋,$[\alpha]_D^{20}=-20°$。由于在水解过程中,溶液的旋光方向由右旋逐渐变为左旋,因此通常把蔗糖的水解反应称为转化反应。转化反应所生成的葡萄糖和果糖的等量混合物称为转化糖(Invert Sugar)。能促进蔗糖水解的酶叫作转化酶(Invertase)。蜂蜜的主要成分就是转化糖。

$$\text{蔗糖} \xrightleftharpoons[\text{(转化酶}-\text{H}_2\text{O)}]{\text{H}_3\text{O}^+} \text{葡萄糖}+\text{果糖}$$

$$[\alpha]_D^{20}=+66.5° \qquad \overset{+52°\qquad-92°}{} \qquad [\alpha]_D^{20}=-20°$$

蔗糖是自然界中分布最广而且也是最重要的非还原性双糖,所有能进行光合作用的植物都含有蔗糖,甘蔗和甜菜中的蔗糖含量最高,分别为 $18\%\sim20\%$ 和 $12\%\sim19\%$,它们也是提取蔗糖的主要原料,故蔗糖又称甜菜糖。

二、海藻糖

海藻糖又称为酵母糖或蕈糖,其也是自然界中分布较广的非还原性双糖,许多动植物及微生物体内都含有大量的海藻糖,例如:藻类、细菌、真菌、酵母、地衣及某些昆虫等。海藻糖是由两分子 α-D-葡萄糖彼此在 C_1 位上的两个半缩醛羟基之间脱水,通过 α-1,1-苷键结合而成的双糖,其分子中没有半缩醛羟基,所以,也是非还原性双糖。

海藻糖为白色晶体,含有两分子结晶水,熔点为 97%,当加热到 $130℃$ 时,失去结晶水,无水海藻糖的熔点为 $214\sim216℃$。海藻糖甜味较弱,相当于蔗糖甜度的 45%,无后味,爽口,无毒性,能溶于水、冰醋酸和热乙醇,不溶于乙醚、丙酮,能在小肠中被

消化吸收。海藻糖性质十分稳定,是天然双糖中最稳定的,无还原性,不被一般的酶水解,可被具有特异性的海藻糖酶水解为两分子葡萄糖。

研究发现植物细胞在脱水过程中,海藻糖能够有效地保护细胞膜结构及蛋白质,使植物细胞处于悬浮状态,从而保证了其固有的风味、色泽和完整的细胞组织结构。海藻糖能保证昆虫细胞在寒冷或干旱的环境下不冻结、不干死,并为昆虫在飞翔时提供能量。

问题 12-5 指出下列化合物中的还原性糖和非还原性糖。

葡萄糖　果糖　麦芽糖　蔗糖　纤维二糖　乳糖　甲基-β-D-葡萄糖苷

问题 12-6 为什么蔗糖既能被麦芽糖酶催化水解,又能被苦杏仁酶催化水解?

Ⅲ　多　糖

多糖是自然界中分布最广和最丰富的一类天然高分子化合物,是由数百以至数千个单糖以糖苷键相连形成的高聚体,与生命现象有着密切联系。例如:淀粉是植物体内储备的养料,纤维素是构成植物体骨干的物质,糖原是动物体内血糖的储存形式等。

自然界组成多糖的单糖有戊糖或己糖、醛糖或酮糖,或是一些单糖的衍生物,如糖醛酸、氨基糖等,而且自然界存在的多糖的组分大都很简单。多糖水解的最终产物是单糖,水解后只生成一种单糖的多糖称为均多糖,如淀粉、纤维素等;若水解产物有两种及以上的单糖,则称为杂多糖,如阿拉伯胶、肝素等。

多糖的分子链端虽然含有半缩醛羟基,但由于其分子量太大,半缩醛羟基在分子中所占的比例极低,因此,多糖与单糖及低聚糖在性质上有较大的区别。多糖没有还原性,不能形成糖脎,也没有变旋现象。大多数多糖不溶于水,个别多糖能与水形成胶体溶液,没有甜味。多糖中以淀粉和纤维素的存在量最多,应用最广。多糖不是一种单一的化学物质,而是聚合程度不同的物质的混合物。

第六节　均多糖

一、淀粉

淀粉(Starch)是绿色植物光合作用的产物,是植物体中储藏的养分,也是人类膳食中碳水化合物的主要来源,因此具有重要的经济价值。淀粉多存在于植物的种子、果实、叶、块茎中,其中谷物中淀粉的含量在 75% 以上。

淀粉是无色、无臭、无味的粉状物质,一般都是由直链淀粉(Amylose)和支链淀粉(Amylopectin)组成的混合物,二者在淀粉中的比例随植物的品种而异,一般直链淀粉占 10%～30%,支链淀粉占 70%～90%。

直链淀粉溶于热水,难溶于冷水,在淀粉酶催化下水解得到麦芽糖,在酸性水溶液中水解最终得到 D-葡萄糖。

直链淀粉是由 200～980 个 D-葡萄糖通过 α-1,4-苷键连接起来的线形高分子聚合物,相对分子质量比支链淀粉小。其结构式如下:

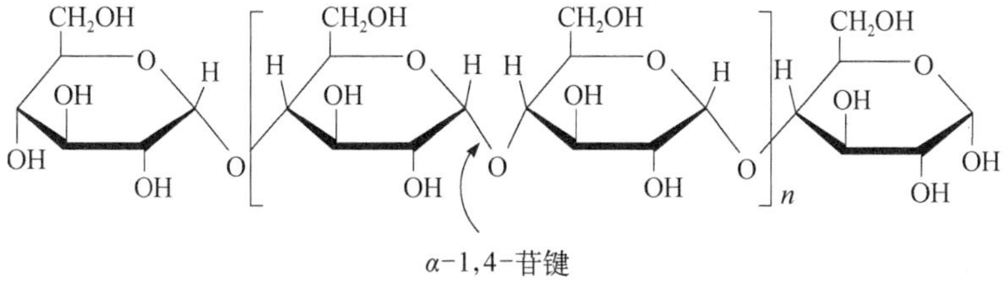

α-1,4-苷键

直链淀粉的结构

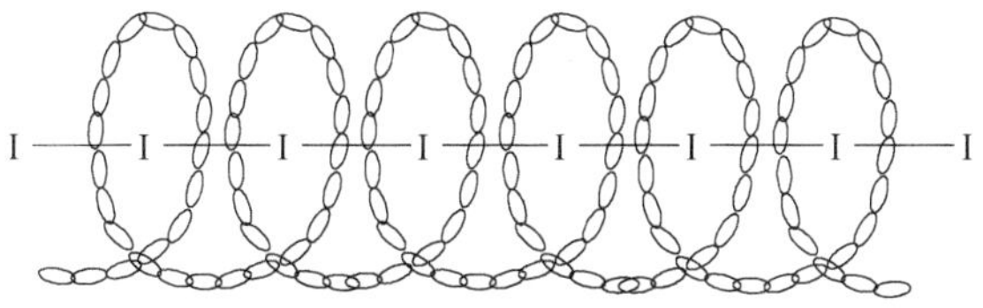

（每圈约含6个葡萄糖单元）

直链淀粉与碘形成的复合物

　　直链淀粉的结构并非是直线型的，借助于分子内氢键，分子链呈高度卷曲的螺旋状（或称为圆筒状），每圈约含 6 个葡萄糖单元。圆筒的内径正好能容纳碘分子，筒状结构使直链淀粉与碘分子能形成稳定的蓝色配合物。实验室常用此显色反应来检验淀粉的存在。

　　直链淀粉的螺旋状结构在受热时会变得松散甚至解螺旋，但再次冷却时，螺旋结构可再重新形成。因此，加热直链淀粉与碘的混合液，蓝色将会消失。当混合液冷却后，蓝色又会重新形成。

　　支链淀粉含有 600~6 000 个 D-葡萄糖单元。在支链淀粉中，其主链是由 α-1,4-苷键连接起来的，支链以 α-1,6-苷键与主链相连，支链中的糖苷键则与主链相同，为 α-1,4-苷键。每个支链含 20~25 个 D-葡萄糖单元。

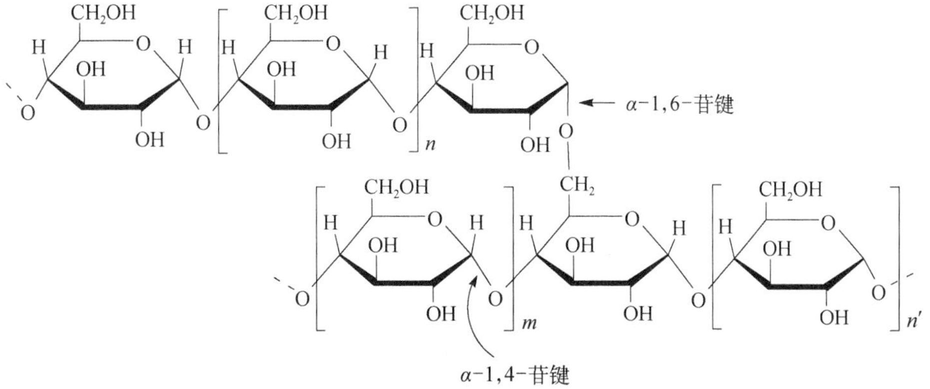

α-1,6-苷键

α-1,4-苷键

支链淀粉的结构示意图

　　支链淀粉中的每个短链，也是成螺旋状的，但由于螺旋管道很短，碘分子不能钻得很深，所以支链淀粉与碘作用呈现的颜色不同，为红紫色。支链淀粉不溶于水，在热水中吸水糊化，膨胀成黏稠溶液。

　　淀粉在酸性水溶液或淀粉酶催化下，会逐步水解，先生成分子量较小的多糖混合物，称为糊精，继续水解，得到麦芽糖和少量的异麦芽糖（通过 α-1,6-苷键相连的二糖),完全水解则最终生成 D-葡萄糖。

$$淀粉 \xrightarrow[\text{酶}]{H_2O} 糊精 \xrightarrow[\text{酶}]{H_2O} 麦芽糖 \xrightarrow[\text{酶}]{H_2O} 葡萄糖$$

工业上就是利用这种原理由淀粉生产糊精、麦芽糖、葡萄糖或葡萄糖浆的。淀粉水解的程度不同,所得糊精的分子大小也不同,与碘作用时,分别呈现蓝紫、紫、红、橙等不同颜色。当淀粉完全水解成麦芽糖或葡萄糖时,就没有这种颜色反应。因此根据水解产物对碘所呈的颜色可以判断水解反应的进程。此外,淀粉经过某种特殊酶的作用,可形成环糊精,其形状与冠醚相似,可应用于有机合成以及生物化学中酶的研究。

二、纤维素

纤维素(Cellulose)是植物细胞壁的主要成分,构成植物体的支持组织,其分子量比淀粉大,也是自然界和植物界分布最广的一种多糖。棉花中纤维素含量最高,可达 $88\% \sim 98\%$,其次是亚麻,含量为 $65\% \sim 70\%$,其他如木材、农作物秸秆中纤维素的含量也在 $40\% \sim 50\%$。

纤维素是纤维二糖的高聚体,由 $1\,000 \sim 10\,000$ 个 D-葡萄糖以 β-1,4-苷键连接而成的长链。其结构式如下:

纤维素的结构

纤维素与直链淀粉一样,是没有分支的链状分子,与直链淀粉不同的是,纤维素分子不能卷曲成螺旋状结构,而是略带弯曲的长链状结构,这些长链上的羟基能形成氢键而将纤维素分子联系起来,结成牢固的纤维素胶束。每个胶束大约由 60 个纤维素分子构成,胶束再定向排布形成网状结构,这样使纤维素具有良好的机械强度和化学稳定性。

纤维素胶束示意图

纤维素不溶于水和一般常用的有机溶剂,其水解比淀粉困难,在强酸或稀酸中加热、加压才可水解,水解的最终产物是 D-葡萄糖。纤维素不能被淀粉酶催化水解,但可被纤维素酶催化水解。由于人体内无纤维素酶,所以纤维素不能作为人的营养品,食草动物(如牛、羊)的消化系统中含有这种酶,因此,这些动物可以以纤维素作为营养来源。

纤维素的用途很广,除可用来制造各种纺织品和纸张外,还可制造人造丝、人造棉、玻璃纸、无烟火药、火棉胶等制品以及电影胶片等许多生活中的有用物质。

三、糖原

糖原(Glycogen)是人和动物体内贮存的一种多糖,又称动物淀粉。食物中的淀粉经人或动物消化道中各种酶的催化水解后,最终变成葡萄糖并被人体或动物体吸收。吸收的葡萄糖再被人体或动物体重新合成为糖原并储存于肝脏和肌肉中,因此糖原有肝糖原和肌糖原之分,其中肌糖原是肌肉收缩所需的主要能源。人体内含糖原约 400 g,当人体或动物体需要葡萄糖时,糖原便被分解成葡萄糖并进入血液;当葡萄糖在血液中的含量增高时,多余的葡萄糖就聚合成糖原储存下来。因此,糖原在体内具有调节血液中葡萄糖含量的功能,以保持人体血糖水平,为各组织提供能量。

糖原的结构和支链淀粉相似,结构单元是 D-葡萄糖,但其分子量更大,所含葡萄糖单元可高达 100 000 个,比支链淀粉的分支更多、更短,所以糖原的分子结构比较紧密,也更为复杂。

糖原是无定形的白色粉末,能溶于水及三氯乙酸,不溶于乙醇及其他有机溶剂。它遇碘呈棕红色,无还原性。糖原可被淀粉酶水解成糊精和麦芽糖;若用酸水解,最终可得 D-葡萄糖。

第七节　杂多糖

一、果胶质(Pectin)

果胶质是一类成分比较复杂的多糖,它们填充在植物细胞壁之间,使细胞黏合在一起。植物的果实、种子、根、茎以及叶子里都含有果胶质,一般水果和蔬菜中含量较多。果胶质的化学成分因来源不同而异,根据其结合状况和理化性质分为原果胶、可溶性果胶和果胶酸。

1. 可溶性果胶(Soluble Pectin):主要成分是半乳糖醛酸甲酯及少量半乳糖醛酸通过 α-1,4-苷键连接而成的长链高分子化合物,可溶于水。水果成熟后由硬变软,其原因之一是原果胶转变为可溶性果胶。

2. 原果胶(Protopectin):可溶性果胶与纤维素缩合而成的高分子化合物,不溶于水。它存在于未成熟水果和植物的茎、叶里。原果胶在稀酸或果胶酶的作用下可转变为可溶性果胶。

3. 果胶酸(Pectin Acid):由半乳糖醛酸通过 α-1,4-苷键结合而成的长链高分子化合物。果胶酸分子中含有游离的羧基,能与 Ca^{2+}、Mg^{2+} 生成不溶性的果胶酸钙或果胶酸镁沉淀,这个反应可用来测定果胶酸的含量。

二、琼脂(Agar)

琼脂又称琼胶,俗称洋菜,是从红藻类植物石花菜或其他藻类中提取出来的多糖胶质经干燥而得。它由 9 个 β-D-半乳糖、1 个 β-L-半乳糖和一分子硫酸结合而成。

琼脂为白色或浅褐色固体,无臭、无味,不溶于冷水,溶于热水,冷却后形成半透明的凝胶。琼脂不能被微生物利用,故常用作微生物的固体培养基。

三、黏多糖(Mucopolysaccharide)

黏多糖是一类含氮的杂多糖,常与蛋白质结合成黏蛋白而存在于动物的许多结

缔组织如软骨和肌腱中,也是细胞间质和腺体分泌的黏液的组成成分,主要有以下几种:

1. 透明质酸(Hyaluronic Acid):它是由 β-D-葡萄糖醛酸和 2-乙酰氨基-β-D-葡萄糖相互交错连接而成的链状分子。

2. 硫酸软骨素(Chondroitin Sulfate):它与蛋白质结合形成软骨黏蛋白。其分子是由 β-D-葡萄糖醛酸与 2-乙酰氨基-β-D-半乳糖-6-硫酸酯以 β-1,3 和 β-1,4-苷键连接而成的。

3. 肝素(Heparin):肝素的基本结构单元是 2-氨基-α-D-葡萄糖的硫酸酯和 α-D-葡萄糖醛酸等。各结构单元之间以 α-1,4-苷键相连接。

本章小结

一、单糖

(1) 分类:$\left.\begin{array}{l}① \text{ 醛糖} \\ ② \text{ 酮糖}\end{array}\right\}$除丙酮糖外,均有旋光性

(2) 构型:

① D 构型:分子中编号最大(距羰基最远的)的手性碳的构型与 D-(+)-甘油醛的构型相同。

② L 构型:分子中编号最大(距羰基最远的)手性碳的构型与 D-(+)-甘油醛的构型相反。

(3) 结构表示方法:费歇尔投影式、哈沃斯式投影式、构象式,环状结构常用哈沃斯投影式表示,半缩醛羟基与决定构型的羟基在环同侧为 α 型,异侧为 β 型。

(4) 差向异构体:存在多个手性碳原子的旋光异构体,只有一个手性碳原子构型相反,其余相同。

二、单糖的化学性质

1. 氧化反应:

(1) 碱性条件下,能与弱氧化剂(托伦试剂、费林试剂、本尼迪克特试剂)反应。

(2) 酸性条件下,溴水能氧化醛糖,不能氧化酮糖,可用于鉴别醛糖和酮糖。

(3) 在稀硝酸中,单糖的羰基和羟甲基都能被氧化,生成糖二酸。

2. 成脎反应:成脎反应只发生在 C_1,C_2 上,除 C_1,C_2 外,其他手性糖构型相同的单糖可以生成相同的糖脎。该反应可用作糖的定性鉴定。

3. 成苷反应:单糖的环状结构中含有半缩醛羟基,在无水 HCl 催化下能与醇或酚等含羟基的化合物脱水缩合形成缩醛型物质,成为糖苷。在糖苷分子中,已不存在半缩醛羟基,不能变为链式结构,因此糖苷不能还原费林试剂,不能生成糖脎,也无变旋现象。

4. 呈色反应:

(1) 莫利希反应:糖类+α-萘酚/酒精 $\xrightarrow{\text{浓硫酸}}$ 紫色物质

(2) 伊万诺夫反应:酮糖+间苯二酚/浓盐酸 $\xrightarrow{\triangle}$ 红色物质(2 min 内)

三、双糖

(1) 还原性双糖:分子中存在半缩醛羟基的双糖(麦芽糖、纤维二糖),其性质与

单糖相似。

（2）非还原性双糖：分子中没有半缩醛羟基的双糖（蔗糖、海藻糖），无变旋现象，无还原性，不能形成糖脎。

四、多糖

（1）淀　粉：糖苷键为 α-苷键 }　均由 D-葡萄糖构成
（2）纤维素：糖苷键为 β-苷键
（3）不形成晶体，没有甜味，不能形成糖脎，无变旋现象和还原性。

知识拓展　　　　糖　蛋　白

糖蛋白（Glycoprotein）是一类由糖类和蛋白质或多肽以共价键形式连接而成的结合蛋白，是生物体内重要的生物大分子之一，它广泛存在于细胞膜、细胞间质、血浆以及黏液中，包括许多酶、激素、血浆蛋白、全部抗体、补体因子、毒素、动植物和微生物凝集素、血型物质、黏液组分、膜蛋白和受体等，对于细胞增殖的调控、受精、发育、分化以及免疫等生命现象，起着十分重要的作用。

近年来从各种生物体中提取的天然糖蛋白表现出显著的药理学效应，具有抗肿瘤、免疫活性、抗氧化、抗菌、抗凝血等生物活性。加之其定向归巢，使药物选择性地集中到病灶，提高药效。同时由于其天然的特点，对机体正常组织细胞的生理功能影响小，毒副作用较小，越来越受到青睐。目前糖蛋白主要从菌类、藻类、高等植物体、海产贝类等动物体中提取。由于天然糖蛋白来源于自然、低毒，很多糖蛋白抗肿瘤作用机制都源于其免疫活性，从中寻找高效的抗肿瘤及调节免疫功能的药物是一条有效的途径。

除此之外，人的血型也与糖蛋白有关。因为很多生物细胞含有多糖，一般情况下这些多糖是以半缩醛羟基形式与细胞表面的蛋白质的羟基或氨基键合，这些物质称作糖蛋白。这些糖蛋白被称为抗原，不同血型的血红细胞有不同的抗原。血清中也携带抗体，抗体也是一种糖蛋白。众所周知，输血要严格配血型，若血型不配的血相混合在一起会引起红细胞的凝集，这和红细胞表面的特征抗原（血型抗原）有关。血型不同，通常是指红细胞膜上所含的抗原不同。含 A 抗原的血为 A 型，含 B 抗原的血为 B 型，两种抗原都有的为 AB 型，两种抗原都没有的为 O 型。每个人只有一种血型。而这些血型的不同正是由于糖蛋白分子中的糖所造成的。现在知道，A、B、H 三种抗原化学结构的差异仅仅在于糖链末端的一个单糖。A 抗原和 B 抗原相比仅末端半乳糖上的取代基不同，A 抗原末端为 N-乙酰半乳糖（N-Ac-Gal），而 B 抗原末端为半乳糖；H 抗原和 A、B 抗原相比则末端少一个半乳糖或 N-乙酰半乳糖。人的血型是非常稳定的而且严格按照一定的规律遗传。如果双方父母的血型一个是 A型，另一个是 O 型，则子女只能是 O 型或者 A 型，不可能是 B 型或 AB 型。但是如果父母的血型一个是 A 型另一个是 B 型，则他们的子女 4 种血型都可能出现。因此血型鉴定可作为亲子关系的参考依据。

课后习题

1. 试写出下列各对化合物的构型式，并判断它们是属于对映异构体、非对映异构体还是差向异构体。

(1) D-葡萄糖和 L-葡萄糖的开链式结构

(2) D-葡萄糖和 D-半乳糖的开链式结构

2. 分析下列化合物的结构,并说明:(1) 有无还原性;(2) 有无变旋性;(3) 能否被水解;(4) 如果能水解,其产物能否形成糖脒。

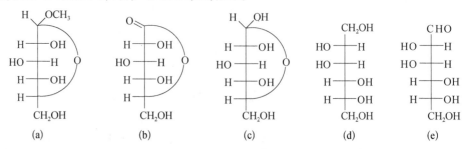

(a)　　　　(b)　　　　(c)　　　　(d)　　　　(e)

3. 请写出下列各糖的环式和链式异构体的互变平衡体系。

(1) D-葡萄糖 　　　　　　　　(2) D-果糖

(3) D-甘露糖 　　　　　　　　(4) D-核糖

(5) D-脱氧核糖

4. 写出 D-甘露糖与下列试剂反应的主要产物。

(1) H_2NOH 　　　　　　　　(2) Br_2/H_2O

(3) HNO_3 　　　　　　　　(4) $NaBH_4$

(5) 苯肼

5. 用化学方法鉴别下列各组化合物。

(1) 葡萄糖、果糖和蔗糖 　　　　(2) 麦芽糖、蔗糖和淀粉

(3) 纤维二糖、淀粉和纤维素

6. 两个 D-型糖 A 和 B,分子式均为 $C_5H_{10}O_5$,它们与间苯二酚/浓盐酸溶液反应时,B 很快产生成红色,而 A 较慢。A 和 B 可生成相同的糖脒。A 用硝酸氧化得内消旋物,B 的 C_3 构型为 R 构型。试推导出 A 和 B 的结构式。

第十三章

氨基酸、蛋白质及核酸

蛋白质和核酸是与生命密切相关的两类基本物质,是参与生物体内各种生物变化的最重要的组分。蛋白质是功能高分子,存在于一切细胞中,是构成人体和动植物的基本物质,同时也在有机体中发挥着重要的生理作用,如供给肌体营养、输送氧气、防御疾病、控制代谢过程、传递遗传信息、负责机械运动等。核酸分子携带着遗传信息,在生物的个体发育、生长、繁殖和遗传变异等生命过程中起着极为重要的作用。

蛋白质的基本结构是氨基酸,因此,要想了解蛋白质的组成、结构和性质,就必须先讨论氨基酸。

Ⅰ 氨 基 酸

第一节 氨基酸的结构、分类和命名

一、氨基酸的结构

氨基酸是羧酸分子中烃基上的氢原子被氨基(—NH_2)取代后的衍生物。目前发现的天然氨基酸约有 300 种,构成蛋白质的氨基酸有 30 余种,其中常见的有 20 余种,人们把这些氨基酸称为蛋白氨基酸。其他不参与蛋白质组成的氨基酸称为非蛋白氨基酸。

构成蛋白质的 20 余种常见氨基酸中除脯氨酸外,都是 α-氨基酸,其结构可用通式表示:

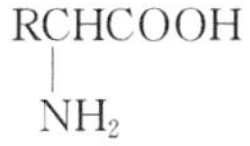

$$\begin{array}{c} \text{RCHCOOH} \\ | \\ \text{NH}_2 \end{array}$$

这些 α-氨基酸中除甘氨酸(R=H)外,都含有手性碳原子,有旋光性。其构型一般都是 L 构型(某些细菌代谢中产生极少量 D-氨基酸)。

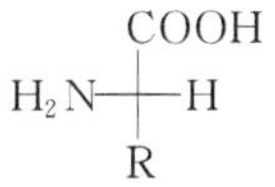

$$\begin{array}{c} \text{COOH} \\ \text{H}_2\text{N} + \text{H} \\ \text{R} \end{array}$$

L-氨基酸

二、氨基酸的分类

根据氨基酸中氨基和羧基的数目,可以将氨基酸分为中性、碱性和酸性三类。分子中只含有一个—NH₂ 和一个—COOH 的为中性氨基酸,含一个—COOH 和两个—NH₂ 或一个—NH₂ 和另一个碱基(如胍基,咪唑环等)的为碱性氨基酸,含一个—NH₂ 和两个—COOH 的为酸性氨基酸。

根据 R 基团的不同,又可把氨基酸分为脂肪族氨基酸、芳香族氨基酸和杂环氨基酸。表 13-1 为常见的氨基酸。

表 13-1 常见的氨基酸

名 称	中文缩写	英文缩写		结构式
中性氨基酸				
甘氨酸(α-氨基乙酸) Glycine	甘	Gly	G	$H_2N{-}CH_2COOH$
丙氨酸(α-氨基丙酸) Alanine	丙	Ala	A	$H_3C{-}\overset{H}{\underset{NH_2}{C}}{-}COOH$
亮氨酸(γ-甲基-α-氨基戊酸)* Leucine	亮	Leu	L	$(CH_3)_2CHCH_2\underset{NH_2}{CH}COOH$
异亮氨酸(β-甲基-α-氨基戊酸)* Isoleucine	异亮	Ile	I	$CH_3CH_2\underset{CH_3}{\overset{NH_2}{CH}}C{-}COOH$
缬氨酸(β-甲基-α-氨基丁酸)* Valine	缬	Val	V	$(CH_3)_2CH\underset{NH_2}{CH}COOH$
脯氨酸(α-四氢吡咯甲酸) Proline	脯	Pro	P	
苯丙氨酸(β-苯基-α-氨基丙酸)* Phenylalanine	苯丙	Phe	F	
蛋(甲硫)氨酸(α-氨基-γ-甲硫基戊酸)* Methionine	蛋	Met	M	$CH_3SCH_2CH_2\underset{NH_2}{CH}COOH$
色氨酸[α-氨基-β-(3-吲哚基)丙酸]* Tryptophan	色	Trp	W	
丝氨酸(α-氨基-β-羟基丙酸) Serine	丝	Ser	S	$HOCH_2\underset{NH_2}{CH}COOH$
谷氨酰胺(α-氨基戊酰胺酸) Glutamine	谷胺	Gln	Q	$H_2NCOCH_2CH_2\underset{NH_2}{CH}COOH$
苏氨酸(α-氨基-β-羟基丁酸)* Threonine	苏	Thr	T	$CH_3\overset{OH}{CH}C\underset{NH_2}{H}COOH$

名　称	中文缩写	英文缩写	结构式
半胱氨酸(α-氨基-β-巯基丙酸) Cysteine	半胱	Cys	C	$\underset{\overset{|}{NH_2}}{HSCH_2CHCOOH}$
天冬酰胺(α-氨基丁酰胺酸) Asparagine	天胺	Asn	N	$\underset{\overset{|}{NH_2}}{H_2NCOCH_2CHCOOH}$
酪氨酸(α-氨基-β-对羟基丙酸) Tyrosine	酪	Tyr	Y	$HO-\!\!\!\bigcirc\!\!\!-\underset{\overset{|}{NH_2}}{CH_2CHCOOH}$
		酸性氨基酸	
天冬氨酸(α-氨基丁二酸) Aspartic Acid	天	Asp	D	$\underset{\overset{|}{NH_2}}{HOOCCH_2CHCOOH}$
谷氨酸(α-氨基戊二酸) Glutamic Acid	谷	Glu	E	$\underset{\overset{|}{NH_2}}{HOOCCH_2CH_2CHCOOH}$
		碱性氨基酸	
赖氨酸(α,ω-二氨基己酸）* Lysine	赖	Lys	K	$\underset{\overset{|}{NH_2}}{H_2N(CH_2)_4CHCOOH}$
精氨酸(α-氨基-δ-胍基戊酸) Arginine	精	Arg	R	$\underset{\overset{\|}{H_2N-C-NH(CH_2)_3\underset{\overset{\|}{NH_2}}{CHCOOH}}}{NH}$
组氨酸[α-氨基-β-(4-咪唑基)丙酸] Histidine	组	His	H	咪唑环-$\underset{\overset{|}{NH_2}}{CH_2CHCOOH}$

三、氨基酸的命名

氨基酸的系统命名法是以羧酸为母体,氨基作取代基来命名的,但常使用氨基酸的俗名,比如,具有甜味的氨基乙酸称为甘氨酸;从蚕丝中得到的氨基酸称为丝氨酸;由名为天门冬的植物幼苗中发现的氨基酸称为天门冬氨酸。在使用中为了方便起见,常用英文名称缩写符号(通常为前三个字母)或中文代号表示,例如,甘氨酸可用Gly或G或"甘"字来表示其名称。

组成蛋白质的氨基酸中,有八种氨基酸不能通过动物自身合成,必须从食物中获取。缺乏时会引起疾病的氨基酸,被称为必需氨基酸,因此应食用不同来源的蛋白质,以保证必需氨基酸的充分供应和身体健康。

问题 13-1　什么是必需氨基酸,必需氨基酸都有哪些?

第二节　氨基酸的性质

一、物理性质

氨基酸分子中既有氨基又有羧基,所以其是两性物质,在固态时主要以两性离子的形式或以内盐形式存在。α-氨基酸一般为无色晶体,熔点比相应的羧酸或胺类要高,一般为 200～300℃(许多氨基酸在接近熔点时分解)。除甘氨酸外,其他的 α-氨基酸都有旋光性。大多数氨基酸易溶于水,而不溶于有机溶剂。

二、化学性质

氨基酸的化学性质主要取决于其官能团氨基、羧基和 R 基团,因此它不仅具有氨基和羧基的性质,而且由于官能团的相互影响,还具有一些其他的特殊性质。

1. 氨基酸的两性和等电点

氨基酸分子中同时含有羧基(—COOH)和氨基(—NH₂),不仅能与强碱或强酸反应生成盐,而且还可在分子内形成内盐,是一个偶极离子,显两性化合物的性质。在水溶液中与酸碱反应的过程表示如下:

$$\underset{\substack{| \\ ^{+}\mathrm{NH_3} \\ \text{正离子}}}{\mathrm{RCHCOOH}} \underset{\mathrm{H^+}}{\overset{\mathrm{OH^-}}{\rightleftharpoons}} \underset{\substack{| \\ ^{+}\mathrm{NH_3} \\ \text{偶极离子}}}{\mathrm{RCHCOO^-}} \underset{\mathrm{H^+}}{\overset{\mathrm{OH^-}}{\rightleftharpoons}} \underset{\substack{| \\ \mathrm{NH_2} \\ \text{负离子}}}{\mathrm{RCHCOO^-}}$$

由于氨基酸中—COOH 的解离能力与—NH₂ 接受质子的能力不相等,因此中性氨基酸的水溶液的 pH 不等于 7(一般小于 7)。

在不同的 pH 中,氨基酸能以正离子、负离子及偶极离子三种不同形式存在。如果把氨基酸溶液置于直流电场中,它的正离子会向阴极移动,负离子则会向阳极移动。当调节溶液的 pH,使氨基酸以偶极离子形式存在时,它在电场中既不向阴极移动,也不向阳极移动,此时溶液的 pH 称为该氨基酸的等电点(Isoelectric Point),通常用符号 pI 表示。当调节溶液的 pH 大于某氨基酸的等电点时,该氨基酸主要以负离子形式存在,在电场中移向阳极;当调节溶液的 pH 小于某氨基酸的等电点时,该氨基酸主要以正离子形式存在,在电场中移向阴极。不同的氨基酸等电点不相同,中性氨基酸的等电点为 5.0～6.3,酸性氨基酸的等电点为 2.8～3.2,碱性氨基酸的等电点为 9.7～10.7。在等电点时,偶极离子的浓度最大,氨基酸的溶解度最小,因此可以通过调节等电点来分离、提纯氨基酸。表 13-2 为各种氨基酸在 25℃时 pK 和 pI 的近似值。

表 13-2 各种氨基酸在 25℃时 pK 和 pI 的近似值

氨基酸名称	pK_1	pK_2	pK_3	pI
甘氨酸	2.34	9.60		5.97
丙氨酸	2.34	9.69		6.0
缬氨酸	2.32	9.62		5.96
亮氨酸	2.36	9.60		5.98
异亮氨酸	2.36	9.68		6.02
丝氨酸	2.21	9.15		5.68
苏氨酸	2.71	9.62		6.18
半胱氨酸	1.96	8.18	10.28	5.07
胱氨酸	1.00	1.7	7.48	4.60
甲硫氨酸	2.28	9.21		5.74

氨基酸名称	pK_1	pK_2	pK_3	pI
天冬氨酸	1.88	3.65	9.60	2.77
谷氨酸	2.19	4.25	9.67	3.22
天冬酰胺	2.02	8.80		5.41
谷氨酰胺	2.17	9.13		5.65
赖氨酸	2.18	8.95	10.53	9.74
精氨酸	2.17	9.04	12.48	10.76
苯丙氨酸	1.83	9.13		5.48
酪氨酸	2.20	9.11	10.07	5.66
色氨酸	2.38	9.39		5.89
组氨酸	1.82	6.00	9.17	7.59
脯氨酸	1.99	10.60		6.30
羟脯氨酸	1.92	9.73		5.83

2. 与亚硝酸的反应

大多数氨基酸中都含有伯氨基,和一级脂肪胺一样,其可以定量与亚硝酸反应,生成 α-羟基酸,并释放氮气,这个方法称为范斯莱克(van Slyke)氨基测定法,可用于氨基酸定量和蛋白质水解程度的测定。

反应式如下:

$$RCHCOOH + HNO_2 \longrightarrow RCHCOOH + H_2O + N_2 \uparrow$$
$$\quad | \qquad\qquad\qquad\qquad | $$
$$\quad NH_2 \qquad\qquad\qquad\qquad OH$$

该反应定量进行,从释放出的氮气的体积可计算分子中氨基的含量。

3. 与甲醛的反应

氨基酸分子中的氨基能作为亲核试剂进攻甲醛的羰基,生成(N,N-二羟甲基)氨基酸。氨基酸分子中的氨基在某些酶的催化下,可与醛酮反应生成弱碱性的席夫碱(Schiff base),它是植物体内合成生物碱及生物体内酶促转氨基反应的中间产物。

$$RCHCOOH + R'CHO \longrightarrow R'CH=N-\overset{H}{\underset{R}{C}}-COOH$$
$$\quad | $$
$$\quad NH_2$$

席夫碱

4. 与2,4-二硝基氟苯反应

氨基酸能与2,4-二硝基氟苯(DNFB)反应生成 N-(2,4-二硝基苯基)氨基酸,简称 N-DNP-氨基酸。这个化合物显黄色,可用于氨基酸的比色测定。

$$O_2N-\bigcirc-F + RCHCOOH \xrightarrow{\text{弱碱}} O_2N-\bigcirc-N-CHCOOH$$
$$\qquad | \qquad\qquad | \qquad\qquad\qquad | \quad |$$
$$\qquad NO_2 \qquad NH_2 \qquad\qquad\qquad NO_2 \quad R$$

N-DNP-氨基酸(黄色)

5. 与水合茚三酮的显色反应

α-氨基酸用水合茚三酮处理时呈紫色,反应如下:

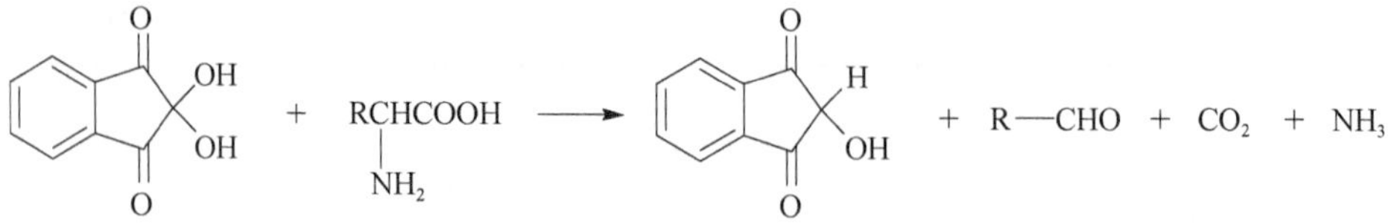

还原型茚三酮

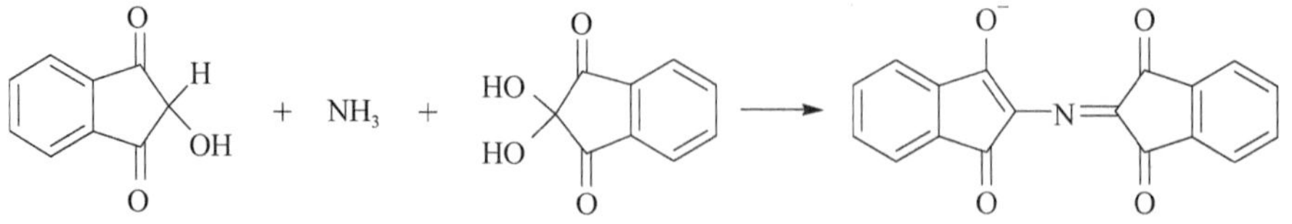

蓝紫色

6. 成肽反应

一分子 α-氨基酸的羧基和另一分子 α-氨基酸的氨基之间脱水缩合生成的含有酰胺键的化合物称为肽(Peptide)。

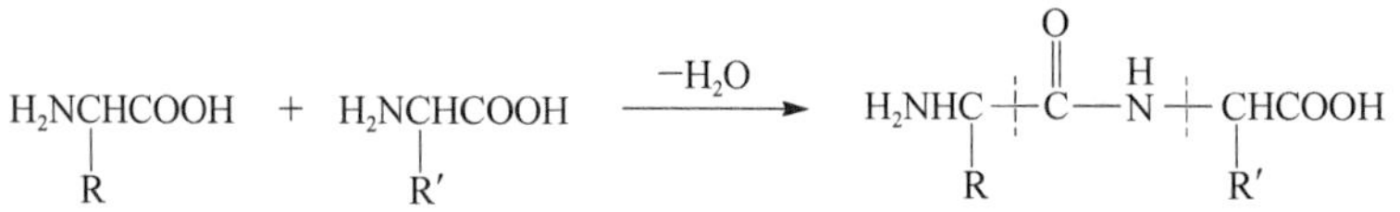

由两个氨基酸形成的肽称为二肽,由三个氨基酸形成的肽称为三肽,由两个以上氨基酸形成的肽叫多肽。链状的肽有两个末端,一端为羧基,称为 C 端,另一端为氨基,称为 N 端。书写时把 N 端写在肽链的左端,C 端写在肽链的右端。命名时是以含 C 端的氨基酸为母体,把肽链中其他氨基酸中的酸字改为酰字,按它们在肽链中从 N 端到 C 端的排列顺序写在母体名称之前。例如:

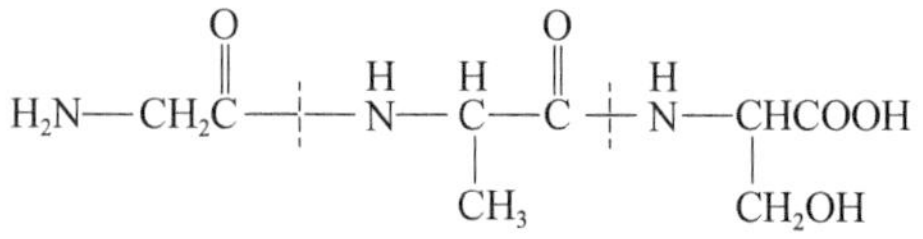

甘氨酰丙氨酰丝氨酸

为书写方便,上式可简写为甘丙丝肽或甘-丙-丝,也常用缩写符号表示为 Gly - Ala - Ser。

问题 13 - 2 试运用氨基酸等电点原理,解释如何利用等电点分离、提纯氨基酸。

问题 13 - 3 请写出丙氨酸在碱性溶液中存在的离子形式,通入直流电它将向哪极移动?

Ⅱ 蛋 白 质

第三节 蛋白质的组成和分类

蛋白质是由多种 α-氨基酸组成的一类天然高分子化合物,分子量一般为一万左右到几百万,有的分子量甚至可达几千万,但其元素组成比较简单,主要含有碳、氢、氮、氧、硫,有些蛋白质还有磷、铁、镁、碘、铜、锌等元素。

各种蛋白质的含氮量很接近,平均为16%,即每克氮相当于6.25 g蛋白质,生物体中的氮元素,绝大部分都是以蛋白质的形式存在,因此,常用定氮法先测出农副产品样品的含氮量,然后计算成蛋白质的近似含量,称为粗蛋白含量。

一、蛋白质的组成

蛋白质是由α-氨基酸通过肽键相互连接而成的大分子,许多蛋白质已获得结晶纯品。根据元素分析的结果发现,各类蛋白质的元素组成,都含有碳、氢、氧、氮四种元素以及少量的硫元素,有的还含有磷、铁、铜、碘等元素。一般蛋白质的平均组成为碳占53%,氢占7%,氮占16%,氧占23%,硫占1%。

二、蛋白质的分类

蛋白质种类繁多,结构复杂,目前只能根据蛋白质的形状、溶解性及化学组成粗略分类。蛋白质根据其形状可分为球状蛋白质(如卵清蛋白)和纤维蛋白质(如角蛋白);根据化学组成又可分简单蛋白质和结合蛋白质。

1. 简单蛋白质

仅由氨基酸组成的蛋白质称为简单蛋白质,简单蛋白又可分为清蛋白、球蛋白、组蛋白、精蛋白、醇溶蛋白和硬蛋白等。

2. 结合蛋白质

由简单蛋白质与非蛋白质成分(称为辅基)结合而成的复杂蛋白质,称为结合蛋白质。结合蛋白质根据辅基不同又分为核蛋白、色蛋白、糖蛋白和脂蛋白等。

第四节　蛋白质的结构

蛋白质的结构复杂,性能各异,这不仅与氨基酸的组成和连接次序有关,同时与肽链存在不同的立体形象即三维结构有关。

一、一级结构

天然蛋白质是由α-氨基酸组成的。α-氨基酸分子间可以发生脱水缩合反应生成酰胺。组成蛋白质的氨基酸种类、数目和排列顺序是蛋白质的最基本结构,叫一级结构,实际上,一级结构是蛋白质分子中共价键连接的全部情况。

二、二级结构

蛋白质的二级结构是指蛋白质的局部在空间的排布关系,包括α-螺旋(α-helix)和β-折叠片(β-pleated sheet)。目前认为蛋白质都有二级结构,如纤维蛋白(存在于毛发等中)的二级结构主要是α-螺旋。

α-螺旋是蛋白质中最常见的二级结构,具有如下的特征:多肽主链围绕同一中心轴以螺旋方式伸展,平均3.6个氨基酸残基构成一个螺旋圈(18个氨基酸残基盘绕5圈),递升0.54 nm,每个残基沿轴上升0.15 nm。每个氨基酸残基的N—H与前面相隔三个氨基酸残基的C=O键形成氢键,这些氢键的方向大致与螺旋轴平行。氢键是维持α-螺旋稳定结构的作用力。天然蛋白质的α-螺旋绝大多数是右手螺旋。图 13-1 为蛋白质 α-右手螺旋示意图。

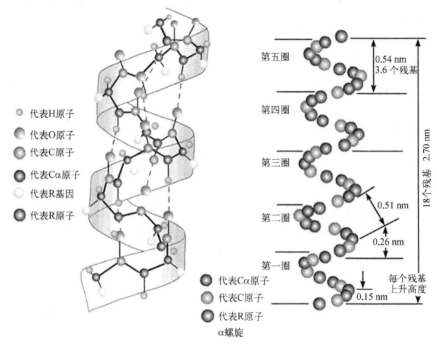

图 13-1　蛋白质 α-右手螺旋示意图

β-折叠是蛋白质另一种常见的二级结构,它由两条或多条几乎完全伸展的肽链同向或反向聚集而成,相邻多肽主链上的 N—H 和 C=O 键之间形成氢键而成的一种多肽构象。β-折叠中氢键与多肽链伸展方向接近垂直,氨基酸残基的侧链基团分别交替地位于折叠面上下,且与片层相互垂直。如丝心蛋白(存在于蚕丝等中)的二级结构就是典型的 β-折叠。图 13-2 为蛋白质 β-折叠示意图。

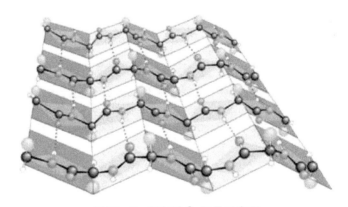

图 13-2　蛋白质 β-折叠示意图

问题 13-4　蛋白质的二级结构有哪两种? 简述其主要特点。

三、三级结构和四级结构

蛋白质分子在二级结构基础上进一步发生卷曲折叠,形成具有特定格式的空间结构,即蛋白质的三级结构。许多球状蛋白质由多条肽链组成,每条肽链都有一、二、三级结构,肽链之间无共价键相连,这些肽链叫作蛋白质的亚基或亚单元。这些亚基聚集成蛋白质大分子,称为蛋白质的四级结构。如谷氨酸脱氢酶由 6 条各有 503 个氨基酸的相同肽链组成,即含有 6 个亚基,分子量约为 33 万。图 13-3 为肌红蛋白的三级结构。

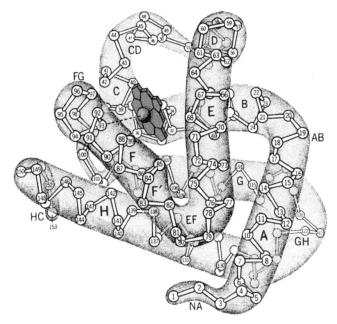

图 13-3 肌红蛋白的三级结构

第五节 蛋白质的性质

一、两性反应与等电点

蛋白质多肽链的 N 端有氨基,C 端有羧基,其侧链上也常含有碱性基团和酸性基团。因此,蛋白质与氨基酸相似,也具有两性性质和等电点。在不同的 pH 条件下可呈正离子或负离子状态,等电点时为两性离子。蛋白质的两性离子性质使其成为生物体内的重要缓冲剂,人体正常的 pH 主要靠血液中的蛋白质(如血浆蛋白)来调节。和氨基酸一样,在等电点时,蛋白质分子在电场中也不迁移,导电性、溶解度、黏度、渗透压等都达到最小。利用此时溶解度最小的性质可以分离蛋白质。

二、胶体性质

蛋白质是大分子化合物,其分子大小一般在 $1\sim100$ nm,在胶体分散相质点范围,所以蛋白质分散在水中,其水溶液具有胶体的一般特性。如具有丁铎尔(Tyndall)现象,能发生布朗(Brownian)运动,不能透过半透膜以及具有较强的吸附作用等。

蛋白质能够形成稳定的亲水胶体,主要有两方面的原因:(1)形成保护性水化层。蛋白质分子表面有许多诸如羧基、氨基、亚氨基、羟基、羰基、巯基等极性的亲水基团,能与水分子形成氢键而发生水化作用,在蛋白质表面形成一层水化层,使蛋白质粒子不易聚沉。(2)粒子带有同性电荷。蛋白质在非等电点 pH 的溶液中,粒子表面会带有同性电荷,同性电荷相互排斥,使蛋白质粒子不易聚沉。所以蛋白质分子借水化层和电荷两种因素来维持其稳定性,不易聚集形成沉淀。

三、沉淀作用

蛋白质溶液的稳定性是有条件且相对的。如果改变这种相对稳定的条件,如除去蛋白质外层的水膜或者电荷,蛋白质分子就会聚集形成沉淀。蛋白质的沉淀分为可逆沉淀和不可逆沉淀。

1. 可逆沉淀

高浓度的中性盐可以沉淀水溶液中的蛋白质,这种现象称为盐析。常用的盐有 $(NH_4)_2SO_4$、Na_2SO_4、$NaCl$ 等。盐析是由于加入盐破坏了蛋白质表面的水化层,降低蛋白质与水的亲和力而使其产生沉淀。所有蛋白质在浓盐溶液中均可沉淀,但不同蛋白质盐析时所要求的盐的最低浓度不同。利用这一特性,逐步增加中性盐溶液,可以分离提纯混合蛋白质。

2. 不可逆沉淀

蛋白质在沉淀时,如果空间构象发生了很大的变化或被破坏,失去了原有的生物活性,即使消除了沉淀因素也不能重新溶解,这称为不可逆沉淀。使蛋白质发生不可逆沉淀的方法有水溶性有机溶剂沉淀法、化学试剂沉淀法和生物碱试剂沉淀法。

（1）水溶性有机溶剂沉淀法

向蛋白质加入适量的水溶性有机溶剂如乙醇、丙酮等,由于它们对水的亲和力大于蛋白质,使蛋白质粒子脱去水化膜而形成沉淀。这种作用在短时间和低温时,沉淀是可逆的,但若时间较长和温度较高时,沉淀则为不可逆沉淀。

（2）化学试剂沉淀法

重金属盐如 Hg^{2+}、Pb^{2+}、Cu^{2+}、Ag^+ 等重金属阳离子能与蛋白质阴离子结合产生不可逆沉淀。例如:

$$2Pr\begin{smallmatrix}NH_2\\ \\COO^-\end{smallmatrix}+Pb^{2+}\longrightarrow \left[Pr\begin{smallmatrix}NH_2\\ \\COO^-\end{smallmatrix}\right]_2 Pb^{2+}\downarrow$$

（3）生物碱试剂沉淀法

苦味酸、三氯乙酸、鞣酸、磷钨酸、磷钼酸等生物碱沉淀剂,能与蛋白质阳离子结合,使蛋白质产生不可逆沉淀。例如:

$$Pr\begin{smallmatrix}NH_3^+\\ \\COOH\end{smallmatrix}+Cl_3C-COOH\longrightarrow \left[Pr\begin{smallmatrix}NH_3^+\\ \\COOH\end{smallmatrix}\right]^- O-\overset{O}{\overset{\|}{C}}-CCl_3\downarrow$$

四、变性作用

蛋白质受物理或者化学因素影响,分子内部原有的高度规律的空间排列发生变化,致使原有性质部分或全部丧失,叫作蛋白质的变性。引起蛋白质变性的因素有很多,物理因素有加热、高压、剧烈振荡、超声波、紫外线或 X 射线衍射等。例如,蛋白质受热后凝固成不透明的硬块,凝固就是一种变性。化学因素有强酸、强碱、重金属离子、生物碱试剂和有机溶剂等。蛋白质的变性一方面是维持具有复杂而精细空间结构的蛋白质的氢键被破坏，原有的空间结构被改变，疏水基外露；另一方面，蛋白质分子中的某些活泼基团如—NH$_2$、—COOH、—OH 等与化学试剂发生了反应。

蛋白质变性分为可逆与不可逆变性，当变性作用不超过一定限度时，有些蛋白质除去致变因素仍可恢复或部分恢复原有性能，这种变性是可逆的，例如，血红蛋白经酸变性后加碱中和可恢复原输氧性能的三分之二。有些蛋白质的变性是不可逆的，例如，鸡蛋的蛋白质热变后不能复原。一般认为，蛋白质的变性主要涉及二级结构和三级结构，不涉及一级结构。

蛋白质的变性作用对工农业生产、科学研究都具有十分广泛的意义。如通常采用加热、紫外线照射、酒精、杀菌剂等杀菌消毒，其结果就是使细菌体内的蛋白质变性。

五、水解反应

蛋白质水解经过一系列中间产物后，最终生成 α-氨基酸。其水解过程如下：

$$蛋白质 \longrightarrow 蛋白胨 \longrightarrow 蛋白胨 \longrightarrow 多肽 \longrightarrow 二肽 \longrightarrow \alpha\text{-氨基酸}$$

蛋白质的水解反应，对研究蛋白质以及蛋白质在生物体中的代谢都具有十分重要的意义。

六、颜色反应

蛋白质分子中的某些基团与显色剂作用，可产生特定的颜色反应，不同蛋白质所含氨基酸不完全相同，颜色反应亦不同。颜色反应不是蛋白质的专一反应，一些非蛋白物质亦可产生相同的颜色反应，因此不能仅根据颜色反应的结果决定被测物是否是蛋白质。颜色反应是一些常用的蛋白质定量测定的依据。例如，茚三酮反应是检验 α-氨基酸、多肽、蛋白质最通用的反应之一，二缩脲反应中肽键越多，颜色越深。表 13-3 是蛋白质的颜色反应。

表 13-3　蛋白质的颜色反应

反 应 名 称	试 剂 配 备	反 应 现 象	反 应 范 围
茚三酮反应	水合茚三酮试剂	蓝紫	氨基酸、蛋白质、多肽
二缩脲反应	稀碱、稀硫酸铜溶液	粉红～蓝紫	多肽、蛋白质
蛋白黄色反应	浓硝酸、加热、稀 NaOH	黄～橙黄	含苯基结构的多肽及蛋白质
米伦反应	米伦试剂*、加热	白～肉红	含酚基的多肽及蛋白质
乙醛酸反应	乙醛酸试剂、浓硫酸	紫色环	含吲哚基的多肽及蛋白质

问题 13-5　解释蛋白质的可逆与不可逆沉淀，说明其特点。

Ⅲ　核　　酸

第六节　核酸的组成、结构和性质

核酸是一种非常重要的生物高分子化合物。最早是从细胞核中分离得到的，且具有酸性,故称为核酸。核酸是储存、复制及表达生物遗传信息的生物高分子化合物。任何有机体包括病毒、细菌、植物和动物,都无例外地含有核酸。核酸可分为核糖核酸(RNA)和脱氧核糖核酸(DNA)两类,RNA 主要存在于细胞质中,控制生物体内蛋白质的合成;DNA 主要存在于细胞核中,决定生物体的繁殖、遗传及变异。因此,核酸化学是分子生物学和分子遗传学的基础。现在已知的某些核酸也有酶的作用。

一、核酸的组成

核酸是由许多不同的核苷酸(Nucleotide)聚合而成的,所以有时也把核酸称为多聚核苷酸(Polynucleotide)。若将核酸逐步水解可得到多种产物,首先得到核苷酸;将核苷酸水解,产物是核苷和磷酸;最后水解核苷,得到戊糖和一个嘧啶或嘌呤类的有机碱(称为碱基)。

即:

```
        核酸(多聚核苷酸)
              ↓
        核苷酸(单核苷酸)
         ↓          ↓
       磷酸        核苷
                ↓       ↓
              戊糖    含氮碱基
```

常见嘧啶和嘌呤的结构如下:

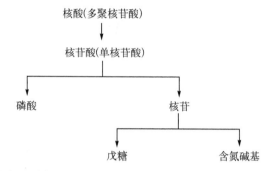

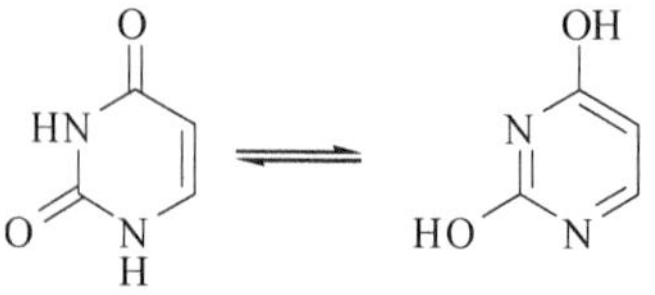

尿嘧啶(Uracil) 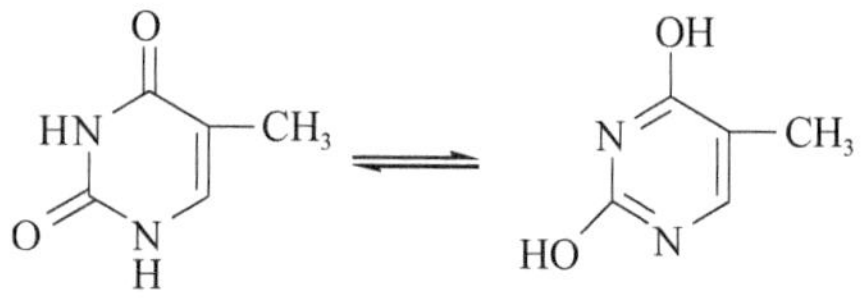　　　　胸腺嘧啶(Thymine)

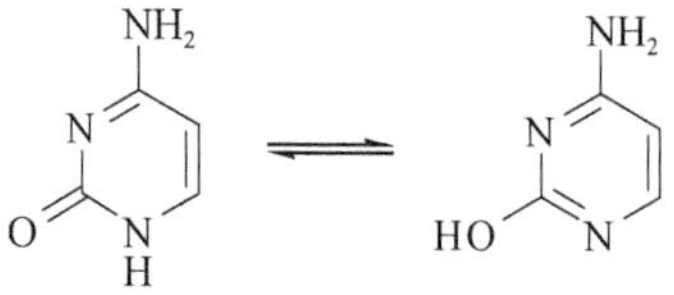

胞嘧啶(Cytosine) 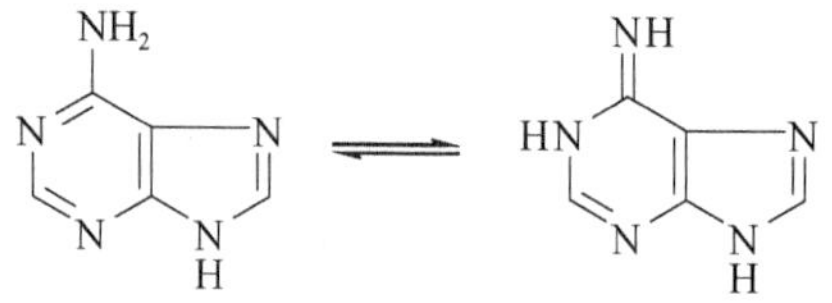　　　　腺嘌呤(Adenine)

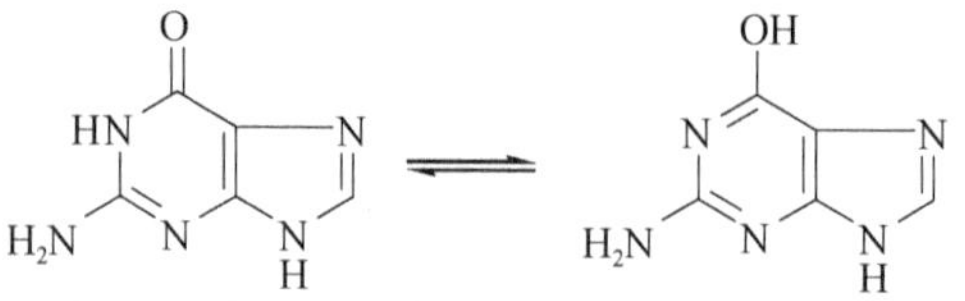

鸟嘌呤(Guanine)

核酸中的戊糖分为 D-核糖(D-ribose)和 D-2-脱氧核糖(D-2-deoxyribose)两类。核酸的分类通常是根据戊糖种类不同进行的。核酸中的碱基可分为嘌呤碱基和嘧啶碱基两类,两类核酸在碱基组成上也有差异。两类核酸均含有磷酸,两类核酸的基本化学组成见表 13-4。

表 13 - 4　两类核酸的基本化学组成

	嘌呤碱	嘧啶碱	戊糖	酸
RNA	腺嘌呤 鸟嘌呤	胞嘧啶 尿嘧啶	D-核糖	磷酸
DNA	腺嘌呤 鸟嘌呤	胞嘧啶 胸腺嘧啶	D-2-脱氧核糖	

　　RNA 又分为三类：信使 RNA，其功能是传递 DNA 的遗传信息；转运 RNA，其功能是在蛋白质生物合成过程中转运氨基酸；核糖体 RNA。

　　问题 13 - 6　试述 DNA 与 RNA 在结构上的区别。

二、核酸的结构

　　核酸也有一级结构、二级结构和三级结构。一级结构是指组成核酸的核苷酸种类及其连接顺序，它决定了核酸的基本性质。

1. 核苷与核苷酸

　　核苷是由 D-核糖或 D-2-脱氧核糖 C_1 位上的 β-羟基与嘧啶碱 1 位氮上或嘌呤碱 9 位氮上的氢原子脱水而成的氮糖苷。两种核苷的结构以腺苷及脱氧胞苷为例表示如下，其他核苷只需用相应碱基进行置换即得。

腺苷结构　　　　　　　　　　　脱氧胞苷

　　核苷酸是核苷中戊糖上的 C_5' 或 C_3' 位上的羟基与磷酸缩合而成的酯。

2. 核酸的一级结构

　　核酸是由许多（单）核苷酸所组成的多核苷酸大分子。RNA 的分子量一般在 $10^4 \sim 10^6$，而 DNA 的分子量在 $10^6 \sim 10^9$。无论是 RNA 还是 DNA，都是由一个单核苷酸中戊糖的 C_5' 位上的磷酸与另一个单核苷酸中戊糖的 C_3' 位上羟基之间，通过 $3'$，$5'$-磷酸二酯键连接而成的长链化合物。例如，大肠杆菌染色体 DNA 的分子量为 2.6×10^9，由 4×10^6 个碱基对组成，长度为 1.4×10^6 nm。核酸中 RNA 主要由 AMP、GMP、CMP 和 UMP 四种单核苷酸结合而成。DNA 主要由 dAMP、dGMP、dCMP 和 dTMP 四种单核苷酸结合而成。核酸的一级结构是指组成核酸的各种单核苷酸按照一定比例和一定的顺序，通过磷酸二酯键连接而成的核苷酸长链。

3. 核酸的二级结构

　　人们在对各种生物的 DNA 碱基组成进行定量测定之后发现，所有的 DNA 中腺嘌呤与胸腺嘧啶的摩尔含量几乎相等，即 $A \approx T$；鸟嘌呤与胞嘧啶的摩尔含量几乎相等，即 $G \approx C$。因此，嘌呤的总数等于嘧啶的总数，即 $A + G = T + C$。这表明在 DNA 中 A 与 T，G 与 C 是成对出现的。根据 X 射线衍射分析，分子模型的推论以及各碱基的性质，1953 年沃森（Waston）和克里克（Crick）通过对 DNA 分子的 X 射线衍射的研究和碱基性质的分析,提出了 DNA 的二级结构为双螺旋结构,该项工作被认为是 20 世纪自然科学的重大突破之一。按照这个模型,DNA 是由两条反向平行的脱氧核糖核酸彼此盘绕成右手螺旋。两条链由碱基对之间的氢键连接,A 与 T 相互配对,G 与 C 相互配对,所以两条链是互补的。因此,当已知一条链的碱基顺序后,即可推出另一条互补链的碱基顺序。这种 A-T 或 C-G 配对,并以氢键相连接的规律,称为碱基配对规则或碱基互补规则。由于碱基配对的互补性,所以一条螺旋的单核苷酸的碱基次序决定了另一条链的单核苷酸的碱基次序。这决定了 DNA 复制的特殊规律,在遗传学中具有重要意义。图 13-4 为 DNA 双螺旋模型。

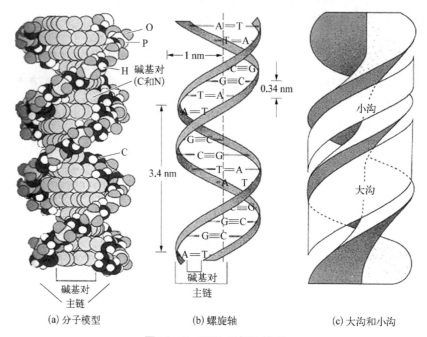

(a) 分子模型   (b) 螺旋轴   (c) 大沟和小沟

图 13-4　DNA 双螺旋模型

DNA 双螺旋结构的要点:

(1) DNA 分子由两条走向相反的多核苷酸链组成,绕同一中心轴相互平行盘旋成双螺旋体结构。两条链均为右手螺旋,即 DNA 主链走向为右手双螺旋体。

(2) 碱基的环为平面结构,处于螺旋内侧,并与中心轴垂直。磷酸与 2-脱氧核糖处于螺旋外侧,彼此通过 3′ 或 5′-磷酸二酯键相连,糖环平面与中心轴平行。

(3) 两个相邻碱基对之间的距离(碱基堆积距离)为 0.34 nm。螺旋每旋一圈包含 10 个单核苷酸,即每旋转一周的高度(螺距)为 3.4 nm。螺旋直径为 2 nm。

(4) 两条核苷酸链之间的碱基以特定的方式配对并形成氢键连接在一起。配对的碱基处于同一平面上,与上下的碱基平面堆积在一起,成对碱基之间的纵向作用力叫作碱基堆积力,它也是使两条核苷酸链结合并维持双螺旋空间结构的重要作用力。

问题 13-7　什么是碱基对互补规则?它是如何在遗传学中发挥作用的?

三、核酸的性质

1. 核酸的理化性质

核酸都是大分子,DNA 比 RNA 的分子量大得多。DNA 的分子量为 1.6×

$10^6 \sim 8.0 \times 10^{10}$。DNA 为白色纤维状物质，RNA 为白色粉状物质，它们都微溶于水，水溶液显酸性，具有一定的黏度及胶体的性质。它们可溶于稀碱和中性盐溶液，易溶于 2-甲氧基乙醇，难溶于乙醇、乙醚等溶剂。核酸在波长为 260 nm 左右都有最大吸收，可利用紫外分光光度法进行定量测定。

核酸具有水解性质，核酸是核苷通过磷酸二酯键连接而成的高分子化合物，在酸、碱或酶的作用下都能水解。在酸性条件下，由于糖苷键对酸不稳定，核酸水解生成碱基、戊糖、磷酸及单核苷酸的混合物。在碱性条件下，可得单核苷酸或核苷（DNA 较 RNA 稳定）。酶催化的水解比较温和，可有选择性地断裂某些键。

变性作用是核酸的一个重要的理化性质。核酸的变性是指核酸分子内氢键断裂，双螺旋结构解开，不涉及核苷酸间共价键的断裂，即分子大小不变。引起核酸变性的因素有很多，如温度、酸碱度、有机溶剂、尿素和酰胺等试剂也可引起核酸的变性。变性后核酸的理化性质和生物学功能都有显著变化，例如，黏度下降，紫外吸收增强，生物功能降低或消失等。

核酸因为含有磷酸和戊糖，因此可以同一些物质发生反应，表现为颜色的变化。核酸在强酸中加热水解有磷酸生成，能与钼酸铵（在有还原剂如抗坏血酸等存在时）作用，生成蓝色的钼蓝，在波长为 660 nm 处有最大吸收。RNA 与盐酸共热，水解生成的戊糖转变成糠醛，在三氯化铁催化下，与苔黑酚（即 5-甲基-1,3-苯二酚）反应生成绿色物质，产物在波长为 670 nm 处有最大吸收。DNA 在酸性溶液中水解得到脱氧核糖并转变为 ω-羟基-γ-酮戊酸，后者与二苯胺共热，生成蓝色化合物。

2. 核酸的生物学功能

核酸的生物学功能是多种多样的，但最重要的是在生物遗传和蛋白质生物合成中的作用，因而与生命科学密切相关。

DNA 是生物遗传的主要物质基础，是生物遗传信息的存储库。每种生物的形态结构和生理特征都是通过母代 DNA 传给子代的。根据半保留复制学说，复制过程中，DNA 分子的两条多核苷酸链逐步拆开为两条单链，每条单链分别作为模板各合成一条与自身有互补碱基的新链，并与新链配对形成两个新的双链螺旋的子代 DNA 分子。图 13-5 为 DNA 分子的复制示意图。

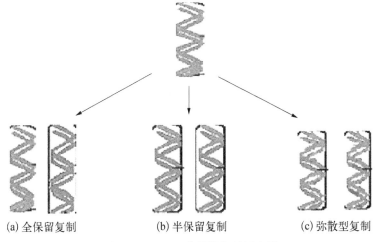

(a) 全保留复制   (b) 半保留复制   (c) 弥散型复制

图 13-5 DNA 分子的复制示意图

DNA 还是合成 mRNA 的模板,把所存储的遗传信息传给 mRNA。当生物体所需要合成某一种蛋白质时,DNA 首先把它以密码形式存储的有关这种蛋白质的遗传信息转录给 mRNA,随后转移核糖核酸(tRNA)接受 mRNA 传来的信息(遗传密码),并把信息翻译成相应的氨基酸带到核糖体上,按照密码顺序将氨基酸接成多肽,完成蛋白质的合成。

本章小结

蛋白质和核酸是与生命密切相关的两类基本物质,蛋白质的基本结构为氨基酸。

1. 氨基酸

氨基酸是羧酸分子中烃基上的氢原子被氨基取代后的衍生物。在构成蛋白质的20 余种常见氨基酸中,除脯氨酸外,都是 α-氨基酸;除甘氨酸外,都有旋光性,且构型一般都是 L 构型。根据氨基酸中氨基和羧基的数目,可将氨基酸分为中性、酸性和碱性三类。

氨基酸的主要化学性质有:

(1) 两性和等电点

氨基酸分子中同时含有羧基和氨基,显两性化合物的性质。在不同 pH 中,氨基酸能以正离子、负离子及偶极离子三种不同形式存在。如果把氨基酸溶液置于直流电场中,它的正离子会向阴极移动,负离子则会向阳极移动。当调节溶液的 pH,使氨基酸以偶极离子形式存在时,它在电场中既不向阴极移动,也不向阳极移动,此时溶液的 pH 称为该氨基酸的等电点,通常以 pI 表示。

(2) 与亚硝酸的反应

大多数氨基酸和一级脂肪胺一样,可与亚硝酸反应,定量释放出氮气,根据释放出的氮气体积可计算分子中氨基的含量。这个方法称为范斯莱克氨基测定法。

(3) 与甲醛的反应

氨基酸分子中的氨基能作为亲核试剂进攻甲醛的羰基,生成(N,N-二羟甲基)氨基酸。

(4) 与 2,4-二硝基氟苯反应

氨基酸能与 2,4-二硝基氟苯反应生成 N-(2,4-二硝基苯基)氨基酸,产物显黄色,可用于氨基酸的比色测定。

另外氨基酸还可发生显色反应和成肽反应等。

2. 蛋白质

蛋白质的结构复杂,性能各异,这不仅与氨基酸的组成和连接次序有关,同时与肽链存在不同的立体形象即三维结构有关。组成蛋白质的氨基酸种类、数目和排列顺序是蛋白质的最基本结构,叫一级结构。蛋白质的二级结构是指蛋白质的局部在空间的排布关系,包括 α-螺旋和 β-折叠片。蛋白质分子在二级结构基础上进一步发生卷曲折叠,形成具有特定格式的空间结构,称蛋白质的三级结构。蛋白质中亚甲基聚集成的蛋白质大分子称为蛋白质的四级结构。

蛋白质具有两性反应(等电点)、胶体性质、沉淀作用、变性作用、水解反应和颜色反应等性质。

3. 核酸

核酸可分为核糖核酸(RNA)和脱氧核糖核酸(DNA)两类,RNA主要存在于细胞质中,控制生物体内蛋白质的合成;DNA主要存在于细胞核中,决定生物体的繁殖、遗传和变异。

核酸是由许多不同的核苷酸聚合而成的,若将核酸逐步水解可得多种产物,首先得到核苷酸;将核苷酸水解,产物是核苷和磷酸;最后水解核苷,得到戊糖和一个嘧啶或嘌呤类的有机碱。

知识拓展　　　　　绿色荧光蛋白的发现及应用

绿色荧光蛋白(Green Fluorescent Protein,GFP)是由日本科学家下村修等在维多利亚从多管水母体内发现的,其是一个由约238个氨基酸组成的蛋白质,从蓝光到紫外线都能使其激发出绿色荧光。由于它稳定的结构和光物理性质,又易于在细胞内表达,所以被广泛应用于生命科学领域。2008年10月8日,日本科学家下村修、美国科学家马丁·查尔菲和钱永健因为发现和改造绿色荧光蛋白而获得了当年的诺贝尔化学奖。

一、GFP在生命科学领域的应用具有的优点

(1)检测方便:因为GFP荧光反应不需要外加底物和辅助因子,也就不存在这些物质可能难于进入细胞的问题,只需紫外光或蓝光激发,即可发出绿色荧光,用荧光显微镜甚至肉眼就可以观察到,且灵敏度高,对于单细胞水平的表达也可识别。

(2)荧光稳定:GFP对光漂白有较强的耐受性,能耐受长时间的光照;GFP在pH为7～12时也能正常发光;对高温(70℃)、碱性、除垢剂、盐、有机溶剂和大多数普通酶(链霉蛋白酶Pronase除外)都有较强抗性。

(3)无毒害:从目前的研究结果来看,GFP对生活的细胞基本无毒害,对目的基因的功能也没有影响,转化后细胞仍可连续传代。

(4)共用性和通用性:首先表现在GFP的表达几乎不受种属范围的限制,在微生物、植物、动物中都获得了成功的表达;其次是GFP没有细胞种类和位置上的限制,在各个部位都可以表达,发出荧光。

(5)易于构建载体:由于GFP分子量较小,仅为27～30 ku,编码GFP的基因序列也很短,为2.6 kb,所以很方便地同其他序列一起构建多种质粒,而不至于使质粒过大影响转化频率。

(6)可进行活细胞定时定位观察:对活细胞中蛋白的功能研究,更能接近自然真实的状态。通过GFP可实时观察到外界信号刺激下,目的蛋白的变化过程,借助于近年来广泛使用的激光扫描共聚焦显微镜,结合强大的计算机软件,可进行三维显示。

(7)易于得到突变体:GFP中氨基酸的替换可产生不同光谱特性的突变体,且增强了荧光强度,适合在不同物种中专性表达。

二、GFP的应用

通常天然的GFP在细胞内几个小时就可以形成发色团,通过转基因技术可以把它连接到一种病毒上,然后,随着病毒在宿主体内不断扩散,就可以通过跟踪发出的绿光来观察病毒的扩散途径,或者把它接合到一种蛋白质上并通过显微镜观察它在

细胞内部的移动。因此在生命科学的各个领域得到广泛的应用：① 研究基因表达的调控元件和蛋白定位;② 研究基因表达的时序控制与空间定位;③ 发育分子机理研究,GFP 可以作为活体标记,在原位观察细胞的生长和运动,特别对于身体透明的动物观察起来更方便;④ 筛选药物,由于可以用不同颜色的 GFP 衍生物标记相关的蛋白来观察单细胞内相互作用的靶蛋白,再分离出目的细胞,从而可用于大规模药物筛选;⑤ 临床检验,生产出 GFP 标记的抗原或抗体,就可以进行免疫诊断;⑥ 转基因动物和植物的筛选标记,微生物在体内的感染途径,病毒和宿主的相互作用等,如将其插入动物、细菌或细胞的遗传信息中,随着细胞复制,可观察不断长大的癌症肿瘤、细菌等。

现在,科学家们还在继续寻找新的荧光蛋白基因,基因表达的蛋白不仅可以发绿光、黄光、橙光,还可以发红光,用于多色荧光标记和荧光共振能量传递。众多的荧光蛋白基因的发现,以及基因表达技术的进步,使其在理论研究和实际应用中产生更大的价值。

课后习题

1. 命名下列化合物。

(1)  H₃CH₂CHC—CHCONHCH₂CONHCHCOOH （CH₃ on first CH, NH₂ below, CH₂C₆H₅ below）

(2) 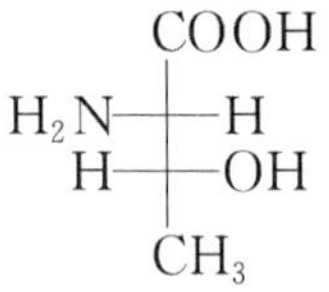 H₂N—│—H, H—│—OH, COOH top, CH₃ bottom

(3) 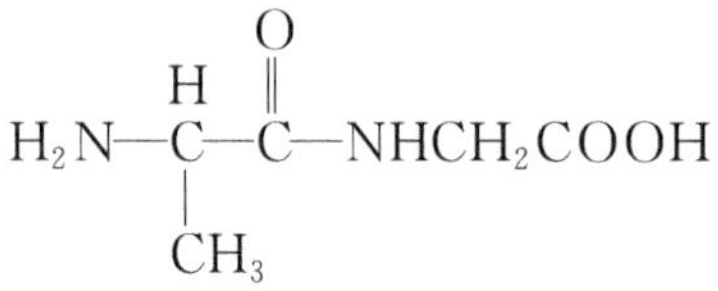 H₂N—C(H)(CH₃)—C(=O)—NHCH₂COOH

(4) 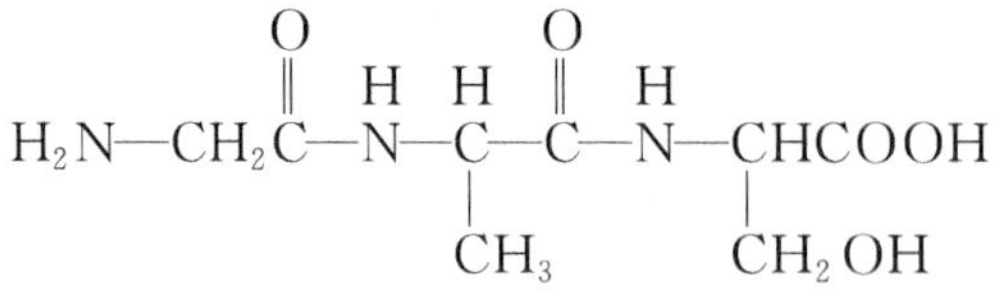 H₂N—CH₂C(=O)—N(H)—C(H)(CH₃)—C(=O)—N(H)—CHCOOH, CH₂OH

(5) 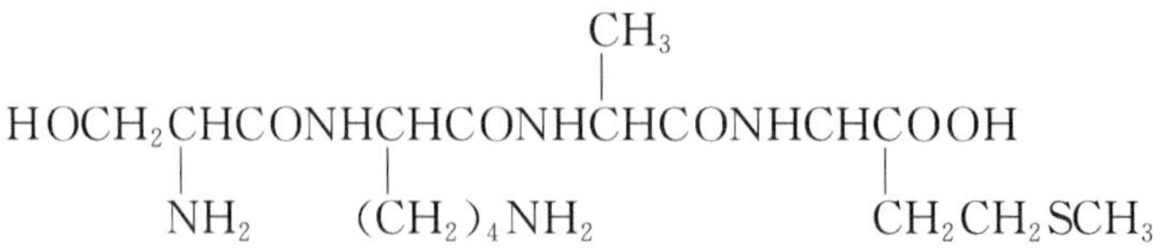 HOCH₂CHCONHCHCONHCHCONHCHCOOH, NH₂, (CH₂)₄NH₂, CH₃, CH₂CH₂SCH₃

2. 写出下列化合物的结构式。

(1) 甘氨酰丙氨酸　　(2) γ-氨基丁酸
(3) 赖氨酸　　(4) 蛋氨酸
(5) L-苏氨酸　　(6) N-对甲苯磺酰基甘氨酸

3. 完成下列反应。

(1) $\underset{\underset{NH_2}{|}}{\overset{\overset{H}{|}}{H_3C-C-COOH}} + NaOH \longrightarrow$

(2) $\underset{\underset{NH_2}{|}}{\overset{\overset{H}{|}}{H_3C-C-COOH}} + HCl \longrightarrow$

(3) $\underset{\underset{NH_2}{|}}{\overset{\overset{H}{|}}{H_3C-C-COOH}} + C_2H_5OH + H_2SO_4 \longrightarrow$

(4) $HO-\langle\text{benzene}\rangle-CH_2\underset{\underset{NH_2}{|}}{CHCOOH} \xrightarrow[H_2O]{Br_2} ? \xrightarrow[OH^-]{(CH_3)_2SO_4}$

4. 缬氨酸的等电点是 5.96,在纯水中它的主要存在形式是(　　)。

A. $\underset{\underset{NH_3^+}{|}}{\overset{\overset{CH_3}{|}}{H_3C-C-CHCOOH}}$ (H below C)

B. $\underset{\underset{NH_3^+}{|}}{\overset{\overset{CH_3}{|}}{H_3C-C-CHCOO^-}}$ (H below C)

C. $\underset{\underset{NH_2}{|}}{\overset{\overset{CH_3}{|}}{H_3C-C-CHCOO^-}}$ (H below C)

D. $\underset{\underset{NH_2}{|}}{\overset{\overset{CH_3}{|}}{H_3C-C-CHCOOH}}$ (H below C)

5. 下列氨基酸中没有旋光性的是(　　)。

A. α-氨基丙酸
B. β-氨基丙酸
C. α-氨基丁酸
D. β-氨基丁酸

6. 赖氨酸(2,6-二氨基己酸)在水中以_____形式存在,若使其达到等电点,应向水中加入_____。

7. 某蛋白质的等电点是 2.8,若将其水溶液的 pH 调至 5,则此蛋白质主要以_____离子形式存在。

8. 由指定原料合成下列化合物。

(1) 以甲苯为原料,用丙二酸二乙酯法合成苯丙氨酸。

(2) 以乙醇为原料,合成丙氨酸。

9. 丝氨酸的等电点是大于 7 还是小于 7? 将其溶于水中,要使它达到等电点应加碱还是酸?

10. 蛋白质因变性发生沉淀作用和在硫酸铵中盐析发生沉淀作用,两者在本质上有何区别? 如何区分?

11. 有一种七肽,其氨基酸组成为甘∶丝∶组∶丙∶天冬=1∶1∶2∶2∶1,经酶部分水解得三种三肽:甘-丝-天冬,组-丙-甘,天冬-组-丙,端基分析表明七肽的 C 端为丙氨酸,请推出此七肽的氨基酸顺序。

12. 氨基酸组成为赖∶甘=1∶2 的三肽,有几种可能的排列方式?

第十四章

油脂和类脂

脂类化合物广泛存在于生命有机体中，是生物体维持正常生命活动不可缺少的物质。这类化合物的特点是不溶于水，可溶于乙醚、丙酮、苯等有机溶剂中。通常将用这些溶剂从生物体内提取出来的化合物统称为脂类，它包括油脂和类脂。油脂指的是动、植物油，是高级一元脂肪酸的甘油酯。类脂则包括磷脂、蜡、甾体化合物等。虽然有些类脂化合物在化学结构上与油脂有较大差异，但由于它们在物态及物理性质方面与油脂类似，所以称之为类脂化合物。

第一节　油脂

一、油脂的结构与组成

油脂是高级脂肪酸的甘油脂，其通式如下：

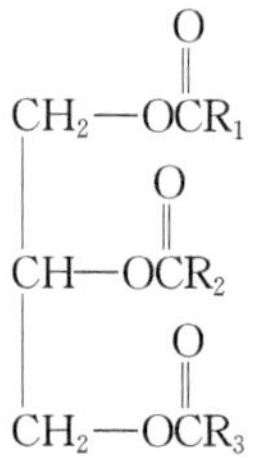

$$
\begin{array}{c}
\quad\quad\quad\quad O \\
\quad\quad\quad\quad \| \\
CH_2-OCR_1 \\
\quad\quad\quad\quad O \\
\quad\quad\quad\quad \| \\
CH-OCR_2 \\
\quad\quad\quad\quad O \\
\quad\quad\quad\quad \| \\
CH_2-OCR_3
\end{array}
$$

式中，R_1、R_2、R_3 为高级脂肪酸的烃基，烃基相同的叫作简单甘油脂；烃基不相同的叫作混合甘油脂。天然油脂是简单甘油脂和混合甘油脂组成的混合物，并常含有游离的脂肪酸和甘油。

从生物体油脂中分离出的大多数脂肪酸均为含偶数碳的开链酸，碳数在 $14\sim20$ 个。它们可分为饱和脂肪酸和不饱和脂肪酸两大类。表 14-1 为重要的脂肪酸的物理常数。

表 14-1　重要的脂肪酸的物理常数

类　别	俗　名	缩写符号	分子式	熔点/℃	分布情况
饱和脂肪酸	酪酸	4:0	C_3H_7COOH	-7.9	奶油
	羊油酸	6:0	$C_5H_{11}COOH$	-3.4	奶油、羊脂、可可油

类　别	俗　名	缩写符号	分子式	熔点/℃	分布情况
饱和脂肪酸	羊脂酸	8：0	$C_7H_{15}COOH$	16.7	奶油、羊脂、可可油
	羊蜡酸	10：0	$C_9H_{19}COOH$	32	椰子油、奶油
	月桂酸	12：0	$C_{11}H_{23}COOH$	44	鲸蜡、椰子油
	豆蔻酸	14：0	$C_{13}H_{27}COOH$	54	肉豆蔻脂、椰子油
	软脂酸	16：0	$C_{15}H_{35}COOH$	63	动植物油脂
	硬脂酸	18：0	$C_{17}H_{35}COOH$	70	动植物油脂
	花生酸	20：0	$C_{19}H_{39}COOH$	75	花生油
	掬焦酸	24：0	$C_{23}H_{47}COOH$	84	花生油
不饱和脂肪	油酸	18：1 $\square^9$	$C_{17}H_{33}COOH$	13.4	动植物油脂
	亚油酸	18：2 $\square^{9,12}$	$C_{17}H_{31}COOH$	−5	植物油
	亚麻酸	18：3 $\square^{9,11,15}$	$C_{17}H_{29}COOH$	−11	棉籽油、亚麻仁油
	花生四烯酸	20：4 $\square^{5,8,11,14}$	$C_{19}H_{31}COOH$	−49.5	卵磷脂、脑磷脂
	芥酸	22：1 $\square^{13}$	$C_{21}H_{41}COOH$	33.5	菜油
	桐酸	18：3 $\square^{9,11,13}$	$C_{17}H_{29}COOH$	49	桐油

　　表中缩写符号，表示脂肪酸的碳原子数、双键的个数和位置。如缩写符号为 16：0，表示 16 个碳原子的饱和脂肪酸；18：2 及 $\square^{9,12}$，表示 18 个碳原子、两个双键的不饱和脂肪酸，$\square$ 表示双键，其上数字表示双键的位置在 C_9—C_{10} 和 C_{12}—C_{13}。

　　组成油脂的各种饱和脂肪酸中，分布最普遍的是软脂酸(十六碳酸)和硬脂酸(十八碳酸)，几乎所有的油脂中均含有软脂酸，而硬脂酸在动物脂肪中含量较多(10%～30%)。其次是月桂酸(十二碳酸)，如椰子油中含有大量月桂酸，有的可达 50%。奶油中含丁酸、己酸、辛酸和癸酸等，这些低级脂肪酸在天然油脂中很少见。海豚油脂中含异戊酸，这种奇数碳的脂肪酸在天然油脂中就更少见。常用锯齿形的折线法表示高级脂肪酸的结构式，一般常用俗名命名，有时也用系统命名法命名。饱和高级脂肪酸命名时以其碳数称为"某"碳酸。例如：

软脂酸（十六碳酸）

硬脂酸（十八碳酸）

　　组成油脂的不饱和脂肪酸中，以含 16 和 18 个碳原子数的烯酸为主。含一个双键的十六碳烯酸叫作棕榈油酸。在十八碳烯酸中，含一个双键的叫作油酸，含两个双键的叫作亚油酸。这些不饱和脂肪酸，第一个双键的位置都在 C_9—C_{10}，而且几乎所有双键的构型都是顺式的。用系统命名法命名以上高级烯酸时，常用"$\square$"表示双键，将双键的位置写在"$\square$"的右上角，仍然以其碳数称为"某"碳烯酸、"某"碳二烯酸、"某"碳三烯酸等。例如：

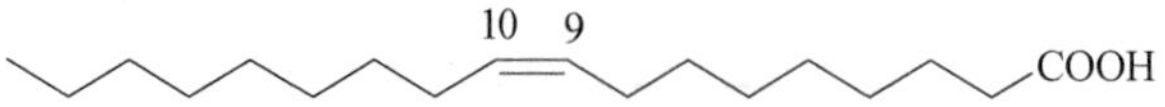

油酸（顺-□⁹-十八碳烯酸）

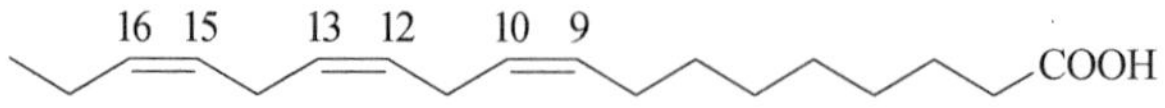

亚麻油酸（顺，顺，顺-□⁹,¹²,¹⁵-十八碳三烯酸）

油脂的命名与酯相同，以脂肪酸的俗名命名为"某酸甘油酯"。例如：

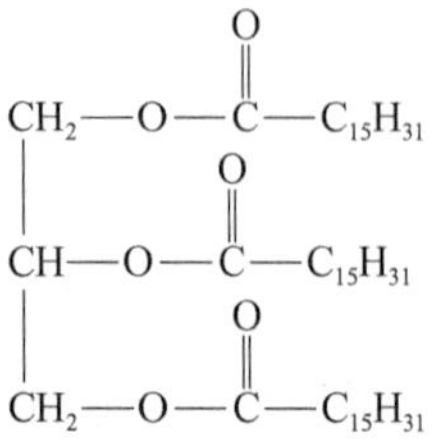

三软脂酸甘油脂

如果甘油酯中的三个脂肪酸有所不同，则以 α、α'、β 分别表示它们的位置。

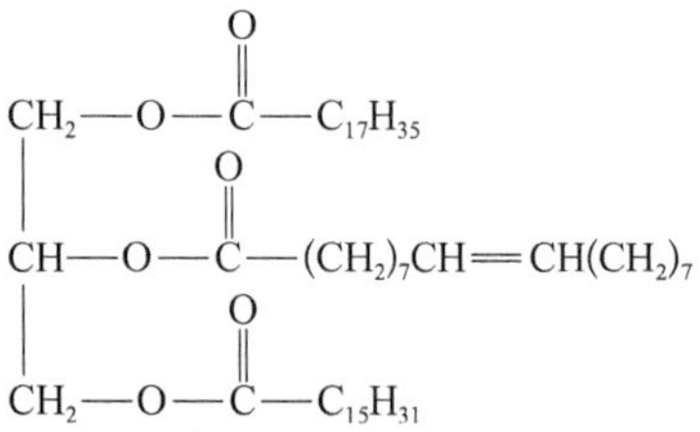

α-硬脂酸-α'-软脂酸-β-油酸甘油酯

1. 物理性质

纯油脂为无色无味的液体或固体。由于天然油脂是混合物，常含有少量游离脂肪酸、维生素和色素等，因此，油脂具有不同的颜色和气味，没有恒定的沸点和熔点。但各种油脂可在一定范围内软化、熔融或凝结。几种油脂组成中各种脂肪酸的百分含量见表14-2。

表 14-2　几种油脂组成中各种脂肪酸的百分含量

油脂名称	饱和脂肪酸		不饱和脂肪酸		其他脂肪酸
	软脂酸	硬脂酸	油　酸	亚油酸	
大豆油	6～10	2～4	21～29	50～59	
花生油	6～9	2～6	50～70	13～26	
棉籽油	19～24	1～2	23～33	40～48	
蓖麻油	0～2	—	0～9	3～7	蓖麻油酸 80～92
桐油	—	2～6	4～16	0～1	桐油酸 74～91
亚麻油	4～7	2～5	9～38	3～43	亚麻酸 25～58
猪油	28～30	12～18	41～48	6～7	
牛油	24～32	14～32	35～48	2～4	
奶油	23～26	10～13	35～48	4～5	丁酸 3～4
椰子油	4～10	1～5	2～10	0～2	十二酸 45～51

含不饱和脂肪酸较多的油脂在室温下为液态的常叫作"油"；含饱和脂肪酸较多

的油脂在室温下呈固态或半固态的常叫作"脂肪"。但是,这两个名词在实际使用上并未严格区分。如在常温下鱼脂为液态,而牛油则为固态。

油脂的密度都小于1,不溶于水,而易溶于乙醚、氯仿、石油醚、丙酮及乙醇等有机溶剂。因此,常用这些有机溶剂从动、植物样品中提取油脂和测定粗油脂的含量。

2. 化学性质

(1) 皂化反应

在氢氧化钠或氢氧化钾存在的条件下,将油脂水解,得到甘油和脂肪酸的钠盐或钾盐,这种反应称为皂化反应。高级脂肪酸的钠盐和钾盐都是肥皂。所谓"皂化"就是由此而得名的。

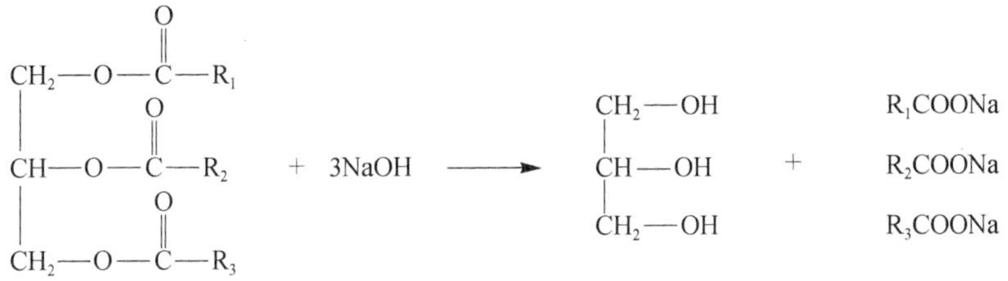

皂化1g油脂所需要的氢氧化钾的毫克数叫作皂化值。用皂化值可以估计油脂皂化时反应的程度,检验油脂的纯度,还可以算出油脂的平均分子量。

$$平均分子量 = \frac{3 \times 56 \times 1\,000}{皂化值}$$

式中,56 为 KOH 的分子量。

不同的油脂有其一定的皂化值范围,见表 14 - 3。

油脂不仅在碱的作用下可被水解,在酸或酶的作用下,也同样能被水解。动植物体内油脂的水解就是在脂肪酶的催化下进行的。

(2) 加成反应

油脂中不饱和脂肪酸的双键可与氢、卤素发生加成反应。

① 加氢

含有较多不饱和高级脂肪酸的液体油脂,经催化氢化,可生成含饱和脂肪酸较多的固体油脂,这叫作油脂的氢化或硬化。

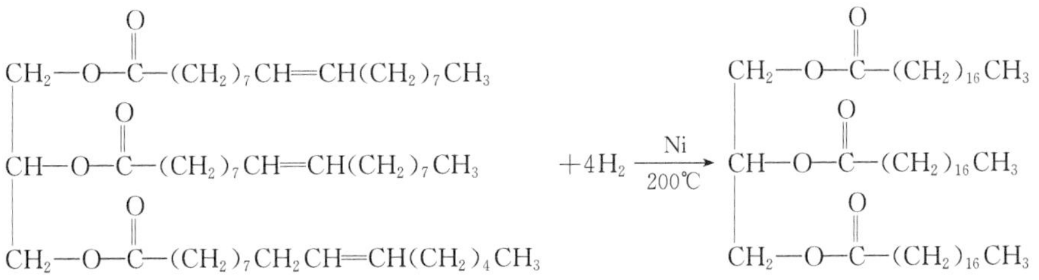

氢化后得到的氢化油熔点较高,不易变质,有利于贮存和运输。氢化还可扩大油脂的应用范围。例如,一些廉价的植物油经过部分加氢,可制成人造脂肪供食用,经充分加氢提高熔点后,可作为生产肥皂的原料。

② 加碘

油脂中的碳碳双键与碘的加成反应,常用来测定油脂的不饱和程度。每 100 g

油脂加碘的克数,称为油脂的碘值。因为碘单质与碳碳双键的加成比较困难,实际测定时用氯化碘或溴化碘代替碘单质。氯化碘与碳碳双键的加成反应可表示如下:

$$—CH\!=\!CH— + ICl \longrightarrow \underset{\underset{I}{|}}{—CH}\underset{\underset{Cl}{|}}{CH—}$$

反应完成后,由被吸收的氯化碘的量换算成碘,即为油脂的碘值。显然,油脂的碘值越高,其不饱和程度越大。不同的油脂有不同的碘值范围,见表14-3。一般动物油的碘值较小,植物油的碘值较大。

表 14-3　几种油脂的皂化值、碘值和酸值

分　类	名　称	皂化值	碘　值	酸　值
非干性油	牛油	190～200	31～47	0.66～0.88
	羊油	192～198	31～46	2～3
	猪油	193～200	46～66	0.5～0.8
	蓖麻油	176～187	81～90	0.8～0.12
	花生油	185～195	88～98	0.8
	菜油	168～176	94～105	0.36～1.0
半干性油	芝麻油	188～193	103～177	
	棉籽油	191～196	103～115	2.58
	豆油	184～189	124～136	0.3～1.8
干性油	亚麻油	189～196	170～204	2～6
	桐油	189～195	160～180	2

（3）酸败作用

油脂在贮存期间,在加热、光照和潮湿的条件下与空气中氧气的作用,逐渐产生一种酸苦味,这种变化叫作酸败。酸败是油脂水解生成的不饱和脂肪酸继续氧化断链,生成了带有不愉快气味的小分子酮和酸等所致。

酸败的程度可用酸值来表示。中和 1 g 油脂中的游离脂肪酸所需氢氧化钾的毫克数,叫作酸值。酸值越大,酸败程度越大。酸值是衡量油脂品质的数据,一般酸值大于 6 的油脂不宜食用。

为了防止油脂酸败,应将油脂密闭贮存,同时注意保持阴凉、干燥和避光。加入抗氧化剂,如多元酚、卵磷脂、维生素 E 等,也可防止油脂的酸败。

问题 14-1　思考并回答下列问题。

（1）比较三油酸甘油脂和三辛酸甘油脂的皂化值高低。

（2）油脂的碘值有何实用价值。

（3）如何防止油脂酸败。

第二节　类脂

一、磷脂

磷脂多为甘油脂,其中以脑磷脂及卵磷脂最为重要。α-脑磷脂为磷脂酰乙醇胺,α-卵磷脂为磷脂酰胆碱。

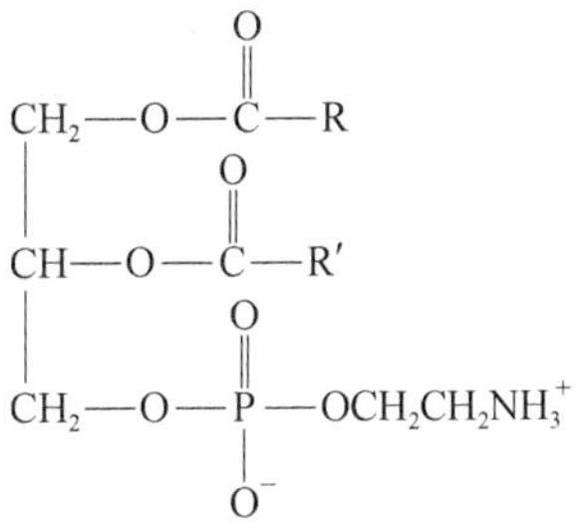

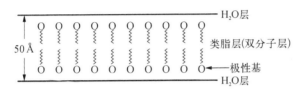

$$\alpha\text{-脑磷脂} \qquad\qquad \alpha\text{-卵磷脂}$$

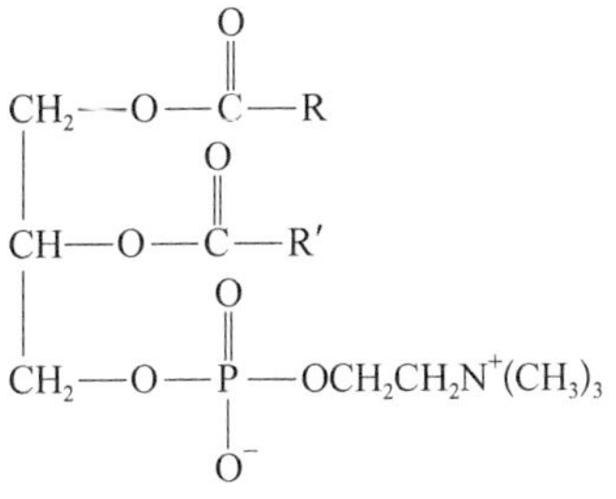

磷脂中的酰基都是相应的 16 个碳以上的高级脂肪酸,如硬脂酸、软脂酸、油酸、亚油酸(顺,顺-9,12-十八二烯酸)等;磷酸中尚有一个羟基,具有强的酸性,可以与具有碱性的胺形成离子偶极键;这样在分子中就分为两个部分,一部分长链是非极性的烃基,为疏水部分,另一部分是偶极离子,为亲水部分,因此磷脂的结构与前面所讲的肥皂结构类似,如果将磷脂放在水中,可以排成两列,它的极性基团指向水,而疏水性基团,因对水的排斥而聚集在一起,尾尾相连,与水隔开,形成磷脂双分子层(图 14-1)。

H₂O层 — 类脂层(双分子层) — 极性基 — H₂O层 50 Å

图 14-1 磷脂双分子层结构示意图

磷脂在蛋黄、脑及植物的种子中含量较多。由家畜屠宰后的新鲜脑或由大豆榨油后的副产物中提取而得。往往对卵磷脂和脑磷脂不加分离而将其作为卵磷脂粗制品。

磷脂可以作乳化剂、抗氧化剂和食品添加剂。医疗上用于治疗神经系统疾病。脑磷脂用于肝功能检验。

生物细胞膜是由蛋白质和脂类(主要是磷脂)构成的。所有的膜都由不同成分的脂双层和相连的蛋白质组成。一些蛋白质松散地连接在脂双层的亲水表面,而另一些蛋白质剂埋入脂双层的疏水基质中,或穿过脂双层。细胞膜对各类物质的渗透性不一样,可以选择性地透过各种物质,在细胞内的吸收和分泌代谢过程中起着重要的作用。

问题 14-2 区别下列基本概念。

(1)油和石油 (2)油脂和类脂 (3)蜡和石蜡 (4)磷酸酯和膦酸酯 (5)脂和酯

二、蜡

蜡的组成较复杂,主要是高级一元脂肪酸与高级一元醇生成的酯的混合物。此外,还含有少量的高级烷烃、脂肪醇、脂肪酸甚至高级醛、酮等化合物。

蜡按来源可分为植物蜡和动物蜡,见表 14-4。植物蜡常以薄层形式覆盖在茎、叶、花、树干等器官的表面,或者覆盖在种子和果实的表皮上。也有少数植物细胞内分散了少量的蜡。

表 14 - 4　常见动植物蜡的组成

类　别	蜡　名	主要组分	熔点范围/℃	来　源
植物蜡	棕榈蜡	二十六酸二十六酯,二十六酸三十酯	83～86	棕榈叶面或树干上分泌的蜡
动物蜡	虫蜡	二十六酸二十六酯	81.3～84	白蜡虫分泌物
	蜂蜡	十六酸三十酯	62～65	蜜蜂腹部
	鲸蜡	十六酸十六酯	41～46	鲸鱼头部
	羊毛脂	软脂酸、硬脂酸或油酸与胆固醇生成的酯		羊毛

　　动物蜡存在于动物的皮肤、毛发、羽毛或昆虫的外骨骼上,起保护作用。虫蜡(白蜡)是寄生在女贞树的折蜡贞的分泌物,主要用来制造蜂房。羊毛脂是高级脂肪酸和羊毛甾醇形成的酯,它是附着在羊毛上的油状分泌物。

　　蜡在常温下是固体,不溶于有机溶剂,化学性质稳定,不被酶水解,不能被消化吸收,在空气中不变质。

三、甾族化合物

　　甾族化合物广泛存在于动、植物界。如下列化合物:

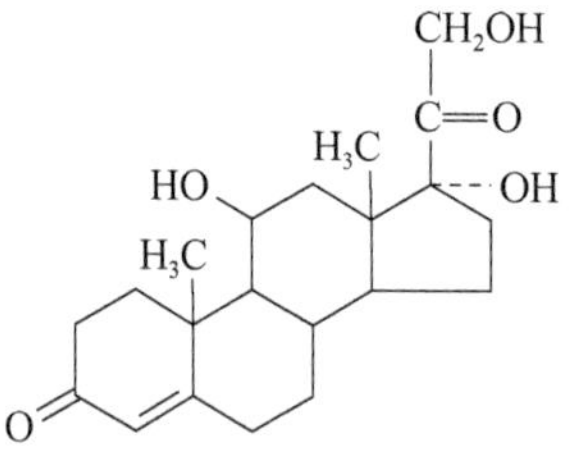

氢化可的松
(Hydrocotisone)

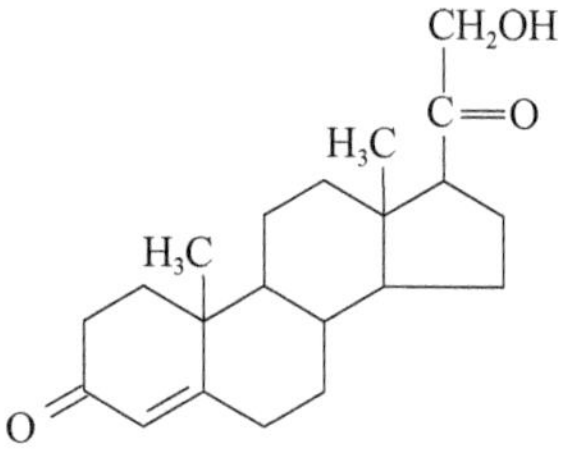

去氧皮质酮
(Deoxycorticosterone)

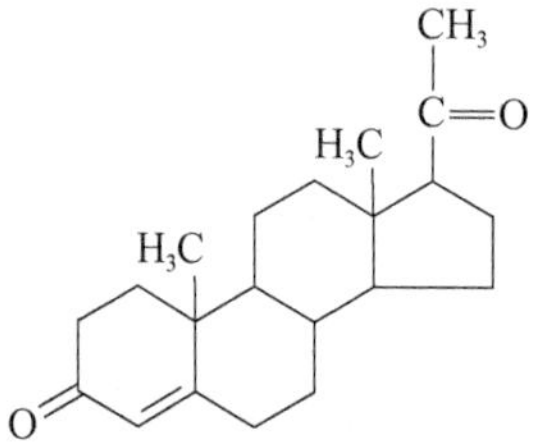

黄体酮
(Progesterone)

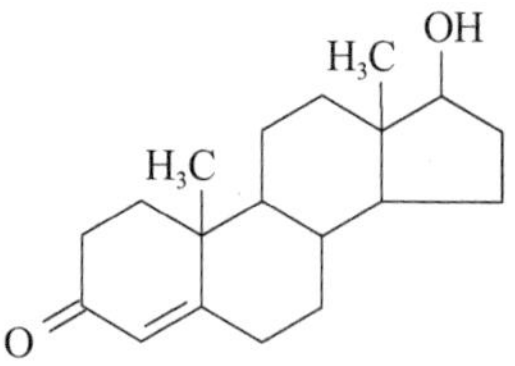

睾丸素
(Testosterone)

　　甾族化合物结构特点是都有一个环戊烷骈多氢菲的四环骨架。四环骨架上又有三个侧链,因此,甾族化合物可用如下通式表示:

甾族化合物通式

　　A、B、C 是多氢菲,D 是环戊烷。绝大多数甾族化合物在 C_{10} 和 C_{13} 处连有甲基,通常叫作角甲基。不同的甾族化合物在 C_{17} 处连有不同的取代基。碳骨架中的饱和度不同，有饱和的，也有不饱和的。

甾族化合物的"甾"字，是根据结构而写的，"甾"字中的"田"表示四个环，"田"上面的"巛"表示三个侧链。

甾族化合物数量很多，有甾醇类、胆酸类、甾体生物碱等几种类型。例如，甾醇类中的胆甾醇，其结构如下：

胆甾醇

人体中胆结石几乎全是由胆甾醇组成的，因而得名为胆固醇。胆固醇广泛存在于动物的细胞、血液、脂肪、脑及神经组织中。纯胆甾醇是无色或略带黄色的结晶，熔点为 148.5℃，易溶于氯仿、热乙醇、乙醚等溶剂中，微溶于水。人体内胆甾醇含量过高，可以引起胆结石和动脉硬化。近年来，又有人认为胆甾醇有一定的抗癌功能。

很多存在于自然界的甾族化合物都有其各自的习惯名称。若按系统命名法定名，则需先确定所选用的甾体母核，然后在其前后表示各取代基或功能基的名称、数量、位置与构型。

根据 C_{10}、C_{13} 与 C_{17} 处所连的侧链不同，甾体母核的名称如下：

R	R_1	R_2	甾体母核名称
—H	—H	—H	甾烷(Sterane)
—H	—CH₃	—H	雌甾烷(Estrane)
—CH₃	—CH₃	—H	雄甾烷(Androstane)
—CH₃	—CH₃	—CH₂CH₃	孕甾烷(Pregnane)
—CH₃	—CH₃	$-\overset{\underset{\displaystyle |}{CH_3}}{C}HCH_2CH_2CH_3$	胆酸烷(Cholane)
—CH₃	—CH₃	$-\overset{\underset{\displaystyle |}{CH_3}}{C}HCH_2CH_2CH_2\overset{\underset{\displaystyle |}{CH_3}}{C}HCH_3$	胆甾烷(Cholestane)

甾体化合物均可作为有关甾体母核的衍生物来命名。母核中含有碳碳双键时，将"烷"改成相应的"烯""二烯""三烯"等，并表示出其位置。官能团或取代基的名称及其所在位置与构型表示在母核名前，若用它们作为母体（如羰基、羧基），则表示在母核之后。例如：

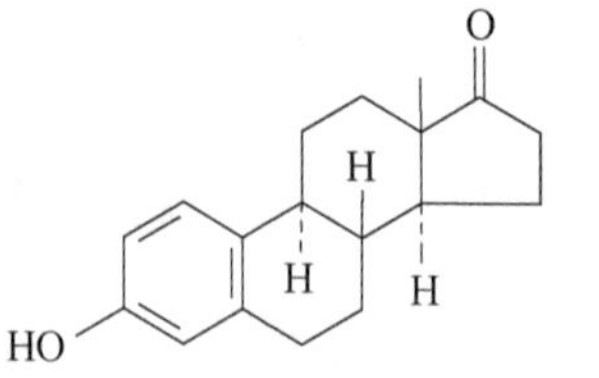

3β-羟基-1,3,5(10)-雌甾三烯-17-酮
(雌酚酮)

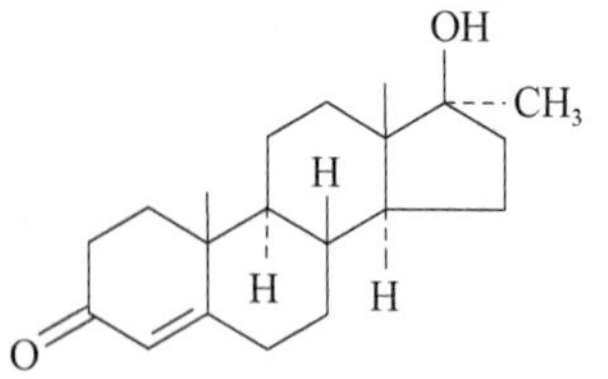

17α-甲基-17β-羟基-雄甾-4-烯-3-酮
(甲基睾丸素)

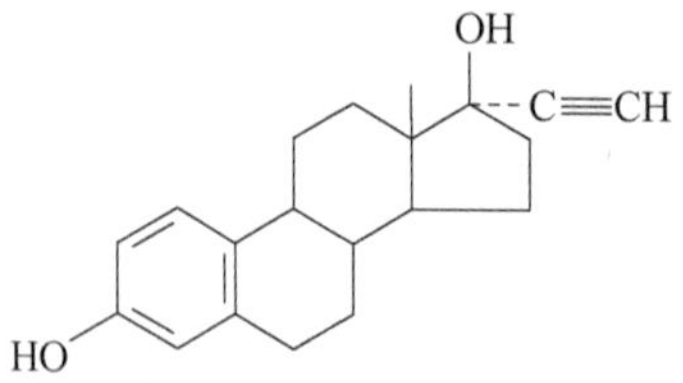

3,17β-二羟基-17α-乙炔基-1,3,5(10)-雌甾三烯
(炔雌二醇)

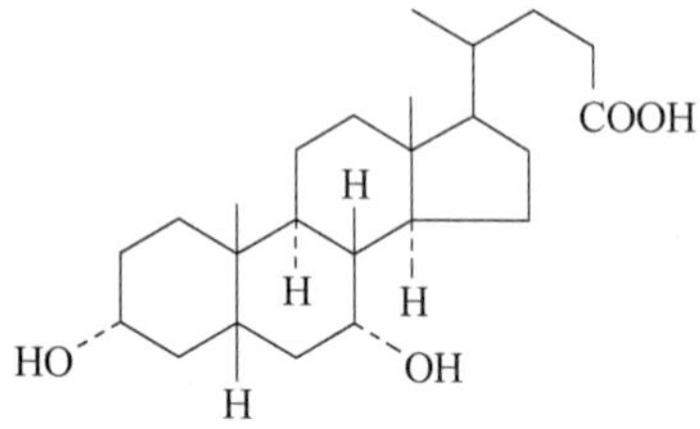

3α,7α-二羟基-5β-胆烷-24-酸
(鹅去氧胆酸)

A 环为芳香环时,由于是 C_5 与 C_{10} 之间形成双键,故标成 1,3,5(10)。

命名差向异构体时,可在习惯名称前加"表"字。例如:

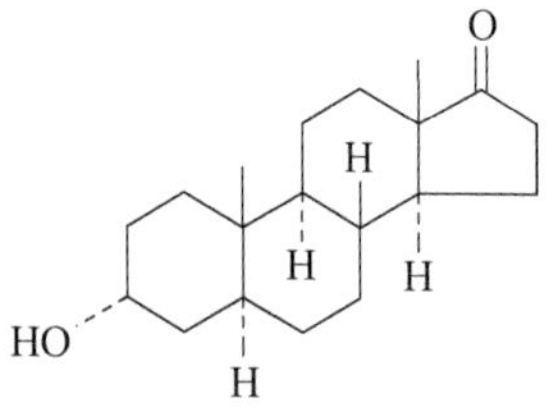

雄甾酮

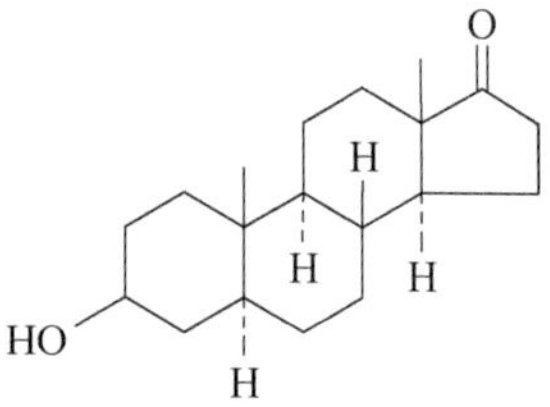

表雄(甾)酮

在角甲基去除时,可加词首 Nor-,译称"去甲基"(或称失碳),并在其前表明所失去碳的位置。如果同时失去两个角甲基,可用 18,19-Dinor 表示,译称 18,19-双去甲基(或称 18,19-双失碳),例如:

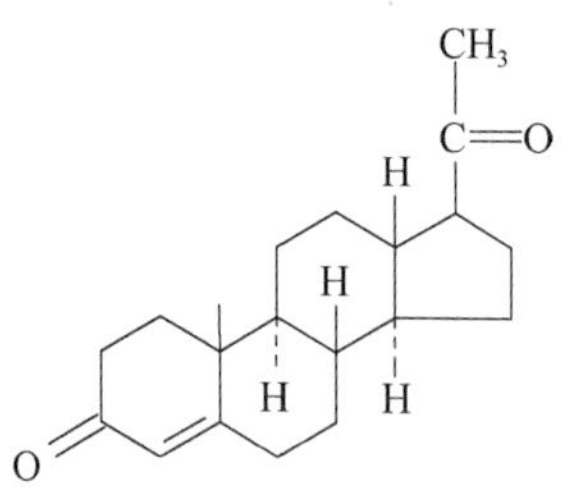

18-去甲基-孕甾-4-烯-3,20-二酮

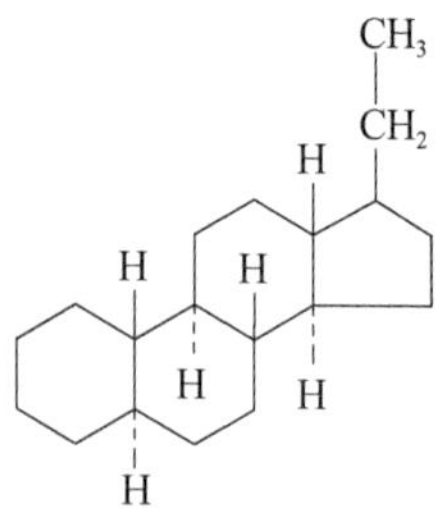

18,19-双去甲基-5α-孕甾烷

第三节　萜类

萜类化合物(Terpenoid)是指由两个或两个以上异戊二烯分子相连而成的化合物及其含氧的饱和程度不等的衍生物。萜类化合物广泛分布于植物、昆虫及微生物中,中草药中的许多色素、挥发油、树脂、苦味素等大多属于萜类,所以其与药物关系密切。本节主要介绍萜类的结构特点并简介它们的生物合成途径。

一、结构

萜类是由异戊二烯(Isoprene)作为基本碳骨架单元,由两个或多个异戊二烯相连而成的化合物及其衍生物,此称为"异戊二烯规则"。例如,由两个异戊二烯分子构成的开链和单环的单萜:月桂烯(Myrcene)和柠檬烯(Limonene)。

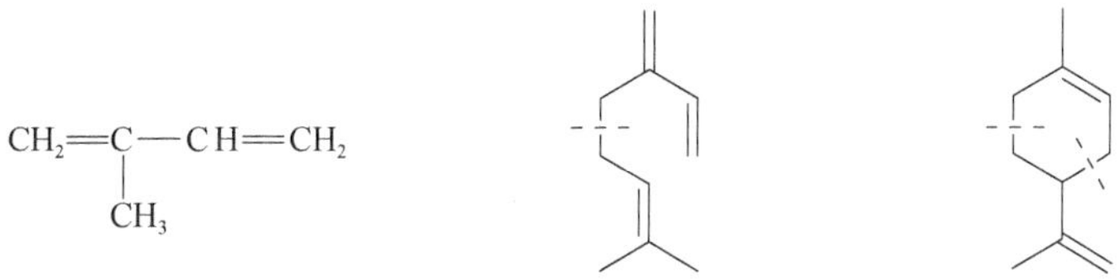

$$CH_2=C-CH=CH_2$$
$$\qquad\ \ |$$
$$\qquad\ \ CH_3$$

异戊二烯　　　　　　月桂烯　　　　　　柠檬烯

月桂烯是两个异戊二烯头尾相连;柠檬烯相当于一个异戊二烯分子的1,4位和另一异戊二烯分子的1,2位相连。"异戊二烯规则"在未知萜类成分的结构式测定中具有很大价值。

问题 14 - 3　香叶烯($C_{10}H_{16}$),一个从月桂的油中分离而得的萜烯,吸收 3 mol 氢分子而成为 $C_{10}H_{22}$,经臭氧分解时产生以下化合物:

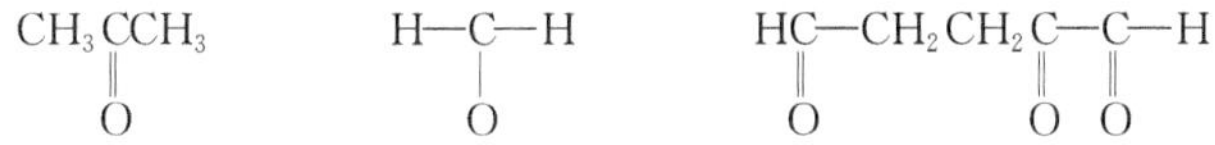

$$CH_3CCH_3 \qquad H-C-H \qquad HC-CH_2CH_2C-C-H$$
$$\quad\ \ \|\qquad\qquad\ \|\qquad\qquad \|\qquad\qquad\ \|\ \ \|$$
$$\quad\ \ O\qquad\qquad\ O\qquad\qquad O\qquad\qquad O\ \ O$$

根据"异戊二烯规则",香叶烯可能的结构是什么?

二、分类及代表性化合物

根据分子中所含异戊二烯单位的数目,萜类化合物可分类如下:

异戊二烯分子的单位数	碳的数目	类　　别
2	10	单萜类
3	15	倍半萜类
4	20	二萜类
6	30	三萜类
8	40	四萜类
>8	>40	多萜类

(一) 单萜类

根据分子中两个异戊二烯相互连接的方式不同,单萜类化合物又可分为链状、单环及双环单萜三类。

1. 链状单萜

其基本碳骨架如下,由两个异戊二烯分子头尾相连而成。

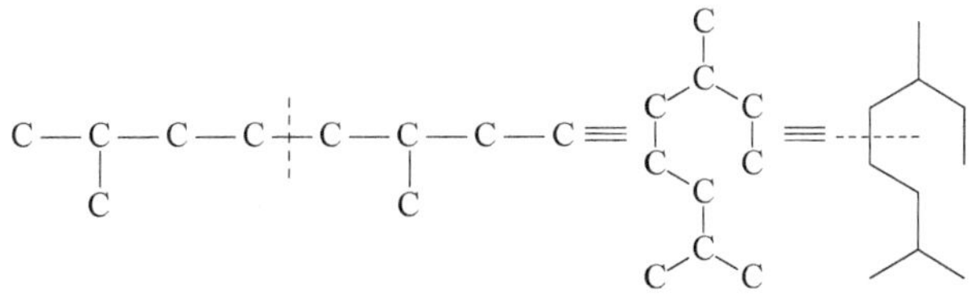

很多链状单萜是香精油的主要成分。例如,月桂油中的月桂烯(桂叶烯);玫瑰油中的香叶醇(牛儿醇);橙花油中的橙花醇(香橙醇);柠檬草油中的 α-柠檬醛(香叶醛)及 β-柠檬醛(香橙醛),柠檬醛也称为柑醛(Citral);玫瑰油、香茅油、香叶油中的香茅醇等,它们很多是含有多个碳碳双键或氧原子的化合物。

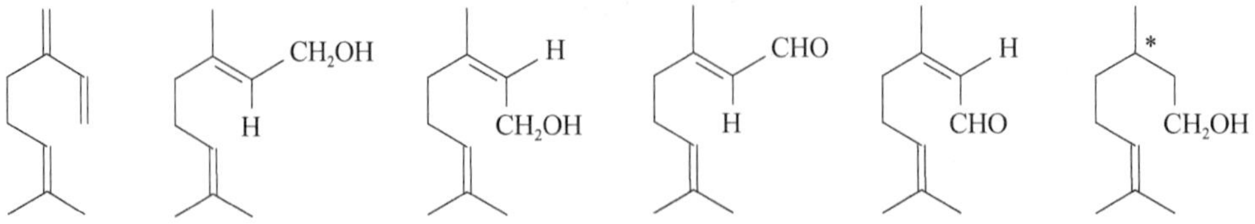

月桂烯 (Myrcene)	香叶醇 (Geraniol)	橙花醇 (Nerol)	α-柠檬醛 (Geranial)	β-柠檬醛 (Neral)	香茅醇 (Citronellol)

问题 14－4 试指出香叶醇与橙花醇之间是哪种立体异构关系。α-柠檬醛与β-柠檬醛之间呢?

2．单环单萜

其基本碳骨架是两个异戊二烯之间形成一个环,如下面的饱和环烃称为萜烷,其系统命名法命名为 1-甲基-4-异丙基环己烷。

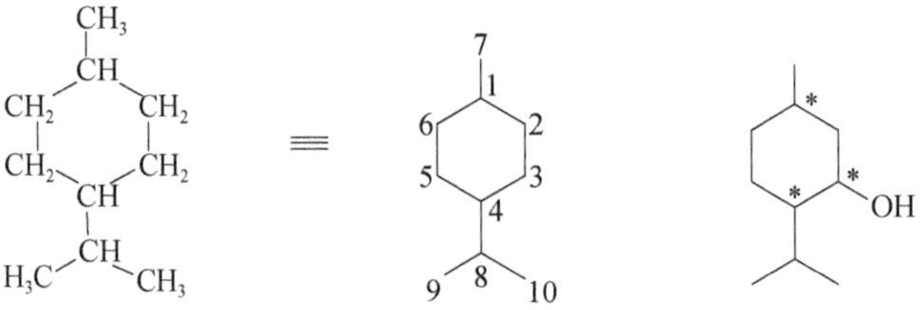

萜烷(1-甲基-4-异丙基环己烷)　　　　　3-萜醇

萜烷的 C_3-羟基衍生物称为 3-萜醇。由于分子中有三个不同的手性碳原子,故有四对对映异构体,它们分别是(±)-薄荷醇、(±)-异薄荷醇、(±)-新薄荷醇和(±)-新异薄荷醇。

在这些分子中,异丙基是都处于椅式构象的 e 键,但其他两个基团所处的构象不同。(±)-薄荷醇中的甲基和羟基都处于 e 键,因此它们(无论是左旋还是右旋的)比其他非对映体稳定。薄荷醇的构象式如下:

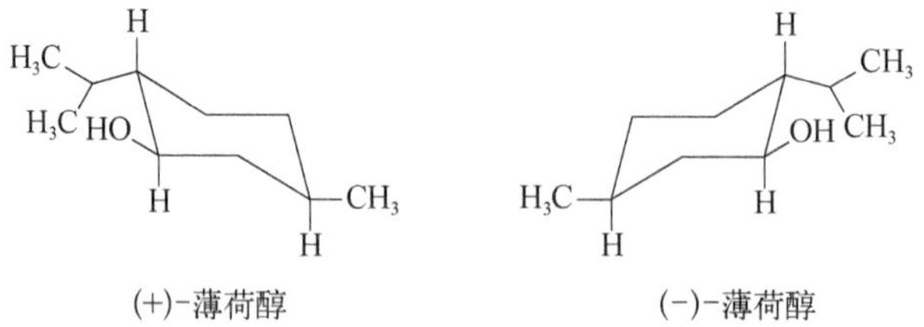

(+)-薄荷醇　　　　　　　　　　　(-)-薄荷醇

(一)-薄荷醇又称薄荷脑,医疗上用作清凉剂和祛风剂。清凉油、人丹等药品中均含有此成分。

3．双环单萜

在萜烷结构中,C_8 若分别与 C_1、C_2 或 C_3 相连,则可形成桥环化合物,它们分别是茨烷、蒎烷和蒈烷;若 C_4 与 C_6 连成桥键则形成侧柏烷,它们的基本碳骨架及编号如下:

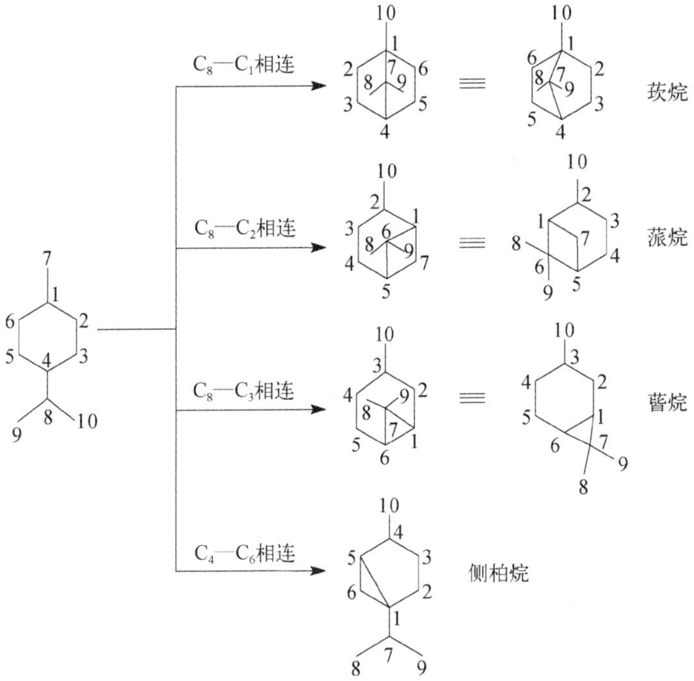

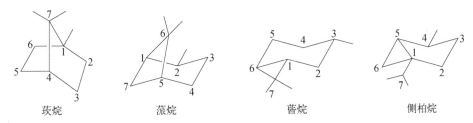

以上四类化合物中莰烷的优势构象式为船式构象,其他均为椅式构象。

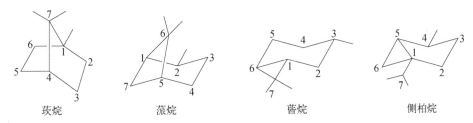

莰烷　　　　　蒎烷　　　　　葑烷　　　　　侧柏烷

以上四种双环单萜烷在自然界并不存在,而是以它们的不饱和衍生物或含氧衍生物形式广泛分布于植物体内,尤以蒎烷和莰烷的衍生物与药物关系密切,如蒎烯和樟脑等。

（1）蒎烯

蒎烯(Pinene)是含一个双键的蒎烷衍生物。根据碳碳双键位置不同,有 α-蒎烯和 β-蒎烯两种异构体。

α-蒎烯　　　　　β-蒎烯

二者均存在于松节油中,但以 α-蒎烯为主。α-蒎烯具有碳碳双键,在 0℃ 以下即可与 HCl 发生亲电加成,但在较高温度下产物发生碳骨架的重排,由原来蒎的桥环结构,重排成莰的桥环结构,生成物称为氯化莰。

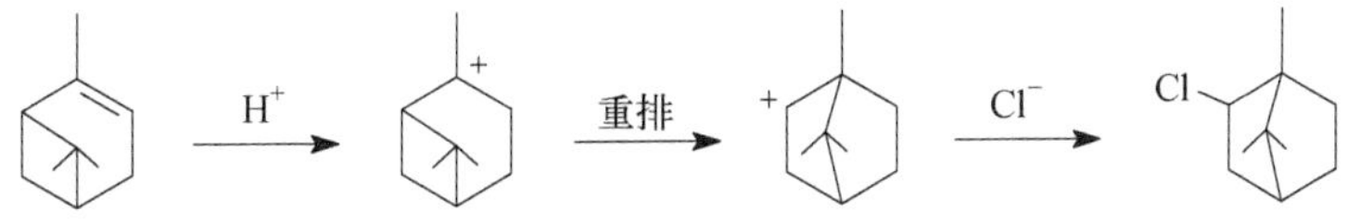

α-蒎烯　　　　　（张力较大）　　　　　（张力较小）　　　　　氯化莰

从上式可看出，虽然前者是 3°碳正离子，但由于分子内四元环的张力较大，因而仍重排成 2°碳正离子，使其变为张力较小的五元环。因此，减少环的张力是上述重排发生的主要原因。

生成的氯化莰经碱处理后，可消除氯化氢，发生另一次重排，形成莰烯（以构象式表示反应过程）：

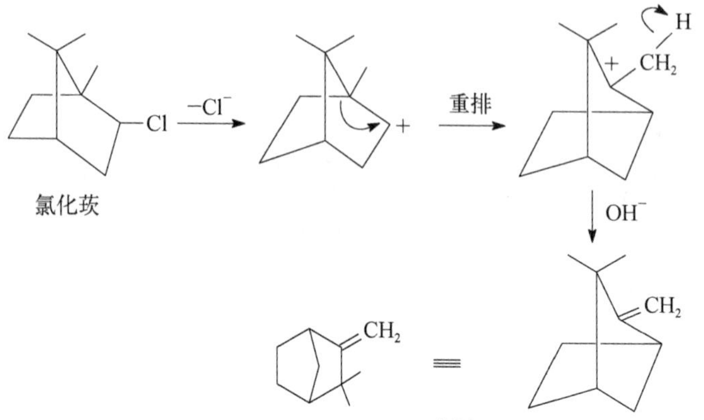

以上经碳正离子重排，使环系碳骨架发生改变的情况，称为瓦格涅尔—麦尔外英（Wangner-Meerwein）重排，这是萜类化学中常见的重要反应。

（2）樟脑

樟脑（Camphor）是一种重要的药品和工业原料。它是从樟科植物樟树中得到，并经升华精制成的一种结晶形 α-莰酮。樟脑分子中有两个手性碳原子，理论上应有四个异构体，但实际只存在两个：（＋）-樟脑及（－）-樟脑。原因是桥环需要的船式构象限制了桥头两个手性碳原子所连基团的构型，使其 C_1 位所连的甲基与 C_4 位相连的氢只能位于顺式构型。

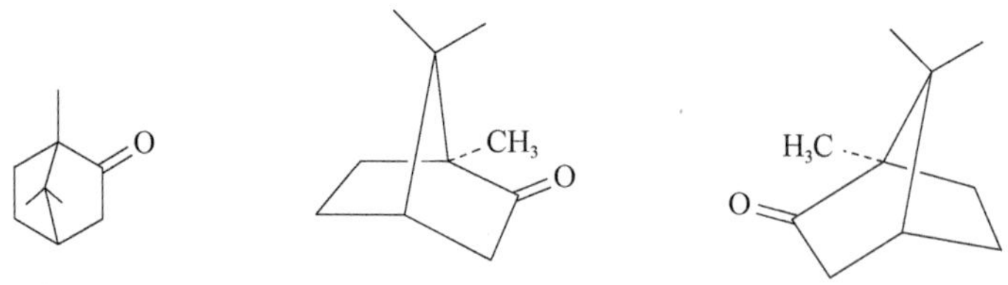

从樟树中获得的樟脑是右旋体。工业上用莰烯（从 α-蒎烯制得）与醋酸加成，经过瓦格涅尔—麦尔外英重排生成醋酸酯，再经水解、氧化，制得的樟脑是外消旋体。

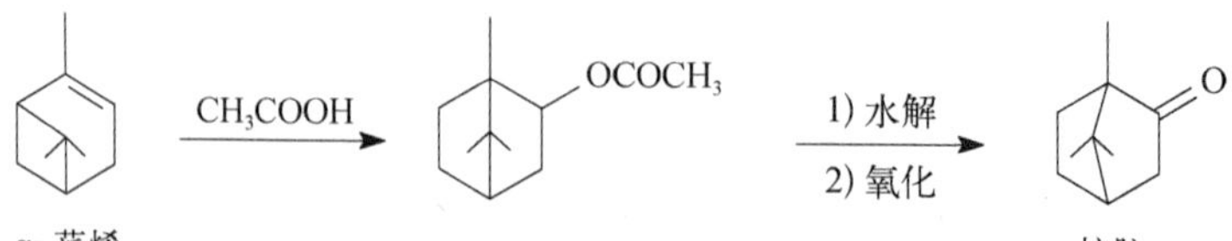

（3）龙脑与异龙脑

龙脑（Borneol）又称为樟醇（Camphol），俗称冰片，可视为樟脑的还原产物，也是合成樟脑的中间产物。其有两个对映体，右旋体主要来自龙脑香树挥发油；左旋体来自艾纳香的叶子。野菊花挥发油以龙脑和樟脑为主要成分。异龙脑(Isoborneol)是龙脑的差向异构体。

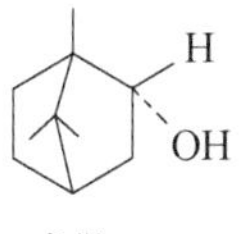

龙脑
(2-莰醇)

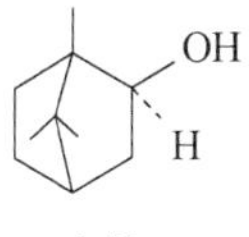

异龙脑

龙脑具有似胡椒又似薄荷的香气,能升华,但挥发性较樟脑小。龙脑具有发汗、兴奋、镇痉、驱虫等作用。中医用作发汗祛痰药,并用于霍乱的治疗。龙脑也是上等香料的组成成分。

(二) 倍半萜和二萜

1. 倍半萜

倍半萜类$(C_5H_8)_3$是含有三个异戊二烯单元的萜类化合物(包括其含氧及不饱和的衍生物),也具有链状、环状等结构,基本碳骨架在 48 种以上。倍半萜类植物成分多数是液体,主要存在于挥发油中。它们的含氧衍生物包括醇、酮和内酯,也广泛存在于挥发油中,有一些是苦味素。以下列举代表性化合物。

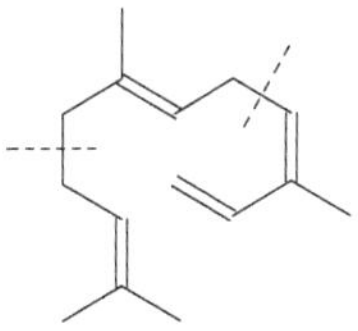

α-麝子油烯
(α-farnesene)

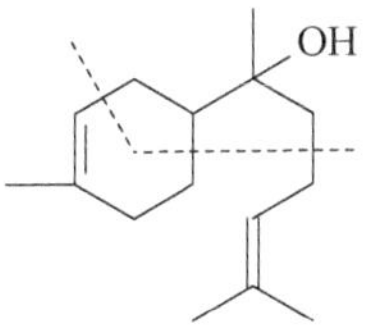

没药醇
(Bisabolol)

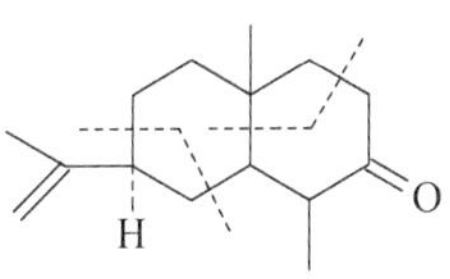

α-香附酮
(α-cyperone)

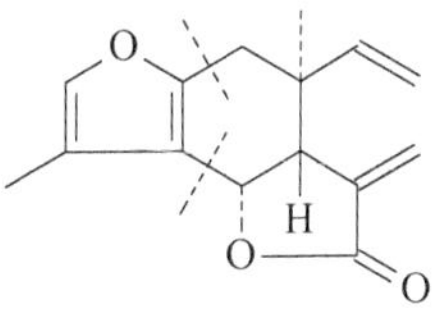

异乌药内酯
(Isolinderalactone)

2. 二萜

由四个异戊二烯单元构成的萜类化合物称为二萜$(C_5H_8)_4$。属于直链和单环的植物成分较少,主要是二环和三环的二萜,尤其含氧衍生物的数目较多。由于二萜的分子量较大,多数不能随水蒸气挥发,因此其是树脂类的主要成分,只有极少数存在于某些挥发油的高沸点部分。在植物体内迄今未发现真正的直链二萜烃类存在,但其部分饱和的醇则广泛分布于高等植物中,是组成叶绿素的一部分,因而称为植醇(Phytol)。其分子中只含一个双键,具有四个异戊二烯头尾相连的碳骨架。单环二萜类中以维生素 A 作为代表,它是单环的萜醇,有五个双键,均为反式构型。维生素 A 的制剂贮存过久,会因构型转化而影响其活性,若 C_{13} 双键转化为 Z 构型,使其活性降低;若 C_{11} 双键转化为 Z 构型,则使其失去活性。

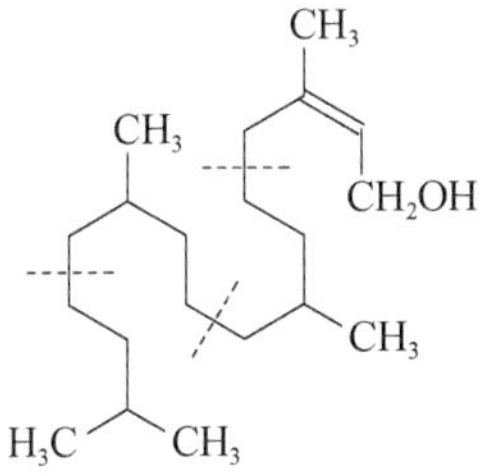

植醇

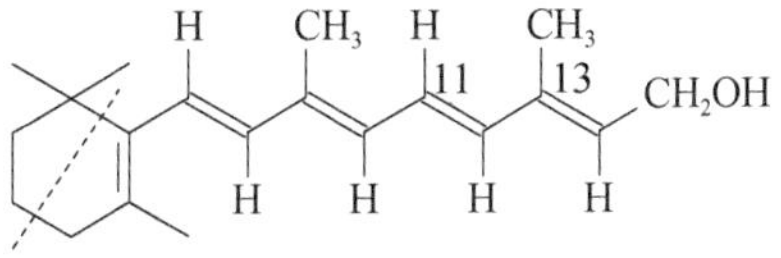

维生素A

(三) 三萜和四萜类

1. 三萜

三萜类$(C_5H_8)_6$可视为由六分子异戊二烯聚合而成的物质,在中草药中分布很广,为游离状态或结合为酯类或苷类,多数是含氧衍生物,为树脂的主要组成部分之一。若为酯类则难溶于水,可溶于常见的有机溶剂;若为苷类则可能溶于水中。

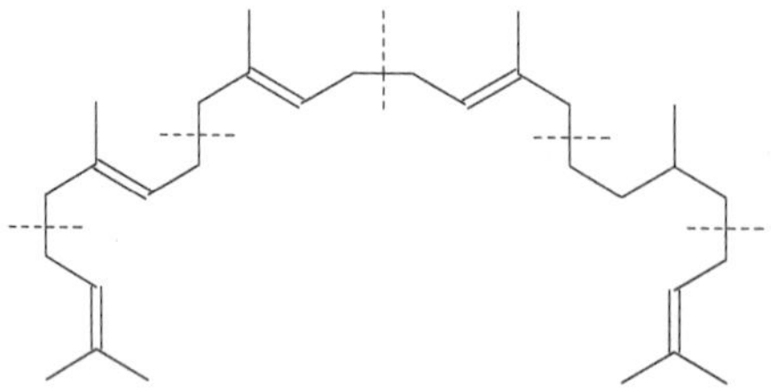

角鲨烯

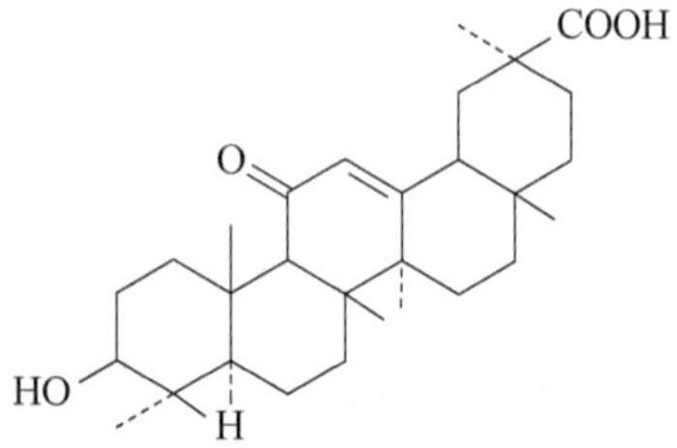

甘草次酸

角鲨烯(Squalene)存在于鲨鱼的鱼肝油、橄榄油、菜籽油、麦芽与酵母中,它是由一对三个异戊二烯单元头尾连接后的片段相互对称相连而成。甘草次酸(Glycyrrhetinic Acid)是五环的三萜,与糖成苷后生成甘草酸。

2. 四萜$(C_5H_8)_8$

四萜类衍生物在中草药中分布很广,大多结构复杂,其中比较重要而又研究较详尽的是胡萝卜烃类(Carolenoids)色素,如胡萝卜素(Carotenes)及番茄红素(也称番茄烯 Lycopene)。

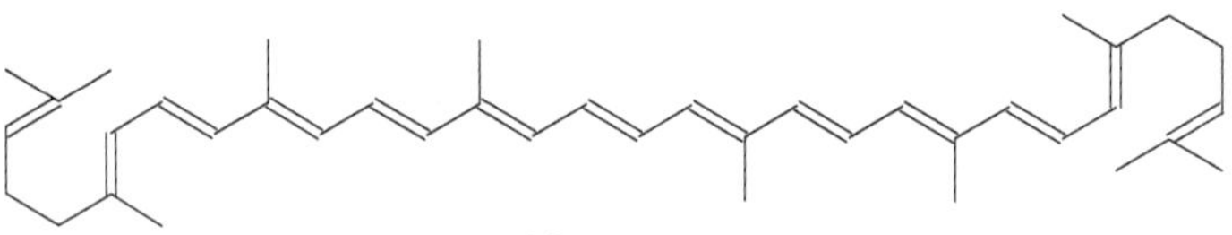

番茄红素(烯)

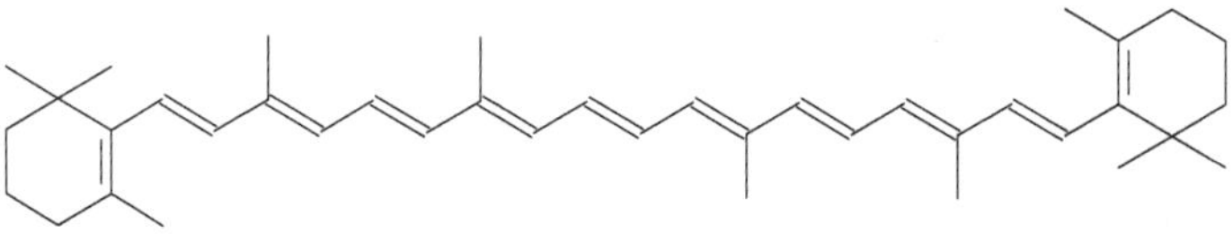

β-胡萝卜素

番茄红素使番茄和西瓜汁呈红色,它还存在于柿子、橘皮等中,也可作食品色素。β-胡萝卜素是胡萝卜所含的色素中的主要成分,是黄色素,可作食品色素。因其在动物和人体内经酶催化可氧化成两分子维生素 A,故称作维生素 A 原(Provitamin A)。

三、萜类的生物合成途径

虽然萜类的结构符合“异戊二烯规则”,但生物体内没有游离的异戊二烯存在,即萜类并不是由异戊二烯直接聚合而成的。目前,已有很多实验证明,萜类成分的结构是由一些前体如香叶醇(Geraniol)、法尼醇(Farnesol)和角鲨烯等演变来的,而这些前体又是由 3R-甲戊二羟酸(3R - Mevalonic Acid,3R - MVA)转化而来。是由它转化为 C_5 单元,再进一步掺入萜类化合物的生物合成。

以上反应是由 3R-MVA 产生 IPP 和 DMAPP，后两者是异戊二烯的活性形式。由 3R-MVA 生成 IPP 过程中，可能 3-羟基先进行磷酸化（消耗一分子 ATP），磷酸化后的羟基较易离去（脱水），生成双键；第二个 ATP 使 5-羟基焦磷酸化。由 IPP 生成 DMAPP 的过程中，IPP 先从介质中获得一个 H^+，并从 C_2 位除去 H_R，异构化为 DMAPP。

DMAPP 是一个很好的烷基化试剂，它的 C_1 位能接受亲核进攻，同时失去良好的离去基——焦磷酸根；IPP 可作为亲核试剂与 DMAPP 通过连续的反式-1,2 加成和反式 1,2 消除（除 H_R 及酶-X）的顺序，以"首-尾"形式相连接，形成焦磷酸香叶酯（GPP）。

焦磷酸香叶酯（GPP）可水解成开链单萜，也可异构成顺式的焦磷酸橙花酯（NPP），再环合成环状单萜，成环时经过碳正离子中间体。

上述的碳正离子还能发生各种重排反应（瓦格涅尔-麦尔外英重排），生成多环的单萜。

倍半萜的合成是通过 GPP 与 IPP 反应，生成 (E,E)-焦磷酸法尼酯（FPP），然后水解或成环成 $C_{15}H_{24}$ 的倍半萜。

FPP 再与一分子 IPP 聚合即可得到 C_{20} 的焦磷酸双香叶基香叶酯（GGPP），由其可得二萜，再加一个 IPP，可得二倍半萜。

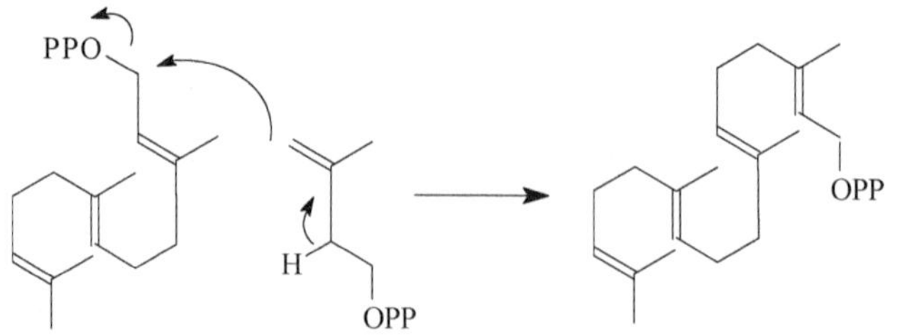

（图）

(FPP)　　　　　(IPP)　　　　　　　　(GGPP)

焦磷酸法尼酯(FPP)也可异构化成焦磷酸苦橙油酯,后者再与 FPP 聚合,即可得角鲨烯(三萜)。

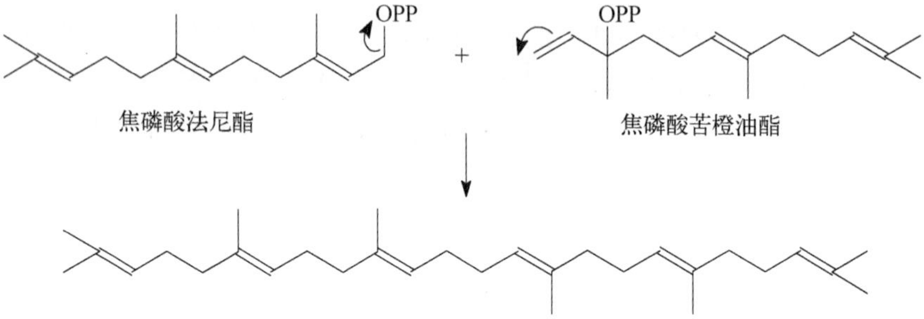

（图）

焦磷酸法尼酯　　　　　　　＋　　　　　　　焦磷酸苦橙油酯

（图）

角鲨烯

以上途径表明,由两个 C_{15} 的倍半萜可结合成三萜。若由两个 C_{20} 的二萜聚合,则可得四萜。如 β-胡萝卜素是由两个 C_{20} 先生成八氢番茄红素,然后脱氢成番茄红素,最后环合成 β-胡萝卜素。

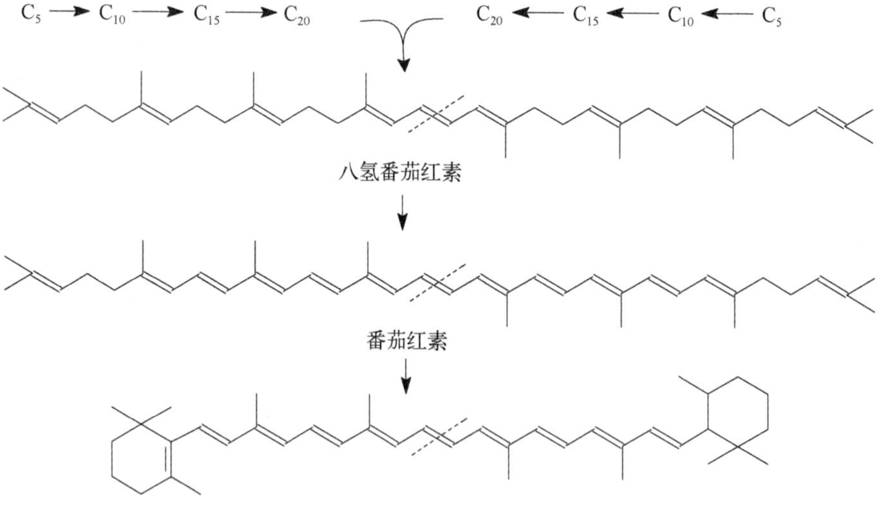

$$C_5 \longrightarrow C_{10} \longrightarrow C_{15} \longrightarrow C_{20} \qquad C_{20} \longleftarrow C_{15} \longleftarrow C_{10} \longleftarrow C_5$$

（图）

八氢番茄红素

（图）

番茄红素

（图）

β-胡萝卜素

第四节　表面活性物质

一、肥皂及其乳化作用

油脂发生皂化反应所产生的高级脂肪酸盐叫作肥皂,有钠肥皂、钾肥皂等多种,日常使用的肥皂含有 70% 的高级脂肪酸钠,30% 的水分以及松香酸钠等增泡剂。钾肥皂为糊状,不能凝结成块,一般叫作软肥皂。软肥皂多用作洗发水或医药上的乳化剂,如消毒用的煤酚皂溶液就是约含 50% 甲苯酚的软皂液。

肥皂之所以有去污能力,是由其分子的结构所决定的。高级脂肪酸的钠盐结构上一端是羧酸离子,具有极性,易溶于水,是很强的亲水基团,另一端是链状的烃基,是非极性的,不溶于水,为疏水基团。在水溶液中,这些链状的烃基,由于范德瓦尔斯力而互相接近,聚成一团,似球状。而球状物的表面被有极性的羧酸离子所占据,这种球状物分散在水中。如果在肥皂水溶液中加入一些油,搅动后油被分散成细小的颗粒,肥皂分子的烃基就溶入油中。而羧基部分被留存于油珠外面,这样每个细小的油珠外面都被许多肥皂的亲水基包转着,阻止彼此合并成大的油珠而悬浮于水中,这种现象叫作乳化。这种能使水和油的乳浊液保持稳定或较稳定状态的物质叫作乳化剂。能使溶液在其他物体表面(如覆盖着蜡质的植物或昆虫表面)铺展开来的物质,叫作展布剂,能使粉状颗粒表面湿润而分散到水中去的物质,叫作湿润剂。肥皂具有乳化、展布和湿润能力,常用作乳化剂、展布剂、去污剂和湿润剂。这主要是由于它具有表面活性。

二、合成表面活性剂

肥皂因其价廉易得,常被用作表面活性剂,但其缺点是能使酸性农药分解,并使含重金属离子的农药沉淀,肥皂也不适用于硬水。广义的表面活性剂是指那些能使某体系表面的表面自由能(或表面张力)显著降低的物质。由于在工农业生产中主要是应用水溶液,以改变水的表面活性,所以若不加说明,表面活性剂就是指那些可以显著降低水的表面张力的物质,它们从结构上讲,必须含有亲水基和疏水基。当表面活性剂溶于水时,可以有多种分散形式。人们根据这一特点,将表面活性剂分为以下三类:

1. 阴离子型表面活性剂

这一类表面活性剂在水中解离成离子,且表面活性是由阴离子产生的。肥皂就是这类表面活性剂之一。一些合成洗涤剂也是阴离子表面活性剂。例如:

$$CH_3(CH_2)_{10}CH_2SO_3^- Na^+ \qquad CH_3(CH_2)_{10}CH_2 \!-\!\!\!\bigcirc\!\!\!-\! SO_3^- Na^+$$

十二烷基磺酸钠   十二烷基苯磺酸钠

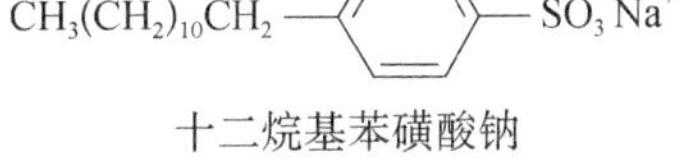

它们都是强酸强碱盐,不被钙、镁和铁离子沉淀,可在硬水和弱酸性溶液中使用。

2. 阳离子型表面活性剂

这类表面活性剂在水中也解离成离子,但起表面活性作用的是阳离子。它们多数为季铵盐。例如:

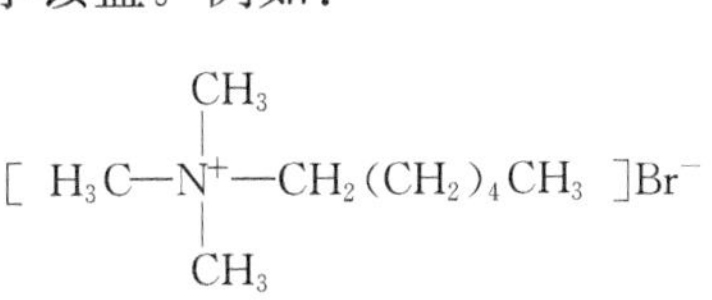

$$\left[H_3C\!-\!\overset{\underset{\displaystyle CH_3}{|}}{\underset{\underset{\displaystyle CH_3}{|}}{N}}{}^+\!-\!CH_2(CH_2)_4CH_3 \right] Br^- \qquad \left[\bigcirc\!\!-\!CH_2\!-\!\overset{\underset{\displaystyle CH_3}{|}}{\underset{\underset{\displaystyle CH_3}{|}}{N}}{}^+\!-\!CH_2{}_{25} \right] Br^-$$

溴化三甲基己铵(新洁尔灭) 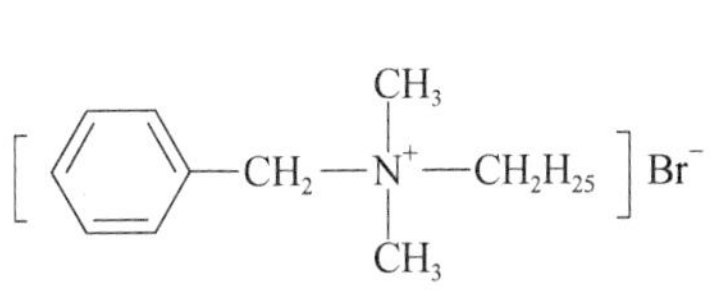   溴化二甲基苄基-十二烷基铵

它们除具有较好的乳化、铺展和湿润作用外,还有较强的杀菌能力。新洁尔灭就是常用的杀菌和消毒剂。

3. 非离子型表面活性剂

这类表面活性剂在水中不解离成离子,其亲水部分是在水中不解离的羟基和醚键,其特点是无发泡性,但其乳化性强,一般具有较强的表面活性。可用作乳化剂、洗涤剂、湿润剂和分散剂等。例如:

$$n\text{-}CH_2H_{25}O(CH_2CH_2O)_{\overline{n}}H$$

烷基聚乙二醇醚

$$R\text{-}\left\langle\!\!\!\!\!\bigcirc\!\!\!\!\!\right\rangle\text{-}O\left[CH_2CH_2O\right]_{\overline{n}}H$$

聚氧乙烯烷基酚醚

式中,R 为 C—C 烷基,$n=6\sim12$。这类表面活性剂耐酸耐碱性能良好,且可与阴离子或阳离子表面活性剂复合使用而不失效。

本章小结

1. 油脂和类脂统称脂类,它们不溶于水,可溶于乙醚、丙酮、苯等有机溶剂中。

2. 油脂是高级脂肪酸的甘油脂,脂肪酸相同的叫作简单甘油脂,不同的叫作混合甘油脂。天然油脂是简单甘油脂和混合甘油脂组成的混合物,并含有游离的脂肪酸和甘油。

3. 高级脂肪酸常用锯齿形的折线法表示其结构式。一般用俗名命名,有时也用系统命名法命名。饱和高级脂肪酸以其碳数称为"某"碳酸。用系统命名法命名高级烯酸时,可用"□"表示双键,将双键的位置写在"□"的右上角,以其碳数称为"某"碳烯酸。

4. 纯净油脂为无色无味的液体或固体。由于天然油脂是混合物,常含有少量游离脂肪酸、维生素和色素等。因此,油脂具有不同的颜色和气味,没有恒定的沸点和熔点。油脂的密度都小于1,不溶于水,而易溶于乙醚、氯仿、石油醚、丙酮及乙醇等有机溶剂。油脂能发生的化学反应有皂化反应、加成反应和酸败作用等。皂化 1 g 油脂所需要的氢氧化钾的毫克数叫作皂化值。用皂化值可以估计油脂皂化时反应的程度,检验油脂的纯度,还可以算出油脂的平均分子量。100 g 油脂所能吸收碘的克数,称为碘值。油脂的碘值越高,其不饱和程度越大。油脂在贮存期间,在加热、光照、潮湿的条件下和空气中氧气的作用,易发生酸败。酸败是油脂水解生成的不饱和脂肪酸继续氧化断链,生成带有不愉快气味的小分子酮和酸等而造成的。酸败的程度可用酸值来表示,中和 1 g 油脂中的游离脂肪酸所需氢氧化钾的毫克数,叫作酸值。酸值越大,酸败程度越大。酸值是衡量油脂品质的数据。一般酸值大于 6 的油脂不宜食用。

5. 磷脂多为甘油脂,以脑磷脂及卵磷脂最为重要。α-脑磷脂为磷脂酰乙醇胺,α-卵磷脂为磷脂酰胆碱。

6. 蜡主要是高级一元脂肪酸与高级一元醇生成的酯的混合物。此外,还含有少量的高级烷烃、脂肪醇、脂肪酸甚至高级醛、酮等化合物。

7. 甾族化合物广泛存在于动、植物界。其结构特点是都有一个环戊烷骈多氢菲的四环骨架。四环骨架上又有三个侧链。甾族化合物数量很多,有甾醇类、胆酸类、甾体生物碱等几种类型。

8. 表面活性剂是指那些可以显著降低表面张力的物质。表面活性剂分为三类:阴离子型表面活性剂、阳离子型表面活性剂和非离子型表面活性剂。

知识拓展　　　　　　　　**新一代表面活性剂——Geminis**

　　探索并合成具有高表面活性的新型表面活性剂一直是人们感兴趣的课题。1991年,Menger 合成了以刚性基团连接离子头基的双烷烃链表面活性剂,他给这种类型的两亲分子起了个名字:Gemini 表面活性剂。Gemini 在天文学上的意思为双子星座,借用此名称形象地表达了这类表面活性剂的分子结构特点。从 1991 年开始,美国纽约州立大学布鲁克林学院的 Rosen 小组采纳了"Gemini"的命名,并系统合成和研究了氧乙烯或氧丙烯柔性基团连接的 Gemini 表面活性剂。同时,法国查尔斯·萨德隆研究所的 Zana 小组也以亚甲基链(—CH—)作为连接基团研究了一系列双烷基铵盐表面活性剂。这些实验结果表明,Gemini 表面活性剂具有比单烷烃链和单离子头基组成的普通表面活性剂高得多的表面活性。目前对这类新型表面活性剂的研究正引起各主要研究小组的浓厚兴趣。

　　离子型表面活性剂的碳氢链在水中处于不合适的高自由能状态,从而产生逃离水相的倾向,这使得水溶液中的表面活性剂离子自发吸附到气/水界面上,当体相中表面活性剂离子浓度达到一定值(即临界胶团浓度)后,气/水界面吸附达到饱和,溶液中的表面活性离子通过扩散接触而聚集在一起,形成碳氢链包裹在内、亲水头基环绕在外层且形状尺寸均一的聚集体,称为胶团,并以此来降低体系的自由能。上述这种自发吸附和自发聚集的驱动力来自碳氢链间的疏水作用。然而,表面活性剂具有相同电性的离子头基间静电斥力以及头基水化层的障碍将阻止它们彼此的接近。在吸引和排斥两种相反倾向作用力下,不论在气/水界面吸附层还是在体相的聚集体中,表面活性剂离子彼此头基间均存在着一定的平衡距离,无法完全紧密地靠拢,这将影响它们在气/水界面上的吸附层状态以及在溶液中的聚集体形状,并直接关联到这些物质的表面活性,例如:当表面活性剂在气/水界面上相对疏松排列时,由于界面上碳氢链的倾斜而导致若干亚甲基(而不是碳链端基的甲基)占据了朝向空气一侧的部分面积,而当表面活性剂在气/水界面上紧密直立排列时,朝向空气一侧则主要由碳氢链的甲基端基组成,实验表明后者将更强烈地降低水的表面张力,因而促进表面活性剂离子的紧密排列,提高表面活性。通常所使用的方法如添加无机盐(屏蔽离子头基)、提高溶液的温度(减少水化)、阳/阴离子型表面活性剂二元复配(直接利用相反电性头基间的静电引力)等,其本质作用均是减少表面活性剂分(离)子在聚集状态中的分离倾向。然而这种物理手段存在着局限性,例如,阳/阴离子型表面活性剂二元等比例复配,尽管在一定浓度范围内大大提高了其水溶液的表面活性,但由于离子头基电性被中和,降低了表面活性离子缔合对的水溶性而极易产生沉淀。改进方法之一是在阳/阴离子型表面活性剂分子结构中引进聚氧乙烯基团以增加其亲水性,但这又不可避免地带来聚氧乙烯基团水化层的斥力副作用。

　　在 Gemini 表面活性剂中,两个离子头基是靠连接基团通过化学键而连接的,由此造成了两个表面活性剂单体离子相当紧密的连接,致使其碳氢链间更容易产生强相互作用,即加强了碳氢链间的疏水结合力,而且离子头基间的排斥倾向受制于化学键力而被大大削弱,这就是 Gemini 表面活性剂和单链单头基表面活性剂相比较,具有高表面活性的根本原因。另一方面,在两个离子头基间的化学键连接不破坏其亲水性,从而为高表面活性的 Gemini 表面活性剂的广泛应用提供了基础。可见上述通过化学键连接方法提高表面活性和以往通常应用的物理方法不同,这在概念上是一个突破。

显然,连接基团链的化学结构、链的柔顺性以及链的长短将直接影响 Gemini 表面活性剂的表面活性以及所形成聚集体的形状。例如,对柔性连接基团链,当其长度小于斥力造成的两个离子头基间的平衡距离时,连接基团链将被完全拉直;反之,当链长度大于两个离子头基间的平衡距离时,连接基团链将卷曲,在气/水界面上伸入空气一端,而在聚集体中则插入胶团内核中,以减少其自由能。当连接基团链的憎水性强而又因链太短而被完全拉直时,无疑将导致体系自由能增大,不利于聚集体的生成。对刚性连接基团链,由于链不易弯曲,情况变得更为复杂。

实验表明,在保持每个亲水基团连接的碳原子数相等的条件下,与单烷烃链和单离子头基组成的普通表面活性剂相比,离子型 Gemini 表面活性剂更易吸附在气/液表面,从而更有效地降低水溶液的表面张力。

课后习题

1. 命名下列化合物。
   (1) $CH_3(CH_2)_{16}COOH$
   (2) $CH_3(CH_2)_3(CH=CH)_3(CH_2)_7COOH$
   (3) $CH_3CH_2CH=CHCH_2CH=CH-CH_2CH=CH(CH_2)_7COOH$

   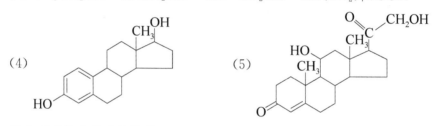

2. 写出下列化合物的结构式。
   (1) 硬脂酸 (2) 油酸
   (3) 顺、顺、顺、顺-□^{5,8,11,14}-二十四碳四烯酸
   (4) α-亚油酸-β-亚麻酸-α′-硬脂酸甘油酯

3. 简述油脂、蜡和磷脂在结构上的特点。

4. 用物理或化学方法区别下列各组化合物。
   (1) 三油酸甘油酯与三硬酸甘油酯 (2) 油脂与磷脂
   (3) 干性油与非干性油 (4) 蜡与石蜡

5. 什么是皂化值、碘值和酸值,它们能说明油脂的哪些问题?

6. 解释下列现象。
   (1) 菜油的碘化值比羊油高。
   (2) 放久的牛油比新鲜的牛油的酸值高。

7. 2 g 油脂完全皂化,消耗 0.5 mol/L KOH 15 mL。计算该油脂的皂化值和平均分子量。

第十五章

有机化学核心知识汇编

第一节　基本概念和理论

一、同分异构

1. 构造异构

（1）碳链异构

由于原子之间的连接顺序不同产生的异构，如烷烃的异构。

（2）位置异构

由于官能团或取代基位置不同产生的异构，如烯、炔烃官能团或醇、氯代烃、醛、酮等的位置异构。

$H_2C{=}CH{-}CH_2{-}CH_3$ 与 $H_3C{-}HC{=}CH{-}CH_3$；$CH_3CH_2CH_2OH$ 与 $CH_3CH(OH)CH_3$

（3）官能团异构

由于不同官能团产生的异构，如炔烃与二烯烃及环烯烃、醇与醚、醛与酮等互为异构。

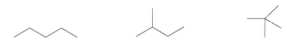

$HC{\equiv}C{-}CH_2{-}CH_3$ 与 $H_2C{=}CH{-}CH{=}CH_2$ 与 ；

CH_3CH_2OH 与 CH_3OCH_3；CH_3CH_2CHO 与 $CH_3C(=O)CH_3$

2. 构象异构

由于碳碳单键可以自由旋转，出现原子或原子团相对位置不同而产生的异构，如烷烃的交叉式构象与重叠构象。

 与

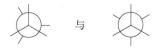

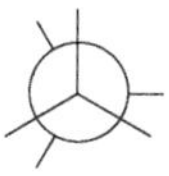

3. 构型异构

（1）几何异构

由于碳碳双键或环不能自由旋转而出现的不同原子或原子团在碳碳双键或环的

不同侧产生的异构,如烯烃与取代环烷烃的顺反异构。

(2) 对映异构

物质的分子在空间有两种不同的排列方式,不能完全重合,互为物体与镜像的关系,如乳酸的左旋体和右旋体。

二、杂化轨道理论

1. 形成共价键时,价电子轨道中原已成对的电子有可能受到与其成键的原子的干扰而被激发成单电子;同一原子中能量相近的原子轨道有可能改变原有状态,混杂起来并重新组合成新的原子轨道,这一过程称为原子轨道的杂化,杂化后组成的新轨道称为杂化轨道。

2. 同一原子轨道中有几个能级相近的原子轨道杂化,杂化后得到数目相同的杂化轨道。

3. 杂化轨道比原来未杂化的轨道成键能力强,形成的化学键更稳定。

sp 杂化:杂化轨道为直线型,轨道夹角为 $180°$,如炔烃类三键结构等。

sp^2 杂化:杂化轨道为平面三角构型,轨道夹角为 $120°$,如烯烃双键结构等。

sp^3 杂化:杂化轨道为正四面体构型,轨道夹角为 $109°28'$,如烷烃类结构等。

键名称	碳杂化类型	含 s 成分	杂化轨道数	未杂化轨道数	杂化轨道构型	夹角	键长/nm	C 与 C 间键型
碳碳单键	sp^3	1/4	4	0	正四面体构型	$109°28'$	0.154	1个 σ 键
碳碳双键	sp^2	1/3	3	1	平面三角构型	$120°$	0.134	1个 σ 键 1个 π 键
碳碳三键	sp	1/2	2	2	直线型	$180°$	0.120	1个 σ 键 2个 π 键

三、电子效应

1. 诱导效应

由于电负性不同的取代基(原子或原子团)的影响,使整个分子中的成键电子云密度向某一方向偏移,使分子发生极化的效应,叫诱导效应。其特征是电子云偏移沿着 σ 键传递,并随着碳链的增长而减弱,最终消失。诱导效应是一种短程力,传递到第三个碳时已经很弱,传递到第五个碳时几乎完全消失。

一些常见吸电子基团的诱导效应强弱顺序如下:

—NO_2>—CN>—F>—Cl>—Br>—I>—C≡C—>—OCH_3>—OH>—C_6H_5>—HC=CH—>—H

一些常见给电子基团的诱导效应强弱顺序如下:

$$—C(CH_3)_3 > —CH(CH_3)_2 > —CH_2CH_3 > —CH_3 > —H$$

2．共轭效应

由于分子中 p 电子发生离域而形成大 π 键的体系。具有以下特征：① 分子中所有原子共平面，每个碳原子都有一个垂直于该平面的 p 轨道，且 p 电子发生离域；② 单双键趋于平均化；③ 分子稳定，即共轭体系能量比非共轭体系低；④ 共轭体系内部电子云密度分布出现正负极性交替，并沿共轭链传递，且不随共轭链的增长而减弱；⑤ 分子既可发生 1,2 -加成反应，又可以发生 1,4 -加成反应，且 1,4 -加成反应是主要的。

共轭体系有① π-π 共轭体系，如丁二烯、苯等；② p-π 共轭体系，如酚、氯乙烯、烯丙基离子、烯丙基自由基等；③ σ-π(p) 超共轭体系，如烷基正离子、烷基自由基 (σ-p)；④ 烯烃中的 α - H (σ-π)。

（1）π-π 共轭体系

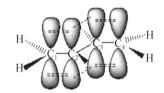

（2）p-π 共轭体系

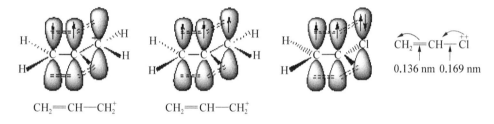

第二节　命名

一、链状化合物的命名

1. 选主链：选择含有官能团、不饱和键的最长碳链作主链（官能团、不饱和键、最长是依次满足的关系，不是并列关系），如果有多个主链时选择支链最多的作主链。

2. 编号：依次使官能团、不饱和键、取代基编号最小，如果有多种编法时，使较小的取代基编号较小。

3. 命名：按照次序规则依次先命名取代基，如果分子中有不饱和键，先命名不饱和键的顺反异构，后命名母体 [—NO$_2$、—X、—OR（烷氧基）、—R（烷基）、—NH$_2$、—OH、—COR、—CHO、—CN、—CONH$_2$（酰胺）、—COX（酰卤）、—COOR（酯）、—SO$_3$H、—COOH、—N$^+$R$_3$ 等，排在后面的为母体。]。

4. Z，E 命名法：按照次序规则，相对较大的基团在同侧为 Z，反之为 E。适用于烯烃、环烷烃等各类型几何异构体的命名。

5. R，S 命名法：以手性原子为中心，使最小的原子或取代基离观察者最远，其余三个取代基按照次序规则按照由大到小的方向，如为顺时针，则记作"R"型，否则记作"S"型。规则核心八字"横前竖后，顺 R 逆 S"，适用于手性物质命名。

二、环状化合物

1. 单环化合物

单环化合物的命名和链状化合物的命名规则基本相同,编号时从官能团开始编号,命名时由于官能团基本都在 1 号位,不用命名官能团的位置。

2. 多环化合物

桥环:按成环碳原子数命名为"二环某烷",其余作取代基,编号从桥碳开始(先大环后小环),在"二环"与"某烷"之间插入各环除桥头碳以外的碳原子个数。

螺环:按成环碳原子数命名为"螺某烷",其余作取代基,编号从靠近螺碳的小环开始(先小环后大环),在"螺"与"某烷"之间插入除螺碳以外的各环碳原子数。

第三节　有机化合物的物理性质

一、熔点(mp)

同系物:一般随分子量的增加而增加,即分子量大的熔点高。但有例外,如二元羧酸、低级醇、酚不符合上述规律。同分异构体:一般对称程度高的,熔点高;反式熔点高于顺式;形成分子间氢键的熔点高于分子内氢键的(形成氢键的能力:—COOH>—OH>—NH$_2$);二元取代苯中,取代基同类时 P>O>M,取代基不同类时 P>M>O;一般物质:熔点随分子极性的增大而增大;形成氢键能力越强,熔点越高;烷烃与一元羧酸中偶数碳分子的熔点高于相邻奇数碳分子;一般离子型、内盐类物质的熔点较高。

二、沸点(bp)

同系物:一般随分子量的增加而升高,即分子量大的沸点高。

同分异构体:一般支链化程度高的沸点低;官能团接近分子中心的沸点低;反式沸点低于顺式;共轭分子的沸点高于非共轭分子;形成分子间氢键的沸点高于分子内氢键。

一般物质:沸点变化规律同熔点变化规律。

三、溶解性

一般原则:"相似相溶"。可溶于水的有机物:① 强酸、强碱、有机盐类;② 碳原子数小于等于 4 的醇、醛、酮、酸、胺、腈;③ 平均每个官能团含碳原子数小于等于 4 的多个极性官能团物质。同系物水溶性随分子量的增加而减少;同分异构体水溶性随支链化程度的增加而增大、随分子间氢键能力的增强而增强。

第四节　有机化合物的化学性质

一、取代反应

1. 亲电取代

范围:苯环、稠环、杂环等芳环上的卤化、硝化、磺化、傅-克反应。

反应速率:Ph—R>Ph—H>Ph—X>Ph—NO$_2$,吡咯>呋喃>噻吩>苯>吡

啶(给电子基团加速、吸电子基团减速)。

注意事项：定位规则运用；空间效应影响；傅-克反应条件；强吸电子基团阻碍反应，伯胺不直接反应。

$$CH_3\text{-}C_6H_5 + X_2 \xrightarrow{Fe} \text{邻-}X \text{ 或 对-}X$$

$$C_6H_5NO_2 + HNO_3 \xrightarrow[\triangle]{H_2SO_4} \text{间-二硝基苯}$$

2. 亲核取代

范围：脂肪族卤代物与羧酸衍生物的水解、醇解、氨解；芳卤碱解。

反应机理：脂肪族卤代物——S_N1 机理或 S_N2 机理；羧酸衍生物——加成-消除机理。

反应速率：S_N1 机理中 $R_3C\text{-}X$，$C=C\text{-}C\text{-}X > R_2CH\text{-}X > RCH_2\text{-}X > CH_3\text{-}X$，桥碳叔卤很难发生 S_N1 反应。S_N2 机理中 $CH_3\text{-}X$，$C=C\text{-}C\text{-}X > RCH_2\text{-}X > R_2CH\text{-}X > R_3C\text{-}X$ $RCOX > (RCO)_2O > RCOOR' > RCONH_2 > RCN$（R-基位阻大反应慢；R-基上吸电子基团强或多，反应快）。

$$:Nu^- + R\text{-}\overset{|}{\underset{|}{C}}\text{-}X \longrightarrow R\text{-}\overset{|}{\underset{|}{C}}\text{-}Nu + X^-$$

$$R\text{-}\overset{O}{\overset{\|}{C}}\text{-}L + :Nu^- \longrightarrow R\text{-}\overset{O}{\overset{\|}{C}}\text{-}Nu + L^- \quad L=X(Cl、Br、I)、OR、OCOR、NH_2、NHR$$

3. 自由基取代

范围：烷烃；烯烃、炔烃、芳烃的 α-氢等饱和碳的卤化。

反应速率：叔氢＞仲氢＞伯氢。

$$CH_3CH_2CH_3 + Br_2 \xrightarrow{光} CH_3\underset{Br}{CH}CH_3 + CH_3CH_2CH_2Br$$
$$\phantom{CH_3CH_2CH_3 + Br_2 \xrightarrow{光} }97\% \qquad\qquad 3\%$$

$$H_2C=CH\text{-}CH_2CH_3 + Cl_2 \xrightarrow{高温} H_2C=CH\text{-}\underset{Cl}{CH}\text{-}CH_3$$

二、加成反应

1. 亲电加成

范围：烯、炔加 X_2、HX、HOX、H_2SO_4、H_2O(汞化脱汞反应)。

反应速率：连烷基多，反应快(给电子基团有利)。

注意事项：产物取向遵循马氏规则(一般结构)和反马氏规则(连有强吸电子基团)。

共轭二烯加成：高温、极性溶剂时，1,4-加成为主；低温、非极性溶剂时，1,2-加成为主。

$$H_2C{=}CH{-}CH_2CH_3 \ +Cl_2 \longrightarrow ClH_2C{-}CHCH_2CH_3$$
$$\hspace{6.5cm}\underset{\displaystyle Cl}{|}$$

$$H_2C{=}CHCH_3 \ +HX \longrightarrow CH_3CHCH_3$$
$$\hspace{6cm}\underset{\displaystyle X}{|}$$

2. 亲核加成

范围：醛、酮加 HCN、$NaHSO_3$、RMgX、Ph—$NHNH_2$、H_2NOH、$Ph_3P{=}CHR$；炔类碱催化下加 ROH、HCN、RCOOH。

反应速率：甲醛＞一般醛＞甲基酮＞环酮＞一般酮＞芳酮(给电子基团减速、吸电子基团加速,取代基体积越大反应速率越慢)

$$\underset{R'}{\overset{R}{>}}C{=}O \ + \ :Nu^- \longrightarrow \underset{R'}{\overset{R}{>}}\underset{Nu}{\overset{|}{\underset{|}{C}}}{-}OE$$

3. 环加成

范围：D-A 反应

注意事项：反应只受温度影响,产物构型与亲二烯体一致。

$$\text{(图)}$$

三、消去反应

1. 一般消除

范围：卤代物脱卤化氢,醇类脱水生成烯等。

反应机理：E_1 机理或 E_2 机理

反应速率：叔＞仲＞伯；R—I＞R—Br＞R—Cl＞R—F

注意事项：卤代物为强碱高温消除,醇类为强酸高温消除；α、β 位连烷基多有利于消除。一般多为反式消除：链状产物符合札依采夫规则,环状物多为反式消除。

$$CH_3CH_2CHCH_3 \ +KOH \xrightarrow{\text{醇}} H_3CHC{=}CHCH_3$$
$$\hspace{2cm}\underset{\displaystyle Cl}{|}$$

2. 霍夫曼消除

范围：含有不同 β-氢的季铵碱,受热消除。

注意事项：产物多为生成连烃基少的烯或共轭烯。产物烯类反札依采夫规则。原因是空间位阻小、酸性强的氢易消除,稳定性高的共轭烯烃易生成。

$$R{-}\overset{\displaystyle O}{\overset{\|}{C}}{-}NH_2 \ +NaOBr \xrightarrow{NaOH} R{-}NH_2+NaBr+CO_2$$

四、氧化－还原反应

1. 氧化反应

（1）烯、炔的氧化反应

① $H^+/KMnO_4$ 的氧化

$$RCH=CH_2 \xrightarrow[KMnO_4]{H^+} RCOOH+CO_2 \uparrow$$

$$RCH=\overset{R'}{\underset{}{C}}R \xrightarrow[KMnO_4]{H^+} RCOOH+ \overset{O}{\underset{}{R'CR}}$$

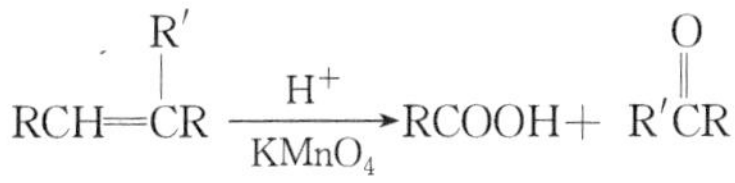

$$R-C\equiv CH \xrightarrow[KMnO_4]{H^+} RCOOH+CO_2 \uparrow +H_2O$$

② OH⁻/KMnO₄ 的氧化

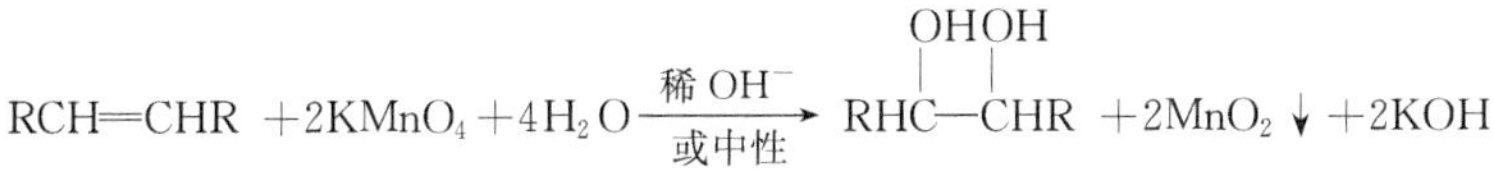

$$RCH=CHR +2KMnO_4+4H_2O \xrightarrow[\text{或中性}]{\text{稀 OH}^-} RHC-CHR +2MnO_2 \downarrow +2KOH$$

③ O₃ 的氧化

$$\overset{R'}{\underset{R}{}}C=CHR'' \xrightarrow[Zn/H_2O]{O_3} RCR' + R''CH$$

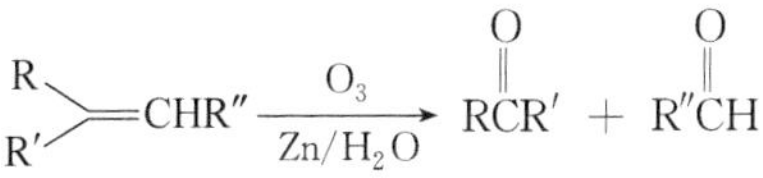

如果产物只为一种醛,说明反应物烯烃结构对称;如果产物为一种二元醛,说明反应物为环烯;如果产物中有甲醛,说明反应物为端基烯。

（2）芳香烃的氧化反应

① 支链有 α-氢的氧化

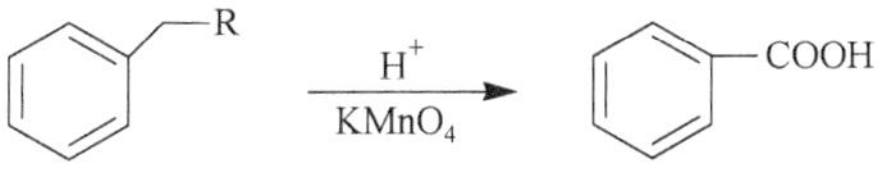

② 环被氧化

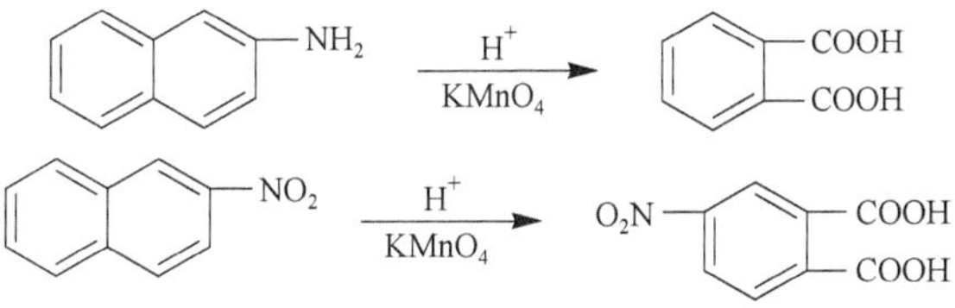

（3）醇的氧化反应

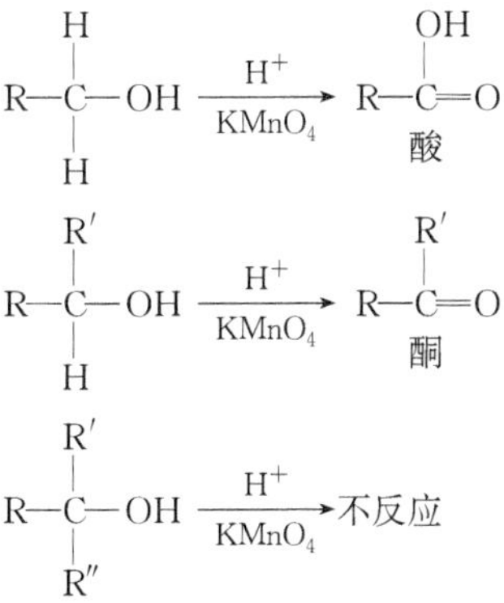

（4）酚的氧化反应

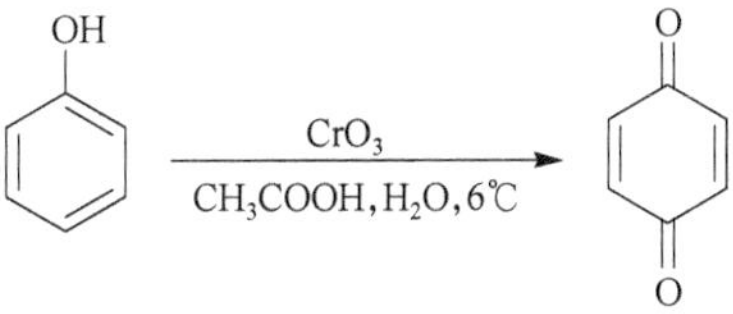

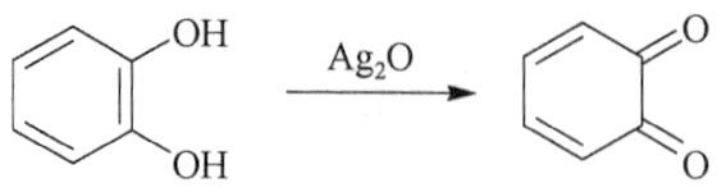

(5) 醛的氧化反应

$$RCHO+2Ag(NH_3)_2OH \xrightarrow{\triangle} RCOONH_4+2Ag\downarrow+3NH_3+H_2O$$

银镜

$$RCHO+2Cu^{2+}+Na^{+}+5OH^{-} \xrightarrow{\triangle} RCOONa+Cu_2O\downarrow+3H_2O$$

砖红色

(6) 羧酸的氧化反应

$$HCOOH \xrightarrow[KMnO_4]{H^+} CO_2\uparrow+H_2O$$

$$HCOOH \xrightarrow{Ag(NH_3)_2OH} Ag\downarrow+CO_3^{2-}$$

$$HO-\overset{O}{\overset{\|}{C}}-\overset{O}{\overset{\|}{C}}OH \xrightarrow[KMnO_4]{H^+} CO_2\uparrow+H_2O$$

2. 还原反应

(1) 烯炔的还原反应

$$RCH=CH_2+H_2 \xrightarrow{催化剂} RCH_2CH_3$$

$$RC\equiv CH+H_2 \xrightarrow{催化剂} RCH=CH_2+H_2 \xrightarrow{催化剂} RCH_2CH_3$$

(2) 醛酮的还原反应

① 还原为羟基

$$R-CHO+H_2 \xrightarrow{Pt} R-CH_2-OH$$

$$R-\underset{\underset{O}{\|}}{C}-R' + H_2 \xrightarrow{Pt} R-\underset{\underset{OH}{|}}{CH}-R'$$

$$CH_3CH=CHCHO \xrightarrow[(2)\ H_2O/H^+]{(1)\ LiAlH_4\ 或\ NaBH_4} CH_3CH=CHCH_2OH$$

$$CH_3CH=CHCHO \xrightarrow{Ni/H_2} CH_3CH_2CH_2CH_2OH$$

② 还原为亚甲基

$$RCH_2\overset{O}{\overset{\|}{C}}-H \xrightarrow[\triangle]{Zn-Hg,\ HCl} RCH_2CH_3$$

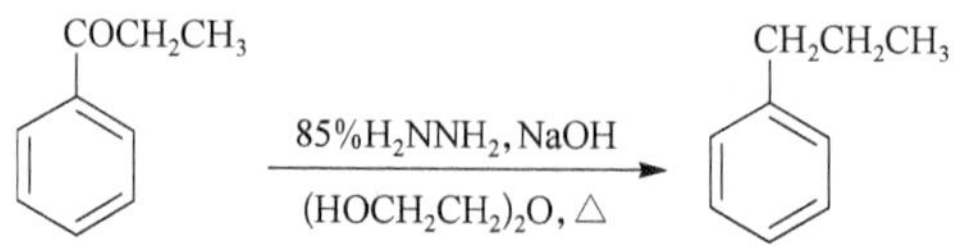

（3）羧酸的还原反应

$$R—COOH \xrightarrow[\text{(2) } H_2O/H^+]{\text{(1) } LiAlH_4} R—CH_2OH$$

3. 歧化反应

$$2HCHO \xrightarrow[\triangle]{\text{浓 } NaOH} HCOONa + CH_3OH$$

羟醛缩合：醛酮在稀碱条件下缩合，生成的羟基醛酮受热易脱水成 α、β 不饱和醛酮。

酯缩合：酯在碱性条件下缩合，生成 β 酮酯。

$$CH_3COOC_2H_5 + CH_3COOC_2H_5 \xrightarrow{NaOC_2H_5}$$

七、水解反应

卤代烃水解：$RCH_2X + H_2O \xrightarrow{OH^-} RCH_2OH + HX$

腈的水解：$RCN + H_2O \xrightarrow{H^+} RCOOH$

缩醛缩酮的水解：$RCH(OR')_2 + H_2O \xrightarrow{H^+} RCHO + 2R'OH$

$$\underset{\underset{O}{\|}}{R}CY + H_2O \xrightarrow{H^+} RCOH + HY$$

羧酸衍生物的水解：$Y = —X, —NH_2, —OR, —OCR'$（$\underset{\|}{O}$）

八、重氮化及偶联反应

重氮化反应：$ArNH_2 + NaNO_2 + HCl \xrightarrow{0\sim5℃} ArN_2^+Cl^- + H_2O + NaCl$

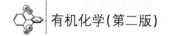

偶联反应:

$$
\underset{NH_2}{\bigcirc} \xrightarrow[0\sim5\text{℃}]{NaNO_2 + HCl} \underset{N_2^+Cl^-}{\bigcirc}
$$

$$
\begin{array}{ll}
\xrightarrow[\triangle]{H_2O} & \bigcirc\!-OH + N_2\uparrow \\
\xrightarrow[16\sim60\text{℃}]{CuX,HX(X=Cl,Br)} & \bigcirc\!-X + N_2\uparrow \\
\xrightarrow[\triangle]{KI} & \bigcirc\!-I + N_2\uparrow \\
\xrightarrow[90\sim100\text{℃}]{CuCN,KCN} & \bigcirc\!-CN + N_2\uparrow \\
\xrightarrow[\triangle]{H_3PO_2,H_2O} & \bigcirc \quad + N_2\uparrow
\end{array}
$$

第五节　有机化合物的鉴别

　　用简便的化学方法鉴别有机化合物,要求所选择的化学反应不仅容易进行、操作简单安全,而且要有明显或特殊的实验现象。如沉淀的生成或溶解、颜色的变化、气体的生成等。进行鉴别时,要抓住各物质的结构特征,根据不同官能团的典型性质差异选择适当的试剂,使之产生明显不同的现象,从而做出准确的鉴别。

　　各类有机化合物常用的鉴别方法如下:

　　1. 烷烃

　　烷烃的化学性质不活泼,不容易发生化学反应,一般在鉴别时通常把它作为不发生化学反应的物质而鉴别出来。

　　2. 烯烃

　　烯烃可以和溴水或溴的四氯化碳溶液反应,使溴水或溴的四氯化碳溶液褪色;烯烃也可以和高锰酸钾溶液反应,使其褪色。

　　3. 炔烃

　　炔烃可以和溴的四氯化碳溶液反应,使溴的四氯化碳溶液褪色;炔烃也可以和浓的酸性高锰酸钾溶液反应,使其褪色;链端炔可以和硝酸银的氨溶液或氯化亚铜的氨溶液反应生成沉淀。

　　4. 环烷烃

　　环烷烃的化学性质不活泼,一般不发生反应,但小环(三元、四元环)可以和溴发生加成反应,使其褪色。

　　5. 芳烃

　　芳烃的化学性质不活泼,一般不发生明显的化学反应。和烷烃进行鉴别时则利用硝化反应,硝基化合物显黄色,进而鉴别出来。

　　6. 卤代烃

　　卤代烃可以和硝酸银的醇溶液反应生成沉淀,不同卤素原子的卤代烃生成的沉淀颜色不同,不同结构的卤代烃的反应速率为烯丙基型(苄式)卤代烃>隔离型卤代烃>乙烯型(苄式)卤代烃。

7. 醇

醇可以和活泼金属(钠、钾)反应放出氢气;伯醇、仲醇可以和高锰酸钾或重铬酸钾发生氧化还原反应,叔醇不反应;C_6 以下的醇可以和卢卡斯试剂反应:叔醇立即浑浊、仲醇数分钟后浑浊、伯醇不反应;邻二醇可以和硫酸铜的氢氧化钠溶液反应显蓝色。

8. 酚

酚可以和三氯化铁发生显色反应,苯酚还可以和溴水反应生成三溴苯酚白色沉淀。

9. 醚

醚的化学性质不活泼,但可以与浓硫酸反应生成𬭩盐而溶于浓硫酸。

10. 醛酮

所有的醛酮都可以和羰基试剂 2,4-二硝基苯肼反应生成黄色沉淀;所有的醛都可以托伦试剂反应产生银镜,甲醛及脂肪醛都可以与费林试剂反应生成砖红色沉淀,脂肪醛可以和本尼迪克特试剂反应生成砖红色沉淀;甲基醛酮可以发生碘仿反应;脂肪族的甲基酮可以与饱和亚硫酸氢钠反应生成白色沉淀。

11. 羧酸

所有的酸都可以和碳酸氢钠反应放出二氧化碳;甲酸和草酸可以被高锰酸钾氧化,甲酸还可以被托伦试剂氧化。

12. 羧酸衍生物

酰卤可以和硝酸银反应生成卤化银沉淀;酸酐遇水水解得到羧酸,再与碳酸氢钠反应放出二氧化碳;酰胺碱性条件下的水解产物可以使红色石蕊试纸显蓝色。

13. 胺

脂肪族伯胺、仲胺、叔胺与亚硝酸反应分别生成氮气、黄色油状物质和可溶性的盐;芳香族的伯胺、仲胺、叔胺与亚硝酸反应分别生成氮气、黄色固体和绿色片状固体;伯胺、仲胺和兴斯堡试剂反应,产物溶于氢氧化钠的为伯胺,叔胺不反应。

14. 糖

所有的单糖都可以和莫利希试剂发生显色反应;还原性糖可以和托伦试剂、费林试剂发生氧化还原反应;还原性糖可以和苯肼反应生成糖脎;酮糖可以和伊万诺夫试剂反应显红色;直链淀粉可以和碘发生显色反应。

15. 氨基酸、蛋白质

氨基酸、蛋白质、多肽可以和水合茚三酮发生显色反应;多肽、蛋白质可以和双缩脲试剂发生显色反应。

第六节　有机化合物的分离与提纯

实验中经常要用到有机化合物的纯化,常用的方法有洗、萃取、蒸馏、重结晶、升华、水蒸气蒸馏、纸色谱、薄层色谱、柱色谱等,有时还会利用物质的化学性质进行提纯。

分离一般指从混合物中把各个组分——分开,利用化学方法分离时要求将各个组分分离后,还要恢复该物质的起始结构,对各组分的收率和纯度都有一定的要求。

第七节　有机合成

学习有机化学的目的,是为了揭示反应现象背后的反应本质,同时也是为了提高人类的生活质量,进行有机合成,一般是将简单的化合物通过一系列反应合成人类需要的结构,在这过程中需要进行官能团化、官能团转化、碳链的增长与缩短。

一、官能团转化

1. 烯烃的官能团转化

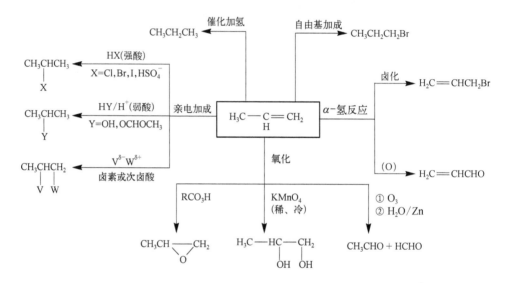

2. 芳香烃的官能团转化

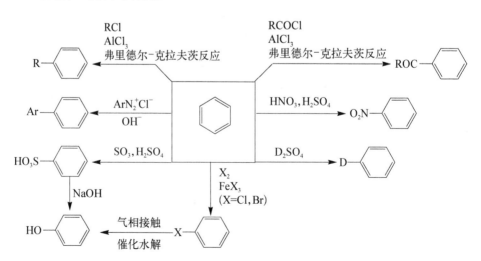

3. 醇的官能团转化

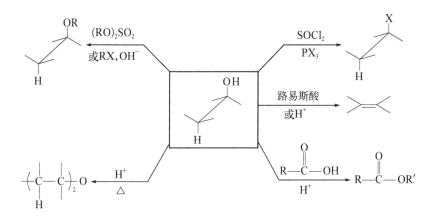

4. 硝基的官能团转化

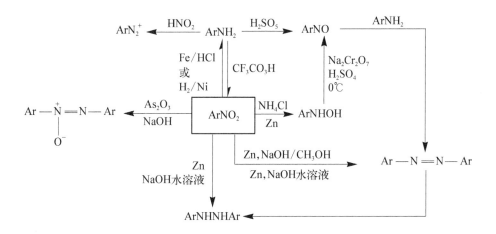

5. 重氮盐的官能团转化

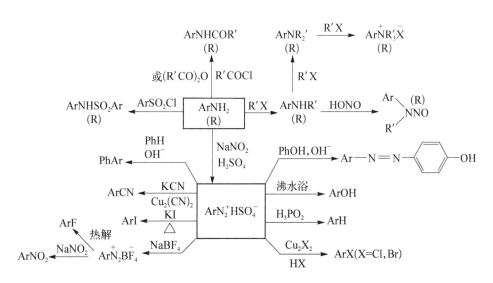

6. 氯代烃的官能团转化

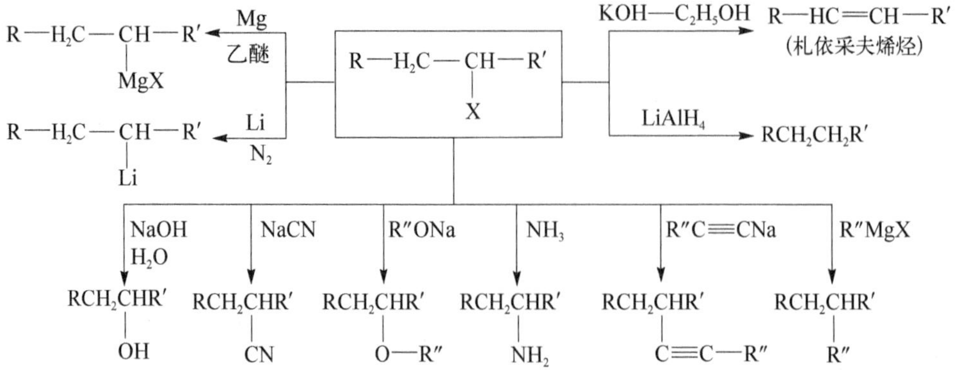

7. 腈的官能团转化

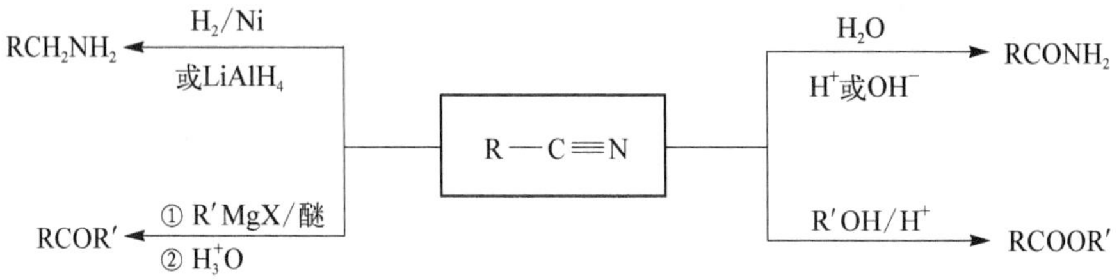

8. 羧酸的官能团转化

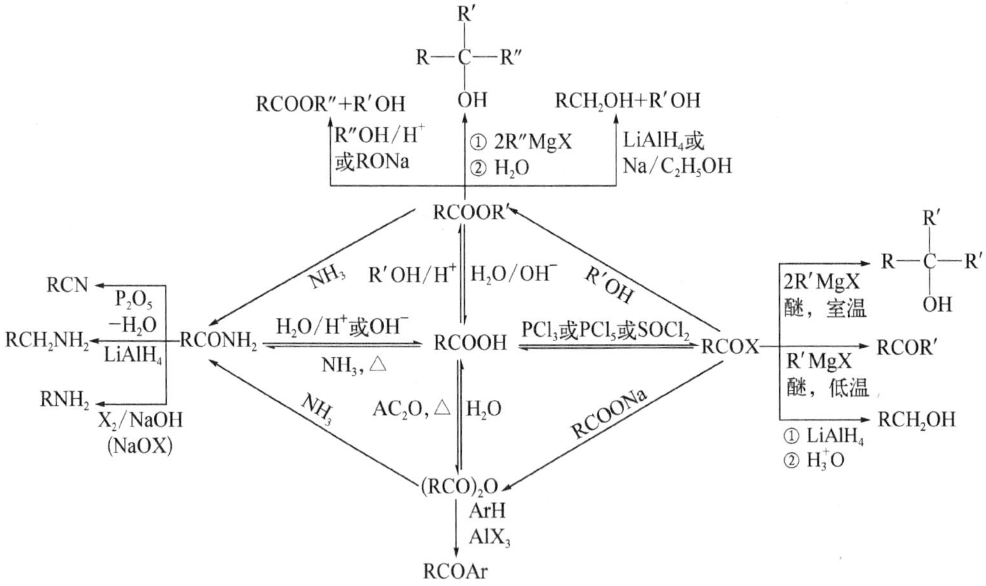

二、碳链的增长

1. 利用格氏试剂增长碳链

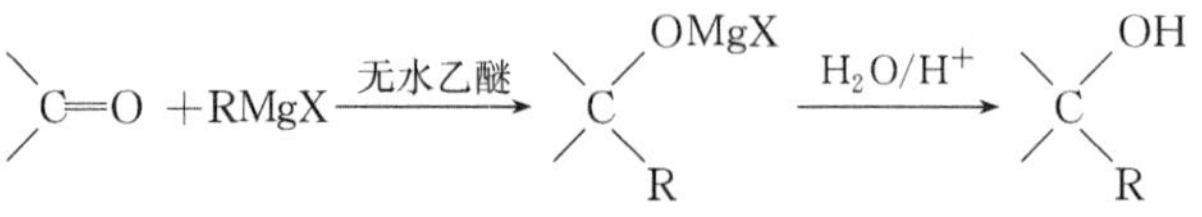

$$O=C=O+RMgX \xrightarrow{\text{无水乙醚}} \underset{R}{\overset{OMgX}{\underset{\parallel}{C}}}\overset{\vert}{\underset{O}{}} \xrightarrow{H_2O/H^+} \underset{R}{\overset{OH}{\underset{\parallel}{C}}}\overset{\vert}{\underset{O}{}}$$

$$\triangle\!O +RMgX \xrightarrow{\text{无水乙醚}} RCH_2CH_2OMgBr \xrightarrow{H_2O/H^+} RCH_2CH_2OH$$

2. 羟醛缩合反应

$$R-CH_2-\overset{O}{\overset{\parallel}{C}}-H + R-\overset{H}{\underset{}{CH}}-\overset{O}{\overset{\parallel}{C}}-H \xrightarrow{\text{稀酸或稀碱}} R-CH_2-\overset{OH}{\underset{H}{\overset{\vert}{C}}}-\overset{H}{\underset{R}{\overset{\vert}{C}}}-\overset{O}{\overset{\parallel}{C}}-H \xrightarrow{\triangle} R-CH_2-\overset{}{\underset{H}{C}}=\overset{}{\underset{R}{C}}-\overset{O}{\overset{\parallel}{C}}-H$$

$$\bigcirc\!\!-CHO + CH_3CHO \xrightleftharpoons{OH^-} \bigcirc\!\!-\underset{OH}{\overset{}{CH}}CH_2CHO$$

3. 克莱森酯缩合反应

$$CH_3-\overset{O}{\overset{\parallel}{C}}-OC_2H_5 + H-CH_2-\overset{O}{\overset{\parallel}{C}}-OC_2H_5 \xrightleftharpoons{NaOC_2H_5} CH_3-\overset{O}{\overset{\parallel}{C}}-CH_2-\overset{O}{\overset{\parallel}{C}}-OC_2H_5 + C_2H_5OH$$

$$CH_3COCH_2COOC_2H_5 \xrightarrow{C_2H_5ONa} \underset{Na^+}{CH_3CO\overline{C}HCOOC_2H_5} \xrightarrow{RX} CH_3COCHCOOC_2H_5\atop\underset{R}{\vert}$$

4. 引入—CN 的反应

$$R-X+NaCN \xrightarrow{CH_3CH_2OH} R-CN \xrightarrow{H_2O/H^+} R-COOH$$

$$\underset{CH_3}{\overset{R}{\underset{}{C}}}=O +H-CN \longrightarrow CH_3-\overset{R}{\underset{OH}{\overset{\vert}{C}}}-CN \xrightarrow[H^+]{H_2O} CH_3-\overset{R}{\underset{OH}{\overset{\vert}{C}}}-COOH$$

$$Ar-N_2^+Cl^- +CuCN \xrightarrow{KCN} Ar-CN$$

5. 狄尔斯-阿尔德反应

$$\bigwedge\bigwedge + \underset{}{\overset{Y}{\bigm|}} \longrightarrow \bigcirc\!\!\!-Y$$

Y为吸电子基团，有利于反应进行

6. 弗里德尔-克拉夫茨反应

$$Ar-H+R-X \xrightarrow{\text{无水 } AlCl_3} Ar-R$$

$$Ar-H+\underset{(RCO)_2O}{R-COCl} \xrightarrow{\text{无水 } AlCl_3} Ar-\overset{O}{\overset{\parallel}{C}}R$$

三、碳链的缩短

1. 不饱和键的氧化

$$RCH=\overset{R'}{\underset{}{CR}} \xrightarrow[KMnO_4]{H^+} RCOOH+ \overset{O}{\overset{\parallel}{\underset{}{R'CR}}}$$

$$R \overset{R}{\underset{R}{\diagdown}}C = CHR'' \xrightarrow[\text{Zn/H}_2\text{O}]{\text{O}_3} RCR' + R''CH$$

$$R-C\equiv CH + KMnO_4 \xrightarrow{H^+} RCOOH + CO_2 + H_2O$$

2. 卤仿反应

$$CH_3 \overset{O}{\overset{\|}{-C-}} H(R) + 3X_2 + 4NaOH \longrightarrow CHX_3 + (R)H \overset{O}{\overset{\|}{-C-}} ONa + 3NaX + 3H_2O$$

$$CH_3 \overset{OH}{\underset{H}{-C-}} H(R) \xrightarrow{\text{NaOX}} CH_3 \overset{O}{\overset{\|}{-C-}} H(R) \xrightarrow{\text{NaOX}} CH_3 \overset{O}{\overset{\|}{-C-}} H(R) \xrightarrow{\text{NaOH}} CHX_3 + (R)H \overset{O}{\overset{\|}{-C-}} ONa$$

3. 霍夫曼降解反应

$$R \overset{O}{\overset{\|}{-C-}} NH_2 + X_2 + 4NaOH \longrightarrow RNH_2 + Na_2CO_3 + 2NaX + 2H_2O$$

4. 脱羧反应

$$R \overset{O}{\overset{\|}{-C-}} ONa \xrightarrow[\text{共熔}]{\text{NaOH-CaO}} R-H + Na_2CO_3$$

$$\overset{COOH}{\underset{COOH}{|}} \xrightarrow{\triangle} HCOOH + CO_2 \uparrow$$

$$HOOC-CH_2-COOH \xrightarrow{\triangle} CH_3COOH + CO_2 \uparrow$$

$$\overset{CH_2-COOH}{\underset{CH_2-COOH}{|}} \xrightarrow[\triangle]{\text{Ba(OH)}_2} \text{(cyclopentanone)} O + H_2O + CO_2 \uparrow$$

$$H_2C \overset{CH_2-COOH}{\underset{CH_2-COOH}{\diagup}} \xrightarrow[\triangle]{\text{Ba(OH)}_2} \text{(cyclohexanone)} O + H_2O + CO_2 \uparrow$$

四、官能团的保护

在有机合成中,反应物分子中有时可能有多个官能团,但只想要和其中的一个发生反应,而另一个在这个条件下也能发生反应,为使反应朝着预期的方向进行,就必须对不让其发生反应的官能团进行保护。在进行保护时需要满足以下几点才能进行有效的保护:① 该基团应该是在温和条件下引入的;② 在化合物中其他基团发生转化所需要的条件下是稳定的;③ 在温和条件下易于除去。

1. —NH$_2$ 的保护

氨基容易被氧化,在进行氧化、硝化等反应时,要将其保护起来,常用羧酸、酰氯、酸酐等发生酰基化反应进行保护。

$$\text{(苯环)}\underset{NH_2}{\overset{COOH}{\bigcirc}} \xrightarrow[\text{回流}]{\text{HCOOH}} \text{(苯环)}\underset{NHCHO}{\overset{COOH}{\bigcirc}} \xrightarrow{\text{混酸}} O_2N\text{(苯环)}\underset{NHCHO}{\overset{COOH}{\bigcirc}} \xrightarrow{\text{H}_2\text{O}} O_2N\text{(苯环)}\underset{NH_2}{\overset{COOH}{\bigcirc}}$$

2．—CHO 的保护

醛酮中的羰基容易发生反应，尤其是醛，既能发生氧化反应也能发生还原反应，因此在氧化还原反应中要对其进行保护。一般利用羰基可以和醇反应生成缩醛或缩酮对其进行保护。

参考文献

1. 傅建熙. 有机化学——结构和性质相关分析与功能. 3 版. 北京：高等教育出版社,2011.

2. 李东风,李炳奇. 有机化学. 武汉：华中科技大学出版社,2007.

3. 周乐. 有机化学. 北京：科学出版社,2020.

4. 陈长水. 有机化学. 3 版. 北京：科学出版社,2015.

5. 钱旭红. 有机化学. 3 版. 北京：化学工业出版社,2014.

6. 邢其毅,裴伟伟,徐瑞秋,等. 基础有机化学(上、下册). 4 版. 北京：北京大学出版社,2017.

7. 胡宏纹. 有机化学. 4 版. 北京：高等教育出版社,2013.

8. 曾昭琼. 有机化学(上、下册). 6 版. 北京：高等教育出版社,2018.

9. 叶非,袁光耀,姜建辉. 有机化学. 2 版. 北京：中国农业大学出版社,2017.

10. 张普庆. 医学有机化学. 2 版. 北京：科学出版社,2009.

11. 赵建庄,张金桐. 有机化学. 2 版. 北京：高等教育出版社,2003.

12. 王积涛,王永梅,张宝申,等. 有机化学. 3 版. 天津：南开大学出版社,2009.

13. 王俊儒,刘汉兰,朱玮. 有机化学学习指导：解读、解析、解答和测试. 2 版. 北京：高等教育出版社,2013.

14. 薛思佳. 有机化学学习指导. 2 版. 北京：科学出版社,2016.

15. 有机化学精品课课程组. 有机化学习题及考研指导. 3 版. 北京：化学工业出版社,2019.

16. 李楠,梁英. 有机化学习题集. 2 版. 北京：高等教育出版社,2007.

参考答案

第一章

1. 有机化合物有哪些特性? 并简述原因。

有以下特性: ① 数目庞大,结构复杂;② 容易燃烧;③ 熔点和沸点低;④ 难溶于水,易溶于有机溶剂;⑤ 反应速度慢,副反应多。原因是有机化合物形成的化学键是共价键,而无机化合物主要是离子键,成键类型不同导致物理、化学性质不同。

2. 指明下列各化合物中 C 原子和 N 原子的杂化方式。

(1) NH_4^+　　(2) $CH_3CH_2CH_3$　　(3) CH_3NH_2

　　sp^3　　　　　sp^3 sp^3 sp^3　　　　　sp^3 sp^3

(4) $CH_3CH{=\!=}CH_2$　　(5) $HC{\equiv}CH$

　　sp^3 sp^2　sp^2　　　　sp　sp

3. 简述 σ 键和 π 键的成键方式和特点。

两个原子轨道沿着对称轴的方向以"头碰头"的方式相互重叠形成的键叫作 σ 键,两个原子轨道"肩并肩"重叠形成的键叫作 π 键。构成 π 键的电子称为 π 电子。σ 键具有如下特点:

(1) 轨道间以"头碰头"方式成键,电子云近似圆柱形分布;

(2) σ 键可以绕键轴旋转;

(3) σ 键较稳定,存在于一切共价键中。

π 键具有如下特点:

(1) 轨道间以"肩并肩"方式成键;

(2) 电子云重叠程度不及 σ 键,较活泼;

(3) π 键必须与 σ 键共存;

(4) π 键不能自由旋转。

4. 何谓共价键的均裂和异裂? 何谓游离基? 何谓亲电反应、亲核反应?

共价键断裂时,组成该键的一对电子由成键的两个原子(原子团)各保留一个的为均裂,得到的原子(原子团)为游离基;共价键断裂时,成键的一对电子保留在一个原子上的为异裂。亲电反应是由"亲近"电子的试剂引起的反应;亲核反应是由能提供电子的试剂引起的反应。

5. 按照路易斯酸碱理论,请分别指出下列哪些物质是路易斯酸,哪些物质是路易斯碱。

(1) NH_3　　(2) H_2O　　(3) HF　　(4) HCO_3^-　　(5) CH_3CH_2OH　　(6) $CH_3CH_2COO^-$

路易斯酸:NH_3、H_2O、HF、HCO_3^-、CH_3CH_2OH

路易斯碱：NH_3、H_2O、HF、HCO_3^-、CH_3CH_2OH、$CH_3CH_2COO^-$

6. 什么是官能团？为什么官能团在有机化合物中显得非常重要？

能决定一类化合物主要化学性质的原子或原子团叫作官能团。一个化合物的性质主要是通过它的官能团表现出来的，根据物质分子中所含官能团的类别就可以预知该物质的物理、化学性质，所以官能团非常重要。

第二章

问题 2-1 用普通命名法命名下列化合物。

(1) 正丁烷　(2) 正庚烷　(3) 正二十烷　(4) 异丁烷　(5) 异己烷　(6) 新己烷

问题 2-2 写出下列化合物的结构式。

(1) $CH_3CH_2CH_2CH_2CH_2CH_2CH_3$　(2) $CH_3CH(CH_2)_4CH_3$
$\qquad\qquad\qquad\qquad\qquad\qquad\qquad\quad\overset{|}{\underset{CH_3}{}}$

(3) $CH_3(CH_2)_8CH_3$　(4) $CH_3\overset{\overset{CH_3}{|}}{\underset{\underset{CH_3}{|}}{C}}CH_2CH_2CH_2CH_3$

问题 2-3 用系统命名法命名下列化合物，并指出伯、仲、叔、季碳原子。

(1) 3,3-二甲基-4-乙基己烷　　　　(2) 2,5-二甲基-3-乙基庚烷

(3) 2,4,4-三甲基己烷　　　　　　(4) 2,4-二甲基-3-乙基己烷

(5) 3,6-二甲基-8-乙基十一烷　　　(6) 3-甲基-3-乙基庚烷

问题 2-4 推测简单烷烃 C_7H_{16} 的同分异构体。

(1) $CH_3CH_2CH_2CH_2CH_2CH_2CH_3$

(2) $CH_3\underset{\underset{CH_3}{|}}{C}HCH_2CH_2CH_2CH_3$　　$CH_3CH_2\underset{\underset{CH_3}{|}}{C}HCH_2CH_2CH_3$

(3) $CH_3CH_2\underset{\underset{CH_2CH_3}{|}}{C}HCH_2CH_3$　　$CH_3\overset{\overset{CH_3}{|}}{\underset{\underset{CH_3}{|}}{C}}CH_2CH_2CH_3$　　$CH_3\overset{\overset{CH_3}{|}}{C}H\underset{\underset{CH_3}{|}}{C}HCH_2CH_3$

$CH_3\underset{\underset{CH_3}{|}}{C}HCH_2\underset{\underset{CH_3}{|}}{C}HCH_3$　　$CH_3CH_2\overset{\overset{CH_3}{|}}{\underset{\underset{CH_3}{|}}{C}}CH_2CH_3$

(4) $CH_3\overset{\overset{CH_3}{|}}{\underset{\underset{CH_3}{|}}{C}}\!\!-\!\!\underset{\underset{CH_3}{|}}{C}HCH_3$

问题 2-5 下列构造式中哪些代表同一化合物？

(1)和(8)、(2)和(5)、(4)和(7)

问题 2-6 写出下列化合物的构造式。

$$(1)\ CH_3CH_2\overset{\displaystyle CH_2CH_3}{\underset{\displaystyle CH_2CH_3}{\overset{|}{\underset{|}{C}}}}H_2CH_3 \qquad (2)\ CH_3\overset{\displaystyle CH_3}{\underset{\displaystyle CH(CH_3)_2}{\overset{|}{\underset{|}{CH-C}}}}\overset{\displaystyle CH(CH_3)_2\ \ CH_3}{\underset{}{}}CHCH_3$$

$$(3)\ CH_3\overset{\displaystyle CH_3CH_3}{\underset{\displaystyle CH_3}{\overset{|}{\underset{|}{C-CHCH_3}}}} \qquad (4)\ CH_3\overset{\displaystyle CH_3\ CH_3}{\underset{\displaystyle CH_3\ CH_3}{\overset{|\ \ |}{\underset{|\ \ |}{C-CCH_3}}}}$$

问题 2-7 解释下列化合物的沸点顺序。

(1) CH_3CH_2Br 和 CH_3CH_2I 比 CH_3CH_3 的极性大得多,分子间作用力大,所以它们的沸点比 CH_3CH_3 的高。CH_3CH_2Br 和 CH_3CH_2I 的极性相近,分子量越大,分子间作用力越大,所以 CH_3CH_2I 的沸点比 CH_3CH_2Br 的高。

(2) 四个化合物极性相近,分子量相近。支链越多,分子间的距离越大,分子间作用力越小,所以其沸点从高到低的顺序为

$$\hexagon > CH_3(CH_2)_4CH_3 > CH_3\overset{\displaystyle CH_3}{\underset{}{\overset{|}{CH}}}(CH_2)_2CH_3 > CH_3CH_2\overset{\displaystyle CH_3}{\underset{\displaystyle CH_3}{\overset{|}{\underset{|}{CCH_3}}}}$$

$$81℃ \qquad > \qquad 69℃ \qquad > \qquad 60℃ \qquad > \qquad 49.7℃$$

问题 2-8 写出环己烷在光作用下溴化产生溴代环己烷的反应历程。

$$Br:Br \xrightarrow{h\nu} 2Br\cdot$$

$$\hexagon\text{—H} + Br\cdot \longrightarrow HBr + \hexagon\cdot$$

$$\hexagon\cdot + Br:Br \longrightarrow \hexagon\text{—Br} + Br\cdot$$

问题 2-9 写出 $C_5H_{11}Cl$ 可能的异构体,并命名,指出与氯原子相连的碳原子的级数。

$$CH_3CH_2CH_2CH_2CH_2Cl$$

1-氯戊烷,伯碳

$$CH_3\overset{}{\underset{\displaystyle Cl}{\overset{}{\underset{|}{CH}}}}CH_2CH_2CH_3$$

2-氯戊烷,仲碳

$$CH_3CH_2\overset{}{\underset{\displaystyle Cl}{\overset{}{\underset{|}{CH}}}}CH_2CH_3$$

3-氯戊烷,仲碳

$$CH_3\overset{}{\underset{\displaystyle CH_3}{\overset{}{\underset{|}{CH}}}}CH_2CH_2Cl$$

3-甲基-1-氯丁烷,伯碳

$$CH_3\overset{\displaystyle Cl}{\underset{\displaystyle CH_3}{\overset{|}{\underset{|}{CH-CH}}}}CH_3$$

2-甲基-3-氯丁烷,仲碳

$$CH_3\overset{\displaystyle Cl}{\underset{\displaystyle CH_3}{\overset{|}{\underset{|}{C-CH_2}}}}CH_3$$

2-甲基-2-氯丁烷,叔碳

$$CH_3\overset{}{\underset{\displaystyle CH_2Cl}{\overset{}{\underset{|}{CH}}}}CH_2CH_3$$

2-甲基-1-氯丁烷,伯碳

$$CH_3\overset{\displaystyle CH_3}{\underset{\displaystyle CH_3}{\overset{|}{\underset{|}{C-CH_2}}}}Cl$$

2,2-二甲基-1-氯丙烷,伯碳

问题 2-10 写出顺-1,4-二甲基环己烷和反-1,4-二甲基环己烷的优势构象,

并比较它们的稳定性。

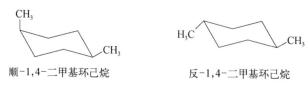

顺-1,4-二甲基环己烷   反-1,4-二甲基环己烷

反-1,4-二甲基环己烷比顺-1,4-二甲基环己烷更稳定

[课后习题]

1. 写出分子式为 C_7H_{16} 的烷烃的各种异构体的构造式,并用系统命名法命名。

$CH_3CH_2CH_2CH_2CH_2CH_2CH_3$ $CH_3CHCH_2CH_2CH_2CH_3$ $CH_3CH_2CHCH_2CH_2CH_3$

           CH_3 CH_3

      庚烷   2-甲基己烷   3-甲基己烷

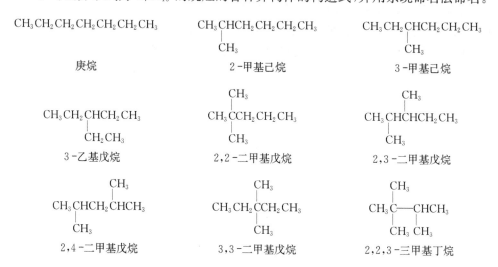

     3-乙基戊烷   2,2-二甲基戊烷   2,3-二甲基戊烷

     2,4-二甲基戊烷   3,3-二甲基戊烷   2,2,3-三甲基丁烷

2. 将下列化合物用系统命名法命名。

(1) 2,5-二甲基己烷   (2) 2,6,6-三甲基-3-乙基辛烷

(3) 2,5,6-三甲基辛烷   (4) 3,3,4,5-四甲基-4-乙基壬烷

(5) 3,3-二乙基戊烷   (6) 1,2-二甲基-5-叔丁基环庚烷

(7) 二环[4.3.0]庚烷   (8) 2,2-二甲基-9-异丙基二环[4.4.0]癸烷

(9) 1,1-二环丙基丁烷   (10) 1-甲基螺[4.5]辛烷

3. 写出下列化合物的结构式。

          CH_3 CH_3 CH_3

(1) $CH_3CHCH_2CH_2CH_3$ (2) $CH_3CCH_2CH_2CCH_2CH_2CH_3$ (3)

                           CH_3 CH_3

(4)

$CH_3CH_2CH_2CHCH_2CH_2CH_2CH_3$

(5)   (6)

(7)   (8)   (9)   (10)

4. 写出下列化合物的优势构象。

(1) 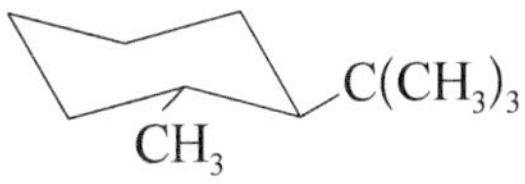   (2)

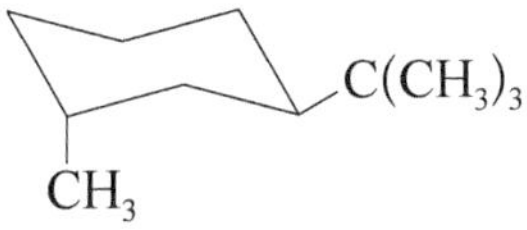

(3) H_3C $C(CH_3)_3$ 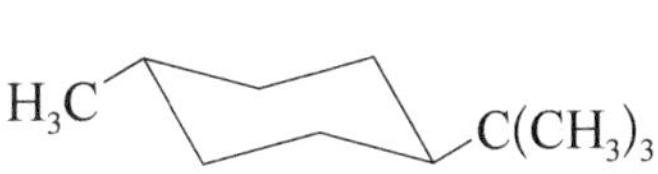   (4)

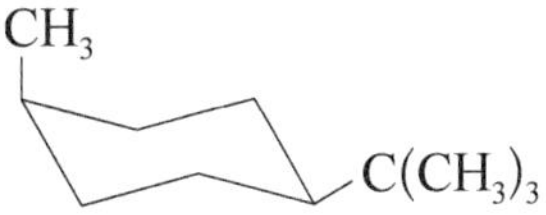

5. 将烷烃中的一个氢原子用溴取代,得到通式为 $C_nH_{2n+1}Br$ 的一溴化物,试写出 C_4H_9Br 和 $C_5H_{11}Br$ 的所有构造异构体。

C_4H_9Br 的一溴化物:

$$CH_3CH_2CH_2CH_2Br \quad CH_3\underset{Br}{CH}CH_2CH_3 \quad CH_3\underset{CH_3}{CH}CH_2Br \quad CH_3\underset{CH_3}{\overset{Br}{C}}CH_3$$

$C_5H_{11}Br$ 的一溴化物:

$$CH_3CH_2CH_2CH_2CH_2Br \quad CH_3\underset{Br}{CH}CH_2CH_2CH_3 \quad CH_3CH_2\underset{Br}{CH}CH_2CH_3$$

$$CH_3\underset{CH_3}{CH}CH_2CH_2Br \quad CH_3\underset{CH_3}{\overset{Br}{CH}}CHCH_3 \quad CH_3\underset{CH_3}{\overset{Br}{C}}CH_2CH_3 \quad CH_3\underset{CH_2Br}{CH}CH_2CH_3 \quad CH_3\underset{CH_3}{\overset{CH_3}{C}}CH_2Br$$

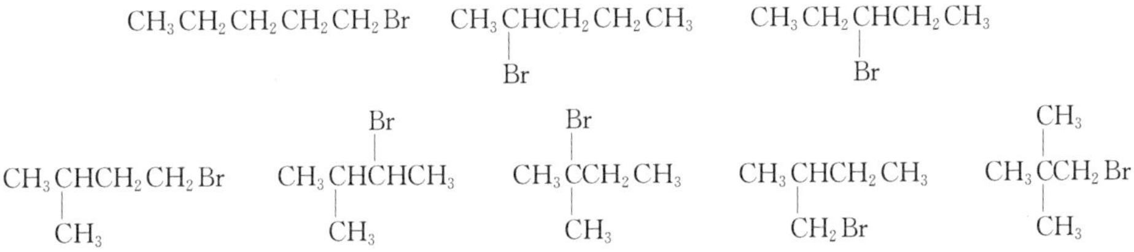

第三章

问题 3-1   命名下列化合物。

(1) 反-2-丁烯   (2) E-3-甲基-2-戊烯

(3) 反-2-氟-2-丁烯   (4) 反-2-甲基-3-氟-1-氯-2-丁烯

问题 3-2   写出下列化合物的构造式。

(1) 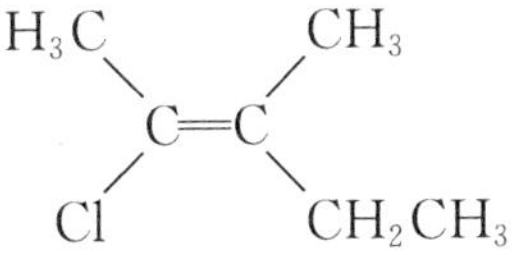   (2)

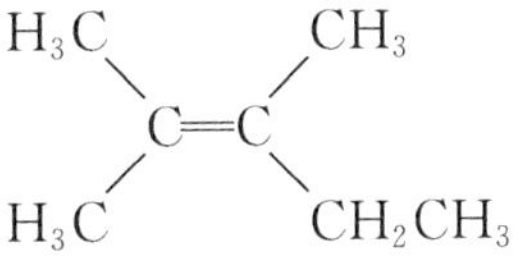

(3)

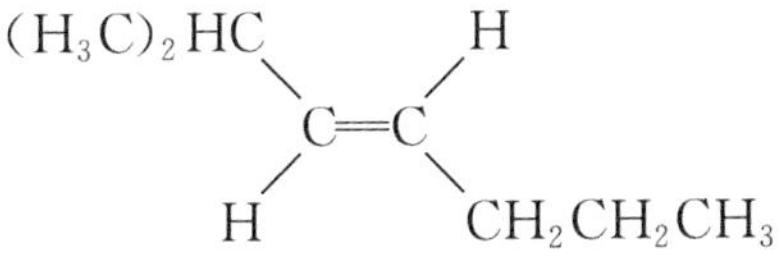

问题 3-3   比较下列碳正离子的稳定性。

D>B>C>A

问题 3-4   完成下列反应。

(1)

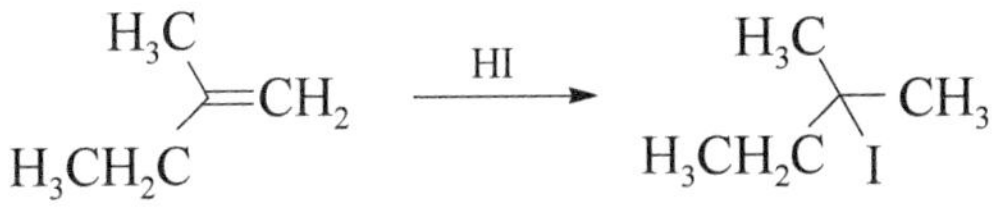

(2)

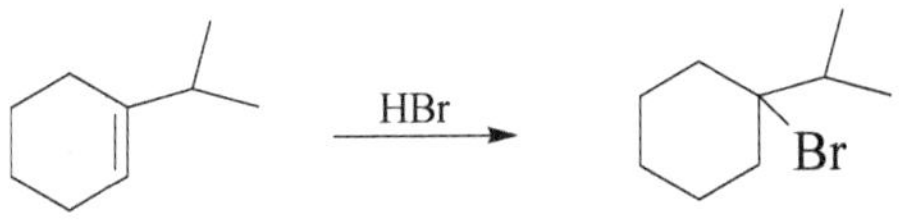

问题 3-5 完成下列反应方程式。

(1) $CH_3CH=C(CH_3)_2 + HBr \longrightarrow CH_3CH_2\overset{\displaystyle Br}{\underset{\displaystyle |}{C}}(CH_3)_2$

(2) $CH_3CH_2CH=CH_2 + H_2O \xrightarrow{H_2SO_4} CH_3CH_2\overset{\displaystyle |}{\underset{\displaystyle SO_3H}{C}}HCH_3$

(3) 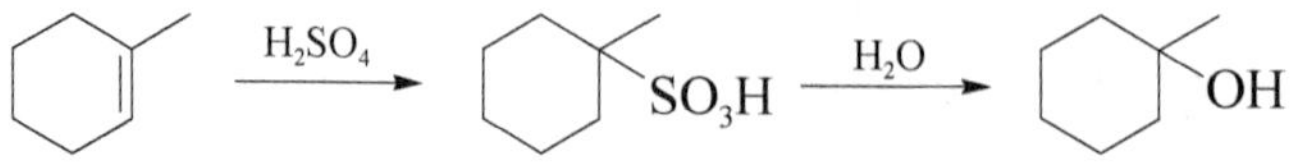 $\xrightarrow{H_2SO_4}$ $\xrightarrow{H_2O}$

问题 3-6 完成下列反应方程式。

(1) $CH_3CH=CH_2 \xrightarrow{KMnO_4/OH^-} CH_3\overset{\displaystyle OH}{\underset{\displaystyle |}{C}}H\overset{\displaystyle OH}{\underset{\displaystyle |}{C}}H_2$

(2) $CH_3CH=CH_2 \xrightarrow{KMnO_4/H^+} CH_3COOH + CO_2$

(3) $\xrightarrow[Zn/H_2O]{O_3}$

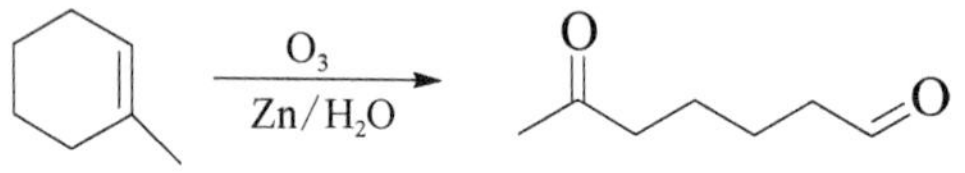

问题 3-7 下面是一些烯烃经过高锰酸钾氧化后生成的产物,试推测原烯烃的结构。

(1) 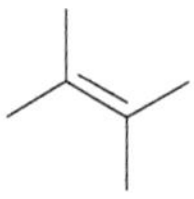 　　(2)  　　(3)

问题 3-8 完成下列反应方程式。

(1) $CH_3CH=CH_2 + Br_2 \xrightarrow{CCl_4} CH_3\overset{\displaystyle Br}{\underset{\displaystyle |}{C}}HCH_2Br$

(2) $CH_3CH=CH_2 + Br_2 \xrightarrow{高温} Br$

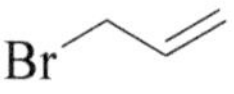

(3) 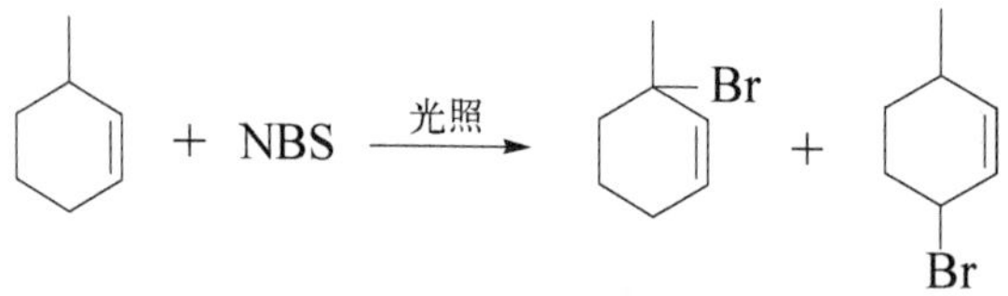 + NBS $\xrightarrow{光照}$ +

问题 3-9 命名下列化合物。

(1) 1-丁炔　　(2) 5-甲基-2-庚炔　　(3) 1-戊烯-4-炔

问题 3-10 完成下列反应方程式。

(1) $CH_3C\equiv CH \xrightarrow{Lindlar/H_2} CH_3CH=CH_2 \xrightarrow{HCl}$

(2) $CH_3C\equiv CH \xrightarrow[HgSO_4]{H_2O}$

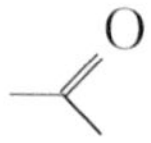

问题 3-11 用化学方法鉴别下列化合物:

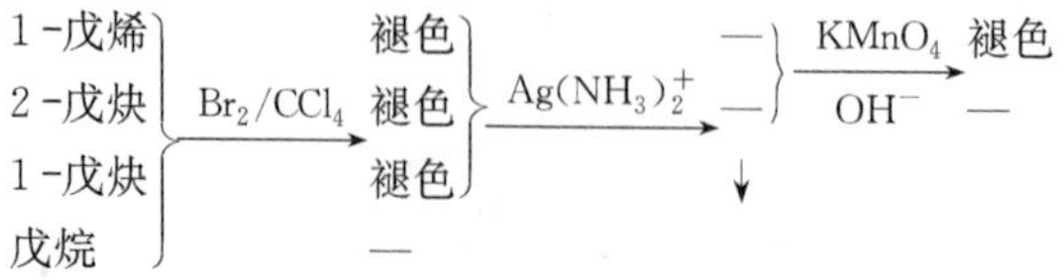

问题 3-12 命名下列化合物。

(1) 5-甲基-1,3-己二烯　(2) 5-甲基-1,3-环己二烯　(3) 4-甲基-3-氯-2,4-庚二烯

问题 3-13 完成下列反应方程式。

(1)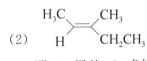

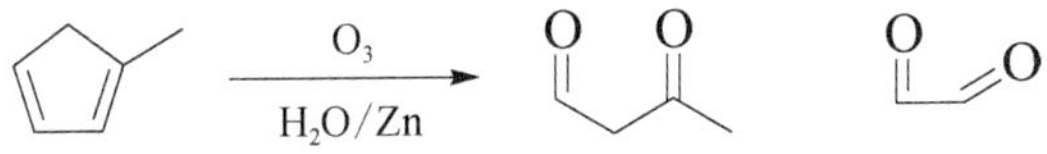

(2) 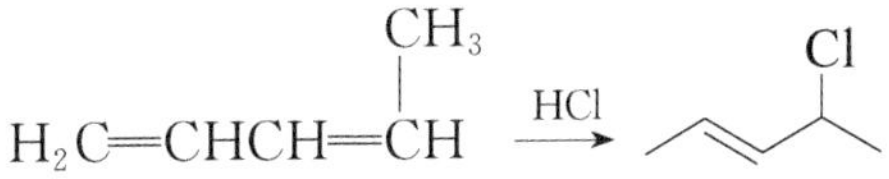 H₂C=CHCH=CH —CH₃ $\xrightarrow{HCl}$ （产物见图）

(3)

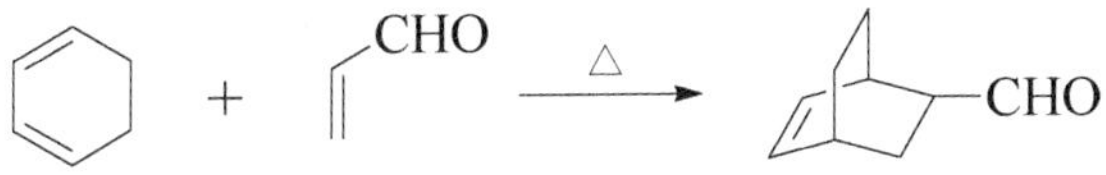

[课后习题]

1. 命名下列化合物,如有顺反异构体,则分别标出构型。

(1) H₃CHC=CHCHCH₃（Cl）

4-氯-2-戊烯

(2)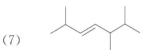

顺-3-甲基-2-戊烯

(3) 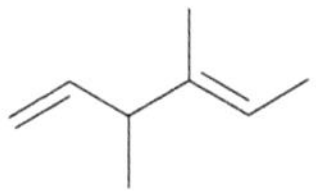 （结构）

3,4-二甲基-1,4-己二烯

(4) H₂C=CHCHCH=CCH₃（CH₂CH₃）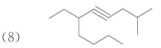

3-乙基-1-己烯-4-炔

(5) 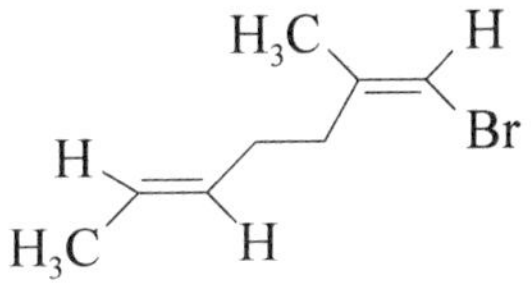 （结构）

(2Z,5E)-2-甲基-1-溴-1,5-庚二烯

(6)

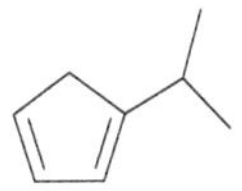

1-异丙基-1,3-环戊二烯

(7) （结构）

2,5,6-三甲基-3-庚烯

(8) （结构）

2-甲基-6-乙基-4-癸炔

(9) （结构）

5-甲基-1,3-环己二烯

2. 写出下列化合物的结构式。

(1) 2-甲基-2-己烯

H₃C C=CHCH₂CH₂CH₃（CH₃）

(2) 乙烯基乙炔

H₂C=CHC≡CH

(3) 3-乙基环己烯

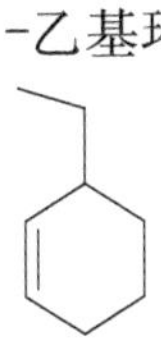

（结构）

(4) (Z)-3-甲基-2-己烯

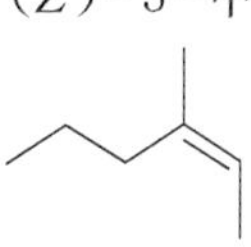

(5) 异戊烯

$$H_2C=CCH_2CH_3$$
$$\quad\quad |$$
$$\quad\quad CH_3$$

(6) 4-甲基-3-戊烯-1-炔

$$HC\equiv CCH=CCH_3$$
$$\quad\quad\quad\quad\quad |$$
$$\quad\quad\quad\quad\quad CH_3$$

(7) 1,4-环己二烯

(8)（2顺,4反)-2,4-己二烯

$$\begin{array}{ccc} H_3C & H & H \\ \diagdown & \diagup & \diagup \\ & C=C & C=C \\ & & \diagdown & \diagdown \\ & H & H & CH_3 \end{array}$$

3. 分别写出 1-丁烯、1-丁炔与下列试剂反应时的主要产物。

(1) $H_2C=CHCH_2CH_3 \xrightarrow{H_2/Pd} H_3C-CH_2CH_2CH_3$

$HC\equiv CCH_2CH_3 \xrightarrow{H_2/Pd} H_3C-CH_2CH_2CH_3$

(2) $H_2C=CHCH_2CH_3 \xrightarrow{Br_2} \underset{Br\ Br}{H_2C-CHCH_2CH_3}$

$HC\equiv CCH_2CH_3 \xrightarrow{Br_2} \underset{Br\ Br}{HC=CCH_2CH_3} \xrightarrow{Br_2} \underset{Br\ Br}{\overset{Br\ Br}{HC-CCH_2CH_3}}$

(3) $H_2C=CHCH_2CH_3 \xrightarrow{HBr} \underset{H\ Br}{H_2C-CHCH_2CH_3}$

$HC\equiv CCH_2CH_3 \xrightarrow{HBr} \underset{H\ Br}{HC=CCH_2CH_3} \xrightarrow{HBr} \underset{Br}{\overset{Br}{H_3C-CCH_2CH_3}}$

(4) $H_2C=CHCH_2CH_3 \xrightarrow{KMnO_4/H^+} CH_3CH_2COOH+CO_2$

$HC\equiv CCH_2CH_3 \xrightarrow{KMnO_4/H^+} CH_3CH_2COOH+CO_2+H_2O$

(5) $H_2C=CHCH_2CH_3 \xrightarrow[Zn/H_2O]{O_3} H_2C=O+O=CHCH_2CH_3$

$HC\equiv CCH_2CH_3 \xrightarrow[Zn/H_2O]{O_3} \overset{O}{\underset{O}{\overset{\|}{C}HC\overset{\|}{C}CH_2CH_3}}$

(6) $H_2C=CHCH_2CH_3 \xrightarrow[500\sim600℃]{Cl_2} \underset{Cl}{H_2C=CHCHCH_3}$

$HC\equiv CCH_2CH_3 \xrightarrow[500\sim600℃]{Cl_2} \underset{Cl}{HC\equiv CCHCH_3}$

(7) $H_2C=CHCH_2CH_3 \xrightarrow[光照]{NBS} \underset{Br}{H_2C=CHCHCH_3}$

$$\underset{HC\equiv CCH_2CH_3}{} \xrightarrow[\text{光照}]{NBS} \underset{HC\equiv C\overset{Br}{\underset{|}{C}}HCH_3}{}$$

4. 选择题。

(1) C　(2) C　(3) B　(4) B　(5) D　(6) D

5. 完成下列反应。

(1) $H_3CHC=\overset{CH_3}{\underset{|}{C}}CH_2CH_3 \xrightarrow{HBr} H_3CH_2C-\overset{CH_3}{\underset{|}{\underset{Br}{\overset{|}{C}}}}CH_2CH_3$

(2) $(CH_3)_2C=CH_2 + H_2O \xrightarrow{H_2SO_4} (CH_3)_2\overset{|}{\underset{OH}{C}}CH_3$

(3) $\underset{H}{\overset{H_3C}{>}}C=C\underset{CH_2CH_3}{\overset{CH_3}{<}} \xrightarrow{KMnO_4/H^+} CH_3COOH + CH_3\overset{O}{\overset{||}{C}}CH_2CH_3$

(4) ⟨benzene ring with CH₃⟩ $\xrightarrow{O_3} \xrightarrow{H_2O/Zn}$ OHC—CHO + OHC—$\underset{O}{\overset{||}{C}}$CH₃

(5) $CH_3CH=CH_2 \xrightarrow{NBS} \overset{Br}{\underset{|}{C}}H_2CH=CH_2$

(6) $CH_3\overset{CH_3}{\underset{|}{C}}HCH_2C\equiv CH + H_2O \xrightarrow[HgSO_4]{H_2SO_4} CH_3\overset{CH_3}{\underset{|}{C}}HCH_2\overset{O}{\overset{||}{C}}CH_3$

(7) ⟨structure⟩ $\xrightarrow{HBr}$ ⟨Br structure⟩ + ⟨Br structure⟩

(8) ⟨cyclopentadiene⟩ + $CH_2=CHCHO \longrightarrow$ ⟨bicyclic structure with CHO/O⟩

(9) ⟨structure⟩ $\xrightarrow{\text{浓}H_2SO_4}$ ⟨structure with OSO_3H⟩

(10) ⟨structure⟩ $\xrightarrow{KMnO_4/H^+}$ ⟨structure⟩COOH + CO₂ + H₂O

6. 用化学方法鉴别下列各组化合物。

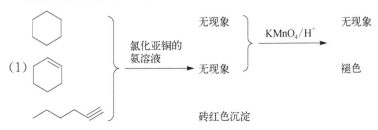

有机化学(第二版)

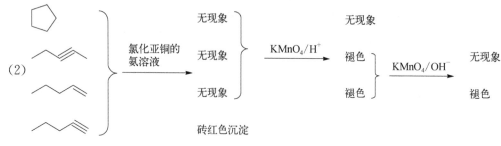

7. 由丙烯合成下列化合物。

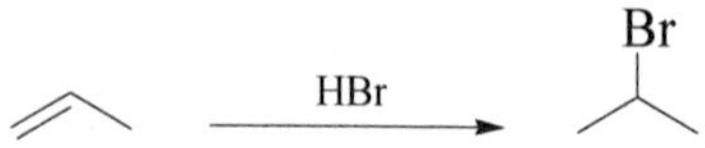

(2)  KMnO₄/OH⁻

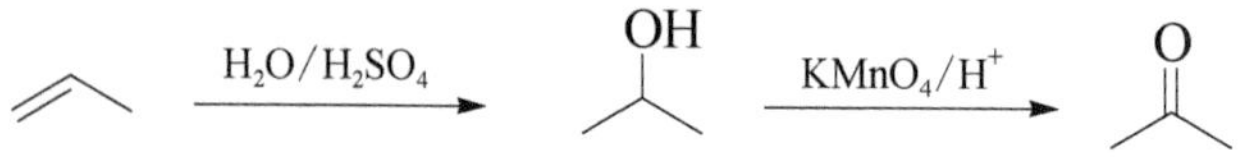

8. 由丙炔合成下列化合物。

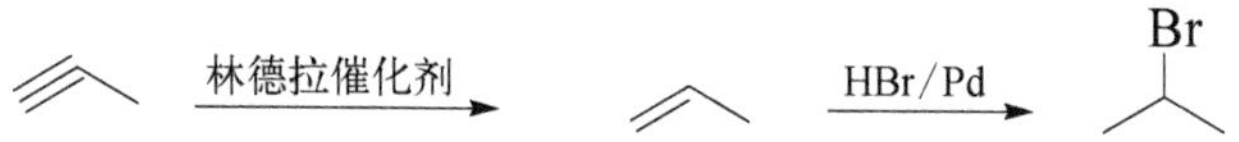

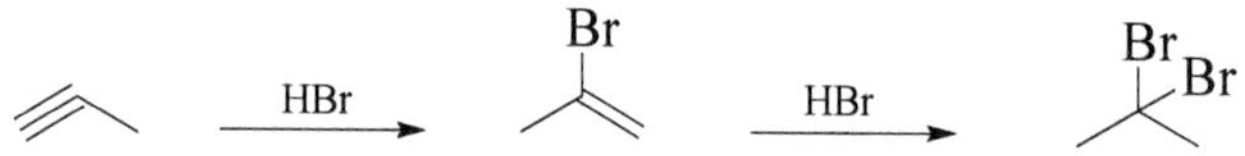

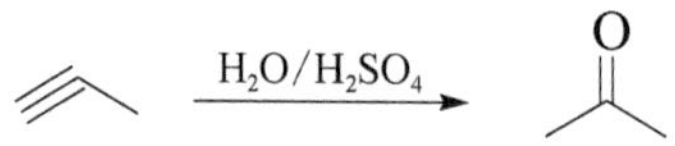

9. A、B、C 三种化合物的分子式都是 C_6H_{12}，A 经过 KMnO₄ 氧化，得到乙酸和丁酮，B 经过臭氧氧化并与锌和水反应只得到丙醛，C 与溴的四氯化碳溶液不反应，在光照条件下 C 的一元溴代物只有一种。试推测 A、B、C 的可能结构式。

A. 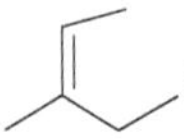 ; B. ; C. 。

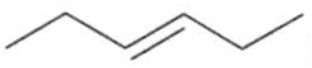

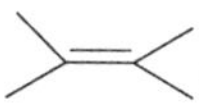

10. A、B、C、D 四种化合物的分子式都是 C_6H_{10}，它们都能使溴的四氯化碳溶液褪色。A 能与氯化亚铜的氨溶液作用产生沉淀，B、C、D 则不能。当用热的酸性高锰酸钾溶液氧化时，A 得到戊酸和二氧化碳；B 只得到丙二酸；C 只得到己二酸；D 得到乙酸和二氧化碳。试推测 A、B、C、D 的可能结构式。

A. 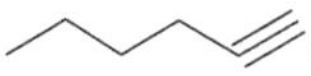 ; B. ; C. ; D. 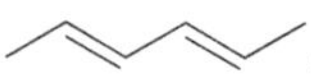 。

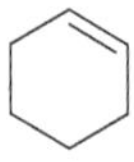

第四章

问题 4-1 用系统命名法命名下列化合物。

(1) 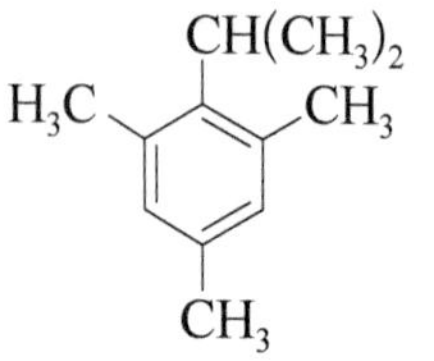 1,3,5-三甲基-2-异丙基苯　(2) 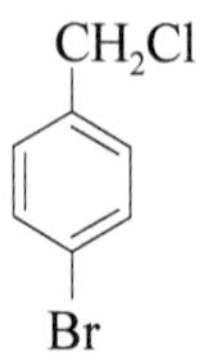 对溴苯基氯甲烷　(3) 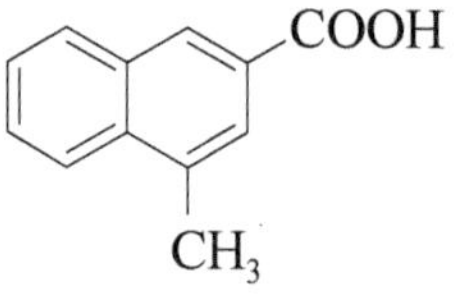 4-甲基-2-萘甲酸

问题 4-2 用箭头标出下列化合物硝化的位置。

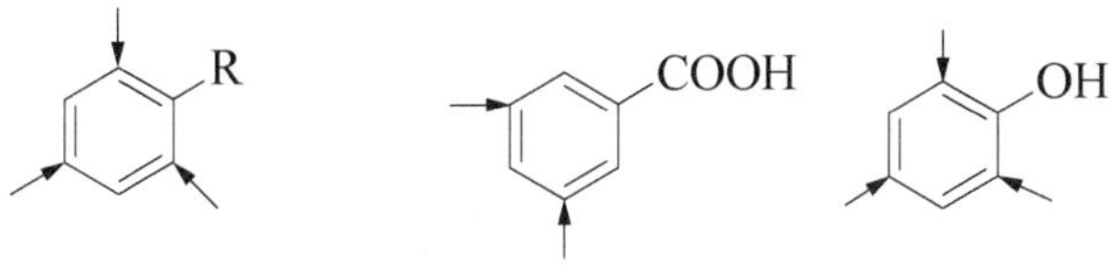

问题 4-3 以苯及必要试剂为原料合成：(1) 对硝基苯甲酸 (2) 间硝基苯甲酸

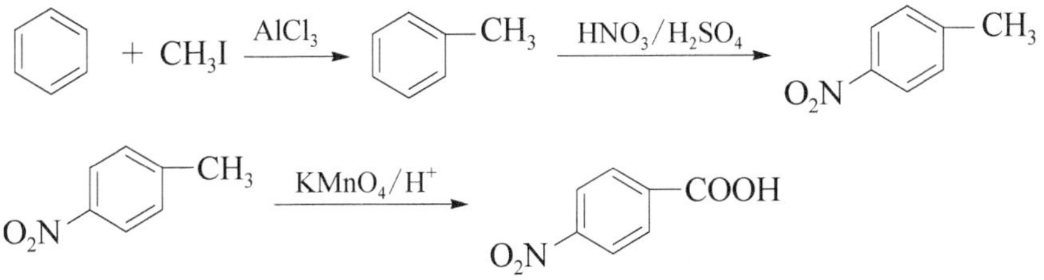

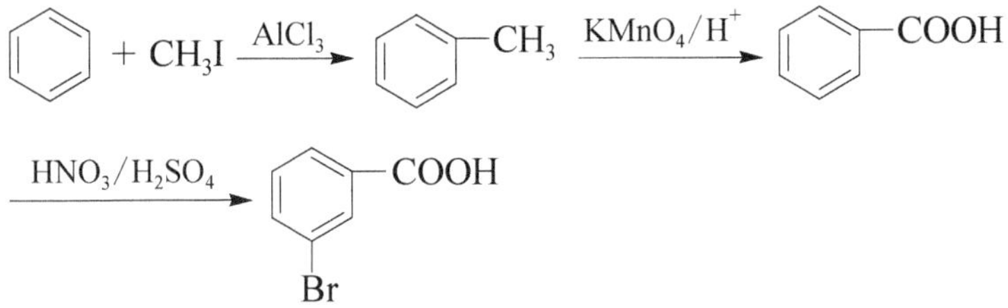

问题 4-4 用化学方法鉴别环己烷、环己烯和甲苯。

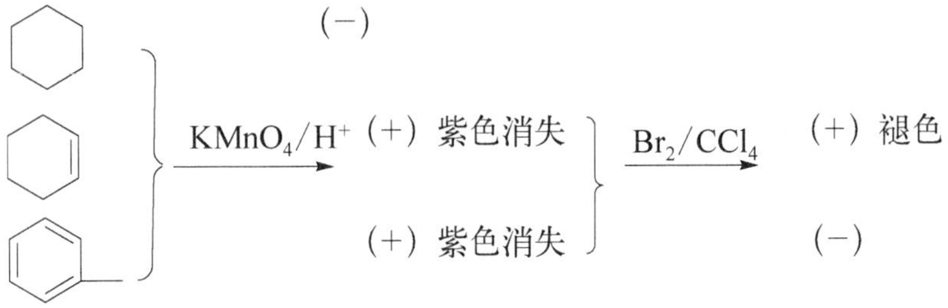

[课后习题]

1. 用系统命名法命名下列化合物。

(1) 4-叔丁基乙苯 (2) 3,3-二甲基-2-苯基戊烷 (3) 2,4-二氯甲苯
(4) 1-氟-2,4-二硝基苯 (5) 1-氯-1-溴联苯 (6) 5-甲基-萘磺酸 (7) 7-甲基-2-萘酚 (8) 3-溴-苯乙烯

2. 完成下列反应,写出主要产物。

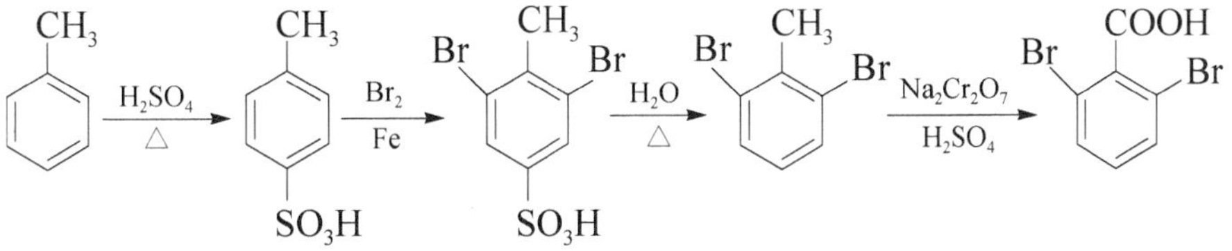

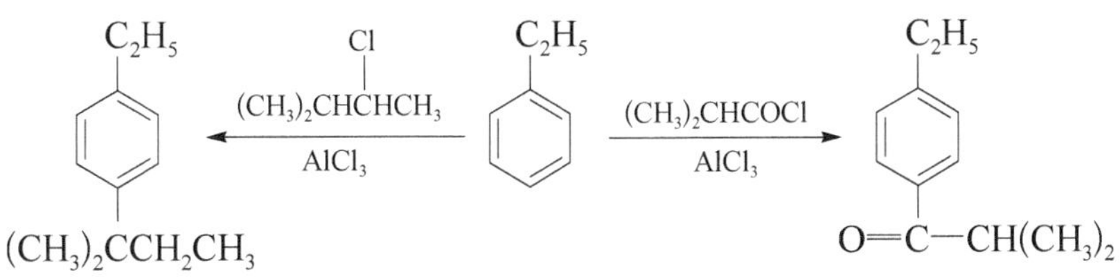

(3) 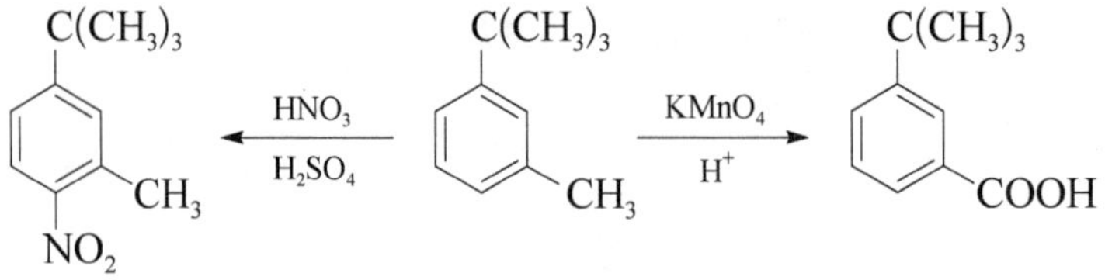 C(CH₃)₃ ← HNO₃ / H₂SO₄ — C(CH₃)₃ — KMnO₄ / H⁺ → C(CH₃)₃ ... COOH

3. 比较下列各组化合物进行亲电取代反应的活性次序,并用箭头指出取代基主要进入的位置。

(1) 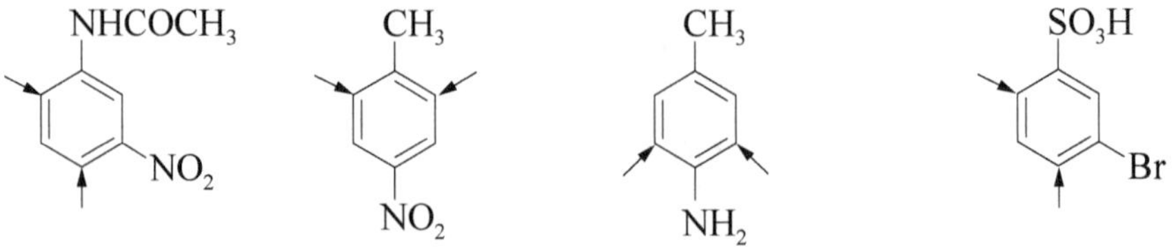 A. NHCOCH₃ / NO₂ B. CH₃ / NO₂ C. CH₃ / NH₂ D. SO₃H / Br

(2) 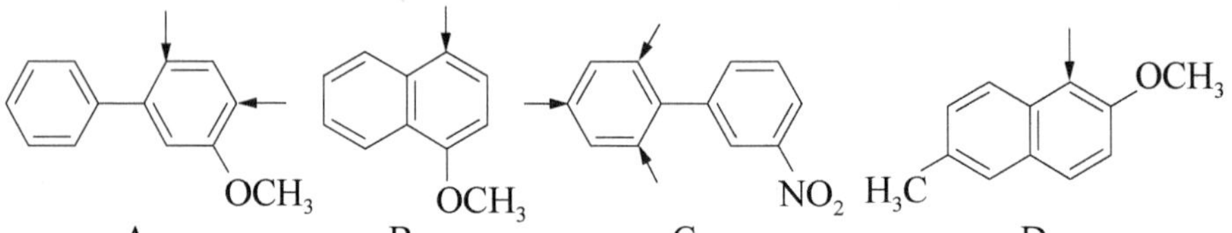 A. OCH₃ (联苯) B. OCH₃ (萘) C. NO₂ (联苯) D. OCH₃ / H₃C (萘)

(3) 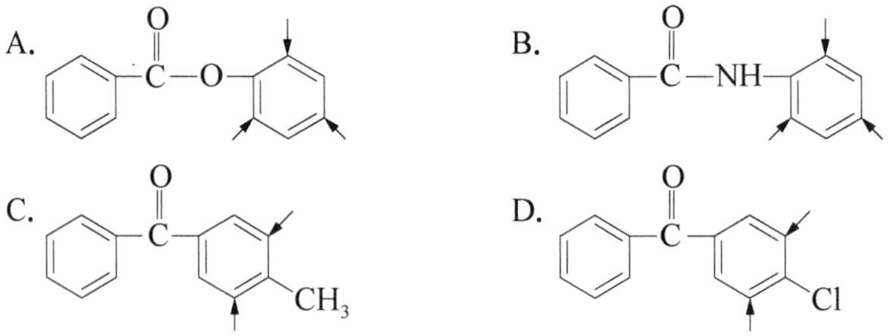
A. C₆H₅—C(=O)—O—(苯环)
B. C₆H₅—C(=O)—NH—(苯环)
C. C₆H₅—C(=O)—(苯环)—CH₃
D. C₆H₅—C(=O)—(苯环)—Cl

4. 以苯或甲苯为主要原料合成下列化合物。

(1) 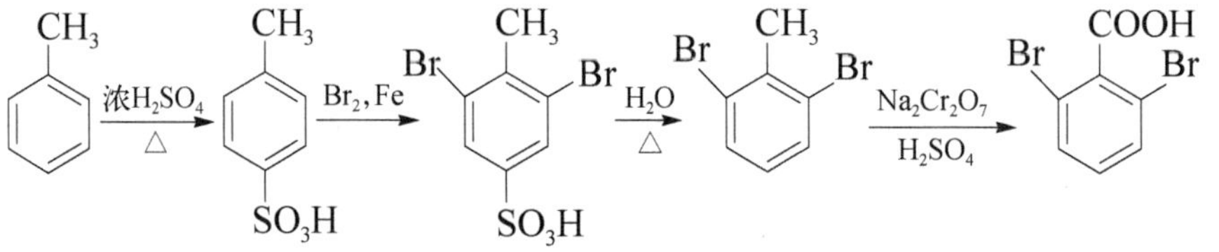 CH₃(苯) →(浓H₂SO₄, △)→ CH₃ / SO₃H →(Br₂, Fe)→ CH₃ / Br / Br / SO₃H →(H₂O, △)→ CH₃ / Br / Br →(Na₂Cr₂O₇, H₂SO₄)→ COOH / Br / Br

(2) 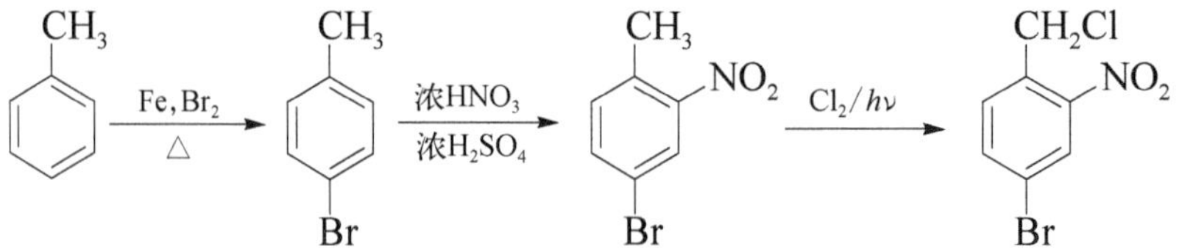 CH₃(苯) →(Fe, Br₂, △)→ CH₃ / Br →(浓HNO₃, 浓H₂SO₄)→ CH₃ / NO₂ / Br →(Cl₂/hν)→ CH₂Cl / NO₂ / Br

(3) 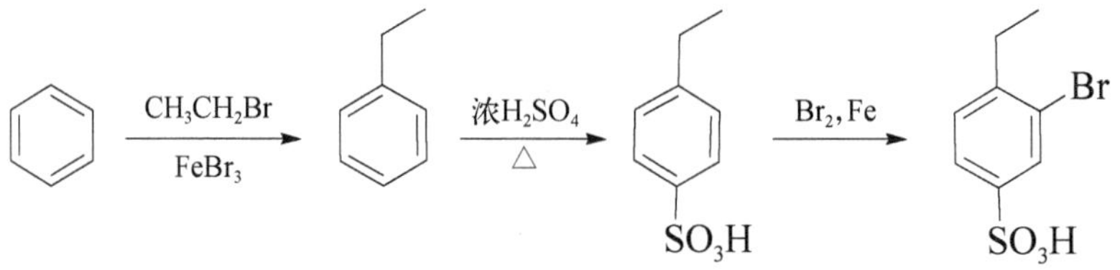 (苯) →(CH₃CH₂Br, FeBr₃)→ CH₂CH₃(乙苯) →(浓H₂SO₄, △)→ CH₂CH₃ / SO₃H →(Br₂, Fe)→ CH₂CH₃ / Br / SO₃H

(4)

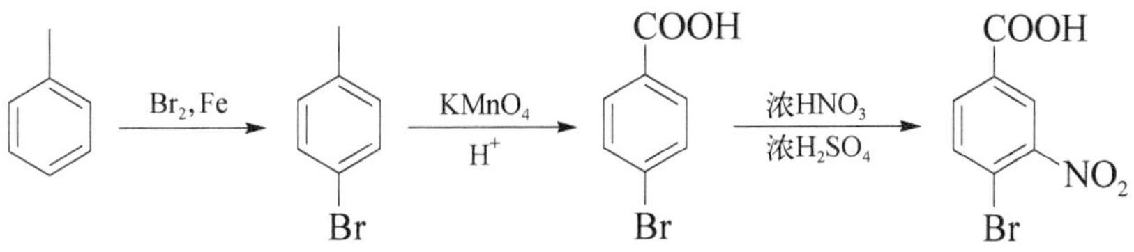

(5)

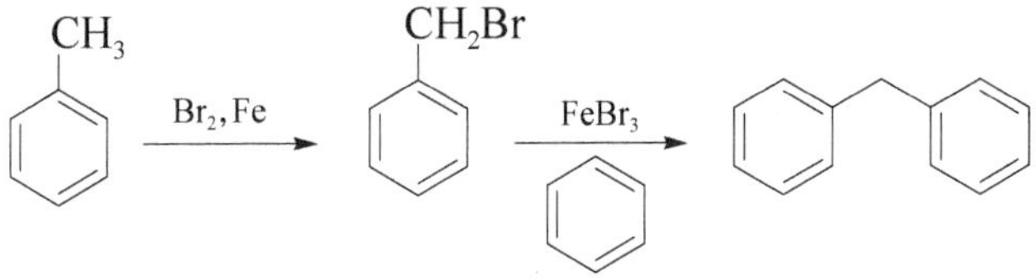

(6)

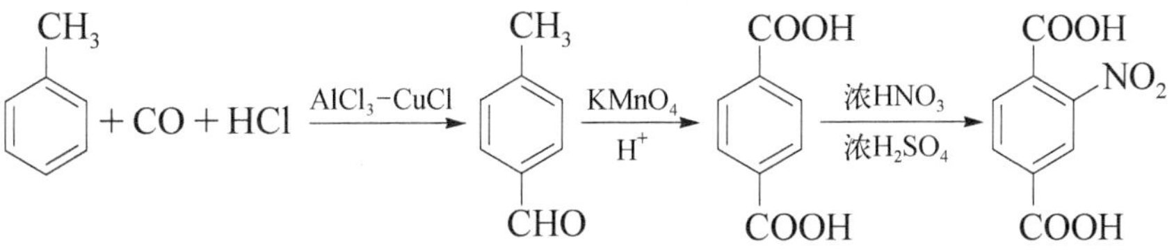

5. 利用休克尔规则，判断下列化合物有无芳香性。

(1) 成环碳原子在同一个平面上，含有六个 π 电子，是封闭的体系，具有芳香性。

(2) 成环碳原子在同一个平面上，含有四个 π 电子，共轭没有头尾相连，不具有芳香性。

(3) 成环碳原子在同一个平面上，含有六个 π 电子，是封闭共轭环状体系，具有芳香性。

(4) 成环碳原子在同一个平面上，含有七个 π 电子，不满足 $2n+2$ 规则，是封闭共轭环状体系，不具有芳香性。

(5) 成环碳原子在同一个平面上，含有六个 π 电子，但不是封闭共轭环状体系，不具有芳香性。

(6) 成环碳原子在同一个平面上，含有八个 π 电子，不是封闭共轭环状体系，不具有芳香性。

6. 某烃 A（C_9H_8）与硝酸银的氨溶液反应生成白色沉淀。催化氢化生成 B（C_9H_{12}）。将 B 用酸性重铬酸钾氧化得到 C（$C_8H_6O_4$），C 经加热得到 D（$C_8H_4O_3$）。试推导 A、B、C、D 的构造式，并写出各步反应方程式。

不饱和度为 $\Omega=6$，肯定含有苯环，高锰酸钾氧化多出四个 O，则连接两个烷基，氧化形成两个羧酸，加热后少一个 O，则两个羧基一定位于邻位，形成酸酐。

A. 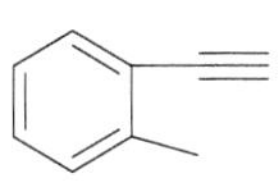　　　　B. 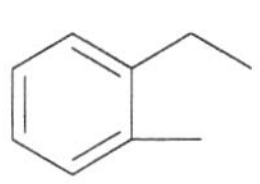　　　　C. 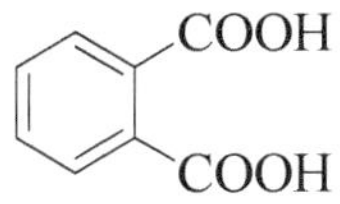　　　　D.

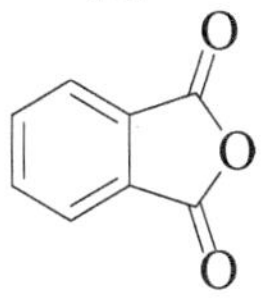

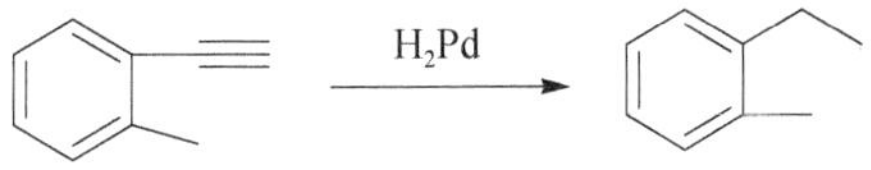

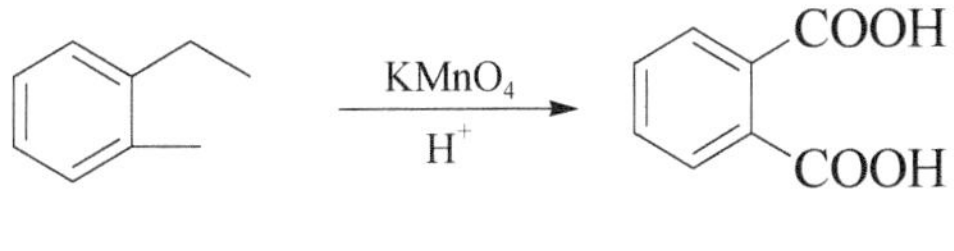

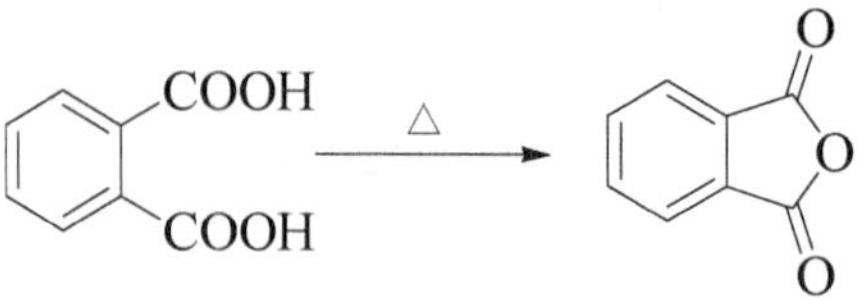

（有机化合物结构式图：邻苯二甲酸加热脱水生成邻苯二甲酸酐）

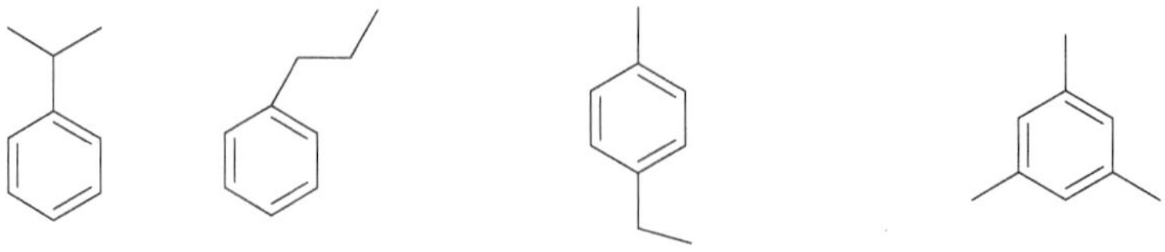

7.A.（异丙苯结构） B.（丙苯结构） C.（对乙基甲苯结构） （1,3,5-三甲苯结构）

8. 某芳烃 A 的分子式为 C_8H_{10}，用酸性重铬酸钾溶液氧化后得到一种二元酸 B，将 A 硝化，所得的一元硝基化合物只有一种。写出 A 的构造式，并写出各步反应方程式。

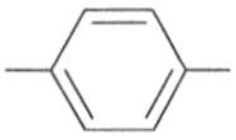

A.（对二甲苯结构）   B. 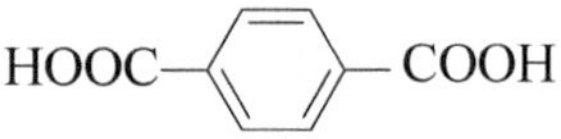 HOOC—（苯环）—COOH

（对二甲苯）$\xrightarrow{KMnO_4}$（对苯二甲酸）   （对二甲苯）$\xrightarrow[H_2SO_4]{HNO_3}$（2,5-二甲基硝基苯结构）

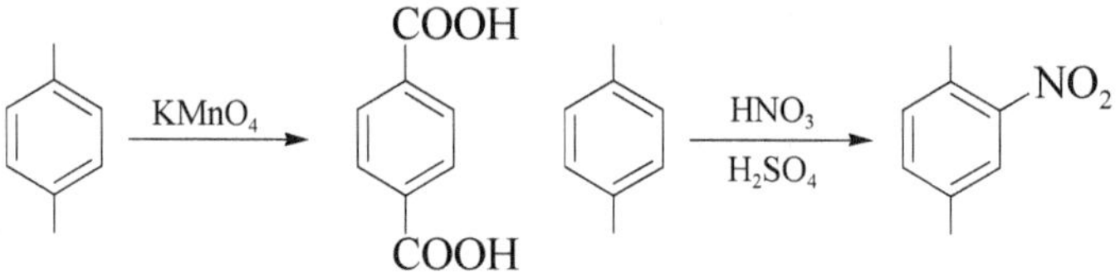

9. 某烃 A 的分子式为 $C_{10}H_{10}$，A 与氯化亚铜的氨溶液不起作用，在 $HgSO_4$ 存在下与稀 H_2SO_4 作用生成 B($C_{10}H_{12}O$)。A 氧化生成间苯二甲酸。写出 A 和 B 的构造式，并写出各步反应方程式。

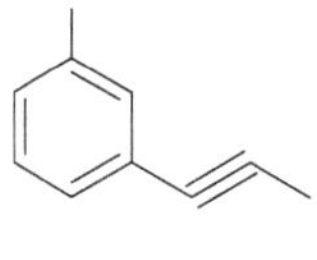

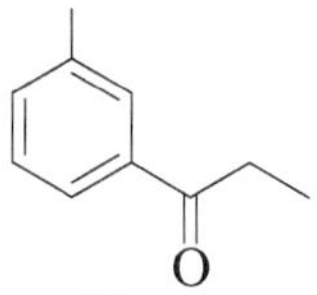

A.（间丙炔基甲苯结构）   B.（间甲基苯基乙基酮结构）

第五章

问题 5-1   旋光度是 $+5°$，比旋光度降低。

问题 5-2   比旋光度是 $-0.39°$。

问题 5-3

（1）旋光性：物质能使平面偏振光偏转的性质称为旋光性。

（2）对映异构体：构造相同，空间构型不同，形成实物与镜像关系的两个分子称为对映异构体，简称对映体。

（3）手性：实物和镜像不能重叠的现象称为手性。

（4）外消旋体：如果把等物质的量的左旋化合物和右旋化合物混合，则混合的对映体不呈现旋光性，称为外消旋体。

问题 5-4   （1）H_2O 有两个对称面；（2）乙烷的重叠式构象有四个对称面；（3）乙烷的交叉式构象有三个对称面；（4）NH_3 有三个对称面。

问题 5-5   （1）无   （2）有   （3）无   （4）有

问题5-6　具有手性原子的分子不一定具有旋光性，手性分子通常具有旋光性，手性分子一定具有手性原子，但是有手性原子的不一定是手性分子，它们之间没有必然联系。

问题5-7　(1) *R*　(2) *R*　(3) *S*　(4) *S*　(5) *S*　(6) *S*

问题5-8　(1)和(2)是相同化合物，(1)和(3)是对映异构体。

问题5-9

(1) 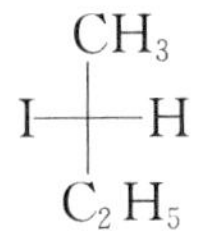
(*R*)

(2) 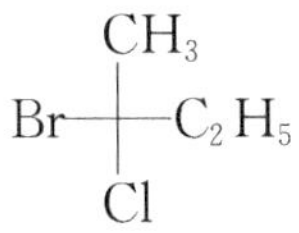
(*S*)

(3) 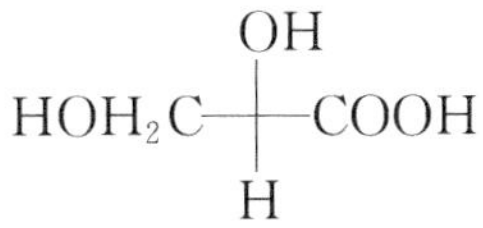
(*R*)

(4) 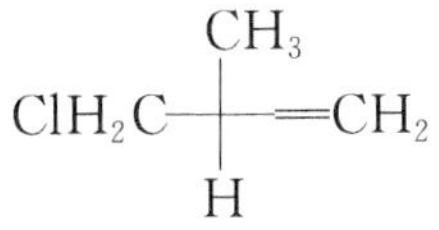
(S)

问题5-10

(1) 非对映异构体：分子官能团相同，排列方式不同，不是镜像关系的立体异构称为非对映异构体。

(2) 内消旋体：拥有手性中心，但分子无手性，不呈现旋光性的化合物称为内消旋体。

问题5-11　(1)、(2)、(4)有旋光性，(3)没有旋光性。

(1) 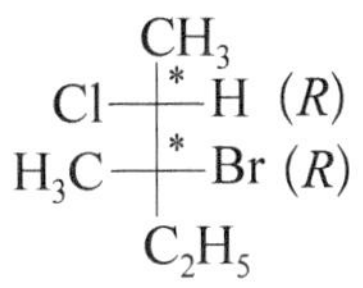
(2) 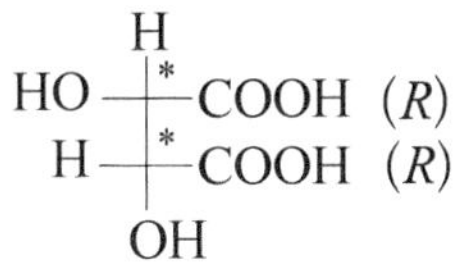
(3) 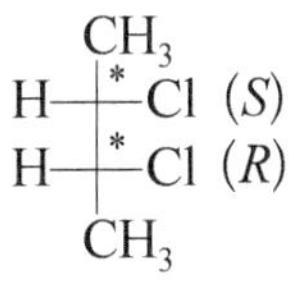
(4) 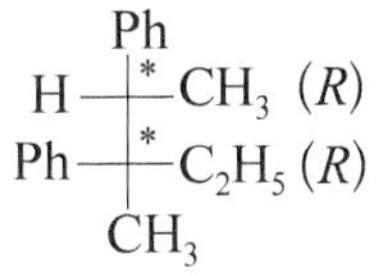

问题5-12　(1) 对映异构体　(2) 对映异构体　(3) 非对映异构体　(4) 同一化合物

问题5-13　(1)、(3)、(5)、(6)有手性，(2)、(4)无手性。

［课后习题］

1. (1) (*R*)-氟氯溴甲烷　(2) (*R*)-2-甲基丁酸　(3) (*R*)-3-溴-1-戊烯　(4) (*S*)-2-溴-1-丁醇　(5) (*R*)-2-羟基-3-氨基丙酸　(6) (*S*)-3,4-二甲基-3-氯-1-戊烯　(7) (3*R*,4*R*)-4-溴-3-戊醇　(8) (2*S*, 3*R*)-2,3-二溴丁烷　(9) (2*S*, 3*R*)-2-氯-3-溴戊烷　(10) (2*S*, 3*R*)-2,3-二氯-1,4-二丁醇

2. (1) 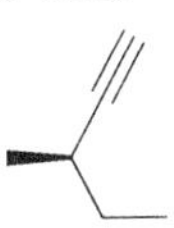　(2) 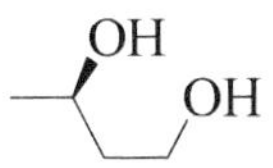　(3) 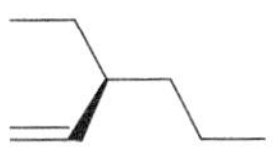　(4) 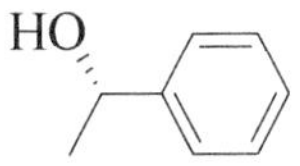

(5) 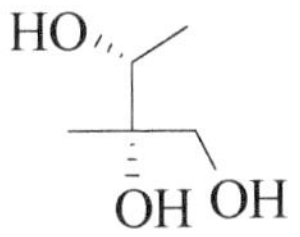　(6) 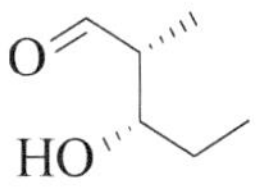

3. (1) B　(2) C　(3) D

4. (1)、(4)、(5)有手性碳原子,(2)、(3)、(6)无手性碳原子。

5. A.
$$
\underset{H}{\overset{CH_2CH_3}{H_3C-\overset{|}{\underset{|}{C}}-CH=CH_2}}
$$
B.
$$
\underset{H}{\overset{CH_2CH_3}{H_3C-\overset{|}{\underset{|}{C}}-CH_2CH_3}}
$$

6. A.
$$
\overset{H_3CH_2C}{\underset{H_3C}{}}C=C\overset{CH_2CH_3}{\underset{CH_3}{}}
$$
B.
$$
\begin{array}{c} CH_2CH_3 \\ H_3C-OH \\ H_3C-OH \\ CH_2CH_3 \end{array}
$$

$$
\overset{H_3CH_2C}{\underset{H_3C}{}}C=C\overset{CH_2CH_3}{\underset{CH_3}{}} \xrightarrow[Zn/H_2O]{O_3} \overset{H_3CH_2C}{\underset{H_3C}{}}C=O
$$

$$
\overset{H_3CH_2C}{\underset{H_3C}{}}C=C\overset{CH_2CH_3}{\underset{CH_3}{}} \xrightarrow{冷、稀、碱性KMnO_4} \begin{array}{c} CH_2CH_3 \\ H_3C-OH \\ H_3C-OH \\ CH_2CH_3 \end{array}
$$

第六章

问题 6-1　写出分子式为 C_4H_9Cl 的卤代烃的同分异构体,并用系统命名法命名。

$$CH_3CH_2CH_2CH_2Cl \quad CH_3CH_2CHClCH_3 \quad \underset{CH_3}{CH_3CHCH_2Cl} \quad \underset{CH_3}{CH_3CHClCH_3}$$

　　1-氯丁烷　　　　　2-氯丁烷　　　2-甲基-1-氯丙烷　2-甲基-2-氯丙烷

问题 6-2　写出分子式为 C_4H_7Cl 的卤代烯烃的同分异构体,并用系统命名法命名。

$$CH_2{=}CHCH_2CH_2Cl \qquad CH_2{=}CHCHClCH_3 \qquad CH_2{=}CClCH_2CH_3$$

　　4-氯-1-丁烯　　　　　　　3-氯-1-丁烯　　　　　　　2-氯-1-丁烯

$$
\overset{Cl}{\underset{H}{}}C=C\overset{CH_2CH_3}{\underset{H}{}} \quad \overset{H}{\underset{Cl}{}}C=C\overset{CH_2CH_3}{\underset{H}{}} \quad \overset{H_3C}{\underset{H}{}}C=C\overset{CH_2Cl}{\underset{H}{}} \quad \overset{H}{\underset{H_3C}{}}C=C\overset{CH_2Cl}{\underset{H}{}}
$$

Z-1-氯-1-丁烯　　E-1-氯-1-丁烯　　　Z-1-氯-2-丁烯　　　E-1-氯-2-丁烯

$$
\overset{H_3C}{\underset{H}{}}C=C\overset{CH_3}{\underset{Cl}{}} \quad \overset{H}{\underset{H_3C}{}}C=C\overset{CH_3}{\underset{Cl}{}}
$$

E-2-氯-2-丁烯　　Z-2-氯-2-丁烯

问题 6-3　一卤代烷中 C—Cl 键的键能为 340 kJ/mol,C—Br 键的键能为 286 kJ/mol,C—I 键的键能为 218 kJ/mol。请据此判断一卤代烷的反应活性顺序。

$$C-Cl \quad < \quad C-Br \quad < \quad C-I$$

问题 6-4　氯仿是常用的有机溶剂。用氯仿从水溶液中萃取有机物时,氯仿溶液在上层还是下层? 为什么?

　　氯仿溶液在下层,因为氯仿的密度大于水的密度。

问题 6-5　写出氯乙烷与 NaOH 水溶液、NaCN、CH₃ONa 和 AgNO₃ 乙醇溶液作用的产物,并指出进攻试剂和离去基团。

$$R—X \begin{cases} \xrightarrow{\text{NaOH—H}_2\text{O}} R—OH \\ \xrightarrow{\text{NaOR'—ROH}} R—OR' \\ \xrightarrow{\text{NaCN—C}_2\text{H}_5\text{OH}} R—CN \\ \xrightarrow{\text{AgONO}_2—\text{C}_2\text{H}_5\text{OH}} R—ONO_2 \end{cases}$$

进攻试剂:OH^-、CN^-、CH_3O^- 和 ONO_2^-。离去基团:X^-。

问题 6-6　按 S_N1 反应历程排列下列化合物的活性顺序。

S_N1 反应历程活性顺序为 α-苯基乙基溴>β-苯基乙基溴>苄基溴。

问题 6-7　按 S_N2 反应历程排列下列化合物的活性顺序。

S_N2 反应历程活性顺序为

1-溴丁烷>3-甲基-1-溴丁烷>2-甲基-1-溴丁烷>2,2-二甲基-1-溴丙烷。

问题 6-8　将下列化合物按发生消除反应的难易次序排列,并写出主要产物的结构。

活性顺序为 3-甲基-2-溴丁烷>2-甲基-1-溴丁烷>3-甲基-1-溴丁烷。

反应式及产物如下:

$$\underset{\overset{|}{\text{Br}}}{\text{CH}_2\text{CH}_2\underset{\overset{|}{\text{CH}_3}}{\text{CHCH}_3}} \xrightarrow[\triangle]{\text{KOH/ROH}} \text{CH}_2=\text{CHCH}\overset{\text{CH}_3}{\text{CH}_3}$$

$$\underset{\overset{|}{\text{Br}}}{\text{CH}_2\underset{\overset{|}{\text{CH}_3}}{\text{CHCH}_2\text{CH}_3}} \xrightarrow[]{\text{KOH/ROH}} \text{CH}_2=\overset{\text{CH}_3}{\text{C}}\text{CH}_2\text{CH}_3$$

$$\text{CH}_3\underset{\overset{|}{\text{Br}}}{\underset{\overset{|}{\text{CH}_3}}{\text{CHCHCH}_3}} \xrightarrow[\triangle]{\text{KOH/ROH}} \text{CH}_3\text{CH}=\text{C(CH}_3)_2$$

问题 6-9　为什么必须在无水乙醚中制备格氏试剂?

格氏试剂属于金属有机化合物,与金属相连的碳原子以碳负离子的形式存在,可作为亲核试剂,其性质极为活泼,能与含活泼氢化合物、羰基化合物、环氧化合物反应,生成烃、醇、醛和羧酸等,因此必须在无水乙醚中制备格氏试剂。

[课后习题]

1. (1) 1,4-二溴-1,3-丁二烯　　　(2) 2-甲基-4-氯戊烷

(3) 5-环丙基-1-氯-2-庚炔　　　(4) 顺-1-氯-2-戊烯

(5) 5-氯-3-乙基-1-戊烯　　　　(6) 2-乙基-5-溴-1,3-环戊二烯

(7) 1,3,5-三氯环己烷　　　　　(8) 溴化苄

(9) 2-甲基-3-苯基-1-氯-戊烷　　(10) β-苯基-β-氯乙苯

2. (1) CH_3CH_2Br　　　　　　　(2) $CH_2=CHCH_2Br$

(3) $CHCl_3$

(4) CH_3CHCH_2Cl
$\qquad\quad |$
$\qquad\quad CH_3$

(5) $CH_3CHCHCH_3$
$\qquad\quad | \quad\ \ |$
$\qquad\quad CH_3 \ \ Cl$

(6) $C_2H_5CHCH_2CH_3$
$\qquad\qquad |$
$\qquad\qquad CH_2Cl$

(7) $ClCH_2CCH_2CH_2Cl$
$\qquad\quad\ |$
$\qquad\quad\ CH_3$（上有 CH_3）

(8) $CH_2{=}CCH_2CH_2Cl$
$\qquad\qquad |$
$\qquad\qquad C_2H_5$

3. (1) 由快到慢：$PhCH_2Br > CH_3CHBrCH_3 > CH_3CH_2Br$

(2) 由快到慢：1-氯丁烷 > 2-氯丁烷 > 2-甲基-2-氯丙烷

(3) 由快到慢：A > B > C > D

(4) 由快到慢：A > B > C

(5) 由快到慢：② > ① > ④ > ③

4. (1) S_N2 反应历程　　　　　(2) S_N1 反应历程

(3) S_N2 反应历程　　　　　(4) S_N1 反应历程

5. (1) 加入 $AgNO_3$ 的乙醇溶液,加热有淡黄色沉淀的是溴乙烷。

(2) 加入 $AgNO_3$ 的乙醇溶液,有白色沉淀的是氯化苄。

(3) 加入 $AgNO_3$ 的乙醇溶液,常温下有淡黄色沉淀的是 1-溴-2-丁烯;加热有淡黄色沉淀的是 1-溴丁烷;加热也没有淡黄色沉淀的是 1-溴-1-丁烯。

(4) 加入 $AgNO_3$ 的乙醇溶液,常温下有白色沉淀的是 3-氯丙烯;加热有白色沉淀的是 1-氯丙烷;加热也没有白色沉淀的是 1-氯丙烯。

(5) 加入 $AgNO_3$ 的乙醇溶液,常温下有白色沉淀的是氯化苄;能使酸性高锰酸钾褪色的是甲苯;均不反应的是氯苯。

6. (1) (2)

(3) $CH_3CHCH{=}CHBr$
$\qquad\quad\ |$
$\qquad\quad\ CN$

(4)

(5) $+$

(6)

(7) $CH_3C{=}CH{-}CH_2OCH_3$
$\qquad\ |$
$\qquad\ Cl$

(8) $CH_3CH{=}CH{-}CH_2ONO_2$

7. (1) $CH_3CH_2Cl \xrightarrow{KOH-C_2H_5OH} CH_3CH=CH_2 \xrightarrow{HBr} CH_3\underset{\underset{Br}{|}}{CH}CH_3$

(2) $CH_3CH=CH_2 \xrightarrow{HBr} CH_3\underset{\underset{Br}{|}}{CH}CH_3 \xrightarrow{KCN} CH_3\underset{\underset{CN}{|}}{CH}CH_3 \xrightarrow{H_3O^+} CH_3\underset{\underset{CH_3}{|}}{CH}COOH$

8. A. $(CH_3)_2C\underset{\underset{I}{|}}{}CH_2CH_3$ B. $(CH_3)_2CH\underset{\underset{I}{|}}{C}HCH_3$

9. A. $CH_3CH=CHCH_3$ B. $CH_3CH_2CH=CH_2$
C. $CH_3C\equiv CCH_3$ D. $CH_3CH_2C\equiv CH$

第七章

问题 7-1 用系统命名法命名下列化合物。

（1）4-甲基-2-戊烯醇 （2）对氯苯乙醇或 4-氯苯乙醇 （3）1-苯基-3-丁烯醇

问题 7-2 写出下列化合物的构造式。

（1）$CH_3CH_2\underset{\underset{CH_3}{|}}{C}HCH_2OH$ （2） （3） （4）

问题 7-3 不查表，将下列化合物的沸点由低到高排列成序。

$(4)>(1)>(2)>(5)>(3)$

问题 7-4 鉴别叔丁醇、异丁醇和仲丁醇。

叔丁醇 ｜ 立即反应(浑浊)
异丁醇 ｜ $\xrightarrow[25℃]{ZnCl_2，HCl}$ 不反应(反应液仍清亮)
仲丁醇 ｜ 5 min 内反应(浑浊)

问题 7-5 能否用 $CaCl_2$ 作干燥剂除去乙醇中的水分？为什么？

低级醇可以和一些无机盐如氯化钙、氯化镁、硫酸铜等形成可溶于水而不溶于有机溶剂的结晶状配合物，称结晶醇。如 $CaCl_2 \cdot 4CH_3OH$、$CaCl_2 \cdot 4C_2H_5OH$、$MgCl_2 \cdot 6CH_3OH$ 等。因此，不能用无水 $CaCl_2$ 作干燥剂除去乙醇中的水分。

问题 7-6 命名下列化合物。

（1）2,4-二氯苯酚 （2）间苯二酚或 1,3-苯二酚 （3）3-羟基苯甲醛

问题 7-7 写出下列化合物的结构式。

（1）CH_3O——OH （2）HO——CH_2OH （3）

（4）

问题 7-8 将下列化合物按酸性强弱顺序排列。

$(3)>(5)>(4)>(1)>(2)$

问题 7-9 试比较丙醇和丙硫醇的以下性质。

(1) 缔合能力：丙醇＞丙硫醇 (2) 水溶性：丙醇＞丙硫醇 (3) 酸性：丙硫醇＞丙醇 (4) 与氧化剂的反应：丙硫醇＞丙醇

问题 7-10 试排列下列化合物的酸性强弱顺序。

$$\text{(SO}_3\text{H)} > \text{(COOH)} > \text{(SH)} > \text{(OH)}$$

[课后习题]

1. 用系统命名法命名下列化合物。

(1) 3-甲基-3-戊烯醇 (2) 2-甲基苯酚或邻甲基苯酚 (3) 2,5-庚二醇

(4) 4-苯基-2-戊醇 (5) 2-溴丙醇 (6) 2-硝基-1-萘酚

(7) 乙丙醚 (8) 4-甲基苯酚或对甲基苯酚 (9) 2-环己烯醇

(10) 丙硫醇 (11) 二甲亚砜或 DMSO (12) 苯甲硫醚

2. 写出下列化合物的结构式。

(1) $CH_3\overset{\overset{OH}{|}}{C}CHCH_3$，下为 $\overset{|}{CH_3}\ \overset{|}{CH_3}$

(2) CH_3OCH—CH_3，上为 CH_3

(3) 苯基—O—苯基

(4) 环己烷-HO, CH₃, CH₃

(5) 苯环 H₃C—, CH₃, CH₂OH

(6) 萘 OH, O₂N

(7) 苯环 OH, Cl

(8) $CH_3OCH_2CH_2OCH_3$

(9) $CH_3CH{=}CHCH_2OH$

(10) $CH_3{-}\overset{\overset{CH_3}{|}}{\underset{\underset{CH_3}{|}}{C}}{-}OH$

3. 完成下列反应。

(1) $CH_3C{=}CHCH_3$，下为 $\overset{|}{CH_3}$

(2) 环己烷 Cl, H₃C—, CH₃

(3) 环戊酮 =O, CH₃

(4) 苯基—O—CH₂—苯基

(5) $CH_3I + HOCH_2CH_3$

(6) 苯基—OH + $NaHCO_3$

(7) $CH_3CH_2CH_2ONa + H_2$

(8) $\overset{CH_2ONO_2}{\underset{CH_2ONO_2}{\overset{|}{CHONO_2}}}$

(9) 苯环 Br, Br, OH, Br

(10) $HCOOCH_2C_6H_5$ (11) $C_2H_5CHCH_3$
$\qquad\qquad\qquad\qquad\qquad\qquad\quad$ |
$\qquad\qquad\qquad\qquad\qquad\qquad\quad$ Cl

4. 用化学方法鉴别下列各组化合物。

(1)
卢卡斯试剂 25℃ →
不反应(反应液仍清亮)
5 min 内反应(浑浊)
立即反应(浑浊)

(2)
$FeCl_3$ →
紫色
——
——
$\xrightarrow{Na}$
——
$H_2\uparrow$

(3)
$CH_2=CHCH_2OH$
$CH_3CH_2CH_2OH$
$CH_3CH_2CH_2Br$
$\xrightarrow{Br_2}$
褪色
——
——
$\xrightarrow[\triangle]{AgNO_3}$ 黄色↓

5. 按酸性由强到弱的顺序排列下列各组化合物。

(1) 盐酸＞苯酚＞碳酸＞碳酸氢钠＞水＞乙醇

(2) 2,4,6-三硝基苯酚＞对硝基苯酚＞苯酚＞对甲苯酚＞苄醇

6. 合成题。

(1) $CH_3CH_2CH_2CH_2OH \xrightarrow[>170℃]{浓 H_2SO_4} CH_3CH_2CH=CH_2 \xrightarrow[\triangle]{H^+/H_2O} CH_3CH_2CHCH_3$
$\qquad\qquad\qquad\qquad\qquad\qquad\qquad\qquad\qquad\qquad\qquad\qquad\qquad\qquad\qquad\qquad$ |
$\qquad\qquad\qquad\qquad\qquad\qquad\qquad\qquad\qquad\qquad\qquad\qquad\qquad\qquad\qquad\qquad$ OH

(2) $CH_2=CH_2 \xrightarrow[\triangle]{H^+/H_2O} CH_3CH_2OH \xrightarrow[H_2SO_4]{KMnO_4} CH_3COOH \xrightarrow[浓 H_2SO_4,\triangle]{CH_3CH_2OH}$

$CH_3CO-CH_2CH_3$
（上方有 O 双键，在 CH_3C 上）

(3)

$\xrightarrow{CH_3I \atop AlCl_3}$ $\xrightarrow{Cl_2 \atop 光照}$ $\xrightarrow{NaOH \atop H_2O}$

7. 化合物 A 的分子式为 C_7H_8O，不饱和度 $\Omega=4$。

A 不溶于水、稀盐酸及碳酸氢钠水溶液，但溶于氢氧化钠水溶液，不是醇或醚，说明 A 是酚类。则 A 可能是

或   或

A 用溴水处理迅速转化为 $C_7H_5OBr_3$，羟基是定位基，只有间甲苯酚可得 $C_7H_5OBr_3$。

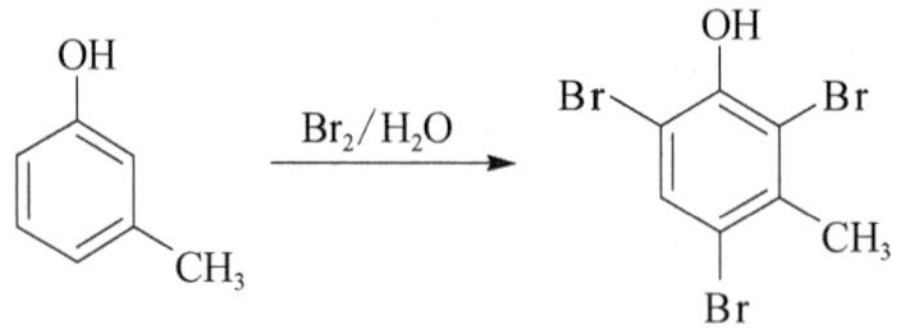

所以 A 是

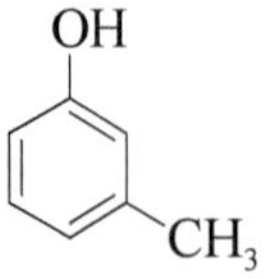

8. A：

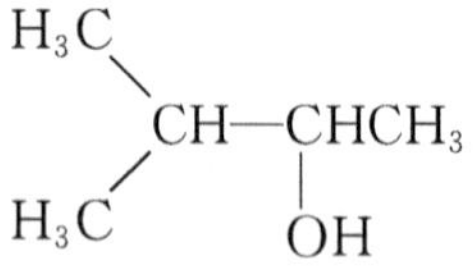

B：

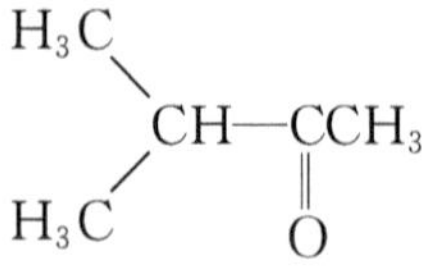

C：

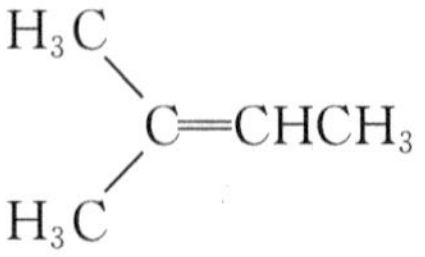

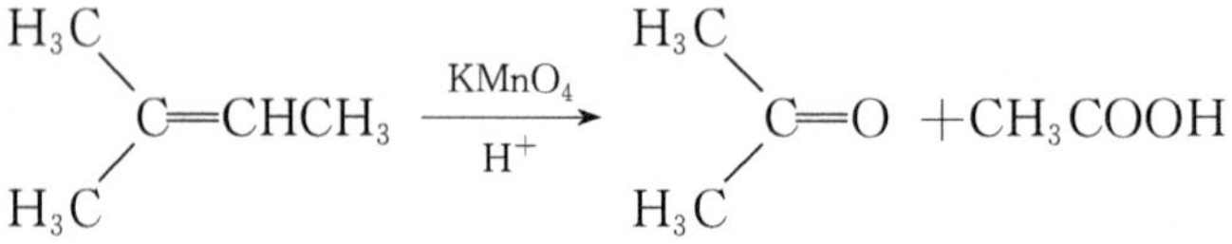

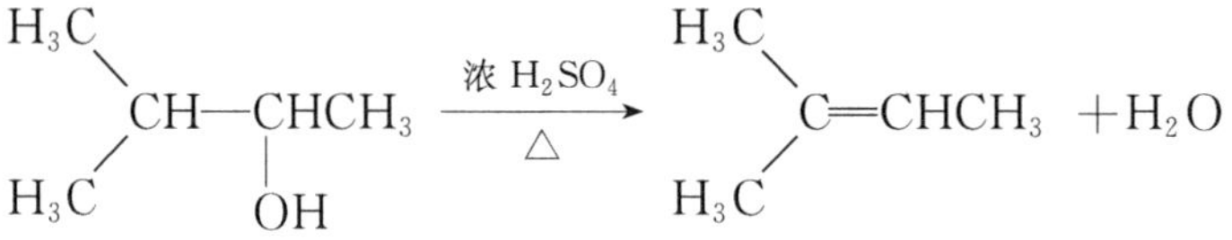

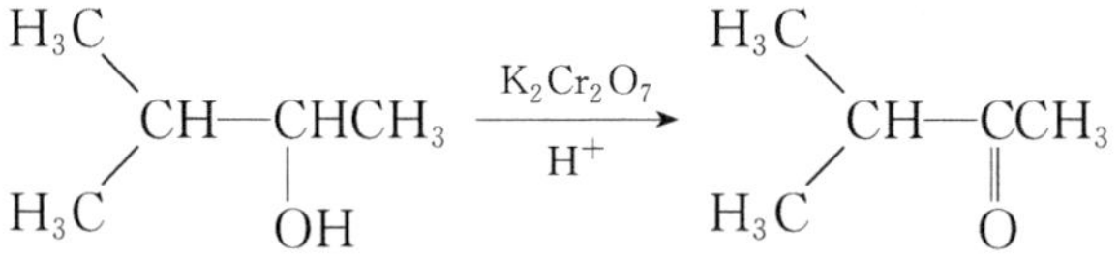

9. 化合物 A 的分子式为 C_7H_8O，不饱和度 $\Omega = 4$。

A：

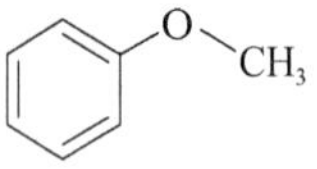

B：

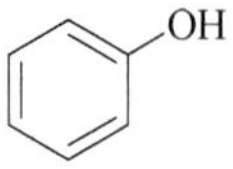

C： CH_3I

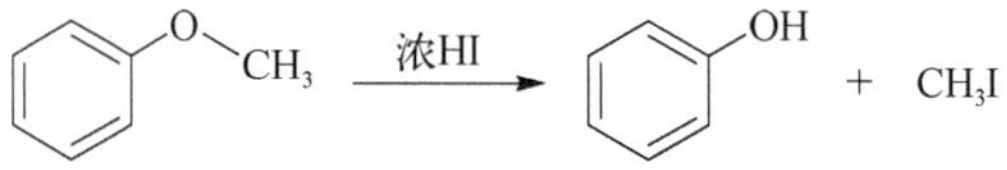

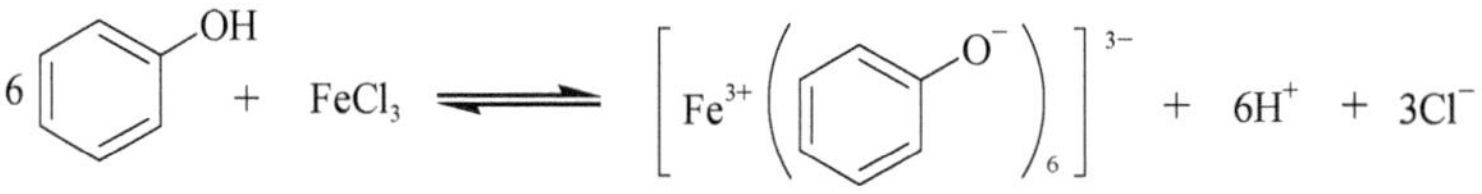

$$6 \begin{array}{c} OH \end{array} + FeCl_3 \rightleftharpoons \left[Fe^{3+} \left(\begin{array}{c} O^- \end{array} \right)_6 \right]^{3-} + 6H^+ + 3Cl^-$$

$$CH_3I \xrightarrow{AgNO_3} CH_3ONO_2 + AgI$$

第八章

问题 8-1 写出含有苯基的分子式为 $C_9H_{10}O$ 的醛、酮的结构式，并用系统命名法命名。

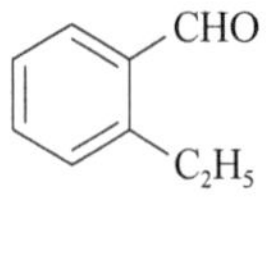

邻乙基苯甲醛 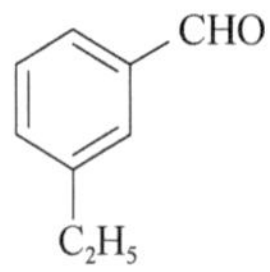   间乙基苯甲醛 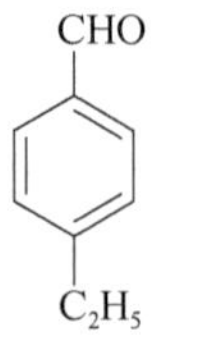   对乙基苯甲醛 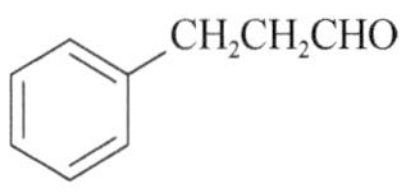   3-苯基丙醛

2,3-二甲基苯甲醛　　3,4-二甲基苯甲醛　　3,5-二甲基苯甲醛　　2-苯基丙醛

邻甲基苯乙酮　　间甲基苯乙酮　　对甲基苯乙酮　　1-苯基-1-丙酮　　1-苯基-2-丙酮

问题 8-2　写出分子式为 $C_6H_{12}O$ 的醛、酮的结构式，并用系统命名法命名。

$CH_3CH_2CH_2CH_2CH_2CHO$　　$CH_3CHCH_2CH_2CHO$　　$CH_3CH_2CHCH_2CHO$　　$CH_3CH_2CH_2CHCHO$
　　　　　　　　　　　　　　　　|　　　　　　　　　　　　　|　　　　　　　　　　　　|
　　　　　　　　　　　　　　　CH_3　　　　　　　　　CH_3　　　　　　　　CH_3

己醛　　　　　　　　4-甲基戊醛　　　　　　3-甲基戊醛　　　　　　3-甲基戊醛

CH_3CH_2CHCHO　　$CH_3CHCHCHO$　　$CH_3COCH_2CH_2CH_2CH_3$　　$CH_3CH_2COCH_2CH_2CH_3$
　　　|　　　　　　　|　　|
　　C_2H_5　　　CH_3　CH_3

2-乙基丁醛　　　　2,3-二甲基丁醛　　　　　2-己酮　　　　　　　　　3-己酮

$CH_3COCH_2CHCH_3$　　$CH_3COCHCH_2CH_3$　　$CH_3CH_2COCHCH_3$　　CH_3COCCH_3
　　　　　　　|　　　　　　　|　　　　　　　　　　|　　　　　　　|
　　　　　　CH_3　　　　　CH_3　　　　　　　CH_3　　　CH_3（上方另有 CH_3）

4-甲基-2-戊酮　　　3-甲基-2-戊酮　　　　2-甲基-3-戊酮　　　3,3-二甲基-2-丁酮

问题 8-3　比较乙醛、一氯乙醛、丙酮和苯乙酮亲核加成反应的活性大小。

亲核加成活性：一氯乙醛＞乙醛＞丙酮＞苯乙酮

问题 8-4　比较下列化合物与氢氰酸加成反应的活性大小。

(1) Cl_3CCHO　＞

(2) $HCHO$　＞　CH_3CH_2CHO　＞

问题 8-5　比较醛、酮中 α-氢的活泼性，并简述原因。

α-氢的活泼性：醛＞酮。由于羰基的极化使 α 碳原子上 C—H 键的极性增强，因此使羰基极化能力更强。

从电子效应考虑，羰基碳原子上的电子云密度愈低，愈有利于亲核试剂的进攻，即羰基碳原子上连接的给电子基团（如烃基）愈多，降低了 α-氢的活泼性。

问题 8-6　下列物质哪些能发生碘仿反应？

能发生碘仿反应的有乙醛、丙酮、苯乙酮、1-苯基-2-丙酮、2-丁醇。

问题 8-7 写出乙醛与甲醇反应生成半缩醛、缩醛的反应方程式。

$$CH_3CHO \xrightarrow{CH_3OH} \underset{\underset{OCH_3}{|}}{CH_3CHOH} \xrightarrow{CH_3OH} \underset{\underset{OCH_3}{|}}{CH_3CHOCH_3}$$

问题 8-8 比较醛、酮中碳氧双键和烯烃中碳碳双键在结构和化学反应上的异同点。

相同点：结构上两者中的碳原子均为 sp^2 杂化，形成的双键都能发生加成反应。

不同点：因为羰基为碳氧双键，具有极性，受到亲核试剂向电子云密度较低的羰基碳进攻，发生亲核加成反应；而碳碳双键上的加成是受到亲电试剂的进攻，发生亲电加成反应。因此，两者的加成反应历程有显著的差异。

问题 8-9 用简便的化学方法鉴别下列化合物。

$$
\begin{array}{l}
\text{戊醛} \\
\text{3-戊酮} \\
\text{2-戊酮} \\
\text{3-戊醇} \\
\text{2-戊醇}
\end{array}
\xrightarrow{\text{2,4-二硝基苯肼}}
\begin{array}{l}
\text{黄色} \downarrow \\
\text{黄色} \downarrow \\
\text{黄色} \downarrow \\
\times \\
\times
\end{array}
\left.\begin{array}{l}
\end{array}\right\}
\xrightarrow{\text{托伦试剂}}
\begin{array}{l}
\text{Ag} \downarrow \\
\times \\
\times
\end{array}
\xrightarrow{I_2/\text{NaOH}}
\begin{array}{l}
\times \\
\text{黄色} \downarrow
\end{array}
$$

$$
\left.\begin{array}{l}
\end{array}\right\}
\xrightarrow{I_2/\text{NaOH}}
\begin{array}{l}
\times \\
\text{黄色} \downarrow
\end{array}
$$

问题 8-10 由格氏试剂制得的己醛(沸点为 131℃)中含有一些戊醇(沸点为 137℃)，二者沸点相近，如何提纯己醛？

利用醛中羰基能发生亲核加成反应，加入饱和 $NaHSO_3$ 溶液后，搅拌溶液得到白色沉淀过滤，去除滤液，将沉淀用稀盐酸酸化后即得到提纯的己醛。

问题 8-11 总结醛类和酮类的化学性质，注意哪些性质是醛、酮共有的，哪些是不同的。

相同点：结构上两者均含有相同的官能团，即羰基($C=O$)；均能发生亲核加成反应。

不同点：结构上，醛中羰基($C=O$)的两端分别连接氢原子和烃基，而酮中羰基的两端均连接烃基；化学性质上，醛对氧化剂很敏感，很容易被氧化，酮则不易被氧化，因此醛较酮更容易发生亲核加成反应。

[课后习题]

1. 用系统命名法命名下列化合物。

(1) 2-戊酮　(2) 3-甲基-2-戊醛　(3) 2,4-二戊酮　(4) 二苯甲酮　(5) 对硝基苯甲醛　(6) 2-丁烯醛　(7) 邻溴苯乙酮　(8) 乙醛缩乙二醇　(9) 环己酮肟　(10) 3-甲基环己酮

2. 写出下列化合物的结构式。

(1) CCl_3CHO　(2) $CH_3CCH_2\text{—} \langle \text{苯环} \rangle$ (含 O)　(3) 间位取代苯环 (CHO 和 OCH₃)　(4) $CH_3COCH_2CH_3$

(5) 邻羟基苯甲醛 (OH, CHO)　(6) 环己-1,3-二酮　(7) $CH_3CCHCH=CH_2$ (含 O，CH₃)　(8) CH_3CHCHO (含 Br)

(9) 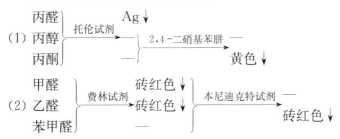   (10) $C_6H_5CH=CHCHO$

3. 完成下列反应方程式。

(1) $CH_3\overset{OH}{\underset{CN}{\overset{|}{C}}}CH_2CH_3$ $CH_3\overset{OH}{\underset{COOH}{\overset{|}{C}}}CH_2CH_3$ (2) $CH_3\overset{C_2H_5}{\underset{OMgBr}{\overset{|}{C}}}CH_3$ $CH_3\overset{C_2H_5}{\underset{OH}{\overset{|}{C}}}CH_2CH_3$

(3) $CH_3CH(OC_2H_5)_2$ (4) 苯基$\overset{OH}{\underset{C_2H_5}{\overset{|}{CH}}}CHCHO$ (5) $CH_3CH_2\overset{O}{\overset{||}{C}}ONa+CHI_3\downarrow$

(6) 苯基$CH_2CH_2CH_3$ (7) $CH_3\overset{OH}{\underset{}{\overset{|}{C}}}HCH_2CH=CH_2$ $CH_3\overset{OH}{\underset{}{\overset{|}{C}}}HCH_2CH_2CH_3$

(8) $CH_3\overset{NNHC_6H_5}{\overset{||}{C}}CH_3$ (9) 苯基CH_2OH $+\ HCOONa$

(10) $CH_3CH_2COONH_4+Ag\downarrow$

4. 将下列各组化合物,按羰基亲核加成反应的活性由强到弱的顺序排列。

(1) 三氯乙醛＞甲醛＞乙醛＞丙酮

(2) $CH_3CHO > C_6H_5CHO > CH_3\overset{O}{\overset{||}{C}}CH_2CH_3 > (CH_3)_3C\overset{O}{\underset{||}{C}}C(CH_3)_3$

(3) $CCl_3CHO > ClCH_2CHO > CH_3CHO > CH_3COCH_2CH_3 > C_6H_5COCH_3 >$
$C_6H_5COC_6H_5$

5. 下列化合物,哪些能与饱和 $NaHSO_3$ 反应? 哪些能与羟胺反应生成肟? 哪些能发生碘仿反应? 哪些能与本尼迪克特试剂反应?

能与饱和 $NaHSO_3$ 反应:(1)(4)(5)(6)(11)

能与羟胺反应生成肟:(1)(4)(5)(6)(7)(10)(11)

能发生碘仿反应:(1)(2)(3)(5)(6)(7)(8)

能与本尼迪克特试剂反应:(1)

6. 用化学方法鉴别下列各组化合物。

(1) 丙醛 丙醇 丙酮 }—托伦试剂→ Ag↓ / — }—2,4-二硝基苯肼→ — / 黄色↓

(2) 甲醛 乙醛 苯甲醛 }—费林试剂→ 砖红色↓ / 砖红色↓ / — }—本尼迪克特试剂→ — / 砖红色↓

$$
\begin{array}{l}
\left.
\begin{array}{l}
C_6H_5CHO \\
C_6H_5CH_2CHO \\
\underset{\underset{\displaystyle C_6H_5}{|}}{CH_3\overset{\displaystyle O}{\overset{\|}{C}}CHCH_3} \\
\underset{\underset{\displaystyle C_6H_5}{|}}{CH_3CH_2\overset{\displaystyle O}{\overset{\|}{C}}CH_2}
\end{array}
\right.
\end{array}
$$

(3)

托伦试剂 $\left.\begin{array}{l}Ag\downarrow \\ Ag\downarrow\end{array}\right\}$ 费林试剂 —

砖红色↓

$\left.\begin{array}{l}— \\ —\end{array}\right\}$ $\xrightarrow{I_2+NaOH}$ 黄色↓ 黄色↓ —

(4)
$$
\left.
\begin{array}{l}
苯乙酮 \\
环己酮 \\
环己基甲醛 \\
苯甲醛
\end{array}
\right\}
$$

托伦试剂 $\left.\begin{array}{l}— \\ —\end{array}\right\}$ $\xrightarrow{I_2+NaOH}$ 黄色↓ —

$\left.\begin{array}{l}Ag\downarrow \\ Ag\downarrow\end{array}\right.$ 费林试剂 砖红色↓ —

7. 由指定原料合成下列化合物,其他无机试剂及 C_3 以下的有机试剂任选。

(1) $CH_2\!=\!CH_2 \xrightarrow{H_3O^+} CH_3CH_2OH \xrightarrow[CH_2Cl_2]{MnO_2} CH_3CHO$

$\Big\downarrow HBr$

$CH_3CH_2Br \xrightarrow{Mg/Et_2O} CH_3CH_2BrMg$

$\left.\right\} \xrightarrow[\text{(2) } H_3O^+]{\text{(1) } Mg/Et_2O}$

$\underset{|}{\overset{OH}{CH_3CHCH_2CH_3}}$

(2) $HC\!\equiv\!CH \xrightarrow[H_3O^+]{HgSO_4} CH_3CHO$

$\Big\downarrow H_2/Ni$

$CH_3CH_2OH \xrightarrow{HBr} CH_3CH_2Br \xrightarrow[Et_2O]{Mg} CH_3CH_2BrMg$

$\left.\right\} \xrightarrow[\text{(2) } H_3O^+]{\text{(1) } Mg/Et_2O}$

$\underset{|}{\overset{OH}{CH_3CHCH_2CH_3}} \xrightarrow[\triangle]{浓\ H_2SO_4} CH_2\!=\!CHCH_2CH_3$

(3)

$\xrightarrow[无水AlCl_3]{CH_3CH_2CCl} \quad \xrightarrow[HCl]{Zn-Hg} $

(4) $CH_3CH_2OH \xrightarrow[CH_2Cl_2]{MnO_2} CH_3CHO$

$\Big\downarrow HBr$

$CH_3CH_2Br \xrightarrow{Mg/Et_2O} CH_3CH_2BrMg$

$\left.\right\} \xrightarrow[\text{(2) } H_3O^+]{\text{(1) } Mg/Et_2O}$

$\underset{|}{\overset{OH}{CH_3CHCH_2CH_3}} \xrightarrow[CH_2Cl_2]{MnO_2} CH_3\overset{\displaystyle O}{\overset{\|}{C}}CH_2CH_3$

8. 化合物 A、B 的结构式分别为

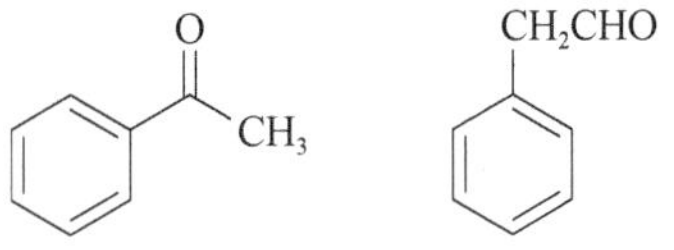

9. 该化合物可能的结构式为 $CH_3\overset{O}{\overset{\|}{C}}CH_2\overset{O}{\overset{\|}{C}}CH_3$

10. 化合物 A、B、C、D 的结构式分别为

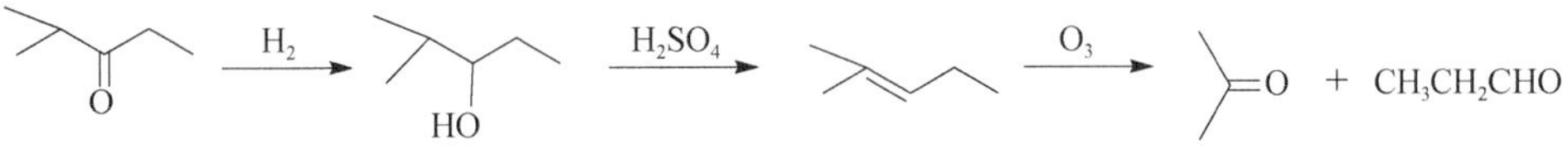

11. 化合物 A、B、C、D 的结构式分别为

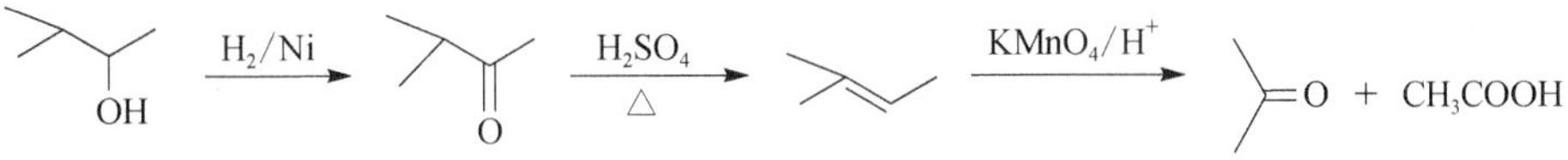

第九章

问题 9-1 写出下列化合物的结构式。

(1) HCOOH　(2) CH_3COOH　(3) HOOCCOOH

(4) C_6H_5—COOH　(5) CH_2=CHCOOH　(6) 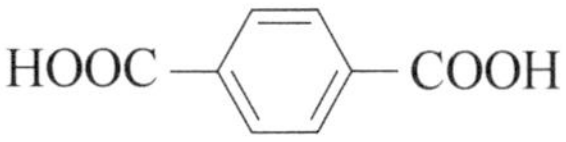 HOOC—⟨benzene⟩—COOH

问题 9-2 命名下列化合物。

(1) 5-甲基-2-溴庚酸　(2) 乙二酸　(3) 2,4-己二烯酸

(4) 邻羟基苯甲酸　(5) 5-溴-1-萘甲酸　(6) 2-甲基-4-环戊基丁酸

问题 9-3 试比较下列化合物沸点的高低。

沸点由高到低：乙酸＞丁醇＞丁烷＞乙醚

问题 9-4 影响有机化合物在水中溶解度的因素有哪些？试比较下列化合物在水中的溶解度。

影响有机化合物在水中溶解度的主要因素是氢键,形成的氢键数目越多越稳定,其沸点越高。

溶解度由高到低为草酸＞乙酸＞苯甲酸＞丙酮＞丙醛＞氯丙烷＞丙烷

问题 9-5 按酸性增强次序排列下列化合物。

(1) α-氟代丙酸＞α-氯代丙酸＞α-溴代丙酸＞α-碘代丙酸

(2) 邻羟基苯甲酸＞间羟基苯甲酸＞对羟基苯甲酸＞苯甲酸

问题 9-6 按酯化反应速率由快到慢的次序排列下列化合物。

(1) 乙酸＞丙酸＞苯甲酸＞2-甲基丙酸

(2) 苯甲醇＞乙醇＞丙醇＞2-丙醇

问题 9-7 由乙醇合成 α-氯代丁酸(无机试剂任选)。

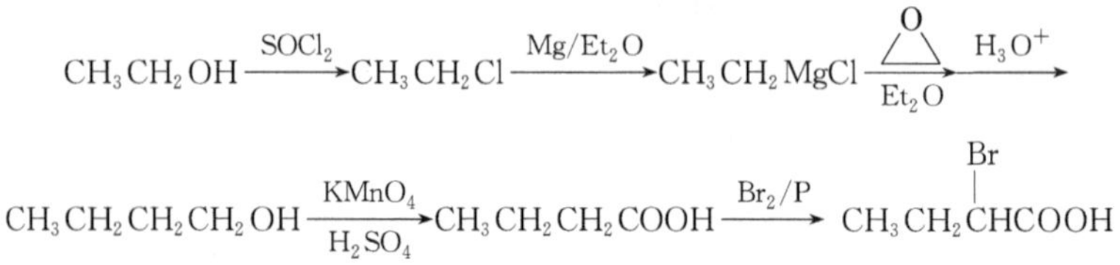

$$CH_3CH_2OH \xrightarrow{SOCl_2} CH_3CH_2Cl \xrightarrow{Mg/Et_2O} CH_3CH_2MgCl \xrightarrow[Et_2O]{\triangle} \xrightarrow{H_3O^+}$$

$$CH_3CH_2CH_2OH \xrightarrow[H_2SO_4]{KMnO_4} CH_3CH_2CH_2COOH \xrightarrow{Br_2/P} CH_3CH_2\overset{Br}{\underset{}{C}}HCOOH$$

问题 9-8 写出下列化合物的结构式：环己基甲酰氯、2-甲基丁酰胺、环丁二酸酐、γ-戊内酯。

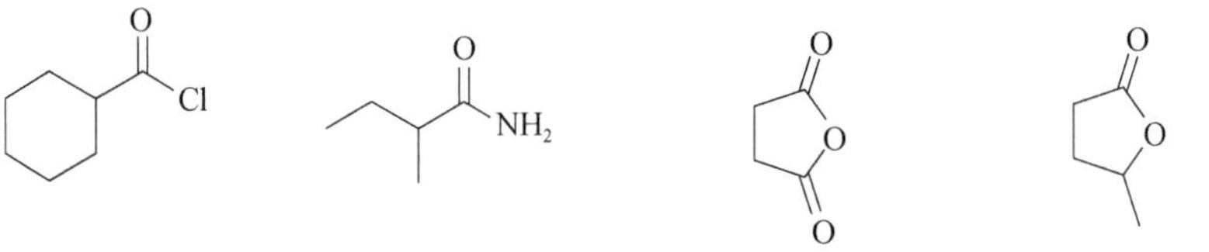

问题 9-9 乙酸和乙酰胺的相对分子质量比乙酰氯和乙酸乙酯小,而它们的沸点却较高,为什么?

乙酸和乙酰胺中存在缔合作用较强的氢键,因此沸点较高;而乙酰氯和乙酸乙酯中没有氢键,因此沸点较低。

问题 9-10 试比较下列化合物在水中的溶解度：丁酰胺、N,N-二甲基乙酰胺、乙酸酐、乙酸乙酯。

溶解度由大到小的排列顺序：N,N-二甲基乙酰胺＞丁酰胺＞乙酸酐＞乙酸乙酯

问题 9-11 按照水解活性的大小次序排列下列化合物。

乙酰氯＞醋酸酐＞乙酸乙酯＞乙酰胺

问题 9-12 甲酸乙酯能否发生银镜反应和碘仿反应? 为什么?

从结构上看,甲酸乙酯()含有醛基()官能团,故能发生银镜反应;因为其分子中没有甲基酮()结构,因此不能发生碘仿反应。

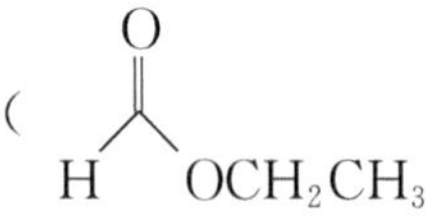

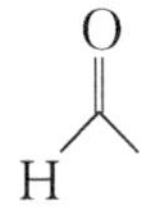

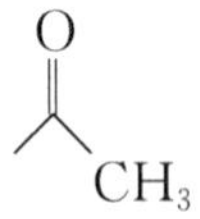

问题 9-13 以丙腈为原料合成乙胺(无机试剂任选)。

$$CH_3CH_2CN \xrightarrow{H_3O^+} CH_3CH_2COOH \xrightarrow{NH_3} CH_3CH_2COONH_4 \xrightarrow{\triangle} CH_3CH_2CONH_2 \xrightarrow[NaOH]{NaBrO} CH_3CH_2NH_2$$

问题 9-14 乙酰丙酸乙酯能否产生互变异构现象？为什么？

乙酰丙酸乙酯不能发生互变异构现象。

乙酰丙酸乙酯的分子结构为 H_3C—CO—CH_2—CH_2—CO—OC_2H_5，若能有烯醇式结构，则为

H_3C—C(OH)=CH—CH_2—CO—OC_2H_5，可以看出分子中没有 $\pi-\pi$ 共轭的稳定结构，其烯醇式结构很

不稳定，因此无互变异构现象。

问题 9-15 写出乙酰乙酸乙酯钠盐与下列化合物反应的产物。

(1) $CH_3COCH_2COOC_2H_5$ $\xrightarrow{C_2H_5ONa}$ $CH_3CO\bar{C}HCOOC_2H_5$ Na^+ $\xrightarrow{CH_2=CHCH_2Br}$

$CH_3COCHCOOC_2H_5$
|
$CH_2CH=CH_2$

(2) $CH_3COCH_2COOC_2H_5$ $\xrightarrow{C_2H_5ONa}$ $CH_3CO\bar{C}HCOOC_2H_5$ Na^+ $\xrightarrow{CH_3COCH_2Br}$

$CH_3COCHCOOC_2H_5$
|
CH_2COCH_3

(3) $CH_3COCH_2COOC_2H_5$ $\xrightarrow{C_2H_5ONa}$ $CH_3CO\bar{C}HCOOC_2H_5$ Na^+ $\xrightarrow{CH_3CH_2COCl}$

$CH_3COCHCOOC_2H_5$
|
$COCH_2CH_3$

问题 9-16 列表说明乙酰乙酸乙酯和丙二酸二乙酯的化学性质及应用于有机合成时的异同点。

名称	乙酰乙酸乙酯 $\left(H_3C-CO-CH_2-CO-OC_2H_5 \right)$	丙二酸二乙酯 $\left(H_2C\begin{array}{c}COOC_2H_5\\COOC_2H_5\end{array} \right)$
相同点	都有两个活泼的亚甲基，具有酸性，能与强碱作用形成碳负离子，能与卤代烃发生亲核取代反应	
不同点	分子中含有不饱和键，能使溴水褪色；具有羰基的部分性质，能与氢氰酸、亚硫酸氢钠、苯肼、2,4-二硝基苯肼等发生加成或加成缩合反应；因为酮式与烯醇式的互变异构，能与金属钠反应放出氢气、能使溴水褪色、能与三氯化铁发生颜色反应	无乙酰乙酸乙酯的烯醇式互变异构现象，无羰基及双键的典型反应

问题 9-17 写出下列化合物加热后生成的主要产物。

(1) $CH_3COCOOH$ $\xrightarrow{\triangle}$ $CH_3COOH + CO_2$

(2) $\xrightarrow{\triangle}$

(3) $HOOCCH_2CH_2CH_2CH_2COOH$ 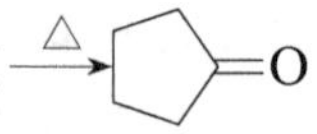

(4) $CH_3CH(OH)CH(CH_3)CH_2COOH$ 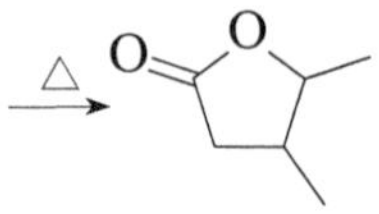

[课后习题]

1. 用系统命名法命名下列化合物。

(1) 5-甲基-3-溴庚酸 (2) 2-丁烯酸 (3) *R*-2-溴丁酸 (4) 4-甲氧基苯乙酰氯 (5) 乙酸苯甲酯 (6) 乙二醇二乙酸酯 (7) 反-1,4-环己二甲酸 (8) 丁二酸酐 (9) 2,3-环氧丁酸 (10) 3-甲基-4-环己基丁酸

2. 写出下列化合物的结构式。

(1) 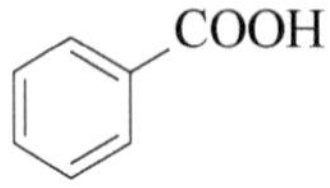 (2) $CH_3CH(OH)COOH$ (3) HOOCCOOH (4) 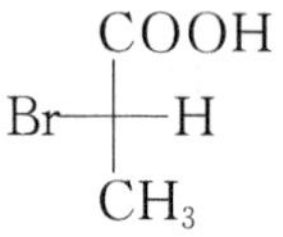

(5) $CH_3COCH_2COOCH_2CH_3$ (6) 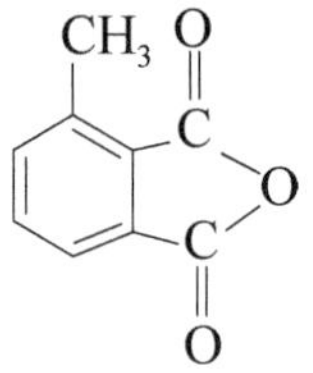 (7) $CH_3C(=O)NH_2$

(8) $CH_3C(=O)COOH$ (9) 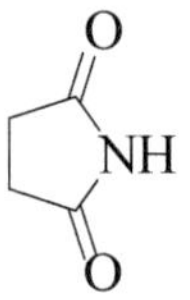 (10) 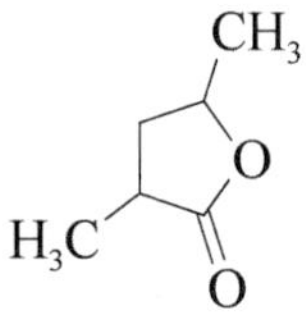

3. 将下列化合物按酸性由强到弱的顺序排列。

(1) 三氯乙酸>醋酸>苯甲酸>苯酚

(2) 草酸>甲酸>乙酸>环己醇

(3) α-羟基丁酸>β-羟基丁酸>γ-羟基丁酸>丁酸

(4) 邻硝基苯甲酸>对硝基苯甲酸>间硝基苯甲酸>苯甲酸>对甲氧基苯甲酸

(5) 苯甲酸>碳酸>苯酚>水>环己醇

4. 完成下列反应方程式。

(1) $CH_3CH(CH_3)CH(Cl)CH_2COCl$ (2) 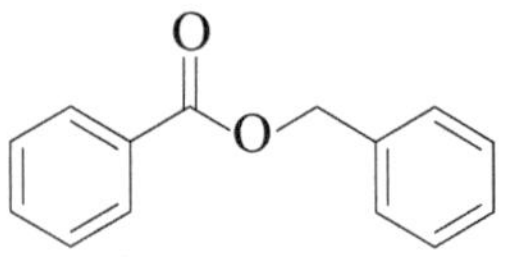

(3) 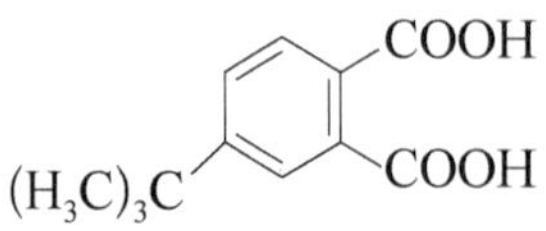 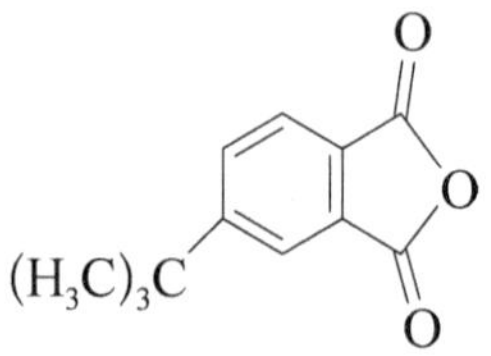

(4) $CH_3CH(CH_3)CH_2CH_2COONH_4$ $CH_3CH(CH_3)CH_2CH_2CONH_2$

(5) $CH_3CH_2C{\equiv}CCH_2CH{=}CHCH_2OH$

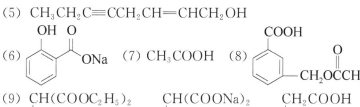

(6) 邻羟基苯甲酸钠 (7) CH_3COOH (8) 间羧基苄基乙酸酯

(9) $\underset{C_2H_5}{CH(COOC_2H_5)_2}$ $\underset{C_2H_5}{CH(COONa)_2}$ $\underset{C_2H_5}{CH_2COOH}$

(10)

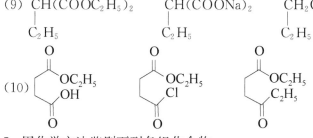

5. 用化学方法鉴别下列各组化合物。

(1)
甲酸
乙酸 $\xrightarrow{KMnO_4}$ 褪色 $\xrightarrow{Ag(NH_3)_2^+}$ Ag↓
草酸 褪色 —

(2)
乙酰胺
乙酸酐 $\xrightarrow{AgNO_3}$ 白色↓ $\xrightarrow[\triangle]{I_2-NaOH}$ —
乙酸乙酯 — 黄色↓

(3)
草酸 褪色 $\xrightarrow{Br_2}$ —
丁烯二酸 $\xrightarrow{KMnO_4}$ 褪色 褪色
丙酸 — $\xrightarrow{\triangle}$ —
丙二酸 — CO_2↑(放出的 CO_2 能使澄清的石灰水变浑浊)

(4) ① Br_2/CCl_4 ② $FeCl_3$ ③ $AgNO_3/$乙醇 ④ Br_2 水 或 $FeCl_3$ ⑤ $KMnO_4$ ⑥ 苯肼

6. 用化学方法分离下列各组混合物。

(1)
苯甲醇
苯甲酸 $\xrightarrow[(2)\,乙醚提取]{(1)\,NaHCO_3\,溶液}$
苯酚

醚层 $\xrightarrow{NaOH\ 溶液}$ 醚层 $\xrightarrow{蒸去乙醚}$ 苯甲醇

水层 $\xrightarrow{HCl}$ $\xrightarrow{去水}$ 苯酚

水层 $\xrightarrow{HCl}$ $\xrightarrow{去水}$ 苯甲酸

(2)
异戊醇
异戊酸 $\xrightarrow[(2)\,乙醚提取]{(1)\,NaHCO_3\,溶液}$
异戊酸异戊酯

水层 $\xrightarrow{HCl}$ $\xrightarrow{去水}$ 异戊酸

醚层 $\xrightarrow[(2)\,CaCl_2 \atop (3)\,过滤]{(1)\,干燥,除醚}$

沉淀 $\xrightarrow[(2)\,乙醚提取 \atop (3)\,干燥,除醚]{(1)\,H_2O}$ 异戊醇

滤液 $\xrightarrow{蒸馏}$ 异戊酸异戊酯

7. 按要求合成下列化合物(其他原料任选)。

(1)

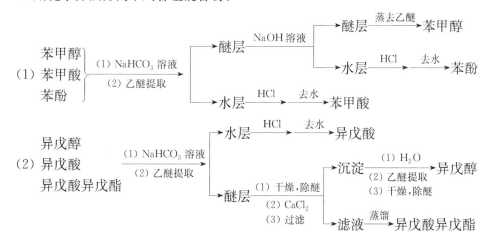

(2) $CH_3CH_2CH_2CHO \xrightarrow{H_2/Ni} CH_3CH_2CH_2CH_2OH \xrightarrow[\triangle]{H_2SO_4}$

$CH_3CH_2CH=CH_2 \xrightarrow{KMnO_4/H} CH_3CH_2COOH$

(3) $H_2C=CH_2 \xrightarrow{Br_2} \underset{\underset{Br}{|}}{\overset{\overset{Br}{|}}{CH_2CH_2}} \xrightarrow{2KCN} \underset{\underset{CN}{|}}{\overset{\overset{CN}{|}}{CH_2CH_2}} \xrightarrow[H^+]{H_2O} HOOCCH_2CH_2COOH$

(4) $CH_3CH_2CH_2OH \xrightarrow[300\sim400℃]{Cu} CH_3CH_2CHO \xrightarrow{HCN} \underset{\underset{OH}{|}}{CH_3CH_2CHCN} \xrightarrow{H_2O/H^+}$

$\underset{\underset{OH}{|}}{CH_3CH_2CHCOOH}$

8. 试简述羧酸及其衍生物相互间的转化关系。

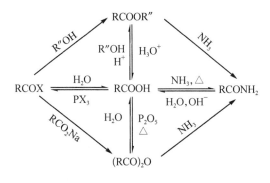

9. 该化合物可能的结构式为 $HOOC\underset{\underset{CH_3}{|}}{CH}\overset{\overset{O}{||}}{C}OCH_3$

10. 化合物 A 的结构式为 $CH_3CH_2\overset{\overset{O}{||}}{C}CH_2COOCH(CH_3)_2$

11. 化合物 A、B、C、D 的结构式分别为

A. $HOOCCH_2CH_2COOH$　　B.（内酯结构）　　C. $\underset{CH_2COOCH_3}{\overset{CH_2COOCH_3}{|}}$

D. $HOCH_2CH_2CH_2CH_2OH$

12. 化合物 A、B、C、D 的结构式分别为

A.（酸酐结构 $H_3CHC-C(=O)-O-C(=O)-CH_2$）　　　B(或 C). $\underset{CH_2COOC_2H_5}{\overset{CH_3CHCOOH}{|}}$

C(或 B). $CH_3CHCOOC_2H_5$ D. 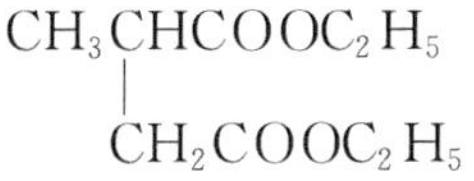 $CH_3CHCOOC_2H_5$
          | |
         CH_2COOH $CH_2COOC_2H_5$

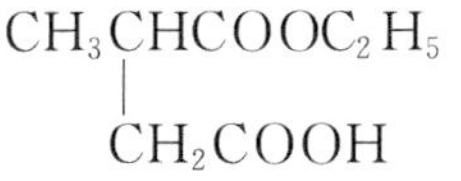

有关反应式为

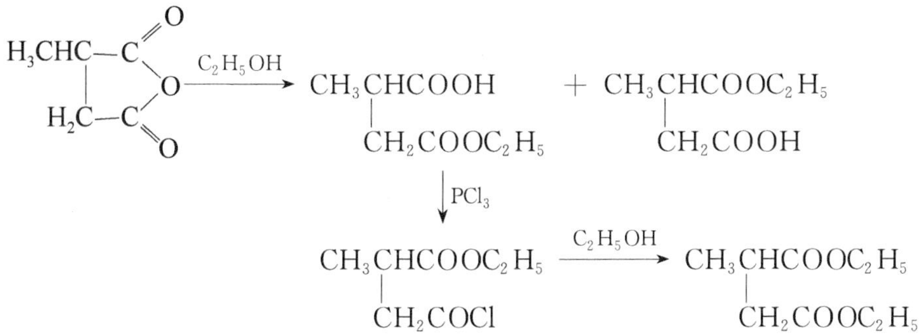

第十章

问题 10-1 （1）对甲基苯胺   （2）3-甲基-2-戊胺   （3）二甲基二乙基碘化铵   （4）N-甲基环戊胺

问题 10-2

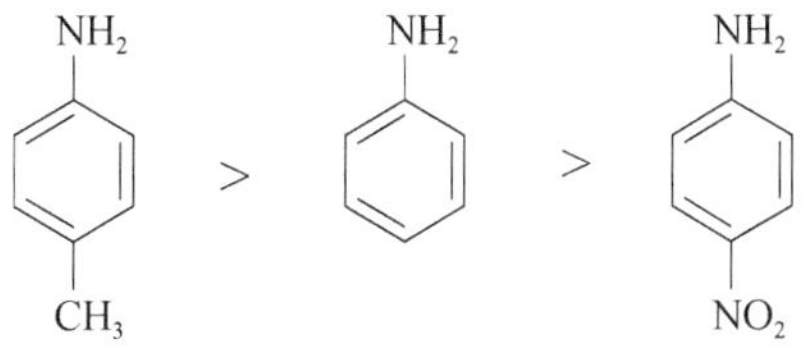

问题 10-3 首先向混合物中加入盐酸,其中环己胺形成盐溶解,环己醇不溶,然后萃取分液后除去环己醇,接着向水相中加入碱得到环己胺,最后萃取分液分离出环己胺。

问题 10-4

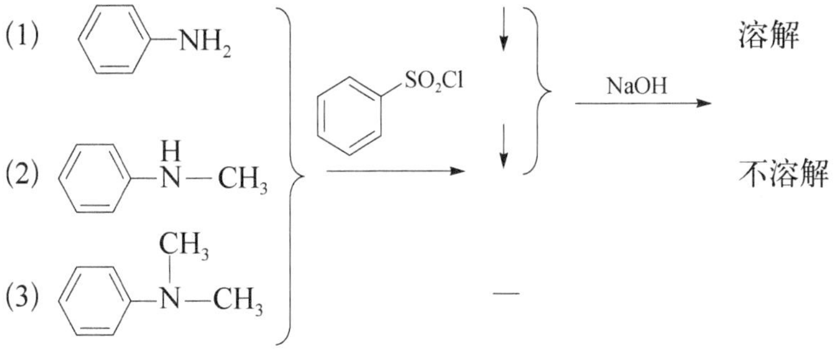

问题 10-5

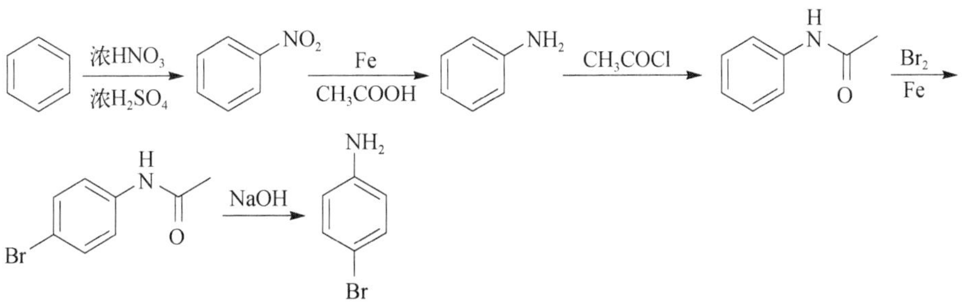

问题 10-6

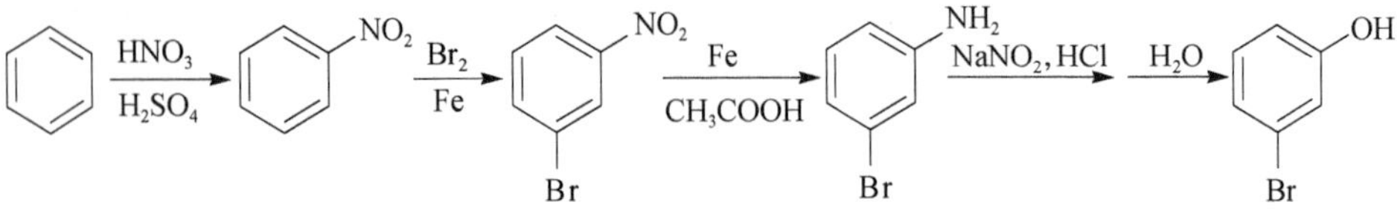

[课后习题]

1.(1)二苯胺 (2)N-甲基-2-甲基丙胺 (3)N-甲基对溴苯胺 (4)乙酰苯胺 (5)N-苯基苯胺 (6)三环戊基胺 (7)三甲基异丙基碘化铵 (8)二甲基二乙基氢氧化铵

2.(1) 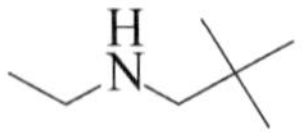 (2)  (3)

(4) 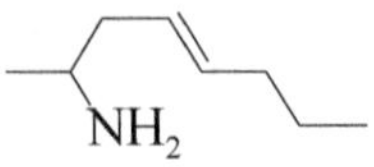 (5) 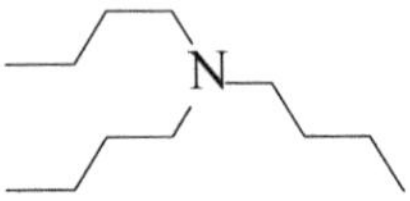 (6) 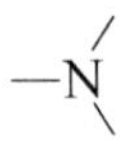 (7)

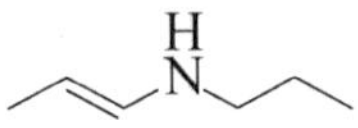

(8)$[(CH_3)_3N(C_2H_5)]^+Br^-$

3.(1)A (2)B (3)C (4)D (5)A

4.(1)

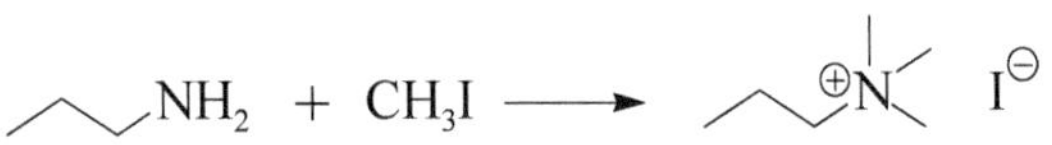

(2)

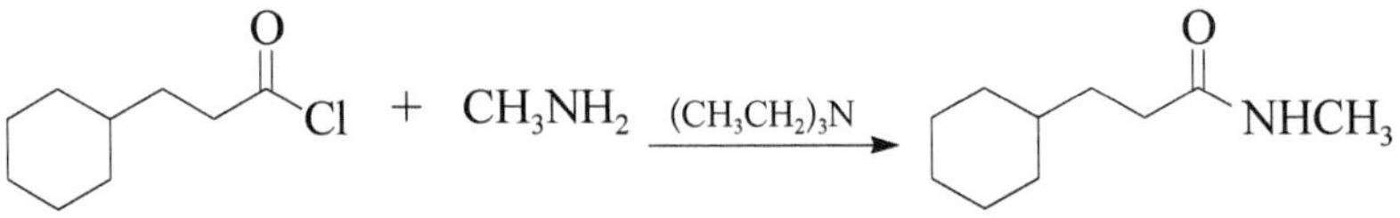

(3)

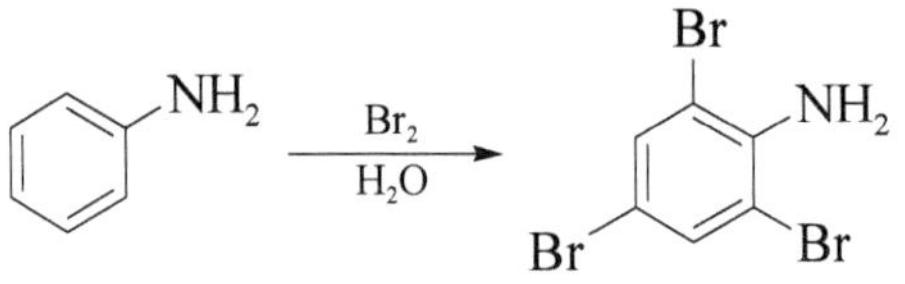

(4)

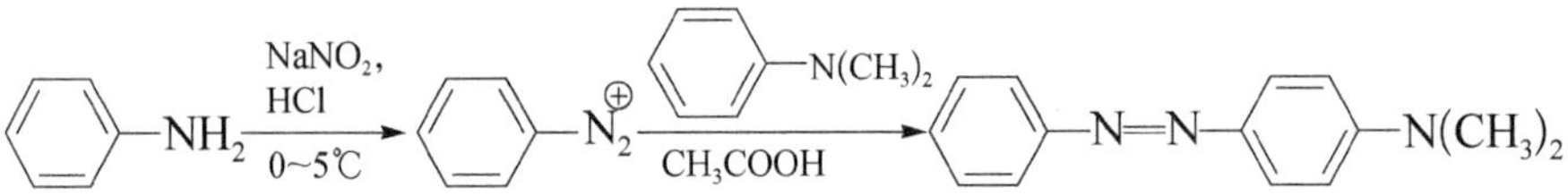

(5)

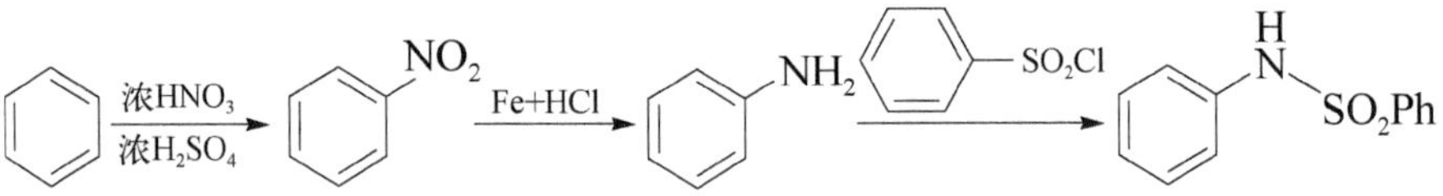

(6)

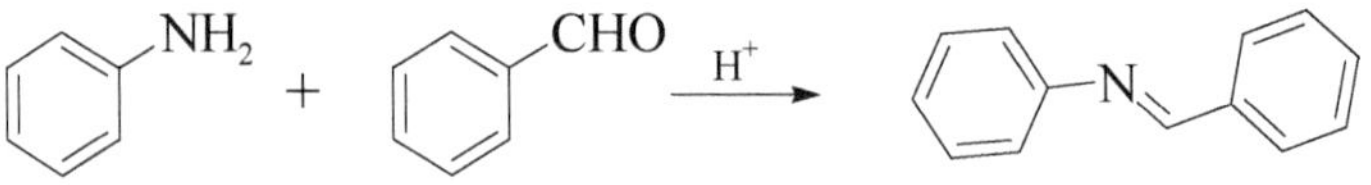

(7)

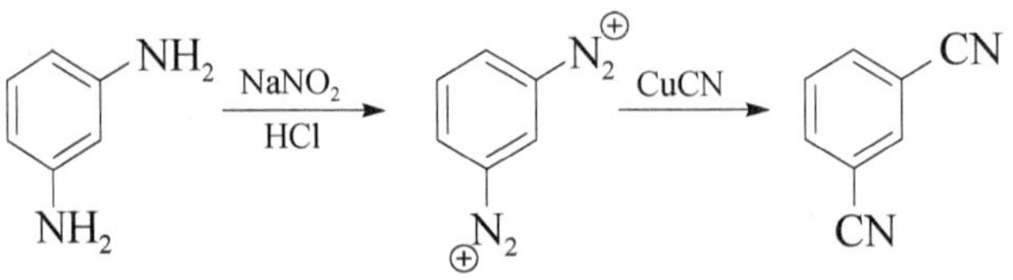

(8)

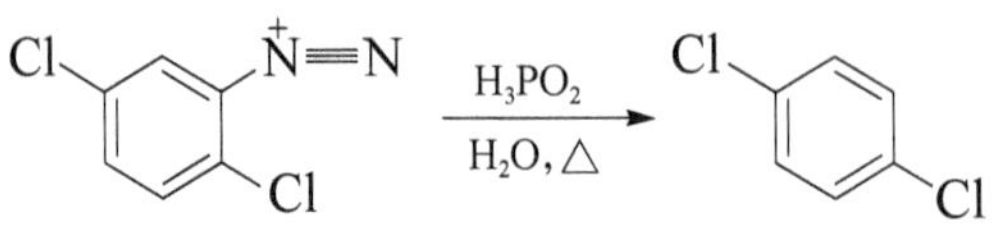

5. (1) CH_3COCl / $AlCl_3$ ... HNO_3 / H_2SO_4 ... Fe / CH_3COOH ... Zn–Hg, HCl ...

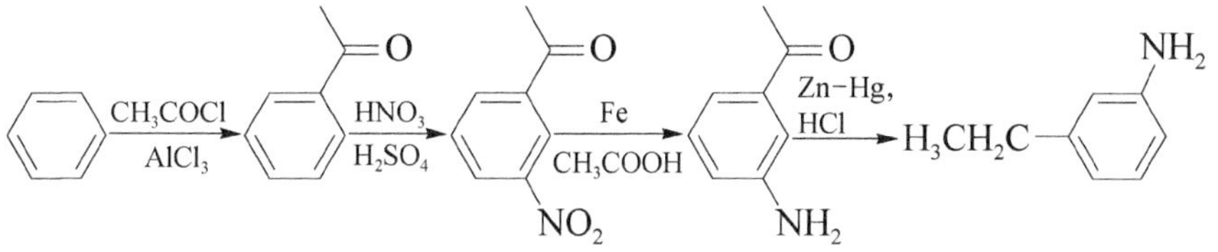

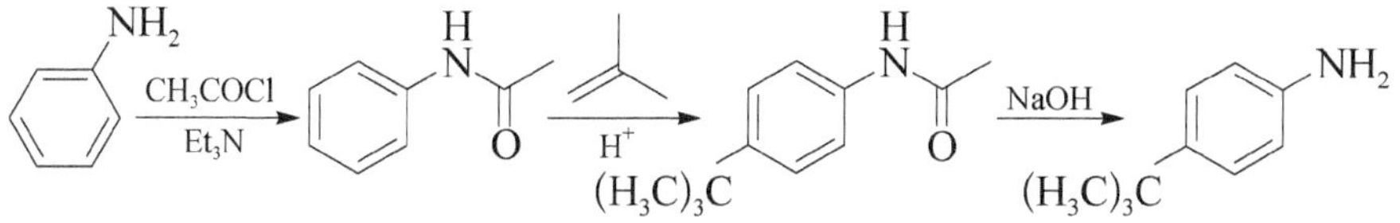

(2) NH_2 ... CH_3COCl / Et_3N ... H^+ ... NaOH ... $(H_3C)_3C$

NH_2 ... CH_3COCl / Et_3N ... H_2SO_4 ... $AlCl_3$

(3) ... NaOH ...

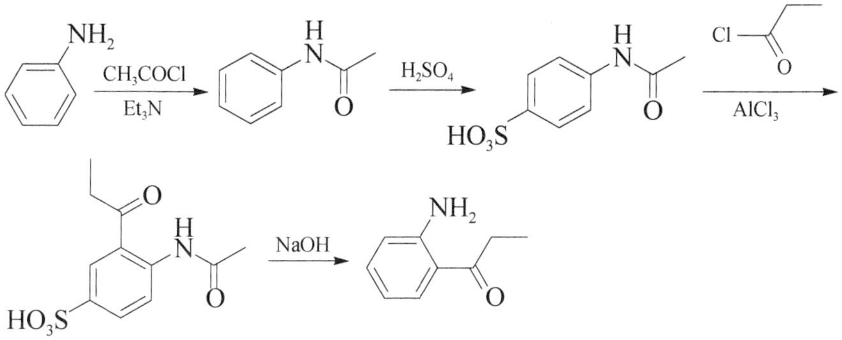

6. (1) 环己胺 N-甲基环己胺 苯胺

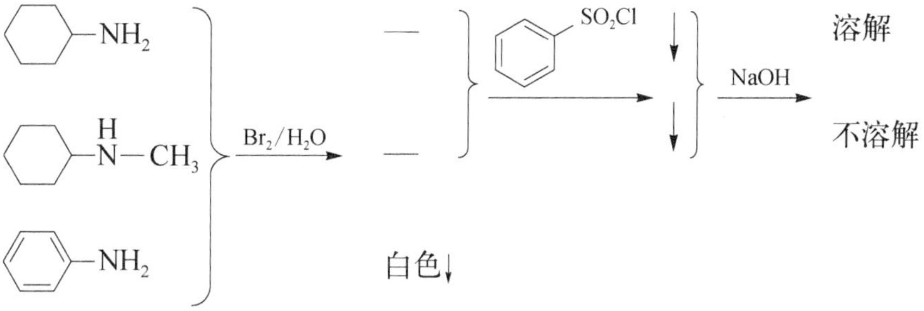

Br_2/H_2O ... SO_2Cl ↓ ↓ NaOH 溶解 不溶解

白色↓

(2) 苯胺 环己胺 环己基甲酰胺

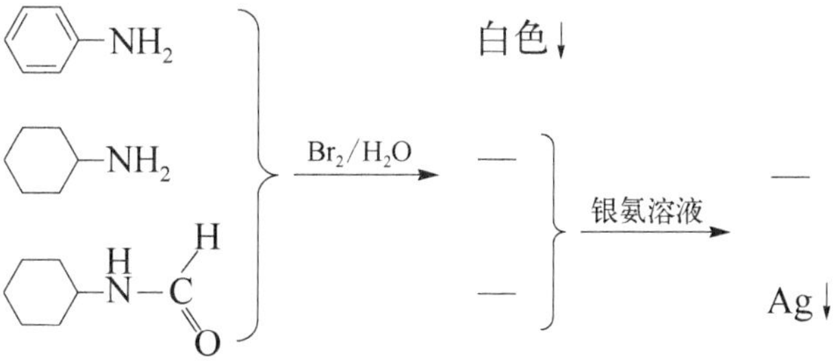

白色↓

Br_2/H_2O ... 银氨溶液 ... Ag↓

7. A NO_2 B NH_2 C $N_2^+Cl^-$

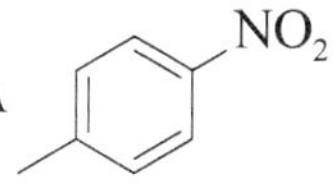

NO_2 ... Fe / CH_3COOH ... NH_2

NH_2 ... $NaNO_2$ / HCl ... $N_2^+Cl^-$

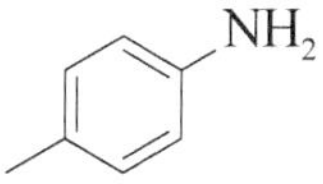

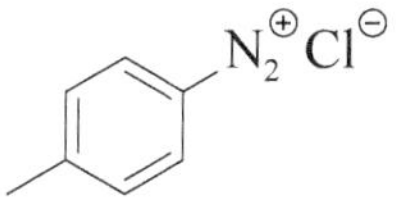

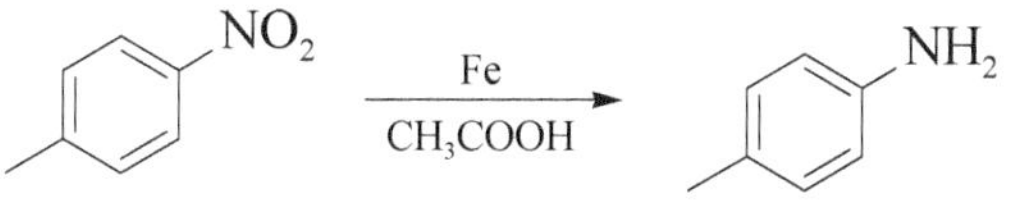

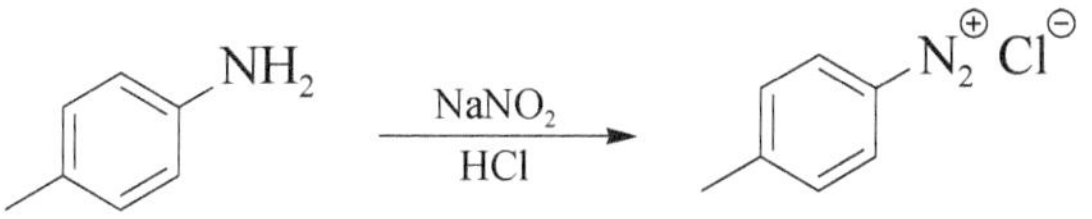

（结构式）对甲基重氮盐 + H₂O → 对甲酚

第十一章

问题 11-1 命名下列杂环化合物。

2-甲基呋喃　　3-甲基-6-溴-吲哚　　4-甲基咪唑　　α-噻吩磺酸

问题 11-2 试比较苯、呋喃、噻吩、吡咯以及吡啶亲电取代反应活性的大小。

亲电取代反应活性：吡咯＞呋喃＞噻吩＞苯

问题 11-3 完成下列反应式。

(1) 4-甲基吡啶 $\xrightarrow{\text{KMnO}_4}$ 吡啶-4-甲酸 $\xrightarrow{\text{SOCl}_2}$ 吡啶-4-甲酰氯 $\xrightarrow{\text{NH}_2\text{NH}_2}$ 吡啶-4-甲酰肼

(2) 噻吩 $\xrightarrow[\text{醋酸}]{\text{Br}_2}$ 2-溴噻吩 $\xrightarrow[\text{(CH}_3\text{CO)}_2\text{O}]{\text{CH}_3\text{COONO}_2}$ 5-硝基-2-溴噻吩

(3) 2 呋喃甲醛(CHO) $\xrightarrow{\text{浓OH}^-}$ 呋喃-2-甲醇(CH₂OH) ＋ 呋喃-2-甲酸(COOH)

问题 11-4 试比较吡啶、吡咯、四氢吡咯和苯胺的碱性强弱。

碱性强弱：四氢吡咯＞吡啶＞苯胺＞吡咯

[课后习题]

1. 命名下列化合物。

(1) 2,4-二甲基噻吩　(2) N-甲基吡咯　(3) α-呋喃甲酸

(4) 4-溴-2-呋喃甲醛　(5) 2,4-二溴吡啶　(6) α,β-吡啶二甲酸

(7) 8-羟基喹啉　(8) 3-甲基吲哚

2. 写出下列杂环化合物的结构式。

(1) 3-氯吡咯　(2) 2-甲基呋喃　(3) 5-甲基-2-呋喃甲醛　(4) 吡啶-4-甲酸

(5) 3-(1-甲基-2-吡咯烷基)吡啶　(6) 四氢呋喃　(7) 吲哚-3-乙酸　(8) 2-甲基色酮

3. 写出下列反应的主要产物。

(1) 2-甲基噻吩 $\xrightarrow{\text{CH}_3\text{COONO}_2}$ 5-硝基-2-甲基噻吩

(2) 呋喃-2-甲醛 ＋ HCHO $\xrightarrow{\text{浓NaOH}}$ 呋喃-2-甲醇 ＋ HCOOH

(3)

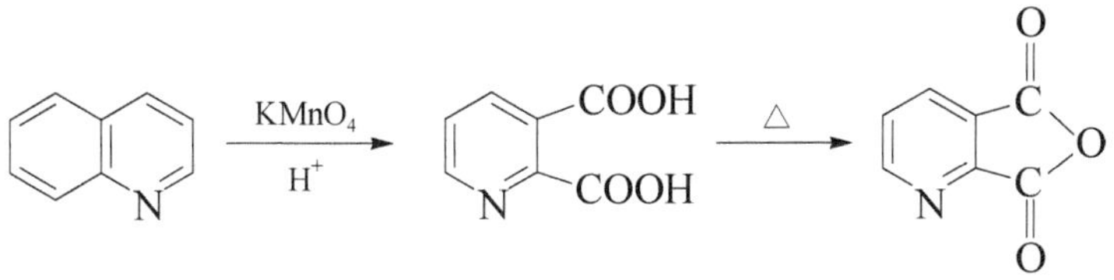

(4)

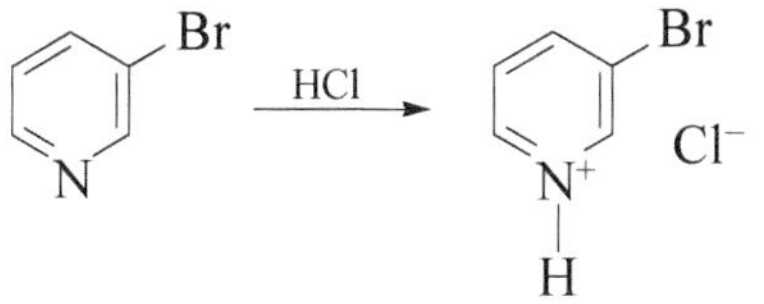

(5)

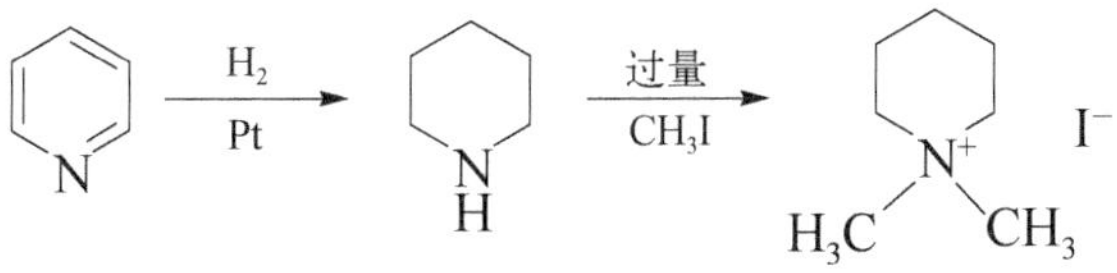

(6)

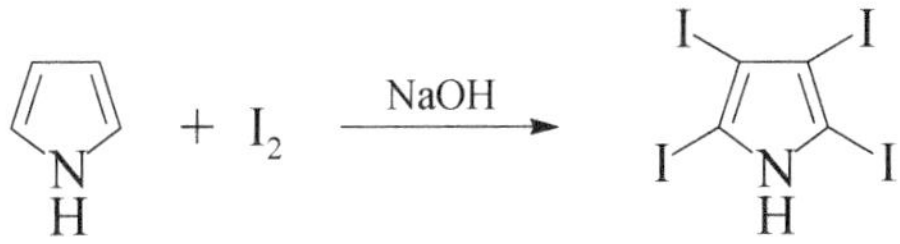

(7)

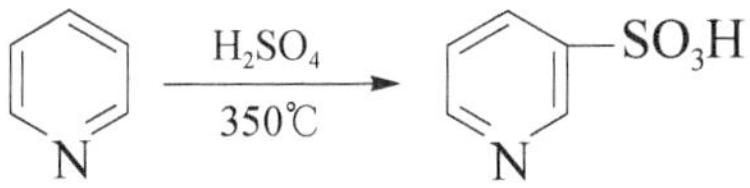

(8)

4. 将下列化合物按碱性由强到弱的顺序排列。

(1) 六氢吡啶＞氨＞吡啶＞吡咯

(2) 甲胺＞γ-甲基吡啶＞吡啶＞苯胺

5. 完成下列转化。

(1)

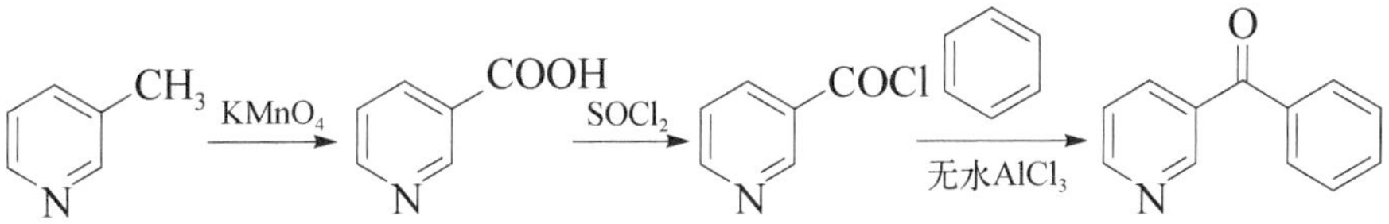

(2)

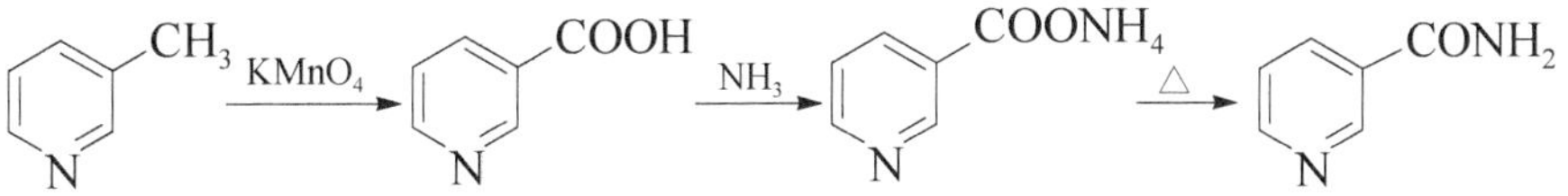

6. 某杂环化合物 A，其分子式为 $C_5H_4O_2$，经氧化后生成分子式为 $C_5H_4O_3$ 羧酸，把此羧酸的钠盐与碱石灰作用，转变为分子式为 C_4H_4O 的物质，后者与钠不起反应，也不具有醛和酮的性质，试推测化合物 A 的结构式。

A 的结构式为

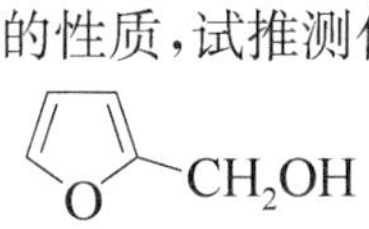

7. 用化学方法除去下列化合物中的少量杂质。

(1) 先加对甲基苯磺酰氯，再抽滤即可除去六氢吡啶，因为六氢吡啶是仲胺，在氢氧化钠水溶液中与对甲基苯磺酰氯反应生成固体。

(2) 加入浓硫酸，溶液分层，苯在油相，噻吩被磺化到水相中。在苯中加入约 1/7 体积的浓硫酸，振荡分层，弃去下层，重复直到酸层呈无色或淡黄色，再依次用水、

Na_2CO_3、水洗，干燥后蒸馏即可。

第十二章

问题 12－2　写出下列糖分别被硝酸氧化后的产物，并说明它们是否有旋光性。

(1) 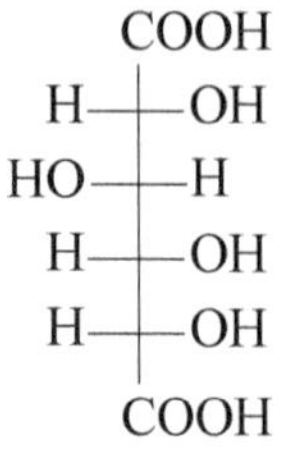 (2) 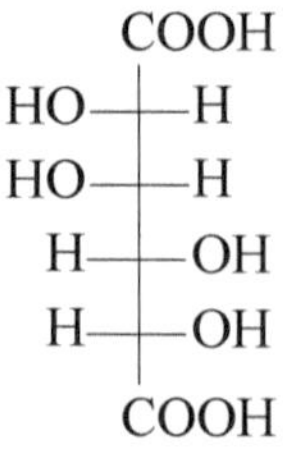 (3) 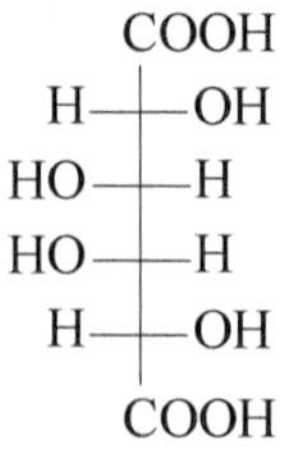 (4) 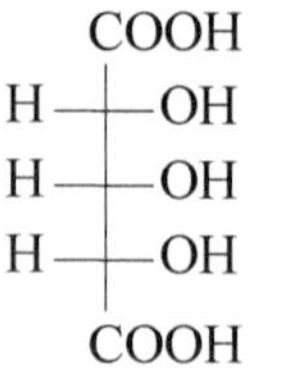

有旋光性　　没有旋光性　　没有旋光性　　没有旋光性

问题 12－3　试说明酮糖也能还原托伦试剂的原因。

果糖在碱性环境条件下会部分转化为葡萄糖；此外果糖分子中的—C═O—受多个—OH 的影响，有很强的还原性，也能被银氨溶液氧化。

问题 12－4　下列哪些糖能形成相同的糖脎？

D-葡萄糖和 D-果糖

问题 12－5　指出下列化合物的还原性糖和非还原性糖。

还原性糖：葡萄糖　果糖　麦芽糖　纤维二糖　乳糖

非还原性糖：蔗糖　甲基-β-D-葡萄糖苷

问题 12－6　为什么蔗糖既能被麦芽糖酶催化水解，又能被苦杏仁酶催化水解？

因为蔗糖分子既是α-葡萄糖苷又是β-果糖苷，所以蔗糖既能被麦芽糖酶催化水解，又能被苦杏仁酶催化水解。

［课后习题］

1. 试写出下列各对化合物的构型式，并判断它们是属于对映异构体、非对映异构体还是差向异构体。

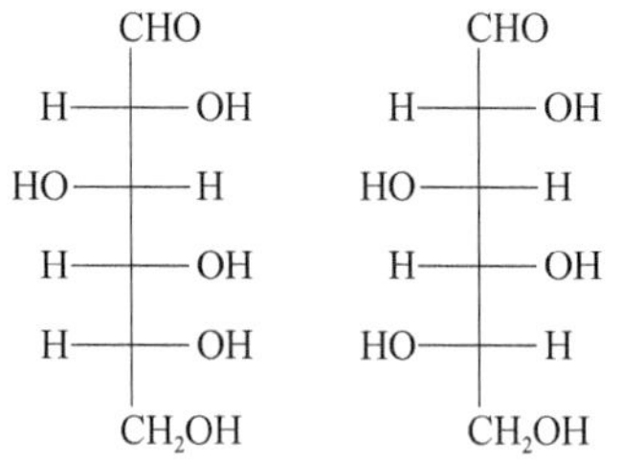

差向异构体

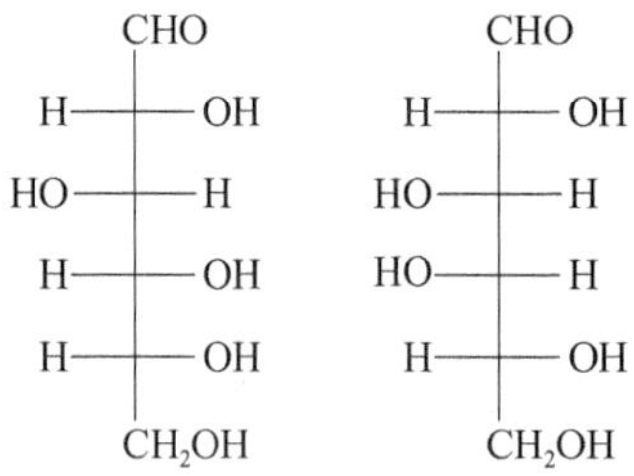

差向异构体

2. 分析下列化合物的结构，并说明：(1) 有无还原性；(2) 有无变旋性；(3) 能否被水解；(4) 如果能水解，其产物能否形成糖脎。

(a) 糖苷，无还原性，无变旋现象，能被水解，不能形成糖脎

(b) 环脂，无还原性，无变旋现象，能被水解，不能形成糖脎

(c) 半缩醛，有还原性，有变旋现象，能被水解，可以形成糖脎

(d) 糖醇，无还原性，无变旋现象，不能被水解，不能形成糖脎

(e) 醛糖，有还原性，有变旋现象，不能被水解，可以形成糖脎

3. 请写出下列各糖的环式和链式异构体的互变平衡体系。

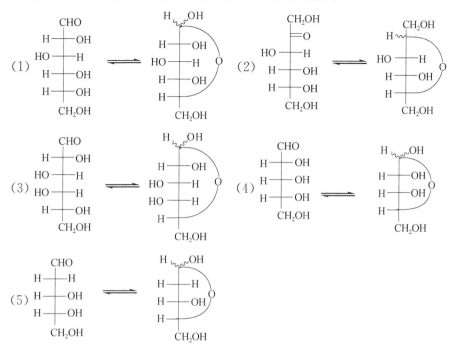

4. 写出 D-甘露糖与下列试剂反应的主要产物。

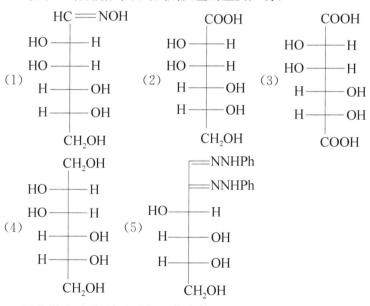

5. 用化学方法鉴别下列各组化合物。

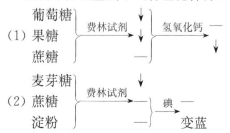

（3）

$$
\begin{array}{l}
\text{纤维二糖} \\
\text{纤维素}
\end{array}
\left.\begin{array}{l}
\end{array}\right\}
\xrightarrow{\text{碘}}
\left.\begin{array}{l}
\text{变蓝} \\
—
\end{array}\right\}
\xrightarrow{\text{费林试剂}}
\begin{array}{l}
\downarrow \\
—
\end{array}
$$

6. 两个 D-型糖 A 和 B,分子式均为 $C_5H_{10}O_5$,它们与间苯二酚/浓盐酸溶液反应时,B 很快产生红色,而 A 较慢。A 和 B 可生成相同的糖脎。A 用硝酸氧化得内消旋体,B 的 C_3 构型为 R 构型。试推导出 A 和 B 的结构式。

D-型糖 A 和 B,分子是均为 $C_5H_{10}O_5$,则它们为同分异构体,二者均为 D 型五碳糖;与间苯二酚/浓盐酸溶液反应,B 很快产生红色,A 较慢,则说明 B 为酮糖,A 为醛糖;A 和 B 可生成相同的糖脎,说明二者结构区别仅在 C_1 位和 C_2 位上;B 的 C_3 构型为 R 构型,说明 A 的 C_3 构型也为 R 构型,由此可推出化合物 B 的结构式为

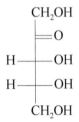

A 用硝酸银氧化得内消旋体,说明 A 的结构式为

$$
\begin{array}{c}
\text{CHO} \\
\text{H}\!-\!\!-\!\text{OH} \\
\text{H}\!-\!\!-\!\text{OH} \\
\text{H}\!-\!\!-\!\text{OH} \\
\text{CH}_2\text{OH}
\end{array}
$$

第十三章

问题 13-1 什么是必需氨基酸,必需氨基酸都有哪些?

必需氨基酸指的是人体自身不能合成或合成速度不能满足人体需要,必须从食物中摄取的氨基酸。必需氨基酸包括缬氨酸、亮氨酸、异亮氨酸、苯丙氨酸、色氨酸、甲硫氨酸、赖氨酸、精氨酸、组氨酸和苏氨酸,共 10 种。

问题 13-2 试运用氨基酸等电点原理,解释如何利用等电点分离、提纯氨基酸。

不同的氨基酸有不同的等电点,而且氨基酸在等电点时其溶解度最小,可以结晶析出,因此可以调整溶液的 pH,达到待分离氨基酸的等电点,从而分离提纯氨基酸。

问题 13-3 请写出丙氨酸在碱性溶液中存在的离子形式,通入直流电它将向哪极移动?

丙氨酸在碱性溶液中以负离子形式存在,通入直流电将向正极移动。

问题 13-4 蛋白质的二级结构有哪两种? 简述其主要特点。

二级结构分别有① α-右手螺旋类型:α-螺旋为右手螺旋,每一圈含有 3.6 个 aa 残基(或肽平面),每一圈高 5.4 Å,即每一个 aa 残基上升 1.5 Å,旋转了 $100°$,直径为 5 Å,2 个二面角 $(\phi, \psi) = (-570, -480)$。② β-折叠类型:肽链在空间的走向为锯齿折叠状,二面角 $(\phi, \psi) = (-119℃, +113℃)$。维持 β-折叠的力量是折叠间的氢键,它产生于一个肽平面的 $C=O$ 键与相邻肽链的在空间上邻近的另一个肽平

面的 N—H 之间,两条肽链上的肽平面互相平行,有平行式和反平行式两种。

特点:① 蛋白质二级结构是指多肽链主链原子的局部空间排布,不包括侧链的构象。它主要有 α-螺旋、β-折叠、β-转角和无规卷曲四种。② 两条以上肽链或一条肽链内的若干肽段平行排列,通过链间羰基氧和亚氨基氢形成氢键,维持 β-折叠构象的稳定。

问题 13-5 解释蛋白质的可逆与不可逆沉淀,说明其特点。

蛋白质可逆沉淀一般发生在盐析的时候,即在蛋白质溶液中加浓盐溶液,让蛋白质析出,这种情况下蛋白质的空间构象依然完整,复溶后蛋白依然具有生物学活性。蛋白质不可逆沉淀一般认为是蛋白质变性,即蛋白质在某些物理和化学因素作用下其特定的空间构象被破坏,从而导致其生物活性丧失。蛋白质可逆沉淀多用于提取纯化,如利用盐析法从牛奶中制备酪蛋白。蛋白质不可逆沉淀可用于灭菌、消毒,如医疗器械高温灭菌。

问题 13-6 试述 DNA 与 RNA 在结构上的区别。

DNA 和 RNA 的组成成分上的不同有两点:① DNA 有脱氧核糖,RNA 有核糖;② DNA 有胸腺嘧啶,RNA 有尿嘧啶。

DNA 和 RNA 结构不同有一点:DNA 一般为双链,呈双螺旋结构;而 RNA 一般为单链,mRNA 和 rRNA 链状,tRNA 为三叶草形。

DNA 和 RNA 在功能上的区别:只要有 DNA 存在,DNA 就是遗传物质,其能够储存、传递和表达遗传信息,而 RNA 只能将 DNA 的信息携带到相应部位;没有 DNA 时,RNA 就是遗传物质。

问题 13-7 什么是碱基对互补规则? 它是如何在遗传学中发挥作用的?

在 DNA 或某些双链 RNA 分子结构中,由于碱基之间的氢键具有固定的数目以及 DNA 两条链之间的距离保持不变,使得碱基配对必须遵循一定的规律,即 Adenine(A,腺嘌呤)在 DNA 中一定与 Thymine(T,胸腺嘧啶)配对,在 RNA 中一定与 Uracil(U,尿嘧啶)配对;Guanine(G,鸟嘌呤)一定与 Cytosine(C,胞嘧啶)配对,反之亦然。碱基间的这种一一对应的关系叫作碱基互补配对原则。

[课后习题]

1. 命名下列化合物。

(1) 异亮酰甘氨酰苯丙氨酸　(2) L-苏氨酸　(3) 丙酰甘氨酸

(4) 甘酰丙酰丝氨酸　(5) 丝酰赖酰丙酰蛋氨酸

2. 写出下列化合物的结构式。

(1) $NH_2CH_2CONH—\underset{\underset{CH_3}{|}}{CH}COOH$　(2) $CH_2CH_2CH_2COOH$ 带 NH_2

(3) $NH_2CH_2CH_2CH_2CH_2\underset{\underset{NH_2}{|}}{CH}COOH$　(4) $CH_3SCH_2CH_2\underset{\underset{NH_2}{|}}{CH}COOH$

(5) $CH_3\underset{\underset{OH}{|}}{C}H\underset{\underset{NH_2}{|}}{CH}COOH$　(6) $H_3C—\overset{\overset{O}{\|}}{\underset{\underset{O}{\|}}{S}}—HNH_2C—COOH$ (苯环)

3. 完成下列反应。

(1)
$$H_3C\!-\!\overset{\displaystyle H}{\underset{\displaystyle NH_2}{C}}\!-\!COOH + NaOH \longrightarrow H_3C\!-\!\overset{\displaystyle H}{\underset{\displaystyle NH_2}{C}}\!-\!COONa$$

(2)
$$H_3C\!-\!\overset{\displaystyle H}{\underset{\displaystyle NH_2}{C}}\!-\!COOH + HCl \longrightarrow H_3C\!-\!\overset{\displaystyle H}{\underset{\displaystyle COOH}{C}}\!-\!N^+H_3Cl^-$$

(3)
$$H_3C\!-\!\overset{\displaystyle H}{\underset{\displaystyle NH_2}{C}}\!-\!COOH + C_2H_5OH + H_2SO_4 \longrightarrow H_3C\!-\!\overset{\displaystyle H}{\underset{\displaystyle NH_2}{C}}\!-\!COOC_2H_5$$

(4) $HO-\!\!\bigcirc\!\!-CH_2CHCOOH$ $\overset{Br_2}{\underset{H_2O}{\longrightarrow}}$ $HO-\!\!\bigcirc\!\!-CH_2CHCOOH$ (with Br substituents, NH_2) $\overset{(CH_3)_2SO_4}{\underset{OH^-}{\longrightarrow}}$

$CH_3O-\!\!\bigcirc\!\!-CH_2CHCOOCH_3$ (with Br substituents, N(CH_3)_2)

4. C

5. B

6. 正离子；碱

7. 阴

8. 由指定原料合成下列化合物。

(1)

$CH_2(COOEt)_2 \xrightarrow{Br_2,CCl_4} CHBr(COOEt)_2 \xrightarrow{KOH}$ phthalimide-N—CH(COOEt)$_2$

$\xrightarrow[CH_2Cl]{NaOC_2H_5}$ phthalimide-N—C(COOEt)$_2$ $\xrightarrow[OH^-]{H_2O}$ $H_2N\!-\!C(COOH)_2$ $\xrightarrow{\triangle}$ $H_2N\!-\!CHCOOH$

(2) $CH_3CH_2OH \longrightarrow CH_3CHCOOH$
　　　　　　　　　　　　　　　$|$
　　　　　　　　　　　　　　NH_2

$$CH_3CH_2OH \xrightarrow{CrO_3} CH_3CHO \xrightarrow{HCN} CH_3\underset{OH}{\overset{|}{C}HCN} \xrightarrow{NH_3} CH_3\underset{NH_2}{\overset{|}{C}HCN} \xrightarrow{H_2O/H^+} CH_3\underset{NH_2}{\overset{|}{C}HCOOH}$$

9. 丝氨酸的等电点是大于 7 还是小于 7？将其溶于水中,要使它达到等电点应加碱还是酸？

丝氨酸的等电点为 5.68,小于 7,溶于水中后需要加酸可使其达到等电点。

10. 蛋白质因变性发生沉淀作用和在硫酸铵中盐析发生沉淀作用,两者在本质上有何区别？ 如何区分？

盐析作用：蛋白溶液加入浓无机盐溶液,使蛋白质溶解度降低而析出,蛋白质只是沉淀,并未变性,加水后即恢复溶解。

变性作用：蛋白质受物理或化学因素的影响,其分子内部结构和性质被改变,蛋白质经过变性作用也往往以沉淀的形式析出。化学方法有加强酸、强碱、重金属盐、尿素、乙醇、丙酮等；物理方法有加热、紫外线照射、剧烈振荡等。在变性过程中存在化学键的断裂和生成,因此是一个化学变化。

11. 有一种七肽,其氨基酸组成为甘∶丝∶组∶丙∶天冬=1∶1∶2∶2∶1,经酶部分水解得三种三肽：甘-丝-天冬,组-丙-甘,天冬-组-丙,端基分析表明七肽的 C 端为丙氨酸,请推出此七肽的氨基酸顺序。

组-丙-甘-丝-天冬-组-丙

12. 氨基酸组成为赖∶甘=1∶2 的三肽,有几种可能的排列方式？

3 种：赖-甘-甘,甘-赖-甘,甘-甘-赖。

第十四章

问题 14-1　思考并回答下列问题。

(1) 完全皂化 1 g 油脂所需氢氧化钾的毫克数,皂化值越大油脂的平均分子量越小。

(2) 油脂的碘值就是 100 g 油脂中能吸收的碘的克数。表示此油脂的不饱和度的高低。

(3) 可加入抗氧化剂来预防。

问题 14-2　区别下列基本概念。

(1) 油,不溶于水,润滑的油状液体。石油是由多种碳氢化合物组成的复杂混合物,或者说是由多种烃组成的混合物。油包括不同种类的油,如石油、食用油等,而石油只是其中一类。

(2) 油脂是高级脂肪酸的甘油酯。类脂是指磷脂、蜡、甾醇等,它们的某些物理性质与油脂相似,因此称为类脂。

(3) 蜡是高级脂肪酸高级脂肪醇酯,石蜡是高级烷烃。

　　　　　　　O
　　　　　　　$\|$
(4) $R_1O-P-OR_2$,这是磷酸酯通式。其中 R_1、R_2、R_3 为氢原子或者烃基,并且
　　　　　　　$|$
　　　　　　OR_3

三者不全为氢原子。

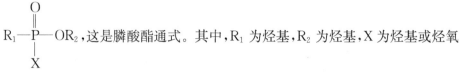

R_1—$\overset{\overset{\displaystyle O}{\|}}{\underset{\underset{\displaystyle X}{|}}{P}}$—$OR_2$，这是膦酸酯通式。其中，$R_1$ 为烃基，R_2 为烃基，X 为烃基或烃氧基—OR；当 X＝OR 时，R_2 也可以为氢原子。

（5）脂是一类低溶于水而高溶于非极性溶剂的生物有机分子。对大多数脂质而言，其化学本质是脂肪酸和醇所形成的酯类及其衍生物。酸跟醇反应，生成的一类化合物叫作酯，从性质上看，酯是脂的一部分。

问题 14-3　香叶烯（$C_{10}H_{16}$），一个从月桂的油中分离而得的萜烯，吸收 3 mol 氢分子而成为 $C_{10}H_{22}$，臭氧分解时产生以下化合物：

1. 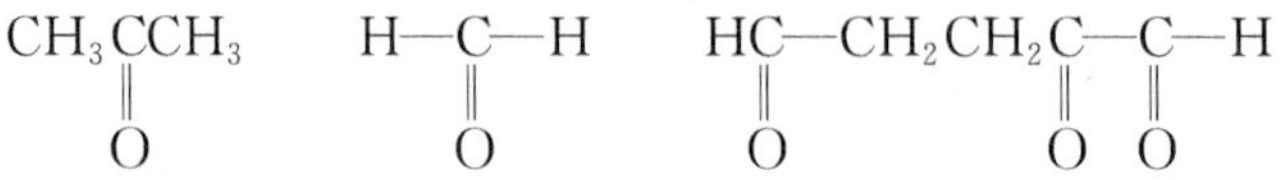　$CH_3\overset{\overset{\displaystyle O}{\|}}{C}CH_3$　　H—$\overset{\overset{\displaystyle O}{\|}}{C}$—$H$　　$H\overset{\overset{\displaystyle O}{\|}}{C}$—$CH_2CH_2$—$\overset{\overset{\displaystyle O}{\|}}{C}$—$H$

根据异戊二烯规则，香叶烯可能的结构是什么？

问题 14-4　试指出香叶醇与橙花醇之间是哪种立体异构关系。α-柠檬醛与β-柠檬醛之间呢？

香叶醇与橙花醇是顺反异构，α-柠檬醛与β-柠檬醛也是顺反异构。

[课后习题]

1. 命名下列化合物。

（1）硬脂酸　　（2）$\square^{9,11,13}$-十八碳三烯酸

（3）顺，顺，顺-$\square^{9,12,15}$-十八碳三烯酸

（4）雌二醇　　（5）氢化可的松

2. 写出下列化合物的结构式。

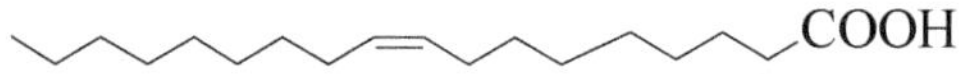

（1）$\diagup\!\diagdown\!\diagup\!\diagdown\!\diagup\!\diagdown\!\diagup\!\diagdown\!\diagup\!\diagdown$COOH

（2）$\diagup\!\diagdown\!\diagup\!\diagdown\!\diagup\!\diagdown$COOH

（3）$\diagup\!\diagdown\!\diagup\!\diagdown\!\diagup\!\diagdown$COOH

（4）$\overset{\displaystyle O}{\underset{\displaystyle }{\|}}$

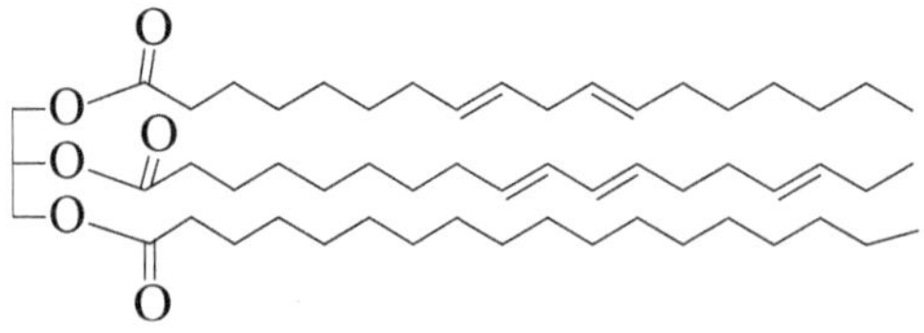

3. 简述油脂、蜡和磷脂在结构上的特点。

油脂是三高级脂肪酸的甘油脂，是丙三醇和三分子一元羧酸通过脂键相连接。三分子一元羧酸一般不同，大多数为偶数碳原子的直链羧酸。

蜡的组成较复杂，主要是高级一元脂肪酸与高级饱和一元醇生成的酯的混合物，酸和醇都是 C_{16} 以上的偶数碳原子。

磷脂与三酰基甘油相似，只是甘油的末端羟基与磷酸酯化而不是脂肪酸。

4. 用物理或化学方法区别下列各组化合物。

（1）三油酸甘油酯与三硬酸甘油酯

三油酸甘油酯与三硬酸甘油酯区别在于甘油上酸的不饱和度不一样,可以通过碘值进行区分。有碘值的为三油酸甘油酯。

（2）油脂与磷脂

磷脂中含有磷原子

（3）干性油与非干性油

干性油是在空气中易氧化干燥形成富有弹性的柔韧固态膜的油类,碘值一般在130以上。

非干性油是在空气中不能氧化干燥形成固态膜的油类。一般为黄色固体,碘值在100以下。

（4）蜡与石蜡

蜡的组成较复杂,主要是由高级一元脂肪酸与高级一元醇反应生成的酯的混合物,可以与氢氧化钠水溶液反应。

石蜡是碳原子数为18～30的烃类混合物,不与氢氧化钠水溶液反应。

5. 什么是皂化值、碘值和酸值,它们能说明油脂的哪些问题?

油脂在碱的参与下的水解作用称为皂化反应,把完全皂化1 g油脂所需的氢氧化钾的毫克数称为该油脂的皂化值。

碘值是有机化合物中不饱和程度的一种指标,指100 g物质所吸收(加成)碘的克数。不饱和程度越大,碘值越高。

酸值是对化合物中游离羧酸基团数量的计算标准。表示中和1 g化学物质所需的氢氧化钾的毫克数。酸值可以做油脂变质程度的指标。

6. 解释下列现象。

（1）菜油的碘化值比羊油高。

菜油多为不饱和羧酸的甘油酯,长链羧酸有油酸、亚麻酸等,羊油等动物油多为饱和羧酸甘油酯、长链羧酸如硬脂酸,所以菜油的碘值高于羊油碘值。

（2）放久的牛油比新鲜的牛油的酸值高。

牛油是三羧酸甘油酯,长期存放会在氧气细菌的作用下发生酸败,分解为羧酸甘油等。所以长期存放的牛油酸值高。

7. 2 g油脂完全皂化,消耗0.5 mol/L KOH 15 mL。计算该油脂的皂化值和平均分子量。

平均分子量：$2 \div (0.5 \times 0.015) = 267$

皂化值：$0.5 \times 0.015 \div 2 \times 1\ 000 \times 56 = 210$